普通高等教育“十一五”国家级规划教材
以本教材为主的电气工程基础课程被评为国家级精品课程

电气工程基础

（第二版）

主编　熊信银　张步涵
编写　戴明鑫　罗　毅　吴耀武
　　　曾克娥　娄素华

华中科技大学出版社
中国·武汉

图书在版编目(CIP)数据

电气工程基础(第二版) / 熊信银　张步涵　主编. 一武汉：华中科技大学出版社，2010年1月 (2024.7重印)
ISBN 978-7-5609-3539-3

Ⅰ. 电…　Ⅱ.①熊…　②张…　Ⅲ.电气工程-高等学校-教材　Ⅳ.TM

中国版本图书馆 CIP 数据核字(2009)第 217549 号

电气工程基础(第二版)　　熊信银　张步涵　主编

策划编辑:李　德
责任编辑:余　涛　　封面设计:潘　群
责任校对:李　琴　　责任监印:周治超

出版发行:华中科技大学出版社(中国·武汉)
武昌喻家山　邮编:430074　电话:(027)81321913

录　排:武汉众心图文激光照排中心
印　刷:武汉市洪林印务有限公司

开本:787mm×960mm　1/16　印张:29.5　字数:560 000
版次:2010 年 1 月第 2 版　印次:2024年7月第15次印刷　定价:55.00 元
ISBN 978-7-5609-3539-3/TM·83

21世纪电气与电子工程系列教材

编委会

内 容 提 要

本书为普通高等教育“十一五”国家级规划教材。

本书以电力系统为主，着重叙述发电、输变电和配电系统的构成、设计、运行与管理的基本理论和计算方法，电力系统继电保护，电力系统内部过电压及防雷保护。本书内容包括：绪论、发电系统、输变电系统、配电系统、电力系统负荷、电力网的稳态计算、电力系统的短路计算、电气主接线的设计与设备选择、现代电力系统的运行、电力系统继电保护、发输变配电系统的二次系统、电力系统内部过电压及其防护、电力系统防雷保护、电力系统绝缘配合和现代电力系统管理等。

本书为普通高等学校电气工程及其自动化专业和相关专业的教材，同时亦可作为从事发电厂和变电站的电气设计、运行、试验、管理及有关工程技术人员的参考用书。

第二版前言

本书第一版自 2005 年 9 月问世以来，已经过多年使用，并于 2008 年被列入普通高等教育“十一五”国家级规划教材，同年，以本书为主的华中科技大学“电气工程基础”课程被评为国家级精品课程。

本书是在第一版的基础上经过修订而成的。随着科学技术的进步和高等教育改革的深入，电气工程及其自动化专业的教学体系与内容发生了很大变化，有些观点需要更新，有些理论需要修正，有些方法需要补充，有些算例需要充实。这是再版时应达到的目标，但由于时间和精力的限制，这次第二版来不及作系统的重大修改，只是作了局部的调整和修正，以便适时满足教学之急需，敬请读者见谅。

本书与第一版相比，做了以下一些修订：反映了现代电力工业的现状、特点及发展态势；删去了一些陈旧、不太适合教学的内容；第一版中有些术语、名词不够统一，在新版中都加以推陈出新。

本书由华中科技大学电力工程系组织编写，参加编写的有：熊信银教授（第一章、第二章），戴明鑫副教授（第三章、第八章），罗毅副教授（第四章、第五章、第十三章），吴耀武副教授（第六章、第十二章），张步涵教授（第七章、第九章），曾克娥教授（第十章、第十一章）和娄素华副教授（第十四章、第十五章）。熊信银教授、张步涵教授担任主编，由熊信银教授负责全书的统稿。

在本书的编写过程中，编者尽了很大努力，力图让使用本书的师生满意，但由于编者学术水平有限，加上编写时间仓促，书中还有不尽如人意的地方，敬请读者批评指正。

编　者

2009 年 6 月

第一版前言

本书是根据加强基础、拓宽专业知识面的教学改革需要而编写的，涉及电力系统的各个方面，诸如：电力系统的基本概念及知识，发电系统，输变电系统，配电系统，电力系统负荷，电力网的稳态计算，电力系统的短路计算，电气主接线的设计与设备选择，现代电力系统的运行，电力系统继电保护，发输变配电系统的二次系统，电力系统内部过电压及其防护，电力系统防雷保护，电力系统绝缘配合和现代电力系统管理等。为加深对课程内容的理解，书中大部分章节附有例题、思考题和习题。本书为电气工程及其自动化专业、电力系统及其自动化专业以及相关专业的教材，亦可作为机电类专业的参考书。

本书由华中科技大学电力工程系组织编写，参加编写的有：熊信银教授（第一章、第二章），戴明鑫副教授（第三章、第八章），罗毅副教授（第四章、第五章、第十三章），吴耀武副教授（第六章、第十二章），张步涵教授（第七章、第九章），曾克娥教授（第十章、第十一章）和娄素华讲师（第十四章、第十五章）。熊信银教授、张步涵教授担任主编，由熊信银教授负责全书的统稿。由于编写时间仓促，书中错误及不当之处在所难免，敬请读者批评指正。

编　者

2005 年 6 月

目　录

第一章 绪 论

第一节 我国电力工业发展概况及前景

一、电力工业发展概况

电能对人类非常重要。它是人们生活中不可缺少的重要能源，给黑夜带来光明，给人类带来幸福，没有电能的世界是不可想象的。

电能是现代社会文明的基础。它为现代工业、现代农业、现代科学技术和现代国防提供必不可少的动力，在国民经济中占有十分重要的地位。

电能在我国的应用已有 100 多年的历史。

中国最早的火力发电是在 1882 年，在上海安装了第一台机组发电。举办水力发电比火力发电晚了 30 年，始于 1912 年，在云南省离昆明 40 km 的螳螂川上建成石龙坝水电站，装机容量为 2 台 240 kW。

从 1882 年 7 月上海第一台机组发电开始，到 1949 年新中国成立，在 60 多年中，经历了辛亥革命、土地革命、抗日战争和解放战争，电力工业发展迟缓，有时还遭到破坏，全国只有几个大城市才有电能供应。

1949 年全国发电设备的总装机容量为 184.86×10^4 kW（当时占世界第 21 位），年发电量仅 43.1×10^8 kW·h（当时占世界第 25 位），人均年占有电量不足 10 kW·h。当时中国的电力系统大多是城市发、供电系统，跨地区的只有东北中部和南部的 154 kV、220 kV 电力系统、东北东部的 110 kV 电力系统（分别以丰满、水丰和镜泊湖等水电站为中心）及冀北电力系统。

新中国成立以来，电力工业有了很大的发展，尤其是 1978 年以后，改革开放、发展国民经济的正确决策和综合国力的提高，使电力工业取得了突飞猛进、举世瞩目的辉煌成就。从 1996 年起，我国发电装机容量和年发电量均跃居世界第二位，超过了俄罗斯和日本，仅次于美国，进入世界电力生产和消耗的大国行列。半个多世纪的风雨历程，铸造了共和国的繁荣昌盛，60 年的艰苦奋斗，成就了我国电力工业的灿烂辉煌。

我国发电装机容量的几大跨越在历史的丰碑上清晰可见：从 1949 年到 1987 年，全国发电装机容量超过 1×10^8 kW，用了 38 年的时间；从 1987 年到 1994 年间，新增装机容量 1×10^8 kW，用了 7 年的时间；从 1994 年底到 2000 年间，新增装机容量 1×10^8 kW，用了 6 年的时间；2004 年 5 月，以三峡左岸电站 7 号机组为标志，全国电力装机容量突破 4×10^8 kW；2005 年 12 月 27 日，随着浙江国华宁海电厂 2 号机组投运，全国电力装机容量突破 5×10^8 kW；2006 年 12 月 4 日，以华电邹县发电厂首台 100×10^4 kW超临界 7 号机组正式投产为标志，全国电力装机容量突破 6×10^8 kW，新增装机容量 1×10^8 kW，仅用了 1 年的时间。2007 年电力建设继续保持较快速度，在短短一年的时间内，全国电力装机容量再上新台阶，突破了 7×10^8 kW，又一次，1 年新增装机容量超过 1×10^8 kW。这段时期，是新中国成立以来电力建设发展最快的时期。2006 年、2007 年，全国每年新增发电装机容量超过 1×10^8 kW，为历史上装机容量增长最多的年份，如此快的发展速度，这在世界电力发展史上是罕见的。

截至 2008 年底，全国发电装机容量达到 7.9253×10^8 kW，同比增长 10.34%。从电力生产情况看，全国发电量达到 34334×10^8 kW·h，同比增长 5.18%。电力生产基本满足社会用电需求，从而有条件关闭大批小火电，为全国节能与减排二氧化碳作出了重要贡献。照此速度发展下去，预计在 2020 年前后全国发电装机容量将超过美国，跃居世界第一位。

我国电力工业的飞速发展，还体现在电力网、单机容量和电厂规模等方面的大幅度提高上。

1972 年建成了我国第一条超高压 330 kV 输电线路，该线路由甘肃刘家峡水电厂到陕西关中地区。

1981 年建成了第一条超高压 500 kV 输电线路，该线路由河南姚孟火电厂到武汉。

2005 年 9 月，我国第一个超高压 750 kV 输变电工程正式投入运行，这是我国电力工业发展史上一个里程碑。750 kV 输变电工程的投运，对于加快我国电网发展，以及积累电网建设经验，具有重要的示范作用；也为充分利用西部地区丰富的能源，加快资源优势向经济优势转化，创造了更好的条件和机遇。这一示范工程的建成投产，标志着我国电网建设和输变电设备制造水平跨入世界先进行列。

2009 年 1 月，我国特高压 1000 kV 交流输变电工程——晋东南—南阳—荆门试验示范工程，正式投运。这是我国首个特高压交流试验示范工程，电力工业又一次站在了发展跨越的新起点上，成就了目前世界上运行电压最高、输送能力最大、代表国际输变电技术最高水平的交流输变电工程。作为中国乃至世界电力发展史上的重要里程碑，特高压试验示范工程的投运，标志着我国在远距离、大容量、低损耗的特高压核心技术和设备国产化领域取得历史性重大突破，对优化能源资源配置，保障国家能源安全和电力可靠供应具有重要意义。特高压，是思想解放、理论创新和勇于实践的结晶；特高压，凝聚着智慧的光芒和科学的精神；特高压，是历史、现实和未来的选择！

除超高压交流输电外，1988 年建成了从葛洲坝水电厂到上海南桥变电站的 ±500 kV直流输电线路，全长 1080 km，输送容量 120×10^4 kW，使华中和华东两大电网互联，形成了跨大区的联合电力系统。

2006 年 12 月 19 日，云广特高压直流输电工程开工，为世界首个±800 kV 特高压直流输电工程，是我国电力工业发展史上具有重要里程碑意义的又一件大事，标志着我国特高压电网建设又迈出了重要的一步。

现在，我国最大的火电机组容量为 100×10^4 kW(玉环发电厂)，最大的水电机组容量为 70×10^4 kW(三峡水电厂)，最大的核电机组容量为 100×10^4 kW(田湾核电厂)；最大的火力发电厂容量为 454×10^4 kW(邹县发电厂)，最大的水力发电厂为 1820×10^4 kW(三峡水电厂)，最大的核能发电厂为 305×10^4 kW(秦山核电厂)，最大抽水蓄能电厂为 240×10^4 kW(广东抽水蓄能电厂)，这也是目前世界上最大的抽水蓄能电厂。

举世瞩目的三峡工程，装机容量 32 台(含地下电厂 6 台机组)，单机容量为 70×10^4 kW，年均发电量 847×10^8 kW·h，比全世界 70×10^4 kW 机组的容量总和还多，是世界上最大的发电厂，经过半个多世纪的论证，十多年艰辛建设，按期实现了蓄水、通航、发电三大目标，攻克了一系列的世界级难题，刷新了一系列的世界纪录，制造了一系列人间奇迹，实现了几代中国人民执著追求的百年梦想，谱写了世界水电建设史上光辉的一页。

我国核电力工业起步较晚，自行设计、制造、安装、调试的 30×10^4 kW 秦山核电厂于 1991 年 12 月首次并网发电，实现了核电厂零的突破。大亚湾核电厂引进 2 台 90×10^4 kW 压水堆核电机组，1994 年投入运营，其安装、调试和运行管理等方面，都达到了世界先进水平。秦山核电厂经过一期、二期和三期的建设，为我国目前最大的核能发电厂，标志着我国的核电工业迈入了一个新的发展阶段，标志着我国电力工业在技术上向现代化方向迈进。

华东、华北、东北和华中四大电网的容量均已超过 4000×10^4 kW。

目前，东北与华北、华北与华中，华中与华东、华中与南方电网已经互联，全国联网格局基本形成。三峡送变电工程中已完成三峡—常州、三峡—广东和三峡—上海等 ±500 kV高压直流输电工程。因此，实现全国联网战略正在顺利推进。

二、电力系统发展前景

为国民经济各部门和人民生活供给充足、可靠、优质、廉价的电能，是电力系统的基本任务。节能减排，“一特四大”，实现高度自动化，西电东送，南北互供，发展联合电力系统，是我国电力工业的发展方向。这是一项全局性的庞大系统工程。为了实现这一目标，还有很多事要做，且依赖于各方面相关技术的全面进步，如下述一些方面有待进一步研究和解决。

1. 做好电力规划，加强电网建设

电力工业是能源工业、基础工业，在国家建设和国民经济发展中占据十分重要的地位，是实现国家现代化的战略重点。

电能是发展国民经济的基础。而电能是一种无形的、不能大量储存的二次能源。电能的发、变、送、配和用电，几乎是在同一瞬间完成的，须随时保持功率平衡。要满足国民经济发展的要求，电力工业必须超前发展，这是世界电力工业发展规律，因此，做好电力规划、加强电网建设就尤为重要。

电力规划就是根据社会经济发展的需求,能源资源和负荷的分布,确定合理的电源结构和战略布局,确立电网电压等级、输电方式和合理的网架结构等。电力规划合理与否,事关国民经济的发展,直接影响电力系统今后运行的稳定性、经济性、电能质量和未来的发展。

2003年8月14日(美国东北时间),美国东北部和加拿大东部联合电网发生了大面积停电事故。这次停电涉及美国俄亥俄州、纽约州、密歇根州等6个州和加拿大安大略省、魁北克省2个省,共计损失负荷61.80 GW,多达5000万居民瞬间便失去了他们赖以生存的电力供应。在纽约,停电使整个交通系统陷入全面瘫痪;成千上万名乘客被困在漆黑的地铁隧道里;公共汽车就地停运,造成道路堵塞;许多人被长时间困在电梯里;空调停运,人们只能聚集在大街上,或在高温下冒着酷暑步行回家。这次停电,给美、加两国造成的经济损失是巨大的。因此,我们要吸取这次美、加大停电事故的经验教训,引以为鉴。

根据我国社会经济发展的需求,加强电力总体规划,确定合理的电源结构和布局,留有足够的容量和能量的备用,建成容量充足、结构合理、运行灵活的联合电力系统,并采取必要的措施,防患于未然,确保联合电力系统安全稳定运行,为国民经济的正常运转和人民正常的生活提供充足、可靠、优质而又廉价的电能。

2. 电力工业现代化

在21世纪中叶基本实现社会主义现代化是我国社会主义建设的战略目标,也是全国人民在新时期的总任务。实现社会主义现代化,就是要逐步用当代先进的科学技术来武装我国的农业、工业、国防和科学技术事业,使之达到国际先进水平。工业要现代化,作为基础和先行工业的电力工业,更要实现现代化。

要实现电力工业现代化,首先必须使电能满足“四化”建设的需要,满足工农业生产和人民生活用电不断增长的需要。其次,就是要用当代先进的科学技术装备和改造电力工业企业。目前电力技术的先进水平主要表现为特高压、大系统、大电厂、大机组、高度自动化及核电技术。

(1)特高压、大系统。系统容量在$(4000\sim8000)\times10^4$ kW以上,交流输电电压为超高压500 kV、750 kV和特高压1000 kV,直流输电电压为±500 kV和特高压±800 kV。

(2)大电厂、大机组。大电厂包含大火电基地、大水电基地、大核电基地和大可再生能源发电基地,火电厂容量为$(460\sim640)\times10^4$ kW,最大机组容量为$(100\sim160)\times10^4$ kW;水电厂容量为1260×10^4 kW,最大机组容量为$(70\sim80)\times10^4$ kW;抽水蓄能电厂容量为240×10^4 kW,最大机组容量为45.7×10^4 kW;核电厂容量为$(400\sim800)\times10^4$ kW,最大机组容量为$(100\sim170)\times10^4$ kW;风力发电厂容量为$(100\sim1000)\times10^4$ kW,最大机组容量为$(1000\sim7200)$ kW。

(3)高度自动化。建立以电子计算机为中心的安全监测、控制和经济调度系统,实行功率和频率的自动调整,火电厂实行单元集中控制,水电厂和变电站实行无人值班和远方集中控制。

我国电力工业今后发展的规划目标是:优化发展火电,规划以 60×10^4 kW 和 100×10^4 kW 火力发电机组为主干,进一步发展 110×10^4 kW、130×10^4 kW 和 160×10^4 kW的大型火力发电机组,建设一批$(400\sim600)\times10^4$ kW 的大规模发电厂;优先开发水电,以总装机容量为 1820×10^4 kW 的长江三峡水利枢纽工程建设为龙头,坚持滚动、流域、梯级、综合开发的水电建设方针,加快我国的水电建设步伐;积极发展核电,在沿海和燃料短缺的地区,加快建设一批占地面积少,节省人力和燃料、不污染环境的大型核电厂;因地制宜发展新能源,同步发展电网,努力实现节能降耗新突破,认真治理对环境的污染。这一符合我国国情的规划目标,将使我国的电力工业走向低能耗结构、低环境污染、高效率运营的和谐发展道路。

3. 节能减排,积极发展清洁能源

(1)节能减排。节能减排这个人类与自然的约定,企业与社会的约定,世界各国人民个体与整体的约定,伴随着人类历史长河的涓涓细流如期而至。2007 年,在遥远的巴里岛,全世界 187 个国家的代表已经就未来气候谈判战略达成共识,《联合国气候变化框架公约》的蓝图初步形成。可以清晰地看到,人类与自然的和谐相处将成为本世纪各国政府的头号议题。对于发展中的中国,我们有理由给予更多期待。

节能减排,不只在于这是“国家确定,人大通过”的国家规划,具有法律尊严,更在于其成败关系到国家的核心竞争力。在国际范围内,特别是在经济全球化的快车道上,这是一场很严酷的较量,讲的是经济质量,论的是科技含量与知识含量,究的是投入产出比率,影响到的是国家前途和命运。

节能减排的困难在于,“节能”符合利润原则,相对简单;“减排”则涉及全局利益与局部利益的矛盾、眼前利益与长远利益的矛盾、国家利益与人类利益的矛盾等复杂的关系,有一个先发展后治理还是边发展边治理,抑或只发展不治理的问题。但有一点是肯定的,如果不是在发展中寻求治理的办法,在治理中探求发展的道路,其代价则会更为惨重,甚至无法挽回,对不起我们的子孙后代。

在当今世界中,节能减排已经不是一个国家或一个地区的内部事务,而是整个人类所需要共同面临的一个严肃问题。当人类发现,传统的工业发展方式已经没有出路,能源和生态的危机已经严重影响到了人类自身的生存和发展时,唯一的出路就是立即转变观念,走节能减排的新型工业化道路。

“十一五”规划《纲要》明确提出了节能和减排两个约束性目标,电力工业是国家实施环保改造的重点领域,上大压小,脱硫脱硝,对于我国工业改革的战略布局具有十分重要的意义。在国家一系列政策的支持和鼓励下,电力工业挑起了保障我国经济可持续发展的重任,在节能减排的道路上一马当先,为实现人类与自然和谐相处的世纪约定作出了重要贡献。

我国电力工业结构不合理的矛盾十分突出，特别是能耗高、污染重的小火电机组比重过高。到2005年底，全国单机10×10^4 kW及以下小火电机组容量达到1.15×10^8 kW左右。因此，电力工业将“上大压小”，加快关停小火电机组放在“十一五”期间工作的首位。

2008年，全年关停小火电机组1669×10^4 kW，三年累计关停小火电机组3420×10^4 kW；全国6000 kW及以上火电厂供电标准煤耗已达349 g/kW·h，比上年降低7 g/kW·h，三年累计降低21 g/kW·h，已提前完成了“十一五”规划355 g/kW·h的目标；全国电网输电线路损失率为6.64%，比上年下降0.33个百分点，三年累计降低0.57个百分点；火电厂烟气脱硫机组容量已超过3.6×10^8 kW，约占煤电机组容量的65%。“十一五”期间，电力工业“上大压小”任务会超额完成，关停的小火电可达6500×10^4 kW，而与其对应的新上大火电机组可达1×10^8 kW以上。

(2)积极发展清洁能源。清洁能源的开发与利用作为能源开发的一场革命，正在世界各国如火如荼地展开。

所谓清洁能源是指通过特定的发电设备，将核能、风能、太阳能、生物质能、海洋能和地热能等能源转换得来的电能，其最大特点是生产过程中不排放或很少排放对环境有害的废气和废水等污染物。下面，仅以核能、风能和太阳能的开发和利用为例进行叙述。

① 核能发电。国家需要建大量核电，特别是沿海地区。不大力发展核电，很难解决能源供给问题。继秦山和大亚湾核电厂之后，我国又先后投运了秦山二期、岭澳、秦山三期和田湾核电厂，形成了浙江秦山、广东大亚湾和江苏田湾三座核电基地。目前已经投运的核电机组有11台，总装机容量为910×10^4 kW。在建核电有1800×10^4 kW，计划到2020年建成4000×10^4 kW的核电。

② 风力发电。我国风力资源丰富，尤其在西北、东北和沿海地区，有着建设风力发电厂(又称风力发电场)的天然优势。20世纪80年代，有关部门提供的估计资料表明，我国陆地上10 m高度可供利用的风能资源为2.53×10^8 kW，陆地上50 m高度可供利用的风能资源为5×10^8 kW。截至2008年12月末，我国新增风电装机容量达到719.02×10^4 kW，累计装机容量达到1324.22×10^4 kW。从今年起，力争用10多年时间，在甘肃、内蒙古、河北和江苏等地建成几个上千万千瓦级风电基地，使高效清洁的风能在我国能源格局中占据应有的地位。

③ 太阳能发电。“万物生长靠太阳”，就是因为生长所需要的能源都来自太阳。无论是人类还是动植物，都离不开太阳的光和热。太阳是一个巨大、久远、无尽的能源。尽管太阳辐射到地球大气层的能量仅为其总辐射能量(约为3.75×10^{26} W)的22亿分之一，但已高达1.73×10^{17} W，换句话说，太阳每秒钟照射到地球上的能量就相当于500×10^4 t煤。太阳能的利用已日益广泛，它包括太阳能光利用和太阳能热利用等。

太阳能光利用最成功的是应用光电转换原理制成的太阳能电池，即光伏发电。世界光伏产业和光伏市场在法规政策强力推动下，呈快速发展，从2001年到2006年的平均年增长率为45%，2006年世界太阳能电池产量达到2501 MW，总装机容量达到8×10^3 MW。据欧洲光伏工业协会(EPIA)的最新预测：到2020年，世界光伏组件年产量将达到4×10^4 MW，系统总装机容量将达到195×10^3 MW，届时太阳能光伏发电量将达到274×10^9 kW·h，占当时全球发电量的1%。

目前，中国具有2.5×10^4 kW的太阳能发电容量，力争到2020年建成500×10^4 kW的太阳能发电容量，使太阳能成为中国最大的可再生能源。我国太阳能资源非常丰富，大约2/3国土的年太阳辐射总量接近或超过6000 MJ/m^2，因此，研究开发和利用太阳能已成为人类科学技术永恒的课题，其前途是无限的。

4.联合电力系统

由于负荷的不断增长和电源建设的发展，以及负荷和能源资源分布的不均衡，使得一个电网与邻近的电网互联，是历史发展的必然趋势。不仅城市与城市之间，省与省之间，大区与大区之间的相邻电网如此，国与国之间的电网也是这样。例如，西欧各国、前苏联与东欧各国、北欧各国、北美的美国与加拿大，电网都已互联。这是因为电和其他产品相比有很大不同，就是运输时间短暂(接近光速)，在地球范围内传输，无论相距多远，基本上无感觉上的差别。

在我国，联网的经济效益也很大。如山西向华北送电，一年送出几十亿千瓦·时。北京缺电，山西的煤多而运不出去，输电比输煤要方便。特别在交通运输紧张的情况下，通过联网把电送出去，效益更大。另外，在错峰方面，北京与沈阳时差半小时，与兰州时差1小时，与乌鲁木齐时差2小时。从东到西联网，可以把早晚高峰错开，称为经度效益或时差效益。如果南北联网，则可把夏冬季高峰错开，称为纬度效益或温差效益。

总的看来，发展联合电力系统，主要有下述效益。

(1)各电力系统间负荷的错峰效益。由于各电网地理位置、负荷特性和生活习惯等情况的不同，利用时差，错开高峰用电，可削减尖峰，因而联网后的最高负荷总比原有各电网最高负荷之和为小，这样就可减少全网系统总装机容量，从而节约电力建设投资。例如，华东电网的最高负荷就要比江苏、浙江、安徽和上海三省一市的最高负荷之和小5%。

(2)提高供电可靠性、减少系统备用容量。联网后，由于各系统的备用容量可以相互支援，互为备用，增强了抵抗事故的能力，提高了供电可靠性，减少了停电损失。系统的备用容量是按照全网发电最大负荷的百分数来计算的，例如，负荷备用3%～5%，事故备用8%～10%，检修备用12%～15%。由于联网降低了电网的最高负荷，因而也就降低了备用容量，同时，由于联合电力系统容量变大了，系统备用系数可降低一点，也可减少系统备用容量。

(3)有利于安装单机容量较大的机组。采用大容量机组可以降低单位容量的建设投资和单位电量的发电成本,有利于降低造价,节约能源,加快建设速度。电网互联后,由于系统总容量增大就为安装大容量机组创造了条件。合理的单机容量与电网容量之间大致有如表 1-1 所示的关系。

表 1-1 单机容量与电网容量的关系

电网可调容量/10^4 kW	25～60	60～200	200～500	300～750	750 以上
最大单机容量/10^4 kW	5	10～12.5	20	30	60

(4)进行电网的经济调度。由于各系统能源构成、机组特性(包括效率)及燃料价格的不同,各电厂的发电成本存在着差异。电网互联后,利用这种差异进行经济调度,可以使每个电厂和每个地区电网的发供电成本都有所下降。电网经济调度,宏观上是水、火电的经济调度,充分利用丰水期的水能,多发水电,减少弃水损失,大量节约火电厂的燃料;微观上是机组间的经济调度,让能耗低的机组尽量多发电,减少能耗,这两方面的效益都是很大的。

(5)进行水电跨流域调度。水电可以跨流域调度,在大范围内进行电网的经济调度。

当一个电网具有丰富的发电能源,另一个电网的发电能源不足时,或者两个电网具有不同性质的季节性能源时,电网互联后可以互补余缺,相互调剂。如果将红水河、长江和黄河水系进行跨流域调度,错开出现高峰负荷的时间和各流域的汛期,可能减少备用容量 350×10^4 kW,经济效益将更为显著。

(6)调峰能力互相支援。若电力系统孤立运行时,为了调峰需要装设调峰电厂或调峰机组,但其调峰能力并不一定能发挥出来。系统互联后,不仅因负荷率提高,也由于调峰容量可互相支援,调峰能力得到充分发挥,因此,系统调峰机组容量可以减少。

此外,还有提高高效率机组利用率和使用廉价燃料,能承受较大的冲击负荷,有利于改善电能质量等技术上和经济上的效益。

联网也带来一些问题,并增加联网支出费用:

(1)增加联络线和电网内部加强所需投资,以及联络线的运行费用;

(2)当系统间联系较弱时,将有可能引起调频方面的复杂性和出现低频振荡,为防止上述现象发生,必须采取措施,从而增加了投资或运行的复杂性;

(3)增加了系统短路容量,并可能导致增加或调换已有设备;

(4)增加联合电网的通信和高度自动化的复杂性。

综上所述,由于各系统的具体情况不同,联网所获得的效益和所付出的代价也不会相同,总的说来,联网获得的效益将大于付出的代价。

全国各电力系统互联,走向联合电力系统,是我国电力系统发展的必然趋势,不仅三峡电站的建成要求联网,而且为满足未来的西电东送、南北互供的格局也要求全国联网。

5. 电力市场

世界上许多国家在电力工业中引入竞争机制，发展电力市场，这是100多年来电力工业发展的一件历史性的改革。

所谓电力市场既是电能生产与运营的组织、指挥、控制和管理中心，也是电能商品集中交易与结算的场所。也就是说，电力市场是依法成立的，采用经济手段，本着公平竞争、自愿互利的原则，对电力系统中发电、输电、供电和用户等进行协调和运行管理的机构。

电力市场的基本特征是：开放性、竞争性、计划性和协调性。

电力市场的基本原则是：公平、公开和公正。

改革开放以来，我国电力工业发展很快，形成了由国家、地方、外资等多家办电的局面，这对缓和电力供求矛盾起了很大的作用。但是，由于产权多元化而造成利益主体多元化，在这种情况下如何协调好投资各方的利益就成为一个非常重要的问题。为此，建立电力市场，给每个参与投资成员以平等竞争的机会，创造一种平等竞争的环境。

在电力市场环境下，电能是一种商品，商品交换靠的是价格，而价格应是在交易双方都能接受的水平上。但是，由于电力系统具有垄断性和发供用电同时性两大特点，使得制定电价的机制与一般商品不同。电价过低，一方面会影响电力工业的发展，另一方面将影响电力生产；而电价过高，将影响其他工业的发展，甚至影响社会安定。因此，电价是电力市场的支点。

电价的改革无论在世界上哪个国家都是极为慎重的，因为电力工业作为国家公用事业必须考虑国家、电力企业和用户等方面的利益协调。因此，研究市场经济条件下的电价问题，要建立科学的电价模型，这个模型应能考虑各种因素及其变化而随时修改，并能接受政府部门与社会的监督。

电力市场是电力工业顺应经济改革的必然发展方向，其本质是引入公平竞争机制，使电力系统充满生机和活力，同时使电力企业和用户均受益。这既是一次体制改革，又是一次技术飞跃。我国电力体制改革的总体目标是建立全国统一、竞争开放、规范有序的电力市场。它必将引起调度、运行、自动化、财务、规划和用户等方面的系列重大变革。

6. IT技术

正如19世纪末电气技术蓬勃发展曾极大改变人类生活和生产的各方面一样，20世纪下半叶以来对人类影响最大的技术显然是以计算机为中心的IT(Information Technology)技术。在人类迈入21世纪之际，IT技术的应用已极大地改变了电力生产的各个环节，带来了极大的经济效益，而且其进一步发展的前景还显得异常广阔。

IT技术在电力系统中的应用，目前取得成功的集中在两个方面，第一方面是各类电气设备的微机化和智能化，如微机励磁调节系统、微机继电保护装置、微机无功电压控制装置、微机调速器，以及其他各类单台设备的微机监控系统等，在这一方面，人们针对交流采样、数字滤波、抗干扰能力、计算速度、传感技术等问题进行了大量的研究；第二方面是电力系统各类复杂计算由计算机自动实现，如潮流计算、短路计算、暂态稳定计算、电磁暂态计算、电压稳定计算、小干扰分析、各类优化计算、智能软件等。该领域的进展不仅大大提高了电力系统各类计算的精度，提高了工作效率，而且还使得以前不可能定量进行分析的计算成为可能，增加了电力系统分析计算的新内容。

上述两个方面研究的成熟和计算机技术的进一步发展，使得系统无缝集成成了新的研究热点。目前比较成功的有下述几个方面：SCADA(Supervisory Control and Data Acquisition)系统、EMS(Energy Management System)系统、DMS(Distribution Management System)系统，就地或区域的综合监控系统，MIS(Management Information System)系统，以及数字化变电站、数字化发电厂等。随着数字化、智能化和网络技术的进一步发展，系统无缝集成可以说刚刚起步，未来会有更广阔的发展空间。

7. 谐波治理

在电力系统中正弦波形被畸变的现象早已存在，只是由于其功率相对较小，因而危害并不明显。但是随着超大容量的电力电子装置的使用，它不但将电力电子装置快速、实时可控的优点应用于电能输送及运行，如正在运行的±500 kV、120×10^4 kW 葛洲坝直流输电线路；而且还有一些正在开发的独具电力领域特色的应用方向，如动态无功补偿、有源电力滤波、可控移相和柔性交流输电等。目前，一些发达国家50%以上的负荷都是通过电力电子装置供电。国内有专家统计，我国目前电能的30%是经过各类功率电力电子装置变换后供用户使用的。

然而作为供电电源与用电设备间的非线性接口电路，在实现功率控制和变换的同时，所有电力电子装置都不可避免地会产生非正弦波形，形成谐波，它不但向电力网注入谐波电流，使公共连接点的电压波形严重畸变，形成附加的能量损失，而且产生很强的电磁干扰。例如，谐波造成电网电压、电流的波形畸变，使电压的峰值上升，涡流和集肤效应增加，造成旋转电机、变压器等用电设备的绝缘损坏，大大降低设备的使用寿命，甚至因谐波谐振烧坏电气设备；它对通信系统产生电磁干扰，使电话通话质量下降，造成重要的和敏感的自动控制与保护装置工作紊乱，影响功率处理器的正常运行等。

随着功率变换装置容量的不断增大，使用数量的迅速上升和控制方式的多样化，谐波问题已成为电气环境的一大公害，由其造成的谐波污染也日益严重，对电力系统的安全、稳定、经济运行造成极大的影响，因此，电力系统谐波及其治理的研究已经严峻地摆在电力科技工作者面前。

第二节　电力系统基本概念

一、电力系统的定义

煤、石油、天然气、水能等随自然演化生成的动力资源是能源的直接提供者，称为一次能源。电能是由一次能源转换而成的，称为二次能源。

发电厂是生产电能的工厂，它把不同种类的一次能源转换成电能。由发电厂生产的电能，经过由变压器和输电线路组成的网络输送到城市、农村和工矿企业供给用户的用电设备消耗。变电站是联系发电厂和用户的中间环节，一般安装有变压器及其控制和保护装置，起着变换和分配电能的作用。由变电站和不同电压等级输电线路组成的网络，称为电力网。

由发电厂内的发电机、电力网内的变压器和输电线路及用户的各种用电设备，按照一定的规律连接而组成的统一整体，称为电力系统。在电力系统的基础上，还把发电厂的动力部分，如火力发电厂的锅炉、汽轮机和水力发电厂的水库、水轮机及核动力发电厂的反应堆等，也包含在内的系统，则称之为动力系统。这里，以水电系统为例来说明动力系统、电力系统和电力网三者之间的关系，如图 1-1 所示。

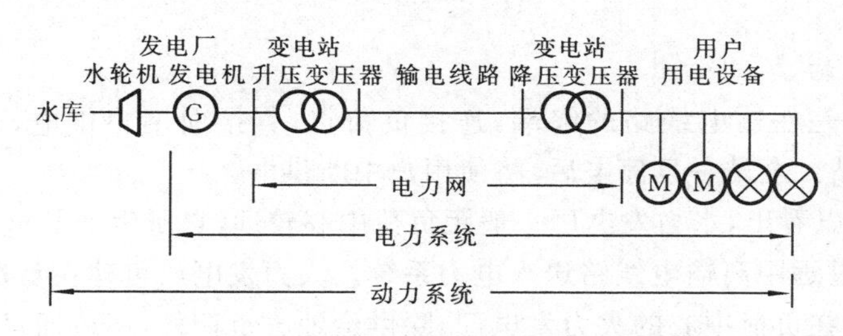

图 1-1　电力网、电力系统和动力系统

由图 1-1 可以看出，为减少由发电机生产的电能在输送过程中的损耗，一般先经过变电站的升压变压器将电压升高后，再通过输电线路送入电力系统。由于用户用电设备的额定电压较低，因此，电能送到用户地区后要经过变电站的降压变压器将电压降低后供给用户用电设备消耗。

电力网通常按电压等级的高低、供电范围的大小分为地方电力网、区域电力网和超高压远距离输电网，如图 1-2 所示。地方电力网是指电压 35 kV 及以下，供电半径在 20～50 km 以内的电力网。一般企业、工矿和农村乡镇配电网络属于地方电力网。电压等级在 35 kV 以上，供电半径超过 50 km，联系较多发电厂的电力网，称为区域电力网，电压等级为 110～220 kV 的网络，就属于这种类型的电力网。电压等级为 330～750 kV 的网络，一般是由远距离输电线路连接而成的，通常称为超高压远距离输电网，它的主要任务是把远处发电厂生产的电能输送到负荷中心，同时还联系若干区域电力网形成跨省、跨地区的大型电力系统，如我国的东北、华北、华东、华中、西北和南方等网络，就属于这一类型的电力网。

变电站是联系发电厂和用户的中间环节，起着变换和分配电能的作用，根据变电站在电力系统中的地位，可分为下述几种类型。

1. 枢纽变电站

枢纽变电站是指位于电力系统的枢纽点，高压侧电压为 330～500 kV，连接电力系统高压和中压的几个部分，汇集多个电源的变电站。全站一旦停电后，将引起整个电力系统解列，甚至使部分系统瘫痪。

2. 中间变电站

中间变电站是指以交换潮流或使长距离输电线路分段为主，同时降低电压给所在区域负荷供电的变电站。一般汇集 2～3 个电源，电压为 220～330 kV。全站一旦停电后，将引起区域电力系统解列。

3. 地区变电站

地区变电站是一个地区或城市的主要变电站。地区变电站是以向地区或城市用户供电为主，高压侧电压一般为 110～220 kV 的变电站。全站一旦停电后，将使该地区中断供电。

4. 终端变电站

终端变电站是在输电线路的终端，连接负荷点，直接向用户供电，高压侧电压为 110 kV 的变电站。全站一旦停电后，将使用户中断供电。

由图 1-2 可以看出，水力发电厂一般距负荷中心较远，它所生产的电能经过变压器升高电压后，通过远距离输电线路送入电力系统。火力发电厂可建在负荷中心，也可建在煤矿附近。建在负荷中心的火力发电厂，除供给地方负荷外，还可通过区域电力网与电力系统交换功率，实现余缺互补。

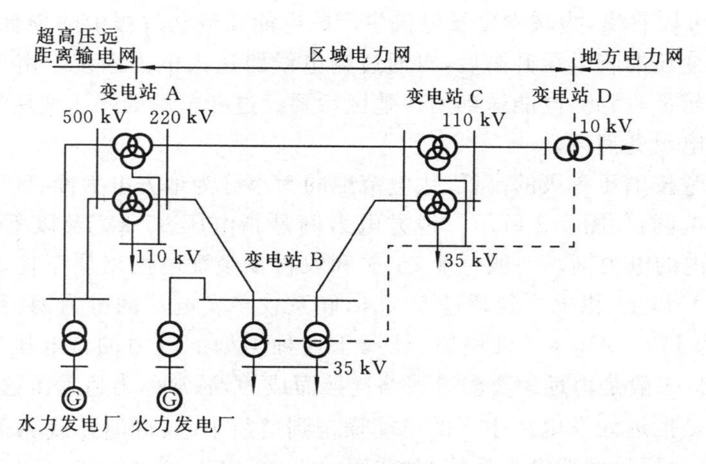

图 1-2　电力系统

由图 1-2 还可以看出，变电站 A 有 2 台 3 绕组变压器将 3 个不同电压等级的输电线路联系在一起，处于十分重要的地位，称为枢纽变电站。变电站 B 为中间变电站，一方面接受火力发电厂送来的电能，另一方面又向附近用户供电。变电站 C 为地区变电站。变电站D为终端变电站，只给一个局部地区供电。

二、电力系统的形成

在电力工业发展初期，发电厂的容量很小，且都建设在用户附近，各发电厂之间没有任何联系，彼此都是孤立运行的。随着工业、农业生产的发展，对电力需求日益增多，对供电质量也提出了更高的要求。这样，不但要建设许多大容量的发电厂以满足日益增长的电能需求，而且对供电可靠性的要求也高了。显而易见，单个孤立运行的发电厂是无法解决这些难题的。例如，一个孤立运行的发电厂，一旦出了故障，将中断用户供电。此外，发电用的动力资源和电能用户往往不在一个地区，水能资源集中在河流水位落差较大的地方，燃料资源集中在煤、石油、天然气的矿区；而大工业、大城市和其他用电部门则因其原料产地、消费中心或受历史、地理条件的限制，可能与动力资源所在地区相隔很远，这样，水电只能通过高压输电线路把电能输送到用户地区才能利用。火电厂虽然能通过燃料运输而在用户地区建设发电厂，但随着机组容量的增大，运输燃料常常不如输电经济。于是就出现了所谓坑口发电厂，即把火电厂建在矿区，通过升压变电站、高压输电线路及降压变电站把电能送到离电厂很远的用户地区。凡此种种，都要将各个孤立运行的发电厂通过输电线路和变电站互相连接起来，以达到相互支援，提高供电可靠性和相互备用的目的。随着高压输电技术的发展，在地理上相隔一定距离的发电厂就逐步连接起来并列运行，其规模越来越大，开始在一个地区之内，后来发展到地区之间互相连接，形成庞大的电力系统。

为什么要将孤立运行的发电厂互相连接成电力系统向用户供电呢？为什么世界各国电力系统的规模越来越大？这是因为电力系统规模越大，给人们带来的技术经济效益越大，具体说明如下。

1. 可以提高供电可靠性

大型电力系统能在各地区之间互供电能，互为备用，增强抵抗事故的能力，提高供电可靠性。电力系统中有大量的发电机、变压器和输电线路。这些设备在运行中难免会发生故障。因为电力系统中所有并列运行发电厂同时发生事故的概率远较孤立运行发电厂发生事故的概率小得多，所以组成电力系统后由于装机容量大，抗干扰能力强，提高了对用户供电的可靠性，特别是提高了对重要用户供电的可靠性。

2. 可以减少备用容量

电能的生产、变换、输送、分配和使用几乎同时进行，电能又不能大量储存，而用户的用电又有随机性和不均衡性，因此，为了保证电力系统安全、可靠、连续地发供电，必须设置足够的备用容量。另外，电力系统在运行中难免有发电机组会发生故障，有些发电机组要停机检修。如果电力系统中发电设备总装机容量刚好等于该系统的最大负荷，那么，当某一机组发生故障时，势必引起对一部分用户中断供电，给用户造成损失。为避免这些情况发生，一般都要使发电设备总装机容量稍大于系统的最大负荷，这部分容量称为备用容量。由于备用容量在电力系统中是可以互相通用的,所以电力系统容量越大,备用容量可少一些,它在总装机容量中所占的百分比就会小一些。

3.可以减少系统装机容量

电力系统规模越大,系统内各地区负荷的不同时率,可利用地区之间的时间差、季节性,错开高峰负荷用电,可削弱系统负荷的尖峰,因而可减轻高峰负荷时电源紧张情况,在满足用电高峰负荷条件下,可以减少系统装机容量。例如,一个地区最大负荷出现在17时,另一地区最大负荷发生在18时,两个地区连接成一个系统后,系统最大负荷小于两个地区最大负荷之和,因而减少了系统的装机容量。

4.可合理利用能源,充分发挥水电在系统中的作用

水电厂发电的多少受季节的影响大,在夏季丰水期水量过剩,在冬季枯水期水量短缺,水电厂单独运行或在地区性系统中水电厂容量占的比重较大时,将造成枯水期缺电、丰水期弃水。如果将水电厂与火电厂连接在一起构成电力系统,实现水、火电厂联合运行,在枯水期火电机组多发电,水电厂机组少发电并安排检修,而在丰水期水电机组多发电,火电机组少发电并安排检修。此外,水电机组启动方便,宜作为调频电厂,还可减少火电机组作调频时的启动煤耗。这样,扬长避短,充分利用水能资源,减少燃煤消耗。

5.采用高效率大容量的火电机组

大容量火电机组效率高,节省原材料,造价低,占地少,运行费用较少。大容量火电机组和小容量火电机组的安装周期基本相同。但是,一个电力系统允许安装的发电机组最大单机容量受电力系统容量的制约。孤立运行的发电厂或者容量较小的电力系统,因为没有足够的备用容量,不允许采用大容量机组;否则,一旦机组因事故或检修退出运行,将会造成电力系统大面积中断供电,给国民经济带来极大损失。而且,即使同一台发电机组在不同容量电网发生事故时对系统频率的影响大不相同。一般要求电力系统中最大的一台发电机组容量不得超过全网容量的10%~15%。因此,大型电力系统拥有足够的备用容量,非常有利于安装高效率、大容量的发电机组。目前,国外已制造投产了发电机组单机容量为130×10^4 kW的机组,我国已制造投产了发电机组单机容量为100×10^4 kW的机组。

6.可以提高系统运行的经济性

除上述优点外,还可以在机组间合理分配负荷,充分发挥煤耗低、效率高的发电机组的作用,使整个系统在满足用户负荷需求的前提下,实现合理的经济运行。

由于上述原因,世界各国电力系统的规模越来越大,一些经济发达的国家已经形成全国统一的电力系统或跨国电力系统。

三、电力系统的特点

电能的生产、变换、输送、分配及使用与其他工业不同,它具有下述特点。

1. 电能不能大量存储

在电力系统中，电能的生产、变换、输送、分配和使用是同时进行的。发电厂在任何时刻生产的电能必须等于该时刻用电设备消耗的电能与变换、输送和分配环节中损耗的电能之和，即发电容量和用电容量随时应保持平衡，因而不论是转换能量的原动机或发电机，或是输送、分配电能的变压器或输电线路及用电设备等，只要其中任何一个元件发生故障，都将影响系统的正常工作。

迄今为止，尽管人们对电能的存储进行了大量的研究，并在一些新的存储方式上（如超导储能、燃料电池储能等）取得了某些突破性的进展，但是仍未解决经济的、高效率的及大容量电能的存储问题。因此，电能不能大量存储是电能生产的最大特点。

2. 过渡过程十分短暂

电是以电磁波的形式传播的，传播速度为 3×10^5 km/s。电力系统正常运行时，负荷在不断地变化，发电容量应跟踪作相应变化，以便适应负荷的需求。当电力系统运行情况发生变化时所引起的电磁方面和机电方面的过渡过程是十分短暂的。例如，用户用电设备的操作，电动机、电热设备的启停或负荷增减是很快的，变压器、输电线路的投入运行或切除都是在瞬间内完成的。当电力系统出现异常状态，如短路故障、过电压、发电机失去稳定等过程，更是极其短暂，往往只能用微秒或毫秒来计量时间。因此，不论是正常运行时所进行的调整和切换等操作，还是故障时为切除故障部分或为将故障限制在一定范围内以迅速恢复供电所进行的一系列操作，仅仅依靠人工操作是不能达到满意效果的，甚至是不可能的。因而，必须采用各种自动装置、远动装置、保护装置和计算机技术来迅速而准确地完成各项调整和操作任务。

3. 电能生产与国民经济各部门和人民生活有着极为密切的关系

由于电能是洁净的能源，具有使用灵活、易于转换、控制方便等优点，国民经济各部门广泛使用电能作为生产的动力。现代工业、现代农业、交通运输、通信等都广泛用电能作为动力来进行生产，把电力系统视为各工业企业的“动力车间”。此外，在日常生活中人们广泛使用各种家用电器用电。因此，电能生产与国民经济各部门和人民生活关系密切，息息相关。随着社会现代化的进展，各部门中的电气化程度愈来愈高，因而电能供给的中断或不足，不仅将直接影响工业、农业生产，造成人民生活秩序紊乱，在某种情况下甚至会酿成极其严重的社会性灾难。

4. 电力系统的地区性特点较强

由于电力系统的电源结构与能源资源分布情况和特点有关，而负荷结构却与工业布局、城市规划、电气化水平等有关，至于输电线路的电压等级、线路配置等则与电源和负荷间的距离、负荷的集中程度等有关，因而各个电力系统的组成情况将不尽相同，甚至可能很不一样。例如，有的系统内水能资源丰富是以水力发电厂为主，而有的系统内煤资源丰富是以火力发电厂为主，有的系统电源与负荷距离近，联系紧密，而有的系统却正好相反，等等。因而，在做电力系统规划设计与运行管理时，必须运用系统分析方法,采用优化技术和人工智能技术,针对具体系统的情况和特点进行,如果盲目地搬用其他系统或国外系统的一些经验而不加以仔细分析,则必将违反客观规律,酿成错误。

四、对电力系统的要求

1.保证供电可靠

保证供电可靠是电力系统运行中的一项极为重要的任务。中断用户供电,会使生产停顿,生活混乱,甚至危及人身和设备的安全,给国民经济造成极大损失。停电给国民经济造成的损失远远超过电力系统本身少售电能所造成的损失,一般认为,由于停电引起国民经济的损失平均值约为电力系统本身少售电能损失的三四十倍。因此,电力系统运行的首要任务是满足用户对供电可靠的要求。

造成对用户中断供电的原因很多,诸如,可能是由于电力系统的设备发生了故障,如发电机、变压器、输电线路等发生了故障,也可能是系统运行的全面瓦解,如稳定性遭到破坏导致系统瓦解。前者属于局部事故,停电范围和造成的损失相对较小,后者是全局性事故,停电范围大,重新恢复供电需要很长时间,造成的损失可能很大。

保证供电可靠,首先要求系统元件(如发电机、变压器和输电线路等)的运行具有足够的可靠,元件发生事故不仅直接造成供电中断,而且可能发展成为全局性的事故。运行经验表明,电力系统的全局性事故往往是由于局部性事故扩展而造成的。其次,要求提高系统运行的稳定性,增强系统的抗干扰能力,保证不发生或不轻易发生造成大面积停电的系统瓦解事故。为此,要不断提高运行人员的技术水平和责任心,防止误操作的发生,在事故发生后应尽量采取措施以防止事故扩大,还要采用现代化的监测、控制和保护装置等。

2.保证良好的电能质量

衡量电能质量的主要指标是电压、频率和波形,而在电力系统正常运行时,主要保证电压和频率的偏差不超过规定的范围,详见本章第三节。

3.为用户提供充足的电力

电力系统要为国民经济的各个部门提供充足的电力,最大限度地满足用户的用电需求。首先,应按照电力先行的原则做好电力系统发展的规划设计,加快电力工业建设以确保电力工业的建设优先于其他工业部门。其次,要提高运行操作水平,加强现有设备的维护,进行科学管理,以充分发挥潜力,防止事故的发生,减少事故次数。

4.提高电力系统运行经济性

电能是国民经济各生产部门的主要动力,电能生产消耗的能源在我国能源总消耗中占的比重也很大,因此提高电能生产的经济性具有十分重要意义。

在保证供电可靠和良好电能质量的前提下,进行优化调度,最大限度地提高电力系统运行的经济性,为用户提供充足的、廉价的电能。为此,可以采取的措施有:安装大容量的发电机组,充分发挥水电在系统中的作用,尽量降低发电厂的煤耗率(或水耗率),

合理分配各发电厂间的负荷，减少厂用电和电网损耗等。

上述对电力系统的要求，是相互联系的，有的是相互矛盾的，应从实际出发，采取切实可行的措施，提高系统安全经济运行水平。一般地讲，一个可靠性指标差的电力系统就谈不上优质和经济，而电能质量差的电力系统也不会是可靠的和经济的。对供电可靠和优质的要求，有时又会与经济性发生矛盾，因此，在考虑满足其中一项要求时，必须兼顾其他三项要求。

第三节 电能的质量指标

衡量电能质量的主要指标有电压、频率和波形。

一、电压

电压的质量对各类用电设备的安全经济运行都有直接的影响。电力系统中主要的用电设备有照明、异步电动机、电热装置和电子设备等。

图 1-3 表示照明负荷(白炽灯)的电压特性。从图 1-3 可以看出，照明负荷(白炽灯)对电压的变化是很敏感的。当电压降低时，白炽灯的发光效率和光通量都会急剧下降；而当电压升高时，白炽灯的使用寿命将会缩短。例如，当供电电压比白炽灯的额定电压低 10%，则光通量减少 30%，而当供电电压比白炽灯的额定电压高 10%，则白炽灯的使用寿命缩减一半。

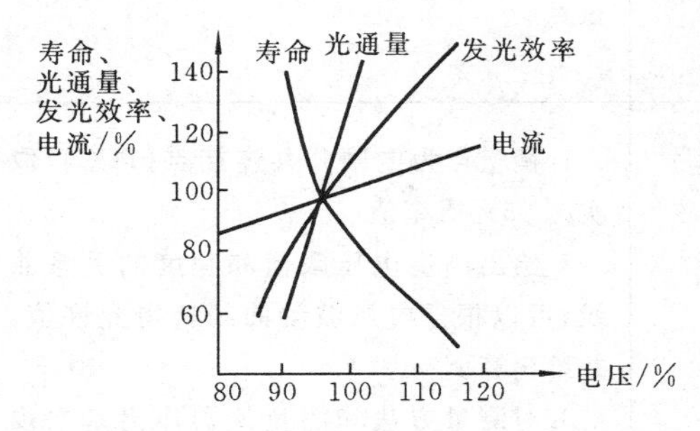

图 1-3 照明负荷(白炽灯)的电压特性

(图中的 100%表示额定值)

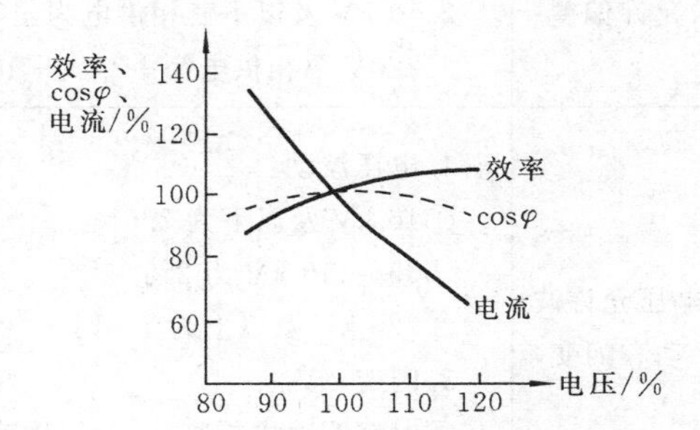

图 1-4 异步电动机的电压特性

(图中的 100%表示额定值)

图 1-4 表示异步电动机的电压特性，即当输出功率一定时，异步电动机的定子电流、功率因数和效率随电压变化而变化的曲线。从图 1-4 可以看出，当端电压下降时，定子电流增加很快。当电压降低时，电动机的转矩将显著减小，这是因为异步电动机的最大转矩与其端电压的平方成正比，以致转差增大，使得定子电流和转子电流都显著增大，引起电动机的温度升高，甚至可能烧毁电动机。反之，当电压过高时，对于电动机、变压器一类具有励磁铁芯的电气设备而言，铁芯磁通密度将增大以致饱

和,励磁电流和铁耗都大为增加,致使电机过热,效率降低,波形畸变,甚至可能导致发生谐波谐振。

对电热装置来说,其消耗的功率也与电压的平方成正比,过高的电压将损坏设备,过低的电压则达不到所需要的温度。

此外,对计算机、电视、广播、通信、雷达等设备来讲,它们对电压质量的要求更高。电子设备中的各种半导体器件、集成电路、磁芯装置等的特性,对电压都极其敏感,电压过高或过低都将使其特性严重变差而影响正常工作。例如,就电视机和收音机来讲,电压过高将会使它们损坏,而电压过低则影响它们的接收灵敏度,以及收看、收听的效果。

由于上述各类用电设备的工作情况都与电压的变化有着极为密切的关系,故在运行中必须规定电压的容许变化范围,这也就是电压的质量标准。据统计,目前世界上许多国家根据运行实践规定的电压允许变化范围都为额定电压的±5%,少数国家也有高到±10%,或低到±3%。

衡量电压的质量指标通常包括供电电压允许偏差、电压允许波动和闪变、三相供电电压允许不平衡度,如表 1-2 所示。

表 1-2 电压质量标准

名 称	允 许 限 值	说 明
供电电压允许偏差	1. 35 kV 及以上为正负偏差绝对值之和不超过 10% 2. 10 kV 及以下三相供电为±7% 3. 220V 单相供电为+7%,-10%	衡量点为供用电产权分界处或电能计量点
电压允许波动和闪变	1. 电压波动: ①10 kV 及以下为 2.5% ②35~110 kV 为 2% ③220 kV 及以上为 1.6% 2. 闪变 ΔV_{10}: ①对照明要求较高,0.4%(推荐值) ②一般照明负荷,0.6%(推荐值)	1. 衡量点为电网公共连接点(PCC),取实测 95%概率值 2. 给出闪变电压限值和频度的关系曲线,可以根据电压波动曲线查得允许值,并给出算例 3. 对测量方法和测量仪器作出基本规定
三相供电电压允许不平衡度	1. 正常允许 2%,短时不超过 4% 2. 每个用户一般不得超过 1.3%	1. 各级电压要求一样 2. 衡量点为 PCC,取实测 95%概率值或日累计超标不超过 72 min,且每 30 min 中超标不超过 5 min 3. 对测量方法和测量仪器作出规定 4. 提供不平衡度算法

二、频率

频率的偏差同样会影响电力用户的正常工作。对于电动机来说，频率降低将使电动机的转速下降，从而使生产率降低，并影响电动机的使用寿命；反之，频率增高将使电动机的转速上升，增加功率消耗，使经济性降低。特别是某些对转速要求较严格的工业部门（如纺织、造纸等），频率的偏差将严重影响产品质量，甚至产生大量废品。另外，频率偏差对发电厂本身将产生更为严重的影响。例如，火力发电厂内锅炉的给水泵和风机之类的离心式机械，当频率降低时其出力将急剧下降，从而迫使锅炉的出力大为减少，甚至引起紧急停炉，这样势必进一步减少系统发电出力，导致系统频率进一步下降。另外，在频率降低的情况下运行时，汽轮机叶片将因振动加大而产生裂纹或断掉，缩短汽轮机的使用寿命。如果系统频率急剧下降的趋势不能及时得到制止，势必造成恶性循环以致整个系统发生崩溃。

此外，频率的变化还将影响到电钟的正确运行，以及计算机、自动控制装置等电子设备的准确工作等。

目前世界各国对频率变化的允许偏差的规定不一样，有些国家规定为不超过±0.5 Hz，也有一些国家规定为不超过±(0.1～0.2) Hz。

我国的技术标准规定电力系统额定频率为 50 Hz，在 3000 MW 及以上的系统，频率偏差不得超过±0.2 Hz；在不足 3000 MW 的系统，频率偏差不得超过±0.5 Hz，由此可见，频率变化的允许偏差为±(0.2～0.5) Hz。我国的技术标准还规定，应保证电钟所示时间的准确性：3000 MW 及以上系统，电钟在任何时间的偏差不应大于±30 s；不足 3000 MW 的系统，不应大于±1 min。

根据频率的质量指标，要求同一电力系统在任何一瞬间的频率值必须保持一致。在系统稳态运行的情况下，频率值取决于发电机组的转速，而机组的转速则主要取决于发电机组输出功率与输入功率的平衡情况。所以，要保证频率的偏差不超过规定值，首先应当维持电源与负荷间的有功功率平衡，其次还要采取一定的调频措施，即通过调节使有功功率保持平衡来维持系统频率的偏差在规定允许限值之内。

三、波形

通常，要求电力系统供电电压（或电流）的波形为正弦波。为此，首先要求发电机发出符合标准的正弦波电压。其次，在电能变换、输送和分配过程中不应使波形发生畸变，例如，当变压器或电抗器铁芯饱和时，或变压器无三角形接法的绕组时，都可能导致波形畸变。此外，还应注意消除电力系统中由于具有非线性特性的用电设备产生的谐波，如换流装置、电气铁道和电弧炉等产生的谐波电流。

当电源波形不是标准的正弦波形时，必然包含着多种高次谐波分量，这些谐波分量的出现将影响电动机的效率和正常运行，还可能使系统发生谐波谐振而危害电气设备的安全运行,例如,由于谐波电流过大或谐振过电压烧坏变电站中无功补偿电容器的事故时有发生。此外,谐波分量还将影响电子设备的正常工作并造成对通信线路的干扰,以及其他不良后果等。

为了严格地保证波形的质量指标,在发电机、变压器等的设计、制造时都已经考虑并采取了相应的措施。因此,只要在运行中严格遵守有关规程的规定,则保证波形质量是可能的。但是,随着电力电子技术在电力系统中的应用和应用范围的扩大,由其产生的谐波污染日趋严重,引起电能质量下降,威胁着电力系统和各种电气设备的安全经济运行。谐波与电压、频率等电能质量指标一样,是电力系统运行的一项重要指标。对电力系统来说,主要考核系统的谐波电压含有率。为了限制谐波电压分量,首先应限制各个非线性负荷所产生的谐波电流,其次是采取一些抑制谐波的措施。若要求限制电力系统谐波绝对为零并不合理,这会造成很大的投资负担。但是将谐波限制在一定范围内,使电力系统运行的各种电气设备能保证正常工作,免受干扰,是较为合理的。

1. 谐波电压限值

国家标准《公用电网谐波》中规定了各次谐波电压含有率和电压总谐波畸变率,如表 1-3 所示。

表 1-3　公用电网谐波电压限值

电网标准电压/kV	电压总谐波畸变率/%	各次谐波电压含有率/%		说　明
		奇次	偶次	
0.38	5.0	4.0	2.0	1. 衡量点为 PCC,取实测 95%概率值 2. 对用户允许产生的谐波电流,提供计算方法 3. 对测量方法和测量仪器作出基本规定 4. 对同次谐波随机性合成提供算法
6 及 10	4.0	3.2	1.6	
35 及 66	3.0	2.4	1.2	
110	2.0	1.6	0.8	

由表 1-3 可以看出,随着电网标准电压的提高,规定的电压总谐波畸变率限值变小。对于 220 kV 电网谐波电压限值,可参照电网标准电压 110 kV 的有关规定执行。

2. 谐波电流允许值

为了限制电力系统的谐波电压,必须限制各个谐波源用户注入电力系统的谐波电流,为此,国家标准规定了注入公共连接点的谐波电流(有效值)允许值,如表 1-4 所示。

当一个新的含有谐波源的负荷接入某电力系统之前,该电力系统公共连接点的谐波电压距规定的限值应有一定裕度,同时,含有谐波源的负荷注入电力系统的谐波电流不超过表 1-4 中所列的允许值时,才准许接入电力系统。否则,可能造成电力系统电压波形畸变率超过限值。

表 1-4 注入公共连接点的谐波电流允许值(A)

标准电压/kV	基准短路容量/MV·A	谐波次数																							
		2	3	4	5	6	7	8	9	10	11	12	13	14	15	16	17	18	19	20	21	22	23	24	25
0.38	10	78	62	39	62	26	44	19	21	16	28	13	24	11	12	9.7	18	8.6	16	7.8	8.9	7.1	14	6.5	12
6	100	43	34	21	34	14	24	11	11	8.5	16	7.1	13	6.1	6.8	5.3	10	4.7	9.0	4.3	4.9	3.9	7.4	3.6	6.8
10	100	26	20	13	20	8.5	15	6.4	6.8	5.1	9.3	4.3	7.9	3.7	4.1	3.2	6.0	2.8	5.4	2.6	2.9	2.3	4.5	2.1	4.1
35	250	15	12	7.7	12	5.1	8.8	3.8	4.1	3.1	5.6	2.6	4.7	2.2	2.5	1.9	3.6	1.7	3.2	1.5	1.8	1.4	2.7	1.3	2.5
66	500	16	13	8.1	13	5.4	9.3	4.1	4.3	3.3	5.9	2.7	5.0	2.3	2.6	2.0	3.8	1.8	3.4	1.6	1.9	1.5	2.8	1.4	2.6
110	750	12	9.6	6.0	9.6	4.0	6.8	3.0	3.2	2.4	4.3	2.0	3.7	1.7	1.9	1.5	2.8	1.3	2.5	1.2	1.4	1.1	2.1	1.0	1.9

注:220 kV 基准短路容量取 2000 MV·A。

谐波电压是谐波电流在系统谐波阻抗上的压降。当谐波电压为限定值时,谐波电流允许值与谐波阻抗成反比,而系统谐波阻抗近似认为与系统短路容量成反比。所以,电力系统中公共连接点的短路容量越大,其谐波阻抗越小,则允许注入该点的谐波电流也越大。表 1-4 中的谐波电流允许值是根据表 1-4 中第二列所示基准短路容量并留有适当裕度后计算确定的。

当实际电力系统公共连接点的最小短路容量不等于表 1-4 中所列的基准短路容量时,说明该电力系统容纳用户谐波电流的能力不同于基准短路容量所代表系统的情况,则注入公共连接点的谐波电流允许值应按与实际系统最小短路容量成正比进行换算,算式如下

$$I_h = (S_{k1}/S_{k2}) \cdot I_{hp}$$

式中,S_{k1} 为实际电力系统公共连接点处最小运行方式时的短路容量(MV·A);S_{k2} 为表 1-4 中所示的相应电压等级的基准短路容量(MV·A);I_{hp} 为表 1-4 中所示的第 h 次谐波电流允许值(A);I_h 为实际电力系统短路容量为 S_{k1} 时的第 h 次谐波电流允许值(A)。

第四节 电力系统的电压等级及其选择

电力系统中的发电机、变压器和开关等电气设备都是按照额定电压和额定频率来设计的,当这些电气设备在额定电压和额定频率下运行时,将具有最好的技术性能和经济指标。为此,各国根据本国国情制定出标准的额定电压和额定频率。我国采用的额定频率为 50 Hz,这里主要讨论电力系统的电压等级。

电力系统的电压等级包括系统用的额定电压和最高电压,电气设备用的额定电压和最高电压。

一、电力系统额定电压和最高电压

输电线路中通过电流的大小是由传输的视在功率和电压决定的,输电线路的功率

损耗是由电流和输电线路参数决定的。由三相功率 $S=\sqrt{3}UI$ 可知,在传输功率 S 一定的条件下,电压 U 愈高时,则电流 I 愈小,功率损耗也小,要求导线的截面积小,投资可减少;但是,电压 U 愈高,绝缘能力要求高,断路器、变压器和杆塔等设备的投资增加。综合考虑各种因素,对应一定传输功率和输送距离的输电线路应有一个合理的电压值,该电压值通常称为经济电压。

对一个国家来说,不可能建设一条输电线路就确定一个电压等级。因为那样会造成设备通用性差,备用设备增加,网络连接和管理都困难。因此,为了使电力系统和电气设备制造厂的生产标准化、系列化和统一化,电力系统的电压等级应有统一的标准。世界上每个国家都根据本国的技术经济条件,规定自己的电压等级标准。该电压等级标准称为电力系统额定电压,又称为电力网额定电压或线路额定电压。

电力系统正常运行时,在任何时间系统中任何一点上所出现的电压最高值(不包括系统的暂态和异常电压,例如,系统的操作所引起的瞬时电压变化等),称为电力系统最高电压。

二、电气设备额定电压和最高电压

电气设备分为供电设备和受电设备。各种电气设备都是在一定条件下工作的。电气设备制造厂根据所规定的电气设备工作条件而确定的电压,称为电气设备的额定电压。电气设备的最高电压是考虑到设备的绝缘性能和与最高电压有关的其他性能(如变压器的励磁电流及电容器的损耗等)所确定的最高运行电压,其数值等于所在电力系统的最高电压值。

为了保证设备在偏离其额定电压允许值的范围内工作,在同一电力系统的额定电压下,电气设备的额定电压值是不相同的。例如,发电机容量越大,额定电压值就越高。额定电压在 10.5 kV 以下的发电机,其额定电压一般比相应的系统额定电压高 5%。又如,升压变压器低压绕组额定电压与发电机额定电压相同,其高压绕组额定电压比相应电力系统额定电压高 10%。而降压变压器高压绕组额定电压与相应电力系统额定电压相同,其低压绕组额定电压比电力系统额定电压高 5%或 10%。这样规定电气设备的额定电压,往往是考虑到变压器约有 5%的电压损耗,输电线路约有 10%的电压损耗。

图 1-5 所示的是电力网电压分布示意图。从该图可以看出,从电力系统实际情况出发确定电气设备的额定电压值是合理的。

实际上要保证所有电气设备在允许的电压变动范围内工作是一件非常困难的事情。因为实际电力网接线复杂,输电距离有长有短,负荷又是随时变化的,使得电压的控制与调整极为复杂。因此,合理确定电气设备的额定电压将有利于电力系统电压的控制与调整。

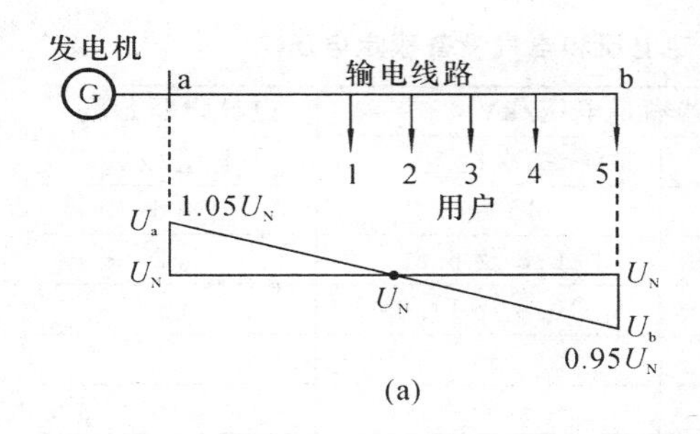

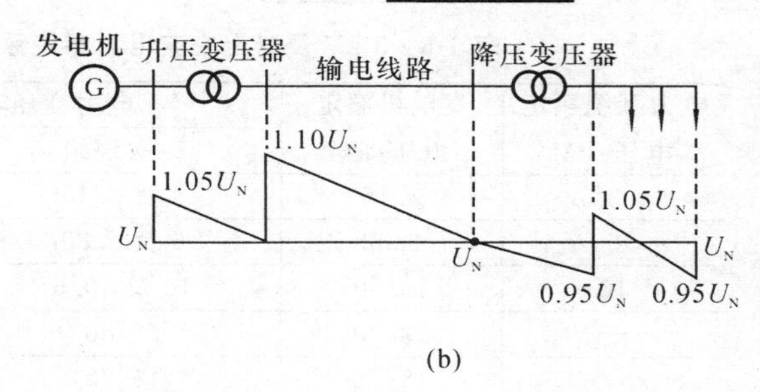

图 1-5 电力网中的电压分布

(a)沿线 ab 的电压分布;(b)连接有升压、降压变压器沿线的电压分布

三、电力系统电压等级

电力系统额定电压是根据技术经济上的合理性、电气制造工业的水平和发展趋势等各种因素而规定的。各种电气设备在额定电压下运行时,能获得最经济的效果。我国规定的额定电压分为低于 3 kV 系统的额定电压和 3 kV 及以上系统的额定电压两类。

1. 低于 3 kV 系统的额定电压

低于 3 kV 系统的额定电压包括三相、单相交流及直流三种。

受电设备的额定电压与系统的额定电压是一致的。供电设备的额定电压,系指电源的额定电压,如蓄电池、发电机和变压器二次绕组的额定电压等。直流电压为平均值,交流电压则为有效值。

直流系统 100 V 以下的额定电压,受电设备与供电设备相同;对受电设备为 110 V、220 V 和 440 V 的直流系统,供电设备的额定电压分别为 115 V、230 V 和 460 V。

低于 3 kV 交流电力系统的额定电压和电气设备的额定电压,如表 1-5 所示。

表 1-5 低于 3 kV 交流电力系统额定电压和电气设备额定电压

电力系统额定电压/kV	发电机额定电压/kV	电力变压器额定电压/kV	
		一次绕组	二次绕组
0.22/0.127	0.23	0.22/0.127	0.23/0.133
0.38/0.22	0.40	0.38/0.22	0.40/0.23
0.66/0.38	0.69	0.66/0.38	0.69/0.40

注:斜线“/”左边数字为线电压,右边数字为相电压。

2. 3 kV 及以上系统的额定电压

我国制定的 3 kV 及以上交流三相电力系统额定电压及电气设备额定电压如表1-6所示。

表 1-6　3 kV 及以上交流电力系统额定电压和电气设备额定电压

电力系统额定电压/kV	发电机额定电压/kV	电力变压器额定电压/kV		电气设备最高电压/kV
		一次绕组	二次绕组	
3	3.15	3 及 3.15	3.15 及 3.3	3.6
6	6.30	6 及 6.30	6.3 及 6.6	7.2
10	10.50	10 及 10.5	10.5 及 11.0	12
—	13.80	13.80	—	
—	15.75	15.75	—	
—	18.0	18.0	—	
20	20.0	20.0	—	24
—	22.0	22.0	—	
—	24.0	24.0	—	
35		35	38.5	40.5
60		60	66	72.5
110		110	121	126(123)
220		220	242	252(245)
330		330	363	363
500		500	550	550
750		750	800	800
1000		1050	1200	1200

注：括号内的数值在用户有要求时使用。

由表 1-6 可以看出，在同一电压等级下，各种电气设备的额定电压并不完全相同，这是为了使各种电气设备都能在较有利的电压水平下运行。但是在规定它们的额定电压时，应使之能相互配合，下面具体说明。

(1) 电力系统额定电压。电力线路的额定电压和电力系统的额定电压相等。这是因为通过线路输送功率时，沿线路的电压分布往往是始端高于末端，线路的额定电压实际上是线路的平均电压，即线路始端电压和末端电压的算术平均值，而系统的额定电压值与电力线路的额定电压相等，从而使各用电设备能在接近它们的额定电压下运行。

(2) 发电机额定电压。发电机往往接在升压变压器的一次侧绕组上，考虑发电机有直配线，因此，有些发电机的额定电压比电力系统的额定电压高 5%，用于补偿电力网上的电压损失。

(3) 变压器额定电压。电力变压器起着供电设备和用电设备的双重作用。变压器一次侧绕组连接电源，或连接发电机，接受电能，相当于用电设备；变压器二次侧绕组连接负荷，向负荷提供电能，相当于发电机，或供电设备。因此，变压器一次侧绕组额定电压应等于电力系统的额定电压，对于直接与发电机连接的变压器一次侧绕组额定电压应等于发电机的额定电压，使之相互配合；变压器二次侧绕组的额定电压是指变压器空载运行时的电压。当变压器在额定负载下运行时，其内部阻抗会造成大约 5%的电压损失。为使变压器在额定负载下工作时,二次侧绕组的电压比同级电网的额定电压高5%,因此,规定变压器二次侧绕组的额定电压较电力系统额定电压高10%。若变压器阻抗较小,内部电压降落也较小,其二次侧绕组直接与用电设备相连接,或电压特别高的变压器,则其二次侧绕组额定电压较同级电力系统额定电压高5%。

由表1-6所示电力系统的额定电压等级中,220 kV、330 kV、500 kV、750 kV、1000 kV多用于大型电力系统的骨干电力网;110 kV既用于中、小型电力系统的基础电力网,也用于大型电力系统的二次网络;35 kV用于中、小城市或大型工业企业内部电力网,也广泛用于农村电力网;10 kV则是常用的配电电压,当用电负荷中高压电动机的比重较大时,也可以考虑采用6 kV配电方案。这里还要指出,上述划分不是一成不变的,随着电力系统的发展,当电力系统的基础电力网电压等级提高后,220 kV也可能退为大型电力系统二次网络的电压等级。

四、电压等级选择

电力系统额定电压的选择,在规划设计中又称电压等级的选择,它是关系到电力系统网架结构、建设费用的高低、运行灵活与否、设备制造是否经济合理的一个综合性问题,且较为复杂。一般地说,传输功率愈大,输送距离愈远,则选择较高的电压等级就比较有利。

220V及以上电力系统的额定电压与相应的传输功率和传输距离的关系如表1-7所示。

表1-7　额定电压与相应传输功率和传输距离的关系

电力系统额定电压/kV	输送方式	传输功率/kW	传输距离/km
0.22	架空线	小于50	0.15
0.22	电缆	小于50	0.20
0.38	架空线	100	0.25
0.38	电缆	175	0.35
3	架空线	100～1000	3～1
6	架空线	200～2000	10～3
6	电缆	3000	小于8
10	架空线	200～3000	20～5
10	电缆	5000	小于10
35	架空线	2000～10000	50～20
110	架空线	10000～50000	150～50
220	架空线	100000～500000	300～100
330	架空线	200000～1000000	600～200
500	架空线	1000000～1500000	850～250
750	架空线	2000000～2500000	500以上
1000	架空线	4000000～5000000	500以上

电力系统额定电压为 220 kV 及以上电压等级与其相适应的传输功率和传输距离的关系曲线如图 1-6 所示。

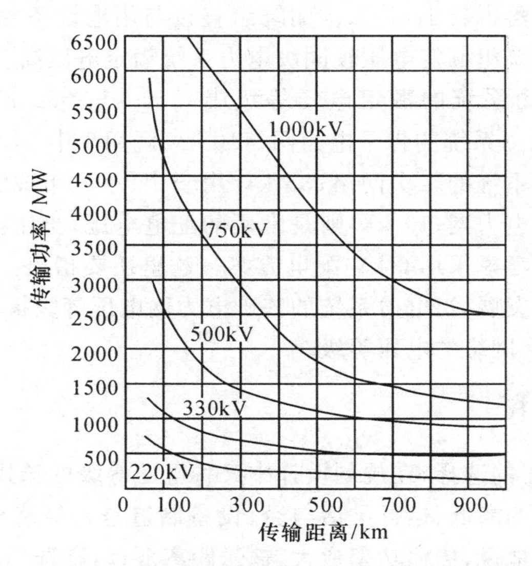

图 1-6　220 kV 及以上电压等级的传输功率和传输距离

第五节　电力系统中性点接地

一、概述

为了保证电力网或电气设备的正常运行和工作人员的人身安全，人为地使电力网及其某个设备的某一特定地点通过导体与大地作良好的连接，称作接地。这种接地包括工作接地、保护接地、保护接零、防雷接地和防静电接地等。

1. 工作接地

为了保证电气设备在正常或发生故障情况下可靠工作而采取的接地，称为工作接地。工作接地一般都是通过电气设备的中性点来实现的，所以又称为电力系统中性点接地。例如，电力变压器或电压互感器的中性点接地就属于工作接地。我国电力网目前所采用的中性点接地方式主要有 4 种：不接地、经消弧线圈接地、直接接地和经电阻接地。

2. 保护接地

将一切正常工作时不带电而在绝缘损坏时可能带电的金属部分（如各种电气设备的金属外壳、配电装置的金属构架等）接地，以保证工作人员接触时的安全，这种接地称为保护接地。保护接地是防止触电事故的有效措施。

3. 保护接零

在中性点直接接地的低压电力网中，把电气设备的外壳与接地中性线(也称零线)直接连接，以实现对人身安全的保护作用，称为保护接零或简称接零。

4. 防雷接地

为消除大气过电压对电气设备的威胁，而对过电压保护装置采取的接地措施称为防雷接地。把避雷针、避雷线和避雷器通过导体与大地直接连接均属于防雷接地。

5. 防静电接地

对生产过程中有可能积蓄电荷的设备，如油罐、天然气罐等所采取的接地，称为防静电接地。

本节仅就电力系统中性点接地方式和原理进行叙述。

电力系统的中性点是指星形连接的变压器或发电机的中性点。这些中性点的接地方式涉及系统绝缘水平、通信干扰、接地保护方式、保护整定、电压等级及电力网结构等方面，是一个综合性的复杂问题。我国电力系统的中性点接地方式主要有 4 种，即不接地(中性点绝缘)、中性点经消弧线圈接地、中性点直接接地和经电阻接地。前两种接地方式称为小电流接地，后两种接地方式称为大电流接地。这种区分法是根据系统中发生单相接地故障时，按其接地故障电流的大小来划分的。确定电力系统中性点接地方式时，应从供电可靠性、内部过电压、对通信线路的干扰、继电保护及确保人身安全诸方面综合考虑。下面分别讨论这 4 种接地方式在电力系统运行中的一些相关问题。

二、中性点不接地的电力系统

我国 3～60 kV 的电力系统通常采用中性点不接地方式。中性点不接地电力系统正常运行时的电路图和相量图如图 1-7 所示。

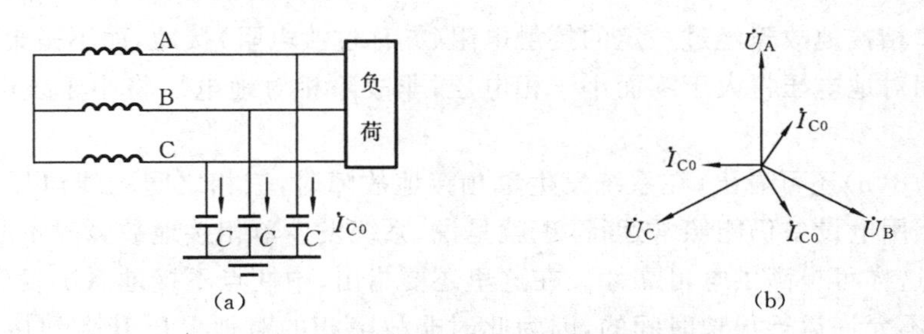

图 1-7 中性点不接地系统正常运行时的电路图和相量图

(a)电路图；(b)相量图

如图 1-7(a)所示电路图，为便于讨论问题，假设 A、B、C 三相系统的电压和线路参数都是对称的，把每相导线的对地电容用集中电容 C 来表示，并忽略导线相间分布电容。大量实验研究结果证明，上述假设条件引起的误差尚在允许范围之内。由于正常

运行时三相电压 $\dot{U}_A$、$\dot{U}_B$、$\dot{U}_C$ 是对称的，所以三相导线对地电容电流 $\dot{I}_{C0}$ 也是对称的，三相电容电流相量之和为零，这说明没有电容电流经过大地流动。

图 1-8(a)所示是发生 A 相单相金属性接地故障情况，此时 A 相对地电压降为零，而非故障相 B、C 对地电压在相位和数值上均发生变化，即

$$\left.\begin{aligned}\dot{U}'_A&=\dot{U}_A+(-\dot{U}_A)=0\\ \dot{U}'_B&=\dot{U}_B+(-\dot{U}_A)=\dot{U}_{BA}\\ \dot{U}'_C&=\dot{U}_C+(-\dot{U}_A)=\dot{U}_{CA}\end{aligned}\right\}\tag{1-1}$$

由图 1-8(b)所示相量图可知，当 A 相发生接地故障时，B 相和 C 相对地电压变为 $\dot{U}'_B$ 和 $\dot{U}'_C$，$\dot{U}'_B$ 和 $\dot{U}'_C$ 的相位差为 60°，其幅值都等于正常运行时的线电压，即升高到相电压的 $\sqrt{3}$ 倍。这样，线路及各种电气设备的绝缘要按线电压设计，绝缘投资所占比重加大，显而易见，电压等级越高绝缘投资就越大。

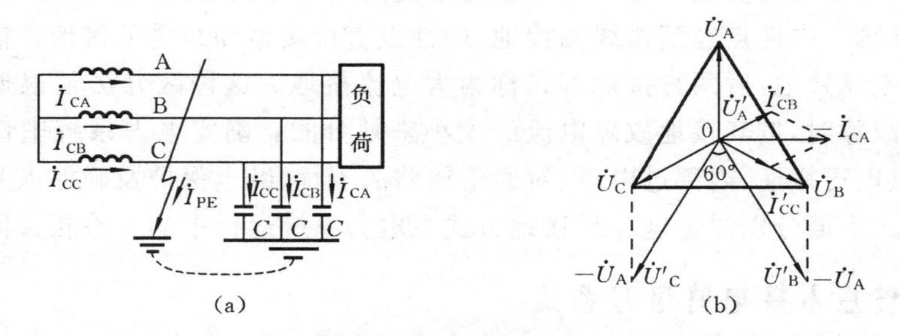

图 1-8　中性点不接地系统单相接地故障电路图和矢量图

(a)单相接地故障电路图；(b)矢量图

如果单相接地故障经过一定的接触电阻(亦称过渡电阻)接地，而不是金属性接地，那么故障相对地电压将大于零而小于相电压，非故障相对地电压将小于线电压而大于相电压。

由图 1-8(b)还可看出，在系统发生单相接地故障时，三相之间的线电压仍然对称，用户的三相用电设备仍能照常运行，也就是说，系统发生单相接地故障时不必马上切除故障部分，这样可提高供电可靠性。在这里还要指出，中性点不接地系统发生单相接地故障后，是不允许运行很长时间的，因为此时非故障相的对地电压升高到接近线电压，很容易发生对地闪络，从而造成相间短路。因此，我国有关规程规定，中性点不接地系统发生单相接地故障后，允许继续运行的时间不能超过 2 h，在此时间内应采取措施尽快查出故障原因，予以排除，否则，就应将故障线路停电检修。

中性点不接地系统发生单相接地故障时，在接地点将流过接地故障电流(电容电流)。例如，A 相发生接地故障时，A 相对地电容被短接，B、C 相对地电压升高到等于线电压，所以对地电容电流变为

$$\dot{I}'_{CB}=\frac{\dot{U}'_{B}}{-jX_{C}}=\sqrt{3}\omega C\dot{U}_{B}e^{j60^{\circ}} \tag{1-2}$$

$$\dot{I}'_{CC}=\frac{\dot{U}'_{C}}{-jX_{C}}=\sqrt{3}\omega C\dot{U}_{B} \tag{1-3}$$

接地电流 $\dot{I}_{PE}$就是上述电容电流的相量和，即

$$\dot{I}_{PE}=-(\dot{I}_{CB}+\dot{I}_{CC})=-3\omega C\dot{U}_{B}e^{j30^{\circ}} \tag{1-4}$$

其绝对值为

$$I_{PE}=3\omega CU_{\varphi}=3I_{CO} \tag{1-5}$$

$$I_{CO}=\omega CU_{\varphi}$$

式中，I_{PE}为单相接地电流(A)；U_{φ} 为电力网的相电压(V)；ω 为电源的角频率(rad/s)；C 为每相导线的对地电容(F)；I_{CO}为系统正常运行时，每相导线的对地电容电流(A)。

由式(1-5)可知，中性点不接地系统发生单相接地故障电流等于正常运行时每相导线对地电容电流的 3 倍。由于线路对地电容电流很难准确计算，所以单相接地电流(电容电流)通常可按下述经验公式计算

$$I_{PE}=(l_{oh}+35l_{cab})U_{N}/350$$

式中，U_{N} 为电力网的额定线电压(kV)；l_{oh}为同级电力网具有电的直接联系的架空线路总长度(km)；l_{cab}为同级电力网具有电的直接联系的电缆线路总长度(km)。

最后还要指出，中性点不接地系统发生单相接地故障时，接地电流在故障处可能产生稳定的或间歇性的电弧。实践证明，如果接地电流大于 30 A 时，将形成稳定电弧，成为持续性电弧接地，这将烧毁电气设备和可能引起多相相间短路。如果接地电流大于 5 A，而小于 30 A，则有可能形成间歇性电弧，这是由于电力网中电感和电容形成了谐振回路所致。间歇性电弧容易引起弧光接地过电压，其幅值可达(2.5～3)U_{φ}，将危害整个电网的绝缘安全。如果接地电流在 5 A 以下，当电流经过零值时，电弧就会自然熄灭。

三、中性点经消弧线圈接地的电力系统

中性点不接地系统发生单相接地故障时，在短时间内仍可继续供电，这是其优点。若输电线路比较长，接地电流大到使接地电弧不能自行熄灭的程度，产生间歇性电弧而引起弧光接地过电压，甚至发展成为多相短路，造成严重事故，为了克服这一缺点，可将电力系统的中性点经消弧线圈接地。

所谓消弧线圈，其实就是具有气隙铁芯的电抗器，安装在变压器或发电机中性点与大地之间，如图 1-9(a)所示。由于装设了消弧线圈，当发生单相接地故障时，接地故障相与消弧线圈构成另一个回路，接地故障相接地电流中增加了一个感性电流，它与装设消弧线圈前的容性电流的方向刚好相反，相互补偿，减少了接地故障点的故障电流，使

电弧易于自行熄灭，从而避免了由此引起的各种危害，提高了供电可靠性。

从图 1-9(b)可以看出，如 C 相发生接地时，中性点电压 $\dot{U}_0$ 变为 $-\dot{U}_C$，消弧线圈在 $\dot{U}_0$ 作用下，产生电感电流 $\dot{I}_L$(滞后于 $\dot{U}_0$ 90°)，其数值为

$$I_L = U_C / X_L = U_\varphi / X_L$$

式中，U_φ 为电力网的相电压(kV)；X_L 为消弧线圈的电抗(Ω)。

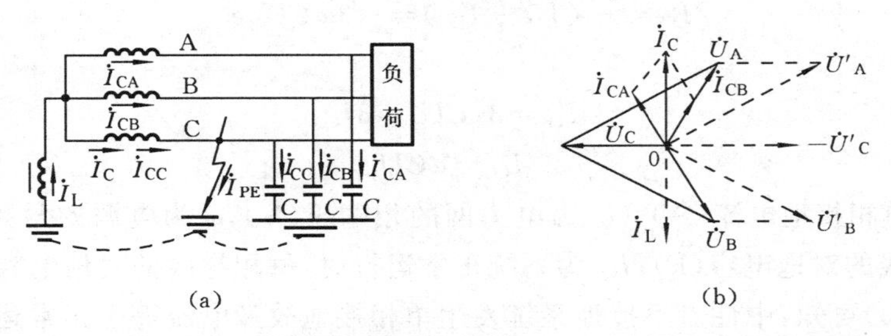

图 1-9　中性点经消弧线圈接地系统的单相接地故障电路图和相量图

(a)单相接地故障电路图 ；(b)相量图

电力系统中性点经消弧线圈接地时，有三种补偿方式，即全补偿方式、欠补偿方式和过补偿方式。

第一种是全补偿方式，选择消弧线圈的电感时，使 $I_L = I_C$，则接地故障点电流为零，此即全补偿方式。这种补偿方式并不好，因为当感抗等于容抗时，电力网将发生谐振，产生危险的高电压或过电流，影响系统安全运行。

第二种是欠补偿方式，选择消弧线圈的电感时，使 $I_L < I_C$，此时接地故障点有未被补偿的电容电流流过。采用欠补偿方式时，当电力网运行方式改变而切除部分线路时，整个电力网对地电容将减少，有可能发展成为全补偿方式，导致电力网发生谐振，危及系统安全运行；另外，欠补偿方式容易引起铁磁谐振过电压等其他问题，所以很少被采用。

第三种是过补偿方式，选择消弧线圈时，使 $I_L > I_C$，此时接地故障点有剩余的电感电流流过。在过补偿方式下，即使电力网运行方式改变而切除部分线路时，也不会发展成为全补偿方式，致使电力网发生谐振。同时，由于消弧线圈有一定的裕度，今后电力网发展，线路增多、对地电容增加后，原有消弧线圈还可继续使用。因此，实际上大多采用过补偿方式。

选择消弧线圈时，应当考虑电力网的发展规划，通常可按下式估算其容量

$$S_{ar} = 1.35 I_C U_N / \sqrt{3}$$

式中，S_{ar}为消弧线圈的容量(kV · A)；I_C 为电力网的接地电容电流(A)；U_N 为电力网的额定电压(kV)。

按我国有关规程规定，在 3～60 kV 电力网中，电容电流超过下列数值时，电力系

统中性点应装设消弧线圈：①3～6 kV 电力网，30 A；②10 kV 电力网，20A；③35～60 kV 电力网，10 A。

四、中性点直接接地的电力系统

图 1-10 所示中性点直接接地的电力系统。如果该系统发生单相接地故障时，则中性点与接地极构成单相接地短路回路，就是单相短路，用 $k^{(1)}$ 表示。线路上将流过很大的单相短路电流 $\dot{I}_k^{(1)}$，使线路上安装的继电保护装置迅速动作，断路器跳闸将故障部分断开，从而防止了单相接地故障时产生间歇性电弧过电压的可能。很显然，中性点直接接地的电力系统发生单相接地故障时，是不能继续运行的，所以其供电可靠性不如电力系统中性点不接地和经消弧线圈接地方式。

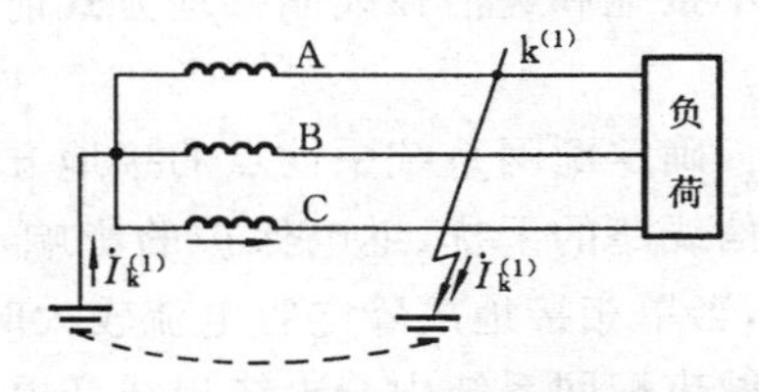

图 1-10　中性点直接接地的电力系统

中性点直接接地的电力系统发生单相接地故障时，中性点电位仍为零，非故障相对地电压基本不变，因此电气设备的绝缘水平只需按电力网的相电压考虑，可以降低工程造价。由于这一优点，我国 110 kV 及以上的电力系统基本上都采用中性点直接接地方式，国外 220 kV 及以上的电力系统也都采用这种接地方式。

这种接地方式在发生单相接地故障时，接地相短路电流很大，会造成设备损坏，严重时会使系统失去稳定。为保证设备安全和系统的稳定运行，必须迅速切除故障线路。电力系统中发生单相接地故障的比重占整个短路故障的 65%以上，当发生单相接地时切除故障线路，将中断向用户供电，使供电可靠性降低。为了弥补这个缺点，在线路上广泛安装三相或单相自动重合闸装置，靠它来尽快恢复供电，提高供电可靠性。另外，当中性点直接接地系统发生单相接地故障时，正常相的电压仍为相电压，对设备绝缘没有影响。

对于 1 kV 以下的低压系统来说，电力网的绝缘水平已不成为主要矛盾，系统中性点接地与否，主要从人身安全来考虑问题。在 380/220 V 系统中，一般都采用中性点直接接地方式，一旦发生单相接地故障时，可以迅速跳开自动开关或烧断熔断丝，将故障部分断开；另一方面，此时非故障相对地电压基本不升高，不会出现人接触时超过 250 V 的危险电压。如果系统中性点不接地，发生单相接地故障时非故障相对地电压将接近于线电压，对人身安全的危害会更大。当然，即使 250 V 左右的接触电压，对人身安全仍是有危险的，应采取措施防止触电。

最后指出，中性点直接接地系统发生单相接地故障时，单相短路电流在导线周围产生单相交变电磁场，将对附近的通信线路和信号设施产生电磁干扰。但只要采取措施减小单相接地短路电流，或采取特别的屏蔽措施，都可以减小这种干扰。

五、中性点经电阻接地的电力系统

中性点经电阻接地主要用于配网系统中。

配网系统中性点接地方式有不接地、经消弧线圈接地和经电阻接地等。关于中性点不接地和经消弧线圈接地方式前面已经叙述过,这里主要叙述中性点经电阻接地方式。

确定配网系统中性点的接地方式,应从供电可靠性,故障时瞬态电压、瞬态电流对通信线路的干扰、继电保护的影响,以及确保人身安全诸方面综合考虑。在配网系统中,当单相接地故障电容电流较大时,一般采用中性点经消弧线圈或经电阻接地。在我国城市配网系统中全电缆出线变电站的单相接地故障电容电流超过 30 A 时,采用中性点经电阻接地;全架空线路出线变电站的单相接地故障电流超过 10 A 时,采用中性点经消弧线圈接地。对电缆与架空线混合线路的单相接地故障电容电流超过 10 A 时,可采用中性点经消弧线圈接地或采用中性点经电阻接地,两种方式各有优缺点,应根据具体情况通过技术经济比较确定。

中性点经电阻接地方式,对供电可靠性有影响,但影响不大,其供电可靠性仍可得到保证。现在城市配网系统逐步形成手拉手、环网供电网络,一些重要用户由两路或多路电源供电,对用户的供电可靠性不再是依靠允许系统带着单相接地故障坚持运行2 h来保证,而是靠加强电网结构、调度控制和配网自动化来保证。

思考题与习题

1-1　简述中国电力工业发展概况及发展前景。

1-2　动力系统、电力系统及电力网各由哪些部分组成?

1-3　电能生产的主要特点是什么?对电力系统有哪些要求?

1-4　简述衡量电能质量的主要指标及其重要意义。

1-5　为什么要规定电力系统额定电压?发电机、变压器和电力系统额定电压之间有联系吗?为什么?

1-6　简述电力系统中性点接地方式及其作用。

第二章　发电系统

第一节　能源及电能

一、物质、能量和信息

世界是由物质构成的，是客观存在的；能量是物质的属性，是一切物质运动的动力；信息是客观事物和主观认识相结合的产物，没有信息，物质和能量无从认识，也毫无意义。因此，物质、能量和信息是构成客观世界的三大基础。虽然信息正以惊人的速度迅猛发展，但能源对世界经济发展和现代社会文明的影响仍居第一位。

宇宙间一切运动着的物体都有能量的存在和转换。能量是物质的一种形态，既不能创造，也不能消灭，只能从一种形态转换到另一种形态，并且能量转换必然遵守能量守恒定律。

到目前为止，人类所认识的能量有如下形式。

(1) 机械能。机械能是与物体宏观机械运动或空间状态有关的能量，前者称之为动能，后者称之为势能。它包括固体和流体的动能、势能、弹性能及表面张力能等。其中动能和势能是人类最早认识的能量，称为宏观机械能。

(2) 热能。热能被认为是物质分子运动的能量。它是构成物质微观分子振动与运动的动能和势能的总和，其宏观表现为温度的高低，反映了物质分子运动的激烈程度。

(3) 化学能。它是物质结构能的一种，即原子核外进行化学反应时放出的能量。根据化学热力学定义，物质或物系在化学反应过程中以热能形式释放的内能称为化学能。利用最普遍的化学能是燃烧碳和燃烧氢，而碳和氢这两种元素正是煤炭、石油、天然气等燃料中最主要的可燃元素。

(4) 辐射能。它是物质以电磁波形式发射出的能量。如太阳是最大的辐射源，地球表面所接受的太阳能就是最重要的辐射能。

(5) 核能。它是蕴藏在原子核内结构发生变化而释放的能。释放巨大核能的核反应有两种，即核裂变反应和聚变反应。要指出的是，核能不遵守质量守恒和能量守恒定律。

(6) 电能。它是和电子流动与积累有关的一种能量，通常由电池中的化学能转换而来，或是通过发电机将机械能转换得到；反之，电能也可以通过电灯泡转换为光能，通过电动机转换为机械能，从而显示出电做功的本领。

二、能源含义和能源分类

能源,顾名思义是能量的来源或泉源,即指人类取得能量的来源,包括已经开发可供直接使用的自然资源和经过加工或转换的能量来源,而尚未开发的自然资源称为能源资源。

由于能源形式多样,因此有下述不同分类方法。

1. 按获得的方法分为一次能源和二次能源

(1) 一次能源,是指自然界中现成存在,可直接取得和利用而又不改变其基本形态的能源,如煤炭、石油、天然气、水能、风能等。

(2) 二次能源,是指由一次能源经加工转换成的另一种形态的能源产品,如电力、蒸汽、煤气、焦炭等,它们使用方便,易于利用,是高品质的能源。

2. 按被利用的程度分为常规能源和新能源

(1) 常规能源,是指在一定的历史时期和科学技术水平下,已经被人们广泛利用的能源,如煤炭、石油、天然气、水能等。

(2) 新能源,是指许多古老的能源,采用先进的方法加以广泛利用,以及用新发展的科学技术开发利用的能源,如太阳能、风能、海洋能、地热能、生物质能、氢能等。核能通常也被看做新能源,因为从被利用程度看还远不能与已有的常规能源相比,此外,核能利用技术非常复杂,可控核聚变反应至今还未实现,这也是将核能视为新能源的主要原因之一。

3. 按能否再生分为可再生能源和非再生能源

(1) 可再生能源,是指自然界中可以不断再生并有规律地得到补充的能源,如水能、风能、太阳能、海洋能和生物质能等。

(2) 非再生能源,是指经过几亿年形成的、短期内无法补充的能源,称之为非再生能源,如煤炭、石油、天然气和核燃料等,随着大规模的开采和利用,其储量越来越少,总有枯竭之时。

4. 按能源本身的性质可分为含能体能源和过程性能源

(1) 含能体能源,是指可以直接储存的能源,如煤炭、石油、天然气、核燃料、地热、氢能等。

(2) 过程性能源,是指无法直接储存的能源,如水能、风能、海洋能、电能等。例如,为了储存流水的能量就要修筑拦水大坝;为了储存电能,就要建立抽水蓄能电站或利用蓄电池将其转换为其他形式的能量形态。

此外,按对环境的污染程度分为清洁能源和非清洁能源。清洁能源,是指对环境无污染或污染很少的能源,如太阳能、水能、海洋能等。非清洁能源,是指对环境污染较大的能源,如煤炭、石油等。

能源历来是人类文明的先决条件,人类社会一切活动都离不开能源,从衣食住行,到文化娱乐，都要直接或间接地消耗一定数量的能源。

能源消耗的水平是人类生活水平和生活质量的重要尺度，民用能源数量的增加和质量的提高，创造了更加舒适的生活环境，降低了劳动强度，解放了繁重的家务劳动。现代国防更是离不开石油和新能源，汽油作为燃料使飞机、坦克、军舰成为主要的常规军备，即使在和平时期，军事活动消耗的能源也是惊人的。目前，美国F-15战斗机每分钟耗油908 L，B-52轰炸机每小时耗油13620 L，航空母舰每天耗油158.9×10^4 L。当然，生产武器的工厂能源消耗更是惊人。此外，能源技术的进步，是军备现代化的先决条件，能源科技的重大发现和发明，往往首先用于军事目的。例如，核能的应用出现了核动力潜艇、核动力航空母舰、原子弹、氢弹、中子弹等先进的、威力巨大的武器和装备，而激光和太阳能的利用，开辟了新一代空间武器。

三、能源资源

能源资源是指蕴藏于自然界中的各种能源。中国拥有比较丰富而多样的能源资源。根据现有地质勘察资料表明，煤炭和水力资源总储量较丰富，而石油、天然气和核能等资源相对较少。

1. 煤炭

“煤炭是工业的粮食”，是传统的能源，也是重要的燃料和化工原料。

我国煤炭资源存储量较丰富，而且质量优良，分布面广，品种也很齐全。据中国第二次煤田预测资料，埋深在1000 m以内的煤炭总资源量达2.67×10^{12} t。其中大别山—秦岭—昆仑山一线以北地区资源量为2.45×10^{12} t，占全国总资源量的94%，其以南的广大地区仅占6%左右。其中新疆、内蒙古、山西和陕西等4省区占全国资源总量的81.3%，东北3省占1.6%，华东7省占2.8%，江南9省占1.6%。

中国是世界上煤炭产量最多、增长速度最快的国家。1949年仅产煤炭3243×10^4 t，1990年突破10×10^8 t，1993年为11.51×10^8 t，居世界第一位；美国8.56×10^8 t，俄罗斯3.06×10^8 t，法国2.79×10^8 t。中国煤炭产量1996年增加到13.96×10^8 t，创历史最高年产量记录，占世界总产煤量（46.07×10^8 t）的30%。2004年，煤炭产量19.56×10^8 t，仍居世界第一位。2005年，煤炭产量接近22×10^8 t。

2. 水能资源

水是一种很平常的物质，但它却是生命的摇篮。水能资源又称水力资源，是指天然水流的位能和动能所蕴藏的可再生能源。我国河流很多，水系庞大而复杂，流量大，落差大，蕴藏着非常丰富的水能资源，开发条件优越，技术经济指标良好。无论是水能资源蕴藏量，还是可能开发的水能资源，中国在世界各国中均居第一位，其次为俄罗斯、巴西和加拿大。

我国水能资源蕴藏量为6.76×10^8 kW，年发电量为5.92×10^{12} kW·h；可能开发水能资源的装机容量为3.78×10^8 kW，可能开发水电年发电量为1.92×10^{12} kW·h。

但水能资源的分布很不均匀，西南占 67.8%，西北占 9.9%，中南占 15.5%，华东占 3.6%，东北占 2%，华北占 1.2%。

3. 其他能源

石油已成为一个国家综合国力和经济发展程度的重要标志，成为国家安全、繁荣的关键和文明的基础，成为现代工业的“血液”。全国石油产量由新中国成立初期的 12×10^4 t 增加到 1997 年的 1.6×10^8 t，跨入世界产油大国的行列。但是，中国是发展中的石油消耗大国，同时又是人均占有油气资源相对贫乏的国家，1993 年中国已由石油出口国变为净进口国，石油进口依存度逐年上升，2005 年已达到 40%以上。2005 年，我国石油消费量已达 3.25×10^8 t，已经超过日本，成为仅次于美国的世界第二大石油消费国。在目前国际形势下，中东地区的不稳定因素对我国的石油进口造成严重的威胁，我国的能源安全问题主要就是石油的安全，因此，积极寻找石油来源，包括进口、国内开采以及开发高效节能技术和替代能源技术是目前面临的重要课题。

天然气是地下岩层中以碳氢化合物为主要成分的气体混合物的总称。天然气是一种重要能源，燃烧时有很高的发热值，对环境的污染也较小，而且还是一种重要的化工原料。天然气的生成过程与石油类似，但比石油更容易生成。天然气主要由甲烷、乙烷、丙烷和丁烷等烃类组成，其中甲烷占 80%～90%。天然气有两种类型：一是伴生气，由原油中的挥发性成分所组成，约有 40%的天然气与石油一起伴生，称油田气，它溶解在石油中或是形成石油构造中的气帽，并对石油储藏提供气压；二是非伴生气，与液体油的积聚无关，可能是一些植物体的衍生物。60%的天然气为非伴生气，即气田气，它埋藏更深。最近 10 年液化天然气技术有了很大发展，液化后的天然气体积仅为原来体积的 1/600。因此，可以用冷藏油轮运输，运到使用地后再予以气化。另外，天然气液化后，可为汽车提供方便的污染小的天然气燃料。目前我国天然气远景资源量可达 47.14×10^{12} m^3，可采资源量为 $14\sim18\times10^{12}$ m^3；天然气探明地质储量为 3.86×10^{12} m^3，可采储量为 2.47×10^{12} m^3。按目前的可采储量计算，以每年开采 1300×10^8 m^3，只可开采 20 年，但按可采资源量计算，至少可开采 100 年。

地球上的铀储量有限，已探明的仅有 500×10^4 t，其中有经济开发价值的仅占一半。中国的铀储量可供 4000×10^4 kW 核电站运行 30 年。经过多年的研究，人们发现海水中含有铀，据估计虽然每 1000 t 海水仅含铀 3 g，而全球有 $15\times10^{14}\times10^8$ t 海水，则含铀总量高达 45×10^8 t，几乎比陆地上的铀含量多千倍。如按热值计算，45×10^8 t 铀裂变约相当于 $1\times10^8\times10^8$ t 优质煤，比地球上全部煤的地质储量还多千倍。

四、电能

电能是由一次能源经加工转换而成的能源，称为二次能源。电能的开发和应用，是人类征服自然过程中所取得的具有划时代意义的光辉成就。自从有了电，消除了黑夜对人类生活和生产劳动的限制，大大延长了人类用于创造财富的劳动时间，改善了劳动条件，丰富了人们的生活。在现代文明中，电被视为与空气和水一样重要，这不仅是因为电使家庭晚餐愉快和谐，使电视机成为生活中不可缺少的部分，而且还因为它可使电气火车奔驰，让工厂机器轰隆转动。可以想象，如果没有了电能，现代文明社会将不复存在。

电能与其他形式的能源相比，其特点如下。

(1) 电能可以大规模生产和远距离输送。用于生产电能的一次能源广泛，可以由煤炭、石油、核能、水能等多种能源转换而成，便于大规模生产。电能运送简单，便于远距离传输和分配。

(2) 电能方便转换和易于控制。电能可方便地转换成其他形式的能，如机械能、热能、光能、声能、化学能及粒子的动能等，同时使用方便，易于实现有效而精确的控制。

(3) 损耗小。输送电能时的损耗比输送机械能和热能时的损耗小得多。

(4) 效率高。电能代替其他能源可以提高能源利用效率，被称之为“节约的能源”。如用电动机代替柴油机，用电气机车代替蒸汽机车，用电炉代替其他加热炉等，可提高效率20%～50%。

(5) 电能在使用时没有污染，噪声小。如用电瓶车代替汽车、柴油车、蒸汽机车等，成为“无公害车”，因此电能被称为“清洁的能源”。

总之，随着科学技术的发展，电能的应用不仅影响到社会物质生产的各个侧面，也越来越广泛地渗透到人类生活的每个层次。电气化在某种程度上成为现代化的同义语，电气化程度已成为衡量社会物质文明发展水平的重要标志。

五、发电厂

将各种一次能源转变成电能的工厂，称为发电厂。按一次能源的不同发电厂分为火力发电厂(以煤、石油和天然气为燃料)、水力发电厂(以水的位能作动力)、核能发电厂及风力发电厂、地热发电厂、太阳能发电厂、潮汐发电厂等。此外，还有直接将热能转换成电能的磁流体发电等。目前我国以火力发电厂为主，其发电量占全国总发电量的70%以上，多处大型水力发电厂正在加紧建设中，核能发电厂的建设也已取得了重大成绩。下面首先对在国民经济中占重要地位的火力发电厂、水力发电厂和核能发电厂的生产过程及其特点分别进行介绍，然后对利用风能、太阳能、地热、海洋能等可再生能源生产电能的发电厂进行介绍。

第二节　火力发电厂

火力发电厂简称火电厂，是利用煤、石油或天然气作为燃料生产电能的工厂，其能量的转换过程是：燃料的化学能→热能→机械能→电能。由此转换过程可看出，火力发电厂将一次能源转换为电能的生产过程中要经过三次能量转换，即首先是通过燃烧将燃料的化学能转换为热能,再通过原动机(汽轮机)把热能转换为机械能,最后通过发电机将机械能转换为电能。

一、火电厂的分类

1. 按燃料分

①燃煤发电厂,即以煤作为燃料的发电厂;②燃油发电厂,即以石油(实际是提取汽油、煤油、柴油后的渣油)为燃料的发电厂;③燃气发电厂,即以天然气、煤气等可燃气体为燃料的发电厂;④余热发电厂,即用工业企业的各种余热进行发电的发电厂。此外,还有利用垃圾及工业废料作为燃料的发电厂,其中燃烧垃圾的火电厂有利于环境保护,其发展极为引人关注。

2. 按蒸汽压力和温度分

①中低压发电厂,其蒸汽压力在 3.92 MPa(40 kgf/cm^2)、温度为 450 ℃的发电厂,单机功率小于 25 MW;②高压发电厂,其蒸汽压力一般为 9.9 MPa(101 kgf/cm^2)、温度为 540 ℃的发电厂,单机功率小于 100 MW;③超高压发电厂,其蒸汽压力一般为 13.83 MPa(141 kgf/cm^2)、温度为 540 ℃的发电厂,单机功率小于 200 MW;④亚临界压力发电厂,其蒸汽压力一般为 16.77 MPa(171 kgf/cm^2)、温度为 540 ℃的发电厂,单机功率为 300 MW 直至 1000 MW 不等;⑤超临界压力发电厂,其蒸汽压力大于 22.11 MPa(225.61 kgf/cm^2)、温度为 550 ℃的发电厂,机组功率为 600 MW、800 MW 及以上;⑥超超临界压力发电厂,其蒸汽压力为 26.25 MPa(267.86 kgf/cm^2)、温度为 600 ℃的发电厂,机组功率为 1000 MW 及以上。目前世界上最大机组容量已达 1300 MW。

3. 按原动机分

凝汽式汽轮机发电厂、燃气轮机发电厂、内燃机发电厂和蒸汽-燃气轮机发电厂等。

4. 按输出能源分

①凝汽式发电厂,即只向外供应电能的发电厂,其效率较低,只有 34%~45%;②热电厂,即同时向外供应电能和热能的电厂,其效率较高,可达 60%~70%。

二、火电厂的电能生产过程

我国火力发电厂所使用的燃料主要是煤,且主力电厂为凝汽式火力发电厂。

凝汽式火力发电厂由三大主机(锅炉、汽轮机、发电机)及其辅助设备组成,其生产流程图,如图 2-1 所示。

原煤由产地运到火电厂的卸煤间或储煤场,由输煤皮带经筛分机械和破碎机械将大块煤打碎并除去铁件和木块,再送到锅炉车间的原煤斗。为使煤能在锅炉内迅速而有效地燃烧,大、中型发电厂多采用悬浮式燃烧的锅炉——煤粉炉,需将煤块磨制成煤粉。原煤斗中煤由给煤机送入磨煤机,磨制成煤粉。在排粉风机的抽吸作用下,煤粉与热空气一起经煤粉燃烧器喷入炉膛，燃烧放热。燃烧需要的空气由送风机压入空气预热器中预热，一部分热空气引入磨煤机对原煤进行干燥，并作为输送煤粉的介质，大部分直接经燃烧器送入炉膛助燃。炉膛内煤粉燃烧产生的高温烟气，在引风机的抽吸作用下，在锅炉本体的∩形烟道内，依次经炉膛、水冷壁、过热器、再热器、省煤器、空气预热器，逐步将热能传递给工质（水或水蒸气），成为低温烟气，最后进入除尘器内被净化，除尘，再经引风机，脱硫装置，烟囱，向大气排放。炉膛下部渣斗内的灰渣和除尘器收集到的细灰，经冲灰沟，由灰渣泵加压，经管道输送到储灰场。

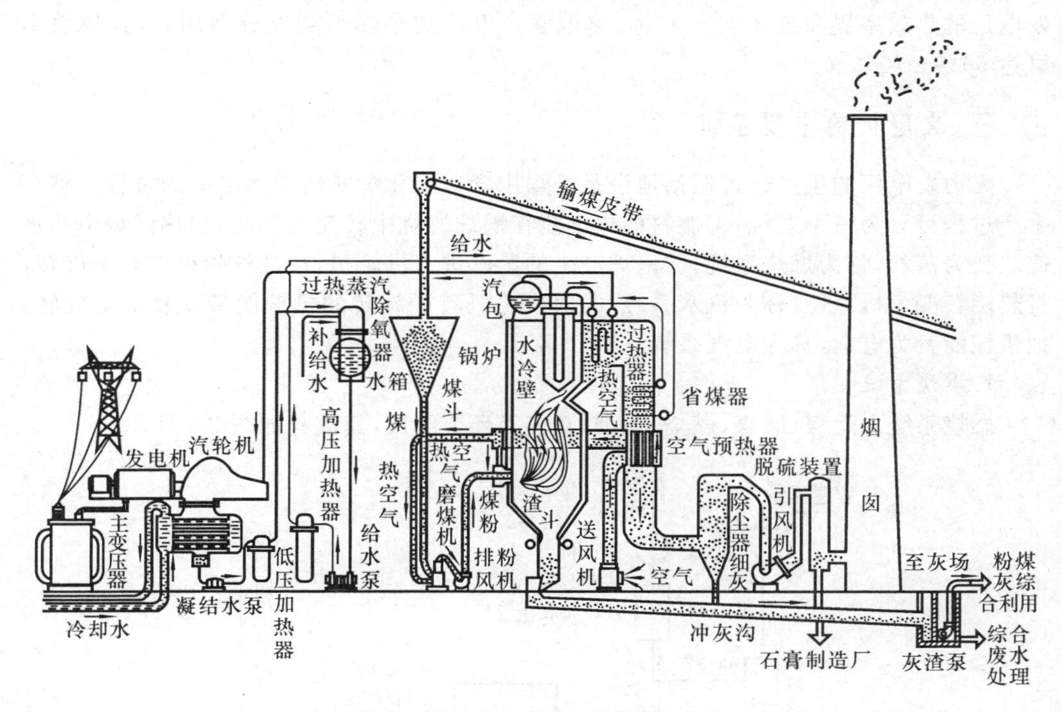

图 2-1 凝汽式火力发电厂生产流程图

汽包内的水经锅炉外下降管、下联箱进入布置在炉膛四周内壁上的水冷壁管，吸收火焰热量后，使水汽化，成为汽水混合物，上升，再次进入汽包。由汽包内的汽水分离装置，将汽、水分离。分离出的蒸汽，流经炉内的过热器，加热成高温高压过热蒸汽，再经主蒸汽管道送入汽轮机高压缸膨胀做功。做过功的蒸汽经中间再热管道返回锅炉本体内的再热器，再次加热，提高蒸汽的参数后，进入汽轮机的中低压缸继续做功。在做功过程中，多次从汽缸内抽出部分蒸汽，回热加热"锅炉的给水"，大部分做完功的乏汽进入凝汽器，并在那里冷却，凝结成水。所需冷却水来之于江湖上游或冷却水池，由循环水泵引入。凝汽器中的凝结水，又经凝结水泵加压，低压（回热）加热器升温，除氧器加热并除去水中氧气，再由给水泵加压，经高压（回热）加热器，省煤器不断使"给水"吸热升温,又进入汽包。

上述循环,重复进行,由汽轮机带动发电机组,源源不断地生产出电能。

凝汽式发电厂中,做完功的乏汽凝结成水而释放出大量的潜热。据有关资料,一台 200 MW 的凝汽式机组,汽轮机排气压为 0.004 MPa 时,每小时排入凝汽器中的乏汽量约为 420 t/h,能量损失约为 8.3×10^{5} MJ/h,折合 28 t 标准煤。所以乏汽损失占燃煤总发热量的 42%以上。

长期以来,为了提高火电厂效率做了大量的、卓有成效的研究工作,使凝汽式火力发电厂的热效率提高到 34%~45%,热电联产电厂的余热得到充分利用后,其热效率可达 60%~70%。

三、火电厂的主要系统

火力发电厂的生产过程概括地说是把煤中含有的化学能转变为电能的过程。整个生产过程可分为三个系统:①燃料的化学能在锅炉燃烧中转变为热能,加热锅炉中的水使之变为蒸汽,称为燃烧系统;②锅炉产生的蒸汽进入汽轮机,冲动汽轮机的转子旋转,将热能转变为机械能,称为汽水系统;③由汽轮机转子旋转的机械能带动发电机旋转,把机械能变为电能,称为电气系统。

1. 燃烧系统

燃烧系统由运煤、磨煤、燃烧、风烟、灰渣等环节组成,其流程如图 2-2 所示。

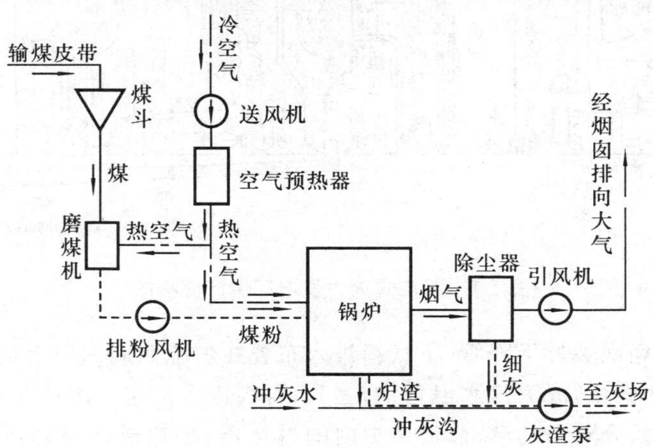

图 2-2 火力发电厂燃烧系统流程示意图

(1) 运煤。火力发电厂的用煤量是很大的,装机容量 $4\times30\times10^{4}$ kW 的发电厂,煤耗率按 360 g/kW·h 计,每天需用标准煤(每千克煤产生 7000 卡热量)360(g)×120×10^{4}(kW)×24(h)=10368 t。据统计,我国用于发电的煤约占总产量的 1/2,主要靠铁路运输,约占铁路全部运输量的 40%。为保证电厂安全生产,一般要求电厂储备十天以上的用煤量。

(2) 磨煤。将煤运至电厂的储煤场后，经初步筛选处理，用输煤皮带送到锅炉间的原煤仓。煤从原煤仓落入煤斗，由给煤机送入磨煤机磨成煤粉，并经空气预热器来的一次风烘干并带至粗粉分离器。在粗粉分离器中将不合格的粗粉分离返回磨煤机再行磨制，合格的细煤粉被一次风带入旋风分离器，使煤粉与空气分离后进入煤粉仓。

(3) 燃烧。煤粉由可调节的给粉机按锅炉需要送入一次风管，同时由旋风分离器送来的气体(含有约 10%未能分离出的细煤粉)，由排粉风机提高压头后作为一次风将进入一次风管的煤粉经喷燃器喷入锅炉炉膛内燃烧。

目前我国新建电厂以 300 MW 及以上机组为主。300 MW 机组的锅炉蒸发量为 1000 t/h(亚临界压力)，采用强制循环的汽包炉；600 MW 机组的锅炉为 2000 t/h 的直流锅炉。在锅炉的四壁上，均匀分布着 4 支或 8 支喷燃器，将煤粉(或燃油、天然气)喷入锅炉炉膛，火焰呈旋转状燃烧上升，又称为悬浮燃烧炉。在炉的顶端，有储水、储汽的汽包，内有汽水分离装置，炉膛内壁有彼此紧密排列的水冷壁管，炉膛内的高温火焰将水冷壁管内的水加热成汽水混合物上升进入汽包，而炉外下降管则将汽包中的低温水靠自重下降至水连箱与炉内水冷壁管接通。靠炉外冷水下降而炉内水冷壁管中热水自然上升的锅炉叫自然循环汽包炉，而当压力高到 16.66～17.64 MPa 时，水、汽重度差变小，必须在循环回路中加装循环泵，即称为强制循环锅炉。当压力超过 18.62 MPa 时，应采用直流锅炉。

(4) 风烟系统。送风机将冷风送到空气预热器加热，加热后的气体一部分经磨煤机、排粉风机进入炉膛，另一部分经喷燃器外侧套筒直接进入炉膛。炉膛内燃烧形成的高温烟气，沿烟道经过热器、省煤器、空气预热器逐渐降温，再经除尘器除去 90%～99%(电除尘器可除去 99%)的灰尘，经引风机送入烟囱，排向大气。

(5) 灰渣系统。炉膛内煤粉燃烧后生成的小灰粒，经除尘器收集的细灰排入冲灰沟，燃烧中因结焦形成的大块炉渣，下落到锅炉底部的渣斗内，经碎渣机破碎后也排入冲灰沟，再经灰渣泵将细灰和碎炉渣经冲灰管道排往灰场。

2. 汽水系统

火电厂的汽水系统由锅炉、汽轮机、凝汽器、除氧器、加热器等设备及管道构成，包括给水系统、循环水系统和补充给水系统，如图 2-3 所示。

(1) 给水系统。由锅炉产生的过热蒸汽沿主蒸汽管道进入汽轮机，高速流动的蒸汽冲动汽轮机叶片转动，带动发电机旋转产生电能。在汽轮机内做功后的蒸汽，其温度和压力大大降低，被排入凝汽器并被冷却水(称为循环水)冷却凝结成水(称为凝结水)，汇集在凝汽器的热水井中。凝结水由凝结水泵打至低压加热器中加热，再经除氧器除氧并继续加热。由除氧器出来的水(称为锅炉给水)，经给水泵升压和高压加热器加热，最后送入锅炉汽包。在现代大型机组中，一般都从汽轮机的某些中间级抽出做过功的部分蒸汽(称为抽气)，用以加热给水(称为给水回热循环)，或把做过一段功的蒸汽从汽

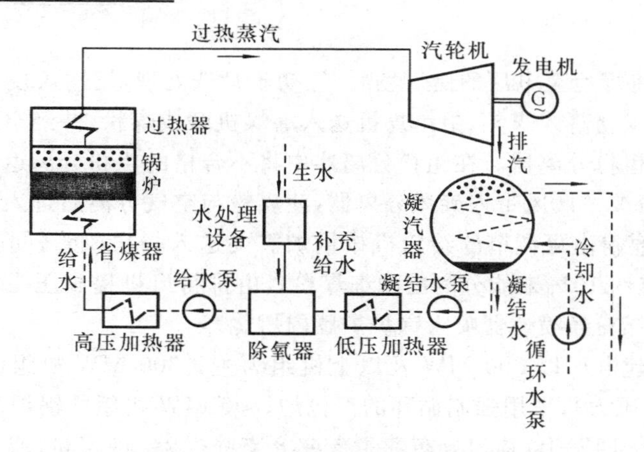

图 2-3　火力发电厂汽水系统流程示意图

轮机某一中间级全部抽出，送到锅炉的再热器中加热后再引入汽轮机的以后几级中继续做功(称为再热循环)。

(2) 补充给水系统。在汽水循环过程中总难免有汽、水泄漏等损失，为维持汽水循环的正常进行，必须不断地向系统补充经过化学处理的软化水，这些补充给水一般补入除氧器或凝汽器中，即是补充给水系统。

(3) 循环水系统。为了将汽轮机中做过功后排入凝汽器中的乏汽冷却凝结成水，需由循环水泵从凉水塔抽取大量的冷却水送入凝汽器，冷却水吸收乏汽的热量后再回到凉水塔冷却，冷却水是循环使用的。这就是循环水系统。

3.电气系统

发电厂的电气系统，包括发电机、励磁装置、厂用电系统和升压变电站等，如图 2-4 所示。

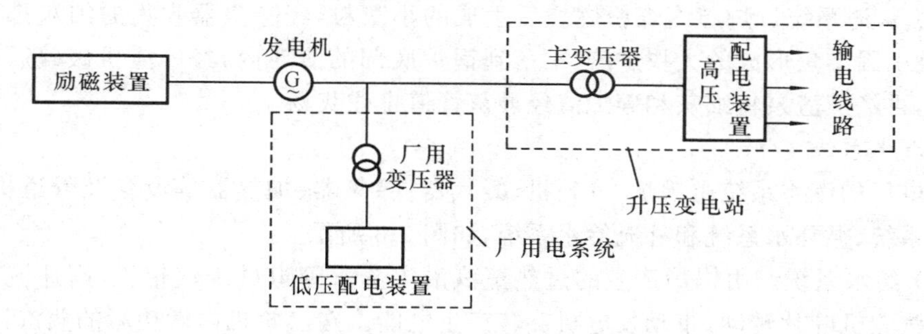

图 2-4　火力发电厂电气系统示意图

发电机的机端电压和电流随着容量的不同而各不相同，额定电压一般在 10～20 kV之间，而额定电流可达 20 kA 及以上。发电机发出的电能，其中一小部分(占发电机容量的 4%～8%)，由厂用变压器降低电压后，经厂用电配电装置由电缆供给水泵、送风机、磨煤机等各种辅机和电厂照明等设备用电，称为厂用电（或自用电）。其余大部分电能，由主变压器升压后，经高压配电装置、输电线路送入电力系统。

四、火电厂的特点

火电厂与水电厂和其他类型的发电厂相比，具有以下特点。

(1) 火电厂布局灵活，装机容量的大小可按需要决定。

(2) 火电厂的一次性建造投资少，仅为水电厂的一半左右。火电厂建造工期短，例如，2×300 MW 发电机组，工期为3～4年。发电设备年利用小时数较高，约为水电厂的1.5倍左右。

(3) 火电厂耗煤量大，目前发电用煤约占全国煤炭总产量的50%左右，加上运煤费用和大量用水，其生产成本比水力发电要高出3～4倍。

(4) 火电厂动力设备繁多，发电机组控制操作复杂，厂用电量和运行人员都多于水电厂，运行费用高。

(5)大型发电机组由停机到开机并带满负荷需要几个到十余个小时，并附加耗用大量燃料。例如，一台 12×10^4 kW 发电机组启、停一次耗煤可达84 t之多。

(6) 火电厂担负急剧升降的负荷时，必须付出附加燃料消耗的代价，厂用电率增高。火电厂担负调峰、调频或事故备用，相应的事故增多，强迫停运率增高。据此，从经济性和供电可靠性考虑，火电厂应当尽可能担负较均匀的负荷。

(7) 火电厂的各种排放物（如烟气、灰渣和废水）对环境的污染较大。某些煤炭中含有少量的天然铀、钍及它们衍生的放射性物质，通过烟气或废水排入环境，也造成污染。因此，要加大力度减少火电厂排放污染物，减少放射性污染的影响。

第三节　水力发电厂

水力发电厂简称水电厂，又称水电站，是把水的位能和动能转换成电能的工厂。它的基本生产过程是：从河流较高处或水库内引水，利用水的压力或流速冲动水轮机旋转，将水能转变成机械能，然后由水轮机带动发电机旋转，将机械能转换成电能。因此，在能量转换过程中损耗较小，发电的效率较高。

水电厂的发电容量取决于水流的水位落差和水流的流量，即

$$P = 9.8\eta QH$$

式中，P 为水电厂的发电容量(kW)；Q 为通过水轮机的水的流量(m^3/s)；H 为作用于水电厂的水位落差，也称水头(m)；η 为水轮发电机组的效率，一般为0.80～0.85。

由上式可见，因为水的能量与其流量和落差（水头）成正比，所以利用水能发电的关键是集中大量的水和造成大的水位落差。在流量一定的条件下，水流落差愈大，水电厂出力就愈大。为了充分利用水力资源，应尽量抬高水位。因此，水电厂往往需要修筑拦

河大坝等水工建筑物，以形成集中的水位落差，并依靠大坝形成具有一定容积的水库，用以调节水的流量。

我国是世界上水能资源最丰富的国家，优先开发水电，这是一条国际性的经验，是发展能源的客观规律。

举世瞩目的三峡工程，如图 2-5 所示，总库容为 $393\times10^{8}\ m^{3}$，装机容量为 $2240\times10^{4}\ kW$，年平均发电量为 $847\times10^{8}\ kW\cdot h$，比目前世界上最大的伊泰普水电厂（位于南美洲巴西和巴拉圭交界处的巴拉那河中游，总库容 $290\times10^{8}\ m^{3}$，装机容量 $1260\times10^{4}\ kW$，年发电量 $700\times10^{8}\ kW\cdot h$）还要大，经过百年梦想，半个世纪的论证，十多年艰辛建设，终于按期实现了蓄水、通航、发电三大目标，一举圆了中华民族几代人的梦，谱写了世界水电建设史上光辉的一页。

图 2-5　三峡工程鸟瞰图

由于天然水能存在的状况不同，开发利用的方式也各异，因此水电厂的形式也是多种多样的。

一、水电厂的分类

1. 按集中落差的方式分

(1) 堤坝式水电厂。在河流中落差较大的适宜地段拦河建坝，形成水库，将水积蓄起来，抬高上游水位，形成发电水头，这种开发模式称为堤坝式。由于水电厂厂房在水利枢纽中的位置不同，又分为坝后式和河床式两种形式。

①坝后式水电厂。厂房建在坝的后面，厂房不承受上游水压，全部水压由坝体承受，适用于水头较高的情况。水库的水流经坝体内的压力水管引入厂房推动水轮发电机发电。图 2-6 所示为坝后式水电厂示意图，这是我国最常见的水电厂形式。

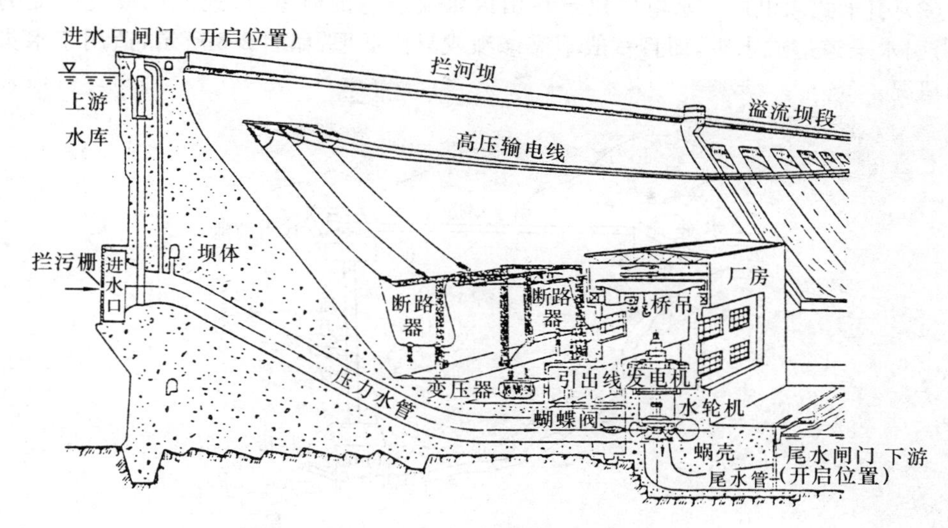

图 2-6 坝后式水电厂示意图

②河床式水电厂。如图 2-7 所示，水电厂的厂房代替一部分坝体，厂房也起挡水作用，直接承受上游水的压力，因修建在河床中，故名河床式。水流由上游进入厂房，驱动水轮发电机后泄入下游。这种电厂无库容，也不需要专门的引水管道，一般建于中、下游平原河段。

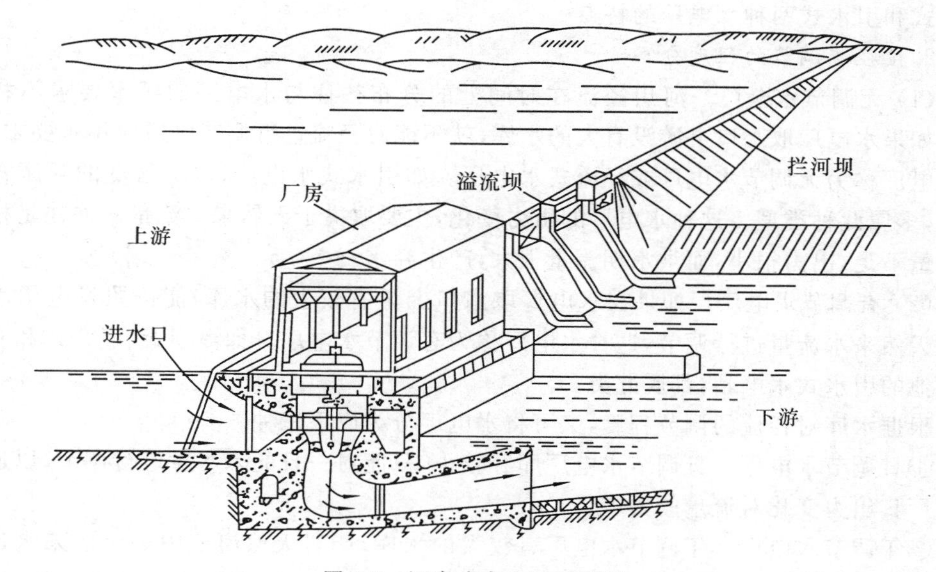

图 2-7 河床式水电厂示意图

(2) 引水式水电厂。水电厂建筑在山区水流湍急的河道上,或河床坡度较陡的地方,由引水渠道造成水头,而且一般不需修坝或只修低堰,如图 2-8 所示,适用于水头很高的情况。

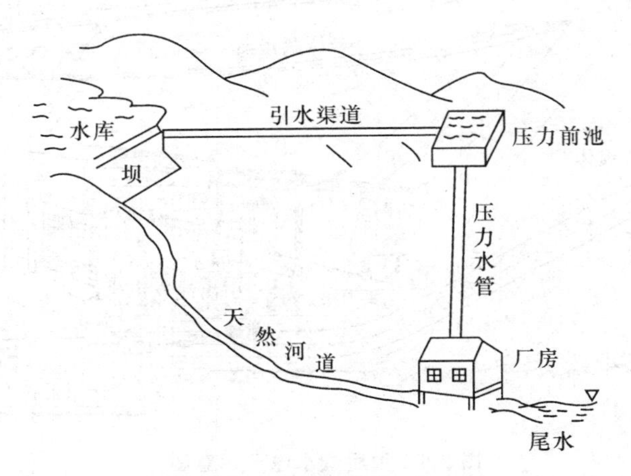

图 2-8 引水式水电厂示意图

(3) 混合式水电厂。在适宜开发的河段拦河筑坝,坝上游河段的落差由坝集中,坝下游河段的落差由有压力引水道集中,而水电厂的水头则由这两部分落差共同形成,这种集中落差的方式称为混合开发模式,由此而修建的水电厂称为混合式水电厂,它兼有堤坝式和引水式两种水电厂的特点。

2. 按径流调节的程度分

(1) 无调节水电厂。河川径流在时间上的分布往往与水电厂的用水要求不相一致。如果水电厂取水口上游没有大的水库,就不能对径流进行调节以适应用水要求,这种水电厂称为无调节水电厂或径流式水电厂。如引水式水电厂、水头很低的河床式水电厂,多属此种类型。这种水电厂的出力变化,主要取决于天然来水流量。往往是枯水期水量不足,出力很小,而洪水期流量很大,产生弃水。

(2) 有调节水电厂。如果在水电厂取水口上游有较大的水库,能按照发电用水要求对天然来水流量进行调节,这种水电厂称为有调节水电厂。如堤坝式、混合式和有日调节池的引水式水电站,都属此类。

根据水库对径流的调节程度,又可将水电厂分为以下三种。

①日调节水电厂。日调节水电厂库容较小,只能对一日的来水量进行调节,以适应水电厂日出力变化对流量的要求。

②年调节水电厂。年调节水电厂有较大的水库,能对天然河流中一年的来水量进行调节,以适应发电厂年出力变化(包括日出力变化)和其他用水部门对流量的要求。它能将丰水期多余水量储蓄于库中供枯水期应用,以增大枯水期流量,提高水电厂的出

力和发电量。

③多年调节水电厂。多年调节水电厂一般有较高的堤坝和很大的库容，能改变天然河流一个或几个丰、枯水年循环周期中的流量变化规律，以适应水电厂和其他用水部门对流量的要求。完全的多年调节水库，弃水很少，可使水电厂的枯水期出力和年发电量得以很大提高。

二、水电厂的特点

水电厂与火电厂和其他类型的发电厂相比，具有以下特点。

(1) 水能是可再生能源，发过电的天然水流本身并没有损耗，一般也不会造成水体污染，仍可利用。此外，大型水库还能调节空气的温度和湿度，改善自然生态。

(2) 可综合利用水能资源。除发电以外，还有防洪、灌溉、航运、供水、养殖及旅游等多方面综合效益，并且可以因地制宜，将一条河流分为若干河段，分别修建水利枢纽，实行梯级开发。

(3) 发电成本低、效率高。利用循环不息的水能发电，节省大量燃料。因不用燃料，也省去了运输、加工等多个环节，运行维护人员少，厂用电率低，发电成本仅是同容量火电厂的1/4～1/3或更低。

(4) 运行灵活。由于水电厂设备简单，易于实现自动化，机组启动快，水电机组从静止状态到载满负荷运行只需4～5 min，紧急情况下只用1 min。水电厂能适应负荷的急剧变化，适合于承担系统的调峰、调频和作为事故备用。

(5) 水能可储蓄和调节。电能的生产是发、输、用同时完成的，不能大量储存，而水能资源则可借助水库进行调节和储蓄，而且可兴建抽水蓄能发电厂，扩大利用水的能源。

(6) 水电厂建设和生产都受到河流的地形、水量及季节气象条件限制，因此，发电量也受到水文气象条件的制约，有丰水期和枯水期之别，因而发电不均衡。

(7) 水电厂建设投资较大，工期较长。由于水库的兴建，淹没土地，移民搬迁，给农业生产带来一些不利，还可能在一定程度上破坏自然界的生态平衡。

三、抽水蓄能电厂

1. 工作原理

上面讲到的水电厂是专供发电用的。此外，还有一种特殊形式的发电厂，叫做抽水蓄能电厂，如图2-9所示。

抽水蓄能电厂是以一定水量作为能量载体，通过能量转换向电力系统提供电能。为此，其上、下游均需有水库以储蓄能量转换所需要的水量。

在抽水蓄能电厂中，必须兼备抽水和发电两类设施。在电力负荷低谷时(或丰水时期)，利用电力系统的富余电能(或季节性电能)，将下游水库中的水抽到上游水库，以位

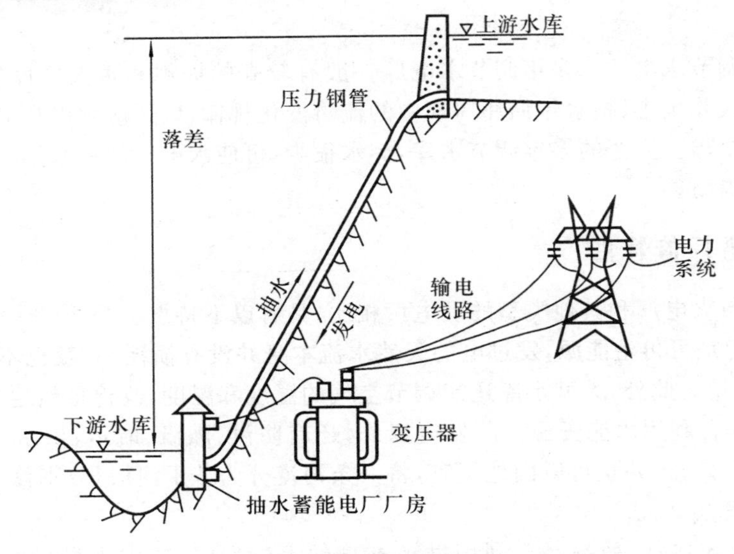

图 2-9　抽水蓄能电厂示意图

能形式储存起来;待到电力系统负荷高峰时(或枯水时期),再将上游水库中的水放出来,驱动水轮发电机组发电,并送往电力系统,这时,用以发电的水又回到下游水库。显而易见,抽水蓄能电厂既是一个吸收低谷电能的电力用户(抽水工况),又是一个提供峰荷电力的发电厂(发电工况)。

2. 抽水蓄能电厂在电力系统中的功能

(1) 调峰、填谷。

电力系统的峰荷上升与下降变动比较剧烈,抽水蓄能机组响应负荷变动的能力很强,能够跟踪负荷的变化,在白天适合担任电力系统峰荷中的尖峰部分。例如,广东抽水蓄能电厂,装机容量为 8×300 MW,在电力系统调峰中发挥了重要作用。

填谷是抽水蓄能电厂独具的特色,常规水电厂即使是调峰性能最好,也不具备填谷作用。在夜间或周末,抽水蓄能电厂利用电力系统富余电能抽水,使火电机组不必降低出力(或停机)和保持在热效率较高的区间运行,从而节省燃料,并提高电力系统运行的稳定性。

(2) 事故备用。抽水蓄能机组启动灵活、迅速,从停机状态启动至载满负荷仅需 1～2 min,而由抽水工况转到发电工况也只需 3～4 min,因此,抽水蓄能电厂宜于作为电力系统事故备用。

(3) 调频、调相。

抽水蓄能机组跟踪负荷变化的能力很强,承、卸负荷迅速灵活。当电力系统频率偏离正常值时,它能立即调整出力,使频率维持在正常值范围内,而火电机组却远远适应不了负荷陡升陡降。

抽水蓄能电厂的同步发电机，在没有发电和抽水任务时，可用来调相。由于抽水蓄能电厂距离负荷中心较近，控制操作方便，对改善系统电压质量十分有利。

(4) 黑启动。抽水蓄能电厂可作为黑启动电源。在电力系统黑启动刚开始时，无需外来电源支持就能迅速自动完成机组的自启动，并向部分电网供电，带动其他发电厂没有自启动能力的机组启动。

(5) 蓄能。抽水蓄能电厂通常有两个水库，即一个下游水库和一个上游水库。电能的发生、输变和使用是同时完成的，不能大量储存，而水能可借助抽水蓄能电厂的上游水库储蓄，即应用抽水蓄能机组，将下游水库中的水抽到上游水库，以位能形式储存起来，供需要时利用，便可实现较大规模的蓄能。

3. 抽水蓄能电厂的效益

(1) 容量效益。在电力系统负荷出现高峰时，大型抽水蓄能电厂可以像火电厂一样发电，能有效地担负电力系统的工作容量（主要是尖峰容量）和备用容量，减少电网对火电机组的装机容量要求，从而实现节省火电设备的投资和运行费用，由此产生的效益为容量效益。具体效益的大小与抽水蓄能电厂的建设条件、被替代方案的容量投资、固定运行费、系统的电源构成等因素有关。

(2) 可作为发电成本低的峰荷电源。抽水蓄能电厂的抽水耗电量大于其发电量。运行实践经验证明，抽水用 4 kW · h 换取尖峰电量 3 kW · h 是合算的。抽水蓄能电厂在负荷低谷期间抽水所用电能来自运行费用较低的腰荷机组（运行位置恰处于基荷之上），在负荷高峰期间发电替代了运行费用较高的机组，当峰荷、腰荷热力机组在经济性上差别愈大时，则抽水蓄能电厂的经济效益更加显著。

(3) 降低电力系统燃料消耗。电力系统中的大型高温高压热力机组，包括燃煤机和核电机组，不适于在低负荷下工作。在强迫压低负荷后，燃料消耗、厂用电和机组磨损都将增加。抽水蓄能机组与燃煤机组和核电机组联合运行后，可以保持这些热力机组在额定出力下稳定运行，从而提高运行效率和减少电力系统燃料消耗。

(4) 提高火电设备利用率。以抽水蓄能电厂替代电力系统中的热力机组调峰，或者使大型热力机组不压负荷或少压负荷运行，均可减少热力机组频繁开、停机所导致的设备磨损，减少设备故障率，从而提高热力机组的设备利用率和使用寿命。

(5) 对环境没有污染且可美化环境。抽水蓄能电厂有上游和下游两个水库。纯抽水蓄能电厂的上游水库建在较高的山顶上，如在风景区，还会美化环境增辉添色。

第四节　核能发电厂

20 世纪最激动人心的科学成果之一就是核裂变的利用。实现大规模可控核裂变链式反应的装置称为核反应堆，简称为反应堆，它是向人类提供核能的关键设备。核能最重要的应用是核能发电。

核能发电厂是利用反应堆中核燃料裂变链式反应所产生的热能,再按火力发电厂的发电方式,将热能转换为机械能,再转换为电能,它的核反应堆相当于火电厂的锅炉。

核能能量密度高,1 g 铀-235 全部裂变时所释放的能量为 8×10^{10} J,相当于 2.7 t 标准煤完全燃烧时所释放的能量。作为发电燃料,其运输量非常小,发电成本低。例如,一座 100×10^{4} kW 的火电厂,每年需三四百万吨燃煤,相当于每天需 8 列火车用来运煤。同样容量的核电厂若采有天然铀作燃料只需 130 t,采用 3%的浓缩铀-235 作燃料则仅需 28 t。利用核能发电还可避免化石燃料燃烧所产生的日益严重的温室效应。作为电力工业主要燃料的煤、石油和天然气都是重要的化工原料。基于以上原因,世界各国对核电的发展都给予了足够的重视。

我国自行设计和制造的第一座浙江秦山核电厂(1 台 30×10^{4} kW)于 1991 年并网发电,广东大亚湾核电厂(2 台 90×10^{4} kW)于 1994 年建成投产,在安装调试和运行管理方面,都达到了世界先进水平。核电对于改善我国的能源结构,减少环境污染,特别是缓解我国缺乏常规能源的东部沿海地区的电力供应,将发挥越来越大的作用。

一、核能发电厂的组成

核能发电厂,又称为核电厂。核电厂的系统和设备通常由两大部分组成:核系统和设备,又称核岛;常规系统和设备,又称常规岛。目前世界上使用最多的是轻水堆核电厂,即压水堆核电厂和沸水堆核电厂。

1. 压水堆核电厂

图 2-10 所示为压水堆核电厂的示意图。压水堆核电厂的最大特点是整个系统分成两大部分,即一回路系统和二回路系统。一回路系统中压力为 15 MPa 的高压水被冷却剂主泵送进反应堆,吸收燃料元件的释热后,进入蒸汽发生器下部的 U 形管内,将热量传给二回路的水,再返回冷却剂主泵入口,形成一个闭合回路。二回路系统的水在 U 形管外部流过,吸收一回路水的热量后沸腾,产生的蒸汽进入汽轮机的高压缸做功;高压缸的排汽经再热器再热提高温度后,再进入汽轮机的低压缸做功;膨胀做功后的蒸汽在凝汽器中被凝结成水,再送回蒸汽发生器,形成一个闭合回路。一回路系统和二回路系统是彼此隔绝的,万一燃料元件的包壳破损,只会使一回路水的放射性增加,而不致影响二回路水的品质。这样就大大增加了核电站的安全性。

稳压器的作用是使一回路水的压力维持恒定。它是一个底部带电加热器,顶部有喷水装置的压力容器,其上部充满蒸汽,下部充满水。如果一回路系统的压力低于额定压力,则接通电加热器,增加稳压器内的蒸汽,使系统的压力提高。反之,如果一回路系统的压力高于额定压力,则启动喷水装置,喷冷却水,使蒸汽冷凝,从而降低系统压力。

通常一个压水堆有 2～4 个并联的一回路系统(又称环路),但只有一个稳压器。每一个环路都有一台蒸汽发生器和 1～2 台冷却剂主泵。压水堆核电厂的主要参数,如表 2-1 所示。

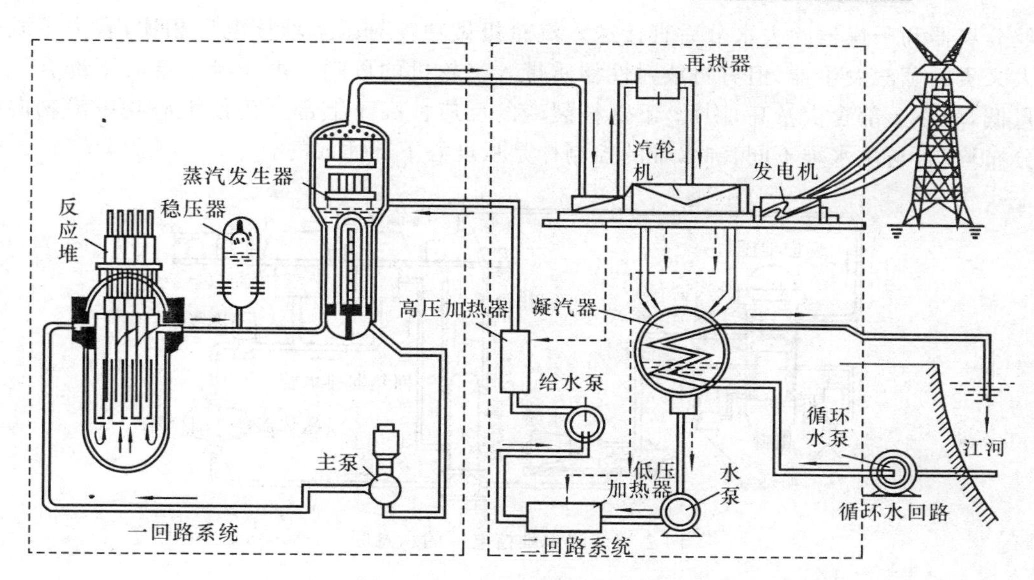

图 2-10　压水堆核电厂的示意图

表 2-1　压水堆核电厂的主要参数

主要参数	环路数		
	2	3	4
堆热功率/MW	1882	2905	3425
净电功率/MW	600	900	1200
一回路压力/MPa	15.5	15.5	15.5
反应堆入口水温/℃	287.5	292.4	291.9
反应堆出口水温/℃	324.3	327.6	325.8
压力容器内径/m	3.35	4	4.4
燃料装载量/t	49	72.5	89
燃料组件数/个	121	157	193
控制棒组件数/个	37	61	61
一回路冷却剂流量/(t/h)	42300	63250	84500
蒸汽量/(t/h)	3700	5500	6860
蒸汽压力/MPa	6.3	6.71	6.9
蒸汽含湿量/(%)	0.25	0.25	0.25

压水堆核电厂由于以轻水作慢化剂和冷却剂，反应堆体积小，建设周期短，造价较低；加之一回路系统和二回路系统分开，运行维护方便，需处理的放射性废气、废液、废物少，因此在核电厂中占主导地位。

2. 沸水堆核电厂

图 2-11 所示为沸水堆核电厂的示意图。在沸水堆核电厂中，堆心产生的饱和蒸汽

经分离器和干燥器除去水分后直接送入汽轮机做功。与压水堆核电厂相比,省去了既大又贵的蒸汽发生器,但有将放射性物质带入汽轮机的危险。由于沸水堆心下部含汽量低,堆心上部含汽量高,因此,下部核裂变的反应性高于上部。为使堆心功率沿轴向分布均匀,与压水堆不同,沸水堆的控制棒是从堆心下部插入的。

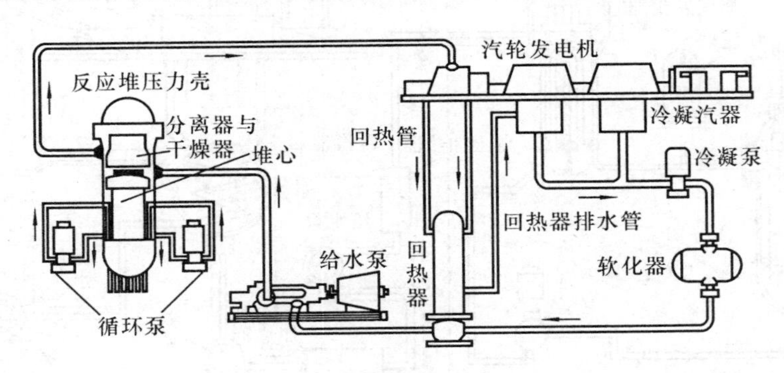

图 2-11　沸水堆核电厂的示意图

在沸水堆核电厂中反应堆的功率主要由堆心的含汽量来控制,因此,在沸水堆中配备一组喷射泵。通过改变堆心水的再循环率来控制反应堆的功率。当需要增加功率时,可增加通过堆心水的再循环率,将气泡从堆心中扫除,从而提高反应堆的功率。万一发生事故时,如冷却循环泵突然断电时,堆心的水还可以通过喷射泵的扩压段对堆心进行自然循环冷却,保证堆心的安全。

由于沸水堆中作为冷却剂的水在堆心中会产生沸腾,因此,设计沸水堆时一定要保证堆心的最大热流密度低于所谓沸腾的“临界热流密度”,以防止燃料元件因传热恶化而烧毁。沸水堆核电厂的主要参数,如表 2-2 所示。

表 2-2　沸水堆核电厂的主要参数

主要参数名称	参数值
堆热功率/MW	3840
净电功率/MW	1310
净效率/(%)	34.1
燃料装载量/t	147
燃料元件尺寸(外径×长度)/mm	12.5×3760
燃料元件的排列	8×8
燃料组件数/个	784
控制棒数目/根	193
一回路系统数目/个	4
压力容器内水的压力/MPa	7.06
压力容器的直径/m	6.62
压力容器的总高/m	22.68
压力容器的总重/t	785

二、核能发电厂的系统

核电厂是一个复杂的系统工程，它集中了当代的许多高新技术。为了使核电厂能稳定、经济地运行，以及一旦发生事故时能保证反应堆的安全和防止放射性物质外泄，核电厂设置有各种辅助系统、控制系统和安全设施。以压水堆核电厂为例，有以下主要系统。

1. 核岛的核蒸汽供应系统

核蒸汽供应系统包括以下子系统。

(1) 一回路主系统，包括压水堆、冷却剂主泵、蒸汽发生器和稳压器等。

(2) 化学和容积控制系统，用于实现一回路冷却剂的容积控制和调节冷却剂中的硼浓度，以控制压水堆的反应性变化。

(3) 余热排出系统，又称停堆冷却系统。它的作用是在反应堆停堆、装卸料或维修时，用以导出燃料元件发出的余热。

(4) 安全注射系统，又称紧急堆心冷却系统。它的作用是在反应堆发生严重事故时，如一回路主系统管道破裂而引起失水事故时为堆心提供应急的和持续的冷却。

(5) 控制、保护和检测系统，为上述 4 个系统提供检测数据，并对系统进行控制和保护。

2. 核岛的辅助系统

核岛的辅助系统包括以下子系统。

(1) 设备冷却水系统，用于冷却所有位于核岛内的带放射性水的设备。

(2) 硼回收系统，用于对一回路系统的排水进行储存、处理和监测，将其分离成符合一回路水质要求的水及浓缩的硼酸溶液。

(3) 反应堆的安全壳及喷淋系统。核蒸汽供应系统大都置于安全壳内，一旦发生事故安全壳既可以防止放射性物质外泄，又能防止外来袭击，如飞机坠毁等；安全壳喷淋系统则保证事故发生引起安全壳内的压力和温度升高时能对安全壳进行喷淋冷却。

(4) 核燃料的装换料及储存系统，用于实现对燃料元件的装换料和储存。

(5) 安全壳及核辅助厂房通风和过滤系统。它的作用是实现安全壳和辅助厂房的通风，同时防止放射性外泄。

(6) 柴油发电机组，为核岛提供应急电源。

3. 常规岛的系统

常规岛的系统与火电厂的系统相似，它通常包括以下子系统。

(1) 二回路系统，又称汽轮发电机系统，由蒸汽系统、汽轮发电机组、凝汽器、蒸汽排放系统、给水加热系统及辅助给水系统等组成。

(2) 循环冷却水系统。

(3) 电气系统及厂用电设备。

三、核能发电厂的运行

核电能发电厂运行的基本原则与常规火电厂的一样,都是根据电厂的负荷需要量来调节供给的热量,使得热功率与电负荷相平衡。由于核电厂是由反应堆供热,因此,核电厂的运行和火电厂相比有以下一些新的特点。

(1) 在火电厂中,可以连续不断地向锅炉供给燃料,而压水堆核电厂的反应堆,却只能对反应堆堆心一次装料,并定期停堆换料。因此,在堆心换新料后的初期,过剩反应性很大,为了补偿过剩的反应性,除采用控制棒外,还需在冷却剂中加入硼酸,并通过硼浓度的变化来调节反应堆的反应性。反应堆冷却剂中含有硼酸以后,这就给一回路主系统及其辅助系统的运行和控制带来一定的复杂性。

(2) 反应堆的堆心内,核燃料发生裂变反应释放核能的同时,也放出瞬发中子和瞬发 γ 射线。由于裂变产物的积累,以及反应堆的堆内构件和压力容器等因受中子的辐照而活化,所以反应堆不管是在运行中或停闭后,都有很强的放射性,这就给电厂的运行和维修带来了一定的困难。

(3) 反应堆在停闭后,运行过程中积累起来的裂变碎片和 β、γ 衰变,将继续使堆心产生余热(又称衰变热),因此,堆停闭后不能立即停止冷却,还必须把这部分余热排出去,否则会出现燃料元件因过热而烧毁的危险;即使核电厂在长时间停闭情况下,也必须继续除去衰变热;当核电厂发生停电,一回路管道破裂等重大事故时,事故电源,应急堆心冷却系统立即自动投入,做到在任何事故工况下,保证对反应堆进行冷却。

(4) 核电厂在运行过程中,会产生气态、液态和固态的放射性废物,对这些废物必须遵照核安全的规定进行妥善处理,以确保工作人员和居民的健康,而火电厂中这一问题是不存在的。

(5) 与火力发电厂相比,核电厂的建设费用高,但燃料所占费用较少。为了提高核电厂的运行经济性,极为重要的是要维持高的发电设备利用率,为此,核电厂应在额定功率或尽可能在接近额定功率的工况下带基本负荷连续运行,并尽可能缩短核电厂的停闭时间。

第五节　其他发电厂

目前,除了上述利用燃料的化学能、水的位能和核能作为生产电能的主要方式外,利用风能、太阳能、地热、海洋能等可再生能源生产电能的开发研究在世界各国引起了广泛重视。

一、风力发电

风力发电是利用风的动能来生产电能。风力发电的过程是利用风力使风机的转子旋转，将风的动能转换成机械能，再通过变速和超速控制装置带动发电机发出电能。我国风力资源丰富，尤其在西北、东北和沿海地区，有着建设风力发电厂的天然优势。

据国家气象局公布的资料，我国陆地上 10 m 高度可供利用的风能资源为 2.53×10^8 kW。在陆地上 50 m 高度的风能资源约为 10 m 高度的 1 倍，在陆地上 70 m 高度的风能资源约为 10 m 高度的 2.5 倍，与这两个高度相应的风能资源分别为 5×10^8 和 6×10^8 kW。在陆地上 100 m 及以上高度，风能资源可达 10×10^8 kW。而海上风能资源就更大了。所以，我国内陆加海上，建设 5×10^8 kW 风电，资源是有的。

目前已建造了一些风力发电厂（又称风力发电场），有效地解决了地处偏远、居住分散牧民们的生产和生活用电。2007 年，全国风电装机达到 605.2×10^4 kW，跃居世界第 5 位。2008 年，我国新增风电装机容量达到 719.02×10^4 kW，累计装机容量跃过 1300×10^4 kW大关，达到 1324.22×10^4 kW。到 2020 年，我国将建成 $8000\times10^4\sim10000\times10^4$ kW的风电。因风能发电成本低，而风能又是清洁的能源和可再生的能源，所以，风力发电必将会得到更大的发展。

二、太阳能发电

在新能源中，应用最广、最有发展前途的是太阳能发电。

太阳能发电可以分为太阳的热能发电和太阳的光能发电（又称为光伏发电）。

利用太阳的热能发电，有直接热电转换和间接热电转换两种形式。温差发电、热离子和磁流体发电等，属于直接转换方式。将太阳能聚集起来，通过热交换将水变为蒸汽来驱动汽轮发电机组发电则属于间接转换方式。

太阳的光能发电是利用太阳的光能来生产电能，如太阳能电池是将太阳的光能直接转换成电能的装置。

应用最广的太阳能电池是晶体硅太阳能电池。它由半导体材料组成，厚度大约为 0.35 mm，分为两个区域：一个正电荷区和一个负电荷区。负电荷区位于电池的上层，这一层由掺有磷元素的硅片组成；正电荷区置于电池表层的下面，由掺有硼的硅片制成；正负电荷界面区域称为 PN 结。当阳光投射到太阳能电池时，太阳能电池内部产生自由电子-空穴对，并在电池内扩散，自由电子被 PN 结扫向 N 区，空穴被扫向 P 区，在 PN 结两端形成电压，当用金属导线将太阳能电池的正负极与负载相连通时，在外电路就形成电流。每个太阳能电池基本单元 PN 结处的电动势大约为 0.5V，此电压值大小与电池片的尺寸无关。太阳能电池的输出电流受自身面积和日照强度的影响，面积较大的电池能够产生较强的电流。

太阳能电池发电系统一般由太阳能电池方阵、储能蓄电池组、充放电控制器和逆变器等设备组成。

因为太阳能取之不尽，用之不竭，太阳能发电具有安全可靠，使用寿命长，运行费用少，维护简单，随处可用，不需要长距离输送，没有活动部件、不易损坏，无噪声，不需要燃料,不污染环境等优点,所以倍受人们青睐。目前,我国具有 2.5×10^4 kW 的太阳能发电容量,力争到 2020 年建成 500×10^4 kW 的太阳能发电容量,使太阳能成为中国最大的可再生能源。我国有非常丰富的太阳能资源,特别是西部地区一年日照超过 3000 h,北京也有 2670 h,因此,发展太阳能发电前景广阔。

三、地热发电

地热发电是利用地表深处的地热能来生产电能。地热发电厂的生产过程与火电厂相似,只是以地热井取代锅炉设备,将地热蒸汽从地热井引出,滤除其中的固体杂质后,由地热蒸汽推动汽轮机旋转,将地热能转换为机械能,带动发电机发出电能。

地球内部蕴藏着巨大的热能,据估计全世界可供开采利用的地热能相当于几万亿吨煤,因此,开发利用地热资源发电具有广阔的发展前景。目前,西藏羊八井地热发电厂是我国最大的地热发电厂且一直在安全稳定发电,装机容量 25.18 MW,其地热水温为 140～160 ℃,是一种低温热能发电方式。

四、海洋能发电

海洋能通常指海洋中所蕴藏的可再生的自然能源,主要为潮汐能、波浪能、海流能(潮流能)、海水温差能和海水浓度差能。其中,潮汐能和潮流能来源于太阳和月亮对地球的引力作用,其他海洋能均源自太阳辐射。海洋面积达 3.61×10^8 km^2,约占地球表面积的 71%,因此,海洋能的蕴藏量最大、分布广,是清洁的可再生能源。据估计,这 5 种海洋能的理论可再生总量为 788×10^8 kW,技术允许利用功率为 64×10^8 kW。这里,以潮汐能发电和波浪能发电为例,简述如下。

1. 潮汐能发电

海水时进时退,海面时涨时落。海水的这种自然涨落现象,称为潮汐。潮汐是由月球和太阳的引力对海水的作用形成的。据理论计算,月球的引潮力可使海面升高 0.246 m。在月球和太阳的共同作用下,潮汐的最大上升幅度约为 0.8 m,所以,一般海区的潮汐现象并不明显。但是,受地形等因素的影响,如在某些海湾、河口及窄浅的海峡,潮差可达 7～8 m,有的甚至达 10 m。例如,中国杭州湾的钱塘江,最大潮差为 8.9 m;北美芬迪湾蒙克顿港的最大潮差达 19 m。据计算,世界海洋潮汐能蕴藏约为 27×10^8 kW,若全部转换成电能,每年发电量可达 1.2×10^{12} kW·h。

潮汐发电是利用海水涨潮、落潮中的动能和势能来发电的。潮汐发电厂一般建在海岸边或河口地区,与水电厂建筑拦河坝一样,潮汐发电厂也需要在一定的地形条件下,建筑拦潮堤坝,以形成足够的潮汐潮差及较大的容水区。潮汐发电厂在涨潮和退潮时均可发电,即涨潮时将水通过闸门引入厂内发电并储水,退潮时打开另一闸门放水发电。

我国的海岸线长,沿海的潮汐能量约有 2×10^8 kW。1980 年建成的江厦潮汐发电厂是我国第一座双向潮汐发电厂，也是目前世界上较大的一座双向潮汐发电厂，其总装机容量为 3200 kW，年发电量 1070×10^4 kW·h，为大规模开发沿海潮汐资源积累了宝贵经验。

2. 波浪能发电

波浪是由风引起的海水起伏现象，它实质上是吸收了风能而形成的。波浪能是海洋表面波浪所具有的动能和势能，是被研究得最为广泛的一种海洋能源。波浪能发电是利用波浪的上下振荡、前后摇摆、波浪压力的变化，通过某种装置将波浪的能量转换为机械的、气压的或液压的能量，然后通过传动机构、汽轮机、水轮机或油压马达驱动发电机转换为电能。目前，特殊用途的小功率波浪能发电，已在导航的灯浮标、灯柱、灯塔等获得推广应用。波浪能发电装置的种类很多，按能量中间转换环节不同主要可分为机械式、气动式和液压式，其中机械式装置多是早期的设计，结构笨重、可靠性差，未获实用。

思考题与习题

2-1　人类所认识的能量形式有哪些？并说明其特点。

2-2　能源分类方法有哪些？简述电能的特点及其在国民经济中的地位和作用。

2-3　简述火力发电厂的分类，其电能生产过程及其特点。

2-4　简述水力发电厂的分类，其电能生产过程及其特点。

2-5　简述核能发电厂的电能生产过程及其特点。

2-6　简述抽水蓄能电厂在电力系统中的功能及其效益。

第三章　输变电系统

第一节　概　　述

输变电系统是电力系统的组成部分，包括变电站和输电线路。发电厂中由发电机将机械能转换成的电能，经输变电网络，供给配电系统和用户。输变电设备如下。

(1) 变换电压的设备：如变压器。

(2) 接通和开断电路的开关电器：如断路器、隔离开关、熔断器和接触器等。

(3) 防御过电压，限制故障电流的电器：如避雷器、避雷针、避雷线、电抗器等。

(4) 无功补偿设备：如电力电容器、同步调相机、静止补偿器。

(5) 载流导体：如母线、引线、电缆、架空线。

(6) 接地装置：如变压器中性点接地、设备外壳接地、防雷接地等装置。

发电厂和变电站内有电气一次接线、二次接线和自用电接线，电气一次接线是由一次设备，按其功能和输变电流程连接而成的电路，也称电气主接线或电气一次主系统。

图 3-1 所示为 220/110/10 kV 地区变电站主接线。图中，用图形符号和文字符号标记，并注明设备型号参数、电压等级，如变压器 T、调相机 CS、断路器 QF、母线 W 等。此外，电力系统中为获取电气一次回路电流、电压信息，分别安装有电流互感器 TA 和

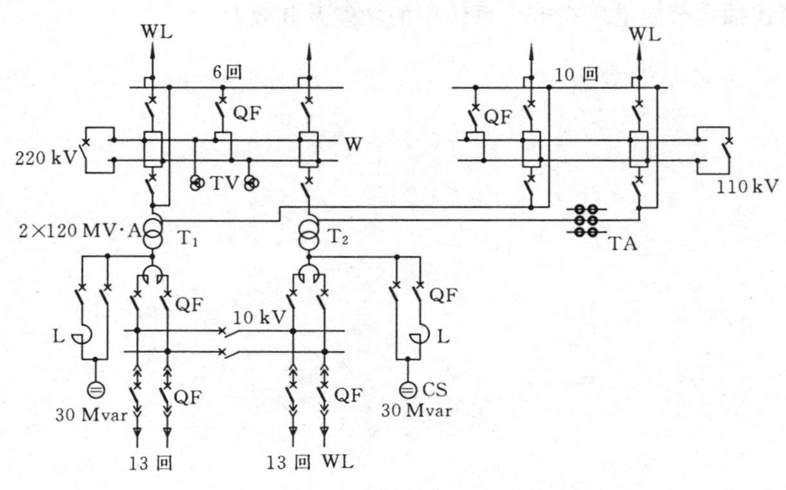

图 3-1　220/110/10 kV 地区变电站主接线图

W—母线；T_1，T_2—变压器；QF—断路器；L—电抗器；WL—馈电线；

CS—同步调相机；TV—电压互感器；TA—电流互感器

电压互感器 TV。电气一次主接线一般采用单线图表示。这类一次模拟图，在发电厂、变电站的电气主控制室和输变电系统调度值班室内是不可缺少的。

第二节　输变电设备

一、输电线路

输电线路按电力线路的结构分为架空线路和电缆线路。

架空线路架设在户外，如图 3-2 所示，由导线、避雷线(又称架空地线)、杆塔、绝缘子及金具等部件组成。电力电缆由导线、绝缘层、保护包皮层组成，电缆线路一般安放在电缆架、电缆管道或埋设在地下的电缆沟中。根据电力电缆中导体数目可分成相互绝缘的单芯、三芯、四芯电缆。

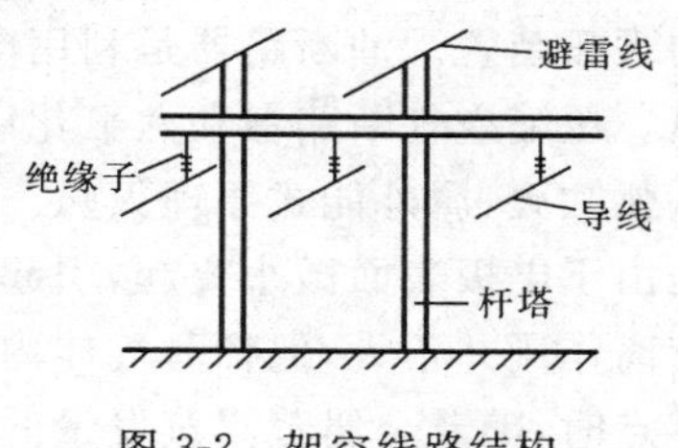

图 3-2　架空线路结构

图 3-3 所示是架空线路及杆塔示意图。杆塔按组成材料可分木杆、钢筋混凝土杆和铁塔三种。杆塔按所承担的任务可分为：直线杆塔，又称中间杆塔，主要是用于悬挂导线；耐张杆塔，又称承力杆塔，承受导线的拉力使线路分段，便于施工和检修，杆塔两边的同相导线间是通过跳线接通的；终端杆塔，它是最靠近变电站的一座杆塔，承受了最后一个耐张挡距导线的单向拉力；转角杆塔，用于线路拐弯处；特种杆塔，特殊情况下使用的一类杆塔，如用于导线换位的换位塔，跨越河流山谷的跨越杆塔等。

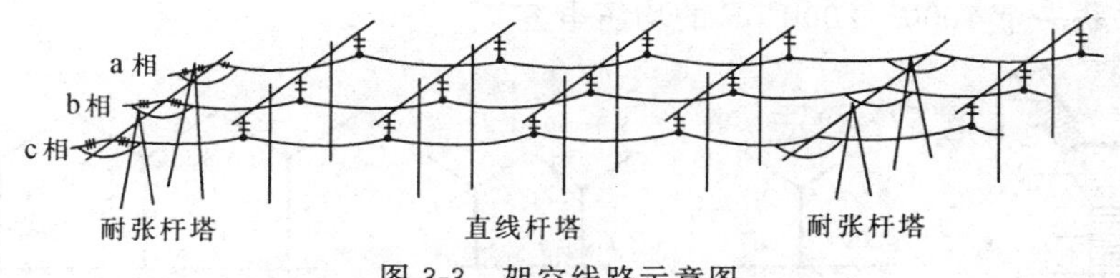

图 3-3　架空线路示意图

二、开关电器

1. 概述

开关电器是断开或接通电路的电气设备总称，按功能可划分为以下几类。

(1) 仅用于断开或闭合正常工作电流的开关电器，如负荷开关、接触器等。

(2) 仅用于断开过负荷电流或短路电流的开关电器，如熔断器。

(3) 用于断开或闭合正常工作电流、短路电流的开关电器，如交流断路器、直流断路器、低压自动空气断路器等。

(4) 不要求断开或闭合电流,只用于检修时隔离电压的开关电器,如隔离开关。

上述开关电器中,以断路器性能最完善,结构最复杂,具有较强的灭弧能力。

2. 高压断路器的基本结构类型

按断路器采用的灭弧介质及作用原理,断路器可分为油断路器(多油断路器和少油断路器),压缩空气断路器(简称空气断路器),六氟化硫(SF_6)断路器,真空断路器等。多油断路器以油作为灭弧和绝缘介质,触头系统及灭弧室安装在接地油箱中。少油断路器油量少,油主要作为灭弧介质,对地绝缘依靠固体瓷介质。

高压断路器最重要的任务就是开断电路,熄灭电弧。不同的断路器具有不同介质的灭弧装置。油断路器是利用电弧燃烧分解的油和气将电弧吹灭,属于自能式原理灭弧。压缩空气断路器和六氟化硫断路器是利用有压力的气体或气体的优良灭弧性能将电弧吹灭,属外能式原理灭弧。真空断路器内,气体稀薄,碰撞几率小,电弧的产生主要是由于电极表面微小突起,引起电场强度的高度集中,而发热产生金属蒸汽的电离,故游离作用并不大,但稀薄气体内强烈的去游离及真空的高介质强度,有利于电弧电流过零点时,随着金属蒸汽蒸发量的减少而使电弧熄灭。

户内断路器一般使用在 35 kV 及以下的输变电系统。户外断路器则可使用在 110 kV 及以上的输变电系统。SF_6 气体的灭弧性能好,国内 220 kV SF_6 断路器每极柱是单断口极柱压气灭弧式的。通常 110 kV 以上的户外少油、空气和部分 SF_6 断路器采用积木式结构,每一基本单元有两个灭弧室,如图 3-4(a)所示,用于更高电压时,需用多个基本单元,如图 3-4(b)所示。这种结构的优点可使产品系列化、标准化,并在相同的触头行程下,增加了电弧的长度,降低每一断口两端的恢复电压。缺点是采用了多断口结构后,增加了装置的复杂性,使在开断过程中和开断后断口间电压分配不均匀,为此常与断口并联一个 1000～2000 pF 的均压电容。

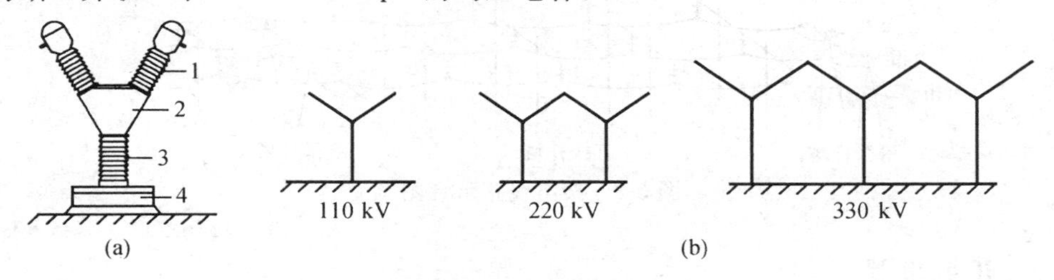

图 3-4 断路器及其积木式结构

(a)户外少油断路器一相结构图;(b)断路器的积木式结构图

1—灭弧室;2—机构箱;3—支持瓷套;4—底座

3. 高压断路器的基本参数

高压断路器和操动机构的特性和工作原理,可用基本参数描述。高压断路器的基本参数如下。

(1) 额定电压 U_N。额定电压是保证高压断路器正常长期工作的电压。产品铭牌上标示的额定电压是指高压断路器正常工作时的线电压。

(2) 额定电流 I_N。额定电流是指高压断路器在规定的条件下,可以长期通过的最大工作电流。高压断路器额定电流的大小,决定了断路器触头及导电部分的截面积和结构。

(3) 额定开断电流 I_{Nbr}。额定电压下能正常开断的最大短路电流称为额定开断电流,它表征断路器的开断能力。在低于额定电压时,开断电流可以提高,但由于受灭弧装置机械强度的限制,故开断电流仍有一个极限值,此极限值为极限开断电流。

(4) 全开断时间 t_{ab}。断路器从接到分闸命令起到电弧熄灭的时间为全开断时间。全开断时间等于固有分闸时间和电弧燃烧时间之和。固有分闸时间为断路器接到分闸命令起到触头分离的这一段时间,固有分闸时间反映断路器分闸机构动作的特性。高压断路器固有分闸时间通常在 0.03～0.15 s。

(5) 合闸时间 t_{on}。断路器从接到合闸命令起到主触头刚接触为止的时间。电力系统大部分对合闸时间要求不高,但要求三相合闸同期性好,且合闸时稳定。

(6) 额定动稳定电流(峰值)i_{es}。它表明断路器能承受短路电流电动力作用的能力,此电流又称极限通过电流。它取决于导电部分及绝缘支持部分的机械强度,并取决于触头的结构形式。

(7) 热稳定电流 I_t。它表明断路器承受短路电流热效应的能力。

(8) 自动重合闸性能。架空线路的短路大多是瞬时性故障,当短路电流切断后,故障原因就迅速消除。为了提高供电的可靠性,输电线路一般装有自动重合闸装置。自动重合闸性能是断路器应具有的固有特性,其操作循环为

$$分—\theta—合分—t—合分$$

其中,θ 为无电流间隔时间,指断路器断开故障电流从电弧熄灭到电路重新接通的时间,一般为 0.3 s 或 0.5 s,反映了断路器内介质强度恢复的快慢;t 为强送电时间,一般为 180 s,是指重合后故障未消除,断路器又跳闸,需经时间 t 后,人工强送电一次。

三、互感器及电流互感器

互感器包括电流互感器(TA)和电压互感器(TV),其工作原理与变压器类似。电流互感器的一次绕组串联在输变电主回路内,电压互感器的一次绕组则与相电压或线电压相连接。二次绕组则根据不同要求,分别接入测量仪表、继电保护或自动装置的电流线圈或电压线圈,如图 3-5 所示。

互感器的作用:将一次回路的大电流、高电压变换为二次回路的小电流(5 A 或1 A)、低电压(100 V,100 V/$\sqrt{3}$),使测量仪表标准化、小型化,并使二次设备与一次高压隔离。互感器二次侧必须接地,以保证一、二次绕组间绝缘击穿后的人身和设备安全。

1. 电流互感器的误差

电流互感器的等值电路和相量图如图 3-6 所示,一般电流互感器的二次负载阻抗很小,近似于在短路状态下运行。

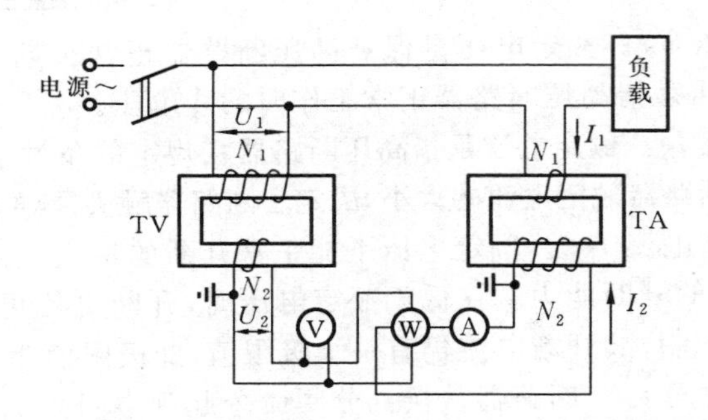

图 3-5 单相电流互感器和电压互感器的一、二次绕组连接图

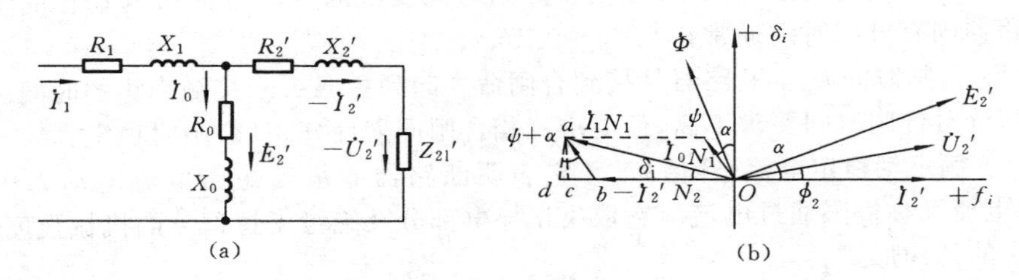

图 3-6 电流互感器

(a)等值电路；(b)相量图

相量图以二次电流 I_2' 为基准，在第一象限的水平轴上，$\dot U_2'$ 超前 $\dot I_2'$ 角 ϕ_2（二次负载功率因数角）；$\dot E_2'$ 超前 $\dot I_2'$ 角 α（二次总阻抗角），铁心磁通 $\dot\Phi$ 超前 $\dot E_2'$ $90°$，励磁磁势 $\dot I_0 N_1$ 超前磁通 $\dot\Phi$ 为 ψ 角（铁心损耗角）。其额定电流比 $K_i = I_{1N}/I_{2N} \approx N_2/N_1$。其中 N_1、N_2 分别为一、二次绕组的匝数。写出互感器的磁势平衡方程

$$\dot I_1 N_1 + \dot I_2 N_2 = \dot I_0 N_1 \tag{3-1}$$

可见，由于存在 $I_0 N_1$，使二次电流与一次电流在数值和相位上存在误差，分别称为电流误差和相位误差。

电流误差 f_i 为二次电流的测量值 I_2 乘以额定电流比 K_i 与实际的一次电流 I_1 之差，以一次电流的百分数表示，即

$$f_i = \frac{K_i I_2 - I_1}{I_1} \times 100\% = \frac{I_2 N_2 - I_1 N_1}{I_1 N_1} \times 100\%$$

相位误差 δ_i 为旋转 $180°$ 的二次电流相量 $\dot I_2'$ 与一次电流相量 $\dot I_1$ 之间的夹角，并规定 $\dot I_2'$ 超前 $\dot I_1$ 时，相位 δ_i 为正值，反之为负值。

电流误差影响仪表和继电器的电流值，相位误差对功率型的仪表和继电器的工作有影响。电流互感器的电流误差和相位误差大小与一次电流和二次阻抗等有关，减少

二次阻抗或使互感器工作在额定电流附近时，会减少误差。

2. 电流互感器的二次绕组不能开路

二次绕组开路时，去磁磁势 $\dot{I}_2 N_2=0$，式(3-1)变成 $\dot{I}_1 N_1=\dot{I}_0 N_1$，因一次电流不变，互感器的励磁磁势由正常时很小的 $I_0 N_1$ 骤增到 $I_1 N_1$，使铁芯严重饱和，磁通 Φ 成为平顶波。因二次绕组的感应电势 e_2 与磁通的变化率—$\mathrm{d}\Phi/\mathrm{d}t$ 成正比，如图 3-7 所示，在磁通 Φ 过零时，感应出很高的尖波电势，其值可达数千伏至上万伏，高电压危及工作人员和二次设备的安全，引起铁芯和绕组过热，使铁芯中产生剩磁，互感器特性变坏。因此，电流互感器在运行时二次绕组是不允许开路的，当校验电流仪表时，首先需短接二次绕组。

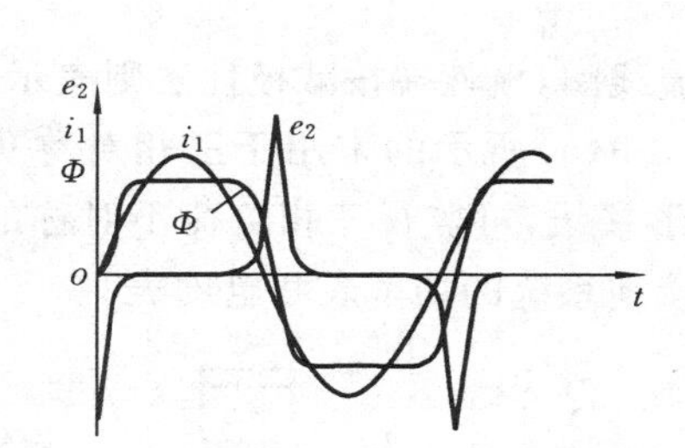

图 3-7 电流互感器二次绕组开路时 Φ 和 e_2 的变化曲线

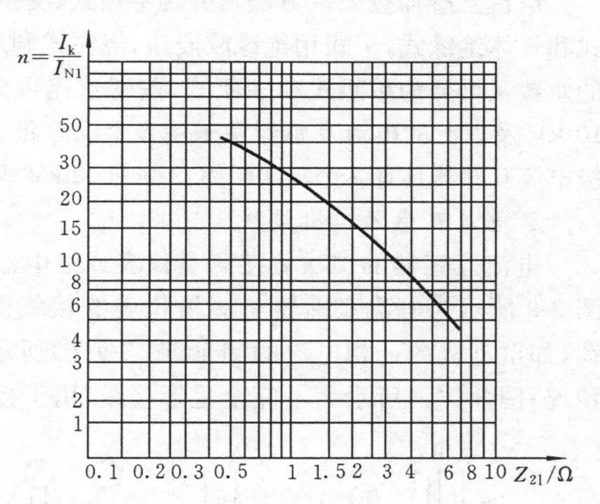

图 3-8 电流互感器 10%误差曲线

3. 电流互感器的准确级和 10%误差曲线

电流互感器按用途可分为测量用和保护用两种，用于测量的电流互感器根据误差大小划分为不同的准确级。准确级是指在规定的二次负荷变化范围[(25%～100%)S_{2N}]内，一次电流为额定值时的最大电流误差。电流互感器的准确级分为 0.2，0.5，1，3 和 10 级共 5 种。

保护用电流互感器要求在一次系统发生短路时有较高的准确级，目前按用途可分为稳态保护用的(P)和暂态保护用的(TP)两类。对稳态保护用的电流互感器的准确级常用的有 5P 和 10P 两种，其准确级是以额定准确限值的一次电流下的最大复合误差来标称，如表 3-1 所示。为了继电保护整定的方便，制造厂提供了电流互感器的 10%误差曲线，如图 3-8 所示。此曲线表示互感器的电流误差不超过 10%的条件下，一次电流与额定电流比为 n 时，n 与二次负荷阻抗 Z_{21} 的关系。利用 10%误差曲线，先根据短路电流 I_k 求出短路电流的倍数 $n=I_k/I_{1N}$，然后查得最大二次阻抗值，只要实际的二次负荷阻抗小于该值，就可以保证互感器的复合误差小于 10%。

表 3-1 稳态保护电流互感器的准确级

准确级	电流误差/(±%)	相位差(±′)	复合误差/(%)
	在额定一次电流下		在额定准确限值一次电流下
5P	1.0	60	5.0
10P	3.0	—	10.0

4. 电流互感器的分类和结构

电流互感器的种类很多,如按安装地点可分为屋(户)内式、屋(户)外式和装入式。装入式又称装入套管式,即把电流互感器安装在变压器或断路器的套管内。

电流互感器按安装方法可分为穿墙式、支持式;按绝缘方式可分为干式、浇注式、油浸式和气体绝缘式,干式用绝缘胶浸渍,浇注式利用环氧树脂作绝缘,浇注成型;按一次线圈的匝数又可分为单匝式和多匝式;按变流比可分为单变流比和多变流比的电流互感器。10 kV 及以上的电流互感器常采用多个没有磁联系的独立铁芯和二次绕组。一台110 kV 级电流互感器具有 3 个二次绕组;220~500 kV 级的电流互感器由 4~7 个二次绕组组成。

5. 电流互感器二次接线

电流互感器的二次侧接测量仪表或继电器的电流线圈,极性端按减极性法则表示。图 3-9 所示为电流互感器与测量仪表的接线图。图 3-9(a)所示的常用于三相对称负荷,如电动机的一相电流的测量;图 3-9(b)所示为星形接线,可监视三相负荷不对称的情况;图 3-9(c)所示为不完全星形接线,用于接入不接地系统的功率表和电度表。

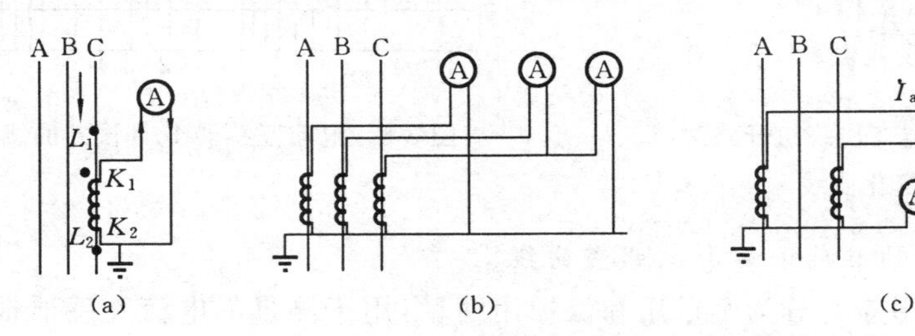

图 3-9 电流互感器与测量仪表接线图

(a)单相接线;(b)星形接线;(c)不完全星形接线

四、电压互感器

输变电系统中广泛应用的电压互感器,按其工作原理分为电磁式和电容式两类电压互感器。

1. 电磁式电压互感器

(1) 电压互感器特性与误差。电磁式电压互感器的特点是容量小,二次侧所接的测量仪表和继电器的电压线圈的阻抗很大,且二次负载基本恒定,其额定电压比为

$$K_u = U_{1N}/U_{2N}$$

式中，U_{1N}为电网的额定电压；U_{2N}为二次侧额定电压，已统一为 100 V 或 $100/\sqrt{3}$ V，所以 K_u 已标准化。

电压互感器的误差分为电压误差和相位误差，电压误差是指二次电压的测量值乘以额定电压比所得的值与实际的一次电压之差，并以后者的百分数表示，即

$$f_u=\frac{K_uU_2-U_1}{U_1}\times 100\%$$

相位误差 δ_u 为二次电压相量旋转 180°，与一次电压之间的夹角，并规定$-\dot{U}_2'$超前于 $\dot{U}_1$ 时的相位误差 δ_u 为正。相位误差对功率型的仪表和继电器的工作带来影响。

(2) 电压互感器准确级和容量。电压互感器的准确级分为 0.2，0.5，1，3，3P，6P 等六种，准确级是指在规定的一次电压（0.8～1.2）U_{1N}和二次负荷变化范围[（0.25～1）S_{2N}]内，$f=f_N$，负荷的功率因素为 0.8 时的电压误差最大值，用百分比表示。实际使用中，一次电压和二次负荷变化不大，所以准确级比电流互感器容易保证。电压互感器规定了额定容量和最大容量，最大容量不保证精度，由长期工作时容许的发热条件决定。额定容量是指对应于最高准确级时的容量。

(3) 电压互感器的接线。图 3-10 所示是常用的电压互感器接线。图 3-10(a)所示在中性点直接接地系统中用一台电压互感器可测量相电压；图 3-10(b)所示在中性点不接地系统中用一台电压互感器测量线电压；图 3-10(c)所示的也称 V/V 接线，用于测量 3～20 kV 系统的相间电压；图 3-10(d)所示是三台单相三绕组或三相五柱式电压互感器构成的 YN/Y/开口 Δ 接线，其二次绕组中性点接地，可测量相和相间电压，辅助二次绕组接成的开口三角形可输出零序电压。电压互感器与电力变压器一样，严禁短路，为此应采用熔断器保护。用于 110 kV 及以上时，一次回路不设熔断器。

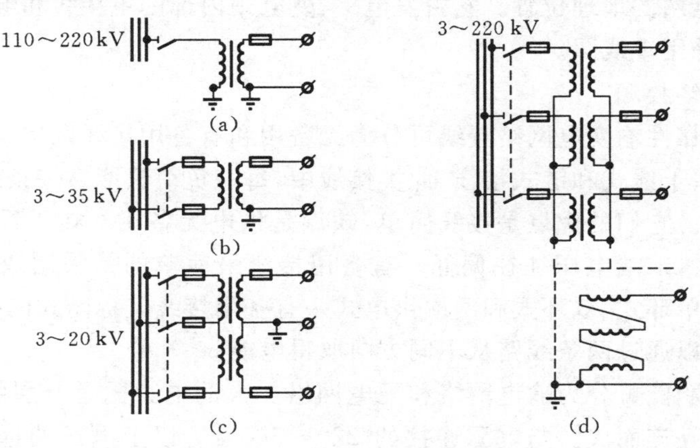

图 3-10　电压互感器接线图

(a)一台电压互感器接相电压；(b)一台电压互感器接线电压；

(c) 不完全星形接线；(d)三台单相三绕组或三相五柱式电压互感器接线

2. 电容式电压互感器

电容式电压互感器原理接线如图 3-11 所示，C_1 为电容分压器的主电容，C_2 为分压电容，L_2 为补偿用非线性电感线圈，TV 为中间电磁式电压互感器。为了减少杂散电容和电感的有害影响，增设一个高频阻断线圈 L_1 及并联放电间隙 E_1、E_2。

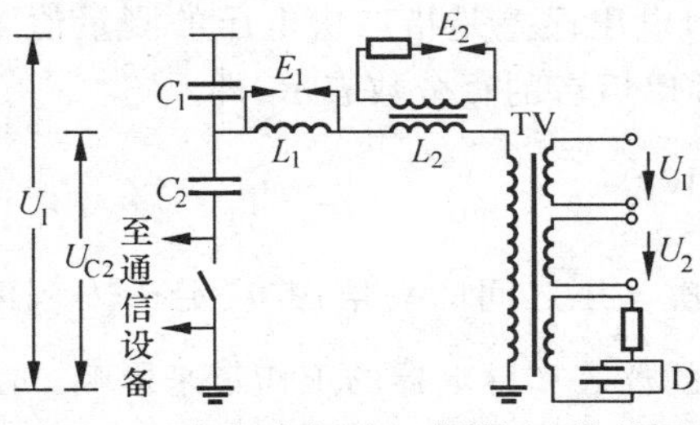

图 3-11　电容式电压互感器原理接线图

当二次侧短路或断路时，由于非线性电抗的饱和，可能激发产生次谐波铁磁谐振过电压，故在互感器二次绕组上设阻尼器 D，阻尼器 D 由电感和电容并联组成。

电容式电压互感器具有制造简单、体积小、成本低，可兼作高频载波通道等优点，所以在我国 220～500 kV 的电力网中得到了广泛应用。

第三节　电气一次接线

一、电力系统接线和输变电网络接线

1. 电力系统接线

电力系统接线的图示方式有两种，即地理接线图和电气接线图。

在地理接线图上，标明各发电厂、变电站的相对地理位置和它们之间的连接关系。

电气接线图表明电力系统中各主要元部件之间与厂站之间的电气连接关系，它不反映发电厂、变电站的地理位置。它由发电厂、变电站内部的主接线和输变电网络接线连接而成，一般采用单线图。

2. 输变电网络接线

按供电的可靠性输变电网络接线可分为无备用和有备用接线两类。无备用接线包括单回路放射式、干线式和链式接线，此类接线中，每一负荷只能靠一条线路获得电能，故又称开式网络。它们的优点是接线简单，缺点是供电无备用。在干线式和链式网络中，当线路较长时，末端电压往往偏低。有备用接线最简单的是采用双回路的供电方式，除此以外，有单环式、双环式和两端供电式。有备用接线又称闭式网络，优点是每一个负荷点至少可以通过两条线路从不同方向取得电能。

电力网络按职能可分为输电网络和配电网络。大的电力网是分层结构的，由不同电压的输电网络互连而成。与电源连接的 220～500 kV 以上电压的远距离型输电干线常采用双回线和多回线，进而构成一级主干输电网络。位于负荷中心的城市型网络，是以 110～220 kV 电压，汇集多个电源的环形网作为二级输电网络。35 kV 及以下高低压配电网可采用简单的开式网络，或复杂的闭式网络，或网格式网络。

二、电气主接线的基本接线形式

发电厂和变电站中电气主接线的基本接线形式，可分为有汇流母线和无汇流母线两大类。有汇流母线的接线形式有：单母线、单母线分段，双母线，双母线分段；增设旁路母线或旁路隔离开关，一台半断路器接线，变压器母线组接线等。无汇流母线的接线形式有：单元接线、桥形接线和角形接线。

（一）有汇流母线的接线

进出线数量较多时，采用汇流母线作为中间环节，便于电能的汇集和分配，也便于连接、安装和扩建，使接线简单清晰，运行操作方便。

1. 单母线接线

单母线接线如图 3-12 所示，进线是电源，出线指线路，如 WL_1、WL_2、WL_3、WL_4，进线和出线统称回路。汇流母线 W 是进线和出线之间的中间环节，起汇集和分配电能的作用，使进、出线在母线上并列工作。每条线路一般均装有断路器 QF，因为断路器具有灭弧装置，可以开断、闭合负荷电流和短路电流。断路器两侧装有隔离开关 QS，紧靠母线侧的隔离开关称为母线隔离开关，靠线路侧的称为线路隔离开关。隔离开关由于没有灭弧装置，不能开断负荷电流和短路电流。安装隔离开关的目的，是在线路停运后用隔离开关隔开电源，这样当检修线路或断路器时，形成一个检修人员也能看见的、明显的“断开点”。这样万一断路器的合分闸指示器失灵，对检修人员也是安全的。QF_1 靠发电机一侧可以不装隔离开关，但 QF_1 检修时，发电机需停机。QS_4 又称接地刀闸，在检修线路或设备前将其合上，使线路或设备与地等电位，防止突然来电，确保检修时的人身安全。

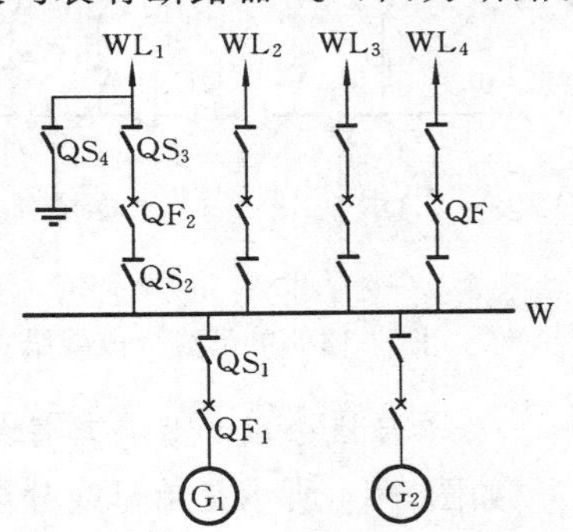

图 3-12　单母线接线

QF—断路器；QS—隔离开关；W—母线；WL—线路

运行操作时，必须严格遵守操作顺序，如 WL_1 送电时，在接地刀闸 QS_4 和断路器 QF_2 断开的情况下，先合上 QS_2 和 QS_3，再投入断路器 QF_2；如欲停止对 WL_1 供电，须先断开 QF_2，如线路或断路器 QF_2 需检修，再断开 QS_3 和 QS_2。待线路对侧停电后，再合上 QS_4 接地刀闸。

单母线接线具有简单、清晰、设备少的优点，但当母线故障或检修时，整个系统全部停电；断路器检修期间也必须停止该回路的供电，因此，这种接线只适用于单电源的发电厂和变电站，且出线回路数少、用户对供电可靠性要求不高的场合。若采用成套配电装置也可用于较重要的供电用户。

2. 单母线分段

如图 3-13 所示，母线分段的目的是可以减少母线故障或检修时的停电范围（回路数),分段后对重要用户可从不同分段引出线路。当某一分段母线发生故障时,由自动装置先断开分段断路器 QF_1,保证正常母线段上用户供电不间断,提高了供电可靠性。

母线分段的数目,通常以2～3分段为宜,分段太多增加了分段断路器。单母线分段适用于6～10 kV配电装置出线回路数6回及以上,35 kV出线数为4～8回及110～220 kV出线数为3～4回的接线。

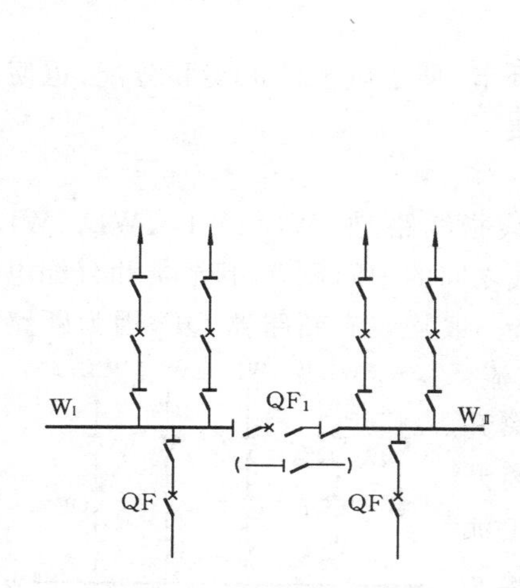

图 3-13 单母线分段接线

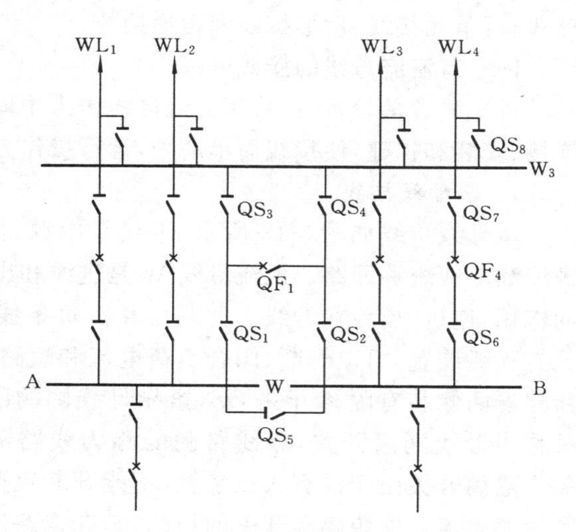

图 3-14 单母线分段加装旁路母线接线

3. *单母线分段加装旁路母线*

如图3-14所示是单母线分段加装旁路母线接线,分段断路器又兼旁路断路器的典型接线形式。加装旁路母线的目的,是检修进出线断路器时,可以不中断该回路的供电(图中未接入旁路母线的回路,断路器检修时仍需停电)。

W_3 为旁路母线,简称旁母,A、B为单母线分段,QF_1 为分段兼旁母断路器,QS_8 为 WL_4 的旁母隔离开关。若需检修断路器 QF_4,且 WL_4 的供电不允许中断,则操作方式依次如下:如A、B段经 QF_1 和 QS_1、QS_2 并列运行,则 QS_5 闭合→QF_1 断开→QS_1 断开→QS_3 闭合→ QF_1 闭合使 W_3 带电(不要首先闭合 QS_8)。此时若 W_3 隐含故障,则由继电保护装置动作断开 QF_1,若 W_3 充电正常,操作可以继续进行:→QS_8 合上→QF_4 断开。这时 WL_4 由母线B→QS_2→QF_1→QS_3→W_3→QS_8→WL_4 供电,并由 QF_1 替代断路器 QF_4。QF_4 检修前,运行人员应把 QS_6、QS_7 断开。所有回路的断路器检修均可用 QF_1 顶替,但每次只能顶替一台。图中母线A、B间用 QS_5 分段,可靠性有所降低。上述操作中 QS_5 和 QS_8 闭合时均有并联电路且两侧等电位,这种接线可用于中小型发电厂和35～110 kV的变电站。

4. *双母线接线*

如图3-15所示,有两组母线 W_1 和 W_2。每一回路经一台断路器和两组隔离开关分别与两组母线连接，母线之间通过母线联络断路器 QF（简称母联）连接。在电力系统中，双母接线可以有以下三种运行方式。

(1) 母联 QF 断开，一组母线工作，另一组母线备用，全部进出线接于运行母线上。

(2) 母联 QF 断开，进出线分别接于两组母线，两组母线分段运行，此方式在变电站称为硬母线分段，可减少短路电流。

(3) 母联 QF 闭合，电源和馈线平均分配在两组母线上。若连接方式固定，则继电保护配置最简单。

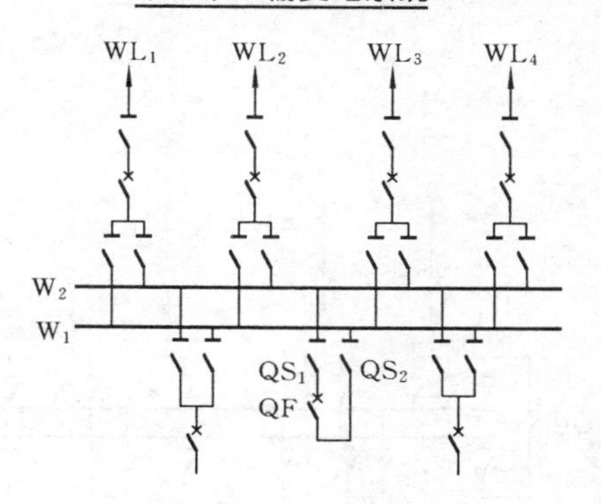

图 3-15　双母线接线

双母线的优点是：检修一组母线，可使回路供电不中断；一组母线故障，母线和线路会暂时停电，与单母线分段不同的是，经母线隔离开关的切换，线路供电可迅速恢复。

对运行方式(1)，如果工作母线停电，则母线切换的操作步骤如下：闭合母线两侧的隔离开关 QS_1、QS_2，合上 QF 向备用母线充电。若备用母线带电后一切正常，下一步则先接通（一条或全部）回路接于备用母线侧的隔离开关，然后断开（该条或全部）回路接于工作母线上的隔离开关，这就是所谓的“先通后断”的原则。待全部回路操作完成后，断开母联断路器及其两侧的隔离开关。

上述倒换母线的操作，隔离开关用于操作电器，它是在两侧等电位下进行的，备用母线侧隔离开关闭合时有并联回路，工作母线上的隔离开关开断时转移了工作电流。为了防止误操作，除严格实行操作制度外，还在断路器和相应的隔离开关之间加装了电磁闭锁、机械闭锁或电脑钥匙等防止误操作的安全措施。

双母线接线具有供电可靠，调度灵活，又便于扩建的优点，在我国大中型发电厂和变电站中广泛应用。

5. *双母线分段*

图 3-16 所示为双母分段接线，将工作母线分成Ⅱ、Ⅲ段，备用母线Ⅰ不分段，QF_1、QF_2 为母联，QF_3 为分段断路器。正常工作时，Ⅱ、Ⅲ段工作，Ⅰ段备用，在分段回路中可接入分段电抗器 L，当任一分段故障时，L 限制相邻段供给的短路电流。该接线在 6～10 kV装置中应用较多。在 220 kV 电压进出回路数甚多时，也采用双母线四分段的接线，但不安装分段电抗器。

6. *双母线带旁路母线的接线*

图 3-17 所示是有专用旁路断路器 QF_2 的双母带旁母接线，QS_3、QS_4 为线路的旁路刀闸，在检修任一进出线的断路器时，都可以经由旁路断路器 QF_2 及相应的线路上的旁路刀闸，而不必中断该回路的连续供电。

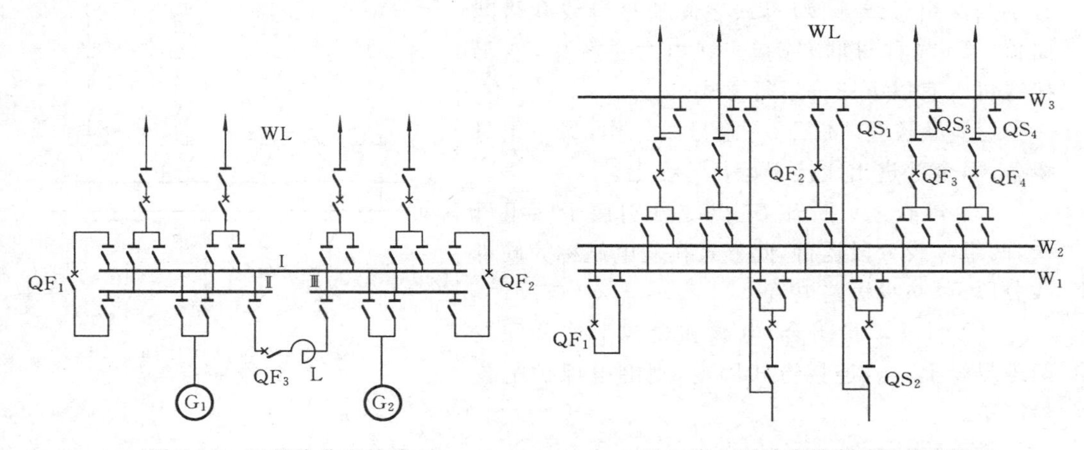

图 3-16 双母线分段接线

QF_1、QF_2—母联断路器;QF_3—分段断路器;

L—电抗器;WL—线路;G_1、G_2—发电机

图 3-17 双母线带旁路母线接线

QF_2—专用旁路断路器;

QS_1、QS_2—旁路隔离开关;W_3—旁路母线

在回路数不多时,为了节省断路器,常以母联兼作旁路断路器,如图 3-18 所示。正常运行时,QF 起母联作用。当检修一回路断路器时,将其余回路切换到一组母线上,然后经 QF 使旁路母线带电,再利用旁路断路器顶替该回路断路器。显然,图 3-18 所示的接线形式的灵活性不高,且每次只能顶替一台。

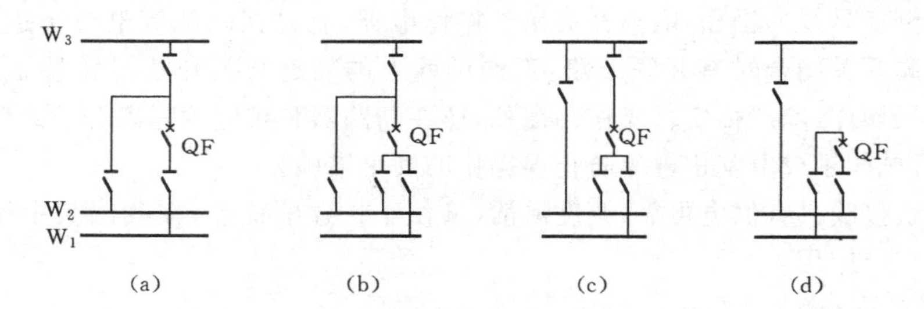

图 3-18 母联兼旁路断路器几种形式

(a)一组母线带旁路;(b)两组母线带旁路;(c)、(d)设有旁路跨条

7. 一台半断路器的接线

如图 3-19 所示,在母线 W_1 和 W_2 之间,每串接有三台断路器,两条回路,每两台断路器之间引出一回线,故称为一台半断路器接线,又称二分之三接线。这种接线是大型发电厂和变电站的超高压配电装置广泛采用的一种接线,它具有较高的供电可靠性及运行灵活性。母线故障,只跳开与此母线相连的断路器,任何回路不停电。与双母线类的各种接线相比,其可靠性又有了提高,而且由于隔离开关不作操作电器,减少了误操作的几率。

但二分之三接线使用设备较多,特别是断路器和电流互感器,投资较大,二次控制接线和继电保护配置也比较复杂。

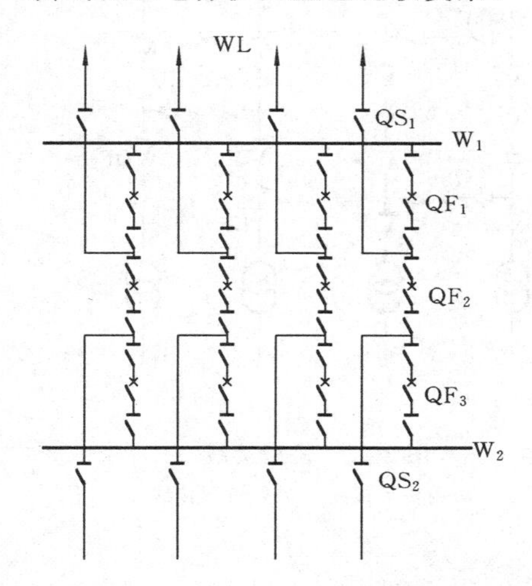

图 3-19 一台半断路器接线

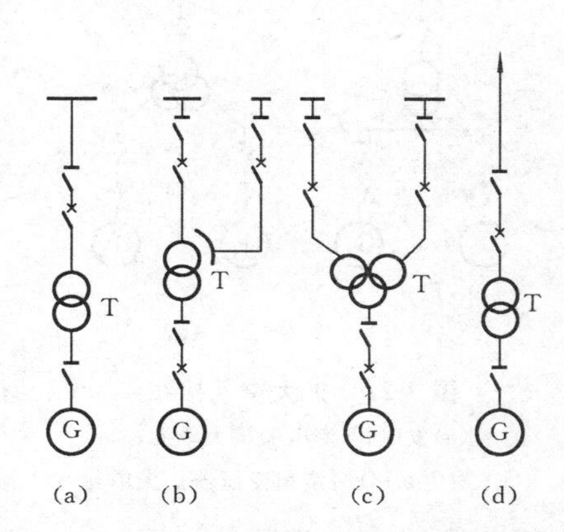

图 3-20 单元接线

(a)发电机-双绕组变压器单元;(b)发电机-三绕组自耦变压器单元;(c)发电机-三绕组变压器单元;(d)发电机-变压器-线路单元

(二)无汇流母线的电气主接线

无汇流母线的接线,使用的断路器数量较少,结构简单。

1. 单元接线及扩大单元接线

如图 3-20 所示,发电机与变压器直接连接组成单元接线,如发电机-变压器单元、发电机-变压器-线路单元。由于发电机出口不设母线,短路时电流有所减少。发电机与三绕组自耦变压器或普通变压器组成单元时(限于容量 125 MW 及以下机组),便于在一侧停运时,另外两侧继续运行,变压器的三侧均应装设断路器。

为了减少变压器台数和高压侧断路器数目,并节省配电装置占地面积,也可将两台发电机与一台变压器相连,组成扩大单元接线,如图 3-21 所示。

2. 桥形接线

当只有两台变压器和两条输电线时,可采用桥形接线。按照跨接于两条线路之间的断路器(QF_3)的位置,桥型接线可分为内桥形和外桥形,如图 3-22 所示。图 3-22(a)所示为内桥形,适用于输电线路较长,故障几率较多,而变压器又不需经常切除时的情况。线路故障仅切除一台断路器,而变压器停运需动作两台断路器。图 3-22(b)所示为外桥形,适用于线路较短,且变压器需经常投切,或系统经两线路环网的情况。

桥形接线使用的断路器和设备少,接线清晰简单,但可靠性不高,可用于小型发电厂和变电站,也可作过渡性的接线。

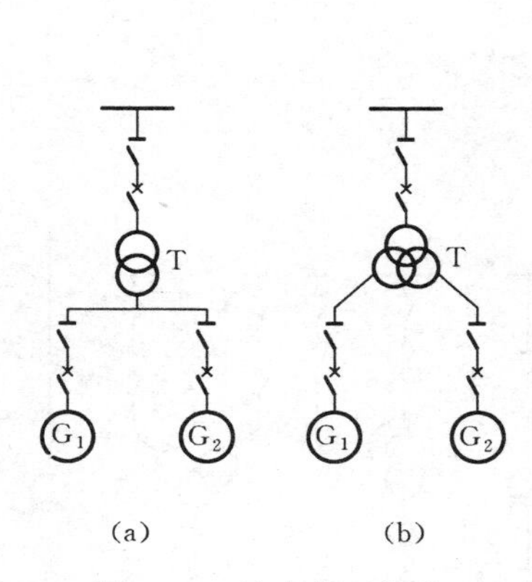

(a) (b)

图 3-21 扩大单元接线

(a)发电机-变压器扩大单元；

(b) 发电机-分裂绕组变压器扩大单元

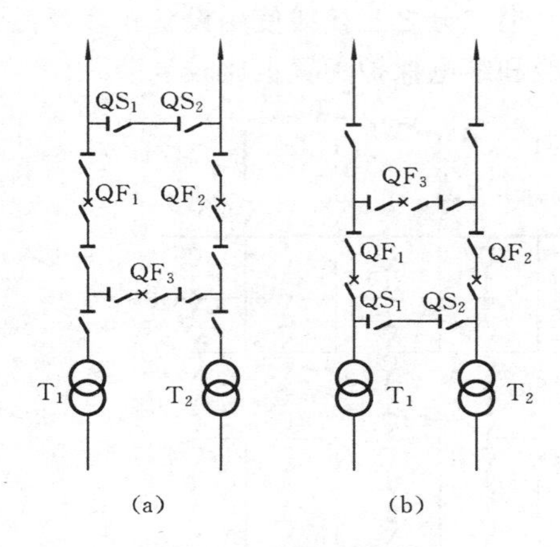

(a) (b)

图 3-22 桥型接线

(a)内桥形接线；(b)外桥形接线

3. 角形接线

如图 3-23 所示，角形接线的断路器数等于回路数，且每条回路都与两台断路器相接，检修任一台断路器不致中断该回路供电，隔离开关只在检修时起隔离电源之用，不作操作电器，从而具有较高的可靠性和灵活性。

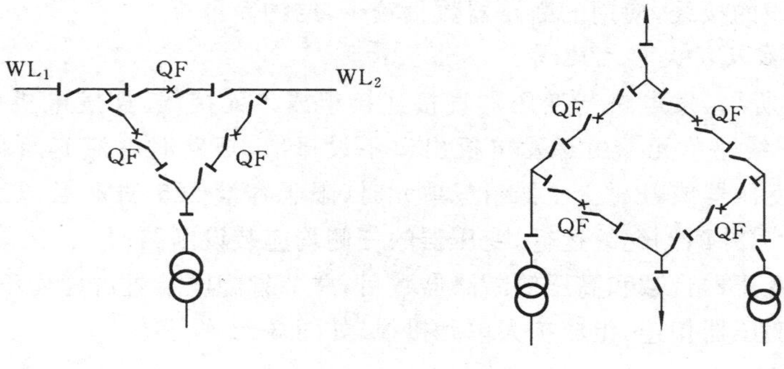

(a) (b)

图 3-23 角形接线

(a)三角形；(b)四角形

多角形接线的缺点是检修任一断路器时，造成开环，此期间若发生另一台断路器故障，可能造成解列，因此应合理安排电源和馈线的连接。在开环和闭环两种状态下，各支路流通的电流差别很大，使电器设备的选择、继电保护的整定复杂化。角形接线的配电装置也不便于扩建，因此多用于不超过六回进出线的、最终规模明确的 110 kV 及以上的发电厂和变电站中。

三、发电厂及变电站的电气主接线举例

发电厂及变电站的电气主接线是由基本接线形式，再考虑一些因素综合而成的。

1. 发电厂的主接线

由于发电厂的规模，在系统中的地位、作用与负荷中心的距离不同，一般将电厂主接线分为两类，一是以坑口电厂和远离城市的大型水、火电厂为代表，生产的电能主要以升高电压送入电力系统。这类电厂一般规模较大，设备年利用小时数高，通常也不设发电机电压母线，可称之为区域性发电厂。另一类以热电厂和中小型电厂为代表，大量电能以发电机电压馈送给地方用户，剩余功率以升高电压送入系统，这类电厂称为地方性发电厂。

图 3-24 所示是区域性发电厂的主接线，该厂装有 6 台 300 MW 大型机组，发电机与双绕组变压器组成单元接线，分别与 220 kV、500 kV 升高电压母线相连接，220 kV 侧采用有专用旁路断路器的双母带旁母接线，500 kV 侧是一台半断路器接线，在两个升高电压间设有一台有载调压的联络变压器，其第三绕组作为厂用启动电源或备用电源。每台发电机出口接有分裂绕组变压器作为厂用工作电源。分裂绕组变压器可以限制厂用系统的短路电流。500 kV 电压馈线出口接有并联电抗器，在线路并列前或系统负荷处于低谷时，可吸收系统多余的无功功率。

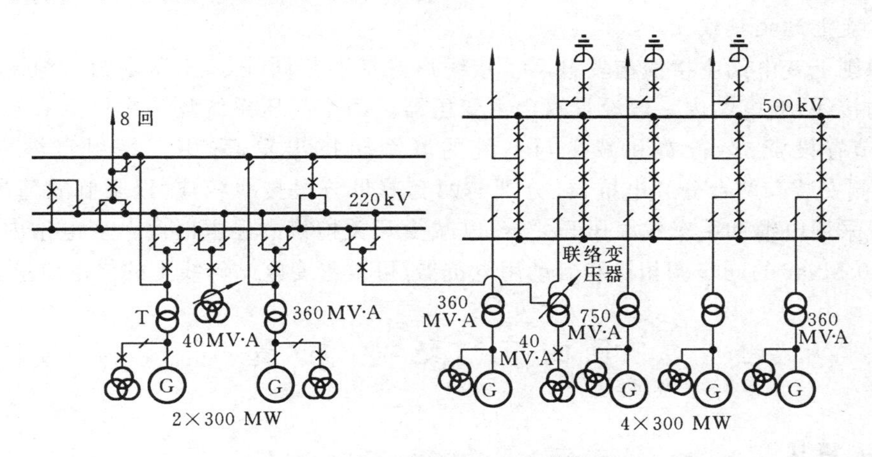

图 3-24　大型火电厂电气主接线图

图 3-25 所示为一热电厂主接线，发电机电压母线采用双母分段接线，带分段电抗器，每一分段接一台发电机，电压等级可直接供近区地方用户。为了限制短路电流和采用轻型价廉的断路器，馈线上安装有出线电抗器，为防止直击雷电对发电机的影响，10.5 kV 均采用了电缆出线。发电机电压母线上的剩余功率经两台三绕组变压器送入 35 kV 和 110 kV 系统，35 kV 侧仅两进回路和两出回路，故采用桥型接线。厂内 3 号

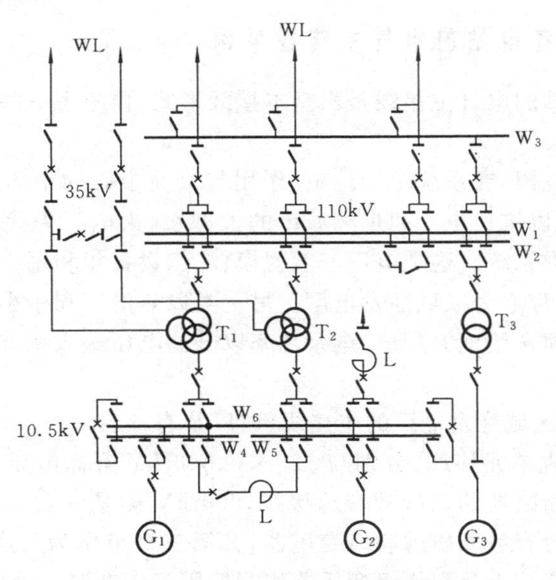

图 3-25　热电厂主接线图

发电机组采用单元接线与 110 kV 母线相连,使发电厂接线简单清晰。

2. 变电站主接线

原则上变电站主接线与发电厂主接线形式基本相同,图 3-1 所示为一地区重要变电站的接线,变电站内一般设置两台主变压器。两个高压系统均为中性点直接接地系统,从节省投资、运行费和减少与系统的联系阻抗出发,采用三绕组自耦变压器。10 kV侧安装有两台分裂电抗器,分别与两套单母分段接线相连,以限制故障电流,全部出线采用电缆和手车式高压开关柜,以减少开关检修的停电时间。变电站内设置有两台 30 Mvar 的同步调相机和启动用电抗器,可改善变电站母线上的供电质量。

第四节　配 电 装 置

一、概 述

配电装置是根据电气主接线的要求,由开关电器、保护和测量电器、母线和必要的辅助设备组建而成,用于接受和分配电能的一种电工建筑物,它是发电厂和变电站的重要组成部分。

配电装置按电器设备装设地点不同,可分为屋内和屋外配电装置;按其组装方式不同,可分为装配式和成套式,在现场将电器组装而成的称为装配式配电装置;在制造厂预先将开关电器、测量仪表和保护电器等组装成各种电路,能成套供应的单元组合,称为成套配电装置。

二、配电装置的安全净距

在配电装置中，各种间距距离的确定应考虑电压等级的不同，对于敞露在空气中的配电装置，最基本的是确定带电部分与接地部分之间和不同相带电部分之间的空间最小安全净距，即 A_1 和 A_2 值。A 值应保证无论在正常最高工作电压或出现内外过电压时都不致使相应空气间隙击穿。净距 B、C、D、E 是在 A 值基础上，再考虑一些其他因素决定的。表 3-2 列出了屋内配电装置的安全净距值及其含义，当海拔超过 1000 m 时，允许按每升高 100 m，绝缘强度增加 1% 来修正 A 值。

表 3-2 屋内配电装置的安全净距(mm)

符号	适用范围	额定电压/kV									
		3	6	10	15	20	35	60	110J	110	220J
A_1	1. 带电部分至接地部分之间； 2. 网状和板状遮拦向上延伸距地 2.3 m 处与遮拦上方带电部分之间	75	100	125	150	180	300	550	850	950	1800
A_2	1. 不同相的带电部分之间； 2. 断路器和隔离开关的断口两侧带电部分之间	75	100	125	150	180	300	550	900	1000	2000
B_1	带电部分至栅状遮拦	825	850	875	900	930	1050	1300	1600	1700	2550
B_2	带电部分至网状遮拦	175	200	225	250	280	400	650	950	1050	1900
B_3	带电部分至无孔遮拦	105	130	155			330		880	980	
C	无遮拦裸导体至地(楼)板	2375	2400	2425	2450	2480	2600	2850	3150	3250	4100
D	不同时停电检修的无遮拦导体间水平净距	1875	1900	1925	1950	1980	2100	2350	2650	2750	3600
E	屋内架空出线套管至屋外地面	4000	4000	4000	4000	4000	4000	4500	5000	5000	5500

注：J 表示中性点直接接地的电力网。

设计配电装置带电导体之间和导体对接地构架的实际距离时，还应考虑软绞线在短路电动力、风摆、温度等作用下使相间及对地距离的减小，隔离开关在开合位置改变时都不致发生相间和对地击穿。同时，还应考虑到设备的外形尺寸，检修和运行时人员走动和车辆运输等安全因素。减少 110 kV 及以上带电导体的电晕损失和考虑带电检修、安装误差等因素。工程上实际距离，通常大于规定的安全净距值。

三、屋内配电装置

在发电厂和变电站中，屋内配电装置按其布置的形式，一般可分为三层式、二层式和单层式。三层式是将同一回路的电气设备按接线顺序和电气设备轻重分别布置于三层中，三层式配电装置占地面积少，可靠性高，但土建设计施工比较复杂，检修不太方便。二层式有装配式和装配成套混合式。三层式和二层式均用于出线有电抗器的情况。单层式适用于出线无电抗器的情况，如容量不大，通常采用成套开关柜，以减少占地面积。

四、屋外配电装置

对具有汇流母线的接线形式，根据电器和母线布置的高度，屋外配电装置可分为中型、半高型和高型。

中型配电装置的所有电器都安装在同一水平面，并装在一定高度的基础上，中型配电装置母线所在的水平面稍高于电器所在的水平面，母线下方除布置母线隔离开关外，不布置其他电器。高型和半高型配电装置的母线和电器分别装在几个不同高度的水平面，并重叠布置。凡将一组母线与另一组母线重叠布置的称为高型配电装置。如果仅将母线与断路器、电流互感器等重叠布置，则称为半高型配电装置。

上述布置应使带电部分对地保持必要的高度，以便于工作人员能在地面上安全走动。

图 3-26 所示为 220 kV 双母线进出线带旁路的普通中型配电装置典型设计断面图。采用 GW4-220 型隔离开关和少油断路器，除避雷器外，所有电器均布置在 2～2.5 m

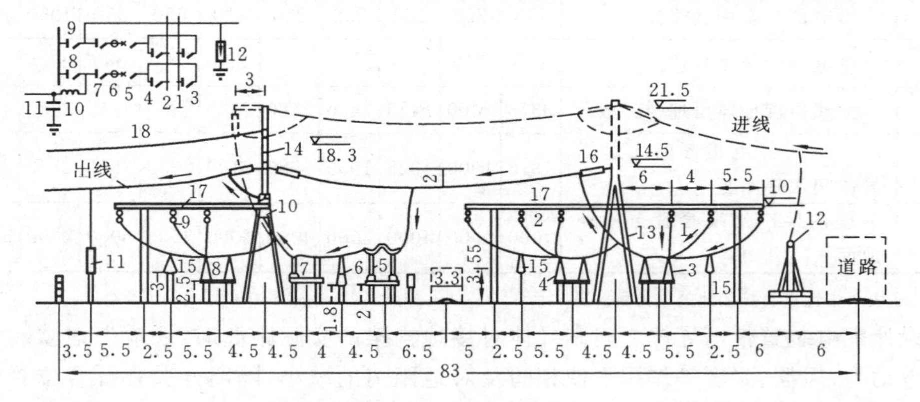

图 3-26 220 kV 双母线进出线带旁路，合并母线架，断路器单列布置的配电装置断面图(尺寸单位：m)

1、2、9—母线Ⅰ、Ⅱ和旁路母线；3、4、7、8—隔离开关；5—少油断路器；6—电流互感器；10—阻波器；11—耦合电容器；12—避雷器；13—中央门形架；14—出线门形架；15—支持绝缘子；16—悬式绝缘子串；17—母线构架；18—架空地线

的基础上。母线构架 17 与中央门型架 13 合并,使结构简化。由于断路器布置在主母线的一侧(称单列布置),当配电装置两侧有进出线时,必然会出现双层构架(虚线表示),跨线多,降低了可靠性。在断路器和母线之间设置有环形道路,可作检修、搬运场地之用。图中阻波器 10 和耦合电容器 11 组成一个高频通道,前者阻止高频信号流通,使高频信号经 11 进入厂(站)内载波机或供高频保护之用。

普通中型配电装置的特点是:布置比较清晰,施工维护方便,抗震性能较好,所用钢材少,但占地面积较大。

五、成套配电装置

成套配电装置分为低压配电屏(柜)、高压开关柜、F+C 柜(即熔断器+真空接触器柜)、箱式变电站和 SF_6 全封闭组合电器(GIS) 等;按安装地点不同,又分为屋内和屋外式。

1. 低压成套配电装置

低压配电屏(柜)的电压等级为 380/220 V,主要有固定式配电屏 PGL 型和金属封闭抽屉式 GCKl 型。

抽屉式低压柜为封闭式结构,回路故障时,可拉出抽屉检修或换上备用抽屉,便于迅速恢复供电,还具有布置紧凑、占地面积少的优点。

2. 高压开关柜

目前我国生产 3～35 kV 高压开关柜,主要有手车式和固定式两类。

(1) 手车式高压开关柜用于单母线结构,3～10 kV 高压开关柜常见的有 GFC、JYN、CC 等系列,35 kV 的高压开关柜为 GBC-35 型,其结构基本相同。一般由固定的柜体和可用滚轮移动的手车两部分组成,柜体内由薄钢板或绝缘板隔成五个小室,即手车室、电流互感器室、主母线室、小母线室和仪表继电器室。

(2) 固定式高压开关柜(GG 系列)有双母线(GSG 型)和单母线结构。固定式开关柜与手车式相比较,体积大,检修不太方便,但制造工艺简单,价格便宜,加之柜内设备不断更新型号,目前技术指标也较先进。

第五节 保护接地

一、保护接地的作用

保护接地是将电气设备金属外壳、金属构件或互感器的二次侧等接地,防备由于绝缘损坏而使外壳带危险电压,以保护工作人员在接触时的安全。触电有以下三类情况:

(1) 与带电部分直接接触,包括感应电、静电和漏电(由于绝缘损坏使金属外壳、构件带电)等;

(2) 发生接地故障时,人处于接触电压和跨步电压的危险区;

(3) 与带电部分间隔在安全距离之内。

触电对人体的损害程度,并不直接取决于电压,而主要取决于流过人体的电流大小和接触时间的长短。实际分析表明,50mA 以上的工频交流电,较长时间通过人体会引起呼吸麻痹,形成假死,如不及时抢救就有生命危险。

图 3-27 表示不接地系统安装保护接地的作用,当人触及绝缘损坏的设备外壳时,流过人体的电流

$$I_{man}=I_{E}\frac{R_{E}}{R_{man}+R_{t}+R_{E}}$$

式中,I_E 为单相接地电流(A);R_E 为保护接地电阻(Ω);R_{man}为人体电阻(Ω);R_t 为脚与地面的接触电阻(Ω)。

由上式可见,流过人体的电流与 I_E、R_{man}、R_t、R_E 等有关。其中 R_{man} 与人的皮肤表面状态和所处条件有关,如人体皮肤处于干燥、洁净和无损伤的状态下,R_{man} 高达 40000～100000 Ω,而皮肤有伤口或处于潮湿脏污的状态时,R_{man} 可降到 1000 Ω 左右。在最恶劣的情况下,人触及的电压只要达 0.05×1000 V=50 V 左右即有致命危险,因此增加 R_t,减少 R_E,均可在一定范围内减少流过人体的电流。

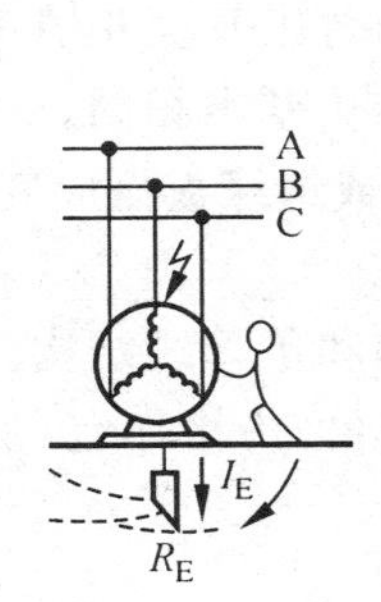

图 3-27 保护接地作用的示意图

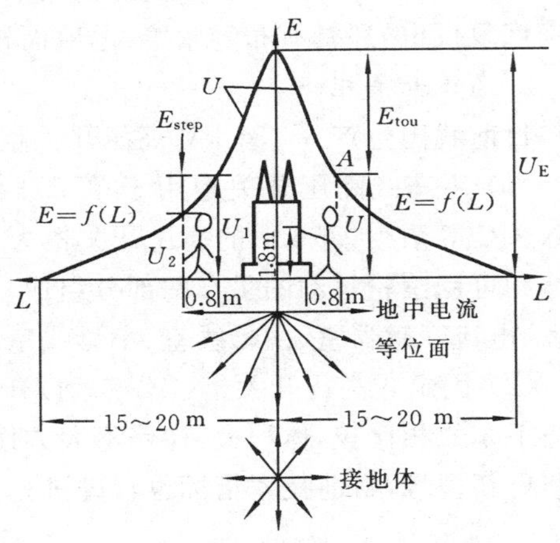

图 3-28 接地电流的散流场和地中电位分布

二、保护接地装置电阻的允许值

当绝缘损坏发生接地时,接地电流通过接地体向大地作半球形扩散。由于大地具有一定的电阻率,随着扩散面积的增大,单位长度的大地扩散电阻、地中电流密度及地中电位梯度相应减小。在距接地体 15～20 m 以外的地方,地中电流密度及单位扩散距离的电阻已接近零,该处电位也近似为零。此时,接地点电位最高,离接地点愈远,电位愈低,如图 3-28 所示的 $E=f(L)$曲线。接地电压就是电气设备接地点的电位 E_t 与

零电位之间的电位差，而电气设备的接地点的电位 E_t 与接地电流 I 的比值，定义为该点的接地电阻 $R=E_t/I$，当接地电流为定值时，接地电阻 R 愈小，则电位 E_t 愈低，反之则愈高。

接地装置的接地电阻 R 主要取决于接地装置的结构、尺寸、埋入地下的深度及周围土壤的电阻率。因金属接地体的电阻率远小于土壤电阻率，故接地体本身的电阻在接地电阻 R 中可以忽略不计。

接地故障时，处于分布电位区域中的人，可能有两种方式触及不同的电位而受到电压的作用。如图 3-28 所示右边的人触及带电的外壳，加于人手和脚之间的电压，称为接触电压。左边人在分布电位区域内跨开一步，两脚间（相距 0.8 m）所受到的电压称为跨步电压。

人体所能耐受的接触电压和跨步电压的允许值，与通过人体的电流值、持续时间的长短、地面土壤电阻率及电流流经人体的途径有关。

在大电流接地系统中，接地电流是由接地短路故障引起的，电流值较大，但故障切除时间快，接地装置上出现电压的持续时间也很短。所以，规定接地网电压不得超过 2000 V，则此时接地电阻为

$$R_E \leqslant \frac{2000}{I}(\Omega)$$

式中，I 为计算用流经接地装置的入地短路电流（A）。当 $I>4000$ A 时，可取 $R_E \leqslant 0.5\ \Omega$。

在小电流接地系统中，I_E 较小，但继电保护常作用于信号，接地时间较长，工作人员直接触及设备外壳的几率增大，所以必须限制接触电压。在接地装置仅用于高压设备时，规定接地电压不得超过 250 V，即

$$R_E \leqslant \frac{250}{I}(\Omega)$$

当接地装置为高、低压设备共用时，考虑到人与低压设备的接触机会更多，规定接地电压不超过 120 V，即

$$R_E \leqslant \frac{120}{I}(\Omega)$$

式中，I 为计算用接地故障电流（A），一般接地电阻应不超过 10 Ω。在 1000 V 以下，最好不超过 4 Ω。

三、保护接地分类

保护接地就是将正常不带电的电气设备等的金属外壳、金属构件接地。保护接地按电源的中性点接地方式不同，又分 IT、TT 和 TN 三种。其中 TN 接地方式将金属外壳经公共的保护线 PE 与电源的接地中性点 N 连接，故 TN 方式又称保护接零，常用于低电压系统。

1. IT 接地方式

IT 接地方式,其中字母 I 为电源中性点不接地或经高阻抗接地,T 为设备的金属外壳接地,如图 3-29 所示。假若设备外壳不接地,当带电线圈碰壳故障时,外壳体带上了电压,若此时有人触摸外壳,接地电流流经人体与对地分布电容而构成回路,对人身是危险的;若外壳保护接地后,由于人体电阻远比接地装置的接地电阻大,流经人体的电流很小,对人身是相对安全的。

IT 系统适用于环境条件不良、易发生单相接地故障及易燃、易爆的场所,如煤矿、化工厂、纺织厂等。

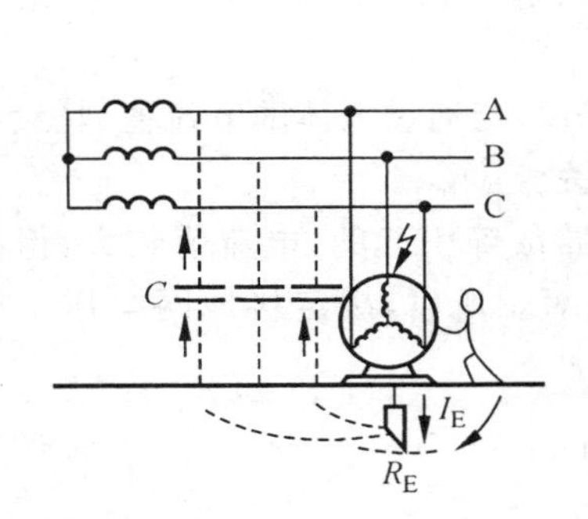

图 3-29　IT 接地方式

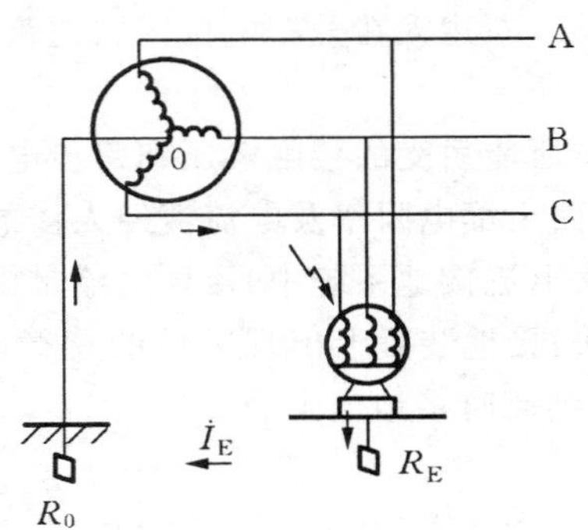

图 3-30　TT 接地方式

2. TT 接地方式

TT 接地方式,其中第一个字母 T 表示电源中性点接地,第二个字母 T 是设备金属外壳接地,如图 3-30 所示,TT 接地方式在高压系统普遍采用。若某一相端部碰壳故障,相电压 $U_\phi = 220$ V,对地电阻 $R_0 = R_E = 4\ \Omega$,则由式

$$I_E = \frac{U_\phi}{R_0 + R_E}$$

得接地回路电流 $I_E = 27.5$ A,外壳带电压 $U_E = I_E R_E = U_0 = 110$ V。

对于具有大容量电气设备的系统,发生碰壳故障时,按正常负荷电流整定的熔断器或保护装置不动作,这样金属外壳将长期带电,增加了人员触电的可能性。

四、发电厂和变电站的接地装置

接地装置由接地体和连接导体组成,接地体可分为自然接地体和人工接地体。自然接地体包括埋在地下的金属管道,建筑物的金属结构等,但可燃性液体和气体的金属管道除外。人工接地体分水平接地体和垂直接地体。

接地装置主要分两种形式:外引式和环路式。将接地体集中布置在电气装置外的某一地称为外引式。把接地体环绕电气装置布置,形成环状,并在其中装设若干均压带,则称为环路式。

发电厂和变电站的接地装置,除利用自然接地体或各种人工接地体之外,还应敷设人工接地网,用以降低工频散流电阻。水平接地网应埋在 0.6 m 以下,以免受到机械损伤和季节变化对接地电阻的影响。在避雷器、避雷针附近采用垂直接地体,以集中散泄雷电流之用。

第六节　高压直流输电

一、直流输电技术的发展和两端直流输电系统

鉴于交流输电的传输容量和距离受同步运行稳定性的制约,而使用电缆输电时产生大的容性电流,限制了传输距离的增加。因此,直流输电研究在沉闷了一段时间后,于 20 世纪 50 年代再次兴起了高潮。

近代的直流输电工程是于 1954 年由瑞典投入了世界上第一条采用汞弧阀的工业性直流输电线路开始的,这条全长 95 km、100 kV、功率为 20 MW 的直流海底电缆引起了一些工业发达国家的重视。此后 1961 年出现了英法海峡联络线,1962 年出现了前苏联的伏尔加格勒-顿巴斯联络线,1965 年日本利用引进的技术建成了佐久间变频站,将 50 Hz 和 60 Hz 两个交流电力系统连接起来,解决了日本多年未解决的不同频率间的联网问题。

直流输电系统按照与交流电力系统连接的节点数量不同,可划分为两端和多端直流输电两类。到目前为止,由于直流断路器尚处于应用研制阶段,世界各国已建成和在建的直流输电工程,除个别外,都为两端直流输电。

两端直流输电系统由整流站、直流输电线路和逆变站三部分组成,如图 3-31 所示。图中交流电力系统Ⅰ和Ⅱ用直流输电系统连接。交流电力系统Ⅰ将功率送给整流站的交流母线,经换流变压器送至整流器,把交流功率变换成直流功率,再经直流线路送到对端逆变站内的逆变器,由逆变器把直流功率又变换成交流功率,再经换流变压器 2 升压后送入受端的交流电力系统Ⅱ,完成直流电力的传输过程。整流站和逆变站统称为换流站。

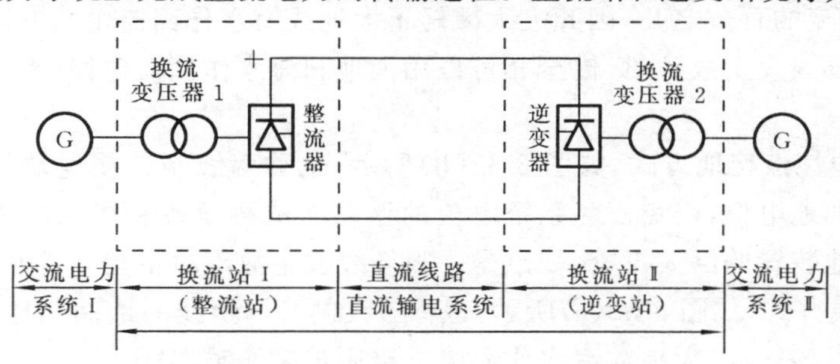

图 3-31　直流输电系统接线示意图

两端直流输电系统的构成可分为单极、双极和无直流输电线路三类。无直流输电线路即为两侧换流器背靠背装设在一起的非同步联络站,或称变频站。

1. 单极系统

直流单极系统中,输电线路只用一根导线。一般采用正极接地,负极线路运行,又称一线一地制。接地正极以大地和海水作回流线路。其优点是投资省,且负极性运行的直流架空线路,受雷击的几率及电晕引起的无线电干扰都比正极性运行时小。单极系统的主要缺点是地中电流所经之处的金属构件电化腐蚀严重,若海水中流过电流时,对航行、通信和渔业等有不同程度的影响。因此单极系统也有用金属导体作回流线路,称两线制。由于这种方式投资大,仅作为分期建设中的过渡接线形式。

2. 双极系统

双极系统可看做两个单极系统叠加而成,其接线分为:两端中性点接地方式,一端中性点接地方式和中性线方式三种,如图 3-32 所示。

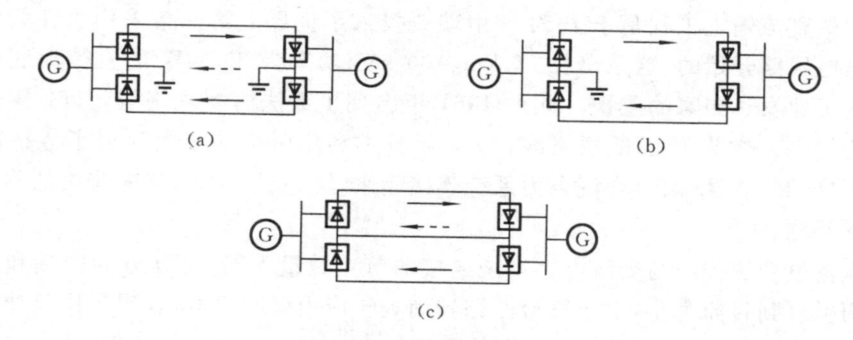

图 3-32 双极直流输电系统

(a) 两端中性点接地方式(两线一地制);(b) 一端中性点接地方式(两线制);(c) 中性线方式(三线制)

(1) 两端中性点接地方式,如图 3-32(a)所示,也称两线一地制。它可以看做由两个对称的一线一地制单极系统叠加而成。如果两极参数对称,理论上两接地点之间是不存在直流电流的。实际上在正常运行时,地回路中有不平衡电流流过。它的数值不大,只有额定电流的百分之几,因此大大减轻了大地或海水作回流电路时对金属设施的腐蚀。当任一导线发生故障时,健全相可以用大地和海水作回流电路,保持输送一半的电力。

(2) 一端中性点接地方式,如图 3-32(b)所示,也称两线制。接地端可以固定直流输电系统的基准地电位,避免发生系统电位的浮动而威胁设备和线路的安全。优点是避免了建设接地装置的巨大投资,缺点是一根导线发生故障时不得不停止送电。

(3) 中性线方式,如图 3-32(c)所示,也称三线制。与两线一地制相比,直流输电线一极故障时,可以避免以大地或海水作回流电路所带来的弊端。

3. 非同步联络站

非同步联络站是输电线路长度为零的直流输电系统，可以联络两个额定频率相同或不同的交流电力系统。

二、交直流输电方式的比较及直流输电的应用范围

1. 直流输电优点

直流输电的优点如下。

(1) 造价低，电能损耗少。

(2) 无电抗影响，远距离输电不存在失去稳定的问题。

(3) 稳态下，不存在交流长电缆线路的容性电纳引起的电压升高。

(4) 直流输电系统响应快，调节精确，有利于故障时交流系统间的快速紧急支援和减少功率扰动。

(5) 可联络两个额定频率相同或不同的交流电力系统，联网后交流系统的短路容量不因互联而显著增大。

2. 直流输电缺点

直流输电的缺点为：换流站造价高，换流器工作时需要消耗较多的无功功率，产生较大的谐波电流和电压；直流断路器熄弧困难，使多端直流输电的发展受到一定的影响。

3. 应用范围

直流输电的应用范围为：远距离大功率输电；交流系统的互联；过海电缆输电；用电缆向大城市市区供电。

三、高压直流输电系统的主要电气设备

图 3-33 所示为直流输电系统主接线，其电压 ± 500 kV，输送容量单极 60×10^4 kW，双极 120×10^4 kW，线路全长 1052.25 km，主要设备的作用如下。

(1) 换流器。一般接成三相全控桥式整流或逆变电路，直流系统中又称换流桥，6 个桥臂称为换流阀。正常时，换流器在工频一个周期内的换相次数称为脉波数。单桥换流器是 6 脉波的，直流侧电压含有 $6n$ 次基波频率的谐波，交流侧含有 $6n\pm1$ 次特征谐波电流。两单桥串联成双桥换流器，是 12 脉波的，直流侧含有 $12n$ 次谐波电压，交流侧含有 $12n\pm1$ 次谐波电流(其中 $n=1,2,3,\cdots$)。双桥换流器最低谐波次数高，谐波总含量少，因此双桥优于单桥。换流阀是由几十个甚至上百个晶闸管元件串联而成的，配备有散热器、循环冷却系统、均压阻尼电路、阀电抗器和门极触发电路等机电热光的辅助系统和电子元器件。

(2) 换流变压器。直流输电系统如每极采用双桥换流器，需要两组相位差 30°的交流电源供电。因此，共安装 6 台单相三绕组变压器，每极 3 台，接成 $Y_0/Y/\Delta$，结构与普

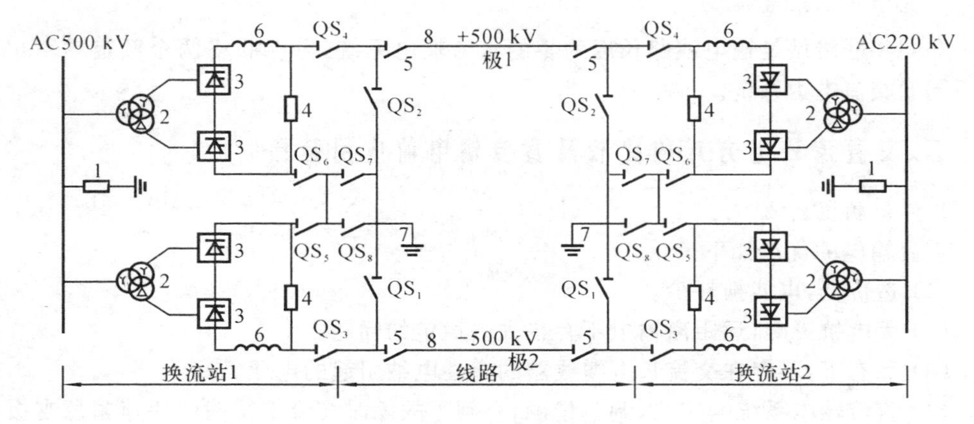

图 3-33 直流输电系统主接线

1—交流滤波器组;2—换流变压器;3—换流桥;4—直流滤波器组;
5—线路隔离开关;6—平波电抗器;7—接地电极;8—直流输电线路;
QS_1、QS_2—旁路隔离开关;QS_3、QS_4—极母线隔离开关;
QS_5、QS_6—中性线隔离开关;QS_7—金属回线隔离开关;QS_8—大地回线隔离开关

通型变压器基本相同。由于阀侧绕组需同时承受交直流电压,为了减少高次谐波,故对变压器的绝缘强度和参数的三相对称性有严格的要求,同时换流变压器应有宽的有载调压范围。

(3) 平波电抗器。作用是抑制直流电流变化时的上升速度,减少直流线路中电压和电流的谐波分量。

(4) 无功补偿装置。有调相机、并联电容器、交流滤波器或静止补偿器等。另外,交流滤波器在滤除高次谐波的同时,向交流系统提供一定数量的容性无功。

(5) 滤波器。由电容、电感、电阻串并联组成。由于换流装置是一个谐波源,在交流侧是一个谐波电流源,在直流侧则是一个谐波电压源。其含有的谐波分量,会引起电容器、变压器、电动机等的谐波附加损耗、振动和严重发热,干扰邻近通信线路,并使换流器的触发控制不稳定,所以在交流母线上安装单调谐滤波器,分别滤去 5、7、11、13 次谐波电流。用高通滤波器吸收高次谐波电流。同样,在直流侧用直流滤波器吸收平波电抗器后的 6、12、18 等次残余谐波分量。

(6) 直流断路器。由于直流电流无自然过零点,电弧难以熄灭,至今超高压直流断路器尚未研制出成熟可靠的产品。目前两端直流输电系统故障是借助于控制系统限制故障电流,再将故障切除。

(7) 交直流避雷器,是交直流系统绝缘配合的基础。由于直流电弧难以熄灭,故目前均采用性能优良、无间隙的氧化锌避雷器。

(8) 直流互感器。由磁放大器和电子元器件组成。

(9) 控制及保护设备。直流系统之所以能实现快速调节,与具有性能优良的控制保护系统有关。通过控制桥阀触发脉冲相位,调节功率大小和方向。调节可按不同参数实现,如定电流、定电压、定功率和定熄弧角等。保护系统有交流设备保护、换流阀保护和直流设备、线路保护等。

思考题与习题

3-1　发电厂变电站内有哪些主要的一次设备?何谓发电厂变电站内的电气主接线?

3-2　高压断路器有哪些基本参数?

3-3　互感器的分类及作用?互感器二次侧为何必须接地?

3-4　电流互感器在运行中,为什么二次线圈不允许开路?

3-5　画出电流互感器和电压互感器的基本接线形式?

3-6　发电厂或变电站的电气主接线的基本接线形式有哪些?

3-7　试绘出双母线带旁路断路器的电气主接线形式,写出检修某一出线断路器时,不中断回路供电的操作步骤。

3-8　何谓配电装置?配电装置是如何分类的?

3-9　何谓配电装置中的最小安全净距?

3-10　保护接地的作用?

3-11　何谓接触电压、跨步电压和接地电压?其大小与接地电阻的关系如何?

3-12　简述直流输电的优、缺点及使用范围。

第四章 配电系统

第一节 概 述

一、配电网的基本概念

在现代电力系统中，大型的发电厂往往远离负荷中心。发电厂发出来的电能，一般要通过高压或超高压输电网络送到负荷中心，然后在负荷中心由电压等级较低的网络把电能分配到不同电压等级的用户。这种主要起分配电能作用的网络就称为配电网。它通常是指电力系统中二次降压变电站低压侧直接或降压后向用户供电的网络。配电网由架空线或电缆配电线路、配电所或柱上降压变压器构成。

配电网按电压等级分类，可分为高压配电网（35～220 kV）、中压配电网（6～10 kV）、低压配电网（220～660 V）；按供电区的功能分类，可分为城市配电网、农村配电网和企业配电网等。

配电网因主要供给一个地区的用电，因而属于地方电力网。相对于区域电力网来说，配电网电压等级低，供电范围要小一些。但是配电网敏锐地反映着用户在安全、优质、经济等方面的要求，特别是城市配电网往往在一个较小的地理范围内集中了很多用户，因此配电网在设计、运行等方面都具有不同于输电网的特点。

二、我国配电网及主要特点

我国配电网经过了几十年的发展，由于城市和农村各种因素所造成的差别，各自形成了相应的特点：对城市配电网而言，负荷相对集中，布点多，事故影响大，短路容量大，为200～300 MV·A。对农村配电网而言，负荷分散，供电半径大，线路长，有的10 kV线路长达几十千米，线路维护工作量大，短路容量小，一般为100～200 MV·A。

因配电网直接与用户发生关系，需求量大。随着国民经济的发展，配电线路不断延伸，配电变压器快速增加，35～110 kV变电站平均每年以1000座左右的速度增加，供电范围在扩大，配变容量增大。因此，配电网的主电源、配电网结构和配电线路的线径等都必须考虑配电网快速发展的需求。

除保证用户供电可靠性外，如何保证电能质量和降低损耗是配电网的两个重要设计目标。为了保证电能质量和降低损耗，对每回中低压配电线路的总长度作出了一些规定，如城市电网10 kV配电线路一般不超过4～6 km，380 V低压配电线路一般不超过400 m等，并且对配电网的无功补偿设施的安装地点和容量作出了详细的规定。

在配电网中，一些农网配电线路较长，末端的短路电流与最大负荷电流接近，另一些城网配电线路非常短（最短可能只有几十米），多级线路之间最大短路电流接近，出现了保护配置困难，上、下级配合困难，不能满足运行要求。因此，我国中低压配电网采用了与输电网完全不同的故障隔离方式，即在配电线路（或其设备）发生故障后，先通过配电变电站的继电保护切除整条配电线路，再利用配电线分段开关实现多级线路之间的故障隔离。

配电线路通过开关设备分段和联络来满足配电网供电可靠性的要求。由于负荷沿配电线路分布，用户配电所多采用 T 接或环接方式取用电力。如果配电线路某处发生故障，则很容易造成沿线用户的停电。为了缩小停电范围，通常在配电线路上专设若干开关设备，将配电线路分成若干段。这样，当故障发生后，可以利用配电线路上的开关设备将故障限制在一定范围内（一般是最靠近故障点的两个开关之间）。为了避免线路在故障抢修期间停电，一般设置双侧电源或专用联络线路，通过联络开关向非故障的停电区域供电。

我国 10 kV、35 kV 配电网绝大部分属于中性点不接地系统和经消弧线圈接地系统，在发生单相接地时，仍允许供电一段时间，少部分属于经小电阻接地系统。这一特点使得我国的配电网及其自动化系统不能直接引进国外设备，而必须结合我国配电网的实际情况加以改进。

在运行上，配电网的特点如下。

(1) 开环运行。这是由配电网建设的性价比决定的。由于配电网线路众多，若采用闭环运行方式，由于配电线路双侧有电源或多电源成环，为了保证故障切除的范围最小，二次系统（特别是继电保护）配置的复杂性大大增加，同时环网运行使得短路容量增大，设备的投资也会增加。因此，配电网无论采用什么类型的接线，目前都采用开环运行方式。

(2) 配电网的故障和异常处理是配电网运行的首要工作。配电网电气设备众多，配电网故障和异常受外界影响因素较多，尤其是架空配电线路，受到雷击、鸟害、大风及树林的影响，使配电网的维护及其故障和异常的处理成为配电运行管理中的经常性工作。另一方面，配电网中负荷变化大，故障隔离频繁，使配电网潮流幅度变化大。而为了节省投资，配电线路在线径选择上往往偏小。因此，配电网在用电高峰或者故障时出现配电线路过载，需要调整配电网运行方式避免过载。

(3) 保证配电网运行经济性是配电网运行的重要工作。调整无功出力和适当提高运行电压是配电网运行中主要的降损措施。同时，如何在负荷变化或故障过程中，尽可能减少开关操作次数，是保证配电网经济运行的重要内容，这也是配电网运行经济性不同于输电网运行经济性的地方。

(4) 配电网运行中存在大量的谐波源、三相电压不平衡和电压闪变等问题。

配电网的上述特点决定了配电网、配电网设备和配电网运行必须有自己的特点和规律。

第二节 配电网主接线

一、配电网"T"接线

"T"接线是配电网特有的接线形式,用于负荷从配电线路上取用电源。"T"接线具有两种基本形式,分别如图 4-1 和图 4-2 所示。

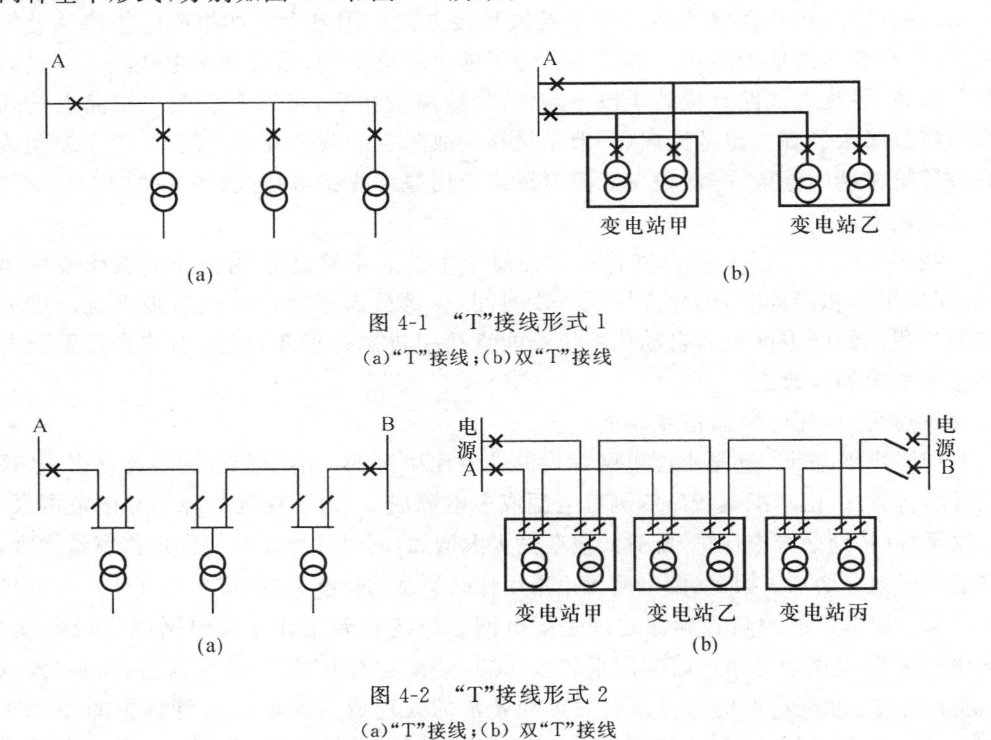

图 4-1 "T"接线形式 1
(a)"T"接线;(b)双"T"接线

图 4-2 "T"接线形式 2
(a)"T"接线;(b) 双"T"接线

在图 4-1 中,配电线路上没有分段用的开关设备。若配电线路发生故障,必然停用该配电线路供电的所有负荷。为了提高供电可靠性,往往要求架设二回配电线路,每个用户都同时从每回配电线路上 T 接电源,构成所谓的双"T"接线。

在图 4-2 中,配电线路经过分段用的开关设备分成多段(又称为手拉手接线)。当配电线路发生故障时,可以利用开关设备将故障隔离在两个开关设备之间(称为配电网故障隔离)。一般而言,分段数不宜太多。两端供电的中压线路,分段数以 3～5 分段为宜。用于分段的开关设备可以是断路器、负荷开关,也可以是配电网专用的开关设备。

"T"接线的主要优点是简单,投资低,有较高的可靠性。单电源双"T"接线的继电保护方式简单可靠,对架空线路可装设自动重合闸装置,变电站可装设备用电源自动投切。考虑到一回线路停电时的影响范围，接在每回线路上的变压器台数不宜多。当有条件时把单侧电源的双“T”发展成双侧电源，构成双侧电源双“T”接线，供电可靠性大为提高。正常时只有一侧送电，当一侧电源退出时，另一侧电源自动投入送电。

当变电站配置3台变压器时，一般需要3回电源进线。但为了简化接线，常常利用2回电源进线进行“T”接，称“3T”接线，如图4-3所示。与双“T”接线比较，其优点是设备利用率提高了，变电站可用容量由50%(按低负荷率计算)提高到了67%，线路也是如此。

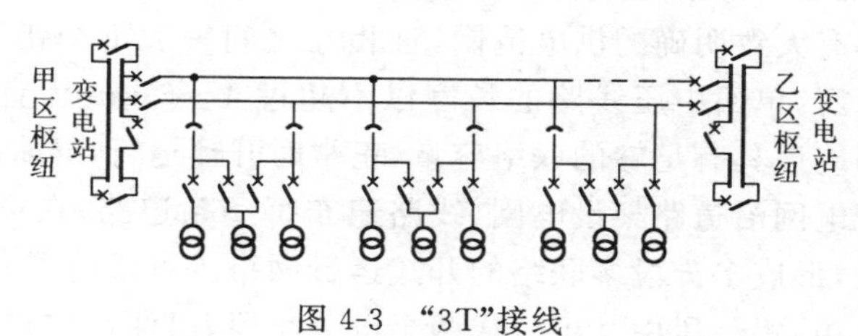

图4-3　“3T”接线

二、城网主接线

1. 城网主电源

220 kV及以上输电线路和变电站是输电网的组成部分，又是城网主电源，因此城网主电源的规划、设计、运行属于输电网范畴，其可靠性要求很高。

为了保证城网的供电可靠性，一般在城市外围建设由架空线路组成的双环网。输电双环网在地理上环绕城区。在不能形成地理上的环网时，也可以采用C形电气环网。随着负荷的增长，当环网的短路容量过大时，可以在现有环网的外围建设更高一级电压的环网，将原有环网分片开环运行。对大城市，可以直接建设地理上的分片环网或分片C形电气环网。

某些负荷密集、用电量很大的市区，可以采用220 kV深入市区的供电方式，一般称为220 kV直供。这种为市区供电的220 kV线路和变电站属于城网规划范围，即属于城市高压配电网。

2. 城市高压配电网

城市高压配电网一般包括110 kV、63 kV和35 kV的线路和变电站。

当高压线路采用架空线时，由于市区通道有限，为充分利用有限的地理空间，一般采用同杆双回的供电方式。架空线的载流量较大，沿线可以“T”接多个变电站。这种接线在遭受雷击和其他自然灾害及线路检修时有同时停运的可能，因此，有条件时常在两端配备电源，线路分段运行，即一般采用图4-2所示“T”接方式接成双“T”接线。

当高压配电线路采用电缆时，不受通道限制，可以多于两回路，很少有停运的可能性，因此，单侧电源的电缆可“T”接两个变电站。但“T”接两个以上变电站时，也宜在两端配备电源,且线路分段运行。

高压变电站的进线和变压器一次侧之间常采用线路变压器组接线、桥形接线和其他有母线接线。其中,线路变压器组接线最为灵活,适用于终端变压器,在高压配电网中也常见。

3. 城市中压配电网

城市中压配电网一般由 10 kV 线路、配电所、开闭所、箱式配电站、杆架变压器等组成。一般,中压配电网根据高压变电站的位置和负荷分布分成若干相对独立的分区。各个分区配电网具有大致明确的供电范围,且相互之间一般不交错重叠。为了降低损耗和提高用户侧电压,单回中压线路的长度以不超过 4～6 km 为宜。此外,高压变电站之间的中压电网应该具有足够的联络容量,正常时开环运行,异常时能转移负荷。

中压架空线配电网沿道路架设电网,线路遍布每一条道路,在道路交叉点互联,全网用杆架开关分段,形成多分段多联络的开式运行网络。每段电网有一馈入点,自变电站用电缆线馈入电源,每一段中又可分成两个以上小段,以便在需要时将负荷切换至邻近段电网。

电缆网因敷设回路数可以较多,因此供电能力大,且不影响环境。随着大城市的改革开放,电缆网将普遍采用。电缆网普遍采用开环运行的单环网。正常时开环运行,发生故障后,可以自动操作从而很快恢复供电。

当地区内同时存在架空线和电缆时,应该设置专门的联络点将架空线和电缆的供电范围分开。

三、农网主接线

农村电网根据负荷对供电可靠性的要求程度,其接线方式一般分为两大类,即有备用接线和无备用接线。

(1) 无备用接线。无备用接线是指用户只能从一个方向取得电能的接线方式,是目前农村电网应用最广泛的接线方式。这类接线方式又分为放射式、干线式和树枝式三种。

无备用接线方式的特点是:简单、经济、运行方便,但供电可靠性和灵活性较差,线路发生故障或检修时就要中断供电。

(2) 有备用接线。有备用接线是指用户能从两个或两个以上方向取得电能的接线方式,如双回路、环形网、两端供电网络等。农村电力网开始建设时一般都比较简单,但随着农村电气化程度的提高,农村电力网的规模在扩大,对供电可靠性的要求也不断提高。有备用的接线方式,已经在一些地区农村电力网建设中采用。

有备用接线的特点是:供电可靠,但运行操作和继电保护整定复杂,建设造价高。

根据当前农村电网的实际情况,主要负荷是电力排灌、农副产品加工和生活照明,对于要求连续性供电比较高的乡镇企业、农业生产和畜牧业用户还比较少,用户一般为

二、三类负荷,因此可以采用无备用接线方式。至于选择哪一种接线方案为好,则可根据电源(或区域电力网的变电站)和用户的相对地理位置,经过技术经济比较确定。

在做接线方案选择时,可遵循的原则有:凡是负荷围绕电源分布时,可采用放射式;凡是负荷集中分布在电源的同一方向时,可采用干线式;凡是负荷集中分布在电源的多个方向时,可采用树枝式。如果因为停电,可能造成人身伤亡、设备损坏及畜牧家禽死亡的特殊用户,应采用有备用的接线方式。

第三节 配电网开关设备

配电网的开关设备种类繁多,不仅有断路器、负荷开关、熔断器,而且还有配电网专用的重合器、分段器等。这里主要介绍配电网专有的重合器和分段器。

一、重合器

(一)重合器的定义、分类及参数

所谓重合器是一种具有控制及保护功能的开关设备,它能够检测故障电流,在监测到故障电流后能在给定时间内遮断故障电流,并能够进行给定次数的重合。在现有的重合器中,通常可进行三次或四次重合。如果故障是永久性的,重合器经过预先整定的重合次数以后,则不再进行重合,即所谓闭锁。如此,可使故障线段与供电系统隔离开来。如果故障是瞬时性的,重合器重合成功则自动终止后续动作,并经过一段延时后恢复到预先的整定状态,为下一次故障做好准备。

重合器可按相别、控制方式、使用介质进行分类。

1. 按相别分类

(1)单相。用于三相线路的单相分支或主要负荷为单相的三相线路。

(2)三相。又可分为单相跳闸三相闭锁模式和三相跳闸三相闭锁模式。

2. 按控制方式分类

(1)液压控制。用于单相和额定电流较小的三相重合器中,电流检测由与线路串联的跳闸线圈来完成。

(2)电子控制。用于三相大型重合器,利用电流变换器来检测线路电流。

3. 按使用介质分类

(1)油介质。灭弧和绝缘均用油。

(2)真空介质。灭弧用真空,绝缘用油或空气。

(3)SF_6 介质。灭弧和绝缘用 SF_6。

重合器的主要技术参数有额定电压、额定电流、短路开断电流、动稳定和热稳定电流、灭弧介质、控制方式、典型操作顺序及复位时间等。

(二)配电网中采用重合器的优点

重合器自20世纪30年代问世以来,至今已有70余年的历史,在这段时期内,重合器得到了不断的完善和发展。运行经验证明,重合器作为配电网开关设备和自动化元件,具有下述优点。

(1) 节省变电站的综合投资。重合器可装设在变电站的构架和线路杆塔上,无需附加控制和操作装置。

(2) 提高重合闸的成功率。统计表明,在配电网中有80%～95%的故障属于暂时性故障。而重合器采用的是多次重合方案,这将会提高重合闸的成功率,减小非故障停电次数。

(3) 缩小停电范围。重合器与分段器、熔断器配合使用,可以有效地隔离发生故障的线路,缩小停电范围。

(4) 提高自动化程度。重合器可按预先整定的程序自动操作,而且配有远动附件,可接收遥控信号,适于变电站集中控制和遥控,这将大大提高变电站自动化程度。

(5) 维修工作量小。重合器多采用 SF_6 和真空作为介质,在其使用期间,一般不需保养和检修。

(三)重合器的动作特性

重合器的动作特性可以分为瞬时动作特性(又称快速动作特性)和延时动作特性两种,通常采用时间-电流曲线(TCC 曲线)来描述。瞬时特性是指重合器按照快速动作时间-电流特性跳闸,延时动作特性是指重合器按照某条慢速动作时间-电流特性跳闸。通常重合器的动作特性按照其最大可重合次数可整定为“二慢一快”、“二慢二快”和“三慢一快”等。所谓“二慢一快”,是指重合器的最大可重合次数为3次,当重合器从初始状态第一次检测到故障电流时,以某一条延时动作特性曲线跳闸,并在整定时间后重合;如果重合不成功,即故障电流仍然存在,重合器第二次按照另一条延时动作特性曲线跳闸,并在整定时间后再次重合;如果重合仍不成功,即故障电流仍然存在,重合器第三次再按照瞬时动作特性曲线跳闸,如果本次仍然重合不成功,则闭锁。

某些重合器的动作特性曲线又可分为相间短路跳闸的 TCC 曲线和接地短路跳闸的 TCC 曲线两种。以 KFE 型真空重合器的 TCC 曲线来说明。

1. 相间短路跳闸的 TCC 曲线

KFE 型真空重合器给出10～800 A的最小跳闸电平的 TCC 曲线,如图4-4所示。该曲线是在温度为25 ℃,频率为60 Hz条件下测定的。曲线A称为快速操作曲线,曲线B、C称为延时、超延时曲线。它们分别表示一次操作的平均净时间,其变化范围为±10%。

2. 接地短路跳闸的 TCC 曲线

接地短路跳闸的 TCC 曲线的测定条件和坐标单位与相间短路跳闸的 TCC 曲线相同,不过具有反时限和定时限两种特性,如图4-5和图4-6所示。反时限特性A为快速曲线;曲线 B、C 为延时和超延时曲线。定时限特性共有 9 条,它们所对应的时间是:曲线 1 为 0.1 s,2 为 0.2 s,3 为 0.5 s,4 为 1.0 s,5 为 2 s,6 为 3 s,7 为 5 s,8 为 10 s,9 为 15 s。

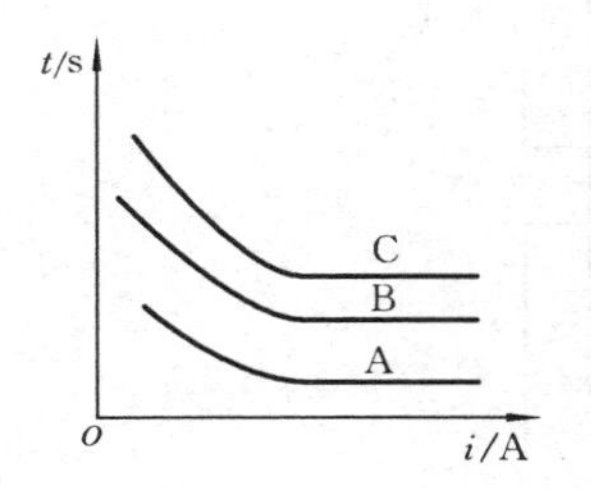

图 4-4　相间短路跳闸的 TCC 曲线

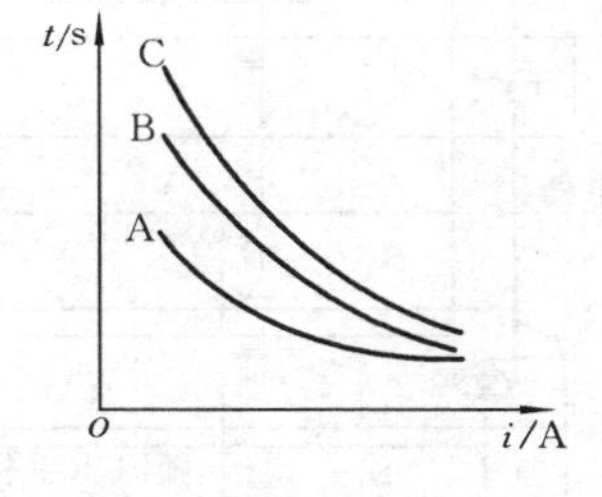

图 4-5　反时限 TCC 曲线

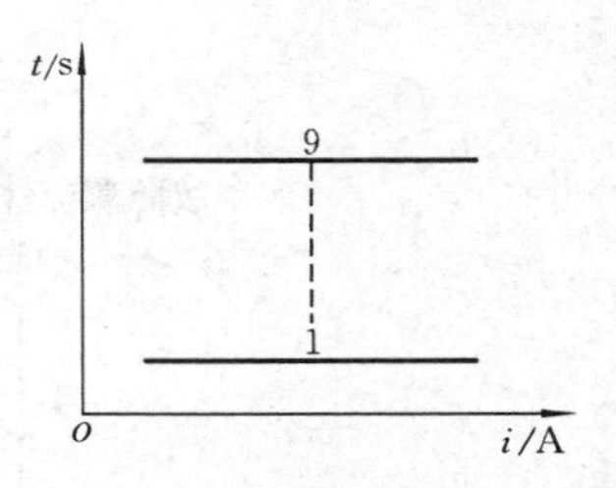

图 4-6　定时限 TCC 曲线

在 KFE 型真空重合器中,所有 TCC 曲线皆由单独电路板形成,这些电路板插在定时插座上。在使用时应注意的是相间和接地的电路板不能互换。

二、分段器

分段器是一种与电源侧前级开关配合,在失压或无电流的情况下自动分闸的开关设备。当发生永久性故障时,电源侧开关跳闸切断故障线路,分段器的计数装置进行计数,当达到预先整定的动作次数之后,分段器闭锁于分闸状态,从而达到隔离故障线路区段的目的。若分段器未完成预定的计数或分合操作次数,表明故障已经被其他设备切除了,则其将保持在合闸状态,并经一段延时后恢复到预先的整定状态,为下一次故障做好准备。分段器一般不能开断短路电流。

分段器根据其工作原理不同,可以分为电压-时间型分段器和过流脉冲计数型分段器两种。

1. 电压-时间型分段器

电压-时间型分段器是凭借加压、失压的时间长短来控制其动作的,失压后分闸,加压后合闸或闭锁。电压-时间型分段器既可用于辐射状网、树状网,又可用于环状网。

电压-时间型分段器有两个重要的参数需要整定。其一为 X 时限,X 时限是指从分段器电源侧加压至该分段器合闸的时延;另一个参数为 Y 时限,又称为故障检测时间,Y 时限的含义是:若分段器合闸后在未超过 Y 时限的时间内又失压,则该分段器分闸并被闭锁在分闸状态,待下次再加压时也不再自动重合。

图 4-7 所示为某公司生产的典型电压-时间型分段器的原理图。分段器的工作电源是通过两个杆式变压器和开关电源取自开关两侧的馈线,并且当 Y 接点闭合时开关的合闸线圈励磁。

Y 接点闭合的条件为:分段器一侧加压的时间超过 X 时限,导致“a”接点闭合;或

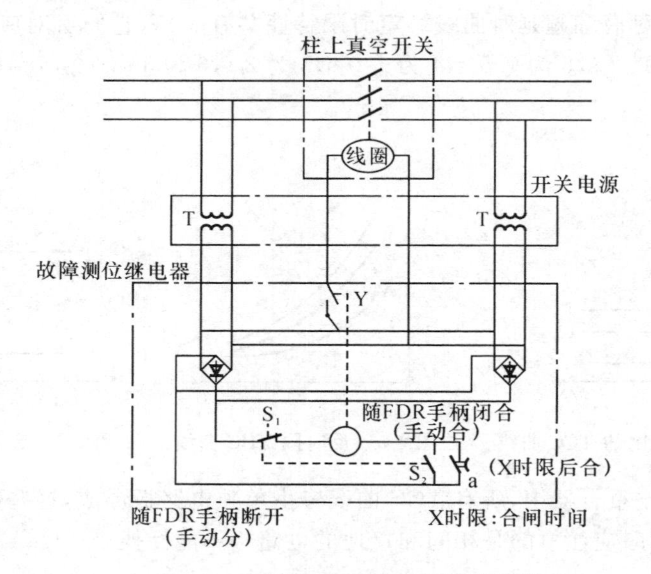

图 4-7 典型电压-时间型分段器原理图

者 FDR 的手动合闸手柄(S_2)位于合位置。

当分段器失压或 FDR 的手柄(S_1)位于合位置时,Y 节点断开。

电压-时间型分段器的 FDR 一般有两套功能。一套是面向处于常闭状态的分段开关的;另一套是应用于处于常开状态的联络开关。这两套功能可以通过一个操作手柄相互切换。

在电压-时间型分段器应用于辐射状网和树状网时,应该将分段器全部设置在第一套功能。当 FDR 检测到分段器的电源侧加压后启动 X 计数器,在经过 X 时限规定的时间后,使 Y 接点闭合从而令分段器合闸,同时启动 Y 计数器,若在计满 Y 时限规定的时间以内,该分段器又失压,则该分段器分闸并被闭锁在分闸状态。因此,该分段器必须这样来整定:

X 时限＞Y 时限＞电源侧断路器或重合器检测到故障并跳闸的时间

在将电压-时间型分段器应用于环状网络在联络开关处开环运行的情形时,安装于处于常闭状态的分段开关处的分段器应当设置为第一套功能;安装于处于常开状态的联络开关处的分段器应该设置为第二套功能。具有第一套功能的分段器的动作与应用于辐射状网和树状网时相同。安装于联络开关处的分段器要对两侧的电压均进行检测,当检测到任何一侧失压时启动 X_L 计数器,在经过 X_L 时限(相当于 X 时限)规定的时间后,使 Y 接点闭合,从而令分段器合闸,同时启动 Y 计数器,若在计满 Y 时限规定的时间内,该分段器同一侧又失压,则该分段器分闸并闭锁在分闸状态。因此,该分段器应该这样整定:

X_L 时限＞失压侧断路器或重合器的重合时间＋n×分段开关处的分段器的 X 时限

Y 时限＞失压侧断路器或重合器检测到故障并跳闸的时间

其中 n 为失压侧分段开关的个数。

2. 过流脉冲计数型分段器

过流脉冲计数型分段器通常与前级的断路器和重合器配合使用，它不能用于开断短路电流。但是在一段时间内，它能记忆前级开关设备断开故障电流动作次数。在预定的记录次数后，在前级的断路器和重合器将线路从电网中切除的无电流间隙内，过流脉冲计数型分段器分闸并达到隔离故障区段的目的。若未达到预定的动作次数，过流脉冲计数型分段器在一定的恢复时间后清零，并恢复到预先整定的初始状态，为下次故障做好准备。

三、重合器与分段器配合实现故障区段的自动隔离

下述以电压-时间型分段器为例，介绍重合器与电压-时间型分段器配合实现故障区段的自动隔离。

1. 辐射状网故障区段隔离

图 4-8 所示为一个典型的辐射状网在采用重合器与电压-时间型分段器配合时，隔离故障区段的过程示意图，图 4-9 所示为各开关的动作时序图。

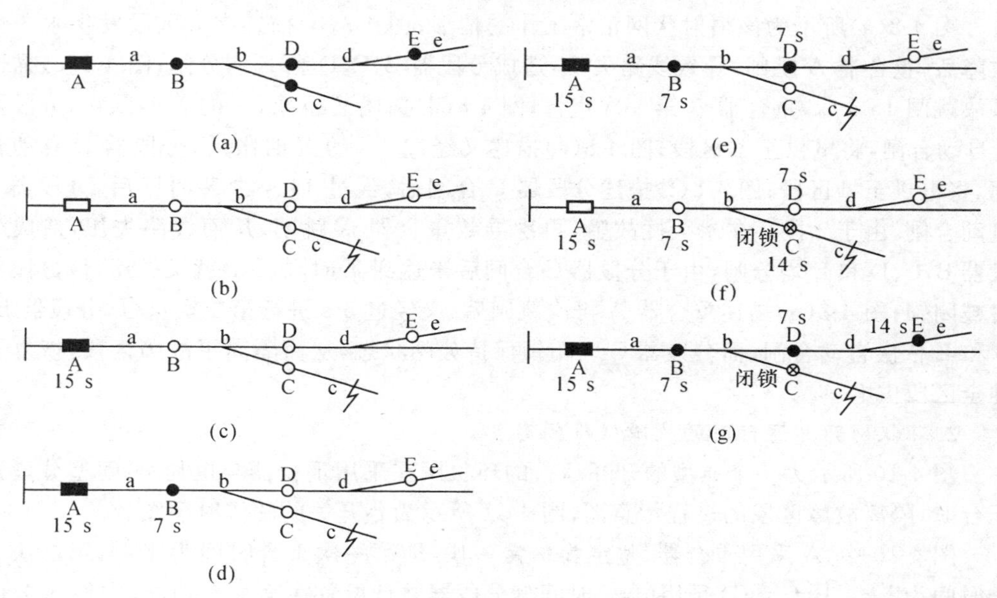

图 4-8 辐射状网采用重合器与电压-时间型分段器配合时故障隔离过程

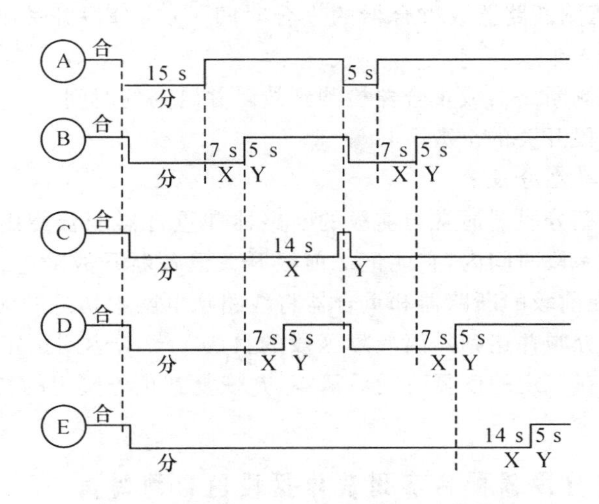

图 4-9　图 4-8 中各个开关的动作时序图

图 4-8 中，A 采用重合器，整定为一慢一块，即第一次重合时间为 15 s，第二次重合时间为 5 s。B、D 和 E 采用电压-时间型分段器，它们的 X 时限均整定为 7 s；C 亦采用电压-时间型分段器，其 X 时限均整定为 14 s；Y 时限均整定为 5 s。分段器均设置在第一套功能。

图 4-8(a)所示为该辐射状网正常工作的情形；图 4-8(b)描述在 c 区段发生永久性故障后，重合器 A 跳闸，导致线路失压，造成分段器 B、C、D 和 E 均分闸；图 4-8(c)描述事故跳闸 15 s 后，重合器 A 第一次重合；图 4-8(d)描述又经过 7 s 的 X 时限后，分段器 B 自动合闸，将电供至 b 区段；图 4-8(e)描述又经过 7 s 的 X 时限后，分段器 D 自动合闸，将电供至 d 区段；图 4-8(f)描述分段器 C 合闸后，经过 14 s 的 X 时限后，分段器 C 自动合闸，由于 c 段存在永久性故障，再次导致重合器 A 跳闸，从而线路失压，造成分段器 B、C、D 和 E 均分闸，由于分段器 C 合闸后未达到 Y 时限(5 s)就又失压，该分段器将被闭锁；图 4-8(g)描述重合器 A 再次跳闸后，又经过 5 s 进行第二次重合，分段器 B、D 和 E 依次自动合闸，而分段器 C 因闭锁保持分闸状态，从而隔离了故障区段，恢复了健全区段供电。

2. 环状网开环运行时的故障区段隔离

图 4-10 所示为一个典型的开环运行的环状网在采用重合器与电压-时间型分段器配合时，隔离故障区段的过程示意图，图 4-11 所示为各开关的动作时序图。

图 4-10 中，A 采用重合器，整定为一慢一块，即第一次重合时间为 15 s，第二次重合时间为 5 s。B、C 和 D 采用电压-时间型分段器并且设置在第一套功能，它们的 X 时限均整定为 7 s，Y 时限均整定为 5 s；E 亦采用电压-时间型分段器，但设置在第二套功能，其 X_L 时限整定为 45 s，Y 时限整定为 5 s。

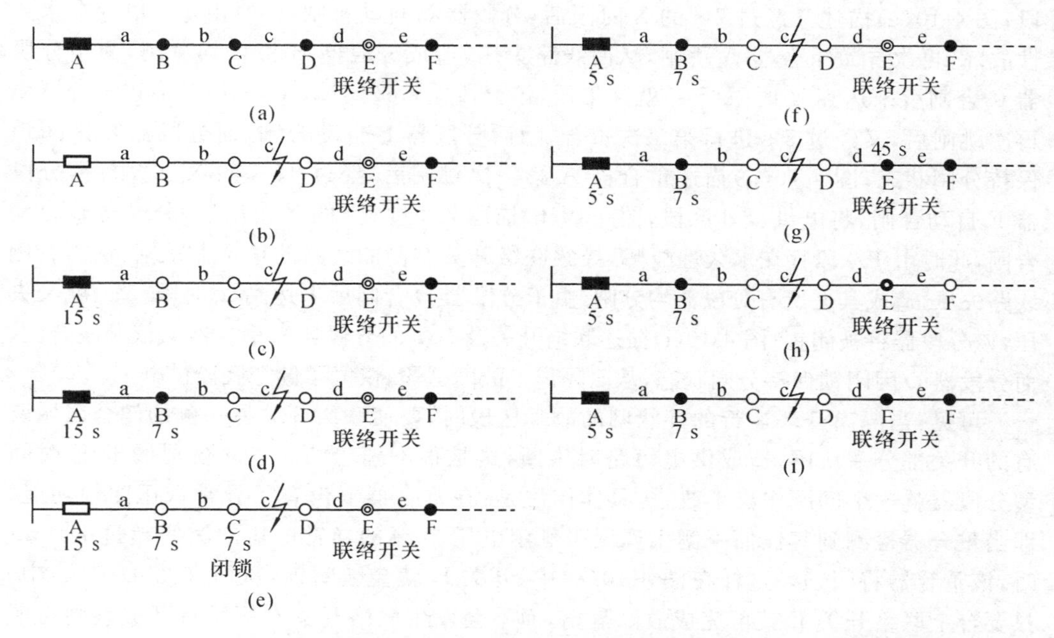

图 4-10　开环运行的环状网采用重合器与电压-时间型分段器配合时故障隔离过程

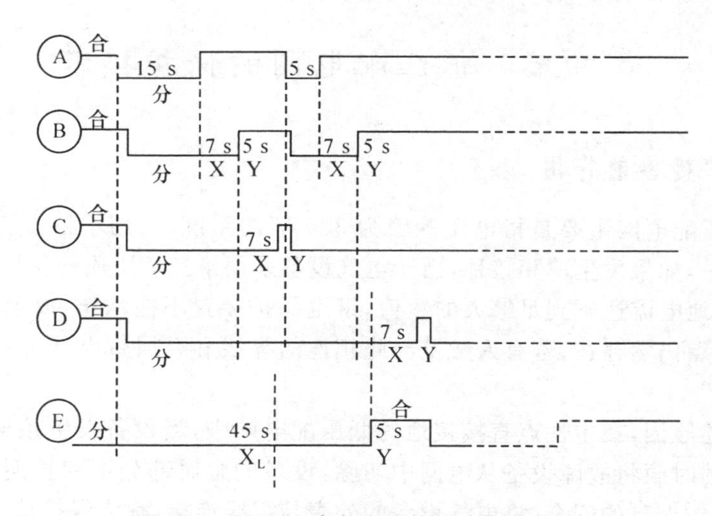

图 4-11　图 4-10 中各个开关的动作时序图

图 4-10(a)所示为该开环运行的环状网正常工作的情形；图 4-10(b)描述在 c 段发生永久性故障后，重合器 A 跳闸，导致联络开关左侧线路失压，造成分段器 B、C 和 D 均分闸，并启动分段器 E 的 X_L 计数器；图 4-10(c)描述事故跳闸 15 s 后，重合器 A 第一次重合；图 4-10(d)描述又经过 7 s 的 X 时限后，分段器 B 自动合闸，将电供至 b 区

段;图 4-10(e)描述又经过 7 s 的 X 时限后,分段器 C 自动合闸,此时由于 c 段存在永久性故障,再次导致重合器 A 跳闸,从而线路失压,造成分段器 B 和 C 均分闸,由于分段器 C 合闸后未达到 Y 时限(5 s)就又失压,该分段器将被闭锁;图 4-10(f)描述重合器 A 再次跳闸后,又经过 5 s 进行第二次重合,随后分段器 B 自动合闸,而分段器 C 因闭锁保持分闸状态;图 4-10(g)描述重合器 A 第一次跳闸后,经过 45 s 的 X_L 时限后,分段器 E 自动合闸,将电供至 d 区段;图 4-10(h)描述又经过 7 s 的 X 时限后,分段器 D 自动合闸,此时由于 c 段存在永久性故障,导致联络开关右侧的线路的重合器跳闸,从而右侧线路失压,造成其上所有分段器均分闸,由于分段器 D 合闸后未达到 Y 时限(5 s)就又失压,该分段器将被闭锁;图 4-10(i)描述联络开关及右侧的分段器和重合器又依顺序合闸,而分段器 D 因闭锁保持分闸状态,从而隔离了故障区段,恢复了健全区段供电。

可见,当隔离开环运行的环状网的故障区段时,要使联络开关另一侧的健全区域所有的开关都分一次闸,造成供电短路时中断,这是很不理想的。东芝公司的电压-时间型分段器就这个问题作出了改进,具体作法是:在重合器上设置了异常低压闭锁功能,即当重合器检测到其任何一侧出现低于额定电压 30%的异常电压的时间超过 150 ms 时,该重合器将闭锁。这样在图 4-10(e)中,开关 D 就会被闭锁,从而在图 4-10(g)中,只要合上联络开关 E 就可完成故障隔离,而不会发生联络开关右侧所有开关跳闸再顺序重合的过程。

第四节 低压配电网的保护接零

一、保护接零的作用

我国低压配电网主要是指电压等级为 380 V 的系统,采用中性点直接接地方式。在这种系统中,如果发生单相接地,由于电气设备采用第三章所述的保护接地时存在接地电阻,使接地电流达不到足够大的数值,继电保护装置不能动作,故障不能切除。此时,由于故障点仍然存在,若有人触及与此相连的导线和金属带电部分,仍将发生触电危险。

由于上述原因,在中性点直接接地的低压配电网中,当设备发生接地故障时,为了能够以最短的时限将故障设备从电网中切除,设备的金属部分不致长期带有危险的电位,以保证工作人员的安全,将电气设备的外壳与零线连接,称为保护接零。

采用保护接零后,当电气设备绝缘损坏而发生碰壳短路时,形成一个闭合的金属回路,如图 4-12 所示。由于这个回路不包括接地装置的接地电阻,所以短路电流比较大,足够使熔断器熔断或继电保护动作。另外,即使在熔断器熔断前,人体如果接触到带电外壳也是比较安全的。这是由于线路的电阻远小于人体电阻,所以大量的电流是沿线路流通而通过人体的电流是非常小的。

我国规定零线上是不允许安装保护装置和熔断器的，但零线断开是可能的，在断开处后面的线路上只要有一台设备外壳带电，后面全部 TN 接地方式的设备外壳均会出现对地高电压，这是非常危险的。因此除电源工作接地点外，应在线路终端、干线分支点、较长线路的对应中性线上或接零设备的外壳上应多次、重复接地，这样万一在零线断开时，可以转化为保护接地的 TT 方式，减轻触电的危险程度。

二、保护接零方式

保护接零是保护接地的一种，即 TN 接地方式。T 表示电源中性点接地，N 表示零线（在低压三相四线制系统中由于电源中性点接地，引出的中性线就处于零电位，故称为零线，相应的电源相线称为火线），PE 表示保护线。有三种保护接零的方式。

(1) TN-S 系统。字母 S 表示 N 与 PE 分开，设备金属外壳与 PE 相连接，设备中性点与 N 连接，即采用五线制供电，如图 4-12(a)所示。其优点是 PE 中没有电流，故设备金属外壳对地电位为零，主要用于数据处理、精密检测、高层建筑的供电系统。

(2) TN-C 系统。字母 C 表示 N 与 PE 合并成为 PEN，实际上是四线制供电方式。设备中性点和金属外壳都与 N 连接，如图 4-12(b)所示。由于 N 正常时流通三相不平衡电流和谐波电流，故设备金属外壳正常对地带有一定电压，通常用于一般供电场所。

(3) TN-C-S 系统。一部分 N 与 PE 合并，一部分 N 与 PE 分开，是四线半制供电方式，如图 4-12(c)所示。应用于环境较差的场所。当 N 与 PE 分开后不允许再合并。

采用 TN 接地方式时，若设备发生碰壳故障，就形成火线、金属外壳和 N 或 PE（当引自电源中性点时）的一个金属闭合回路，短路电流较大，能使保护装置迅速将故障切除。

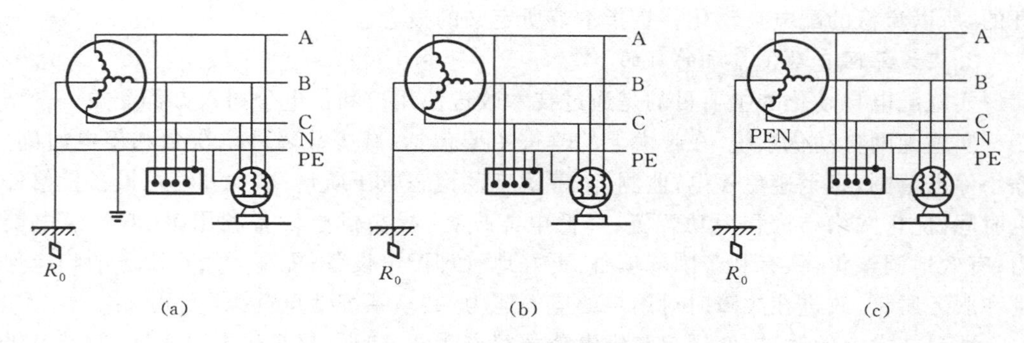

图 4-12　TN 接地方式

(a)TN-S 方式；(b)TN-C 方式；(c)TN-C-S 方式

应当指出在同一台变压器供电的电网中，不允许 TT 和 TN 方式混用，因为 TT 方式碰壳故障后，引起中性线电位升高，若故障不能及时切除，TN 方式的外壳有触电的危险，否则 TT 需安装灵敏的漏电保护装置。

第五节　配电自动化及系统

一、配电自动化概述

1.配电自动化的基本概念

通常把从变电、配电到用电过程的监视、控制和管理的综合自动化系统，称为配电管理系统(DMS)。其内容包括配电网数据采集和监控(SCADA)、配电地理信息系统(GIS)、网络分析和优化(NA)、工作管理系统(WMS)、需方管理(DSM)和调度员培训模拟系统(DTS)几个部分。一般认为DMS和输电自动化的能量管理系统(EMS)处于同一层次。

配网自动化系统(DAS)是一种可以使配电企业在远方以实时方式监视、协调和操作配电设备的自动化系统。其内容包括配电网数据采集和监控、配电地理信息系统、需方管理几个部分。DAS和输电自动化的调度自动化系统处于同一层次。

实现配网自动化(DA)要求利用现代电子技术、通信技术、计算机及网络技术，将配电网在线数据和离线数据、配电网数据和用户数据、电网结构和地理图形等信息集成起来，构成一个完整的系统，从而实现配网正常运行及事故情况下的监测、保护、控制、用电和配电管理的现代化。

可见，DAS是DMS的最主要内容和最重要基础。

实际上，本章第三节中介绍的重合器与分段器配合实现配电网故障隔离的内容可以看成是配电自动化初级形式。但是因为一般意义上认为自动化是与计算机应用分不开的，所以流行的配电自动化就是指本节所定义的概念。

2.实施配网自动化系统的目的

实施配电自动化的主要目的是通过技术改进使用户和供电公司双方都受益。

实施配网自动化系统，在技术上的改进主要包括：减少故障停电次数和停电时间、缩小停电范围，直至避免停电；监测、改善瞬态及稳态电压质量；减少和缩短设备检修停电时间；优化网络结构和无功配置，降低电能损耗；提高供电设备利用率，增强供电能力；有效地调整负荷，有利于削峰填谷；更好地管理配电设备；提高为用户服务的响应速度和服务质量；改进在故障时对用户的应答能力；共享系统信息资源，等等。

通过技术上的改进，使用户和供电公司双方受益，包括：提高供电可靠性，使城市供电可靠率达到99.9%，大城市市中心区尽快达到99.99%；提高供电质量，使电压合格率不小于98%；提高供电的经济性，包括降低经常性的运行维修成本和推迟基本建设投资两个方面；提高为用户服务水平和用户的满意程度，改善供电企业形象；提高供电企业的管理水平和劳动生产率。

3. 实施配电自动化的技术准备

实施配电自动化必须具备一定的技术条件。首先为了配电网故障隔离和网络重构的需要，配电网应该实现环网化或分段化。其次，应采用可靠性高、少检修、免维护、可电动操作的无油化开关设备，包括断路器、重合器、负荷开关、分段器、重合分段器、环网开关等设备。它们的技术指标和技术性能应满足相应的标准要求，同时还应具有以下特性。

(1) 用于就地控制的开关设备，在失去交流电源的情况下，除能就地进行手动合闸和手动分闸外，至少还能进行自动合闸和自动分闸各一次。

(2) 应至少内附一组电流互感器或电流传感器，用于故障电流及负荷电流的检测。

(3) 可内置或外接电压互感器，或其他低压电源作为操作电源。

(4) 用于电压信息检测时，应内置电压互感器或电压传感器，或高压电源变压器，或外接电压互感器。

(5) 应至少提供一组反映开关状态的辅助接点(动合/动断)。

(6) 失去交流电源后，仍需进行控制和数据通信的开关设备(包括断路器、重合器、负荷开关、分段器、重合分段器等)，应配备足够容量的蓄电池组和相应的充电设备。

二、基于 FTU 的配电自动化系统基本结构

配电自动化与输电自动化一样应该是一个分层分布式系统，如图 4-13 所示。

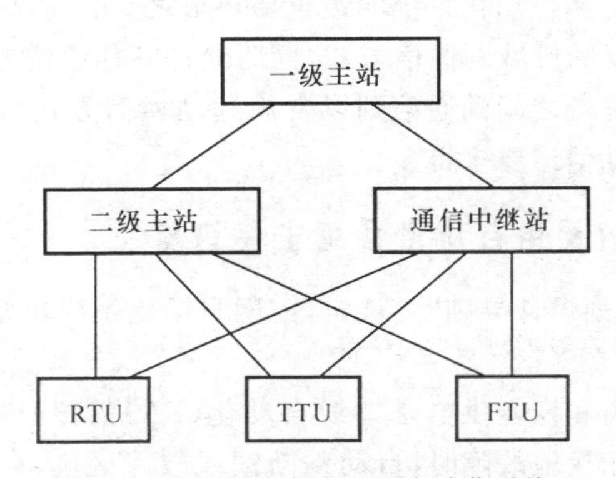

图 4-13　分层分布式配网自动化系统

配电自动化系统在纵向分为三层：配电自动化系统主站、配电自动化通信系统、配电自动化系统终端。

配电自动化的终端包括馈线终端 FTU、变压器终端 TTU、变电站/开闭所终端 RTU，它们是系统的最低层。

FTU 是装设在配电线路分段开关处的监测装置，主要用于监测配电网故障隔离的故障电流、线路电压和功率，并执行配电主站发来的控制命令执行网络重构操作。某些

FTU可以模拟分段器的工作原理,控制分段开关完成分段器的功能,这种功能在配电自动化失效时起作用,模仿分段器自动完成配电网故障隔离和网络重构功能。FTU通常安装在户外,因此要求它在恶劣环境下仍能可靠地工作。恶劣环境通常包括:直接雷击或间接雷击造成的过电压、严格的低温和高温范围(国标规定了－10～＋50 ℃、－25～＋55 ℃、－40～＋55 ℃、－10～＋70 ℃四个温度级)、雨水和高湿度(可能凝露)、风沙、强振动、电磁干扰等。为此FTU中必须考虑有效的保护措施。

TTU是装设在配电变压器(简称配变)处的监测装置,主要用于监视配变台区负荷,包括电力和电量,接收并执行主站的负荷控制指令,并辅助完成台区无功、电压(或$\cos\varphi$)控制。TTU可以装设在杆架上,也可以装设在室内,根据不同的使用场合其环境要求差距较大。

RTU一般装设在变电站、开闭所内,主要实现变电站或开闭所的“三遥”(遥测、遥信、遥控)。

配电自动化系统可以有多级主站,也可以有多个数据中继站。配电自动化系统主站收集各终端信息,监控整个配电网,其控制信息通过各终端执行。一级主站一般设在配电控制中心,二级主站和数据中继站设在变电站/开闭所。通信中继站是一个汇集和处理通信信息,并转发信息的简易主站,一般不设人机监控功能。配电自动化系统的一级主站、二级主站和通信中继站可以根据需要设立,经常按照配电网的供电分区分片相一致。主站是配电自动化的“脑”,配电自动化的功能主要是在主站执行的。

通信系统是整个配网自动化系统的最重要环节之一。主站与主站之间的通信推荐采用基于TCP/IP协议的广域网通信方式,同时允许其他通信方式存在(如电力系统常规远动方式),主站与终端之间的通信则以常规远动通信方式为主,但通信的信道种类比输电自动化中的远动信道要多得多。

三、基于FTU的配电自动化系统主要功能

按“配网自动化规划设计导则”之规定,配网自动化系统功能包括下述方面的内容。

1. 馈线自动化

馈线故障自动隔离和恢复供电是馈线自动化(FA)的核心功能。当馈线发生相间短路(接地)故障或单相接地故障时,自动判断馈线故障区段,自动将故障区段隔离,并恢复对非故障区段用户的供电。一般有两种方法:一种方法是使用FTU的就地控制功能,模拟线路自动重合器/分段器的工作过程,或者与线路自动重合器/分段器混合工作,实现配电线路故障的自动隔离和恢复供电的功能,此时不需要远方通信通道及数据采集功能;另一种方法是使用远方通信通道,FTU具有数据采集和远方控制功能,通过配网主站实现配电线路故障的自动隔离和恢复供电的功能。上述两种方法,可根据负荷重要性、负荷密度、网络结构和通信通道,以及当地的经济条件来选择。

馈线自动化功能还负责馈线的监视控制和无功电压控制。正常运行状态下,馈线

自动化实现对运行电量参数(包括对馈线、杆变或台变、箱变等设备的电流、电压、有功、无功、功率因数及电能量等参数)的远方测量,设备状态的远方监视,开关设备的远方控制,馈线的保护和有关定值的远方切换。根据监测点的电压和无功大小,控制电容器的运行状态或有载调压变压器的分接头,达到无功就地平衡,减小线路损耗。

2.变电站、配电所(开闭所)自动化

变电站自动化是指与配网自动化系统相关联的变电站综合自动化系统,对整个变电站实现数据采集、监视、控制和保护,与控制中心、调度自动化系统通信,必要时也可与配电网各类终端(FTU、RTU)和变/配电所综合自动化系统相联,成为配网自动化系统的下级主站。

配电所(开闭所)自动化是指与配网自动化系统相关联的配电所(开闭所)自动化,一般由配电所(开闭所)综合自动化系统或安装在配电所(开闭所)内的RTU来完成,对整个配电所(开闭所)实施数据采集、监视、控制和保护,与控制中心或配电调度自动化系统通信,必要时也可与配电网各远方终端(FTU)和用户终端(RTU)相联,实现数据转发功能(本方案称之为数据中继站),或可与配电网各类终端(FTU、RTU)和变/配电所综合自动化系统相联,成为配网自动化系统的下级主站。

3.配电调度自动化

配电调度自动化实现配电监视控制和数据采集(SCADA),其内容包括数据采集(遥测、遥信)、控制调整(遥控、遥调)、状态监视、报警、事件顺序记录、统计计算、趋势曲线、事故追忆、历史数据存储和制表打印等。还具有支持无人值班变电站的接口,实现馈线保护的远方投切、定值远方切换、线路动态着色、地理接线图与信息集成等功能。

配电调度自动化实现配电网电压管理,根据配电网电压、功率因数或无功电流等参数,自动控制无功补偿电容器和有载调压变压器分接头的档位,实现无功电压自动控制。

配电调度自动化实现配电网故障诊断和停电管理,根据远动信息、投诉电话和故障报告的分析,实现故障诊断、故障定位、故障隔离、负荷转移和恢复供电,管理事故报告、事故处理信息、检修操作票等。

4.自动制图/设备管理/地理信息系统

自动制图/设备管理/地理信息系统(AM/FM/GIS)的应用目的是形成以地理背景为依托的分布概念和基础信息(电网资料)分层管理的基础数据库,既能方便地查询和管理,又能为电网运行管理提供一个有效的、能操作的具有地理信息的网络模型。对配网设备的资产、设计、施工、检修等进行有效的管理,为配电管理系统提供基础数据库平台,支持该系统应用软件的开发和其他子系统功能的实现。

自动制图/设备管理/地理信息系统向配电工作管理系统提供地理背景(变电站、线路、变压器、开关,直至电杆、接户线、路灯、用户的地理位置)。利用配电设备管理和用电营业管理系统所提供的信息及数据,与小区负荷预报的数据相结合,共同构成配电网设备运行、检修、设计和施工管理的基础,并与配电规划设计软件相连接。

自动制图/设备管理/地理信息系统向用电营业管理系统提供多种形式的信息,对大、中、小用户进行申请报装接电、电费、电价、负荷管理等业务营运工作。查询有关用户地理位置,自动生成几种供电方案,有效地减少现场查勘工作量,加快新用户用电报装的速度,直至实现电话报装。

自动制图/设备管理/地理信息系统把地理空间信息与含实物彩照及设备属性信息有机结合起来,为配网提供各种在线图形(包括地理图形)和数据信息,成为配网数据模型的重要组成部分。它在配网中的应用分为以下两个方面。

(1) 在在线应用上,SCADA 系统将 AM/FM/GIS 提供的准确的、最新的设备信息和空间信息与 SCADA 提供的实时运行状态信息有机地结合,为改进电力分配、调度工作质量及日常维护与抢修等工作服务;故障报修管理按照 AM/FM/GIS 提供的最新地图信息、设备运行状态信息,根据用户的投诉电话,快速准确地判断故障地点及抢修队所在位置,及时派出抢修人员,使停电时间缩短。

(2) 在离线应用上,设备管理以地理图为背景分层显示变电站分布图、电网接线图、配电线路图、变压器、断路器、隔离开关,直至电杆、路灯、用户的地理位置及有关设备的属性信息;用电管理使用 AM/FM/GIS,按街道门牌编号为序,对大、中、小用户进行行业扩报装、查表收费、负荷管理等业务运营工作;规划设计时,单位地理图上提供的设备管理和用电管理信息和数据,与小区负荷预报相结合,构成配电网规划、设计和计算的基础。由于信息及时更新,可保证提供数据的正确性。

5.用户管理自动化

用户管理自动化有如下功能。

(1) 可以实现用户信息系统,储存用电客户的有关信息(如户号、户名、地址、邮政编码、电话号码、受电线路名称、设备装接容量、最大负荷、用电类别、用电性质、电价编码和表计信息等),供其他有关系统使用。要求系统能自动识别用户来电的电话号码,争取从电话号码自动识别用户的地址。

(2) 可以实现负荷管理,进行负荷曲线调整,如削峰、填谷、错峰;进行分类电价管理,如分时分季电价、可停电电价、实时电价;进行负荷监控,包括监视用电负荷,直接和间接优化组合控制;进行需方发电,如热电联产、余热发电;将可控负荷进行编组,并制订一个或多个负荷管理方案,将多种负荷控制合理结合起来,实现最佳负荷控制。

(3) 可以实现计量计费,进行自动抄表、账单自动生成、银行系统联网等。

(4) 可以实现用电营业管理,包括用户用电申请、业扩报装、咨询服务、电能计量管理、收费管理、用电检查、业扩工程管理、故障报修、电表轮换和故障表处理等。

(5) 可以实现用户故障报修(TCM),受理用户的各种故障投诉,同时可弥补配电数据采集系统实时数据采集覆盖面积的不足,作为故障判断的辅助手段;对要求回电话的用户列表显示恢复供电时间、停运用户数、馈线编号、用户打电话的时间。系统在相应的故障处理阶段，应为投诉电话处理人员提供相应信息：用户名、用户受电信息、收到投诉电话的时间、停电原因、停电状态、停电持续时间、恢复供电所需要的时间、收到投诉电话最频繁的时段、投诉电话数等，并能识别用户是否违约停电。

6. 配网运行管理自动化

配电工作管理系统建在 AM/FM/GIS 数据库平台上，借助 GIS 技术，进行日常的配电网运行、工程设计、施工计划、档案和统计等项工作管理，并延伸出其他如下所述的辅助应用。

(1) 进行网络分析，提出最佳停电方案和工作时间。在配电设备检修状态下，优化供电接线方式，缩小停电范围，并显示对用户的影响范围，自动检索检修区域是否有特殊用户，以便及时处理。

(2) 进行运行工作管理、设备检修管理、工程设计管理。根据配网规划和用户申请及其他相关因素，进行设备装置改造方案的设计，接受并完成用户申请报装接电的设计任务，实现工作任务单的传递。

(3) 进行施工管理。根据设计和工作任务单，制订施工计划并实行施工管理。开列施工图，自动生成停电范围，对受影响用户进行预告，并进行施工流程管理。施工结束后，对相关设备的档案进行更新，并对完成情况进行统计。

(4) 进行配电规划设计(NPL)。将计算机辅助设计工具(AutoCAD)与 AM/FM/GIS 接口，借助提供的地理图、设备管理和用电管理准确的信息和数据，利用 AutoCAD 的丰富软件来完成如何合理分割变电站配电负荷、馈电线负荷调整，增设配电变电站、开闭站、联络线和馈电线，直至配电网络改造和发展规划等各种设计任务，以及线损计算。

7. 配电网高级分析软件

配电网高级分析软件(DPAS)包含下述内容。

(1) 网络结线分析(又称网络拓扑)。用于确定配电网设备连接和带电状态，还用来检查辐射网络是否有合环，若有，则提出报警。网络结线分析主要有两个步骤：母线分析和电气量分析。

(2) 配电网潮流分析(包括三相潮流)。用于电网调度、运行分析、操作模拟和规划设计等，包括计算系统或局部的电压、电流、线损、多相平衡、不平衡潮流、仿真变压器有载调压和电容器操作的结果。

(3) 短路电流计算。主要是在配电网出现短路故障情况下，确定各支路的电流和各母线上的电压，故障包括单相、两相、三相及接地等类型。在正常运行方式下检查保护特性和检查现行系统开关的遮断能力。在结线方式变化时，应能自动计算、校核和告警。

(4) 负荷模型的建立和校核，使网络负荷点的负荷(有功和无功)与在变电站馈线端口记录的实测负荷相匹配。对变电站馈线出口总电流采用实测数，对馈线各分段区间的负荷电流采用估计和按一定比例分配的办法。

(5) 配网状态估计。这是从不完整的 SCADA 数据和母线负荷预测数据，来获得完整的实时网络状态。它是网络分析类推之源。状态估计分两部分:一是主配网的估计,有实时量测量,属一般状态估计模型;二是沿馈线的潮流分量,无实时量测量,即在已知馈线始端功率和电压(估计值)的条件下,利用母线负荷预测模型,将其分配到各负荷点用于测量计算。

(6) 配网负荷预报。由于配电网实际测量量太少,所以负荷预报对配电网安全经济运行有特殊意义。配网负荷预报分两类:地区负荷预报(用于购电计划及供电计划)和母线负荷预报(用于状态估计或潮流计算)。

(7) 中压配电网分析。用 N-1 安全准则进行分析。

(8) 网络结构优化和重构。按照网络线损率最小、配变之间负荷尽可能均匀分配、合格的电压质量、最少的停电次数、对重要用户尽可能平衡供电等目标函数,对网络结构进行优化和重构。

(9) 配电网电压调整和无功优化。首先按变电站进行优化,在具备条件时,按网络结构进行优化。

8. 与其他系统的接口

与其他系统的接口包括与调度自动化、MIS、OA、变电站综合自动化等系统的接口。

思考题与习题

4-1 我国配电网为什么采用闭环结构、开环运行方式?

4-2 我国 10 kV 中压配电网有哪几种典型接线方式?

4-3 简述重合器和分段器的工作原理。

4-4 什么是配电网的故障隔离和网络重构?

4-5 分别以树状配电网和两端供电配电网为例,说明重合器与分段器配合是如何实现配电网故障隔离和网络重构的?

4-6 简述基于 FTU 的配电自动化系统的主要功能。

第五章　电力系统负荷

第一节　电力系统负荷及负荷曲线

一、电力系统负荷的基本概念及其分类

电力系统负荷是指电力系统在某一时刻各类用电设备消耗功率的总和。它们包括异步电动机、同步电动机、整流设备、电热设备和照明设备消耗的功率。由于消耗功率有有功功率、无功功率、视在功率之分,因此电力系统负荷也包含有功负荷、无功负荷、视在负荷三种。为了叙述的方便,若非特殊说明,下述负荷泛指这三类负荷。

电力系统负荷的分类方法很多,不同的场合采用不同的分类方法。

1.根据消耗功率的性质分类

(1) 用电负荷。用户的用电设备在某一时刻消耗功率的总和称为用电负荷。

(2) 供电负荷。用电负荷加上电力网损耗的功率(也称线损负荷)称为供电负荷。供电负荷就是电力系统中各发电厂应提供的功率。

(3) 发电负荷。供电负荷加上发电厂本身所消耗的功率(也称发电厂厂用电负荷)称为发电负荷。

2.按供电可靠性分类

(1) 一类负荷。对这类负荷中断供电,将带来人身危险,设备损坏,引起生产混乱,出现大量废品,重要交通枢纽受阻,城市水源、通信、广播中断,因而造成巨大经济损失和重大政治影响。一类负荷一般应由两个独立电源供电。这里所说的独立电源,是指其中任意一个电源故障或停电检修时,不影响其他电源供电。有特殊要求的一类负荷,两个独立电源应该来自不同的变电站。若一级负荷容量不大,可采用蓄电池组、自备发电机等作为备用电源。

(2) 二类负荷。对这类负荷中断供电,将造成大量减产、停工,局部地区交通受阻,大部分城市居民的正常生活被打乱。二类负荷可以采用双回线路供电。对重要的二类负荷,其双回线路应该引自不同的变压器,也可以由两个独立电源供电。

(3) 三类负荷。指不属于第一类、第二类的其他负荷。对这类负荷中断供电,造成的损失不大。因此,对三类负荷的供电无特殊要求。

3.根据用户在国民经济中的部门分类

(1) 工业用电负荷。在我国国民经济结构中,除个别地区外,工业负荷的比重在用电构成中居首位。工业负荷的大小不仅取决于工业用户的工作方式,包括设备利用情

况、企业的工作班制等,而且与工业行业的行业特点、季节因素都有紧密联系。

在一年时间范围内,工业用电中除部分建材、榨糖等季节性生产的企业外,一般用电负荷是比较恒定的。但也有一些变化因素,如北方集中采暖地区,冬季用电比夏季高,南方高温地区,因通风降温,夏季负荷高于冬季。一些连续性生产的化工行业,因夏季单位产品耗电较高,多集中在夏季停电检修。连续生产的冶金行业,因夏季炉旁温度高、劳动条件差,也多集中在夏季停产检修。春节期间工业用电下降幅度较大。

从一天来看,一般一天内出现用电的三个高峰,两个低谷。尤以一班制生产企业占较大比重的地区更为明显。早晨上班半小时至一小时,出现早高峰,发生的时间受作息时间影响,冬季晚一些,夏季早一些,午休时用电陡降,成为中午低谷;午休后下午一般又出现一个高峰,但不如早峰突出;傍晚开始照明后又出现一个高峰,但对工业本身而言,晚峰比早峰负荷低得多。

(2) 农、林、牧、渔、水利用电负荷。此类负荷与工业负荷相比,受气候、季节等自然条件的影响很大,我国地域广阔,由于地理位置缘故,各地降雨季节有较大差异,一场大雨对北方而言可造成农业负荷骤降,但却可能造成南方地区排涝用电负荷剧增。排灌用电在农业负荷中占相当大的比重。农村电气化水平和经济发展程度也决定着用电量的大小。就电力而言,农业用电负荷也受作物种类、耕作习惯的影响;就电网而言,由于农业用电负荷集中的时间与城市工业负荷高峰时间有差别,所以对提高电网负荷率有好处。在用电构成中,农业用电所占比重不大。

(3) 建筑业用电负荷。这一类负荷受气候、季节的一定影响,高温、高寒季节用电负荷下降。建筑业是我国重点发展的产业,随着大批中小型城镇的兴起和高层建筑等大量兴建,此类用电量增长迅速。

(4) 交通运输、邮电通信用电负荷。这一类负荷包括铁路与公路的车站,航运码头及机场,航空站的动力、通风、通信用电,以及电气铁路和电气运输机械的用电,交通运输、邮政设施用电,等等,这一负荷在全年时间内变化不大,占总用电负荷的比重也不大。

(5) 商业、饮食、供销、仓储业用电负荷。这一类用电负荷包括商、饮、供销、仓储及城市的供水、文体卫生、科研教育、机关事业单位、部队等用电,覆盖面积大,用电增长平稳,负荷特点有各自规律性,除正常日班负荷外,照明类负荷占用电力系统高峰时段。

(6) 城乡居民生活用电负荷。改革开放以来,城乡人民生活迅速改善,随着人民生活水平日益提高,电视机、空调器等家用电器的逐步普及,生活用电负荷也急剧上升。以后,城乡居民用电仍将有较快增长,农村居民用电由于基数较小,增长速度将快于城市。从负荷特点看,城乡间、地区间呈现不同特点,如夏季南方地区空调的投入,负荷剧增,而冬季北方地区取暖器的使用,也会造成用电负荷增长等。

二、电力系统负荷曲线的基本概念及其分类

负荷是时时刻刻变动的，表达电力负荷随时间变动情况的曲线图形称之为负荷曲线，它绘制在直角坐标上，纵坐标表示负荷（有功功率和无功功率），横坐标表示对应负荷变动的时间（一般以小时为单位），曲线在两坐标轴之间所包容的面积表示该段时间内用电设备的耗电量（或供电量）。

负荷曲线可按时间和按用电特性划分为两大类。按时间分类主要有日负荷曲线和年负荷曲线两个系列，它们又可根据所求负荷的性质，生成若干种负荷曲线。

(1) 日负荷曲线。以全日小时数为横坐标并以负荷值为纵坐标绘制而成的曲线，按照负荷性质又可分为：①电力系统的综合负荷曲线；②发电厂的日发电负荷曲线；③个别用户的日负荷曲线；④分类用户的用电综合负荷曲线。

(2) 日平均负荷曲线。按其代表的负荷性质，最常用的是：①系统日平均负荷曲线；②分类用户的平均负荷曲线。

(3) 日负荷持续曲线。负荷持续曲线的主要作用是掌握系统的基本负荷（最低负荷）的大小，以及高出基本负荷的持续小时数。按其记录时间的长短可分为日、月及全年的负荷持续曲线。

(4) 年负荷曲线。年负荷曲线一般是由日负荷曲线叠成的。最常见的有：①逐日负荷变动曲线；②月最高负荷曲线；③月平均最高负荷曲线；④月最低负荷曲线。

(5) 历年负荷曲线。最常见的有：①历年的月平均和月最高负荷曲线；②历年的月最低负荷曲线；③历年的月发电量和历年的日平均发电量曲线。

按用电特性分类的负荷曲线是根据部门分类的用户负荷曲线（如工业，农、林、牧、渔，城乡生活……），此处从略。

三、电力系统日负荷曲线

系统中各用户的用电规律有其自身的特点，千差万别。例如，三班制的工厂，全天24小时内用电变化不大，照明用户则在19～23时用电量较大，而农业用户夏季用电量大于冬季的用电量。因此，一年四季，一天24小时内用户的用电情况都在随时变化。图5-1所示是电力系统典型的综合日有功负荷曲线的一个例子。从图上可以看出，晚上24时到次日凌晨6时负荷较低，称之为负荷低谷；而8～12时，17～22时，用电较多，把它称为尖峰负荷；最高处称为最大负荷 P_{max}；最低处称为最小负荷 P_{min}。而把最小负荷以下的部分称

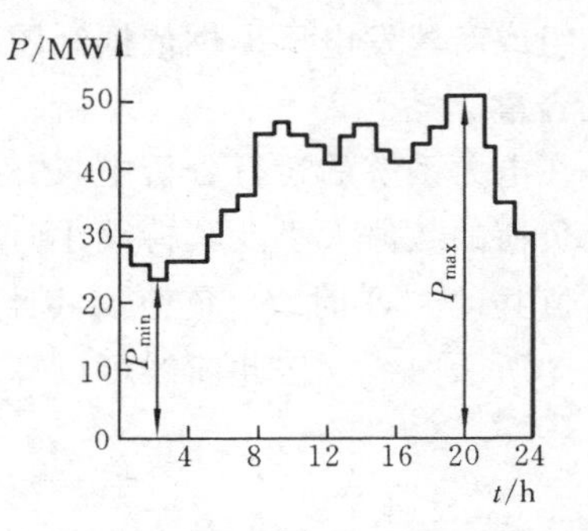

图5-1　电力系统的典型日有功负荷曲线

为基本负荷，显然，基本负荷是不随时间变化而变化的。

不同类型的用户其负荷曲线是很不相同的。一般来说，负荷曲线的变化规律取决于负荷的性质、厂矿企业的生产情况、班次、地理位置、气候等许多因素。例如，钢铁工业为三班制连续生产，因而负荷曲线很平坦；食品工业多为一班制生产，因而负荷曲线变化幅度较大；农副业加工负荷每天往往只是持续一段时间；市政生活用电的最大特点则是具有明显的照明用电高峰。

负荷曲线除了用来表示负荷功率随时间变化的关系外，还可用来计算用户取用电能的大小。在某一时间 Δt 内用户所取用的电能 ΔA 为该时间内用户的有功功率 P 和 Δt 的乘积。因此，在一昼夜内用户所消耗的总电能为

$$A=\int_0^{24}P\mathrm{d}t \tag{5-1}$$

显然，式(5-1)即表示日有功负荷曲线下所包围的面积。在式(5-1)中，P 的单位为 kW，时间的单位为 h，则电能的单位为 kW · h。

负荷曲线对电力系统的规划设计和运行十分有用，电力系统的计划生产主要是建立在预测的负荷曲线的基础之上的。

四、电力系统年负荷曲线和年最大负荷利用小时数

在电力系统的运行和设计中，不仅要知道一昼夜内负荷的变化规律，而且要知道一年之内负荷的变化规律，最常用的是年最大负荷曲线，如图 5-2 所示。它反映了从年初到年终的整个一年内的逐月(或逐日)综合最大负荷的变化规律。从图 5-2 可以看出，夏季的最大负荷较小，这是由于夏季日长夜短，照明负荷普遍减小的缘故。但是，如果季节性负荷(农业排灌、空调制冷等)的比重较大，则可能使夏季的最大负荷反而超过冬季，这种情况在国内外的实际系统中也是不少的。至于年终的负荷较年初为大，则是由于各工矿企业为超额完成年度计划而增加生产，以及新建、扩建厂矿投入生产的结果。年最大负荷曲线用来作为制作发电机组检修计划的依据。同时，也为有计划地扩建发电机组或新建发电厂提供依据。图 5-2 中，阴影部分表示计划检修机组的容量，F 为新装机容量。

在电力系统的运行分析中，还经常用到年持续负荷曲线，如图 5-3 所示，按一年内系统负荷的数值大小及其持续小时数依次排列绘制而成。例如，全年 8760 小时中，P_1 负荷值共计 t_1 小时，P_2 负荷值共计 t_2 小时，……，P_4 负荷值共计 t_4 小时，依此可绘出图 5-3 所示曲线。按此曲线可以算出系统负荷全年耗电量为

$$A=\int_0^{8760}P\mathrm{d}t \tag{5-2}$$

如果用户始终保持最大负荷值 P_{max} 运行，经过 T_{max} 小时后所消耗的电能恰好等于全年的实际耗电量，则称 T_{max} 为年最大负荷利用小时数，即

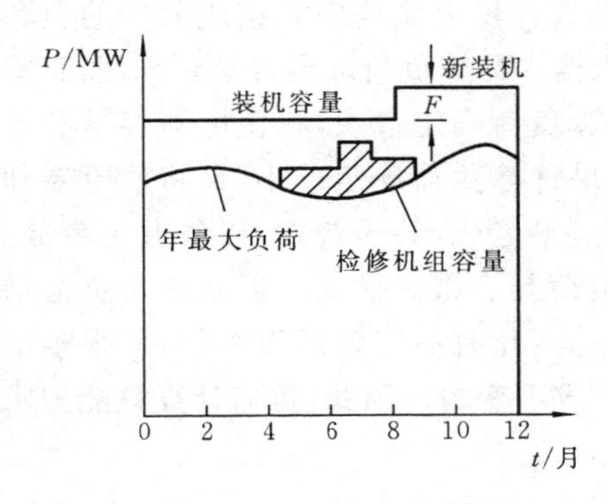

图 5-2　年最大负荷曲线

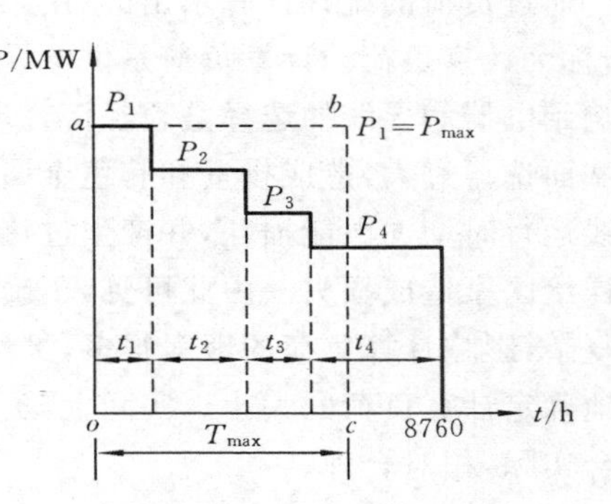

图 5-3　年持续负荷曲线

$$T_{\max} = A/P_{\max} = \frac{1}{P_{\max}}\int_0^{8760} P\mathrm{d}t \tag{5-3}$$

或者

$$P_{\max} T_{\max} = A = \int_0^{8760} P\mathrm{d}t \tag{5-4}$$

年最大负荷利用小时数的大小,在一定程度上反映了实际负荷在一年内的变化程度。如果负荷曲线较为平坦,则 $T_{\max}$ 值较大;反之,则 $T_{\max}$ 值较小。因此,它在一定程度上反映用户的用电特点。对于各类负荷的 $T_{\max}$ 值,大体在一定的范围内,如表 5-1 所示。

表 5-1　各类用户的年最大负荷利用小时数

负 荷 类 型	年最大负荷利用小时数 $T_{\max}$/h
屋内照明及生活用电	2 000～3 000
单班制工业企业	1 500～2 500
两班制工业企业	3 000～4 500
三班制工业企业	6 000～7 000
农业排灌用电	1 000～1 500

在知道了 $T_{\max}$ 值后,应用式(5-4)即可估算出用户全年的耗电量。这种方法在电网规划时是常用的。根据运行需要,有时还需要制定日无功负荷曲线、电压变化曲线、月最大负荷曲线等各种类型的负荷曲线,其原则与上述相同,不再逐一述及了。

第二节　用电设备计算负荷的确定

用电设备按其工作制,可分为长期连续工作制、短时工作制和反复短时工作制三类。各用电设备电力负荷的大小也有很大的差别。为了确定供电系统中各个环节的电力负荷大小,正确地选择供电系统中的各个元件,有必要对电力负荷进行统计计算。

通过负荷的统计计算求出的、用来按发热条件选择供电系统中各组成元件的负荷值，称为计算负荷。计算负荷是供电设计的基本依据。计算负荷确定得是否合理，直接影响到电器和导线的选择是否经济合理。如果计算负荷确定过大，将使电器容量和导线截面选得过大，造成投资和有色金属的浪费；如果计算负荷确定过小，又将使电器和导线运行时增加电能损耗，并产生过热，引起绝缘过早老化，甚至烧毁，以致发生事故，同样给国家造成损失。由此可见，正确确定计算负荷具有很大意义。但是由于负荷情况复杂，影响计算负荷的因素很多，虽然各类负荷的变化有一定的规律可循，但很难准确地确定计算负荷的大小。实际上，负荷也不是一成不变的。因此，负荷计算只能力求切合实际，相对合理。

一、三相用电设备组计算负荷的确定

目前比较普遍采用的确定计算负荷的方法有：需要系数法和二项式系数法。下面介绍需要系数法。

1. 基本公式

用电设备组的计算负荷 P_c，是指用电设备组从供电系统中取用的半小时最大负荷。用电设备组的设备容量 P_s，是指用电设备组所有设备(不包括备用设备)的额定容量 P_N 之和，即 $P_s = \sum P_N$ 。而设备的额定容量，是指设备在额定条件下的最大输出功率。但是用电设备组的多数设备实际上不一定都同时运行，运行的那些设备又不太可能都满负荷。另外，设备和配电线路都有功率损耗，因此，用电设备组的有功计算负荷(见图 5-4)应为

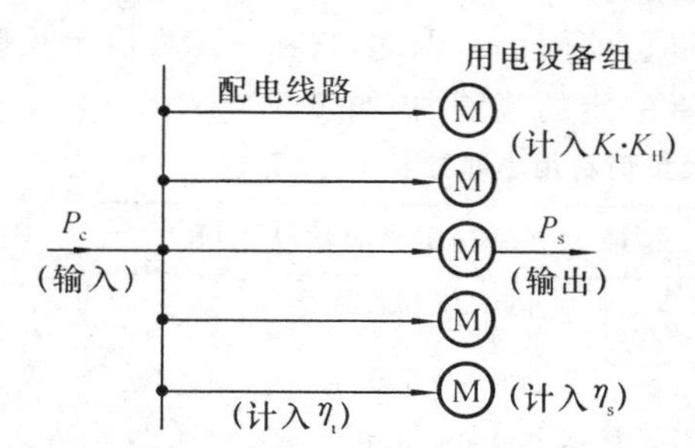

图 5-4　用电设备组的计算负荷与设备容量

$$P_c = \frac{K_t K_H}{\eta_s \eta_t} P_s \tag{5-5}$$

式中，K_t 为设备同时运行系数，即设备组在最大负荷时运行的设备容量与总容量之比；K_H 为设备组负荷系数，即设备组在最大负荷时的输出功率与总容量之比；η_s 为设备组的平均效率，即设备组在最大负荷时的输出功率与取用功率之比；η_t 为配电线路的平均效率，即配电线路在最大负荷时的末端功率(设备组的取用功率)与前端功率(计算功率)之比。

令 $K_{ne} = K_t K_H / \eta_s \eta_t$ ，则按需要系数法确定三相用电设备组有功计算负荷 P_c(单位用 kW)的公式

$$P_c = K_{ne} P_s \tag{5-6}$$

式中，K_{ne}为需要系数，一般小于 1。表 5-2 列出了各种用电设备组的需要系数值。

表 5-2　用电设备组的需要系数及功率因数

用电设备组名称	需要系数 K_{ne}	最大容量设备台数 n	$\cos\varphi$	$\tan\varphi$
大批和流水作业生产的热加工机床电动机	0.3～0.4	5	0.65	1.17
大批和流水作业生产的冷加工机床电动机	0.2～0.25	5	0.5	1.73
小批和单独生产的冷加工机床电动机	0.16～0.2	5	0.5	1.73
通风机、水泵、空压机及电动发电机组电动机	0.75～0.85	5	0.8	0.75
连续运输机械和铸造车间造型机械(连锁的)	0.65～0.7	5	0.75	0.88
锅炉房机修、机加工、装配等类车间的吊车($\varepsilon=25\%$)	0.1～0.15	3	0.5	1.73
铸造车间的吊车($\varepsilon=25\%$)	0.15～0.3	3	0.5	1.73
自动连续装料的电阻炉设备	0.6～0.7	1	0.95	1.33
非自动连续装料的电阻炉设备	0.6～0.7	1	0.95	0.33
实验室用的小型电热设备(电阻炉、干燥箱等)	0.7	—	1	0
低频感应电炉①	0.65	—	0.7	1.02
高频感应电炉②	0.8	—	0.87	0.57
电焊机、缝焊机	0.35	—	0.6	1.33
对焊机、铆钉加热机	0.35	—	0.7	1.02
自动弧焊变压器	0.5	—	0.4	2.29
单头手动弧焊变压器	0.35	—	0.35	2.68
多头手动弧焊变压器	0.7～0.9	—	0.35	2.68
单头弧焊电动发电机组	0.35	—	0.6	1.33
多头弧焊电动发电机组	0.7～0.9	—	0.75	0.38
生产厂房及办公室、试验场所照明	0.8～1	—	1	0
变电站、仓库照明	0.5～0.7	—	1	0
宿舍、生活区照明	0.6～0.8	—	1	0
室外照明	1	—	1	0
事故照明	1	—	1	0

注：①低频感应电炉不带功率因数补偿装置时，功率因数 $\cos\varphi=0.35$，$\tan\varphi=2.68$；

②高频感应电炉不带功率因数补偿装置时，功率因数 $\cos\varphi=1$，$\tan\varphi=9.95$。

从式(5-6)可以看出，需要系数就是用电设备在最大负荷时需要的有功功率与其设备容量的比值。实际上，需要系数不仅与用电设备的工作性质、设备台数、设备效率和线路损耗等因素有关，而且与操作人员的技术熟练程度和生产组织等多种因素有关，因此，应尽可能通过实测分析确定，使之尽量接近实际。

表 5-2 中的用电设备组的需要系数值是设备台数较多时的数据，主要是从车间范围内来统计计算各用电设备组的计算负荷时用的，因此，需要系数值一般都比较低。例如，各类冷加工机床的需要系数平均只有 0.2 左右。如果采用需要系数法来计算干线或分支线上的用电设备组的计算负荷，则表中的需要系数值往往偏小，计算时可适当取大。对于只有 1～2 台设备的用电设备组，需要系数宜取为 1。对于单台电动机，其 P_c

$=P_s/\eta$，这里 η 为电动机的额定效率，$\cos\varphi$ 也应取额定值。

在求出有功计算负荷 P_c 以后，可按下式求出无功计算负荷(单位用 kvar)。

$$Q_c = P_c \tan\varphi \tag{5-7}$$

可按下式求出视在计算负荷(单位用 kV · A)

$$S_c = P_c/\cos\varphi \tag{5-8}$$

或

$$S_c = \sqrt{P_c^2 + Q_c^2} \tag{5-9}$$

可按下式求出计算电流(单位用 A)

$$I_c = S_c/(\sqrt{3}U_N) \tag{5-10}$$

或

$$I_c = P_c/(\sqrt{3}U_N\cos\varphi) \tag{5-11}$$

式中，U_N 为用电设备的额定电压(kV)；$\cos\varphi$ 和 $\tan\varphi$ 分别为用电设备组的平均功率因数及对应的正切值(见表 5-2)。

例 5-1 已知一小批量生产的冷加工机床组，拥有电压为 380 V 的三相电动机 38 台，其中，7 kW 的 3 台，4.5 kW 的 8 台，2.8 kW 的 17 台，1.7 kW 的 10 台。试求其计算负荷。

解 冷加工机床组电动机的总容量为

$$P_s = (3\times 7 + 8\times 4.5 + 17\times 2.8 + 10\times 1.7)\ \text{kW} = 122\ \text{kW}$$

查表 5-2 得 $K_{ne} = 0.16 \sim 0.2$，取 $K_{ne} = 0.2$，又 $\cos\varphi = 0.5$，$\tan\varphi = 1.73$ 。因此可得

有功计算负荷 $P_c = K_{ne}P_s = 0.2\times 122\ \text{kW} = 24.4\ \text{kW}$

无功计算负荷 $Q_c = P_c\tan\varphi = 24.4\times 1.73\ \text{kvar} = 42.3\ \text{kvar}$

视在计算负荷 $S_c = P_c/\cos\varphi = 24.4/0.5\ \text{kV}\cdot\text{A} = 48.8\ \text{kV}\cdot\text{A}$

计算电流 $I_c = S_c/(\sqrt{3}U_N) = 48.8/(\sqrt{3}\times 0.38)\ \text{A} = 74.2\ \text{A}$

2. 设备容量 P_s 的计算

用电设备组的设备容量 P_s，不包括备用设备容量在内，且与用电设备组的工作制有关。对一般长期连续工作制的用电设备组，设备容量就是铭牌额定容量；对反复短时工作制的用电设备组，设备容量就是将设备在某一暂载率下的铭牌额定量统一换算到一个标准暂载率下的功率。

所谓暂载率，为一个工作周期内工作时间与工作周期的百分比值，用 ε 表示，即

$$\varepsilon = t_{gw}/T\times 100\% = t_{gw}/(t_{gw}+t_0)\times 100\%$$

式中，T 为工作周期；t_{gw} 为工作周期内的工作时间；t_0 为工作周期内的停歇时间。

同一设备，在不同的暂载率下，其出力是不同的。在计算负荷时，必须考虑设备容量所对应的暂载率，而且要按规定的暂载率对设备容量进行统一换算。

(1)对电焊机组,要统一换算到 $\varepsilon=100\%$时的设备容量,其设备容量为

$$P_s=\sqrt{\varepsilon_N/\varepsilon_{100}}S_N\cos\varphi=\sqrt{\varepsilon_N}S_N\cos\varphi$$

式中,S_N 为电焊机的铭牌额定容量;ε_N 为与 S_N 相对应的暂载率(计算时用小数);ε_{100} 其值为 100%的暂载率(计算时用 1.00);$\cos\varphi$ 为满负荷(S_N)时的功率因数。

(2)对吊车电动机组,要统一换算到 $\varepsilon=25\%$时的设备容量,设备容量为

$$P_s=\sqrt{\varepsilon_N/\varepsilon_{25}}P_N=2\sqrt{\varepsilon_N}P_N$$

式中,P_N 为吊车电动机的铭牌额定容量;ε_N 为与 P_N 相对应的暂载率(计算时用小数);ε_{25}其值为 25%的暂载率(计算时用 0.25)。

3. 多组用电设备计算负荷的确定

确定拥有多组(设有 n 组)用电设备的计算负荷时,应适当考虑各组用电设备的最大负荷不同时出现的因素。因此,在确定低压干线上或低压母线上的计算负荷时,可结合具体情况计入一个同时系数(又叫参差系数或混合系数)K_Σ。对于低压干线,可取 $K_\Sigma=0.9\sim1.0$;对于低压母线,用用电设备组计算负荷直接相加来计算时,可取 $K_\Sigma=0.8\sim0.9$。

总的有功计算负荷为

$$P_c=K_\Sigma\sum P_{ci}\quad i=1,2,\cdots,n$$

总的无功计算负荷为

$$Q_c=K_\Sigma\sum Q_{ci}\quad i=1,2,\cdots,n$$

以上两式中的 $\sum P_{ci}$ 和 $\sum Q_{ci}$ 分别表示所有各组设备的有功和无功计算负荷之和。在计算各组计算负荷时,为了简化和统一,每组中的设备台数不论多少,其 K_{ne}、$\cos\varphi$ 和 $\tan\varphi$ 都可以按表 5-2 所列数据取值。

总的视在计算负荷,按式(5-9)计算,即

$$S_c=\sqrt{P_c^2+Q_c^2}$$

总的计算电流,按式(5-10)计算,即

$$I_c=S_c/(\sqrt{3}U_N)$$

由于各组设备的 $\cos\varphi$ 不同,总的计算负荷和计算电流,一般不能按式(5-8)和式(5-11)计算,也不能用各组的视在计算负荷之和或计算电流之和来计算。

例 5-2　某机修车间 380 V 线路上,接有冷加工机床电动机 20 台,共 50 kW(其中较大容量电动机 7 kW 的 1 台,4.5 kW 的 2 台,2.8 kW 的 7 台),通风机 2 台,共 5.6 kW,电阻炉一台,2 kW。试确定此线路上的计算负荷。

解　各设备组的计算负荷如下。

(1) 冷加工机床组,查表 5-2 得

$$K_{ne}=0.2,\quad\cos\varphi=0.5,\quad\tan\varphi=1.73$$

$$P_{c1}=K_{ne1}P_{s1}=0.2\times50\ \text{kW}=10\ \text{kW}$$

$$Q_{c1} = P_{c1}\tan\varphi = 10 \times 1.73 \text{ kvar} = 1.73 \text{ kvar}$$

(2) 通风机组

$$K_{ne2} = 0.8, \quad \cos\varphi = 0.8, \quad \tan\varphi = 0.75$$

$$P_{c2} = K_{ne2}P_{s2} = 0.8 \times 5.6 \text{ kW} = 4.48 \text{ kW}$$

$$Q_{c2} = P_{c2}\tan\varphi = 4.48 \times 0.75 \text{ kvar} = 3.36 \text{ kvar}$$

(3) 电阻炉

$$K_{ne3} = 0.7, \quad \cos\varphi = 1, \quad \tan\varphi = 0$$

$$P_{c3} = K_{ne3}P_{s3} = 0.7 \times 2 \text{ kW} = 1.4 \text{ kW}$$

$$Q_{c3} = 0$$

总的计算负荷,取同时系数为 $K_\Sigma=0.95$,则有

$$P_c = 0.95(10 + 4.48 + 1.4) \text{ kW} = 15.1 \text{ kW}$$

$$Q_c = 0.95(17.3 + 3.36 + 0) \text{ kvar} = 19.6 \text{ kvar}$$

$$S_c = \sqrt{P_c^2 + Q_c^2} = 24.7 \text{ kV} \cdot \text{A}$$

$$I_c = S_c/(\sqrt{3}U_N) = 24.7 \times 1\,000/(\sqrt{3} \times 380) \text{ A} = 37.5 \text{ A}$$

二、单相用电设备组计算负荷的确定

除了广泛应用三相设备外,还有各种单相设备,如电焊机、电炉、电灯等。单相设备接在三相电路中,应尽可能地均衡分配,使三相负荷尽可能地平衡。

确定计算负荷的目的主要是,用来选择线路上的设备和导线,使线路上的设备和导线在半小时最大负荷通过时不致过热损坏,因此,在具有单相用电设备的三相系统中,不论三相负荷平衡与否,也不论单相设备是接于相电压还是线电压,都应该以三相线路中最大负荷相的相电流来确定计算负荷,以满足所选择的设备和导线安全运行的要求。单相设备组的三相等效计算负荷用下述原则确定。

1. 单相设备接于相电压时的负荷计算

单相设备接于相电压时的负荷计算,均按式(5-6)~式(5-11)计算,而三相等效设备容量为最大负荷相的单相设备容量 $P_{sm\phi}$ 的3倍,即

$$P_s = 3P_{sm\phi}$$

2. 单相设备接于同一线电压时的负荷计算

单相设备接于同一线电压时的负荷计算,亦按式(5-6)~式(5-11)计算,而三相等效设备容量为单相设备容量 $P_{s\phi}$ 的$\sqrt{3}$倍,即

$$P_s = \sqrt{3}P_{s\phi}$$

3. 单相设备接于各个线电压或既有接于线电压又有接于相电压的负荷计算

单相设备接于各个线电压或既有接于线电压又有接于相电压的负荷计算,首先应将接于线电压的单相设备容量换算为接于相电压的设备容量,然后分相计算其有功和

无功计算负荷。总的三相有功计算负荷为最大有功负荷相的有功计算负荷的 3 倍；总的三相无功计算负荷为最大有功负荷相的无功计算负荷的 3 倍。而总的视在计算负荷和计算电流，可分别按式(5-9)和式(5-10)计算。

接于线电压的有功设备容量 P_{AB}、P_{BC}、P_{CA} 换算为接于相电压的有功设备容量 P_A、P_B、P_C 的公式为

$$P_A = p_{AB-A}P_{AB} + p_{CA-A}P_{CA}$$
$$P_B = p_{BC-B}P_{BC} + p_{AB-B}P_{AB}$$
$$P_C = p_{CA-C}P_{CA} + p_{BC-C}P_{BC}$$

式中，p_{AB-A}、p_{BC-B}、p_{CA-C}、p_{AB-B}、p_{BC-C}、p_{CA-A} 均为有功容量换算系数，查表 5-3 可得换算系数。

表 5-3　接于线电压的单相设备容量换算为接于相电压的单相设备容量的换算系数

容量换算系数	功率因数								
	0.35	0.4	0.5	0.6	0.65	0.7	0.8	0.9	1
p_{AB-A}，p_{BC-B}，p_{CA-C}	1.27	1.17	1.0	0.89	0.84	0.8	0.72	0.64	0.5
p_{AB-B}，p_{BC-C}，p_{CA-A}	−1.27	−0.17	0	0.11	0.16	0.2	0.28	0.36	0.5
q_{AB-A}，q_{BC-B}，q_{CA-C}	1.05	0.86	0.8	0.38	0.3	0.22	0.09	−0.05	−0.29
q_{AB-B}，q_{BC-C}，q_{CA-A}	1.63	1.44	1.16	0.96	0.88	0.8	0.67	0.53	0.29

接于线电压的无功设备容量 Q_{AB}、Q_{BC}、Q_{CA} 换算为接于相电压的无功设备容量的算式为

$$Q_A = q_{AB-A}P_{AB} + q_{CA-A}Q_{CA}$$
$$Q_B = q_{BC-B}P_{BC} + q_{AB-B}Q_{AB}$$
$$Q_C = q_{CA-C}P_{CA} + q_{BC-C}Q_{BC}$$

式中，q_{AB-A}、q_{BC-B}、q_{CA-C}、q_{AB-B}、q_{BC-C}、q_{CA-A} 均为无功容量换算系数，其值如表 5-3 所示。

三、供电系统各个部分计算负荷的确定

为了选择供电系统的电气设备和导线电缆，必须计算供电系统各个部分的计算负荷，其方法如下。

1. 按逐级计算法确定计算负荷

如图 5-5 所示，首先确定各用电设备组的计算负荷 P_{c1}，然后确定低压干线的计算负荷 P_{c2} 和低压母线的计算负荷 P_{c3}。低压母线的计算负荷 P_{c3} 可用来选择配电变压器、低压侧主开关和低压母线等。由于低压配电线路一般不长，线路的功率损耗可略去不计。

变电站低压母线的计算负荷，加上配电变压器的功率损耗，就得到变电站高压侧的计算负荷 P_{c4}，再加上高压配电线路的功率损耗，就得到总变电站、配电所 6～10 kV 出线的计算负荷。所有 6～10 kV 出线的计算负荷加起来，计入一个最大负荷同时系数 K_{Σ}，就得到总变电站、配电所 6～10 kV 母线的计算负荷 P_{c5}。对于只有高压配电所的

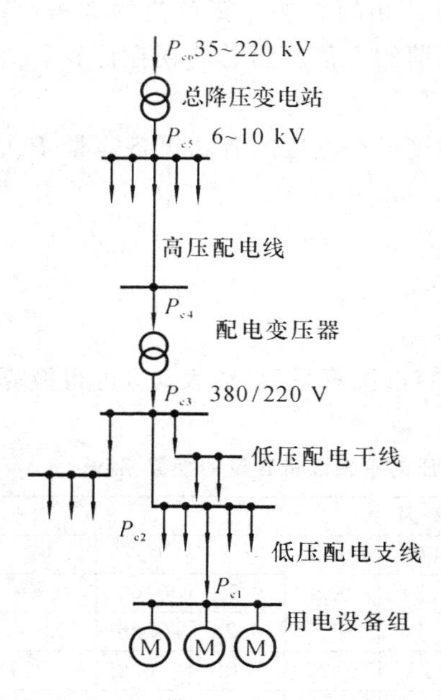

图 5-5 供电系统中各部分计算负荷的说明图

供电区域,这一计算负荷就是供电区域总的计算负荷。对于有总降压变电站的供电区域,需加上总降压变压器的功率损耗,才是供电区域总的计算负荷 P_{c6}。

各级负荷计算中,凡多组计算负荷相加(分有功和无功两部分),都要依组数多少,考虑乘以同时系数 $K_{\Sigma}=0.8\sim1$。组数越少,K_{Σ} 越接近于 1。

2. 按需要系数法确定计算负荷

将供电区域内用电设备的总容量 P_s(不计备用设备容量)乘上一个需要系数 K_{ne},就得到供电区域的有功计算负荷 P_c,计算公式仍如式(5-6)所示。再根据供电区域的平均功率因数,就可以按式(5-7)~式(5-11)求出供电区域的无功计算负荷 Q_c、视在计算负荷 S_c 和计算电流 I_c。

供电区域的需要系数的高低,不仅与用电设备的工作性质、设备台数、设备效率和供电系统的损耗等因素有关,而且与负荷的生产性质、工艺特点、生产人员的技术熟练程度和劳动组织等因素有关。表 5-4 列出了部分制造企业的需要系数、功率因数及年最大负荷利用小时数,供参考。

表 5-4 部分制造企业的需要系数、功率因数及年最大负荷利用小时数

工 厂 类 别	需要系数	功率因数	年最大负荷利用小时数/h
汽轮机制造	0.38	0.88	—
锅炉制造	0.27	0.73	—
柴油机制造	0.32	0.74	—
重型机械制造	0.35	0.79	3700
机床制造	0.2	0.65	3200
重型机床制造	0.32	0.71	3700
工具制造	0.34	0.65	3800
量具刀具制造	0.26	0.60	3800
电机制造	0.33	0.65	2800
石油机械制造	0.45	0.78	—
电线电缆制造	0.35	0.73	3500
电气开关制造	0.35	0.75	3400
仪器仪表制造	0.37	0.81	3500
滚珠轴承制造	0.28	0.7	5300

3. 按年产量或年产值估算企业计算负荷

(1) 按年产量估算。将企业全年生产量 A 乘上单位产品耗电量 α,就得到企业全

年耗电量

$$W_y = Aa$$

求得全年耗电量 W_y 后，除以企业的年最大负荷利用小时 T_{max}，就可求得企业的计算负荷

$$P_c = W_y / T_{max}$$

有关 Q_c、S_c 和 I_c 的计算，与需要系数法相同。

(2) 按年产值估算。与上述按年产量估算的方法完全相似。如年产值为 B，单位产值耗电为 b，则全年耗电量 $W_y = Bb$，因此企业的计算负荷为

$$P_c = W_y / T_{max}$$

有关 Q_c、S_c 和 I_c 的计算，也与需要系数法相同。

4. 供电系统的功率因数、无功补偿及补偿后负荷的计算

按上述方法确定出供电系统的计算负荷后，就可估算出其平均功率因数。因

$$\cos\varphi = \frac{P_{av}}{S_{av}} = \frac{P_{av}}{\sqrt{P_{av}^2 + Q_{av}^2}} = \frac{\alpha P_c}{\sqrt{(\alpha P_c)^2 + (\beta Q_c)^2}}$$

故

$$\cos\varphi = 1\Big/\sqrt{1 + \left(\frac{\beta Q_c}{\alpha P_c}\right)^2}$$

式中，P_c 和 Q_c 分别为供电系统的有功计算负荷(kW)和无功计算负荷(kvar)；α 和 β 分别为供电系统的有功和无功负荷系数，与负荷特性有关。对一班制企业，可取 $\alpha=0.3\sim0.5$，$\beta=0.35\sim0.55$；对两班制企业，可取 $\alpha=0.5\sim0.7$，$\beta=0.55\sim0.75$；对三班制企业，可取 $\alpha=0.7\sim0.85$，$\beta=0.75\sim0.88$。

对于已正式投产一年以上的供电系统来说，其平均功率因数可根据过去一年的电能消耗量来计算。

因

$$\cos\varphi = \frac{P_{av}}{\sqrt{P_{av}^2 + Q_{av}^2}} = \frac{P_{av} \times 8760}{\sqrt{(P_{av} \times 8760)^2 + (Q_{av} \times 8760)^2}} = \frac{W_y}{\sqrt{W_y^2 + V_y^2}}$$

故

$$\cos\varphi = 1\Big/\sqrt{1 + \left(\frac{V_y^2}{W_y^2}\right)}$$

式中，W_y 和 V_y 分别为全年的有功电能消耗量(kW·h)和无功电能消耗量(kvar·h)。

电力系统对高压供电和低压供电系统的平均功率因数都有一定的要求，如果达不到这个要求，则必须采用人工补偿措施，普遍采用的无功补偿措施是装设移相电容器。

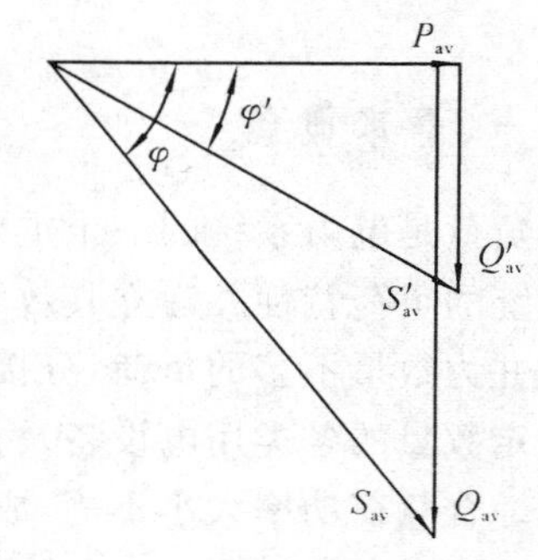

图 5-6　功率因数的提高与无功功率、视在功率的关系

由图 5-6 可知，要使平均功率因数由 $\cos\varphi$ 提高到 $\cos\varphi'$，则必须装设补偿无功功率的电容器容量为 $Q_C = Q_{av} - Q'_{av}$。如果按计算负荷计算，则电容器的容

量应为

$$Q_C = Q_{av} - Q'_{av} = P_{av}\tan\varphi - P_{av}\tan\varphi' = P_{av}(\tan\varphi - \tan\varphi') = \alpha P(\tan\varphi - \tan\varphi')$$

或

$$Q_C = \alpha \Delta q_c P_C$$

式中,$\Delta q_c = \tan\varphi - \tan\varphi'$ 为比补偿容量或补偿率(kvar/kW),表示要使 1 kW 有功负荷的功率因数,由 $\cos\varphi$ 提高到 $\cos\varphi'$ 所需要的无功补偿容量 kvar 值。

供电系统装设了无功补偿装置后,总的无功计算负荷应减去无功补偿装置的无功功率补偿容量。显然,总的视在计算负荷和计算电流也相应地减小。

例 5-3 某两班制小型机械企业的有功计算负荷为 650 kW,无功计算负荷为 800 kvar。试计算其总的计算负荷和平均功率因数。如果要使平均功率因数提高到 0.9,应装设多大容量的无功补偿装置?补偿后企业总的视在计算负荷为多少?

解 (1) 补偿前企业总的视在计算负荷为

$$S_c = \sqrt{P_c^2 + Q_c^2} = \sqrt{650^2 + 800^2}\ \text{kV} \cdot \text{A} = 1030\ \text{kV} \cdot \text{A}$$

(2) 补偿前企业的平均功率因数为(取 $\alpha = 0.6, \beta = 0.65$)

$$\cos\varphi = 1\Big/\sqrt{1 + \left(\frac{\beta Q_c}{\alpha P_c}\right)^2} = 1\Big/\sqrt{1 + \left(\frac{0.65 \times 800}{0.6 \times 650}\right)^2} = 0.6$$

(3) 将 $\cos\varphi$ 由 0.6 提高到 0.9 所需无功补偿容量为(取 $\Delta q_c = 0.849$)

$$Q_C = \alpha \Delta q_c P = 0.6 \times 0.849 \times 650\ \text{kvar} = 331\ \text{kvar}$$

(4) 补偿后企业总的视在计算负荷为

$$S'_c = \sqrt{P_c^2 + (Q_c - Q_C)^2} = \sqrt{650^2 + (800 - 331)^2}\ \text{kV} \cdot \text{A} = 802\ \text{kV} \cdot \text{A}$$

如果该企业变电站采用一台主变压器,在未采取无功补偿前,应选用一台 1000 kV·A的变压器;而采取无功补偿后,则只需选用一台 800 kV·A 的变压器。

第三节 电力系统负荷特性及模型

一、基本概念

负荷是电力系统的一个重要组成部分,分析电力系统在各种状态下的特性必须研究系统的负荷特性并建立其数学模型。将电力网覆盖的广大地区内难以胜数的电力用户合并为数量不多的负荷,分接在不同地区、不同电压等级的母线上。每一个负荷都代表一定数量的各类用电设备及相关的变配电设备的组合,这样的组合就称为综合负荷。各个综合负荷功率大小不等,成分各异。一个综合负荷可能代表一个企业,也可能代表一个地区。

综合负荷的功率一般是要随系统的运行参数(主要是电压和频率)的变化而变化,反映这种变化规律的曲线或数学表达式称为负荷特性。负荷特性包括动态特性和静态特性。动态特性反映电压和频率急剧变化时负荷功率随时间的变化规律。静态特性则代表稳态下负荷功率与电压和频率的关系。当频率维持额定值不变时，负荷功率与电压的关系称为负荷的静态电压特性。当负荷端电压维持额定值不变时，负荷功率与频率的关系称为负荷的静态频率特性。各类用户的负荷特性依其用电设备的组成情况不同而不同，一般是通过实测确定。图 5-7 表示由 6 kV 电压供电的中小型工业负荷的静态特性。

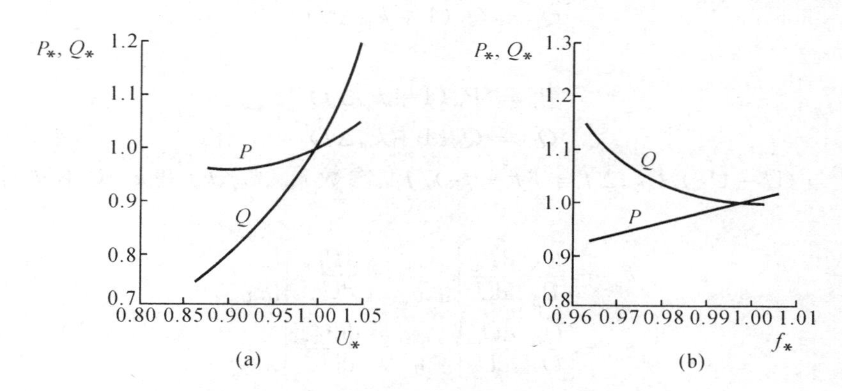

图 5-7　6 kV 综合中小型工业负荷的静态特性

(a)静态电压特性；(b)静态频率特性

负荷组成：异步电动机 79.1%；同步电动机 3.2%；电热电炉 17.7%

负荷模型是指在电力系统分析计算中对负荷特性所作的物理模拟或数学描述。对负荷模型本身的分类方法很多，例如，从模型是否反映负荷的动态特性来看，可以分为静态模型和动态模型。显然，静态模型是代数方程式，而动态模型则是微分方程式。本节主要讨论负荷的静态模型和动态模型。

二、负荷的静态特性及模型

1. 用多项式表示的负荷静态电压特性和频率特性

将负荷的静态特性用数学公式表述出来，就是负荷的静态数学模型。不计频率变化，负荷吸收的功率与节点电压的关系一般用如下的二次多项式表示，即

$$P_L = P_N[a_P(U_L/U_N)^2 + b_P(U_L/U_N) + c_P] = P_N(a_P U_{L*}^2 + b_P U_{L*} + c_P) \quad (5\text{-}12)$$

$$Q_L = Q_N[a_Q(U_L/U_N)^2 + b_Q(U_L/U_N) + c_Q] = Q_N(a_Q U_{L*}^2 + b_Q U_{L*} + c_Q) \quad (5\text{-}13)$$

式中，U_N 为额定电压，P_N 和 Q_N 为额定电压时的有功和无功功率，参数 a_P、b_P、c_P、a_Q、b_Q 和 c_Q 对于不同的节点取值是不同的，可根据实际的静态电压特性用最小二乘法拟合求得，这些系数应满足

$$a_P + b_P + c_P = 1 \quad (5\text{-}14)$$

$$a_Q + b_Q + c_Q = 1 \quad (5\text{-}15)$$

公式(5-12)和式(5-13)表明，负荷的有功和无功功率都由三个部分组成，第一部分

与电压平方成正比，代表恒定阻抗消耗的功率；第二部分与电压成正比，代表与恒电流负荷相对应的功率；第三部分为恒功率分量。

负荷的静态频率特性也可以用类似的多项式表示。当电压和频率都在额定值附近小幅度变化时，还可以对静态特性作线性化处理，将负荷表示为

$$P_{\mathrm{L}} = P_{\mathrm{N}}(1 + k_{\mathrm{pu}}\Delta U) \tag{5-16}$$

$$Q_{\mathrm{L}} = Q_{\mathrm{N}}(1 + k_{\mathrm{qu}}\Delta U) \tag{5-17}$$

和

$$P_{\mathrm{L}} = P_{\mathrm{N}}(1 + k_{\mathrm{pf}}\Delta f) \tag{5-18}$$

$$Q_{\mathrm{L}} = Q_{\mathrm{N}}(1 + k_{\mathrm{qf}}\Delta f) \tag{5-19}$$

式中，$\Delta U = (U - U_{\mathrm{N}})/U_{\mathrm{N}}$，$\Delta f = (f - f_{\mathrm{N}})/f_{\mathrm{N}}$。参数 k_{pu}、k_{qu}、k_{pf} 和 k_{qf} 对不同的节点取值不同

$$k_{\mathrm{pu}} = \frac{U_{\mathrm{N}}}{P_{\mathrm{N}}}\frac{\mathrm{d}P_{\mathrm{L}}}{\mathrm{d}U}\bigg|_{U=U_{\mathrm{N}}} = \frac{\mathrm{d}P_{\mathrm{L}*}}{\mathrm{d}U_{*}}\bigg|_{U=U_{\mathrm{N}}} \tag{5-20}$$

$$k_{\mathrm{qu}} = \frac{U_{\mathrm{N}}}{Q_{\mathrm{N}}}\frac{\mathrm{d}Q_{\mathrm{L}}}{\mathrm{d}U}\bigg|_{U=U_{\mathrm{N}}} = \frac{\mathrm{d}Q_{\mathrm{L}*}}{\mathrm{d}U_{*}}\bigg|_{U=U_{\mathrm{N}}} \tag{5-21}$$

$$k_{\mathrm{pf}} = \frac{f_{\mathrm{N}}}{P_{\mathrm{N}}}\frac{\mathrm{d}P_{\mathrm{L}}}{\mathrm{d}f}\bigg|_{f=f_{\mathrm{N}}} = \frac{\mathrm{d}P_{\mathrm{L}*}}{\mathrm{d}f_{*}}\bigg|_{f=f_{\mathrm{N}}} \tag{5-22}$$

$$k_{\mathrm{qf}} = \frac{f_{\mathrm{N}}}{Q_{\mathrm{N}}}\frac{\mathrm{d}Q_{\mathrm{L}}}{\mathrm{d}f}\bigg|_{f=f_{\mathrm{N}}} = \frac{\mathrm{d}Q_{\mathrm{L}*}}{\mathrm{d}f_{*}}\bigg|_{f=f_{\mathrm{N}}} \tag{5-23}$$

需要同时考虑电压和频率的变化时，也可以采用

$$P_{\mathrm{L}} = P_{\mathrm{N}}(1 + k_{\mathrm{pu}}\Delta U)(1 + k_{\mathrm{pf}}\Delta f) \tag{5-24}$$

$$Q_{\mathrm{L}} = Q_{\mathrm{N}}(1 + k_{\mathrm{qu}}\Delta U)(1 + k_{\mathrm{qf}}\Delta f) \tag{5-25}$$

2. 用指数形式表示的负荷静态电压特性

将负荷的静态电压特性在稳态运行点附近表示成指数形式，当不计频率变化的影响时，即

$$P_{\mathrm{L}} = P_{\mathrm{N}}(U_{\mathrm{L}}/U_{\mathrm{N}})^{\alpha} \tag{5-26}$$

$$Q_{\mathrm{L}} = Q_{\mathrm{N}}(U_{\mathrm{L}}/U_{\mathrm{N}})^{\beta} \tag{5-27}$$

对于综合负荷，其中指数 α 的取值通常在 0.5～1.8；指数 β 的值随节点不同变化很大，典型值为 1.5～6。

当同时计及频率变化的影响时，可表示为

$$\frac{P_{\mathrm{L}}}{P_{\mathrm{N}}} = (U_{\mathrm{L}}/U_{\mathrm{N}})^{\alpha}(1 + k_{\mathrm{pf}}\Delta f) \tag{5-28}$$

$$\frac{Q_{\mathrm{L}}}{Q_{\mathrm{N}}} = (U_{\mathrm{L}}/U_{\mathrm{N}})^{\beta}(1 + k_{\mathrm{qf}}\Delta f) \tag{5-29}$$

必须指出，尽管负荷的静态模型形式简单，在通常的电力系统稳定性计算中得到了广泛的应用，但必须注意，当所涉及的节点电压幅值变化范围过大时，采用静态模型将

会使计算误差过大。常用的处理方法是在不同的电压范围采用不同的模型参数，或者当电压比值低于 0.3～0.7 时，程序将负荷简单处理成恒定阻抗。

三、负荷的动态特性及模型

当电压以较快的速度大范围变化时，采用负荷静态模型将带来较大的计算误差，尤其是对电压稳定性问题的研究，对负荷模型的精度要求很高。研究表明，对那些对负荷模型敏感的节点，必须采用动态模型。计算实践中，经常把这种负荷看成由两部分组成，一部分采用静态模型，另一部分采用动态模型。现代工业负荷的种类极其繁多，但占份额最大的是感应电动机。因此，负荷的动态特性主要由感应电动机的暂态特性决定。下面介绍感应电动机的数学模型。

对于某一台感应电动机，其动态过程可以用图 5-8 所示的感应电动机的等值电路来模拟。

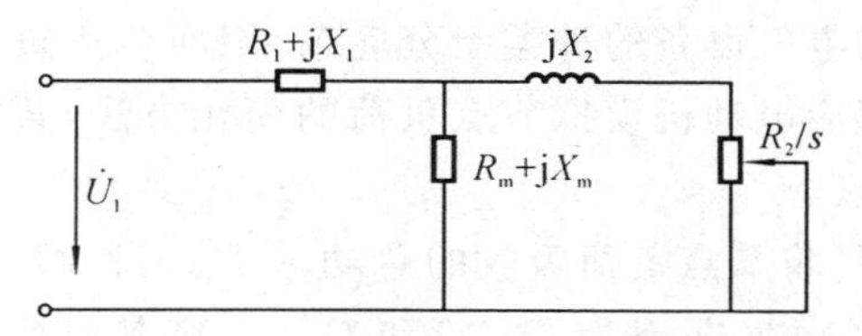

图 5-8　感应电动机的等值电路

在图 5-8 中，X_1 和 X_2 分别为定子和转子的漏电抗；X_m 为定子与转子间的互电抗；R_2/s 为转子等值电阻；s 为转差率。记系统角速度和感应电动机的角速度分别为 ω 和 ω_M，则图中感应电动机的转差率 $s=(\omega-\omega_M)/\omega=1-\omega_M$，服从电动机的转子运动方程

$$T_{JM}\frac{ds}{dt}=T_{mM}-T_{eM} \tag{5-30}$$

式中，T_{JM} 为电机转子与机械负载的等值转动惯量；T_{mM} 和 T_{eM} 分别为电机的机械负载转矩与电磁转矩。式(5-30)的推导方法与同步发电机转子运动方程的推导方法相同，但需注意转矩的参考正向与同步发电机的相反。由式(5-30)可见，当负荷转矩大于电磁转矩时感应电动机的转差增大，即转速下降。忽略电磁暂态过程时，感应电动机的电磁转矩可以表示为

$$T_{eM}=\frac{2T_{eM\max}}{\dfrac{s}{s_{cr}}+\dfrac{s_{cr}}{s}}\left(\frac{U_L}{U_{LN}}\right)^2 \tag{5-31}$$

式中，$T_{eM\max}$ 为感应电动机在额定电压下的最大电磁转矩；s_{cr} 为感应电动机静态稳定临界转差率。对于确定的感应电动机，不计系统频率变化时，$T_{eM\max}$ 和 s_{cr} 为常数。U_L 和 U_{LN} 分别为感应电动机的端电压和额定端电压。感应电动机的机械转矩与机械负载的

性质有关,通常是电机转速的函数,常用下式给出,即

$$T_{\mathrm{mM}} = k[\alpha + (1-\alpha)(1-s)^{p_{\mathrm{m}}}] \tag{5-32}$$

式中,α 为机械负载转矩中与感应电动机转速无关的部分所占的比例;p_{m} 为与机械负载特性有关的指数;k 为电动机的负荷率。

由图 5-8 可以得出感应电动机的等值阻抗为

$$Z_{\mathrm{M}} = R_1 + \mathrm{j}X_1 + \frac{(R_{\mathrm{m}} + \mathrm{j}X_{\mathrm{m}})(R_2/s + \mathrm{j}X_2)}{(R_{\mathrm{m}} + R_2/s) + \mathrm{j}(X_{\mathrm{m}} + X_2)} \tag{5-33}$$

式中,Z_{M} 是电机转差率的函数。由感应电动机的转子运动方程(5-30)、忽略电磁暂态过程的电磁转矩方程(5-31)、负荷机械转矩方程(5-32)及等值阻抗式(5-33),可组成不计暂态过程的感应电动机的数学模型。模型的输入变量为节点电压和系统频率,输出变量为等值阻抗。也就是说,当 U_{L} 和 ω 随时间变化的规律已知,求解上述方程,便可得到任意时刻的等值阻抗 Z_{M}。

由于接在节点上的电气设备的种类十分庞杂,因而节点负荷的动态特性也十分复杂。下面介绍用典型感应电动机模拟节点负荷的简化方法,其关键是如何获得任意时刻节点负荷的等值阻抗。

在稳态运行情况下,将节点负荷吸收的总功率 $P_{\mathrm{L(0)}}$ 和 $Q_{\mathrm{L(0)}}$ 按一定比例分为两部分。一部分用静态模型模拟,功率为 $P_{\mathrm{LS(0)}}$ 和 $Q_{\mathrm{LS(0)}}$,则其对应的等值阻抗为 $Z_{\mathrm{LS(0)}} = U_{\mathrm{L(0)}}^2/[P_{\mathrm{LS(0)}} - \mathrm{j}Q_{\mathrm{LS(0)}}]$。另一部分用只考虑机械暂态过程的感应电动机(称为等值机)模拟,记等值机的功率为 $P_{\mathrm{LM(0)}}$ 和 $Q_{\mathrm{LM(0)}}$,则对应等值机的等值阻抗为 $Z_{\mathrm{LM(0)}} = U_{\mathrm{L(0)}}^2/[P_{\mathrm{LM(0)}} - \mathrm{j}Q_{\mathrm{LM(0)}}]$。因此,节点负荷的稳态等值阻抗为 $Z_{\mathrm{L(0)}} = Z_{\mathrm{LS(0)}}//Z_{\mathrm{LM(0)}}$。

近似认为,接在节点上的所有必须计及动态特性的设备都是某种典型感应电动机,其模型参数为 s、T_{JM}、T_{eMmax}、s_{cr}、R_1、X_1、R_2、X_2、R_μ、X_μ 及 k、α、p_{m}。由式(5-33)可求出典型感应电动机的稳态等值阻抗 $Z_{\mathrm{M(0)}}$。显然,典型感应电动机的稳态等值阻抗未必等于等值机的稳态等值阻抗。

在暂态过程中,节点电压幅值和系统频率都是随时间变化的,由某种计算方法,求解系统方程及典型感应电动机的转子运动方程,可得 t 时刻典型感应电动机的转差 $s_{(t)}$、节点电压幅值 $U_{\mathrm{L}(t)}$ 及系统频率 $\omega_{(t)}$,由式(5-33)可求出典型感应电动机在 t 时刻的等值阻抗 $Z_{\mathrm{M}(t)}$;由负荷的静态模型,可求出 t 时刻静态负荷的等值阻抗 $Z_{\mathrm{LS}(t)}$。

假设在任何时刻等值机的等值阻抗与典型感应电动机的等值阻抗之比为常数,则等值机在 t 时刻的等值阻抗为

$$Z_{\mathrm{LM}(t)} = (c_{\mathrm{r}} + \mathrm{j}c_{\mathrm{i}})Z_{\mathrm{M}(t)}$$

式中,$(c_{\mathrm{r}} + \mathrm{j}c_{\mathrm{i}})$ 为比例常数,可由稳态条件求得

$$c_{\mathrm{r}} + \mathrm{j}c_{\mathrm{i}} = Z_{\mathrm{LM(0)}}/Z_{\mathrm{M(0)}}$$

最后,可求得节点负荷在 t 时刻的等值阻抗 $Z_{\mathrm{L}(t)} = Z_{\mathrm{LS}(t)}//Z_{\mathrm{LM}(t)}$。

思考题与习题

5-1　什么是负荷曲线？简述各类负荷曲线的主要作用。

5-2　什么是年最大负荷利用小时数？年最大负荷利用小时数有何作用？

5-3　如何用需要系数法确定用电设备的计算负荷？

5-4　简述负荷的静态模型和动态模型。

5-5　有一台 10 t 的桥式吊车，其电动机额定功率为 39.6 kW($\varepsilon_N=40\%$)，试求：(1)该电动机在 $\varepsilon_{25}=25\%$时的 P_s；(2)如果该电动机的效率 $\eta=0.8$，$\cos\varphi=0.5$，试确定给其供电导线的计算负荷。

5-6　电焊变压器的 $S_N=42$ kV·A，$\varepsilon_N=60\%$，$\cos\varphi=0.62$，$\eta=0.97$，试确定给其供电导线的计算负荷。

5-7　已知机修车间的金属切割机组，拥有电压为 380 V 的三相电动机 7.5 kW 3 台；4 kW 8 台；3 kW 17 台；1.5 kW 10 台。试求其计算负荷。

5-8　某机修车间 380V 线路上，接有金属切割机床电动机 20 台，共 50 kW(其中较大容量电动机 7.5 kW 1 台；4 kW 3 台；2.2 kW 7 台)；通风机 2 台共 3 kW；电阻炉 1 台 2 kW。试确定该线路上的计算负荷。

5-9　某 220/380V 三相四线制线路上，接有 220V 单相电热干燥箱 4 台，其中 2 台 10 kW 接于 A 相，1 台 30 kW 接于 B 相，1 台 20 kW 接于 C 相；此外，还接有 380V 单相电焊机 4 台，其中 2 台 14 kW($\varepsilon_N=100\%$)接于 AB 相，1 台 20 kW($\varepsilon_N=100\%$)接于 BC 相，1 台 30 kW($\varepsilon_N=60\%$)接于 CA 相。试求该线路上的计算负荷。

第六章 电力网的稳态计算

电力系统稳态分析的主要内容有电力系统潮流计算、电力系统有功功率平衡及频率调整、电力系统无功功率平衡及电压调整、电力系统经济运行等。其中，潮流计算是计算给定运行条件下电网中各节点的电压和通过网络各元件的功率，其主要作用是：① 在电力系统规划、设计中用于选择系统接线方式，选择电气设备及导线截面；② 在电力系统运行中，用于确定运行方式，制订电力系统经济运行计划，确定调压措施，研究电力系统运行的稳定性；③ 为电力系统继电保护和自动装置设计与整定提供必要数据，等等。

本章主要讨论电力系统稳态分析的计算基础——潮流计算的基本原理。电力系统潮流计算可采用解析算法，也可采用计算机算法。计算机运算速度快，计算结果精度高，使复杂电力系统的高精度计算成为可能，现代电力系统的潮流计算几乎都采用计算机算法，常用的潮流计算软件有：电力系统分析软件包(BPA)、电力系统分析综合程序(PSASP——Power System Analysis Software Package)、电力系统仿真软件(PSS/E——Power System Simulator for Engineering)等。但解析算法物理概念清晰，是掌握潮流计算原理的基础。因此，从学习和掌握潮流计算的基本原理出发，本章重点讨论解析算法。

下面首先简要介绍电力线路的结构；然后讨论架空输电线路和变压器的参数计算与等值电路；其次，重点讨论解析算法潮流计算原理——网络元件的电压和功率分布计算；最后介绍电力网的潮流计算。

第一节 电力线路的结构

电力线路是用来传输电能的，它包括输电线路和配电线路。就其结构来说，有架空线路和电缆线路两大类。架空线路是将导线和避雷线架设在露天的杆塔上，如图 6-1 所示；电缆线路一般埋在地下，图 6-2 所示为敷设于沟道内的电缆。

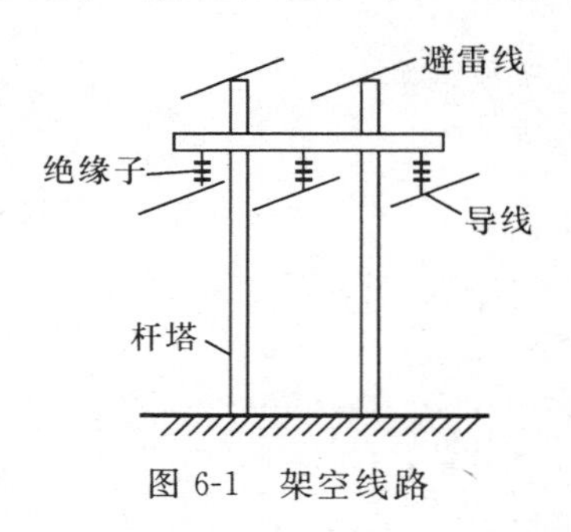

图 6-1 架空线路

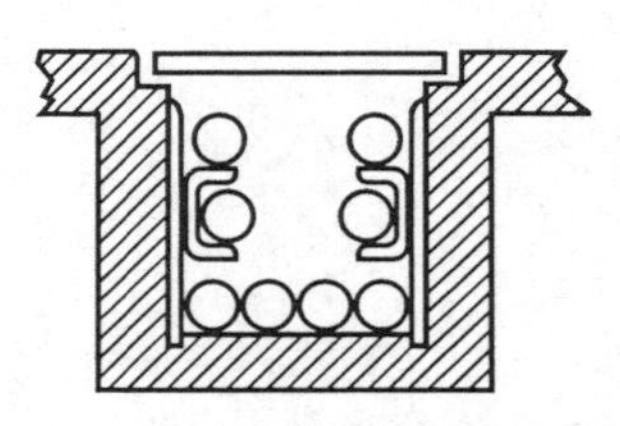
图 6-2 敷设于沟道内的电缆

一般来说，架空线路的建设费用比电缆线路低得多，电压等级越高，二者在投资上的差异就越显著；同时，架空线路还具有建设工期短、易于维护等优点。所以，架空线路比电缆线路得到了更广泛的应用。但由于架空线路露天架设，容易遭受雷击和风雨冰雪等自然灾害的侵袭，且需要大片土地用作出线走廊，有时会影响交通、建筑、市容和人身安全。而电缆线路不需占用空间，不易受外力和自然环境的影响，供电可靠性高，所以，在一些不宜采用架空线路的地方（如城市的人口稠密区，重要的公共场所，过江，跨海，严重污秽区及某些工矿企业厂区等），往往采用电缆线路。

一、架空线路

架空线路由导线、避雷线（即架空地线）、杆塔、绝缘子和金具等主要部件组成。其中：导线用来传导电流，输送电能；避雷线用来将雷电流引入大地，对输电线路进行直击雷保护；杆塔用来支撑导线和避雷线，并使导线与导线、导线与接地体之间保持一定的安全距离；绝缘子用来使导线与导线、导线与杆塔之间保持绝缘状态；金具是用来固定、悬挂、连接和保护架空线路各主要部件的金属器件的总称。下面简要介绍各部件的结构。

1. 导线和避雷线

导线和避雷线工作于露天，除要承受导线自重、风吹、覆冰和气温变化的作用外，还要受空气中有害气体的化学侵蚀。因此，导线和避雷线不仅要有良好的导电性能，还要有足够的机械强度和抗化学腐蚀能力。

导线常用的材料有铜、铝、铝合金和钢等。

铜具有良好的导电性能和抗拉强度，且有较强的抗化学腐蚀能力，是理想的导线材料；但铜的用途广、产量有限，因此，除特殊需要外，架空线路一般不采用铜导线。

铝的导电性能仅次于铜，且密度小、蕴藏量大、价格低，但铝的机械强度低、抗酸碱盐的腐蚀性能差，通常采用铝合金（含少量镁、硅等元素）来改善其机械强度。

钢的导电性能差，感抗大，集肤效应显著，但其机械强度高。根据上述材料的性能特点，目前导线大量使用铝或铝合金，钢导线通常用作避雷线和钢芯铝绞线的钢芯。

除低压配电线路使用绝缘线以保证安全外，通常采用裸导线，其结构有下列三种。

（1）单股导线：由单根实芯金属线构成，如图 6-3(a)所示，用于负荷小且不重要的线路上。

（2）多股导线：由多股单一导线绞合而成，以提高其柔性和机械强度，如图 6-3(b)所示。

（3）钢芯铝绞线：由多股铝绞线绕在单股或多股钢导线的外层而构成，如图 6-3(c)所示。

在钢芯铝绞线中，由于铝线具有良好的导电性，导线通过电流时又有集肤效应的作用，故电流绝大部分从铝线部分通过，而机械载荷则由钢线和铝线共同承担，从而充分利用了铝线导电性能好、钢线机械强度高的优点。在 10 kV 以上的线路上广泛采用钢芯铝绞线。

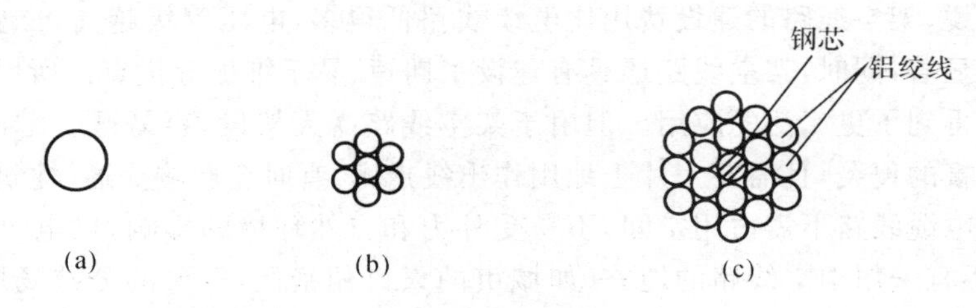

图 6-3　裸导线的结构

(a)单股导线;(b)多股绞线;(c)钢芯铝绞线

我国架空线路的型号用拼音字母表示导线材料和结构特征,并用数字后缀表示载流部分的截面积(mm^2),例如,LJ-50 为铝绞线,铝线的标称截面积为 50 mm^2;TJ-25 为铜绞线,铜线的标称截面积为 25 mm^2;GJ-35 为钢绞线,钢线的标称截面积为 35 mm^2;LGJ-300/50 为钢芯铝绞线,铝线的标称截面积为 300 mm^2,钢线的标称截面积为 50 mm^2。

在旧标准中,钢芯铝绞线又根据其机械强度的不同,按其铝线和钢线截面比的差别分为普通型、轻型和加强型三类,目前尚在沿用。它们是:

① 普通型钢芯铝绞线,型号 LGJ,其铝线和钢线部分的截面积之比为 5.3～6.1;

② 轻型钢芯铝绞线,型号 LGJQ,其铝线和钢线部分的截面积之比为 7.6～8.3;

③ 加强型钢芯铝绞线,型号 LGJJ,其铝线和钢线部分的截面积之比为 4～4.5。

线路电压等级超过 220 kV 时,为了降低线路电抗和电晕损耗,通常采用扩径空心导线或分裂导线(见图 6-4)。扩径空心导线不易制造,且安装困难,故在工程上多采用分裂导线。所谓分裂导线,就是将输电线的每相导线分裂成若干根子导线,用金属材料或绝缘材料制作的间隔棒支撑,按一定的规则分散排列所构成的导线。分裂导线能使导线的等效半径增大,从而减小线路的等值电抗、增大线路的等值电容及降低线路的电晕损耗。

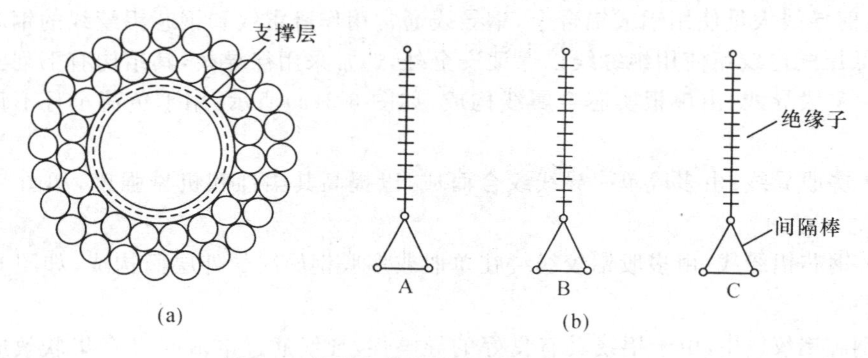

图 6-4　扩径空心导线和三相分裂导线

(a) 扩径空心导线;(b) 三相分裂导线

由于分裂导线能够改变输电线路参数，因此，可以通过对分裂导线的合理布置及适当排列三相导线的位置，使输电线路的参数接近或达到阻抗匹配，从而可以大大提高线路的传输功率，这就是现代紧凑型输电线路的基本原理。

2. 杆塔

杆塔按其所用材料分为木杆、钢筋混凝土杆和铁塔三种。

木杆质量轻，制作安装方便，但要消耗大量木材，且易腐、易燃，现在基本上被钢筋混凝土杆所替代。

铁塔是由角钢等型钢经铆接或螺栓连接而成，其优点是机械强度高、使用寿命长，但其钢材耗量大、造价高、维护工作量大，故一般只用作线路的耐张、转角、换位、跨越等特殊杆塔，以及 330 kV 及以上超高压输电线路的杆塔。

钢筋混凝土杆具有节约钢材、机械强度较高、维护工作量小及使用寿命长的特点，现已广泛应用于 220 kV 及以下的架空线路中。

图 6-5 和图 6-6 所示分别为钢筋混凝土杆和酒杯型铁塔的示意图。

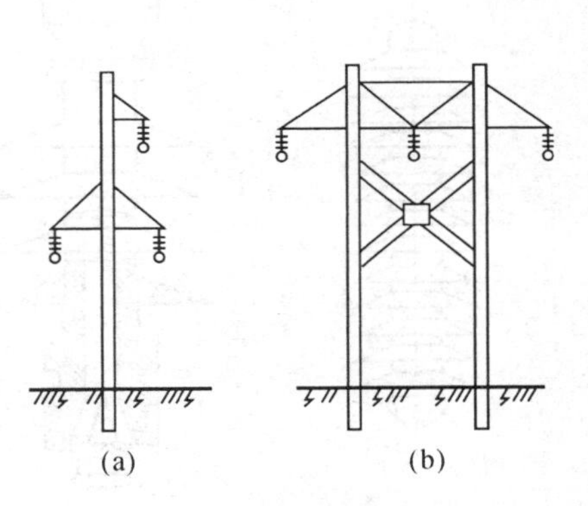

图 6-5　钢筋混凝土杆
(a) 单杆；(b) Π 型杆

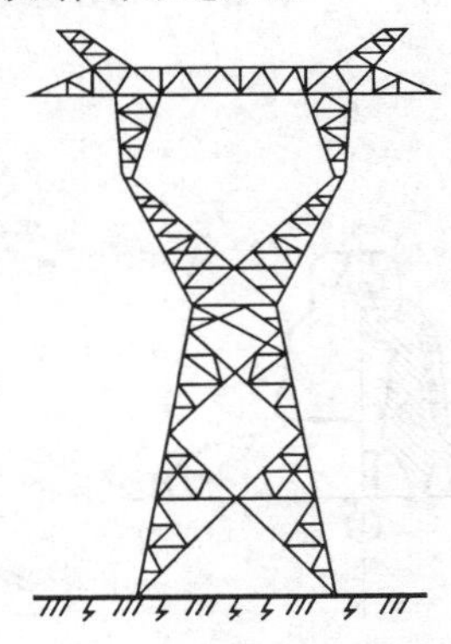

图 6-6　酒杯型铁塔

按杆塔的用途可分为直线杆塔（又称中间杆塔）、耐张杆塔（又称承力杆塔）、转角杆塔、终端杆塔、跨越杆塔和换位杆塔等。

直线杆塔用于线路的直线走向段内悬挂导线，仅承受导线自重、覆冰重及风压，是线路上最普通的一种杆塔，约占线路杆塔总数的 80%。

耐张杆塔用于承受正常及故障（如断线）情况下导线和避雷线顺线路方向的水平张力，以限制故障范围。在线路较长时，一般每隔 3～5 km 设置一耐张杆塔。

转角杆塔装设于线路的转角处，用来承受线路方向的侧向拉力。

终端杆塔设置在进入发电厂或变电站的线路末端，用来承受最后一个耐张段内导线的单向拉力。

跨越杆塔是为线路跨越河流、山谷、铁路、公路、居民区等中间无法设置杆塔的地方而特殊设计的大跨越杆塔，其高度较一般杆塔高。

换位杆塔是为了在一定长度内实现三相导线的轮流换位，以便使三相导线的电气参数均衡而设计的特种杆塔。规程规定凡线路长度超过 100 km 时，导线必须换位。当线路长度大于 200 km 时，要用两个或多个换位循环。

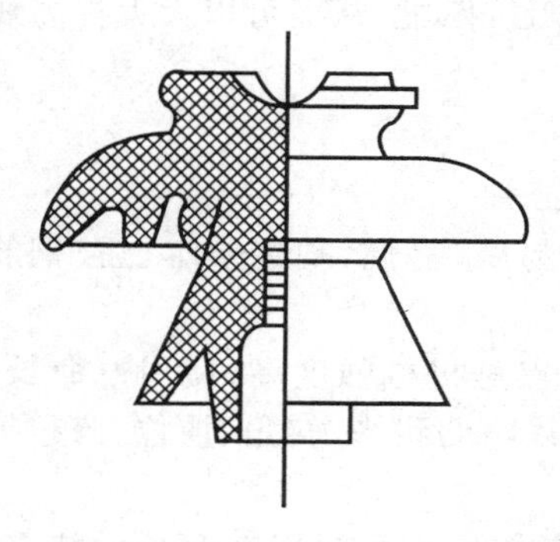

图 6-7　针式绝缘子

3. 绝缘子

绝缘子是用来支撑或悬挂导线，并使导线与杆塔绝缘的一种瓷质、钢化玻璃或高分子合成材料制作的元件。它应具有良好的绝缘性能和足够的机械强度。架空线路使用的绝缘子分为针式绝缘子、悬式绝缘子、棒式绝缘子及瓷横担绝缘子等，分别如图 6-7、图 6-8、图 6-9 和图 6-10 所示。

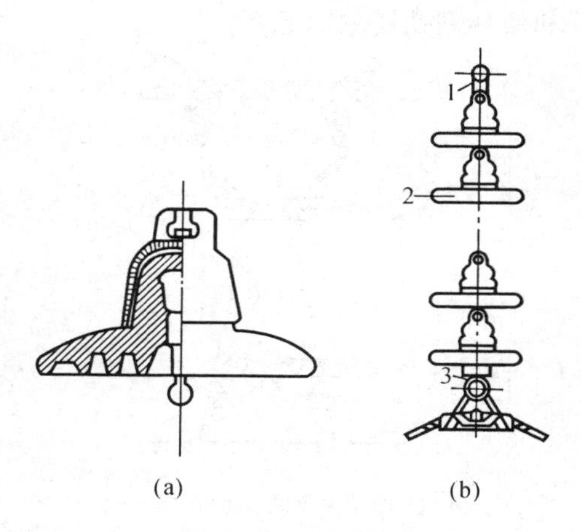

图 6-8　悬式绝缘子

(a) 单个悬式绝缘子；(b) 悬式绝缘子串

1—耳环；2—绝缘子；3—吊环

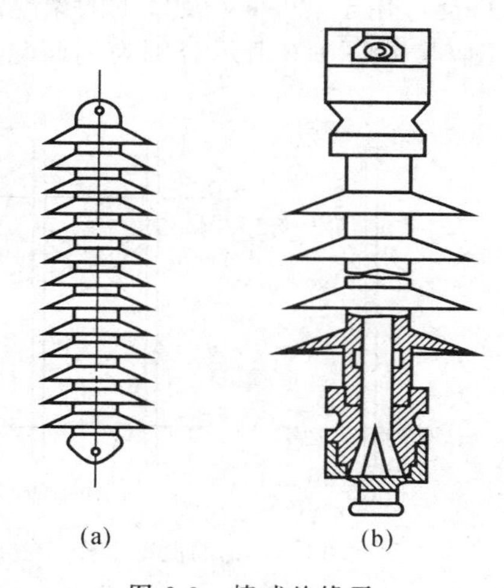

图 6-9　棒式绝缘子

(a) 棒式陶瓷绝缘子；(b) 棒式合成绝缘子

针式绝缘子主要用在电压不超过 35 kV、导线拉力不大的直线杆塔和小转角杆塔上。悬式绝缘子主要用于 35 kV 及以上的线路上，通常将它们组装成绝缘子串，每串绝缘子片数应根据线路的电压等级按绝缘要求确定，表 6-1 中列出了与不同线路额定电压相应的悬式绝缘子串中绝缘子的片数。耐张杆塔绝缘子串中绝缘子的片数一般比同级电压直线杆塔绝缘子串多 1～2 片。通常可根据架空线路上所用的绝缘子串上的片数判断其电压等级。

表 6-1　直线杆塔上悬式绝缘子串中绝缘子数量

线路额定电压/kV	35	63	110	220	330	500	750	1 000
每串绝缘子数	3	5	7	13	17～19	25～28	36～39	46～50

棒式绝缘子是用硬质材料做成的整体，可代替整串悬式绝缘子。目前多采用高分子合成材料制作成合成绝缘子，这种新型棒式合成绝缘子不仅比瓷绝缘子造价低、损耗小，而且质量轻，耐震、防污性能好。

瓷横担绝缘子是棒式绝缘子的另一种形式，它可以兼作横担用，具有绝缘强度高，运行安全，维护简单的特点，而且由于它能部分替代横担，大量节约木材和钢材，有效地降低杆塔的高度。

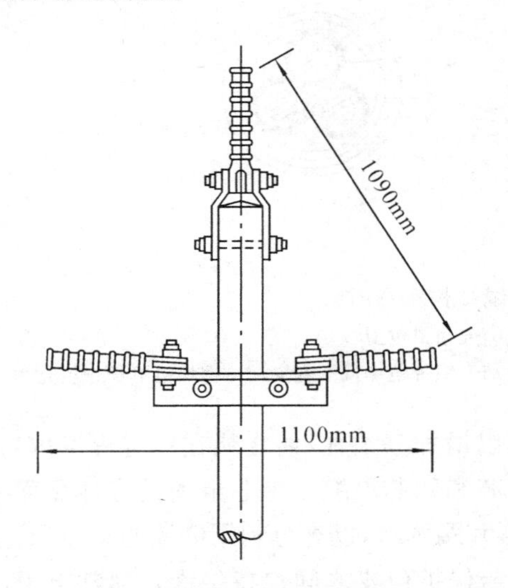

图 6-10　瓷横担绝缘子

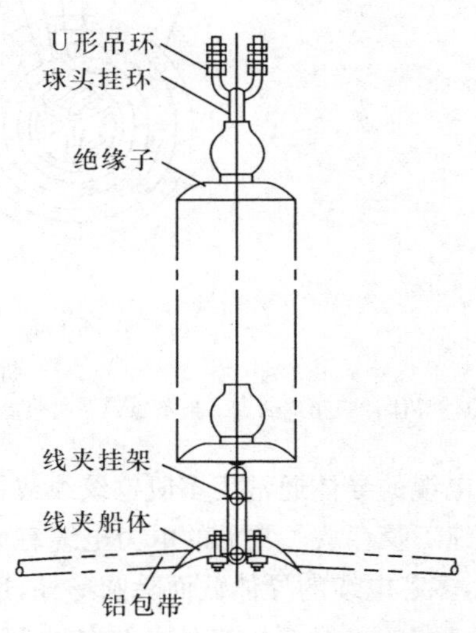

图 6-11　悬垂串与悬垂线夹

4. 常用金具

金具是用来连接导线和绝缘子串的金属部件。架空线路上使用的金具种类很多，常用的主要是线夹、连接金具、接续金具和防震金具。其中：线夹是用来将导线、避雷线固定在绝缘子上的金具。图 6-11 所示为在直线杆塔悬垂串上使用的悬垂线夹。连接金具主要用来将绝缘子组装成绝缘子串或用于绝缘子串、线夹、杆塔和横担等相互连接。接续金具主要用于连接导线或避雷线的两个终端，分为液压接续金具和钳压接续金具等类型。铝线用铝质钳压接续管连接，连接后用管钳压成波状；钢线用钢质液压接续管和小型水压机压接，钢芯铝绞线的铝股和钢芯要分开压接；近年来，大型号导线多采用爆压接续技术进行连接。防震金具包括护线条、阻尼线和防震锤等。其中防震锤和阻尼线用来吸收或消耗架空线路的振动能量，以防止导线振动时在悬挂点处发生反复拗折，造成导线断股甚至断线的事故。护线条是用来加强架空线的耐振强度，以降低架空线的负载应力。

二、电缆线路

大城市的配电网络，发电厂、变电站内部线路，穿越江河、海峡线路及国防或特殊需要的场合，往往都要采用电力电缆线路。

电力电缆的结构主要包括导体、绝缘层和保护层三个部分，如图 6-12 所示。

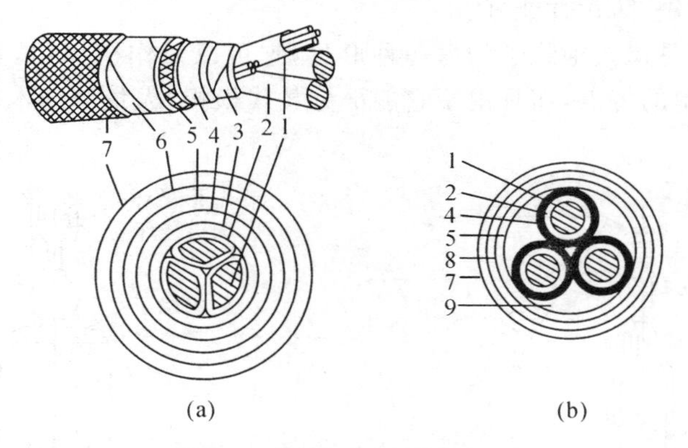

图 6-12 电力电缆结构示意图

(a)三相铅包型；(b)分相铅包型

1—导体；2—相绝缘；3—纸绝缘；4—铅包皮；5—麻衬；6—钢带铠甲；7—麻皮；8—钢丝铠甲；9—填充物

电缆的导体通常用多股铜绞线或铝绞线，以增加其柔性，使之能在一定程度内弯曲，以利施工及存放。常见的电力电缆有单芯、三芯和四芯电缆。单芯电缆的导体截面是圆形的，多芯电缆的导体截面除圆形外，还有扇形和腰圆形，以充分利用电缆的总面积。

电缆的绝缘层用来使各导体之间及导体与保护包皮之间保持绝缘。通常电力电缆的绝缘层包括芯绝缘和带绝缘两部分。芯绝缘指包裹导体芯体的绝缘，带绝缘指包裹全部导体的绝缘。芯绝缘和带绝缘间的空隙处要填以充填物。绝缘层所用的材料有油浸纸、橡胶、聚乙烯、交联聚乙烯等。

电缆的保护层用来保护绝缘物及芯线使之不受外力损伤，可分为内保护层和外保护层。内保护层用铅或铝制成，呈筒形，用来提高电力电缆绝缘的抗压能力，并可防水、防潮，防止绝缘油外渗。外保护层由衬垫层（油浸纸、麻绳、麻布等）、铠装层（钢带、钢丝）及外被层（浸沥青的黄麻）组成，其作用是防止电缆在运输、敷设和检修过程中受机械损伤。

电力电缆的敷设方法通常有直接埋入土中、电缆沟敷设和穿管敷设等。

第二节 架空输电线路的参数计算和等值电路

架空输电线路的基本电气参数有电阻、电抗、电导和电纳，这些参数主要取决于导线的种类、尺寸和布置方式等因素。其中，电阻反映线路通过电流时产生的有功功率损耗；电抗（电感）反映载流导线周围产生的磁场效应；电导反映线路带电时绝缘介质中产生泄露电流及导线附近空气游离的电晕现象而产生的有功功率损耗；电纳（电容）反映载流导线周围产生的电场效应。输电线路的这些参数是沿线路均匀分布的，每单位长度的参数为电阻r_0、电抗x_0、电导g_0及电容c_0。在稳态运行情况下，电力系统的运行状态是三相对称的，因此，输电线路的等值电路可以用计及了其余两相影响的一相参数组成的单相电路表示。下面介绍三相对称运行时架空线路每相导线单位长度参数的计算。

一、电阻

金属导线单位长度的直流电阻可按下式计算

$$r_0 = \frac{\rho}{S} \quad (\Omega/\text{km}) \tag{6-1}$$

式中，ρ为导线材料的电阻率($\Omega\cdot \text{mm}^2/\text{km}$)；$S$为导线载流部分的额定截面积($\text{mm}^2$)，如钢芯铝绞线系指铝线部分的截面积。

考虑到：① 在通过三相工频交流电流的情况下，由于集肤效应和邻近效应，电流在导体中分布不均匀，使得导线的交流电阻比直流电阻增大0.2%～1.0%；② 输电线路大部分采用多股绞线，多股绞线的扭绞使得导体的实际长度比导线长度长2%～3%；③ 在制造中，导线的实际截面积通常比额定截面积略小。因此，在应用公式(6-1)进行实际计算时，不用导线材料的直流电阻率而用略为增大了的计算值。修正后导线材料电阻率的计算值是

铜——18.8 $\Omega\cdot \text{mm}^2/\text{km}$

铝——31.5 $\Omega\cdot \text{mm}^2/\text{km}$

工程计算中，也可以直接从手册中查出各种导线的电阻值。按公式(6-1)计算所得或从手册中查得的电阻值，都是指温度为20 ℃时的值，在要求较高精度时，t ℃时的电阻值r_t可按下式计算

$$r_t = r_{20}[1+\alpha(t-20)] \tag{6-2}$$

式中，r_t为环境温度为t ℃时导体单位长度的电阻(Ω/km)；r_{20}为环境温度为20 ℃时导体单位长度的电阻(Ω/km)；α为电阻的温度系数(1/℃)，对于铜，$\alpha=0.00382$/℃，而对于铝，$\alpha=0.0036$/℃。

二、电抗

在三相导线排列对称，或虽排列不对称但经完全换位后，单导线线路每相单位长度的等值电抗为

$$x_0 = \omega L = 0.1445 \lg \frac{D_{jp}}{r} + 0.0157\mu (\Omega/\text{km}) \tag{6-3}$$

式中，r为导线的计算半径(cm)；μ为导体的相对磁导率，对铝绞线等金属，$\mu=1$；ω为角频率，当频率$f=50$ Hz时，$\omega=314$ rad/s；D_{jp}为三相导线间的几何均距(cm)，$D_{jp}=\sqrt[3]{D_{ab}\cdot D_{bc}\cdot D_{ca}}$，其中，$D_{ab}$、$D_{bc}$、$D_{ca}$分别为ab、bc与ca相间距离。当三相导线对称排

列时,$D_{ab}=D_{bc}=D_{ca}=D$,故 $D_{jp}=\sqrt[3]{D^3}=D$;当三相导线水平排列时,则 $D_{jp}=\sqrt[3]{D\cdot D\cdot 2D}=1.26D$。

从式(6-3)可以看出,由于电抗值与三相导线间的几何均距、导线半径均为对数关系,因此,导线在杆塔上的布置方式及导线截面积的大小对线路电抗值影响不大。通常单导线架空线路的电抗值在 0.4 Ω/km 左右,在工程近似计算中一般取此值。

对于超高压输电线路,为减小线路电抗、降低导线表面电场强度以达到减低电晕损耗和抑制电晕干扰的目的,往往采用分裂导线。分裂导线中每相导线由 2～4 根单导线组成,且布置在正多角形的顶点上,如图 6-13 所示。分裂导线的采用改变了导线周围的磁场分布,因而公式(6-3)中的导线半径 r 不再是单导线的半径,而应为组成各相导线分裂子导线的等值半径 r_D,即等效地增大了导线半径。分裂导线的单相等值电抗为

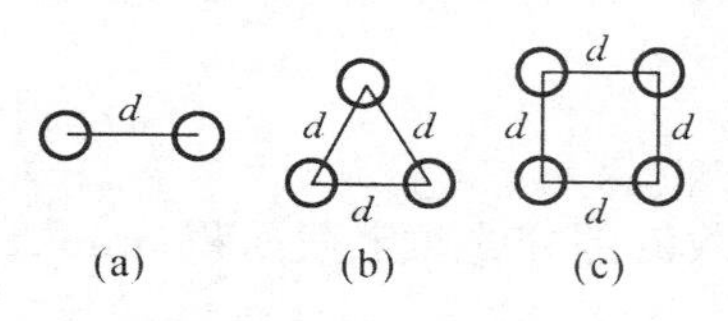

图 6-13　分裂导线
(a)双分裂;(b)三分裂;(c)四分裂

$$x_0=0.144\,5\lg\frac{D_{jp}}{r_D}+\frac{0.015\,7}{n}\mu(\Omega/\text{km}) \tag{6-4}$$

式中,r_D 为分裂导线的等值半径(cm),$r_D=\sqrt[n]{nrA^{n-1}}$,其中,$A=\dfrac{d}{2\sin(\pi/n)}$ 为间隔环半径;n 为每相分裂导线的根数;d 为分裂导线的间距(cm)。

每相导线分裂间距 d 所对应的等值半径 r_D 通常比单根导线的半径大得多,故分裂导线的等值电抗较小。一般单导线线路每公里电抗为 0.4 Ω 左右;分裂导线线路的电抗与分裂根数有关,当分裂根数为 2、3、4 根时,每公里电抗分别为 0.33 Ω、0.30 Ω、0.28 Ω 左右。

对于钢导线,由于集肤效应及导线内部的磁导率均随导线通过的电流大小而变化,因此,它的电阻和电抗均不是恒定的,钢导线构成的输电线路将是一个非线性元件。钢导线的阻抗无法用解析法确定,只能由实验测定其特性,根据电流值来确定其阻抗值。

三、电导

架空输电线路的电导是用来反映架空线路泄漏电流和空气游离所引起的有功功率损耗的一种参数。一般线路绝缘良好,泄漏电流很小,可忽略不计,主要是考虑电晕现象引起的功率损耗。所谓电晕现象,就是架空线路在带有高电压的情况下,当导线表面的电场强度超过空气的击穿强度时,导体附近的空气游离而产生的局部放电现象。这种放电现象与导线表面的光滑程度、导线周围的空气密度及气象状况都有关。电晕不但要消耗电能,产生臭氧,而且所产生的脉冲电磁波对无线电和高频通信产生干扰。因此,应尽量避免。

电晕的产生主要取决于线路电压,线路开始出现电晕的电压称为临界电压 U_{cr}。三

相导线对称排列时电晕临界相电压U_{cr}的经验计算公式为

$$U_{cr}=84m_1m_2\delta r\lg\frac{D_{jp}}{r}(\mathrm{kV}) \tag{6-5}$$

式中，m_1为导线表面光滑系数，对于多股绞线，$m_1=0.83\sim0.87$；m_2为气象状况系数，晴天，$m_2=1$，雨、雪、雾等恶劣天气，$m_2=0.8\sim1$；r为导线计算半径(cm)；D_{jp}为三相导线间的几何均距(cm)；δ为空气相对密度，$\delta=3.92p/(273+t)$，其中，p为大气压力，用水银柱厘米(1 水银柱厘米=1333.22 Pa)表示；t为空气温度，当$t=25$ ℃，$p=76$ cm时，$\delta=1$。

由实验得知，当架空输电线导线水平排列时，两根边线的电晕临界电压比式(6-5)的计算值高6%，而中间相导线的则低4%。

当运行电压超过临界电压而产生电晕现象时，与电晕相对应的每相等值电导为

$$g_0=\frac{\Delta P_g}{U^2}\times10^{-3}\quad(\mathrm{S/km}) \tag{6-6}$$

式中，ΔP_g为实测单位长度三相线路电晕消耗的总功率(kW/km)；U为线路的线电压(kV)。由于在设计线路时已采取措施避免电晕现象的出现，故一般计算中可不计线路电导。

四、电纳

线路的电纳是由导线与导线之间、导线与大地之间的电容所决定的。电容的大小与相间距离、导线截面、杆塔结构尺寸等因素有关。三相输电线对称排列，或虽排列不对称但经完全换位后，单导线线路每相单位长度的等值电容为

$$c_0=\frac{0.024}{\lg\frac{D_{jp}}{r}}\times10^{-6}\quad(\mathrm{F/km}) \tag{6-7}$$

其相应的电纳为

$$b_0=\omega c_0=2\pi fc_0=\frac{7.58}{\lg\frac{D_{jp}}{r}}\times10^{-6}\quad(\mathrm{S/km}) \tag{6-8}$$

式中，r为导线的计算半径(cm)；D_{jp}为三相导线的几何均距(cm)。

与线路电抗的计算相似，架空线路的电纳值对不同的导线半径和几何均距的变化也不敏感，单位长度的单相等值电纳值一般在2.8×10^{-6} S/km左右。线路的电纳值也可根据导线型号及线间几何均距由附录Ⅱ的附表Ⅱ-2查得。采用分裂导线时的单相等值电纳的计算，只需将式(6-8)中导线的半径r用分裂导线的等值半径r_D代替，即

$$b_0=\frac{7.58}{\lg\frac{D_{jp}}{r_D}}\times10^{-6}\quad(\mathrm{S/km}) \tag{6-9}$$

显然，分裂导线的采用，将增大线路的电纳值。当每相分裂根数分别为2、3、4根时，每公里电纳值约分别为3.4×10^{-6} S、3.8×10^{-6} S和4.1×10^{-6} S。

五、输电线路的等值电路

输电线路的参数实际上是沿线路均匀分布的，可用图 6-14 所示的链形电路表示。图中，r_0、x_0、g_0、b_0 分别为单位长度线路的阻抗和导纳。

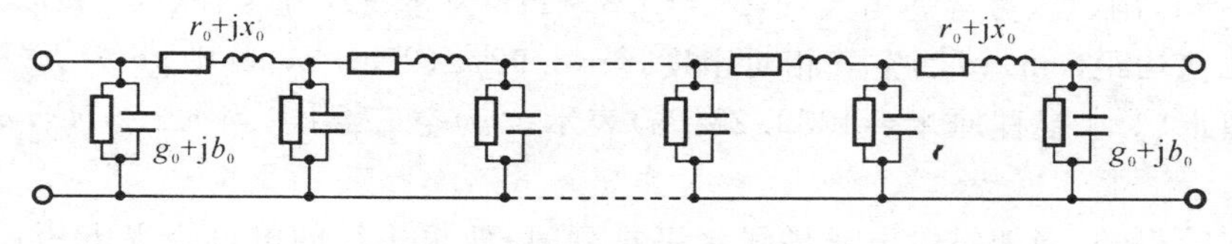

图 6-14　均匀分布参数等值电路

用分布参数表示的等值电路计算很不方便。计算表明，当架空线路长度在 300 km 以下时，可用集中参数表示的等值电路来近似代替分布参数等值电路。用集中参数表示的线路等值电路有 π 型和 T 型两种，如图 6-15 所示。由于 T 型等值电路在构成电网等值电路时增加了一个中间节点，增加了电网分析计算的工作量，所以 π 型等值电路应用得比较广泛。

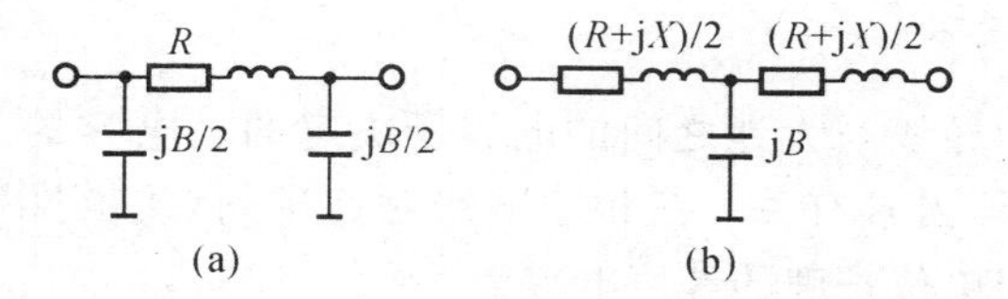

图 6-15　集中参数表示的等值电路

(a)π 型；(b)T 型

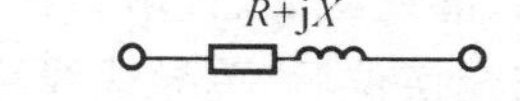

图 6-16　短距离线路的简化等值电路

当架空线路长度不超过 100 km，电压等级在 35 kV 及以下时，由于电压低、线路短、线路的电纳亦可忽略不计，这时的等值电路将进一步简化为图 6-16 的形式。在图 6-15 和图 6-16 中，$R=r_0 l$；$X=x_0 l$；$B=b_0 l$。其中，l 为线路的长度(km)。

当架空线路长度超过 300 km 时，可将线路分段，使每段线路长度不超过 300 km，从而可用若干个 π 型等值电路来表示输电线路。

例 6-1　有一条长 100 km，额定电压 110 kV 的输电线路，导线水平排列，型号为 LGJ-185，相间距离 4 m，导线表面光滑系数 $m_1=0.85$，气象状况系数 $m_2=1$，空气相对密度 $\delta=1$。试计算线路参数。

解　(1) 单位长度线路电阻：$r_0=\dfrac{\rho}{s}=\dfrac{31.5}{185}=0.17\ \Omega/\text{km}$

(2) 单位长度线路电抗：查附录 I 的附表 I-1 得 LGJ-185 型导线的计算直径为 19.02 mm，则

$$r=\frac{1}{2}\times 19.02\ \text{mm}=0.951\ \text{cm}$$

故　$x_0 = 0.1445 \lg \frac{D_{jp}}{r} + 0.0157 = \left(0.1445 \lg \frac{1.26 \times 400}{0.951} + 0.0157\right) \Omega/\text{km}$

$= 0.409\ \Omega/\text{km}$

(3) 单位长度线路电纳：

$$b_0 = \frac{7.58}{\lg \frac{D_{jp}}{r}} \times 10^{-6} = \frac{7.58}{\lg \frac{1.26 \times 400}{0.951}} \times 10^{-6}\ \text{S/km} = 2.78 \times 10^{-6}\ \text{S/km}$$

(4) 单位长度线路电导：

电晕临界电压

$$U_{cr} = 84 m_1 m_2 \delta r \lg \frac{D_{jp}}{r} = 84 \times 0.85 \times 1 \times 1 \times 0.951 \times \lg \frac{1.26 \times 400}{0.951}\ \text{kV}$$

$$= 185\ \text{kV} > 110\ \text{kV}$$

所以

$$g_0 = 0$$

(5) 全线路参数为　　$R = r_0 l = 0.17 \times 100\ \Omega = 17\ \Omega$

$$X = x_0 l = 0.409 \times 100\ \Omega = 40.9\ \Omega$$

$$B = b_0 l = 2.78 \times 10^{-6} \times 100\ \text{S} = 2.78 \times 10^{-4}\ \text{S}$$

例 6-2　有一条 330 kV 的架空输电线路，导线水平排列，相间距离 8 m，每相采用 2×LGJQ-300分裂导线，分裂间距 0.4 m。试计算线路单位长度的参数（假设线路不会出现电晕现象，即 $g_0 = 0$）。

解　(1)单位长度线路电阻：　　$r_0 = \frac{\rho}{2S} = \frac{31.5}{2 \times 300}\ \Omega/\text{km} = 0.053\ \Omega/\text{km}$

(2) 单位长度线路电抗：查附录 I 的附表 I-2 得 LGJQ-300 导线的半径为 $r = 1.185$ cm。

分裂导线的等值半径：$r_D = \sqrt[n]{nrA^{n-1}} = \sqrt{2 \times 1.185 \times \frac{40}{2}}\ \text{cm} = 6.884\ \text{cm}$。

$$x_0 = 0.1445 \lg \frac{D_{jp}}{r_D} + \frac{0.0157}{n} = \left(0.1445 \lg \frac{1.26 \times 800}{6.884} + \frac{0.0157}{2}\right) \Omega/\text{km} = 0.321\ \Omega/\text{km}$$

(3)单位长度线路电纳：

$$b_0 = \frac{7.58}{\lg \frac{D_{jp}}{r_D}} \times 10^{-6} = \frac{7.58}{\lg \frac{1.26 \times 800}{6.884}} \times 10^{-6}\ \text{S/km} = 3.49 \times 10^{-6}\ \text{S/km}$$

第三节　变压器的等值电路及参数计算

一、双绕组变压器

电力系统中使用的变压器大多数为三相式的，特大容量的也有做成三个单相的。

三相绕组的连接方式主要有星形和三角形。但不论为何种接法,等值电路都用星形接法表示,且由于三相对称因而只用一相表示。在电机学中,双绕组变压器通常采用 T 型等值电路,如图 6-17(a)所示,且当原副方参数用同一电压级的值表示时,代表变压器两侧绕组空载线电压之比的变压器变比可以不出现。在电力网计算中,为了减少网络节点数,通常将励磁支路移至 T 型等值电路的电源侧,即降压变压器的高压侧,升压变压器的低压侧。这种电路称为 Γ 型等值电路,且励磁支路以励磁导纳的形式出现,而变压器原、副方绕组的阻抗合并,如图 6-17(b)所示。由于变压器励磁电流相对很小,故对励磁支路做这种处理引起的计算误差很小。又因为电力网实际计算中主要关心的是网络中功率的分布,当变压器实际运行电压与变压器额定电压接近时,变压器等值电路中的励磁支路也可用其对应的功率损耗表示,记作 $\Delta P_0+\mathrm{j}\Delta Q_0$,如图 6-17(c)所示。对于电压等级在 35 kV 及以下的变压器,励磁支路的损耗较小,在近似计算中,励磁支路也可略去不计。

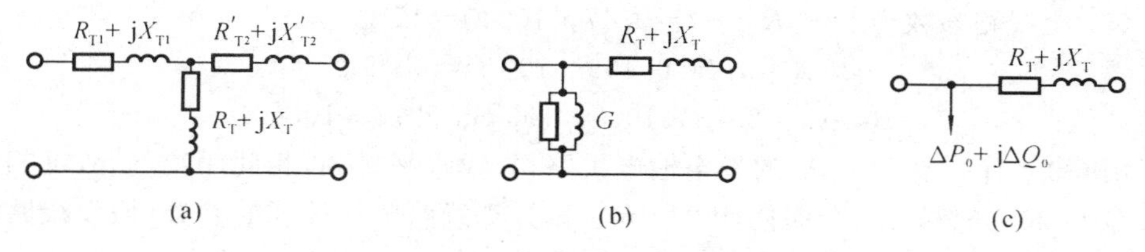

图 6-17 双绕组变压器的等值电路

(a)T 型电路;(b)Γ 型电路;(c)励磁支路用功率表示的电路

变压器的参数一般是指等值电路中的电阻 R_T、电抗 X_T、电导 G_T 和电纳 B_T。变压器的变比 K_T 也是变压器的一个参数。变压器出厂时,制造厂家都会在变压器的铭牌上或出厂试验书上给出代表其电气特性的四个参数,即短路损耗 ΔP_k、短路电压百分值 $U_k\%$、空载损耗 ΔP_0 和空载电流百分值 $I_0\%$。前两个数据由短路试验得到,用以确定 R_T 和 X_T;后两个数据由空载试验得到,用以确定 G_T 和 B_T。

1. 电阻

变压器作短路试验时,将其中一侧绕组短接,在另一侧绕组施加电压,使短路侧绕组通过的电流达到额定值。此时,由于外加电压较小,相应励磁支路的损耗(主要是变压器铁芯中的损耗,亦称铁损)很小。可以认为这时的短路损耗等于变压器通过额定电流时原、副方绕组电阻中的总损耗(绕组铜线或铝线中的损耗,亦称铜损),即

$$\Delta P_k = 3I_N^2 R_T \times 10^{-3} = \frac{S_N^2}{U_N^2} R_T \times 10^{-3} \quad (\mathrm{kW}) \tag{6-10}$$

式中,I_N 为变压器的额定电流(A);U_N 为变压器的额定电压(kV);S_N 为变压器的额定容量(kV · A);R_T 为变压器的每相电阻(Ω)。

由式(6-10)可求得变压器的电阻

$$R_{\mathrm{T}}=\frac{\Delta P_{\mathrm{k}}U_{\mathrm{N}}^{2}}{S_{\mathrm{N}}^{2}}\times 10^{3}=\frac{\Delta P_{\mathrm{k}}}{S_{\mathrm{N}}}Z_{\mathrm{N}}(\Omega) \tag{6-11}$$

式中，Z_{N} 为变压器的额定阻抗，且 $Z_{\mathrm{N}}=\frac{U_{\mathrm{N}}^{2}}{S_{\mathrm{N}}}\times 10^{3}(\Omega)$；$\Delta P_{\mathrm{k}}$ 为变压器短路损耗(kW)。

2. 电抗

变压器作短路试验时，在绕组中通过额定电流，绕组的阻抗 Z_{T} 上将产生电压降。变压器短路电压百分值就是指变压器作短路试验通过额定电流时，在变压器阻抗上的电压降与变压器额定电压之比乘以 100 的值，习惯上用符号 $U_{\mathrm{k}}\%$表示，即

$$U_{\mathrm{k}}\%=\frac{\sqrt{3}I_{\mathrm{N}}Z_{\mathrm{T}}}{U_{\mathrm{N}}}\times 100\times 10^{-3} \tag{6-12}$$

例如，某台变压器短路电压百分值为 10.5，则表示为 $U_{\mathrm{k}}\%=10.5$。

对于大型电力变压器，其绕组电阻值远小于绕组电抗值，故可近似认为 $X_{\mathrm{T}}\approx Z_{\mathrm{T}}$，所以

$$X_{\mathrm{T}}=\frac{U_{\mathrm{k}}\%}{100}\times\frac{U_{\mathrm{N}}}{\sqrt{3}I_{\mathrm{N}}}\times 10^{3}=\frac{U_{\mathrm{k}}\%}{100}\times\frac{U_{\mathrm{N}}^{2}}{S_{\mathrm{N}}}\times 10^{3}=\frac{U_{\mathrm{k}}\%}{100}Z_{\mathrm{N}}(\Omega) \tag{6-13}$$

3. 电导

变压器的电导用以表示变压器铁芯的有功损耗。由于空载电流比额定电流小得多，这样，在做空载试验时，绕组电阻中的损耗也很小，所以可近似认为变压器的空载损耗就是变压器的励磁损耗(铁损)，即 $\Delta P_{0}\approx\Delta P_{\mathrm{Fe}}$，于是

$$G_{\mathrm{T}}=\frac{\Delta P_{\mathrm{Fe}}}{U_{\mathrm{N}}^{2}}\times 10^{-3}\approx\frac{\Delta P_{0}}{U_{\mathrm{N}}^{2}}\times 10^{-3}=\frac{\Delta P_{0}}{S_{\mathrm{N}}}\times\frac{1}{Z_{\mathrm{N}}}\quad(\mathrm{S}) \tag{6-14}$$

式中，ΔP_{0} 为变压器空载损耗(kW)。

4. 电纳

变压器的电纳表示变压器的励磁无功损耗。变压器空载电流虽包含有功分量和无功分量，但其有功分量通常很小，无功分量 I_{b} 和空载电流 I_{0} 在数值上几乎相等，因此有

$$I_{0}\approx I_{\mathrm{b}}=\frac{U_{\mathrm{N}}}{\sqrt{3}}B_{\mathrm{T}}\times 10^{3} \tag{6-15a}$$

厂家给定的变压器空载电流百分值是指空载电流与额定电流之比乘以 100 的值，习惯上用符号 $I_{0}\%$表示，即

$$I_{0}\%=\frac{I_{0}}{I_{\mathrm{N}}}\times 100 \tag{6-15b}$$

例如，某台变压器空载电流百分值为 0.8，习惯上表示为 $I_{0}\%=0.8$。

由式(6-15a)和式(6-15b)得

$$B_{\mathrm{T}}=\frac{I_{0}\%}{100}\times\frac{\sqrt{3}I_{\mathrm{N}}}{U_{\mathrm{N}}}\times 10^{-3}=\frac{I_{0}\%}{100}\times\frac{S_{\mathrm{N}}}{U_{\mathrm{N}}^{2}}\times 10^{-3}=\frac{I_{0}\%}{100}\times\frac{1}{Z_{\mathrm{N}}}\quad(\mathrm{S}) \tag{6-16}$$

当变压器励磁支路用功率形式表示时，其有功功率就是空载损耗 ΔP_{0}，无功功率

ΔQ_0 可用下式计算

$$\Delta Q_0 = U_N^2 B_T \times 10^3 = \frac{I_0\%}{100} \times S_N \quad (\text{kvar}) \tag{6-17}$$

5. 变比

在电力网计算中,变压器的变比 K_T 定义为变压器两侧绕组的空载线电压之比,它与电机学中定义的变压器的原、副方绕组匝数比是有区别的。对于 Y,y 及 D,d 接法的变压器,$K_T = U_{1N}/U_{2N} = W_1/W_2$,即变比与原、副方绕组的匝数比相等;对于 Y,d 接法的变压器,原、副方绕组的匝数比只能反映变压器的相电压之比,这时,应有 $K_T = U_{1N}/U_{2N} = \sqrt{3}W_1/W_2$。

在应用上述公式计算变压器的参数时,应注意的是:公式中的 U_N 既可视需要取高压侧的额定电压,也可取低压侧的额定电压。当 U_N 取高压侧的额定电压时,计算出的参数是归算到高压侧的值;反之,则是归算到低压侧的值。

例 6-3 某降压变电站有一台 SFL_1-20000/110 型双绕组变压器,变比为 110/11,铭牌给出的试验数据为:$\Delta P_0 = 22$ kW,$I_0\% = 0.8$,$\Delta P_k = 135$ kW,$U_k\% = 10.5$,试计算变压器归算至高压侧和低压侧的参数。

解 (1) 归算至高压侧的参数

$$Z_{1N} = \frac{U_{1N}^2}{S_N} \times 10^3 = \frac{110^2}{20\,000} \times 10^3\ \Omega = 605\ \Omega$$

$$R_{T1} = \frac{\Delta P_k}{S_N} Z_{1N} = \frac{135}{20\,000} \times 605\ \Omega = 4.08\ \Omega$$

$$X_{T1} = \frac{U_k\%}{100} \times Z_{1N} = \frac{10.5}{100} \times 605\ \Omega = 63.5\ \Omega$$

$$G_{T1} = \frac{\Delta P_0}{S_N} \times \frac{1}{Z_{1N}} = \frac{22}{20\,000} \times \frac{1}{605}\ \text{S} = 1.82 \times 10^{-6}\ \text{S}$$

$$B_{T1} = \frac{I_0\%}{100} \times \frac{1}{Z_{1N}} = \frac{0.8}{100} \times \frac{1}{605}\ \text{S} = 13.22 \times 10^{-6}\ \text{S}$$

(2) 归算至低压侧的参数

$$Z_{2N} = \frac{U_{2N}^2}{S_N} \times 10^3 = \frac{11^2}{20\,000} \times 10^3\ \Omega = 6.05\ \Omega$$

$$R_{T2} = \frac{\Delta P_k}{S_N} Z_{2N} = \frac{135}{20\,000} \times 6.05\ \Omega = 0.040\,8\ \Omega$$

$$X_{T2} = \frac{U_k\%}{100} \times Z_{2N} = \frac{10.5}{100} \times 6.05\ \Omega = 0.635\ \Omega$$

$$G_{T2} = \frac{\Delta P_0}{S_N} \times \frac{1}{Z_{2N}} = \frac{22}{20\,000} \times \frac{1}{6.05}\ \text{S} = 1.82 \times 10^{-4}\ \text{S}$$

$$B_{T2} = \frac{I_0\%}{100} \times \frac{1}{Z_{2N}} = \frac{0.8}{100} \times \frac{1}{6.05}\ \text{S} = 13.22 \times 10^{-4}\ \text{S}$$

(3) 变比 K_T

$$K_T = 110/11 = 10。$$

二、三绕组变压器

在发电厂和变电站中，常常需要把几种不同电压等级的输电系统联系起来。如联系三个电压等级，用双绕组变压器，则至少需要两台变压器；若用三绕组变压器，则只需一台变压器就能满足。这不仅使发电厂和变电站的接线简化，而且投资费用减少，维护管理也较方便。因此，三绕组变压器在电力系统中得到广泛应用。

由于三相对称，三绕组变压器的等值电路也常用一相等值电路表示。将同相的三个绕组的阻抗归算到一个基准电压下接成星形，励磁导纳仍接在电源侧，如图 6-18 所示。

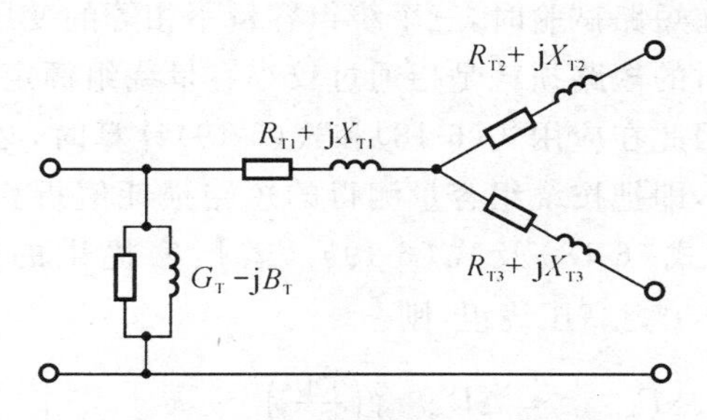

图 6-18　三绕组变压器的等值电路

三绕组变压器的励磁导纳的计算方法与双绕组变压器的相同，可根据变压器空载试验数据进行计算。下面主要讨论三绕组变压器各绕组电阻、电抗的计算方法。

1. 电阻

三绕组变压器在出厂时，制造厂家会在变压器铭牌上或出厂试验书上给出三个绕组间一个绕组开路、另两个绕组短路试验的短路损耗 $\Delta P_{k(1-2)}$、$\Delta P_{k(1-3)}$、$\Delta P_{k(2-3)}$。由于

$$\Delta P_{k(1-2)} = \Delta P_{k1} + \Delta P_{k2}$$
$$\Delta P_{k(2-3)} = \Delta P_{k2} + \Delta P_{k3}$$
$$\Delta P_{k(1-3)} = \Delta P_{k1} + \Delta P_{k3}$$

联立上述三式可解得

$$\left.\begin{aligned}\Delta P_{k1} &= \frac{1}{2}(\Delta P_{k(1-2)} + \Delta P_{k(1-3)} - \Delta P_{k(2-3)}) \\ \Delta P_{k2} &= \frac{1}{2}(\Delta P_{k(1-2)} + \Delta P_{k(2-3)} - \Delta P_{k(1-3)}) \\ \Delta P_{k3} &= \frac{1}{2}(\Delta P_{k(1-3)} + \Delta P_{k(2-3)} - \Delta P_{k(1-2)})\end{aligned}\right\} \tag{6-18}$$

求出各绕组的短路损耗后，即可按双绕组变压器计算电阻的同样方法计算三绕组变压器各绕组的电阻

$$R_{\mathrm{T}i}=\frac{\Delta P_{\mathrm{k}i}U_{\mathrm{N}}^{2}}{S_{\mathrm{N}}^{2}}\times 10^{3}=\frac{\Delta P_{\mathrm{k}i}}{S_{\mathrm{N}}}Z_{\mathrm{N}}(\Omega)\quad(i=1,2,3)\tag{6-19}$$

上述计算公式仅适用于三个绕组的额定容量都相同的情况。实际上,运行中变压器的三个绕组不可能同时都满载运行。因此,为了减小体积、节省材料,根据电力系统运行的实际需要,变压器三个绕组的额定容量可以制造为不相等。

三绕组变压器的额定容量是指三个绕组中容量最大的绕组的容量,并以此定基准为 100。按国家标准 GB 1096—1971 规定,我国目前生产的变压器三个绕组的容量比,按高、中、低压绕组的顺序有 100/100/100、100/50/100、100/100/50 三种。如容量比为 100/50/100 的变压器,表示中压绕组的额定容量是变压器额定容量的 50%。早期生产、现在仍在使用的三绕组变压器中还有容量比为 100/100/66.7、100/66.7/100、100/66.7/66.7三种。在短路试验时,三个绕组容量不相等的变压器将受到较小容量绕组额定电流的限制,这时的短路损耗是指通过较小容量绕组额定电流(而非变压器额定电流)所产生的损耗。因此在应用式(6-18)和式(6-19)计算时,必须先将厂家提供的短路损耗值进行容量折算,即把按绕组容量测得的短路损耗值折算成按变压器额定容量的损耗值,然后再应用式(6-18)及式(6-19)。若厂家提供的试验数据为 $\Delta P'_{\mathrm{k(1\text{-}2)}}$、$\Delta P'_{\mathrm{k(1\text{-}3)}}$、$\Delta P'_{\mathrm{k(2\text{-}3)}}$,且编号 1 为高压绕组,则

$$\left.\begin{aligned}\Delta P_{\mathrm{k(1\text{-}2)}}&=\Delta P'_{\mathrm{k(1\text{-}2)}}\left(\frac{S_{\mathrm{N}}}{S_{2\mathrm{N}}}\right)^{2}\\ \Delta P_{\mathrm{k(1\text{-}3)}}&=\Delta P'_{\mathrm{k(1\text{-}3)}}\left(\frac{S_{\mathrm{N}}}{S_{3\mathrm{N}}}\right)^{2}\\ \Delta P_{\mathrm{k(2\text{-}3)}}&=\Delta P'_{\mathrm{k(2\text{-}3)}}\left(\frac{S_{\mathrm{N}}}{\min\{S_{2\mathrm{N}},S_{3\mathrm{N}}\}}\right)^{2}\end{aligned}\right\}\tag{6-20}$$

式中,S_{N} 为变压器的额定容量 kV·A;$S_{2\mathrm{N}}$、$S_{3\mathrm{N}}$分别为变压器第二、三绕组的额定容量(kV·A)。

把折算后的短路损耗 $\Delta P_{\mathrm{k(1\text{-}2)}}$、$\Delta P_{\mathrm{k(1\text{-}3)}}$、$\Delta P_{\mathrm{k(2\text{-}3)}}$ 代入式(6-18)及式(6-19),即可求出各绕组的短路损耗及各绕组的电阻值。

2. 电抗

三绕组变压器绕组电抗的计算与电阻的计算方法相似,首先根据三次短路试验所测得的两两绕组间的短路电压百分值 $U_{\mathrm{k(1\text{-}2)}}\%$、$U_{\mathrm{k(1\text{-}3)}}\%$、$U_{\mathrm{k(2\text{-}3)}}\%$,按下式分别求出各绕组的短路电压百分值

$$\left.\begin{aligned}U_{\mathrm{k1}}\%&=\frac{1}{2}(U_{\mathrm{k(1\text{-}2)}}\%+U_{\mathrm{k(1\text{-}3)}}\%-U_{\mathrm{k(2\text{-}3)}}\%)\\ U_{\mathrm{k2}}\%&=\frac{1}{2}(U_{\mathrm{k(1\text{-}2)}}\%+U_{\mathrm{k(2\text{-}3)}}\%-U_{\mathrm{k(1\text{-}3)}}\%)\\ U_{\mathrm{k3}}\%&=\frac{1}{2}(U_{\mathrm{k(1\text{-}3)}}\%+U_{\mathrm{k(2\text{-}3)}}\%-U_{\mathrm{k(1\text{-}2)}}\%)\end{aligned}\right\}\tag{6-21}$$

再计算归算到同一电压侧的各绕组电抗值

$$X_{ki}=\frac{U_{ki}\%}{100}\times\frac{U_N^2}{S_N}\times10^3=\frac{U_{ki}\%}{100}\times Z_N(\Omega)\quad(i=1,2,3)\tag{6-22}$$

需要指出的是，手册和制造厂提供的短路电压值，不论变压器各绕组容量比如何，对于普通三绕组变压器都是已折算为变压器额定容量下的值。因此，普通三绕组变压器电抗计算不存在容量比不同的折算问题。

各绕组等值电抗的相对大小，与三个绕组在铁芯上的排列位置有关。高压绕组因绝缘要求排在最外层，中压绕组根据需要可排在中层，也可排在最内层。排在中层的绕组，由于内外层绕组的互感作用很强，当互感作用超过本绕组的自感作用时，中层绕组的等值电抗为负值。一般此负值很小，计算中可近似地取为零。

例 6-4　有一台 $SFSL_1$-8000/110 型三相三绕组变压器，其铭牌数据为：额定容量 8000 kV·A，容量比 100/50/100，电压比 110 kV/38.5 kV/11 kV，$\Delta P_0=14.2$ kW，$I_0\%=1.26$，$\Delta P'_{k(1-2)}=27$ kW，$\Delta P'_{k(1-3)}=83$ kW，$\Delta P'_{k(2-3)}=19$ kW，$U_{k(1-2)}\%=14.2$，$U_{k(1-3)}\%=17.5$，$U_{k(2-3)}\%=10.5$。试计算以变压器高压侧电压为基准的变压器参数值。

解

$$Z_N=\frac{U_N^2}{S_N}\times10^3=\frac{110^2}{8\,000}\times10^3\ \Omega=1\,512.5\ \Omega$$

(1)变压器的导纳

$$G_T=\frac{\Delta P_0}{S_N}\times\frac{1}{Z_N}=\frac{14.2}{8\,000}\times\frac{1}{1\,512.5}\ \text{S}=1.17\times10^{-6}\ \text{S}$$

$$B_T=\frac{I_0\%}{100}\times\frac{1}{Z_N}=\frac{1.26}{100}\times\frac{1}{1\,512.5}\ \text{S}=8.33\times10^{-6}\ \text{S}$$

(2) 各绕组的电阻：由于各绕组容量比不同，先将短路损耗折算至额定容量下的值；然后，再利用公式(6-18)和式(6-19)计算各绕组电阻，即

$$\Delta P_{k(1-2)}=\Delta P'_{k(1-2)}\left(\frac{S_N}{S_{2N}}\right)^2=27\times\left(\frac{100}{50}\right)^2\ \text{kW}=108\ \text{kW}$$

$$\Delta P_{k(1-3)}=\Delta P'_{k(1-3)}=83\ \text{kW}$$

$$\Delta P_{k(2-3)}=\Delta P'_{k(2-3)}\left(\frac{S_N}{S_{2N}}\right)^2=19\times\left(\frac{100}{50}\right)^2\ \text{kW}=76\ \text{kW}$$

$$\Delta P_{k1}=\frac{1}{2}(\Delta P_{k(1-2)}+\Delta P_{k(1-3)}-\Delta P_{k(2-3)})=\frac{1}{2}\times(108+83-76)\ \text{kW}=57.5\ \text{kW}$$

$$\Delta P_{k2}=\frac{1}{2}(\Delta P_{k(1-2)}+\Delta P_{k(2-3)}-\Delta P_{k(1-3)})=\frac{1}{2}\times(108+76-83)\ \text{kW}=50.5\ \text{kW}$$

$$\Delta P_{k3}=\frac{1}{2}(\Delta P_{k(1-3)}+\Delta P_{k(2-3)}-\Delta P_{k(1-2)})=\frac{1}{2}\times(83+76-108)\ \text{kW}=25.5\ \text{kW}$$

$$R_{T1}=\frac{\Delta P_{k1}}{S_N}\times Z_N=\frac{57.5}{8\,000}\times1\,512.5\ \Omega=10.87\ \Omega$$

$$R_{T2}=\frac{\Delta P_{k2}}{S_N}\times Z_N=\frac{50.5}{8\,000}\times1\,512.5\ \Omega=9.55\ \Omega$$

$$R_{T3}=\frac{\Delta P_{k3}}{S_N}\times Z_N=\frac{25.5}{8\ 000}\times 1\ 512.5\ \Omega=4.82\ \Omega$$

(3) 各绕组的电抗

$$U_{k1}\%=\frac{1}{2}(U_{k(1-2)}\%+U_{k(1-3)}\%-U_{k(2-3)}\%)=\frac{1}{2}\times(14.2+17.5-10.5)=10.6$$

$$U_{k2}\%=\frac{1}{2}(U_{k(1-2)}\%+U_{k(2-3)}\%-U_{k(1-3)}\%)=\frac{1}{2}\times(14.2+10.5-17.5)=3.6$$

$$U_{k3}\%=\frac{1}{2}(U_{k(1-3)}\%+U_{k(2-3)}\%-U_{k(1-2)}\%)=\frac{1}{2}\times(17.5+10.5-14.2)=6.9$$

$$X_{T1}=\frac{U_{k1}\%}{100}\times Z_N=\frac{10.6}{100}\times 1\ 512.5\ \Omega=160.3\ \Omega$$

$$X_{T2}=\frac{U_{k2}\%}{100}\times Z_N=\frac{3.6}{100}\times 1\ 512.5\ \Omega=54.5\ \Omega$$

$$X_{T3}=\frac{U_{k3}\%}{100}\times Z_N=\frac{6.9}{100}\times 1\ 512.5\ \Omega=104.4\ \Omega$$

三、自耦变压器

自耦变压器的原、副方共用一个线圈,原方和副方之间不仅存在磁的耦合,而且还有电气上的直接联系。它具有电阻小,因而功率损耗小,结构紧凑,电抗小,重量轻,可节省材料,便于运输等优点。在中性点直接接地的高压和超高压电力系统中得到广泛应用。

通常,三绕组自耦变压器的高压、中压绕组接成 Y_0 形,第三绕组(低压绕组)接成三角形,如图 6-19 所示。这样接法有利于消除由于铁芯饱和引起的三次谐波,且第三绕组的额定容量通常比变压器额定容量小。因此,计算变压器电阻时必须对短路试验数据以额定值为基准进行折算。

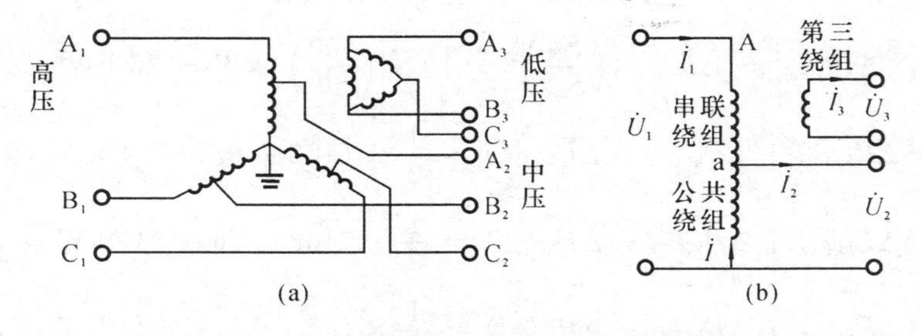

图 6-19 自耦变压器的原理接线图

(a)接线图;(b)原理图

值得注意的是,一般手册和制造厂提供的自耦变压器试验数据,不仅与低压绕组有关的短路损耗 $\Delta P'_{k(1-3)}$、$\Delta P'_{k(2-3)}$ 未经折算,而且其短路电压 $\Delta U'_{k(1-3)}\%$、$\Delta U'_{k(2-3)}\%$ 也是未

经折算的。因此需要对它们分别进行折算，折算公式为

$$\left.\begin{aligned}U_{k(1\text{-}3)}\% &= U'_{k(1\text{-}3)}\%\left(\frac{S_N}{S_{3N}}\right)\\U_{k(2\text{-}3)}\% &= U'_{k(2\text{-}3)}\%\left(\frac{S_N}{S_{3N}}\right)\end{aligned}\right\}\tag{6-23}$$

式中，S_N 为自耦变压器的额定容量（kV · A）；S_{3N} 为自耦变压器第三绕组的额定容量（kV · A）。

除此之外，自耦变压器的等值电路及其导纳和阻抗的计算与普通三绕组变压器相同。

第四节　网络元件的电压和功率分布计算

一、输电线路的电压和功率分布计算

在电力系统的潮流计算中，通常总是讲负荷取用多少功率，某线路、变压器通过多少功率，而不是讲取用多少电流，通过多少电流。因此，潮流计算的主要对象是通过网络各元件的功率和网络中各节点的电压，这是潮流计算与普通电路计算的主要区别。

由于功率与电压的非线性关系，使得潮流计算的方法不同于普通电路计算，一般归结为非线性问题的求解。对于网络的一个元件，如输电线路，在首末端两个节点的电压、功率四个运行变量中，定解条件是给定其中两个量而计算另两个量。这样，根据给定量的不同，网络元件的电压和功率分布计算可归为两类问题，即给定同一节点（首端或末端）的功率和电压的潮流计算及给定不同节点的功率和电压的潮流计算。

需要指出的是，电力系统潮流计算中，除特别声明外，习惯采用三相功率 $\dot{S}$（MV · A）、线电压 $\dot{U}$（kV）和网络元件的单相等值电路进行计算，所采用的计算公式与单相电路中采用单相功率和相电压的计算公式相同。因此，在以下的论述中，为简单起见，将直接根据单相电路电气量之间的关系导出有关计算公式。

1. 已知同一节点运行参数的电压和功率分布计算

图 6-20 所示为输电线路单相 π 型等值电路，$\dot{U}_1$、$\dot{U}_2$ 分别为线路首端和末端的电压，$\dot{S}_1$、$\dot{S}_2$ 分别为线路首端和末端的三相复功率，$\dot{I}$ 为线路阻抗 $R+jX$（Ω）上流过的电流（kA）。

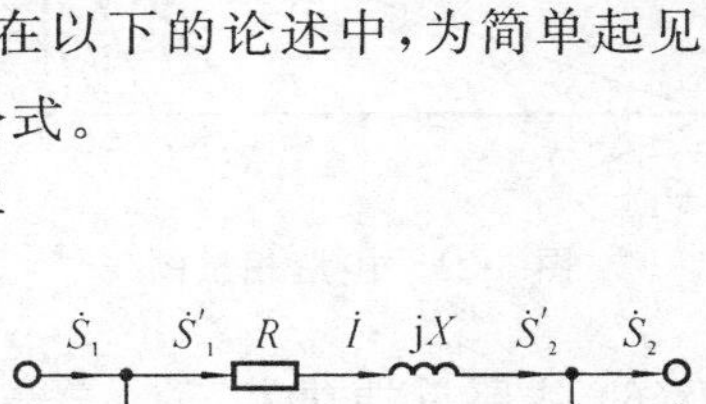

图 6-20　输电线路等值电路

若已知末端功率 $\dot{S}_2$ 和末端电压 $\dot{U}_2$，则计算

线路首端功率 $\dot{S}_1$ 和首端电压 $\dot{U}_1$ 的步骤如下。

(1) 线路末端导纳支路的功率损耗

$$\Delta\dot{S}_{y2} = \dot{U}_2 \overset{*}{I}_{y2} = \dot{U}_2 \overset{*}{U}_2(-\mathrm{j}B/2)$$

故
$$\Delta\dot{S}_{y2} = -\mathrm{j}\,\frac{B}{2}U_2^2 \tag{6-24}$$

式中,$\overset{*}{I}_{y2}$ 为线路末端导纳支路电流 $\dot{I}_{y2}$ 的共轭值;$\overset{*}{U}_2$ 为 $\dot{U}_2$ 的共轭值。

(2)流出线路阻抗支路的功率

$$\dot{S}'_2 = \dot{S}_2 + \Delta\dot{S}_{y2} = \dot{S}_2 - \mathrm{j}\,\frac{B}{2}U_2^2 = P'_2 + \mathrm{j}Q'_2 \tag{6-25}$$

(3)线路阻抗支路中的功率损耗

$$\Delta\dot{S}_{\mathrm{L}} = \sqrt{3}\mathrm{d}\dot{U}_2\,\overset{*}{I} = [\sqrt{3}\dot{I}(R+\mathrm{j}X)]\sqrt{3}\,\overset{*}{I} = \left[\frac{\overset{*}{S}'_2}{\overset{*}{U}_2}(R+\mathrm{j}X)\right]\frac{\dot{S}'_2}{\dot{U}_2}$$

所以有
$$\Delta\dot{S}_{\mathrm{L}} = \left(\frac{S'_2}{U_2}\right)^2(R+\mathrm{j}X) = \frac{P'^2_2 + Q'^2_2}{U_2^2}(R+\mathrm{j}X) = \Delta P_{\mathrm{L}} + \mathrm{j}\Delta Q_{\mathrm{L}} \tag{6-26}$$

(4) 取末端电压为参考相量,即 $\dot{U}_2 = U_2$,则首端电压

$$\begin{aligned}\dot{U}_1 &= \dot{U}_2 + \sqrt{3}\dot{I}(R+\mathrm{j}X) = U_2 + \left(\frac{\overset{*}{S}'_2}{U_2}\right)(R+\mathrm{j}X) = U_2 + \frac{P'_2 - \mathrm{j}Q'_2}{U_2}(R+\mathrm{j}X)\\ &= U_2 + \frac{P'_2R + Q'_2X}{U_2} + \mathrm{j}\,\frac{P'_2X - Q'_2R}{U_2} = U_2 + \Delta U_2 + \mathrm{j}\delta U_2 = U_1\angle\delta\end{aligned} \tag{6-27}$$

式中,
$$U_1 = \sqrt{(U_2 + \Delta U_2)^2 + (\delta U_2)^2} \tag{6-28}$$

$$\delta = \arctan\frac{\delta U_2}{U_2 + \Delta U_2} \tag{6-29}$$

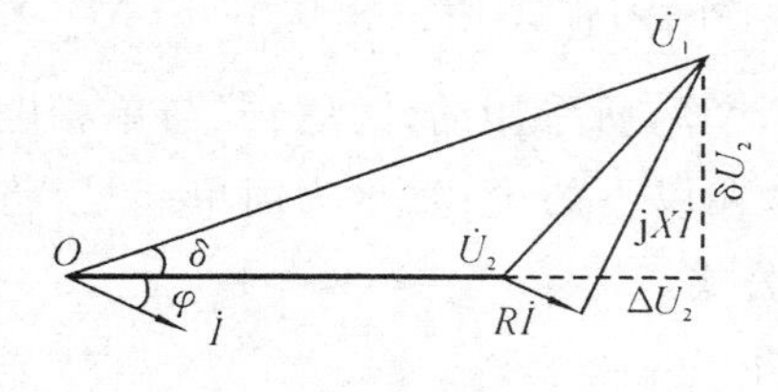

图 6-21 电压相量图

ΔU_2、δU_2 分别称为电压降落 $\dot{U}_1 - \dot{U}_2$ 的纵分量和横分量(见图 6-21),且

$$\Delta U_2 = \frac{P'_2R + Q'_2X}{U_2};\delta U_2 = \frac{P'_2X - Q'_2R}{U_2} \tag{6-30}$$

(5) 线路首端导纳支路的功率损耗

$$\Delta\dot{S}_{y1} = -\mathrm{j}\,\frac{B}{2}U_1^2 \tag{6-31}$$

(6) 线路首端功率

$$\dot{S}_1 = \dot{S}'_1 + \Delta\dot{S}_{y1} = \dot{S}'_2 + \Delta\dot{S}_{\mathrm{L}} + \Delta\dot{S}_{y1} = \dot{S}'_2 + \Delta\dot{S}_{\mathrm{L}} - \mathrm{j}\,\frac{B}{2}U_1^2 = P_1 + \mathrm{j}Q_1 \tag{6-32}$$

一般情况下,$U_2 + \Delta U_2 \gg \delta U_2$,可将式(6-28)按二项式定理展开并取其前两项,得

$$U_1 \approx (U_2 + \Delta U_2) + \frac{(\delta U_2)^2}{2(U_2 + \Delta U_2)} \tag{6-33}$$

一般而言，式(6-33)已有足够的精度。如果略去其中数值很小的二次项，则可进一步将式(6-33)简化为

$$U_1 = U_2 + \Delta U_2 = U_2 + \frac{P'_2 R + Q'_2 X}{U_2} \tag{6-34}$$

对于已知线路首端功率和首端电压的情况，按照同样的方法，则用首端电压作参考相量，从而不难推导出计算末端功率和末端电压的计算公式

$$\Delta \dot{S}_L = \frac{P'^2_1 + Q'^2_1}{U_1^2}(R + jX) \tag{6-35}$$

$$S'_2 = S'_1 - \Delta S_L \tag{6-36}$$

式中
$$\dot{S}'_1 = \dot{S}_1 - j\frac{B}{2}U_1^2 = P'_1 + jQ'_1$$

$$U_2 = \sqrt{(U_1 - \Delta U_1)^2 + (\delta U_1)^2} \tag{6-37}$$

$$\delta = \arctan \frac{-\delta U_1}{U_1 - \Delta U_1} \tag{6-38}$$

式中
$$\Delta U_1 = \frac{P'_1 R + Q'_1 X}{U_1};\quad \delta U_1 = \frac{P'_1 X - Q'_1 R}{U_1} \tag{6-39}$$

通常
$$\Delta U_1 \neq \Delta U_2,\quad \delta U_1 \neq \delta U_2$$

注意，在使用公式(6-30)和式(6-39)计算线路阻抗上的电压降的纵、横分量，以及在使用公式(6-26)和式(6-35)计算线路阻抗上的功率损耗时，必须取用线路同一侧的功率和电压值。

2. 已知不同节点运行参数的电压和功率分布计算

上面运用电路的基本知识推导了根据已知线路同一节点运行参数一次性地完成输电线路的电压和功率分布计算的情况。但是在实际电力系统中，多数情况是已知线路首端电压和末端输出功率，要求确定线路首端输入功率和末端电压。这样就不能直接利用电压降落公式(6-30)及式(6-39)和功率损耗公式(6-26)及式(6-35)来进行线路的电压和功率分布计算。在这种情况下，可以采用迭代算法求得满足一定精度的计算结果。采用迭代算法进行输电线路电压和功率分布计算的步骤如下。

(1)假定末端电压 $\dot{U}_2^{(0)}$，取迭代次数 i 为 1，即 $i=1$；

(2)采用末端电压 $\dot{U}_2^{(i-1)}$ 和已知的末端功率 $\dot{S}_2$，由末端向首端推算，求出首端电压 $\dot{U}_1^{(i)}$ 和功率 $\dot{S}_1^{(i)}$；

(3)采用给定的首端电压 $\dot{U}_1$ 和由步骤(2)计算得到的功率 $\dot{S}_1^{(i)}$，反向由首端向末端推算，求出末端电压 $\dot{U}_2^{(i)}$ 和末端功率 $\dot{S}_2^{(i)}$；

(4)计算迭代误差：$\varepsilon_S = | S_2 - S_2^{(i)} |$；$\varepsilon_U = | U_1 - U_1^{(i)} |$。若 $\varepsilon_S \leqslant \varepsilon_{S.\max}$ 且 $\varepsilon_U \leqslant \varepsilon_{U.\max}$，

则计算结束;否则,令 $i = i + 1$,转步骤(2) 继续执行。

在工程上,有时采用近似计算法进行输电线路的电压和功率分布计算。在上述情况下,虽然末端电压未知,但一般各节点电压的实际值偏离其额定值不大,因而可近似用输电线路额定电压 U_N 代替首末端的实际电压进行功率分布的初始计算。近似计算分两步进行。

(1)令 $\dot{U}_2 = U_N$,则由公式

$$\Delta\dot{S}_{y2} = -\mathrm{j}\,\frac{B}{2}U_N^2,\ \Delta\dot{S}_{y1} = -\mathrm{j}\,\frac{B}{2}U_N^2 \tag{6-40}$$

$$\Delta\dot{S}_L = \frac{S'^2_2}{U_N^2}(R + \mathrm{j}X) = \frac{(\dot{S}_2 + \Delta\dot{S}_{y2})^2}{U_N^2}(R + \mathrm{j}X) \tag{6-41}$$

由输电线路的末端向首端推算,计算首端功率 $\dot{S}_1 = \Delta\dot{S}_{y1} + \Delta\dot{S}_L + \Delta\dot{S}_{y2} + \Delta\dot{S}_2$。

(2)利用已知首端电压 $\dot{U}_1$ 和计算所得的线路阻抗始端功率 $\dot{S}'_1$,由式(6-39)计算线路阻抗上的电压降落,由式(6-37)从首端向末端推算,求得末端电压 $\dot{U}_2$。

3. 工程上常用的几个计算量

(1)电压降落:指网络元件首、末端电压的相量差($\dot{U}_1 - \dot{U}_2$)。电压降落也是相量,它有两个分量,即电压降落的纵分量 ΔU 和横分量 δU。

(2)电压损耗:指网络元件首、末端电压的数值差($U_1 - U_2$)。在近似计算中,电压损耗可以用电压降落纵分量表示。电压损耗有时也以百分值表示,即

$$电压损耗 = \frac{U_1 - U_2}{U_N} \times 100\% \tag{6-42}$$

式中,U_N 为网络的额定电压。

电压损耗百分值直接反映供电电压质量。根据电力网电压质量的要求,一条输电线路的电压损耗百分值在线路通过最大负荷时,一般不应超过其额定电压 U_N 的 10%。

(3)电压偏移:指网络中某点的实际电压值与网络额定电压的数值差($U - U_N$)。电压偏移常以百分值表示,即

$$电压偏移 = \frac{U - U_N}{U_N} \times 100\% \tag{6-43}$$

电压偏移是衡量电压质量的重要指标。电压计算的目的,在于确定电网的电压损耗和各负荷点的电压偏移,分析其原因并选择采取适当的调压措施,使之在允许的变化范围内。

(4)输电效率:指线路末端输出的有功功率 P_2 与线路首端输入的有功功率 P_1 的比值,常以百分值表示,即

$$输电效率 = \frac{P_2}{P_1} \times 100\% \tag{6-44}$$

因为输电线路存在有功功率损耗,因此输电线路的 P_1 恒大于 P_2,即输电线路的输

电效率总小于1。

二、变压器的电压和功率分布计算

变压器常用Γ型等值电路表示。变压器的励磁损耗可由等值电路中励磁支路的导纳确定

$$\Delta\dot{S}_{T0}=(G_T+jB_T)U^2 \tag{6-45}$$

一般网络电压偏离其额定电压不大，所以这部分损耗可以看做不变损耗，因此变压器的励磁支路可直接用空载试验的数据表示，即

$$\Delta\dot{S}_{T0}=\Delta P_0+j\Delta Q_0=\Delta P_0+j\frac{I_0\%}{100}S_N \tag{6-46}$$

对于35 kV以下的电力网，由于变压器励磁损耗相对很小，在简化计算中常可略去。

变压器漏阻抗中的电压降落和功率损耗的计算方法与输电线路的计算方法相同。由于变压器两侧电压的相角差一般很小，常可将电压降落的横分量略去。

此外，变压器漏阻抗中的功率损耗也可直接根据变压器短路试验数据和通过变压器的负荷功率计算，即

$$\Delta\dot{S}_{Tz}=\Delta P_T+j\Delta Q_T=\Delta P_k\frac{S_2^2}{S_N^2}+j\frac{U_k\%}{100}\frac{S_2^2}{S_N} \tag{6-47}$$

式中，S_2为通过变压器的负荷功率；S_N为变压器的额定容量。

变压器的损耗为

$$\Delta\dot{S}_T=\Delta\dot{S}_{T0}+\Delta\dot{S}_{Tz}$$

第五节　电力网络的潮流计算

电力网络是由不同电压等级的输电线路和变压器组成的一个整体，实现电能的变换、输送和分配功能。潮流计算的任务就是对给定的运行条件确定电力网的运行状态，如各母线上的电压(幅值及相角)、网络中的功率分布及功率损耗等。按照构成电力网络的输电线路和变压器的连接方式的不同，可以将电力网络分为简单电力网络和复杂电力网络。采用本章第四节网络元件的电压和功率分布的解析方法，可进行简单电力网络的潮流计算。对于复杂电力网络的潮流计算，可以采用牛顿-拉夫逊法、P-Q分解法等计算机算法，这已超出了本书的讨论范围，有兴趣的读者可参考有关电力系统分析方面的参考书。

一、同一电压等级开式电力网的潮流计算

开式电力网一般由一个电源点通过辐射状网络向若干个负荷节点供电。开式电力

网是一种结构最简单的电力网络,可分成仅由输电线路构成的同一电压等级网络和由输电线路和变压器构成的多电压等级网络两种类型。这里,首先讨论同一电压等级开式电力网的潮流计算。

图 6-22(a)所示为一简单的同一电压等级开式电力网,图中供电点 a 通过馈电线路向负荷节点 b、c 和 d 供电,各负荷节点功率已知。如果节点 d 的电压也给定的话,就可以从节点 d 开始,利用已知同一节点的电压和功率计算线路 3 的电压降落和功率损耗,得到节点 c 的电压,并计算出线路 2 末端的功率。然后依次计算线路 2 和线路 1 的电压降落和功率损耗,一次性地完成该网络的潮流计算。

实际情况并没有这么简单,多数情况是要完成已知电源节点电压和各负荷节点功率的电力网的潮流计算。在这种情况下,可以采用已知不同节点运行参数的迭代算法求得满足一定精度的潮流计算结果。为了简化计算过程,可以采用近似计算法得到满足实际工程精度要求的潮流计算结果。计算过程如下。

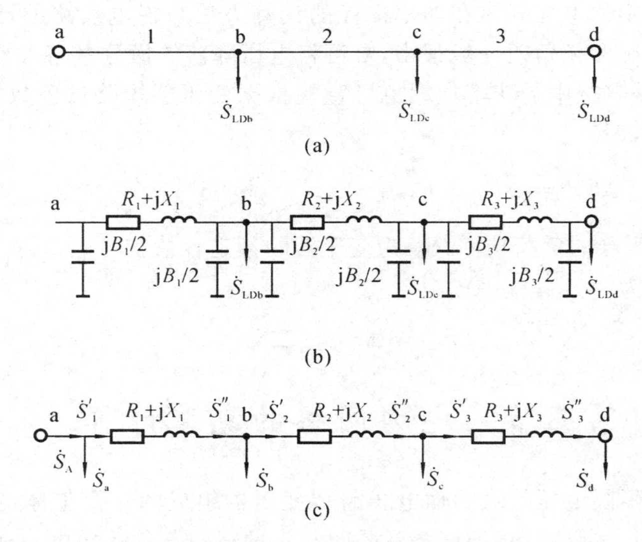

图 6-22　同一电压等级开式电力网

(a)开式电力网接线;(b)等值电路;(c)用运算负荷表示的等值电路

首先,对网络的等值电路(见图 6-22(b))进行简化,即将各段输电线路 π 型等值电路中首、末端的电纳支路都分别用额定电压下的充电功率代替,即 $\Delta Q_{yi}=-\dfrac{1}{2}B_iU_N^2$,同时,将处于各节点的所有功率合成为该节点的负荷功率,便得

$$\dot{S}_a=j\Delta Q_{y1}=-jB_1U_N^2/2=jQ_a$$

$$\dot{S}_b=\dot{S}_{LDb}+j\Delta Q_{y1}+j\Delta Q_{y2}=P_{LDb}+j[Q_{LDb}-(B_1+B_2)U_N^2/2]=P_b+jQ_b$$

$$\dot{S}_c=\dot{S}_{LDc}+j\Delta Q_{y2}+j\Delta Q_{y3}=P_{LDc}+j[Q_{LDc}-(B_2+B_3)U_N^2/2]=P_c+jQ_c$$

$$\dot{S}_d=\dot{S}_{LDd}+j\Delta Q_{y3}=P_{LDd}+j(Q_{LDd}-B_3U_N^2/2)=P_d+jQ_d$$

习惯上称这些合并而成的负荷功率（$\dot{S}_b$、$\dot{S}_c$ 和 $\dot{S}_d$）为电力网络的运算负荷。这样，我们就将原网络简化为由三个集中阻抗元件相串联，而在四个节点接有运算负荷的等值网络，如图 6-22(c)所示。

然后，针对图 6-22(c)所示的等值网络，按下述两个步骤进行潮流计算。

第一步，令各节点电压 $U_i=U_N$，从离电源点最远的节点 d 开始，逆着功率输送的方向依次计算各段线路阻抗中的功率损耗和功率分布，如表 6-2 所示。

表 6-2　网络功率分布计算结果表

计算顺序	线路 i	流出线路 i 阻抗支路功率	线路 i 阻抗支路的功率损耗	流入线路 i 阻抗支路功率
1	3	$\dot{S}''_3=\dot{S}_d$	$\Delta\dot{S}_{L3}=\dfrac{P''^2_3+Q''^2_3}{U_N^2}(R_3+jX_3)$	$\dot{S}'_3=\dot{S}''_3+\Delta\dot{S}_{L3}$
2	2	$\dot{S}''_2=\dot{S}_c+\dot{S}'_3$	$\Delta\dot{S}_{L2}=\dfrac{P''^2_2+Q''^2_2}{U_N^2}(R_2+jX_2)$	$\dot{S}'_2=\dot{S}''_2+\Delta\dot{S}_{L2}$
3	1	$\dot{S}''_1=\dot{S}_b+\dot{S}'_2$	$\Delta\dot{S}_{L1}=\dfrac{P''^2_1+Q''^2_1}{U_N^2}(R_1+jX_1)$	$\dot{S}'_1=\dot{S}''_1+\Delta\dot{S}_{L1}$

由表 6-2 可求得　　$\dot{S}=\dot{S}'_1+\dot{S}_a$

第二步，利用第一步求得的功率分布，从电源点开始，顺着功率传输的方向，依次计算各段线路的电压降落，求出各节点的电压。首先由已知电压 U_a 和 $\dot{S}'_1$ 计算电压 U_b，即

$$\Delta U_1=(P'_1R_1+Q'_1X_1)/U_a,\quad \delta U_1=(P'_1X_1-Q'_1R_1)/U_a$$

$$U_b=\sqrt{(U_a-\Delta U_1)^2+\delta U_1^2}$$

接着用 U_b 和 $\dot{S}'_2$ 计算电压 U_c，最后用 U_c 和 $\dot{S}'_3$ 计算电压 U_d。

通过以上两个步骤便完成了一轮近似潮流计算。为了提高计算精度，可以重复以上的计算步骤，不过，在下一轮第一步计算功率损耗时，可以利用前一轮第二步所求得的各节点电压。

例 6-5　开式电力网如图 6-23(a)所示，线路参数标于图中，线路额定电压为 110 kV，如果电力网首端电压为 118 kV，试求运行中全电网的功率和电压分布。各点负荷为：$\dot{S}_{LDb}=(20.4+j15.8)$ MV·A，$\dot{S}_{LDc}=(8.6+j7.5)$ MV·A，$\dot{S}_{LDd}=(12.2+j8.8)$ MV·A

解　(1) 计算运算负荷。

$$\Delta Q_{y1}=-B_1U_N^2/2=-1.13\times10^{-4}\times110^2/2\ \text{Mvar}=-0.684\ \text{Mvar}$$

$$\Delta Q_{y2}=-B_2U_N^2/2=-0.82\times10^{-4}\times110^2/2\ \text{Mvar}=-0.496\ \text{Mvar}$$

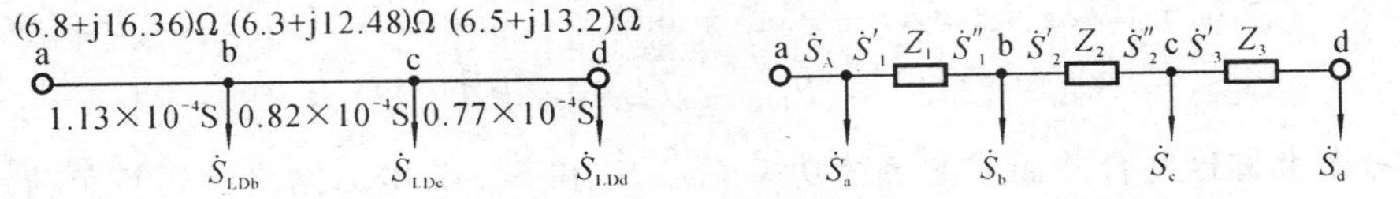

图 6-23 例 6-5 开式电力网及等值电路

(a)电力网接线图;(b)等值电路

$$\Delta Q_{y3} = -B_3 U_N^2/2 = -0.77\times10^{-4}\times110^2/2\ \text{Mvar} = -0.466\ \text{Mvar}$$

$$\dot{S}_d = \dot{S}_{LDd} + j\Delta Q_{y3} = (12.2 + j8.8 - j0.466)\ \text{MV·A} = (12.2 + j8.334)\ \text{MV·A}$$

$$\dot{S}_c = \dot{S}_{LDc} + j\Delta Q_{y2} + j\Delta Q_{y3} = (8.6 + j7.5 - j0.496 - j0.466)\ \text{MV·A} = (8.6 + j6.538)\ \text{MV·A}$$

$$\dot{S}_b = \dot{S}_{LDd} + j\Delta Q_{y1} + j\Delta Q_{y2} = (20.4 + j15.8 - j0.684 - j0.496)\ \text{MV·A} = (20.4 + j14.62)\ \text{MV·A}$$

$$\dot{S}_a = j\Delta Q_{y1} = -j0.684\ \text{MV·A}$$

(2)计算线路的功率分布。

线路 3:

$$\Delta\dot{S}_3 = \frac{S_d^2}{U_N^2}(R_3 + jX_3) = \frac{12.2^2 + 8.334^2}{110^2}\times(6.5 + j13.2)\ \text{MV·A} = (0.12 + j0.238)\ \text{MV·A}$$

$$\dot{S}'_3 = \dot{S}_d + \Delta\dot{S}_3 = (12.2 + j8.334 + 0.12 + j0.238)\ \text{MV·A} = (12.32 + j8.572)\ \text{MV·A}$$

线路 2:

$$\dot{S}''_2 = \dot{S}'_3 + \dot{S}_c = (12.32 + j8.572 + 8.6 + j6.538)\ \text{MV·A} = (20.92 + j15.11)\ \text{MV·A}$$

$$\Delta\dot{S}_2 = \frac{S''^2_2}{U_N^2}(R_2 + jX_2) = \frac{20.92^2 + 15.11^2}{110^2}\times(6.3 + j12.48)\ \text{MV·A} = (0.35 + j0.69)\ \text{MV·A}$$

$$\dot{S}'_2 = \dot{S}''_2 + \Delta\dot{S}_2 = (20.92 + j15.11 + 0.35 + j0.69)\ \text{MV·A} = (21.27 + j15.8)\ \text{MV·A}$$

线路 1:

$$\dot{S}''_1 = \dot{S}'_2 + \dot{S}_b = (21.27 + j15.8 + 20.4 + j14.62)\ \text{MV·A} = (41.67 + j30.42)\ \text{MV·A}$$

$$\Delta\dot{S}_1 = \frac{S''^2_1}{U_N^2}(R_1 + jX_1) = \frac{41.67^2 + 30.42^2}{110^2}\times(6.8 + j16.36)\ \text{MV·A} = (1.5 + j3.6)\ \text{MV·A}$$

$$\dot{S}'_1 = \dot{S}''_1 + \Delta\dot{S}_1 = (41.67 + j30.42 + 1.5 + j3.6)\ \text{MV}\cdot\text{A}$$
$$= (43.17 + j34.02)\ \text{MV}\cdot\text{A}$$

a 点输入的总功率为

$$\dot{S} = \dot{S}'_1 + \dot{S}_a = (43.17 + j34.02 - j0.684)\ \text{MV}\cdot\text{A} = (43.17 + j33.34)\ \text{MV}\cdot\text{A}$$

(3)计算各节点的电压。

线路 1 的电压损耗：$\Delta U_1 = \dfrac{P'_1 R_1 + Q'_1 X_1}{U_a} = \dfrac{43.17 \times 6.8 + 34.02 \times 16.36}{118}\ \text{kV} = 7.20\ \text{kV}$

节点 b 的电压：　$U_b \approx U_a - \Delta U_1 = (118 - 7.20)\ \text{kV} = 110.8\ \text{kV}$

线路 2 的电压损耗：$\Delta U_2 = \dfrac{P'_2 R_2 + Q'_2 X_2}{U_b} = \dfrac{21.27 \times 6.3 + 15.8 \times 12.48}{110.8}\ \text{kV} = 2.99\ \text{kV}$

节点 c 的电压：$U_c \approx U_b - \Delta U_2 = (110.8 - 2.99)\ \text{kV} = 107.81\ \text{kV}$

线路 3 的电压损耗：$\Delta U_3 = \dfrac{P'_3 R_3 + Q'_3 X_3}{U_c} = \dfrac{12.32 \times 6.5 + 8.572 \times 13.2}{107.81}\ \text{kV} = 1.79\ \text{kV}$

节点 d 的电压：$U_d \approx U_c - \Delta U_3 = (107.81 - 1.79)\ \text{kV} = 106.02\ \text{kV}$

二、多级电压开式电力网的潮流计算

对于含有变压器的开式电力网的潮流计算，有两种处理方法。

方法一：将变压器表示为理想变压器与变压器阻抗相串联。

这里，所谓的理想变压器，就是无损耗、无漏磁、无需励磁的变压器，在电路中只以 K_T 反映变压器的变压比，而变压器的损耗通过变压器阻抗和导纳体现。图 6-24(a)所示是一个两级电压开式电网的接线图，图 6-24(b)表示其带理想变压器的等值电路。在此等值电路中，各节点电压均表示其实际电压值，各不同电压等级的输电线仍保持原各级额定电压下的参数，图 6-24(b)中的变压器阻抗位于理想变压器的一次侧，故其参数应为归算到一次侧电压的值。反之，如果变压器阻抗置于理想变压器的二次侧，则其参数应为归算到二次侧电压的值。在建立了这种含有理想变压器的开式电力网的等值电路后，即可按照前述处理同一电压等级开式电力网的类似方法进行电力网的潮流计算。如果在计算过程中遇到理想变压器时，要利用变比 K_T 计算变压器另一侧的电压值，即遇到理想变压器时要作电压的归算。由于理想变压器没有任何损耗，故流出理想变压器的功率恒等于流入理想变压器的功率，即通过理想变压器的功率不变。

方法二：将变压器二次侧的所有元件参数全部归算到变压器的一次侧。

如图 6-24(c)所示，此时等值电路中不含理想变压器，但变压器二次侧各元件的参数均为已归算到变压器一次侧的值。这时整个网络就转换为同一个电压等级，可直接采用同一电压等级开式电力网的潮流计算方法进行网络的潮流计算。值得指出的是，除一次侧外，此时求解出的网络各节点电压均不是各点的实际电压值，而是各节点归算到一次侧的电压值。因此，要想获得各节点的实际电压值，还要通过变压器的变比 K_T

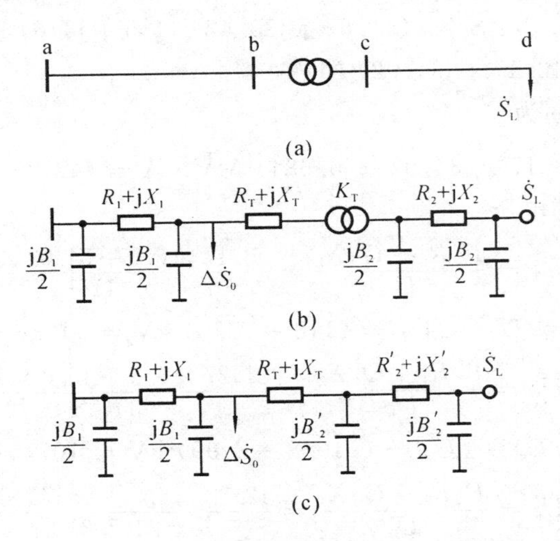

图 6-24　不同电压等级的开式电力网

(a) 电网接线图;(b) 含理想变压器的等值电路;(c) 归算到一次侧的等值电路

将这些电压值归算为各节点的实际电压值。

比较上述两种处理方法,第一种方法的等值电路中虽含有不同的电压等级,但只要在各电压级计算中选用该级电压值,并未给实际计算带来多少困难。而且,这种方法具有物理概念清晰,不必进行元件参数的归算,并能直接求得各节点的实际电压等优点,使用起来较为方便,但如果在遇到理想变压器时忘记进行电压归算,将导致后面的计算结果全部出错。

例 6-6　图 6-25(a)所示的两级电压开式电力网中,变压器参数为 $S_N = 16000\ \text{kV}\cdot\text{A}$,$\Delta P_0 = 21\ \text{kW}$,$I_0\% = 0.85$,$\Delta P_k = 85\ \text{kW}$,$U_k\% = 10.5$,变比 $K_T = 110\ \text{kV}/11\ \text{kV}$;110 kV 线路参数为 $r_0 = 0.33\ \Omega/\text{km}$,$x_0 = 0.417\ \Omega/\text{km}$,$b_0 = 2.75\times10^{-6}\ \text{S/km}$;10 kV 线路参数为 $r_0 = 0.65\ \Omega/\text{km}$,$x_0 = 0.33\ \Omega/\text{km}$;110 kV 线路首端供电电压为 117 kV;负荷为 $\dot{S}_{LDc} = (11+j4.8)\ \text{MV}\cdot\text{A}$,$\dot{S}_{LDd} = (0.7+j0.5)\ \text{MV}\cdot\text{A}$。试求网络的电压和功率分布。

解　(1)各元件参数计算。

110 kV 线路:
$$R_1 = r_0 l_1 = 0.33\times40\ \Omega = 13.2\ \Omega$$
$$X_1 = x_0 l_1 = 0.417\times40\ \Omega = 16.68\ \Omega$$
$$\Delta Q_{y1} = -b_0 l_1 U_{1N}^2/2 = -2.75\times10^{-6}\times40\times110^2/2\ \text{Mvar} = -0.666\ \text{Mvar}$$

10 kV 线路:
$$R_2 = r_0 l_2 = 0.65\times5\ \Omega = 3.25\ \Omega$$
$$X_2 = x_0 l_2 = 0.33\times5\ \Omega = 1.65\ \Omega$$

变压器:
$$K_T = 110/11 = 10$$

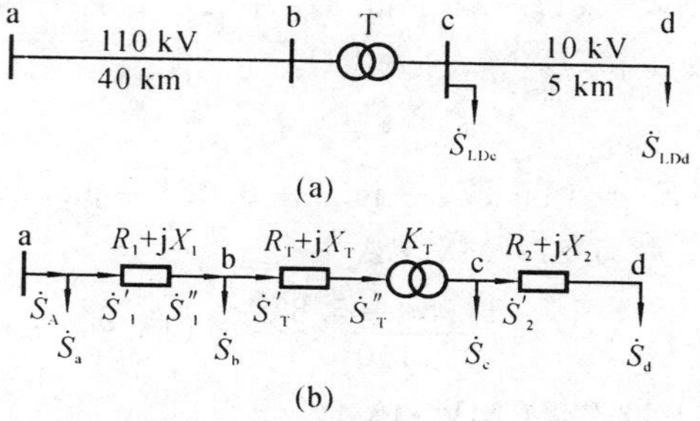

图 6-25　例 6-6 两级电压开式电力网

(a) 电网接线图；(b) 等值电路

$$Z_N = \frac{U_N^2}{S_N} \times 10^3 = \frac{110^2}{16000} \times 10^3\ \Omega = 756.25\ \Omega$$

$$R_T = Z_N \Delta P_k / S_N = 756.25 \times 85/16000\ \Omega = 4.02\ \Omega$$

$$X_T = Z_N U_k\%/100 = 756.25 \times 10.5/100\ \Omega = 79.41\ \Omega$$

$$\Delta \dot{S}_0 = \Delta P_0 + \mathrm{j}\frac{I_0\%}{100} S_N = \left(21 + \mathrm{j}\frac{0.85}{100} \times 16000\right) \times 10^{-3}\ \mathrm{MV \cdot A}$$

$$= (0.021 + \mathrm{j}0.136)\ \mathrm{MV \cdot A}$$

运算负荷：

$$\dot{S}_a = \mathrm{j}\Delta Q_{y1} = -\mathrm{j}0.666\ \mathrm{MV \cdot A}$$

$$\dot{S}_b = \mathrm{j}\Delta Q_{y1} + \Delta \dot{S}_0 = (-\mathrm{j}0.666 + 0.021 + \mathrm{j}0.136)\ \mathrm{MV \cdot A} = (0.021 - \mathrm{j}0.53)\ \mathrm{MV \cdot A}$$

$$\dot{S}_c = \dot{S}_{LDc} = (11 + \mathrm{j}4.8)\ \mathrm{MV \cdot A}$$

$$\dot{S}_d = \dot{S}_{LDd} = (0.7 + \mathrm{j}0.5)\ \mathrm{MV \cdot A}$$

作出等值电路如图 6-25(b) 所示。

(2) 功率分布计算。

10 kV 线路：

$$\Delta \dot{S}_2 = \frac{S_d^2}{U_{2N}^2}(R_2 + \mathrm{j}X_2) = \frac{0.7^2 + 0.5^2}{10^2} \times (3.25 + \mathrm{j}1.65)\ \mathrm{MV \cdot A}$$

$$= (0.024 + \mathrm{j}0.012)\ \mathrm{MV \cdot A}$$

$$\dot{S}'_2 = \dot{S}_d + \Delta \dot{S}_2 = (0.7 + \mathrm{j}0.5 + 0.024 + \mathrm{j}0.012)\ \mathrm{MV \cdot A}$$

$$= (0.724 + \mathrm{j}0.512)\ \mathrm{MV \cdot A}$$

变压器支路：

$$\dot{S}''_T = \dot{S}_c + \dot{S}'_2 = (11 + \mathrm{j}4.8 + 0.724 + \mathrm{j}0.512)\ \mathrm{MV \cdot A}$$

$$= (11.724 + \mathrm{j}5.312)\ \mathrm{MV \cdot A}$$

$$\Delta \dot{S}_T = \frac{S''^2_T}{U_{1N}^2}(R_T + \mathrm{j}X_T) = \frac{11.724^2 + 5.312^2}{110^2} \times (4.02 + \mathrm{j}79.41)\ \mathrm{MV \cdot A}$$

$$= (0.055 + \mathrm{j}1.088)\ \mathrm{MV \cdot A}$$

$$\dot{S}'_{T}=\dot{S}''_{T}+\Delta\dot{S}_{T}=(11.724+j5.312+0.055+j1.088)\ MV\cdot A$$
$$=(11.779+j6.4)\ MV\cdot A$$

110 kV 线路：

$$\dot{S}''_{1}=\dot{S}'_{T}+\dot{S}_{b}=(11.779+j6.4+0.021-j0.53)\ MV\cdot A$$
$$=(11.8+j5.87)\ MV\cdot A$$
$$\Delta\dot{S}_{1}=\frac{S''^{2}_{1}}{U^{2}_{1N}}(R_{1}+jX_{1})=\frac{11.8^{2}+5.87^{2}}{110^{2}}\times(13.2+j16.68)\ MV\cdot A$$
$$=(0.189+j0.238)\ MV\cdot A$$
$$\dot{S}'_{1}=\dot{S}''_{1}+\Delta\dot{S}_{1}=(11.8+j5.87+0.189+j0.238)\ MV\cdot A$$
$$=(11.989+j6.108)\ MV\cdot A$$

开式网首端送入的总功率：

$$\dot{S}=\dot{S}'_{1}+\dot{S}_{a}=(11.989+j6.108-j0.666)\ MV\cdot A=(11.989+j5.442)\ MV\cdot A$$

(3)电压分布计算。

b 点的电压：

$$U_{b}\approx U_{a}-\Delta U_{1}=U_{a}-\frac{P'_{1}R_{1}+Q'_{1}X_{1}}{U_{a}}$$
$$=\left(117-\frac{11.989\times13.2+6.108\times16.68}{117}\right)\ kV=114.78\ kV$$

c 点的电压：

$$U'_{c}\approx U_{b}-\Delta U_{T}=U_{b}-\frac{P'_{T}R_{T}+Q'_{T}X_{T}}{U_{b}}$$
$$=\left(114.78-\frac{11.779\times4.02+6.4\times79.41}{114.78}\right)\ kV=109.94\ kV$$
$$U_{c}=U'_{c}/K_{T}=109.94/10\ kV=10.994\ kV$$

d 点的电压：

$$U_{d}\approx U_{c}-\Delta U_{2}=U_{c}-\frac{P'_{2}R_{2}+Q'_{2}X_{2}}{U_{c}}$$
$$=\left(10.994-\frac{0.724\times3.25+0.512\times1.65}{10.994}\right)\ kV=10.7\ kV$$

(4)线路末端的电压偏移及电网的输电效率。

$$电压偏移=\frac{U_{d}-U_{2N}}{U_{2N}}\times100\%=\frac{10.7-10}{10}\times100\%=7\%$$
$$输电效率=\frac{P_{2}}{P}\times100\%=\frac{11+0.7}{11.989}\times100\%=97.6\%$$

三、两端供电电力网的功率分布

负荷可以从两个及两个以上方向获得电能的电力网称为闭式电力网。闭式电力网的最大优点是供电可靠性高，任一元件发生故障，均能继续保证所有用户的供电，故在具有重要用户的电力网中获得了广泛的应用。闭式电力网的形式多样，结构也比较复杂，但从结构上看，最终可简化为两端供电电力网和环形电力网两种。如将环形电力网在某个电源点拆开，即形成一个两端电源电势相同的两端供电电力网。本小节仅讨论两端供电电力网的功率分布计算方法。

闭式电力网与开式电力网相比，计算的主要困难在于闭式电力网的功率分布，甚至某些支路的功率方向亦是不确定的。对图 6-26(a)所示的两端供电电力网，其等值电路如图 6-26(b)所示，虽然两个负荷 $\dot{S}_1$ 和 $\dot{S}_2$ 给定，但三段线路中的功率分布，甚至通过阻抗 Z_C 支路的功率方向是不能直观确定的。在解析计算中，要直接计算计及网络损耗的功率分布往往比较困难。工程上通常分两步计算，即首先确定不计网络损耗时电力网中的功率分布，此为初步潮流分布计算。在此基础上，将闭式电力网拆成开式电力网，再确定计及网络损耗时的功率和电压分布，此为最终潮流分布计算。

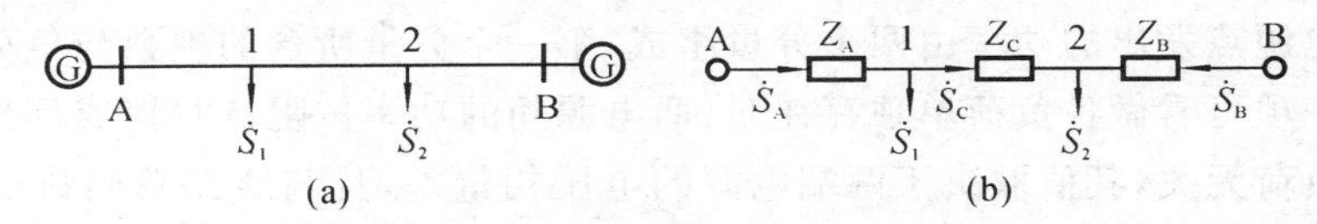

图 6-26　两端供电电力网及等值电路

(a)两端供电电力网；(b)等值电路

为计算图 6-26(a)所示两端供电电力网的功率分布，先假定各支路功率方向如图 6-26(b)所示。根据基尔霍夫第一定律，可以列出

$$\dot{S}_C = \dot{S}_A - \dot{S}_1 \tag{6-48}$$

$$\dot{S}_B = \dot{S}_2 - \dot{S}_C = \dot{S}_1 + \dot{S}_2 - \dot{S}_A \tag{6-49}$$

又根据基尔霍夫第二定律，有

$$\dot{U}_A - \dot{U}_B = \sqrt{3}(\dot{I}_A Z_A + \dot{I}_C Z_C - \dot{I}_B Z_B) \tag{6-50}$$

根据三相复功率的表达式 $S = \sqrt{3}\dot{U}\overset{*}{I}$，得$\sqrt{3}\dot{I} = \overset{*}{S}/\overset{*}{U}$。这里，* 为共轭复数符号。如不计网络损耗，假设全电力网各点电压均为网络的额定电压 U_N，并取为参考相量，则有

$$\dot{U}_A - \dot{U}_B = \frac{\overset{*}{S}_A}{\overset{*}{U}_N}Z_A + \frac{\overset{*}{S}_C}{\overset{*}{U}_N}Z_C - \frac{\overset{*}{S}_B}{\overset{*}{U}_N}Z_B \tag{6-51}$$

对式(6-51)两边取共轭，再将式(6-48)和式(6-49)代入，经整理后得

$$\dot{S}_A = \frac{\overset{*}{Z}_B + \overset{*}{Z}_C}{\overset{*}{Z}_A + \overset{*}{Z}_B + \overset{*}{Z}_C}\dot{S}_1 + \frac{\overset{*}{Z}_B}{\overset{*}{Z}_A + \overset{*}{Z}_B + \overset{*}{Z}_C}\dot{S}_2 + \frac{\overset{*}{U}_A - \overset{*}{U}_B}{\overset{*}{Z}_A + \overset{*}{Z}_B + \overset{*}{Z}_C}U_N \tag{6-52}$$

$$\dot{S}_B = \frac{\overset{*}{Z}_A}{\overset{*}{Z}_A + \overset{*}{Z}_B + \overset{*}{Z}_C}\dot{S}_1 + \frac{\overset{*}{Z}_A + \overset{*}{Z}_C}{\overset{*}{Z}_A + \overset{*}{Z}_B + \overset{*}{Z}_C}\dot{S}_2 + \frac{\overset{*}{U}_B - \overset{*}{U}_A}{\overset{*}{Z}_A + \overset{*}{Z}_B + \overset{*}{Z}_C}U_N \tag{6-53}$$

在求出供电点输出的功率 $\dot{S}_A$ 和 $\dot{S}_B$ 之后,即可在线路上各点按线路功率和负荷功率相平衡的条件,求出整个电力网不计网络损耗的功率分布。

对于式(6-52),令 $Z_\Sigma = Z_A + Z_B + Z_C$,$Z_1 = Z_B + Z_C$,$Z_2 = Z_B$,有

$$\dot{S}_A = \frac{\overset{*}{Z}_1\dot{S}_1 + \overset{*}{Z}_2\dot{S}_2}{\overset{*}{Z}_\Sigma} + \frac{\overset{*}{U}_A - \overset{*}{U}_B}{\overset{*}{Z}_\Sigma}U_N \tag{6-54}$$

一般地,当两端电源向 n 个负荷供电时,有

$$\dot{S}_A = \frac{\sum\limits_{i=1}^{n}\overset{*}{Z}_i\dot{S}_i}{\overset{*}{Z}_\Sigma} + \frac{\overset{*}{U}_A - \overset{*}{U}_B}{\overset{*}{Z}_\Sigma}U_N \tag{6-55}$$

式中,Z_Σ 为电源 A 与电源 B 之间的总阻抗(Ω);Z_i 为第 i 个负荷点到电源 B 之间的阻抗(Ω)。

分析式(6-55),可得到以下结论。

每个电源点发出的功率由两个分量组成,第一个分量所含的项数与负荷个数相等,其中的每一项可看做各负荷单独存在时,两电源间的功率按阻抗共轭成反比分配;第二个分量与负荷无关,其值取决于两端电源的电压相量差,且与线路总阻抗成反比,称为循环功率,当两端电源的电压相同时,循环功率为零。

如果电力网各段线路采用相同型号的导线,且导线间的几何均距亦相等,这时各段线路单位长度的阻抗都相等,这种电力网称为均一网络。在均一网络的情况下,可将式(6-55)中的第一个分量 $\dot{S}_{ALD}$ 简化为

$$\dot{S}_{ALD} = \frac{\sum\limits_{i=1}^{n}\overset{*}{Z}_i\dot{S}_i}{\overset{*}{Z}_\Sigma} = \frac{\sum\limits_{i=1}^{n}\overset{*}{Z}_0 l_i\dot{S}_i}{\overset{*}{Z}_0 l_\Sigma} = \frac{\sum\limits_{i=1}^{n}l_i\dot{S}_i}{l_\Sigma} \tag{6-56}$$

式中,Z_0 为线路单位长度的阻抗(Ω);l_Σ 为两电源间线路的总长(km);l_i 为第 i 个负荷点到电源 B 间的线路总长(km)。

同理

$$\dot{S}_{BLD} = \frac{\sum\limits_{i=1}^{n}l'_i\dot{S}_i}{l_\Sigma} \tag{6-57}$$

式中,l'_i为第 i 个负荷点到电源 A 间的线路总长(km)。

显然,这时电源间各负荷功率按线路长度成反比分配,潮流分布计算大为简化。

实际上,在电力系统中,从经济性角度考虑,线路均一的电力网并不多。但在电压较高的电压网中,线路导线截面较大,为了运行、检修的灵活性,各段线路导线截面差别不超过国标额定截面的 2~3 个等级。又由于在同一电压等级下,导线材料相同,线间几何均距接近相等,这种电力网已接近于均一网,在简化计算中,允许近似用线路长度代替阻抗,即按均一网作潮流分布计算。

应该指出的是，上述循环功率的产生是由于两端供电电源的电压相量差所致。这种循环功率也可能产生于含有变压器的环形电力网中。图 6-27 所示为含变压器的环形电力网，如两变压器的变比不匹配，或取用不同的电压抽头，当网络空载且开环运行时，开口两侧将有电压差；闭环运行时，网络中将出现循环功率。显然，这个循环功率的大小将取决于此环形电力网开环的电压差和环形电力网的总阻抗，其表达式仍与两端供电电力网功率算式(6-55)中的循环功率相似，只是由开环的电压差取代两端电源时的电压差。

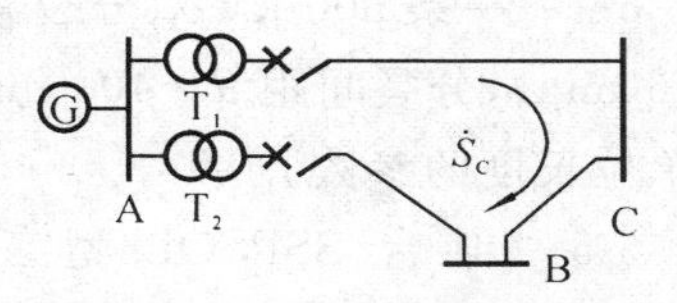

图 6-27 含变压器的环形电力网

四、考虑网络损耗时的两端供电电力网功率和电压分布的计算

在电力网中，功率由两个方向流入的节点称为功率分点，并用符号▼标出。有时有功功率分点和无功功率分点出现在电力网的不同节点，通常就用▼和▽分别表示有功功率分点和无功功率分点。

在确定了不计网络损耗的两端供电电力网的功率分布后，根据各支路的实际功率方向，确定电力网的功率分点。显然，功率分点也是全网电压的最低点。在功率分点处将两端供电电力网拆成两个开式电力网。功率分点处的负荷亦分为两部分，分别挂在两个开式电力网的终端，如图 6-28 所示。这两个开式电力网都是已知首端电压和末端功率的电力网，即可按照已知不同节点的功率和电压的开式电力网的计算方法，分别计算这两个开式电力网的功率损耗和电压降落，从而确定考虑网络损耗时原电力网的电压和功率分布。

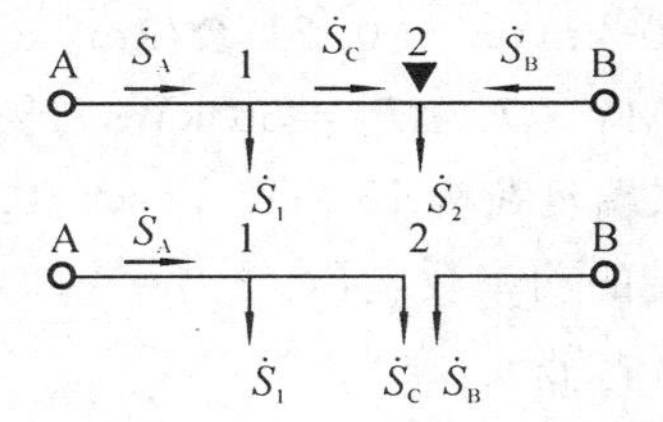

图 6-28 在功率分点处拆开电力网

需要指出的是，当有功功率分点和无功功率分点不在同一节点时，原则上可以按任一功率分点拆成两个开式电力网，但只有在分别算出各个节点的实际电压后，才能确定电力网电压的最低点。

思考题与习题

6-1 影响输电线的电抗和电纳值的因素有哪些？影响程度如何？在近似计算中，如何估算架空线路单位长度的电抗和电纳值？

6-2 变压器的参数与变压器铭牌上哪些值有关？如何确定变压器的实际变比？

6-3 有一长 120 km、额定电压为 110 kV 的双回架空输电线，导线型号为 LGJ-150，水平排列，相间距离为 4m，试计算双回线路并列运行时的参数，并画出其等值电路。

6-4　一条 500 kV 双分裂架空输电线路,导线型号为 2×LGJQ-400(计算半径 $r=13.6$ mm),分裂间距 $d=400$ mm,三相对称排列,相间距离 $D=10$ m,试计算该输电线路单位长度的参数。

6-5　某台 SSPSOL 型三相三绕组自耦变压器,容量比为 300000/300000/150000 kV·A,变比为 242 kV/121 kV/13.8 kV,查得 $\Delta P'_{k(1-2)}=950$ kW,$\Delta P'_{k(1-3)}=500$ kW,$\Delta P'_{k(2-3)}=620$ kW,$U'_{k(1-2)}\%=13.73$,$U'_{k(1-3)}\%=11.9$,$U'_{k(2-3)}\%=18.64$,$\Delta P_0=123$ kW,$I_0\%=0.5$。试求归算到高压侧的变压器参数,并画出其等值电路。

6-6　潮流计算与电路计算的主要区别是什么?已知送端电压和受端功率的开式电力网,潮流计算一般采用什么方法?

6-7　闭式电力网潮流计算与开式电力网潮流计算的主要区别是什么?闭式电力网潮流分布的规律是什么?变比不同的变压器并联运行为何会产生循环功率?

6-8　一条额定电压为 110 kV 的输电线路,长 100 km,$r_0=0.12$ Ω/km,$x_0=0.41$ Ω/km,$b_0=2.74\times10^{-6}$ S/km,已知线路末端负荷为(40+j30) MV·A,线路始端电压保持为 115 kV。试求:(1)正常运行时线路始端的功率和线路末端的电压;(2)空载时线路末端的电压及线路末端的电压偏移。

6-9　图 6-29 所示为 110 kV 输电网,线路长 100 km,$r_0=0.21$ Ω/km,$x_0=0.416$ Ω/km,$b_0=2.74\times10^{-6}$ S/km,变压器容量为 20 MV·A,$\Delta P_0=60$ kW,$I_0\%=3$,$\Delta P_k=163$ kW,$U_k\%=10.5$,$K_T=110$ kV/38.5 kV,末端负荷为 15 MW,$\cos\varphi=0.8$,要使变压器低压侧母线电压为 36 kV,试求输电线路始端的功率及电压。

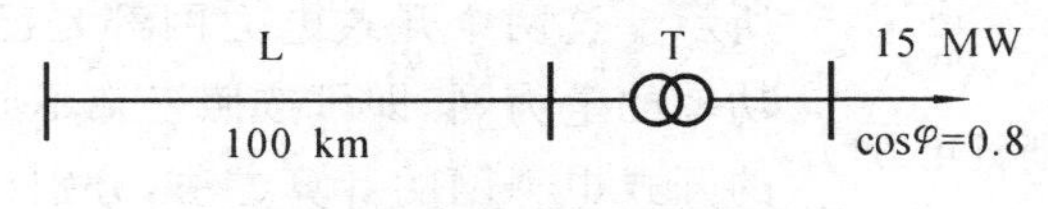

图 6-29　习题 6-9 的输电网图

第七章　电力系统的短路计算

第一节　电力系统的短路故障

为保证电力系统安全、可靠地运行，在电力系统设计和运行分析中，不仅要考虑系统在正常状态下的运行情况，还应该考虑电力系统发生故障时的运行情况及故障产生的后果等。电力系统短路是各种系统故障中出现最多、情况最为严重的一种。所谓“短路”，就是电力系统中一切不正常的相与相之间或相与地之间发生通路的情况。

一、短路的原因及其后果

发生短路的原因主要有下列几种：

(1)电气设备及载流导体因绝缘老化，或遭受机械损伤，或因雷击、过电压引起绝缘损坏；

(2)架空线路因大风或导线履冰引起电杆倒塌等，或因鸟兽跨接裸露导体等；

(3)电气设备因设计、安装及维护不良所致的设备缺陷引发的短路；

(4)运行人员违反安全操作规程而误操作，如运行人员带负荷拉隔离开关，线路或设备检修后未拆除接地线就加上电压等。

短路故障发生后，由于网络总阻抗大为减少，将在系统中产生几倍甚至几十倍于正常工作电流的短路电流。强大的短路电流将造成严重的后果，主要有下列几方面：

(1)强大的短路电流通过电气设备使发热急剧增加，短路持续时间较长时，足以使设备因过热而损坏甚至烧毁；

(2)巨大的短路电流将在电气设备的导体间产生很大的电动力，可能使导体变形、扭曲或损坏；

(3)短路将引起系统电压的突然大幅度下降，系统中主要负荷异步电动机将因转矩下降而减速或停转，造成产品报废甚至设备损坏；

(4)短路将引起系统中功率分布的突然变化，可能导致并列运行的发电厂失去同步，破坏系统的稳定性，造成大面积停电，这是短路所导致的最严重的后果；

(5)巨大的短路电流将在周围空间产生很强的电磁场，尤其是不对称短路时，不平衡电流所产生的不平衡交变磁场，对周围的通信网络、信号系统、晶闸管触发系统及自动控制系统产生干扰。

二、短路的类型

短路的类型有:三相短路、两相短路、单相接地短路及两相接地短路。三相短路时,由于被短路的三相阻抗相等,因此,三相电流和电压仍是对称的,又称为对称短路。其余几种类型的短路,因系统的三相对称结构遭到破坏,网络中的三相电压、电流不再对称,故称为不对称短路。表 7-1 列出了各种短路的示意图和代表符号。

表 7-1 各种短路的示意图和代表符号

短路种类	示意图	代表符号
三相短路		$k^{(3)}$
两相短路		$k^{(2)}$
单相接地短路		$k^{(1)}$
两相接地短路		$k^{(1.1)}$

运行经验表明,电力系统各种短路故障中,单相短路占大多数,约为总短路故障数的 65%,三相短路只占 5%~10%。

三相短路故障发生的几率虽然最小,但故障产生的后果最为严重,必须引起足够的重视。此外,三相对称短路计算又是一切不对称短路计算的基础。事实上,从以后的分析计算中可以看到,三相对称电路中不对称短路的计算,可以应用对称分量法,将其转化为对称短路的计算。

三、短路计算的目的和简化假设

因为短路故障对电力系统可能造成极其严重的后果,所以一方面应采取措施以限制短路电流,另一方面要正确选择电气设备、载流导体和继电保护装置。这一切都离不开短路电流的计算。概括起来,计算短路电流的主要目的在于:

(1)为选择和校验各种电气设备的机械稳定性和热稳定性提供依据,为此,计算短路冲击电流以校验设备的机械稳定性,计算短路电流的周期分量以校验设备的热稳定性;

(2)为设计和选择发电厂和变电站的电气主接线提供必要的数据;

(3)为合理配置电力系统中各种继电保护和自动装置并正确整定其参数提供可靠的依据。

在实际短路计算中,为了简化计算工作,通常采用一些简化假设,其中主要包括:

(1)负荷用恒定电抗表示或略去不计；

(2)认为系统中各元件参数恒定，在高压网络中不计元件的电阻和导纳，即各元件均用纯电抗表示，并认为系统中各发电机的电势同相位，从而避免了复数的运算；

(3)系统除不对称故障处出现局部不对称外，其余部分是三相对称的。

第二节　标　幺　制

在电力系统计算中，可以把电流、电压、功率、阻抗和导纳等物理量分别用相应的单位 A(安)、V(伏)、V·A(伏安)、Ω(欧姆)和 S(西门)等有名单位来表示，也可以采用不含单位的这些物理量的相对值来表示。由于电力系统中电气设备的容量规格多，电压等级多，用有名单位制计算工作量很大，尤其是对于多电压等级的归算。因此，在电力系统的计算中，尤其在电力系统的短路计算中，各物理量广泛地采用没有单位的相对值来表示，该相对值称为标幺值。

一、标幺值

所谓标幺制，就是把各个物理量用标幺值来表示的一种运算方法。其中标幺值可定义为物理量的实际值(有名值)与所选定的基准值间的比值，即

$$\text{标幺值}=\frac{\text{实际值(任意单位)}}{\text{基准值(与实际值同单位)}} \tag{7-1}$$

由于相比的两个值具有相同的单位，因而标幺值没有单位。

在进行标幺值计算时，首先需选定基准值。例如，某电气设备的实际工作电压为 10 kV，若选定 10 kV 为电压的基准值，则依式(7-1)，此电气设备工作电压的标幺值即为 1。基准值可以任意选定，基准值选得不同，其标幺值也各异。因此，当说一个量的标幺值时，必须同时说明它的基准值才有意义。

对于阻抗、电压、电流和功率等物理量，如选定 Z_d、U_d、I_d、S_d 为各物理量的基准值，则其标幺值分别为

$$\left.\begin{aligned} &Z_*=Z/Z_d=(R+jX)/Z_d=R_*+jX_*\\ &U_*=U/U_d\\ &I_*=I/I_d\\ &S_*=S/S_d=(P+jQ)/S_d=P_*+jQ_* \end{aligned}\right\} \tag{7-2}$$

式中，下标注“*”者为标幺值；下标注“d”者为基准值，无下标者为有名值。

二、基准值的选择

基准值的选择，除了要求基准值与有名值同单位外，原则上可以是任意的。但因物理量之间有内在的必然联系，所以并非所有的基准值都可以任意选取。在电力系统计

算中，主要涉及对称三相电路，计算时习惯上采用线电压、线电流、三相功率和一相等值阻抗，这四个物理量应服从功率方程式和电路的欧姆定律，即有

$$\left.\begin{aligned} S&=\sqrt{3}UI \\ U&=\sqrt{3}ZI \end{aligned}\right\} \tag{7-3}$$

如果选定各物理量的基准值满足下列关系

$$\left.\begin{aligned} S_d&=\sqrt{3}U_d I_d \\ U_d&=\sqrt{3}Z_d I_d \end{aligned}\right\} \tag{7-4}$$

将式(7-3)与式(7-4)相除后得

$$\left.\begin{aligned} S_*&=U_* I_* \\ U_*&=Z_* I_* \end{aligned}\right\} \tag{7-5}$$

式(7-5)表明，在标幺制中，三相电路计算公式与单相电路的计算公式完全相同。因此，有名单位制中单相电路的基本公式，可直接应用于三相电路中标幺值的运算。此外，线电压和相电压的标幺值相等，三相功率和单相功率的标幺值也相等，这是因为各量取用相应的基准值的缘故。标幺制的这一特点，使得在计算中无需顾及线电压与相电压、三相与单相标幺值的区别，而只需注意在还原成有名值时各自采用相应的基准值即可，这给运算带来了方便。

由于上述四个基准值受式(7-4)两个方程的约束，所以，其中只有两个值可任意选择，而其余两个值可根据式(7-4)求出。工程计算中，通常选定功率基准值 S_d 和电压基准值 U_d，这时，电流和阻抗的基准值分别为

$$\left.\begin{aligned} I_d&=\frac{S_d}{\sqrt{3}U_d} \\ Z_d&=\frac{U_d}{\sqrt{3}I_d}=\frac{U_d^2}{S_d} \end{aligned}\right\} \tag{7-6}$$

其标幺值则分别为

$$\left.\begin{aligned} I_*&=\frac{I}{I_d}=\frac{\sqrt{3}U_d}{S_d}I \\ Z_*&=\frac{R+jX}{Z_d}=R_*+jX_*=\frac{S_d}{U_d^2}R+j\,\frac{S_d}{U_d^2}X \end{aligned}\right\} \tag{7-7}$$

应用标幺值计算，最后还需将所得结果换算成有名值，其换算公式为

$$\left.\begin{aligned} U&=U_* U_d \\ I&=I_* I_d=I_*\frac{S_d}{\sqrt{3}U_d} \\ Z&=(R_*+jX_*)\frac{U_d^2}{S_d} \\ S&=S_* S_d \end{aligned}\right\} \tag{7-8}$$

三、不同基准值的标幺值间的换算

电力系统中的发电机、变压器、电抗器等电气设备的铭牌数据中所给出的阻抗参数，通常是以其本身额定值为基准的标幺值或百分值，即是以各自的额定电压 U_N 和额定功率 S_N 作为基准值的，而各电气设备的额定值又往往不尽相同，基准值不相同的标幺值是不能直接进行运算的，因此，必须把不同基准值的标幺值换算成统一基准值的标幺值。

换算的方法是：先将各自以额定值作基准值的标幺值还原为有名值，例如，对于电抗，按式(7-8)得

$$X_{(\Omega)}=X_{(N)*}\frac{U_N^2}{S_N}$$

在选定了电压和功率的基准值 U_d 和 S_d 后，则以此为基准的电抗标幺值为

$$X_{(d)*}=X_{(\Omega)}\frac{S_d}{U_d^2}=X_{(N)*}\frac{U_N^2}{S_N}\frac{S_d}{U_d^2} \tag{7-9}$$

发电机铭牌上一般给出额定电压 U_N、额定功率 S_N 及以 U_N、S_N 为基准值的电抗标幺值 $X_{(N)*}$，因此，可用式(7-9)将此电抗换算到统一基准值的标幺值。

变压器通常给出 U_N、S_N 及短路电压 U_k 的百分值 $U_k\%$，以 U_N 和 S_N 为基准值的变压器电抗标幺值即为

$$X_{T(N)*}=\frac{U_k\%}{100}$$

这样，在统一基准值下变压器阻抗的标幺值即可依式(7-9)求得

$$X_{T(d)*}=\frac{U_k\%}{100}\frac{U_N^2}{S_N}\frac{S_d}{U_d^2} \tag{7-10}$$

电力系统中常采用电抗器以限制短路电流。电抗器通常给出其额定电压 U_N、额定电流 I_N 及电抗百分值 $X_R\%$，电抗百分值与其标幺值之间的关系为

$$X_{R(N)*}=\frac{X_R\%}{100}$$

电抗器在统一基准下的电抗标幺值可写成

$$X_{R(d)*}=\frac{X_R\%}{100}\frac{U_N}{\sqrt{3}I_N}\frac{S_d}{U_d^2} \tag{7-11}$$

输电线路的电抗，通常给出每千米欧姆值，可用下式换算为统一基准值下的标幺值

$$X_{L(d)*}=\frac{X_L}{Z_d}=X_L\frac{S_d}{U_d^2} \tag{7-12}$$

实际计算中，基准值的选择可作如下考虑。如果只有一台发电机或变压器，则可直接取发电机或变压器的额定功率、额定电压为基准值。如果系统元件较多，为了便于计算，通常基准功率可选取某一整数，如 100 MV · A 或 1000 MV · A，或选取某一最大容量设备的额定功率，而基准电压则可取用网络的各级额定电压或平均额定电压。

四、变压器联系的多级电压网络中标幺值的计算

实际电力系统往往有多个电压等级的线路通过升、降压变压器联系组成。图 7-1 表示由两台变压器联系的、具有三个不同电压等级的输电系统。当用标幺值计算时，一种做法是，首先将磁耦合电路变换为形式上只有电的直接联系的电路，即先将不同电压级中各元件的参数全部归算至某一选定的电压级，这个电压级称为基本级(或基本段)，然后选取统一的功率基准值和电压基准值，将各元件参数的有名值换算为标幺值。这种首先将网络各元件参数全部归算为基本级下的有名值，然后再归算到基本级的基准值下的标幺值的做法，对于复杂多电压级网络并不方便。实际上，通常使用的方法是先确定基本级和基本级的基准电压，然后按照各电压级与基本级相联系的变压器的变比，确定其余各电压级的电压基准值，再按全网统一的功率基准值和各级电压的电压基准值计算网络各元件的电抗标幺值。在实际使用中，根据变压器变比是按实际变比或按近似变比(变压器两侧电压级的平均额定电压之比)，分为准确计算法和近似计算法。

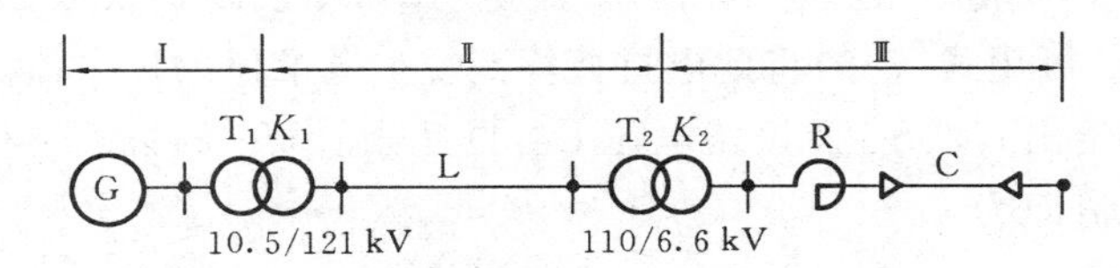

图 7-1 具有三个不同电压级的电力系统

1. 准确计算法(变压器用实际变比)

现以图 7-1 所示系统为例，图中的三个电压级可任选一级作为基本级。假定选第Ⅰ段电路电压级为基本级，其余两段(第Ⅱ、第Ⅲ段)电路的电压基准值均通过变压器的实际变比计算。一般地，在经过 n 台变压器后，所处电压级网络的基准电压可按下式确定：

$$U_{d(n+1)}=U_d \frac{1}{K_1 \cdot K_2 \cdots K_n} \tag{7-13}$$

式中，U_d 为基本级中选定的基准电压；$U_{d(n+1)}$ 为待确定电压级的基准电压；$K_1 \cdot K_2 \cdots K_n$ 为所经过的变压器变比，变比的分子为向着基本电压级一侧的变压器额定电压，分母为向着待归算电压级一侧的变压器额定电压。

对图 7-1 所示系统，第Ⅱ段和第Ⅲ段电路的基准电压分别为

$$U_{d\mathrm{II}}=U_{d\mathrm{I}} \frac{1}{K_1}=U_{d\mathrm{I}} \frac{1}{10.5/121}$$

$$U_{d\mathrm{III}}=U_{d\mathrm{I}} \frac{1}{K_1 \cdot K_2}=U_{d\mathrm{I}} \frac{1}{10.5/121 \times 110/6.6}$$

需要指出的是，各不同电压级网络的基准电压和基准电流不同，但各级网络的基准功率则相同。在确定了各级网络的基准电压后，即可利用全网统一的基准功率和各级网络的基准电压，计算各元件的电抗标幺值。

这样一种将各电压级元件的电抗直接按本级基准电压归算的方法，与将各元件的电抗有名值归算至基本级，然后换算为统一基准的标幺值的计算方法所得结果是完全一致的。

由于准确计算法采用的是变压器实际变比，故计算结果是准确的。但当网络中变压器较多时，计算各级基准电压仍较复杂。此外，在实际计算中，总希望把基准电压选得等于(或接近于)该电压级的额定电压。这样，标幺值电压可清晰地反映实际电压的质量(即偏离其额定值的程度)。另外，由于变压器实际变比与其所联系的两侧网络的额定电压之比的差异，在闭式电力网的归算中会遇到一些困难。考虑到电力系统中处于同一电压级的各元件的额定电压亦不相同，有的高于额定电压 10%(如变压器二次侧的额定电压)，有的高于 5%(如发电机额定电压)，有的等于额定电压。为了简化计算，取同一电压级的各元件最高额定电压与最低额定电压的平均值，称为“网络的平均额定电压 U_{av}”。取各电压级的基准电压为平均额定电压 U_{av}，从而省略了非基准级电压基准值的归算工作。但此时变压器的等值电路中将出现反映其两侧实际变比的“理想变压器”，其标幺值等值电路中将出现变比标幺值接近于 1 的“非标准变比”。近似计算中，可将变压器的实际变比用变压器两侧网络的平均额定电压之比(称为近似变比)来代替，此即近似计算法。

2. 近似计算法

根据我国现有的电压等级，相应的平均额定电压作如下规定：

电网额定电压/kV　　3, 6, 10,35,110,220,330,500

电网的平均额定电压/kV 3.15,6.3,10.5,37,115,230,345,525

平均额定电压比相应电压级的额定电压值约大 5%。根据近似计算法，图 7-1 中变压器 T_1 的变比近似取它所联系两侧电压级的平均额定电压之比，即以近似变比 10.5/115代替实际的变比 10.5/121。仍以图 7-1 为例，若选定第Ⅰ段的电压基准值为该段的平均额定电压 $U_{d\mathrm{I}}=10.5\ \mathrm{kV}$，则 $U_{d\mathrm{II}}=10.5\times\frac{1}{10.5/115}\ \mathrm{kV}=115\ \mathrm{kV}$ 同理可得 $U_{d\mathrm{III}}=10.5\times\frac{1}{\frac{10.5}{115}\times\frac{115}{6.3}}\ \mathrm{kV}=6.3\ \mathrm{kV}$。可见，各段的基准电压就等于该段网络的平均额定电压，无需归算。同时，对发电机和变压器，其电抗标幺值计算公式也只需进行功率归算，而不必进行电压归算。

在工程计算中，对短路电流的计算一般精确度要求不很高，可以采用近似计算法。

必须指出，采用近似计算法进行计算时，各元件的额定电压一律用该元件所在段网络的平均额定电压，但电抗器例外。因为在某些情况下，额定电压为 10 kV 的电抗器亦可能用于 6 kV 的网络。这时，如果用网络的平均额定电压来计算其电抗标幺值，将带来较大的误差。因此，在计算电抗器电抗的标幺值时，仍取用电抗器本身的额定电压值。

为便于计算，现将准确计算法及近似计算法的电抗标幺值计算公式归纳如表 7-2

表 7-2 电力系统各元件电抗标幺值计算公式

准确计算法(变压器用实际变比)	近似计算法(变压器用近似变比)
发电机 $X_{G*}=X_{G(N)*}\dfrac{U_{G(N)}^2}{S_{G(N)}}\dfrac{S_d}{U_d^2}$	$X_{G*}=X_{G(N)*}\dfrac{S_d}{S_{G(N)}}$
变压器 $X_{T*}=\dfrac{U_k\%}{100}\dfrac{U_{T(N)}^2}{S_{T(N)}}\dfrac{S_d}{U_d^2}$	$X_{T*}=X_{T(N)*}\dfrac{S_d}{S_{T(N)}}$
电抗器 $X_{R*}=\dfrac{U_R\%}{100}\dfrac{U_{R(N)}^2}{\sqrt{3}I_{R(N)}}\dfrac{S_d}{U_d^2}$	$X_{R*}=\dfrac{U_R\%}{100}\dfrac{U_{R(N)}^2}{\sqrt{3}I_{R(N)}}\dfrac{S_d}{U_{av}^2}$
输电线 $X_{L*}=X_L\dfrac{S_d}{U_d^2}$	$X_{L*}=X_L\dfrac{S_d}{U_{av}^2}$

注:①如果发电机电抗以百分值给出,则公式中的 $X_{G(N)}$ 用 $X_G\%/100$ 代入;

②公式中的 U_d、U_{av} 均为各元件所在电压级的值。

所示。

例 7-1 对图 7-2(a)所示的输电系统,试分别用准确计算法和近似计算法计算等值网络中各元件的标幺值及发电机电势的标幺值。

解 取第Ⅰ段电路电压级为基本级。

(1)准确计算法。

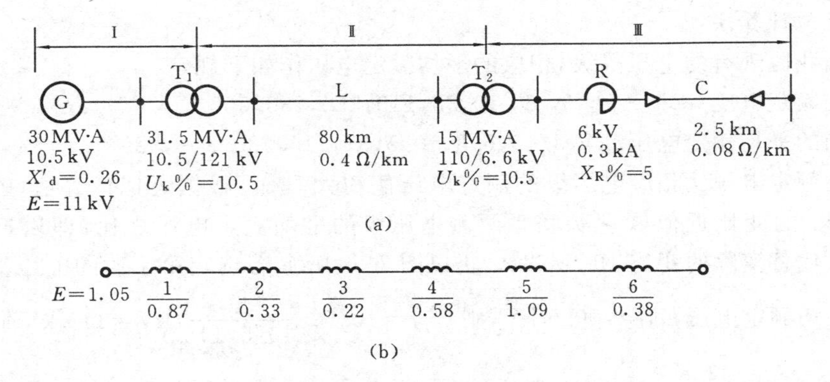

图 7-2 具有三个不同电压级的系统

(a)电路图;(b)等值电路

先选基准值,取基准功率 $S_d=100$ MV·A,第Ⅰ段的基准电压 $U_d=10.5$ kV。其余两段的基准电压分别为

$$U_{d\text{Ⅱ}}=U_{d\text{Ⅰ}}\frac{1}{K_1}=10.5\times\frac{1}{10.5/121}\ \text{kV}=121\ \text{kV}$$

$$U_{d\text{Ⅲ}}=U_{d\text{Ⅰ}}\frac{1}{K_1K_2}=10.5\times\frac{1}{\dfrac{10.5}{121}\times\dfrac{110}{6.6}}\ \text{kV}=7.26\ \text{kV}$$

各元件电抗的标幺值分别为

发电机　$X_{1*}=X_{G(N)*}\dfrac{U_N^2}{S_N}\times\dfrac{S_d}{U_{dI}^2}=0.26\times\dfrac{10.5^2}{30}\times\dfrac{100}{10.5^2}=0.87$

变压器 T_1　$X_{2*}=X_{T1(N)*}\dfrac{U_{T1(N)}^2}{S_{T1(N)}}\times\dfrac{S_d}{U_{dI}^2}=\dfrac{10.5}{100}\times\dfrac{10.5^2}{31.5}\times\dfrac{100}{10.5^2}=0.33$

输电线路　$X_{3*}=X_L\dfrac{S_d}{U_{dII}^2}=0.4\times80\times\dfrac{100}{121^2}=0.22$

变压器 T_2　$X_{4*}=X_{T2(N)*}\dfrac{U_{T2(N)}^2}{S_{T2(N)}}\times\dfrac{S_d}{U_{dII}^2}=\dfrac{10.5}{100}\times\dfrac{110^2}{15}\times\dfrac{100}{121^2}=0.58$

电抗器　$X_{5*}=X_{R(N)*}\times\dfrac{U_{R(N)}^2}{\sqrt{3}I_{R(N)}}\times\dfrac{S_d}{U_{dIII}^2}=\dfrac{5}{100}\times\dfrac{6}{\sqrt{3}\times0.3}\times\dfrac{100}{7.26^2}=1.09$

电缆线　$X_{6*}=X_C\dfrac{S_d}{U_{dII}^2}=0.08\times2.5\times\dfrac{100}{7.26^2}=0.38$

发电机电动势　$E_*=\dfrac{E}{U_{dI}}=\dfrac{11}{10.5}=1.05$

系统各元件用标幺值表示的等值电路示于图 7-2(b)。

(2)近似计算法。

仍取 $S_d=100$ MV·A,各电压级的基准电压取其平均额定电压,即 $U_{avI}=10.5$ kV, $U_{avII}=115$ kV, $U_{avIII}=6.3$ kV。

各元件电抗的标幺值为

发电机　$X_{1*}=X_{G(N)*}\dfrac{S_d}{S_N}=0.26\times\dfrac{100}{30}=0.87$

变压器 T_1　$X_{2*}=X_{T1(N)*}\dfrac{S_d}{S_{T1(N)}}=\dfrac{10.5}{100}\times\dfrac{100}{31.5}=0.33$

输电线路　$X_{3*}=X_L\dfrac{S_d}{U_{avII}^2}=0.4\times80\times\dfrac{100}{115^2}=0.24$

变压器 T_2　$X_{4*}=X_{T2(N)*}\dfrac{S_d}{S_{T2(N)}}=\dfrac{10.5}{100}\times\dfrac{100}{15}=0.7$

电抗器　$X_{5*}=X_{R(N)*}\dfrac{U_{R(N)}}{\sqrt{3}I_{R(N)}}\dfrac{S_d}{U_{avIII}^2}=\dfrac{5}{100}\times\dfrac{6}{\sqrt{3}\times0.3}\times\dfrac{100}{6.3^2}=1.455$

电缆线　$X_{6*}=X_C\dfrac{S_d}{U_{avIII}^2}=0.08\times2.5\times\dfrac{100}{6.3^2}=0.504$

发电机电动势　$E_*=\dfrac{E}{U_{avI}}=\dfrac{11}{10.5}=1.05$

五、使用标幺制的优点

概括起来说,采用标幺值有如下优点。

(1)使计算大为简化。采用标幺值进行计算时,三相电路的计算公式与单相电路相同,均省去$\sqrt{3}$的计算。在对称三相系统中,三相功率与单相功率的标幺值相等,线电压与相电压的标幺值相等。当电压等于基准值时,功率的标幺值等于电流的标幺值。变压器电抗的标幺值,不论归算至哪一侧都相同并等于其短路电压的标幺值。

(2)某些非电的物理量,当用标幺值表示时,可与另一物理量相等。例如,若选额定频率 f_N 和相应的同步角速度 $\omega_N=2\pi f_N$ 为基准值时,则 $f_*=f/f_N$ 和 $\omega_*=\omega/\omega_N=f_*$。用标幺值表示的电抗、磁链和电势分别为 $X_*=\omega_* L_*$,$\psi_*=I_* L_*$ 和 $E_*=\omega_*\psi_*$。当频率为额定值时,$f_*=\omega_*=1$,则有 $X_*=L_*$,$\psi_*=I_* X_*$ 和 $E_*=\psi_*$。这将使某些计算公式得到简化。

(3)易于比较各种电气设备的特性及参数。不同型号和容量的发电机、变压器的参数,其有名值的差别很大,如用额定标幺参数表示就比较接近。如 110 kV,容量自 5600 kV · A 至 60000 kV · A 的三相双绕组变压器,虽容量差别甚大,但其短路电压的标幺值均为 0.105。

(4)便于对计算结果作出分析及判断其正确与否。例如,在潮流计算中,节点电压的标幺值都应接近于 1,过高或过低都表明计算结果有问题。

由于标幺制具有上述一系列优点,因而在电力系统计算中,特别是在短路计算中得到广泛应用。

第三节　无限大功率电源供电网络的三相短路

无限大功率电源是指容量为无限大,内阻抗为零的电源。对于这种电源,由其外电路发生短路所引起的功率变化对它来说影响甚微,又由于内阻抗为零而不存在内部电压降,所以,电源的端电压保持恒定。

实际上,真正的无限大功率电源是不存在的,而仅仅是个相对的概念。当电源的容量足够大时,其等值内阻抗就很小,这时若在电源外部发生短路,则整个短路回路中各个元件(如输电线路、变压器、电抗器等)的等值阻抗将比电源的内阻抗大得多,因而电源的端电压变化甚微,在实际计算中,可以认为没有变化,即认为它是个恒压源。在短路计算中,当电源内阻抗不超过短路回路总阻抗的 5%～10%时,就可以近似认为此电源为无限大功率电源。

一、短路暂态过程分析

图 7-3 所示为一简单的三相 R-L 电路。短路前电路处于稳态。由于电路三相对称,可只写出其中一相电压和电流的算式

$$u=U_m\sin(\omega t+\alpha) \tag{7-14}$$

$$i=I_m\sin(\omega t+\alpha-\varphi_{[0]}) \tag{7-15}$$

式中,$I_m=\dfrac{U_m}{\sqrt{(R+R')^2+\omega^2(L+L')^2}}$;$\varphi_{[0]}=\arctan\dfrac{\omega(L+L')}{R+R'}$。

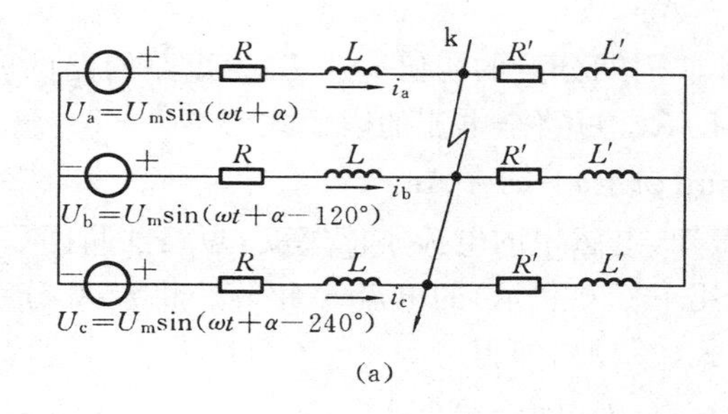

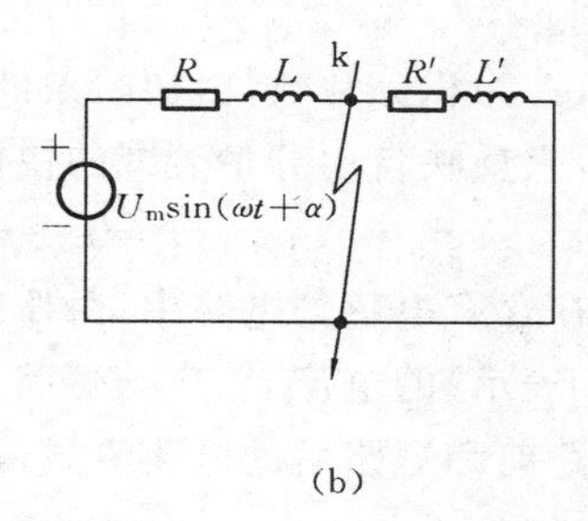

图 7-3 无限大功率电源供电的三相对称短路

(a)三相电路；(b)单相等值电路

当 k 点发生三相短路时，此电路被分成两个独立的电路。左边电路仍与电源相连，而右边的电路则变成没有电源的短路电路，电流将从短路发生瞬间的初值不断地衰减到磁场中所储藏的能量全部变为电阻所消耗的热能为止，电流衰减为零。在与电源相连的电路中，每相阻抗由原先的$(R+R')+\mathrm{j}\omega(L+L')$减小到$R+\mathrm{j}\omega L$。由于阻抗减小，其电流必将增大至由阻抗$R+\mathrm{j}\omega L$所决定的新稳态值。短路暂态过程的分析与计算，主要针对这一电路。

设在$t=0$时发生短路，因左边电路仍是三相对称的，可只取其中一相进行分析，如 a 相，其微分方程式为

$$L\frac{\mathrm{d}i_a}{\mathrm{d}t}+Ri_a=U_m\sin(\omega t+\alpha) \tag{7-16}$$

这是一阶常系数线性非齐次微分方程，其解即为短路时的全电流，它由两部分组成：第一部分是方程式(7-16)的特解，代表短路电流的强制分量；第二部分是方程式(7-16)所对应的齐次方程$Ri_a+L\dfrac{\mathrm{d}i_a}{\mathrm{d}t}=0$的通解，代表短路电流的自由分量。

短路电流的强制分量，是由电源电势的作用所产生的，与电源电势具有相同的变化规律，其幅值在暂态过程中保持不变。由于此分量是周期性变化的，故又称周期分量，其表达式为

$$i_p=\frac{U_m}{Z}\sin(\omega t+\alpha-\varphi)=I_{pm}\sin(\omega t+\alpha-\varphi) \tag{7-17}$$

式中，$I_{pm}=U_m/\sqrt{R^2+(\omega L)^2}$为短路电流周期分量的幅值；$Z$为短路回路每相阻抗$R+\mathrm{j}\omega L$的模；$\varphi$为每相阻抗$R+\mathrm{j}\omega L$的阻抗角，$\varphi=\arctan\dfrac{\omega L}{R}$；$\alpha$为电源电势的初始相角，亦称合闸角。

短路电流的自由分量与外加电源无关，将随着时间而衰减至零，它是一个依指数规律而衰减的直流电流，通常称之为非周期分量，其表达式为

$$i_{np}=Ae^{-t/T_a} \tag{7-18}$$

式中,A 为积分常数,由初始条件决定,即非周期分量的初值 i_{np0};T_a 为短路回路的时间常数,它反映自由分量衰减的快慢,$T_a=L/R$。短路全电流的表示式为

$$i_a=i_p+i_{np}=I_{pm}\sin(\omega t+\alpha-\varphi)+Ae^{-t/T_a} \tag{7-19}$$

在含有电感的电路中,由楞次定律得知,电感中的电流不能突变,短路前瞬间(用下标[0]表示)的电流 $i_{[0]}$ 应与短路后瞬间(用下标0表示)的电流 i_0 相等。将 $t=0$ 分别代入短路前和短路后的电流算式(7-15)和式(7-19),即得

$$I_m\sin(\alpha-\varphi_{[0]})=I_{pm}\sin(\alpha-\varphi)+A$$

所以

$$A=i_{np0}=I_m\sin(\alpha-\varphi_{[0]})-I_{pm}\sin(\alpha-\varphi)$$

将 A 代入式(7-19),便得

$$i_a=I_{pm}\sin(\omega t+\alpha-\varphi)+[I_m\sin(\alpha-\varphi_{[0]})-I_{pm}\sin(\alpha-\varphi)]e^{-t/T_a} \tag{7-20}$$

这就是a相短路电流的算式。由于电路三相对称,只要将$(\alpha-120°)$或$(\alpha+120°)$代替式(7-20)中的 α 就可得b相或c相短路电流的算式。

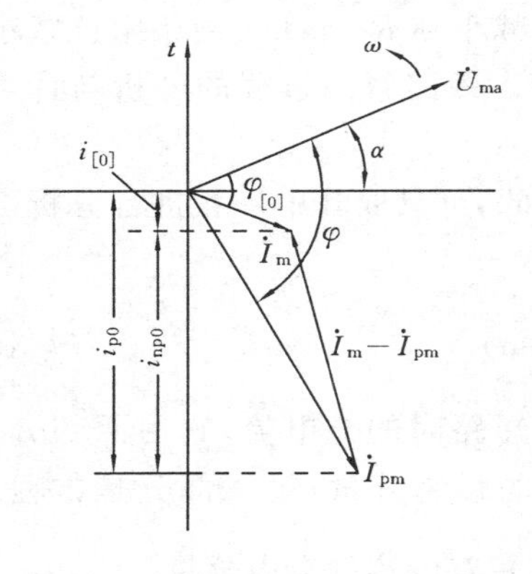

图 7-4 短路瞬间 a 相电流相量图

图7-4表示短路瞬间($t=0$)a相短路电流各分量之间的关系。旋转相量 $\dot{U}_{ma}$、$\dot{I}_m$ 和 $\dot{I}_{pm}$ 在静止时间轴 t 上的投影,依次表示电源电压、短路前电流和短路后周期分量在 $t=0$ 时的瞬时值,短路前电流 $\dot{I}_m$ 在时间轴上的投影为 $i_{[0]}$,即 $I_m\sin(\alpha-\varphi_{[0]})$。短路后周期分量 $\dot{I}_{pm}$ 的投影为 i_{p0},即 $I_{pm}\sin(\alpha-\varphi)$。在大多数情况下,$i_{p0}\neq i_{[0]}$。为了使通过电感 L 的电流瞬时值在短路前后瞬间保持不变(即电感 L 中的磁链保持不变),电路中必须产生一个非周期分量电流,其初值应等于 $i_{[0]}$ 和 i_{p0} 之差。但由于这一电路中并不存在直流电势,因此,非周期分量必然按指数规律逐渐衰减为零。电路的电阻 R 愈大,非周期分量的衰减速度也愈快。从图7-4可见,非周期分量初值 i_{np0} 即为相量差$(\dot{I}_m-\dot{I}_{pm})$在时间轴上的投影,其大小取决于短路发生的时刻,即与短路瞬间电源电压的初始相角 α(合闸角)有关。当相量差$(\dot{I}_m-\dot{I}_{pm})$与时间轴平行时,i_{np0} 的值最大;而当它与时间轴垂直时,$i_{np0}=0$,即非周期分量不存在。在此情况下,短路前一瞬间a相电流值与a相稳态短路电流在 $t=0$ 时的数值刚好相等,即 $i_{[0]}=i_{p0}$。显然,电路从一种稳态直接进入另一种稳态,中间不经历暂态过程。在三相电路中,非周期分量出现最大值或零值的现象,只可能发生在其中一相。对于b相和c相短路电流各分量间的关系,也可作类似的分析,只是其电流相量应分别滞后a相120°和240°。

根据式(7-20),可作出a相短路电流波形图如图7-5所示。由图可见,由于非周期分量电流的存在,短路电流曲线不再与时间轴对称,非周期分量曲线本身就是短路电流

曲线的对称轴。利用这一"对称"性质，很容易把非周期分量从短路电流曲线中分离出来，这将给实验分析提供方便。例如，当示波器显示出短路电流的波形图后，若需了解非周期分量的大小及变化情况，可对波形图进行适当加工，即将短路电流曲线的两根包络线在垂直方向作等分线，此即为非周期分量曲线，如图 7-5 的虚线所示。

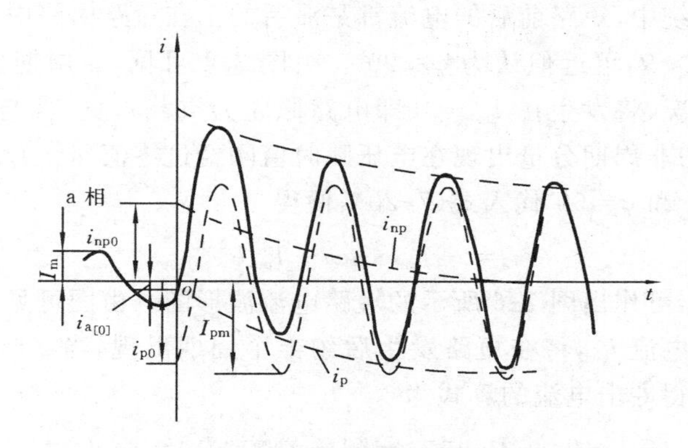

图 7-5　短路电流波形图(a 相)

应当指出，三相短路虽然称为对称短路，但实际上只有短路电流的周期分量才是对称的，而各相短路电流的非周期分量并不相等。

二、短路冲击电流和最大有效值电流

1. 短路冲击电流

短路电流最大可能的瞬时值，称为冲击电流，如图 7-6 所示的 i_{sh}。

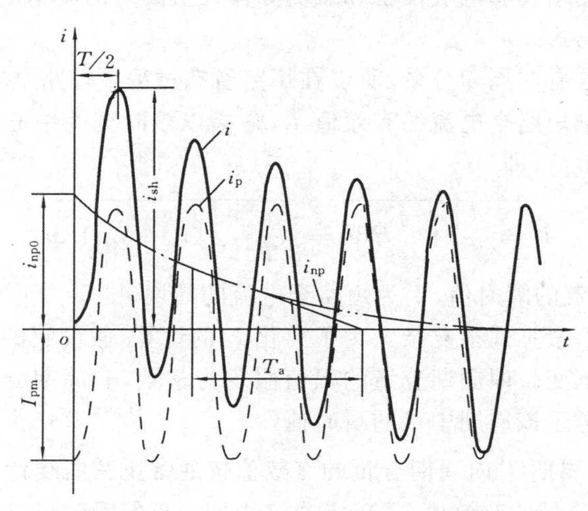

图 7-6　非周期分量最大时短路电流波形图

当电源电压和电路的阻抗恒定时，短路电流周期分量的幅值为定值，而非周期分量则是依指数规律单向衰减的直流，因而非周期分量的初值愈大，短路冲击电流也就愈大。由图 7-4 及式(7-20)可见，短路电流非周期分量的可能最大值，不但与合闸角 α 有关，并且与电路原先的情况有关。

在一般电力系统中，短路前后的电流都是滞后的。在短路回路中，通常电感值比电阻值大得多，即 $\omega L \gg R$，可近似认为 $\varphi \approx 90°$。由图 7-4 可见，非周期分量值最大，也就是短路的最严重情况，将发生在 $I_m=0$(即电路原先为空载)，且 I_{pm} 与时间轴平行的情况下。这时，最大的非周期分量出现在电压瞬时值刚经过零值($\alpha=0$)而发生短路时。

将 $I_m=0$，$\alpha=0$ 和 $\varphi=90°$代入式(7-20)，便得

$$i_a = -I_{pm}\cos\omega t + I_{pm}e^{-\frac{t}{T_a}} \tag{7-21}$$

根据式(7-21)，可作出图 7-6 所示的短路电流波形图。由图可见，短路电流的最大瞬时值即短路冲击电流 i_{sh}，将在短路发生后约半个周期出现，当 $f=50$ Hz，此时间约为 0.01 s。据此可得冲击电流的算式为

$$i_{sh} = I_{pm} + I_{pm}e^{-\frac{0.01}{T_a}} = (1+e^{-\frac{0.01}{T_a}})I_{pm} = K_{sh}I_{pm} \tag{7-22}$$

式中，$K_{sh}=1+e^{-\frac{0.01}{T_a}}$ 为冲击系数，表示冲击电流对周期分量幅值的倍数。当时间常数 T_a 的值由零变至无限大时，冲击系数值的变化范围为

$$1 < K_{sh} < 2$$

在工程计算中，冲击系数值可作如下考虑，在发电机电压母线短路时，取 $K_{sh}=1.9$；在发电厂高压侧母线或发电机出线电抗器后发生短路时，$K_{sh}=1.85$，在其他地点短路时，$K_{sh}=1.8$。

冲击电流主要用于校验电气设备和载流导体在短路时的动稳定性。

2. 最大有效值电流

由于短路电流含有非周期分量，所以在短路暂态过程中短路全电流不是正弦波形。短路过程中任一时刻短路全电流的有效值 I_t，是指以该时刻为中心的一周期内短路全电流瞬时值的均方根值，即

$$I_t = \sqrt{\frac{1}{T}\int_{t-\frac{T}{2}}^{t+\frac{T}{2}} i_t^2 \mathrm{d}t} = \sqrt{\frac{1}{T}\int_{t-\frac{T}{2}}^{t+\frac{T}{2}} (i_{pt}+i_{npt})^2 \mathrm{d}t} \tag{7-23}$$

式中，i_t 为短路全电流的瞬时值；T 为短路全电流的周期。

短路全电流的一般算式很复杂。为了简化 I_t 的计算，假设它的两个分量在计算所取的一周期内恒定不变。即周期分量的幅值假定为常数，非周期分量的数值假定在该周期内恒定不变且等于该周期中点的瞬时值。

在上述假定下，周期 T 内周期分量的有效值按通常正弦曲线计算，即 $I_{pt}=I_{pmt}/\sqrt{2}$，而周期 T 内非周期分量的有效值，等于它在该周期中点的瞬时值，即 $I_{npt}=i_{npt}$。

根据上述假定条件，并将上面 I_{pt} 及 I_{npt} 的关系代入式(7-23)，经过积分和代数运算

后，可简化为

$$I_t = \sqrt{I_{pt}^2 + I_{npt}^2} \tag{7-24}$$

由式(7-24)算出的近似值，在实用上已足够准确。短路全电流的最大有效值 I_{sh} 出现在短路后的第一周期内，又称为冲击电流的有效值。

因冲击电流发生在短路后 $t=0.01$ s 时，由图 7-6 可知：

$$i_{sh} = I_{pm} + i_{npt} = \sqrt{2} I_p + i_{npt} = K_{sh}\sqrt{2} I_p$$

因此，

$$i_{npt} = (K_{sh}-1)\sqrt{2} I_p = I_{np(t=0.01s)}$$

将上式代入式(7-24)，便得短路电流的最大有效值为

$$I_{sh} = \sqrt{I_p^2 + [(K_{sh}-1)\sqrt{2} I_p]^2} = I_p\sqrt{1+2(K_{sh}-1)^2} \tag{7-25}$$

当冲击系数 $K_{sh}=1.9$ 时，$I_{sh}=1.62I_p$；$K_{sh}=1.8$ 时，$I_{sh}=1.51I_p$。

短路电流最大有效值用来校验电气设备的断流能力或耐力强度。

三、短路功率(短路容量)

当电力系统发生短路故障时，必须迅速切断故障部分，使其余部分能继续运行。这一任务要由继电保护装置和断路器来完成。为校验断路器的断流能力，需要用到“短路功率”(短路容量)的概念。

短路功率等于短路电流有效值乘以短路处的正常工作电压(一般用平均额定电压)，即

$$S_t = \sqrt{3} U_{av} I_t \tag{7-26}$$

这里 S_t 表示 t 时刻的短路功率，如果用标幺值表示，则为

$$S_{t_*} = \frac{S_t}{S_d} = \frac{\sqrt{3} U_{av} I_t}{\sqrt{3} U_{av} I_d} = \frac{I_t}{I_d} = I_{t_*} \tag{7-27}$$

式(7-27)表明，短路功率的标幺值与短路电流的标幺值相等。利用这一关系，可以由短路电流直接求取短路功率的有名值，给计算带来了很大的方便。当已知某一时刻短路电流的标幺值时，该时刻短路功率的有名值即为

$$S_t = I_{t_*} S_d \tag{7-28}$$

必须指出，短路功率定义为工作电压与短路电流的乘积。其含义为：一方面断路器要能切断这样大的短路电流；另一方面，在断路器断流时，其触头应能经受住工作电压的作用。因此，短路功率只是一个定义的计算量，而不是测量量。

四、无限大功率系统的短路电流计算

无限大功率系统的主要特征是：系统的内阻抗 $X=0$，端电压 $U=C$(常数)，它所提供的短路电流周期分量的幅值恒定且不随时间变化而变化。短路电流非周期分量依指数规律而衰减，一般情况下只需计及它对冲击电流的影响。因此，在电力系统短路电流

计算中,其主要任务是计算短路电流的周期分量。而在无限大功率系统的条件下,周期分量的计算就变得非常简单。

如取系统平均额定电压进行计算,选取 $U_d=U_{av}$,无限大功率系统的端电压的标幺值可取 $U_*=\dfrac{U}{U_d}=1$,则短路电流周期分量的标幺值为

$$I_{p_*}=\frac{U_*}{X_{\Sigma_*}}=\frac{1}{X_{\Sigma_*}} \tag{7-29}$$

式中,X_{Σ_*} 为无限大功率系统对短路点的组合电抗(即总电抗)的标幺值,如图 7-7 所示。短路电流的有名值为

$$I_p=I_{p_*}I_d=\frac{I_d}{X_{\Sigma_*}} \tag{7-30}$$

根据式(7-28),短路功率的有名值为

$$S=I_{p_*}S_d=\frac{S_d}{X_{\Sigma_*}} \tag{7-31}$$

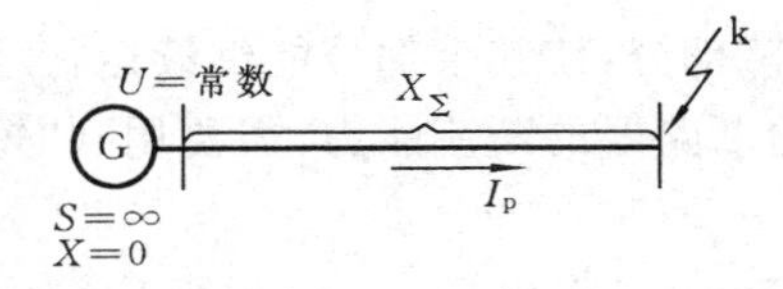

图 7-7 无限大功率系统短路电流计算示意图

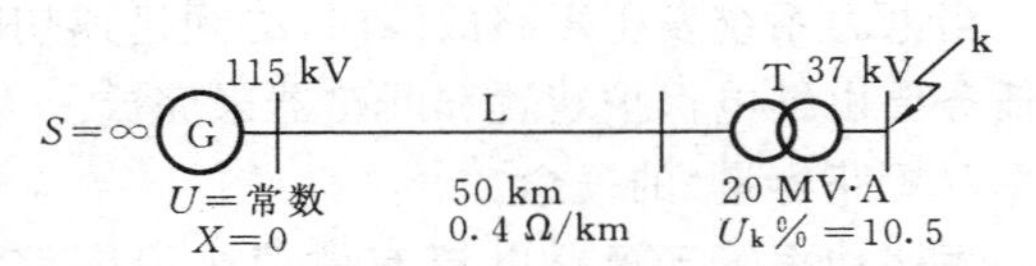

图 7-8 例 7-2 的系统图

例 7-2 简单电网由无限大功率电源供电,如图 7-8 所示,当在 k 点发生三相短路时,试计算短路电流的周期分量,冲击电流及短路功率(取 $K_{sh}=1.8$)。

解 取 $S_d=100$ MV·A,$U_d=U_{av}$,计算各元件电抗标幺值。

线路 $$X_{L_*}=0.4\times 50\times\frac{100}{115^2}=0.151$$

变压器 $$X_{T_*}=\frac{10.5}{100}\times\frac{100}{20}=0.525$$

电源至短路点的总电抗为

$$X_{\Sigma_*}=X_{L_*}+X_{T_*}=0.151+0.525=0.676$$

无限大功率电源

$$E_*=U_*=\frac{U}{U_d}=\frac{115}{115}=1$$

短路电流周期分量的有名值为

$$I_p=\frac{I_d}{X_{\Sigma_*}}=\frac{1}{0.676}\times\frac{100}{\sqrt{3}\times 37}\ \text{kA}=2.31\ \text{kA}$$

冲击电流为

$$i_{sh}=K_{sh}I_{pm}=K_{sh}\sqrt{2}I_p=1.8\times\sqrt{2}\times2.31\ \text{kA}=5.88\ \text{kA}$$

短路功率为

$$S=\frac{S_d}{X_{\Sigma_*}}=\frac{100}{0.676}\ \text{MV}\cdot\text{A}=148\ \text{MV}\cdot\text{A}$$

第四节　网络化简与转移电抗的计算

一、网络的等值化简

分析式(7-29)可知，无限大功率系统短路电流计算的主要任务，在于计算无限大功率系统对短路点的组合电抗(即总电抗)。要计算电源对短路点的组合电抗，必须对网络进行化简。网络化简的方法很多，下面介绍几种最常用的方法。

1. 等值电势法

若网络中有两个或两个以上的电源支路向同一节点供电，如图 7-9 所示，可用一个等值电源支路代替，这种等效变换的原则应使网络中其他部分的电压、电流在变换前后保持不变。由图 7-9 可以列出：

$$\dot{I}_1+\dot{I}_2+\cdots+\dot{I}_n=\dot{I}$$

或

$$\frac{\dot{E}_1-\dot{U}}{Z_1}+\frac{\dot{E}_2-\dot{U}}{Z_2}+\cdots+\frac{\dot{E}_n-\dot{U}}{Z_n}=\frac{\dot{E}_{eq}-\dot{U}}{Z_{eq}} \tag{7-32}$$

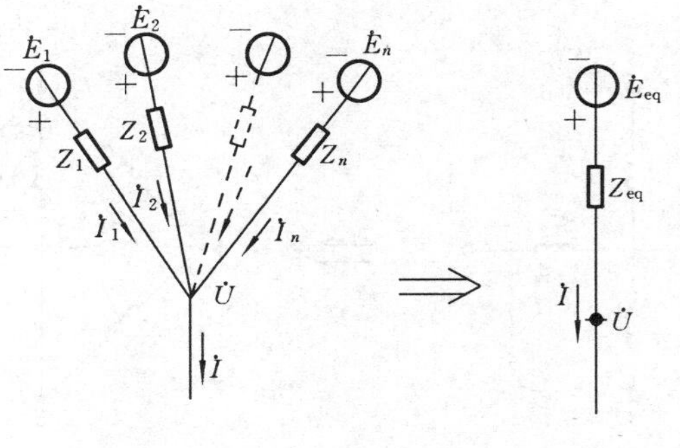

图 7-9　等值电势法

令 $\dot{E}_1=\dot{E}_2=\cdots=\dot{E}_n=0$，$\dot{E}_{eq}$亦等于零，于是式(7-32)可改写成

$$\frac{1}{Z_1}+\frac{1}{Z_2}+\cdots+\frac{1}{Z_n}=\frac{1}{Z_{eq}}$$

即

$$Z_{eq}=\frac{1}{\sum_{i=1}^{n}\frac{1}{Z_i}} \tag{7-33}$$

显然，上式就是并联支路阻抗的计算公式。

令 $\dot{U}=0$，代入式(7-32)，便得

$$\frac{\dot{E}_1}{Z_1}+\frac{\dot{E}_2}{Z_2}+\cdots+\frac{\dot{E}_n}{Z_n}=\frac{E_{eq}}{Z_{eq}}$$

或

$$\dot{E}_{eq}=Z_{eq}\sum_{i=1}^{n}\frac{\dot{E}_i}{Z_i}=\frac{\sum\limits_{i=1}^{n}\frac{\dot{E}_1}{Z_i}}{\sum\limits_{i=1}^{n}\frac{1}{Z_i}} \tag{7-34}$$

对于两个有源支路的合并，其等值电势及等值电抗可由上述公式令 $n=2$ 求得，如不计电阻及电源电势间的相位差，有

$$\left.\begin{aligned}E_{eq}&=\frac{E_1X_2+E_2X_1}{X_1+X_2}\\X_{eq}&=\frac{X_1X_2}{X_1+X_2}\end{aligned}\right\} \tag{7-35}$$

2. 星网变换法

复杂网络的化简，通常是通过消除网络中非电源的节点来实现的。通过星网变换，可以消去非电源节点。图 7-10 表示将一个以节点 n 为中心的四星形电路变换为以节点 1,2,3,4 为顶点的网形电路。注意，在网形电路中，任一对节点之间均有一支路相连。但就计算短路电流的目的而言，有些支路与短路计算无关，可以从电路中除去。这一点以后在实际计算中便可明了。

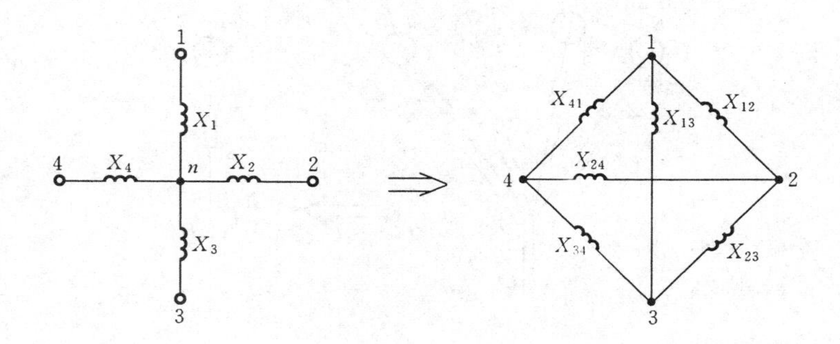

图 7-10　星网变换

根据网络等值条件，即可推导出网形电路中各节点间的电抗计算公式(推导过程从略)

$$X_{ij}=X_{in}X_{jn}\sum_{k=1}^{m}\frac{1}{X_{kn}} \tag{7-36}$$

式中，X_{ij} 为网形网络节点 i 和节点 j 之间的电抗；X_{kn} 为星形网络中节点 k 与待消节点

n 之间的电抗；m 为网形网络的顶点数，当 $m=3$ 时，式(7-36)就是常见的 Y-△变换公式。

3. 利用电路的对称性化简网络

在网络化简中，常遇到对短路点对称的网络。利用对称关系，并按下列原则，可使网络迅速简化。

(1)电位相等的节点，可直接相连；

(2)等电位点之间的电抗，可短接后除去。

如图 7-11(a)所示网络，若 $E_1=E_2$，$X_1=X_2$，$X_3=X_4$，则网络对短路点 k 具有对称关系，节点 1，2 的电位相等，可将其直接相连，并将 X_5 除去，网络变换成简单的串、并联电路(见图 7-11(b))，进一步化简已不成问题。

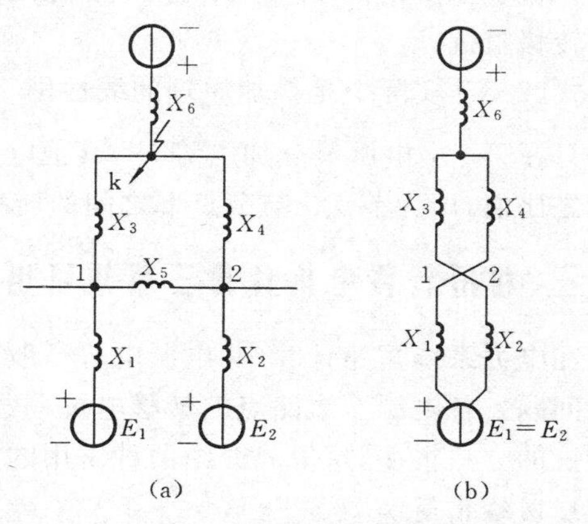

图 7-11　利用对称性化简网络

(a)化简前网络；(b)化简后网络

二、转移阻抗的概念

在电力系统短路计算中，有时需要考虑具有不同特性电源单独提供的短路电流，在化简网络时，需要保留若干个单独电源或等值电源。如图 7-12(a)所示电路，假若电源 $\dot{E}_1$、$\dot{E}_2$、$\dot{E}_3$ 需要保留，欲求短路点的电流，则可将电路化简成图 7-12(b)所示的形式。这时，总的短路电流即为各电源单独提供的电流之和。

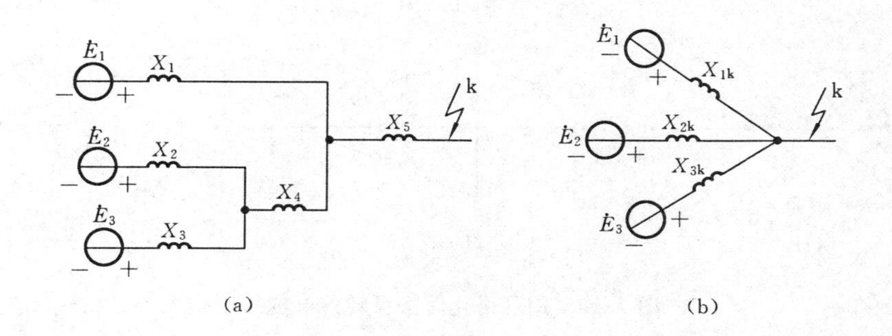

图 7-12　求转移电抗示意图

(a)电路图；(b)化简后电路图

一般地，对于需保留 n 个电源，其电势分别为 $\dot{E}_1,\dot{E}_2,\cdots,\dot{E}_n$，则短路点电流的一般表达式为

$$\dot{I}_k=\frac{\dot{E}_1}{Z_{1k}}+\frac{\dot{E}_2}{Z_{2k}}+\cdots+\frac{\dot{E}_i}{Z_{ik}}+\cdots+\frac{\dot{E}_n}{Z_{nk}} \tag{7-37}$$

式中,Z_{ik}为网络中第 i 个电源与短路点直接相连的阻抗,通常称为该电源对短路点之间的转移阻抗。

式(7-37)实际上是叠加原理的线性网络中的应用。由此可得转移阻抗的定义为:如果只在第 i 个电源节点加电势 $\dot{E}_i$,其他电势为零,则 $\dot{E}_i$ 与从第 k 个节点流出网络的电流之比值,即为节点 i 与节点 k 之间的转移阻抗。

三、利用转移电抗计算三相短路电流

在电力系统短路计算中,电源电势一般为已知。因此,求取转移电抗就成为至关重要的问题。各电源至短路点的转移电抗一经确定,短路电流的计算便迎刃而解。求转移电抗的方法很多,这里只介绍两种常用的方法:网络化简法和单位电流法。

1. 网络化简法

图 7-13(a)表示一个具有 4 支路的有源网络。首先利用星网变换,将它变换成图 7-13(b)所示的网形电路,只保留电源节点和短路点。这时,任两节点间直接相连的支路电抗,即为该两节点间的转移电抗。应当提出:各电源节点间的转移电抗(图 7-13(b)中的 X_{12},X_{13} 和 X_{23})与短路电流计算无关,可从电路中除去。这是因为:若各电源电势不相等,则在这些转移电抗中,只流过电源间的交换电流,此电流并不流至短路点;若电源电势相等,这些转移电抗中的电流为零。由此可见,网络变换的主要目的是消去除电源节点和短路点以外的所有中间节点,而所有电源间的转移电抗均可统统除去。最后,只保留各电源至短路点之间的转移电抗(见图 7-13(c))。这给短路计算带来了极大的方便。

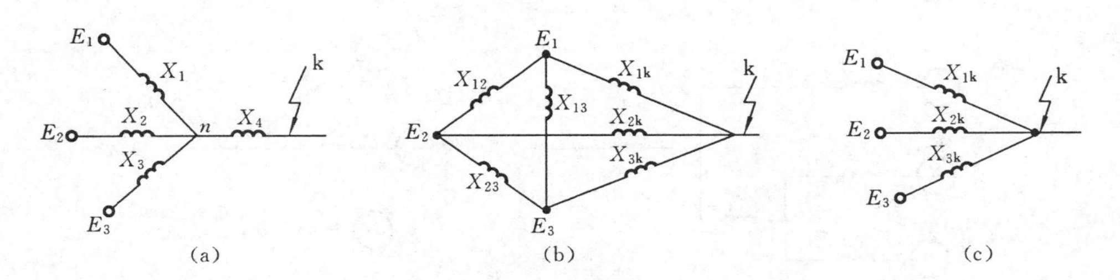

图 7-13 用网络化简法求转移电抗

(a)4 支路有源网络;(b)网形电路;(c)化简后的网络

2. 单位电流法

对于辐射形网络,利用单位电流法求转移电抗最为简洁。如图 7-14 所示网络,欲求得电源 1,2,3 对 k 点的转移电抗,可令 $E_1=E_2=E_3=0$,在 k 点加上 E_k(见图 7-14(b)),使支路 X_1 中通过单位电流,即取 $I_1=1$,则 I_2、I_3 和 E_k 可分别求得:

$$U_a=I_1X_1=X_1;\quad I_2=U_a/X_2=X_1/X_2;\quad I_4=I_1+I_2$$

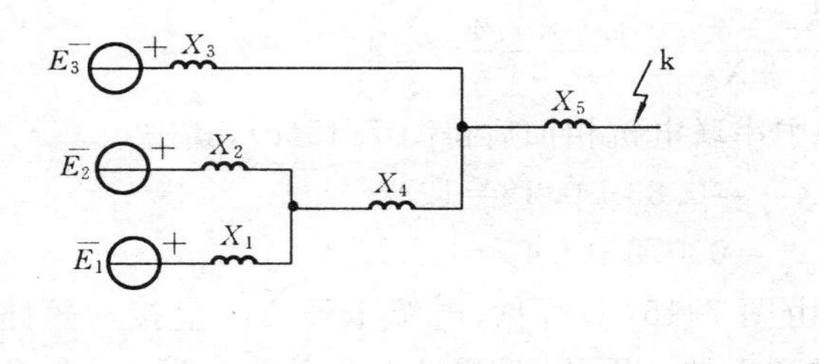

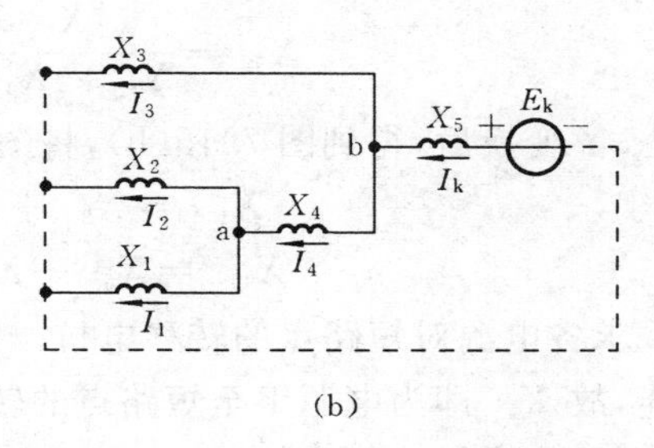

图 7-14　单位电流法求转移电抗

(a)原电路图；(b)单位电流法示意图

$$U_b = U_a + I_4 X_4；\quad I_3 = U_b / X_3；\quad I_k = I_3 + I_4；\quad E_k = U_b + I_k X_5$$

根据转移电抗的定义，各电源对短路点 k 之间的转移电抗即为

$$X_{ik} = E_k / I_i$$

例 7-3　某系统具有图 7-15(a)所示等值电路，所有电抗和电势均为归算至统一基准值的标幺值：(1)试分别用网络化简法和单位电流法求各电源对短路点的转移电抗；(2)若在 k 点发生三相短路，试求短路点电流的标幺值。

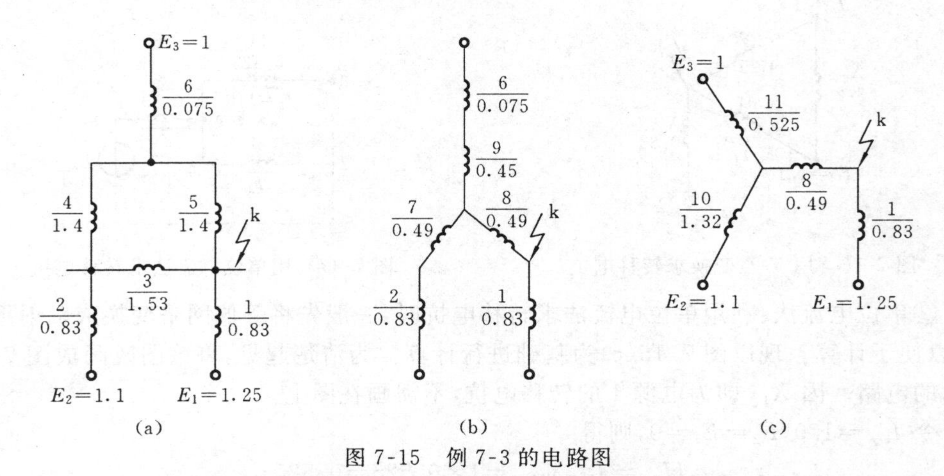

图 7-15　例 7-3 的电路图

(a)某系统等值电路；(b)图(a)的 Y 形电路；(c)计算时采用的电路

解　(1)求转移电抗。

①网络化简法：先将图 7-15(a)中由 X_{3*}、X_{4*}、X_{5*} 所组成的△形变换成 Y 形，其各支路电抗值为

$$X_{7*} = \frac{X_{3*} X_{4*}}{X_{3*} + X_{4*} + X_{5*}} = \frac{1.53 \times 1.4}{1.53 + 1.4 + 1.4} = \frac{2.14}{4.33} = 0.49$$

$$X_{8*} = \frac{X_{3*} X_{5*}}{X_{3*} + X_{4*} + X_{5*}} = \frac{1.53 \times 1.4}{4.33} = 0.49$$

$$X_{9_*}=\frac{X_{4_*}X_{5_*}}{X_{3_*}+X_{4_*}+X_{5_*}}=\frac{1.4\times1.4}{4.33}=0.45$$

经△-Y 变换后，得到图 7-15(b)，将图中串联电抗相加后得图 7-15(c)，其中

$$X_{10_*}=X_{2_*}+X_{7_*}=0.83+0.49=1.32$$

$$X_{11_*}=X_{6_*}+X_{9_*}=0.075+0.45=0.525$$

求各电源对短路点的转移电抗。由图 7-15(c)可见，电源 1 经 X_{1_*} 直接与短路点相连，故 X_{1_*} 即为电源 1 至短路点的转移电抗。因此，只需求电源 2 及电源 3 的转移电抗即可。将图 7-15(c)中 X_{8_*}、X_{10_*}、X_{11_*} 组成的 Y 形变换成△形，利用星网变换公式可求出△形各支路的电抗值。

$$X_{2k_*}=X_{8_*}X_{10_*}\left(\frac{1}{X_{8_*}}+\frac{1}{X_{10_*}}+\frac{1}{X_{11_*}}\right)=3.04$$

$$X_{3k_*}=X_{8_*}X_{11_*}\left(\frac{1}{X_{8_*}}+\frac{1}{X_{10_*}}+\frac{1}{X_{11_*}}\right)=1.21$$

经 Y-△变换后，得图 7-16。X_{23} 为电源 2 与电源 3 之间的转移电抗，与短路计算无关，故不需计算。X_{2k_*} 和 X_{3k_*} 分别为电源 2 和电源 3 到短路点的转移电抗。

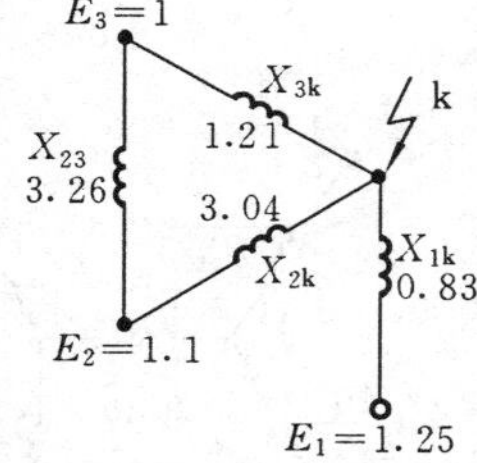

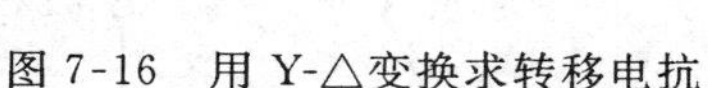
图 7-16 用 Y-△变换求转移电抗

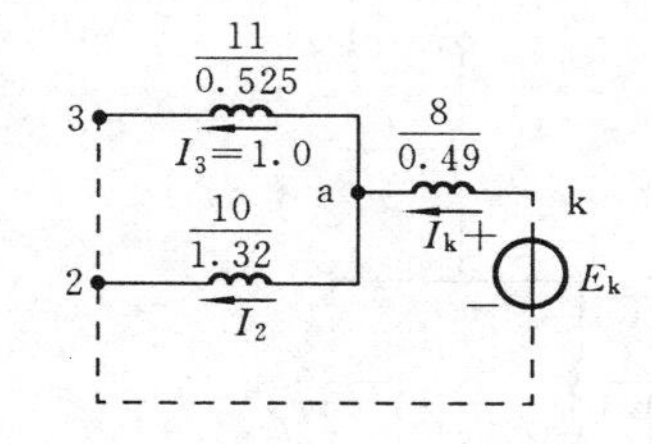

图 7-17 用单位电流法求转移电抗

②单位电流法：利用单位电流法求转移电抗时，一般先将等值网络变换成辐射形网络，以便于计算。现以图 7-15(c)为基础进行计算。为清楚起见，将该图改画成图 7-17 所示的电路。因 X_{1_*} 即为电源 1 的转移电抗，不需画在图上。

令 $I_{3_*}=1.0$，$E_2=E_3=0$，则得

$$U_{a_*}=I_{3_*}X_{11_*}=1\times0.525=0.525$$

$$I_{2_*}=U_{a_*}/X_{10_*}=0.525/1.32=0.398$$

$$I_{8_*}=I_{2_*}+I_{3_*}=0.398+1.0=1.398$$

$$E_{k_*}=U_{a_*}+I_{8_*}X_{8_*}=0.525+1.398\times0.49=1.21$$

电源 2 及电源 3 至短路点的转移电抗分别为

$$X_{2k_*}=\frac{E_{k_*}}{I_{2_*}}=\frac{1.21}{0.398}=3.04$$

$$X_{3k_*}=\frac{E_{k_*}}{I_{3_*}}=\frac{1.21}{1.0}=1.21$$

用单位电流法求得的转移电抗值与网络变换法求得的完全相同。

(2)求短路电流。

根据前面求得的转移电抗，即可求得各电源单独提供的短路电流，其代数和即为流至短路点的总电流。三相短路时，$U_{k_*}=0$，由图 7-16 可求得

$$I_{k_*}=\frac{E_{1_*}}{X_{1k}}+\frac{E_{2_*}}{X_{2k}}+\frac{E_{3_*}}{X_{3k}}=\frac{1.25}{0.83}+\frac{1.1}{3.04}+\frac{1.0}{1.21}=2.69$$

第五节　有限容量系统供电网络三相短路电流的实用计算

在由无限大功率系统供电的三相短路过程的分析中，由于假设系统为“无限大”容量，电源的端电压在短路过程中维持恒定，所以短路电流的周期分量的幅值将保持不变，使计算过程比较简单。然而，电力系统发生短路时，不可能都当做由无限大功率的系统供电，在大多数情况下，系统容量总是有限的，例如，由几个发电厂或几台发电机供电的系统，当短路发生在距离电源的不远处，电源内阻抗在短路回路总阻抗中所占比例较大，电源的端电压将不可能维持恒定，短路电流周期分量的幅值也将随时间变化而变化。在这种情况下，周期分量电流如何计算，采用什么电势和电抗来表示发电机，是一个值得探讨的问题。

从本节开始，对于用标幺值表示的量，均省去下标“*”。

一、同步发电机突然三相短路的电磁暂态过程

对突然短路的暂态过程进行物理分析的理论基础是超导体闭合回路磁链守恒原则。所谓超导体就是电阻为零的导体。在实际的电机里，虽然所有的绕组并非超导体，但根据楞茨定律，任何闭合线圈在突然变化的瞬间，都将维持与之交链的总磁链不变。而绕组中的电阻，只是引起与磁链对应的电流在暂态过程中的衰减。

在同步发电机发生突然短路后，由于发电机定子绕组中周期分量电流的突然变化，将对转子产生强烈的电枢反应作用。为了抵消定子电枢反应产生的交链发电机励磁绕组的磁链，以维持励磁绕组在短路发生瞬间的总磁链不变，励磁绕组内将产生一项直流电流分量，它的方向与原有的励磁电流方向相同。这项附加的直流分量产生的磁通也有一部分要穿入定子绕组，从而使定子绕组的周期分量电流增大。因此，在有限容量系统发生突然短路时，短路电流的初值将大大超过稳态短路电流。由于实际电机的绕组中都存在电阻，所有绕组的磁链都将发生变化，逐步过渡到新的稳态值。因此，励磁绕组中因维持磁链不变而出现的自由直流分量电流终将衰减至零，这样，与转子自由直流分量对应的、突然短路时定子周期分量中的自由电流分量亦将逐步衰减，定子电流最终为稳态短路电流。

为了便于描述同步发电机在突然短路时的暂态过程，从等值电路的角度，需要确定

一个在短路瞬间不发生突变的电势,并应用它来求取短路瞬间的定子电流周期分量。显然,计算稳态短路电流用的空载电势 E_q 将因产生它的励磁电流的突变而突变。在无阻尼绕组的同步发电机中,转子中唯有励磁绕组是闭合绕组,在短路瞬间,与该绕组交链的总磁链不能突变。通过对这一突然短路过程的数学分析,可以给出一个与励磁绕组总磁链成正比的电势 E'_q,称为 q 轴暂态电势,对应的同步发电机电抗为 X'_d,称为暂态电抗。在短路电流近似计算中,通常可不计同步电机纵轴和横轴暂态参数的不对称,用暂态电抗 X'_d 后的一个计算用电势(简称为暂态电势)E' 代替 q 轴暂态电势 E'_q。这样,无阻尼绕组的同步发电机电势方程可表示为

$$\dot{E}'=\dot{U}+\mathrm{j}X'_d\dot{I} \tag{7-38}$$

式中,$\dot{U}$ 和 $\dot{I}$ 分别为正常运行时同步发电机的端电压和定子电流。显然,E' 可根据短路前运行状态及同步发电机结构参数 X'_d 求出,并近似认为它在突然短路瞬间保持不变,从而可用于计算暂态短路电流的初始值。

上述分析是针对无阻尼绕组同步发电机的。对应于无阻尼绕组同步发电机突然短路的过渡过程称之为暂态过程。在电力系统中,大多数的水轮发电机均装有阻尼绕组,汽轮发电机的转子虽不装设阻尼绕组,但转子铁芯是整块锻钢制成的,本身具有阻尼作用。在突然短路时,定子周期电流的突然增大引起电枢反应磁通的突然增加,励磁绕组和阻尼绕组为了保持磁链不变,都要感应产生自由直流电流,以抵消电枢反应磁通的增加。转子各绕组的自由直流电流产生的磁通都有一部分穿过气隙进入定子,并在定子绕组中产生定子周期电流的自由分量,显然,这时定子周期电流将大于无阻尼绕组时的电流。对应于有阻尼绕组同步发电机突然短路的过渡过程称之为次暂态过程。按无阻尼绕组同步发电机突然短路过渡过程类似的处理方法,可以给出一个与转子励磁绕组和纵轴阻尼绕组的总磁链成正比的电势 E''_q 和一个与转子横轴阻尼绕组的总磁链成正比的电势 E''_d,分别称为 q 轴和 d 轴次暂态电势,对应的发电机次暂态电抗分别为 X''_d 和 X''_q。当忽略纵轴和横轴次暂态参数的不对称时,有阻尼绕组的同步发电机电势方程可表示为

$$\dot{E}''=\dot{E}''_q+\dot{E}''_d\approx\dot{U}+\mathrm{j}X''_d\dot{I} \tag{7-39}$$

式中,$\dot{U}$ 和 $\dot{I}$ 的意义同式(7-38)。同样地,$\dot{E}''$ 可根据短路前运行状态及同步发电机结构参数 X''_d 求出,并在突然短路瞬间保持不变,可用于计算次暂态短路电流的初始值。

二、起始次暂态电流和冲击电流的计算

电力系统短路电流的工程计算,在许多情况下,只需计算短路电流周期分量的初值,即起始次暂态电流。这时,只要把系统所有元件都用其次暂态参数表示,次暂态电流的计算就同稳态电流一样了。系统中所有静止元件的次暂态参数都与其稳态参数相同,而旋转电机的次暂态参数则不同于其稳态参数。

如前所述,在突然短路瞬间,系统中所有同步电机的次暂态电势均保持短路发生前

瞬间的值。为了简化计算，应用图 7-18 所示的同步发电机简化相量图，可求得其次暂态电势的近似值

$$E''_0=E''_{[0]}=U_{[0]}+X''I_{[0]}\sin\varphi_{[0]} \quad (7\text{-}40)$$

式中，$U_{[0]}$、$I_{[0]}$、$\varphi_{[0]}$分别为同步发电机短路前瞬间的电压、电流和功率因数角。

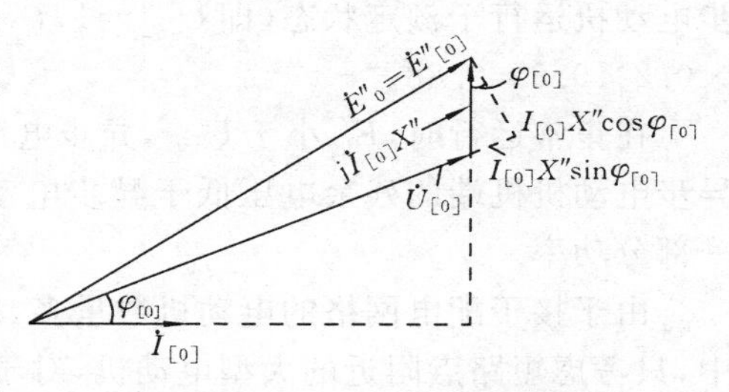

图 7-18 同步发电机简化相量图

若同步发电机短路前在额定电压下满载运行，$X''=X''_d=0.125$，$\cos\varphi=0.8$，$U_{[0]}=1$，$I_{[0]}=1$，则发电机的次暂态电动势值为 $E''_0\approx1+1\times0.125\times0.6=1.075$。

若在空载情况下短路或不计负载影响，则有 $I_{[0]}=0$，$E''_0=1$。一般地，发电机的次暂态电动势标幺值在 1.05～1.15 之间。

求得发电机的次暂态电势后，起始次暂态电流根据图 7-19 计算，即为

$$I''=\frac{E''_0}{(X''+X_k)} \quad (7\text{-}41)$$

式中，X_k 为从发电机端至短路点的组合电抗，如果在发电机端短路，则有 $X_k=0$。

系统中同步发电机提供的冲击电流，仍可按式(7-22)计算，只是用起始次暂态电流的最大值 I''_m 代替式中的稳态电流的最大值 I_{pm}。此外，电力系统的负荷中包含有大量的异步电动机，在短路过程中，它们可能提供一部分短路电流。异步电动机在突然短路时的等值电路也可用与其转子绕组总磁链成正比的次暂态电势 E''_0 和与之相应的次暂态电抗 X''来表示。异步电动机的次暂态电抗的标幺值可由下式确定：

$$X''=1/I_{st} \quad (7\text{-}42)$$

式中，I_{st}为异步电动机启动电流的额定标幺值，一般为 4～7。因此，近似可取 $X''=0.2$。

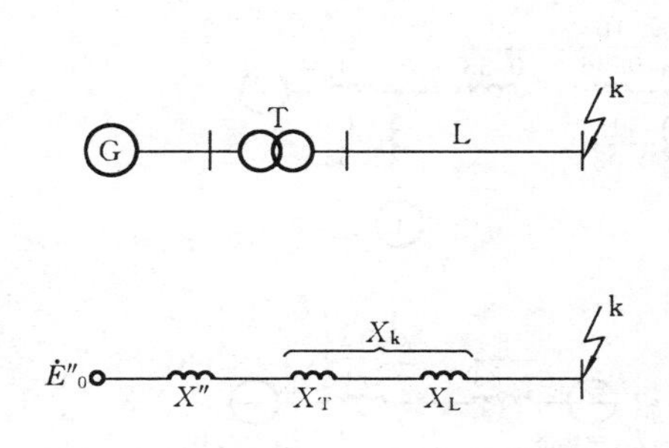

图 7-19 次暂态电流计算示意图

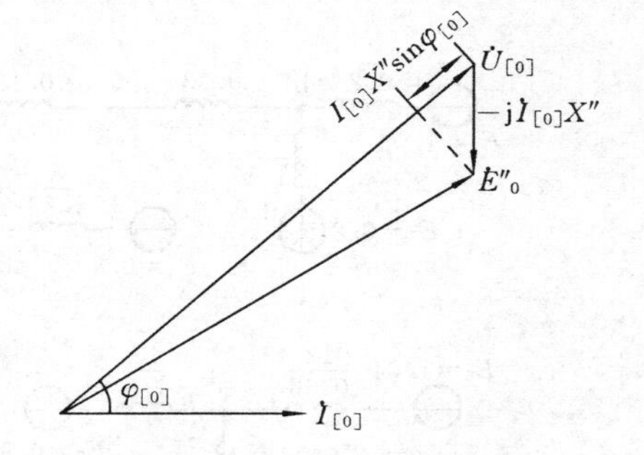

图 7-20 异步电动机简化相量图

图 7-20 表示异步电动机的次暂态参数简化相量图，可由此得出其次暂态电势的近似计算公式

$$E''_0=U_{[0]}-X''I_{[0]}\sin\varphi_{[0]} \quad (7\text{-}43)$$

式中，$U_{[0]}$、$I_{[0]}$、$\varphi_{[0]}$分别为短路前异步电动机的电压、电流和功率因数角。若短路前异

步电动机运行于额定状态(即 $U_{[0]}=1$,$I_{[0]}=1$),其 $X''=0.2$,$\cos\varphi=0.8$,则有 $E''_0=1-1\times0.2\times0.6=0.88$。

在正常运行时,E''_0 小于 $U_{[0]}$,异步电动机从系统吸取功率。当系统发生短路,且有异步电动机机端的残余电压低于异步电动机的 E''_0 时,电动机才会暂时地向系统提供一部分功率。

由于接于配电网络的电动机数量多,短路前运行状态难以弄清,因而,在实用计算中,只考虑短路点附近的大型电动机,对于其余的电动机,一般可当做综合负荷来处理。以额定运行参数为基准,综合负荷的电势和电抗的标幺值可取 $E''=0.8$ 及 $X''=0.35$。X''中包括电动机本身的次暂态电抗 0.2 和降压变压器及馈电线路的电抗 0.15。在实用计算中,负荷提供的冲击电流可表示为

$$i_{\text{shLD}}=K_{\text{shLD}}\sqrt{2}I''_{\text{LD}} \tag{7-44}$$

式中,I''_{LD}为负荷提供的起始次暂态电流的有效值;K_{shLD}为负荷冲击系数,对于小容量电动机和综合负荷,取 $K_{\text{shLD}}=1$,大容量的电动机,$K_{\text{shLD}}=1.3\sim1.8$。

应该指出,由于异步电动机所提供的短路电流的周期分量及非周期分量衰减非常快,当 $t>0.01$ s 时,即可认为其暂态过程已告结束。因此,对一切异步电动机及综合负荷,只在冲击电流计算中予以计及。

例 7-4 试计算图 7-21 所示网络中 k 点发生三相短路时的冲击电流。

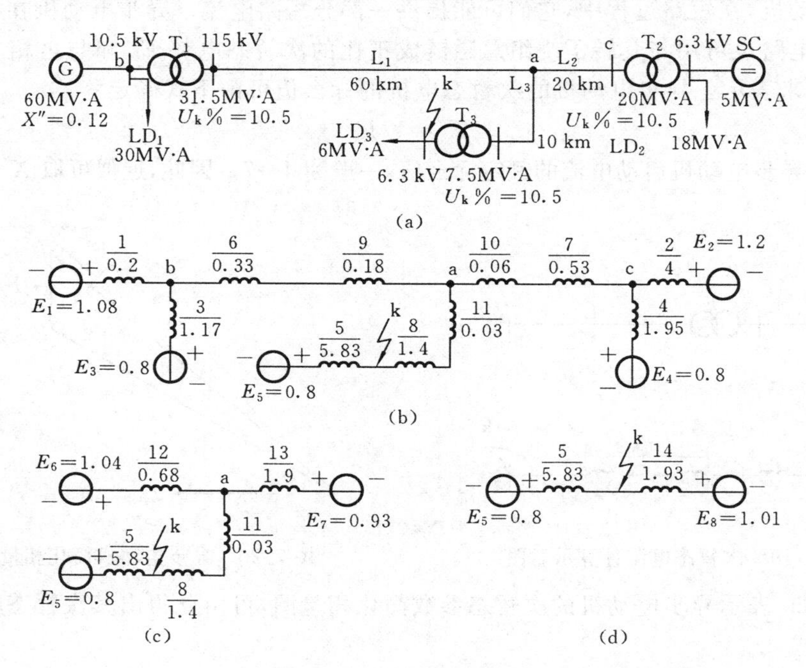

图 7-21 例 7-4 的网络图

(a)系统图;(b)等值网络;(c)化简过程中的网络;(d)化简后的网络

解　发电机 G:取 $E''=1.08$,$X''=0.12$;同步调相机 SC:取 $E''=1.2$,$X''=0.20$;负荷:取 $E''=0.8$,$X''=0.35$;线路电抗:0.4 Ω/km。

(1)取 $S_d=100$ MV·A,$U_d=U_{av}$,各元件电抗的标幺值计算如下。

发电机　$$X_1=0.12\times\frac{100}{60}=0.2$$

调相机　$$X_2=0.2\times\frac{100}{5}=4$$

负荷 LD_1　$$X_3=0.35\times\frac{100}{30}=1.17$$

负荷 LD_2　$$X_4=0.35\times\frac{100}{18}=1.95$$

负荷 LD_3　$$X_5=0.35\times\frac{100}{6}=5.83$$

变压器 T_1　$$X_6=0.105\times\frac{100}{31.5}=0.33$$

变压器 T_2　$$X_7=0.105\times\frac{100}{20}=0.53$$

变压器 T_3　$$X_8=0.105\times\frac{100}{7.5}=1.4$$

线路 L_1　$$X_9=0.4\times60\times\frac{100}{115^2}=0.18$$

线路 L_2　$$X_{10}=0.4\times20\times\frac{100}{115^2}=0.06$$

线路 L_3　$$X_{11}=0.4\times10\times\frac{100}{115^2}=0.03$$

(2)网络化简。

$$X_{12}=(X_1/\!/X_3)+X_6+X_9=\frac{0.2\times1.17}{0.2+1.17}+0.33+0.18=0.68$$

$$X_{13}=(X_2/\!/X_4)+X_7+X_{10}=\frac{4\times1.95}{4+1.95}+0.53+0.06=1.9$$

$$X_{14}=(X_{12}/\!/X_{13})+X_{11}+X_8=\frac{0.68\times1.9}{0.68+1.9}+0.03+1.4=1.93$$

$$E_6=E_1/\!/E_3=\frac{E_1X_3+E_3X_1}{X_1+X_3}=\frac{1.08\times1.17+0.8\times0.2}{0.2+1.17}=1.04$$

$$E_7=E_2/\!/E_4=\frac{E_2X_4+E_4X_2}{X_2+X_4}=\frac{1.2\times1.95+0.8\times4}{4+1.95}=0.93$$

$$E_8=E_6/\!/E_7=\frac{E_6X_{13}+E_7X_{12}}{X_{12}+X_{13}}=\frac{1.04\times1.9+0.93\times0.68}{0.68+1.9}=1.01$$

(3)起始次暂态电流计算。

由变压器 T_3 方面提供的电流为

$$I''=\frac{E_8}{X_{14}}=\frac{1.01}{1.93}=0.523$$

由负荷 LD_3 提供的电流为

$$I''_{LD_3}=\frac{E_5}{X_5}=\frac{0.8}{5.83}=0.137$$

(4)冲击电流计算。为了判断负荷 LD_1 和 LD_2 是否有可能提供冲击电流，先对 b 点和 c 点的残余电压进行验算。

a 点的残余电压为

$$U_a=I''(X_8+X_{11})=0.523\times(1.4+0.03)=0.75$$

线路 L_1 的电流为

$$I''_{L1}=\frac{E_6-U_a}{X_{12}}=\frac{1.04-0.75}{0.68}=0.427$$

线路 L_2 的电流为

$$I''_{L2}=I''-I''_{L1}=0.523-0.427=0.096$$

b 点残余电压为

$$U_b=U_a+(X_9+X_6)I''_{L1}=0.75+(0.18+0.33)\times0.427=0.97$$

c 点残余电压为

$$U_c=U_a+(X_{10}+X_7)I''_{L2}=0.75+(0.06+0.53)\times0.096=0.807$$

因 U_b 和 U_c 都高于 0.8，即 $E''_0<U$，所以负荷 LD_1 和 LD_2 不会提供短路电流。因而，由变压器 T_3 方面来的短路电流都是发电机和调相机提供的，可取 $K_{sh}=1.8$。而负荷 LD_3 提供的短路电流则取 $K_{sh}=1$。

短路处电压级的基准电流为

$$I_d=\frac{100}{\sqrt{3}\times6.3}\ \text{kA}=9.16\ \text{kA}$$

短路处的冲击电流为

$$I_{sh}=(1.8\times\sqrt{2}I''+1\times\sqrt{2}I''_{LD})I_d=(1.8\times\sqrt{2}\times0.523+\sqrt{2}\times0.137)\times9.16\ \text{kA}$$
$$=13.97\ \text{kA}$$

在近似计算中，考虑到负荷 LD_1 和 LD_2 离短路点较远，可将它们略去不计。把同步发电机和调相机的次暂态电势取作 $E''=1$，这时网络(负荷 LD_3 除外)对短路点的总电抗为

$$X_{14}=[(X_1+X_6+X_9)/\!/(X_2+X_7+X_{10})]+X_{11}+X_8$$
$$=[(0.2+0.33+0.18)/\!/(4+0.53+0.06)]+0.03+1.4=2.05$$

因而由变压器 T_3 方面提供的短路电流为

$$I''=\frac{1}{2.05}=0.49$$

短路处的冲击电流为

$$i_{sh}=(1.8\times\sqrt{2}I''+\sqrt{2}I''_{LD})I_d=(1.8\times\sqrt{2}\times0.49+\sqrt{2}\times0.137)\times9.16\ \text{kA}=13.20\ \text{kA}$$

此值较前面算得的小6%，在实际计算中，一般允许采用这种简化计算。

三、应用计算曲线计算短路电流

在短路过程中，短路电流的非周期分量通常衰减得很快，短路计算主要是针对短路电流的周期分量。电力系统继电保护的整定和断路器开断能力的确定往往需要提供短路发生后某一时刻的周期分量电流。为方便工程计算，采用概率统计方法绘制出一种短路电流周期分量随时间和短路点距离而变化的曲线，称为计算曲线。应用计算曲线来确定任意时刻短路电流周期分量有效值的方法，称为计算曲线法。

在发电机的参数和运行初态给定后，短路电流将只是短路距离(用从机端到短路点的外接电抗 X_k 表示)和时间 t 的函数。将归算到发电机额定容量的外接电抗的标幺值和发电机次暂态电抗的额定标幺值之和定义为计算电抗，并记为 X_c，即 $X_c=X''_d+X_k$。

计算曲线按汽轮发电机和水轮发电机两种类型分别制作，并计及了负荷的影响，故在使用时可舍去系统中所有负荷支路。为了便于查找，将这些曲线制成数字表格列入附录Ⅲ。计算曲线的应用，就是在计算出以发电机额定容量为基准的计算电抗后，按计算电抗和所要求的短路发生后某瞬刻 t，从计算曲线或相应的数字表格查得该时刻短路电流周期分量的标幺值。计算曲线只作到 $X_c=3.45$ 为止。当 $X_c>3.45$ 时，表明发电机离短路点电气距离很远，近似认为短路电流的周期分量已不随时间而变。

在实际电力系统中，发电机数目很多。如果每台发电机都单独计算，工作量非常大。因此，工程计算中常采用合并电源的方法来简化网络。合并的主要原则是：

(1)距短路点电气距离(即相联系的电抗值)大致相等的同类型发电机可以合并；

(2)远离短路点的不同类型发电机可以合并；

(3)直接与短路点相连的发电机应单独考虑；

(4)无限大功率系统因提供的短路电流周期分量不衰减而不必查计算曲线，应单独计算。

应用计算曲线法的具体计算步骤如下。

(1)作等值网络：选取网络基准功率和基准电压，计算网络各元件在统一基准下的电抗标幺值，发电机用次暂态电抗，负荷略去不计。

(2)进行网络变换：按电源归并原则，将网络合并成若干台等值发电机，无限大功率电源单独考虑。通过网络变换求各等值发电机对短路点的转移电抗 X_{ik}。

(3)求计算电抗：将各转移电抗按各等值发电机的额定容量归算为计算电抗，即

$$X_{ci}=X_{ik}\frac{S_{Ni}}{S_d} \tag{7-45}$$

式中，S_{Ni}为第 i 台等值发电机中各发电机的额定容量之和。

(4)求 t 时刻短路电流周期分量的标幺值:根据各计算电抗和指定时刻 t,从相应的计算曲线或对应的数字表格中查出各等值发电机提供的短路电流周期分量的标幺值。对于无限大功率系统 S,取其母线电压 $U=1$,则得短路电流周期分量的算式为

$$I_{Sk}=\frac{1}{X_{Sk}}$$

(5)计算短路电流周期分量的有名值。

以下通过例 7-5 说明计算曲线法的实际应用。

例 7-5 图 7-22(a)所示电力系统在 k 点发生三相短路,试求:(1)$t=0$ 和 $t=0.5$ s 的短路电流;(2)短路冲击电流及 0.5 s 时的短路功率。

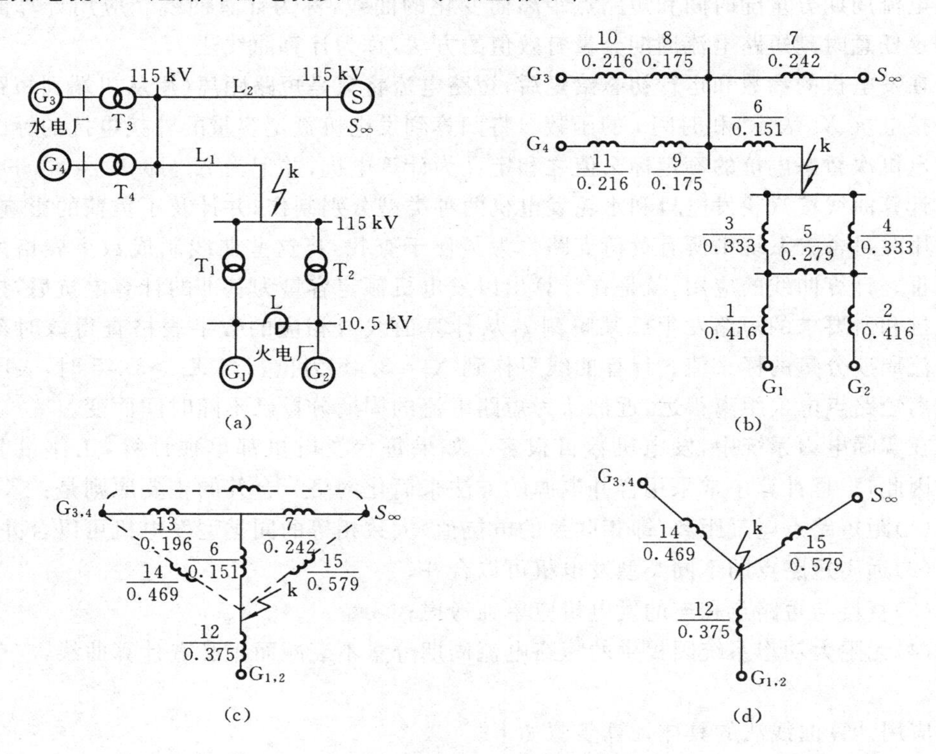

图 7-22 例 7-5 的系统图及等值电路

(a)系统接线图;(b)等值电路;(c)化简后网络(Ⅰ);(d)化简后网络(Ⅱ)

各元件的型号和参数为:发电机 G_1、G_2 为汽轮发电机,每台容量为 31.25 MV·A,$X''_d=0.13$,发电机 G_3、G_4 为水轮发电机,每台容量为 62.5 MV·A,$X''_d=0.135$;变压器 T_1、T_2 每台容量为 31.5 MV·A,$U_k\%=10.5$,变压器 T_3、T_4 每台容量为 60 MV·A,$U_k\%=10.5$;母线电抗器为 10 kV,1.5 kA,$X_R\%=8$;线路 L_1 长 50 km,0.4 Ω/km,线路 L_2 长 80 km,0.4 Ω/km;无限大功率系统内电抗 $X=0$。

解 (1)作等值网络。

取 $S_d=100\ \text{MV}\cdot\text{A}$，$U_d=U_{av}$，各元件电抗的标幺值为

发电机 G_1，G_2　　$X_1=X_2=0.13\times\dfrac{100}{31.25}=0.416$

变压器 T_1，T_2　　$X_3=X_4=0.105\times\dfrac{100}{31.5}=0.333$

电抗器 R　　$X_5=\dfrac{X_R\%}{100}\times\dfrac{U_N}{\sqrt{3}I_N}\times\dfrac{S_d}{U_d^2}=0.08\times\dfrac{10}{\sqrt{3}\times1.5}\times\dfrac{100}{10.5^2}=0.279$

线路 L_1　　$X_6=0.4\times50\times\dfrac{100}{115^2}=0.151$

线路 L_2　　$X_7=0.4\times80\times\dfrac{100}{115^2}=0.242$

变压器 T_3，T_4　　$X_8=X_9=0.105\times\dfrac{100}{60}=0.75$

发电机 G_3，G_4　　$X_{10}=X_{11}=0.135\times\dfrac{100}{62.5}=0.216$

各元件电抗的标幺值标于图 7-22(b)中。

(2)化简网络，求各电源对短路点的转移电抗。先对电力系统图作些分析。从图 7-22(a)可见，由火电厂所组成的等值电路对 k 点具有对称关系。因此，发电机组 G_1 和 G_2 机端等电位，可将其短接，并除去电抗器支路。G_1 和 G_2 可合并组成等值发电机组。G_3、G_4 距短路点较远，且具有相等的电气距离，可将其合并成另一等值发电机组。无限大功率系统不能与其他电源合并，只能单独处理。合并后的等值网络如图7-22(c)所示。在图 7-22(c)中，有

$$X_{12}=\frac{1}{2}(X_1+X_2)=\frac{1}{2}\times(0.416+0.333)=0.375$$

$$X_{13}=\frac{1}{2}(X_8+X_{10})=\frac{1}{2}\times(0.175+0.216)=0.196$$

在图 7-22(c)中作 Y-△变换，并除去电源间的转移电抗支路，得到图 7-22(d)。在图 7-22(d)中，有

$$X_{14}=0.151+0.196+\frac{0.151\times0.196}{0.242}=0.469$$

$$X_{15}=0.151+0.242+\frac{0.151\times0.242}{0.196}=0.579$$

各等值发电机对短路点的转移电抗分别为

等值发电机 $G_{1,2}$　　$X_{(1//2)k}=X_{12}=0.375$

等值发电机 $G_{3,4}$　　$X_{(3//4)k}=X_{14}=0.469$

无限大功率系统 S　　$X_{Sk}=X_{15}=0.579$

(3)求各电源的计算电抗。

$$G_{1,2} \quad X_{c(1/\!/2)}=0.375\times\frac{2\times 31.25}{100}=0.234$$

$$G_{3,4} \quad X_{c(3/\!/4)}=0.469\times\frac{2\times 62.5}{100}=0.586$$

(4)查计算曲线数字表,求短路电流周期分量的标幺值。火电厂的 G_1、G_2 应查汽轮发电机的计算曲线,水电厂的 G_3、G_4 应查水轮发电机的计算曲线。无限大功率系统S所提供的短路电流标幺值即为其转移电抗的倒数 $I_{Sk}=1/X_{Sk}$。将所得各值列入表7-3中。

表 7-3 例 7-5 短路电流计算结果

短路计算时间/s	电流值	提供短路电流的机组			短路点总电流/kA
		$G_{1,2}$ ($X_{c1}=0.234$)	$G_{3,4}$ ($X_{c2}=0.586$)	S ($X_{Sk}=0.579$)	
0	标幺值	4.65	1.85	1.73	—
	有名值/kA	1.460	1.162	0.868	3.49
0.5	标幺值	2.86	1.78	1.73	—
	有名值/kA	0.90	1.12	0.868	2.884

(5)计算短路电流有名值。归算至短路点电压级的各等值电源的额定电流和基准电流分别为

$$I_{N(1/\!/2)}=I_{N1}+I_{N2}=\frac{2\times 31.25}{\sqrt{3}\times 115}\ \text{kA}=0.314\ \text{kA}$$

$$I_{N(3/\!/4)}=I_{N3}+I_{N4}=\frac{2\times 62.5}{\sqrt{3}\times 115}\ \text{kA}=0.628\ \text{kA}$$

$$I_{d(115)}=\frac{100}{\sqrt{3}\times 115}\ \text{kA}=0.502\ \text{kA}$$

(6)计算短路冲击电流及0.5 s的短路功率。

①冲击电流:由于短路点在火电厂升压变压器高压侧,$G_{1,2}$ 的冲击系数应取 $K_{sh}=1.85$,其余电源离短路点较远,均可取 $K_{sh}=1.8$,次暂态电流起始值 $I''=I_{p(t=0)}$,因此,短路点的冲击电流为

$$\begin{aligned} i_{sh\Sigma}&=i_{sh(G1,2)}+i_{sh(G3,4)}+i_{sh(S)}\\ &=[1.85\sqrt{2}\times 1.46+1.8\sqrt{2}\times(1.162+0.868)]\ \text{kA}=8.98\ \text{kA}\end{aligned}$$

②0.5 s时的短路功率:

$$\begin{aligned} S_{0.5}&=I_{0.5(G1,2)}S_{N(G1,2)}+I_{0.5(G3,4)}S_{N(G3,4)}+I_{0.5(S)}S_d\\ &=[2.86\times(2\times 31.25)+1.78\times(2\times 62.5)+1.73\times 100]\ \text{MV}\cdot\text{A}\\ &=574\ \text{MV}\cdot\text{A}\end{aligned}$$

第六节　电力系统各元件的负序与零序参数

对称分量法是分析电力系统不对称故障的常用方法。根据对称分量法，网络发生的不对称故障，可以看成是发电机的正序电势与故障处的各序等值电势共同作用于网络的结果，此时网络中的电压、电流不仅含有正序对称分量，而且含有负序或零序对称分量。电力系统各元件在不同序别对称分量的作用下可能呈现不同的特性，本节将讨论电力系统各元件的负序与零序参数以及相应的等值电路。

一、对称分量法

在三相电路中，任意一组不对称的三相相量都可以分解为三组三相对称的相量，这就是“三相相量对称分量法”。当选择 a 相作为基准相时，不对称的三相相量与其对称分量之间的关系为(以电流为例)

$$\begin{bmatrix}\dot{I}_{a1}\\ \dot{I}_{a2}\\ \dot{I}_{a0}\end{bmatrix}=\frac{1}{3}\begin{bmatrix}1 & a & a^2\\ 1 & a^2 & a\\ 1 & 1 & 1\end{bmatrix}\begin{bmatrix}\dot{I}_{a}\\ \dot{I}_{b}\\ \dot{I}_{c}\end{bmatrix} \tag{7-46}$$

式中，运算子 $a=e^{j120°}$，$a^2=e^{j240°}$，且有 $a^3=1$，$1+a+a^2=0$；$\dot{I}_{a1}$、$\dot{I}_{a2}$、$\dot{I}_{a0}$ 分别为 a 相电流的正序、负序、零序分量，并有

$$\left.\begin{aligned}\dot{I}_{b1}&=e^{j240°}\dot{I}_{a1}=a^2\dot{I}_{a1}\\ \dot{I}_{c1}&=e^{j120°}\dot{I}_{a1}=a\dot{I}_{a1}\\ \dot{I}_{b2}&=e^{j120°}\dot{I}_{a2}=a\dot{I}_{a2}\\ \dot{I}_{c2}&=e^{j240°}\dot{I}_{a2}=a^2\dot{I}_{a2}\\ \dot{I}_{b0}&=\dot{I}_{c0}=\dot{I}_{a0}\end{aligned}\right\} \tag{7-47}$$

由上式可以得出正序、负序、零序三组对称分量，如图 7-23 所示。从图 7-23 中可

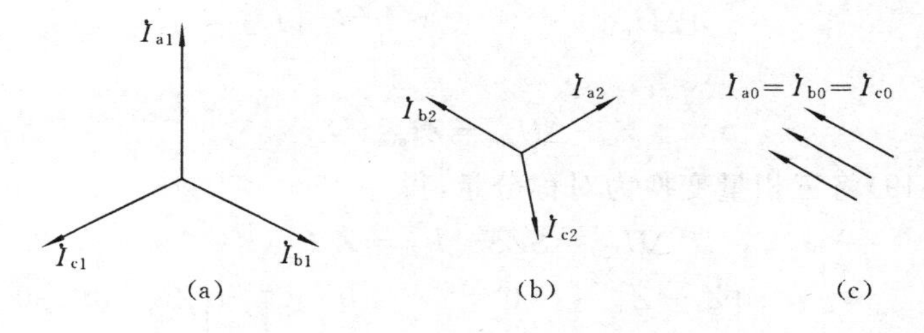

图 7-23　三相量的对称分量

(a)正序分量；(b)负序分量；(c)零序分量

以看到,正序分量的相序与正常对称运行的三相系统相序相同,而负序分量的相序则与正序的相反,零序分量则三相同相位。

将一组不对称的三相相量分解为三相对称分量,这是一种坐标变换。式(7-46)可以写为

$$\boldsymbol{I}_{120}=\boldsymbol{S}\boldsymbol{I}_{\mathrm{abc}} \tag{7-48}$$

矩阵 $\boldsymbol{S}$ 称为对称分量变换矩阵。当已知一组三相不对称的相量时,可由上式求得各序对称分量。已知各序对称分量时,也可以用式(7-46)的反变换求出三相不对称的相量,即

$$\boldsymbol{I}_{\mathrm{abc}}=\boldsymbol{S}^{-1}\boldsymbol{I}_{120} \tag{7-49}$$

其中

$$\boldsymbol{S}^{-1}=\begin{bmatrix}1 & 1 & 1\\ a^2 & a & 1\\ a & a^2 & 1\end{bmatrix} \tag{7-50}$$

称为对称分量反变换矩阵。展开式(7-49)有

$$\left.\begin{aligned}\dot{I}_{\mathrm{a}}&=\dot{I}_{\mathrm{a1}}+\dot{I}_{\mathrm{a2}}+\dot{I}_{\mathrm{a0}}\\ \dot{I}_{\mathrm{b}}&=\dot{I}_{\mathrm{b1}}+\dot{I}_{\mathrm{b2}}+\dot{I}_{\mathrm{b0}}=a^2\dot{I}_{\mathrm{a1}}+a\dot{I}_{\mathrm{a2}}+\dot{I}_{\mathrm{a0}}\\ \dot{I}_{\mathrm{c}}&=\dot{I}_{\mathrm{c1}}+\dot{I}_{\mathrm{c2}}+\dot{I}_{\mathrm{c0}}=a\dot{I}_{\mathrm{a1}}+a^2\dot{I}_{\mathrm{a2}}+\dot{I}_{\mathrm{a0}}\end{aligned}\right\} \tag{7-51}$$

电压与电流具有同样的变换和反变换矩阵。由式(7-46)可知,只有当三相电流之和不等于零时才有零序分量。对称分量法实质上是一种叠加法,所以,只有当系统为线性时才能应用。

二、序阻抗的概念

这里,以一回三相对称的线路为例说明序阻抗的概念。设该线路每相的自阻抗为 Z_{s},相间互阻抗为 Z_{m},当线路上流过三相不对称电流时,元件各相的电压降为

$$\begin{bmatrix}\Delta\dot{U}_{\mathrm{a}}\\ \Delta\dot{U}_{\mathrm{b}}\\ \Delta\dot{U}_{\mathrm{c}}\end{bmatrix}=\begin{bmatrix}Z_{\mathrm{s}} & Z_{\mathrm{m}} & Z_{\mathrm{m}}\\ Z_{\mathrm{m}} & Z_{\mathrm{s}} & Z_{\mathrm{m}}\\ Z_{\mathrm{m}} & Z_{\mathrm{m}} & Z_{\mathrm{s}}\end{bmatrix}\begin{bmatrix}\dot{I}_{\mathrm{a}}\\ \dot{I}_{\mathrm{b}}\\ \dot{I}_{\mathrm{c}}\end{bmatrix} \tag{7-52}$$

可简写为

$$\Delta\boldsymbol{U}_{\mathrm{abc}}=\boldsymbol{Z}\boldsymbol{I}_{\mathrm{abc}} \tag{7-53}$$

应用式(7-49)将三相量变换为对称分量,得

$$\Delta\boldsymbol{U}_{120}=\boldsymbol{S}\boldsymbol{Z}\boldsymbol{S}^{-1}\boldsymbol{I}_{120}=\boldsymbol{Z}_{\mathrm{s}}\boldsymbol{I}_{120} \tag{7-54}$$

式中

$$\boldsymbol{Z}_{\mathrm{s}}=\boldsymbol{S}\boldsymbol{Z}\boldsymbol{S}^{-1}=\begin{bmatrix}Z_{\mathrm{s}}-Z_{\mathrm{m}} & 0 & 0\\ 0 & Z_{\mathrm{s}}-Z_{\mathrm{m}} & 0\\ 0 & 0 & Z_{\mathrm{s}}+2Z_{\mathrm{m}}\end{bmatrix}=\begin{bmatrix}Z_1 & 0 & 0\\ 0 & Z_2 & 0\\ 0 & 0 & Z_0\end{bmatrix} \tag{7-55}$$

上式称为序阻抗矩阵。代入式(7-54)并展开，有

$$\left.\begin{aligned}\Delta\dot{U}_{a1}&=Z_1\dot{I}_{a1}\\ \Delta\dot{U}_{a2}&=Z_2\dot{I}_{a2}\\ \Delta\dot{U}_{a0}&=Z_0\dot{I}_{a0}\end{aligned}\right\}\tag{7-56}$$

式(7-56)表明，在三相参数对称的线性电路中，各序对称分量具有独立性。也就是说，当电路通以某序对称分量的电流时，只产生同一序对称分量的电压降。反之，当电路施加某序对称分量的电压时，电路也只产生同一序对称分量的电流。这样，便可以对正序、负序、零序分量分别进行计算，再应用式(7-49)求出三相相量。

如果线性电路的三相参数不对称，则矩阵 $\boldsymbol{Z}_s$ 的非对角元素将不全为零，各序分量将不具有独立性。也就是说，此时通以正序电流所产生的电压降中，不仅包含正序分量，还可能有负序或零序分量。这时就不能按序进行独立计算。

据以上分析，所谓元件的序阻抗，是指元件三相参数对称时，元件两端某一序的电压降与通过该元件同一序电流的比值，即

$$\left.\begin{aligned}Z_1&=\Delta\dot{U}_{a1}/\dot{I}_{a1}\\ Z_2&=\Delta\dot{U}_{a2}/\dot{I}_{a2}\\ Z_0&=\Delta\dot{U}_{a0}/\dot{I}_{a0}\end{aligned}\right\}\tag{7-57}$$

式中，Z_1、Z_2 和 Z_0 分别称为元件的正序阻抗、负序阻抗和零序阻抗。

电力系统正常对称运行或三相对称短路时，系统中只有发电机的正序电势在起作用，网络中的电压、电流只含有正序对称分量，此时系统各元件呈现的阻抗就是正序阻抗。前面有关章节已讨论了电力系统各元件的正序参数与等值电路，下面将简要介绍它们的负序、零序参数与等值电路。

三、同步发电机的负序电抗和零序电抗

在短路电流的实用计算中，同步发电机的负序电抗通常取

$$X_2=\frac{1}{2}(X''_d+X''_q)\tag{7-58}$$

如无电机的确切参数，同步电机的负序电抗和零序电抗可按表 7-4 取值。

表 7-4 各种同步电机的负序和零序电抗

电机类型	X_2	X_0	电机类型	X_2	X_0
汽轮发电机	0.16	0.06	无阻尼绕水轮发电机	0.45	0.07
有阻尼绕组水轮发电机	0.25	0.07	同步调相机和大型同步电动机	0.24	0.08

注：均为以电机额定值为基准的标幺值。

四、异步电动机的负序电抗和零序电抗

异步电动机在扰动瞬时的正序电抗为 X''。假设异步电动机在正常情况下的转差率为 s,则转子对负序磁通的转差率为 $2-s$,即异步电动机的负序参数可以按转差率为 $2-s$ 来确定。

图 7-24 示出了异步电动机的等值电路图和电抗、电阻与转差率的关系曲线。其中,X_{ms}、R_{ms} 是转差率为 s 时的电抗和电阻;X_{mN}、R_{mN} 为额定运行情况下的电抗和电阻。由图 7-24 可以看出,在转差率小的部分,曲线变化明显,而当转差率增加到一定值,特别在转差率为 1～2 之间时,曲线变化很缓慢。因此,异步电动机的负序参数可用 $s=1$,即转子制动情况下的参数来代替,即 $X_2\approx X''$。

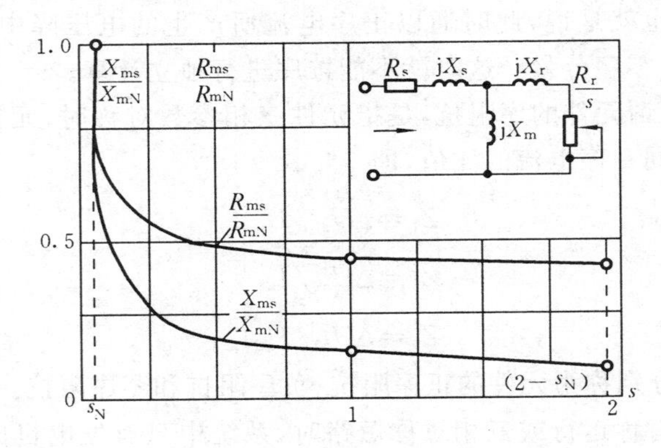

图 7-24　异步电动机等值电抗、电阻与转差率关系曲线

异步电动机三相绕组通常接成三角形或不接地星形,因而即使在其端点施加零序电压,定子绕组中也没有零序电流流通,即异步电动机的零序电抗 $X_0=\infty$。

五、变压器的零序等值电路及其参数

1. 普通变压器的零序等值电路及其参数

变压器的等值电路表征一相原、副边绕组间的电磁关系。这种电磁关系不因变压器通入哪一序的电流而改变,因此,变压器的正序、负序和零序等值电路具有相同的构成形式,图 7-25 所示为不计绕组电阻和铁芯损耗时变压器的零序等值电路。

变压器的漏抗(X_{I}、X_{II}、X_{III})反映原、副边绕组间磁耦合的紧密情况。漏磁通的路径与所通电流的序别无关。而励磁电抗 X_m 取决于主磁通路径的磁导。当变压器通以负序电流时,主磁通的路径与通以正序电流时完全相同,因此,负序励磁电抗与正序的相同。由此可见,变压器正、负序等值电路及其参数是完全相同的。这一结论也适用于电力系统中的一切静止元件。

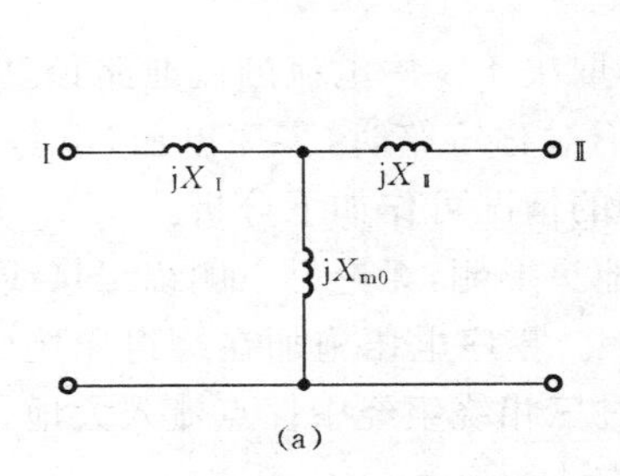

(a)

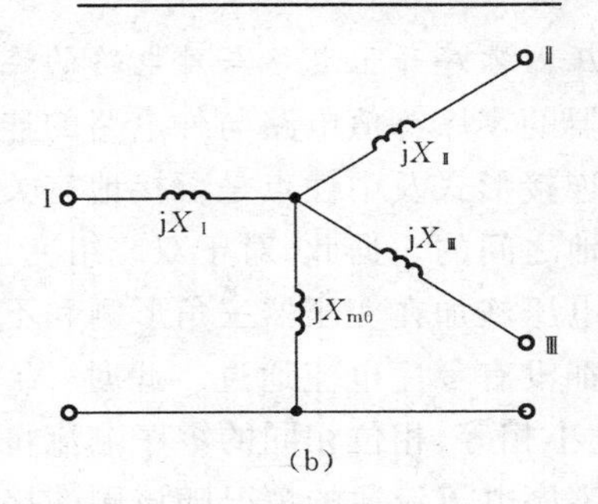

(b)

图 7-25　变压器的零序等值电路

(a)双绕组变压器;(b)三绕组变压器

图 7-26 所示为三种常用的变压器铁芯结构及零序励磁磁通的路径。对于由三个单相变压器组成的三相变压器组,每相的零序主磁通与正序主磁通一样,都有独立的铁芯磁路(见图 7-26(a)),因此,零序励磁电抗与正序的相等。对于三相四柱式(或五柱式)变压器,零序主磁通也能在铁芯中形成回路(见图 7-26(b)),磁阻很小,即零序励磁电抗的数值很大(也即励磁电流很小)。以上两种变压器,在短路计算中都可以当做 $x_{m0}=\infty$,即忽略励磁电流,认为励磁支路断开。

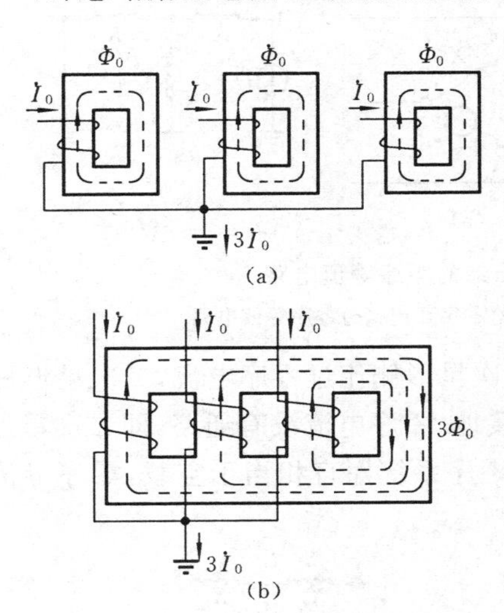

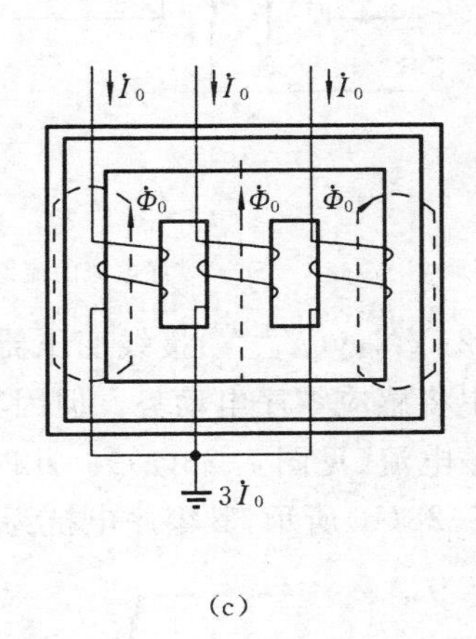

图 7-26　零序主磁通的磁路

(a)三相变压器组;(b)三相四柱式;(c)三相三柱式

对于三相三柱式变压器,由于三相零序磁通大小相等,相位相同,主磁通不能在铁芯中构成回路,而必须经过气隙由油箱壁中返回(见图 7-26(c)),要遇到很大的磁阻,这时的励磁电抗比正、负序等值电路中的励磁电抗小得多,在短路计算中,应视为有限值,其值一般由实验方法确定,大致取 $X_{m0}=0.3\sim1.0$。

2. 变压器零序等值电路与外电路的连接

变压器的零序等值电路与外电路的连接，取决于零序电流的流通路径，即与变压器三相绕组连接形式及中性点是否接地有关。不对称短路时，零序电压(电势)是施加在相线和大地之间的。据此，对于双绕组变压器的情况可作如下分析。

零序电压施加在变压器三角形侧和不接地星形侧，无论另一侧绕组接线方式如何，变压器中都没有零序电流通过。此时，$X_0=\infty$。零序电压施加在绕组连接成接地星形一侧时，大小相等、相位相同的零序电流将通过三相绕组经中性点流入大地，构成回路。而另一侧零序电流流通的情况随该侧的接线方式而定。

(1)YN，d($Y_0/\triangle$)接线变压器。变压器星形侧流过零序电流时，在三角形侧各相绕组中将感应零序电势，接成三角形的三相绕组为零序电流提供通路，电流在三角形绕组中形成环流，但流不到外电路上去(见图 7-27(a))。就一相而言，三角形侧感应的电动势完全降落在该侧的漏电抗上(见图 7-27(b))，相当于该侧绕组短接，其零序等值电路如图 7-27(c)所示，零序电抗为

$$X_0=X_{\mathrm{I}}+\frac{X_{\mathrm{II}}X_{\mathrm{m0}}}{X_{\mathrm{II}}+X_{\mathrm{m0}}}$$

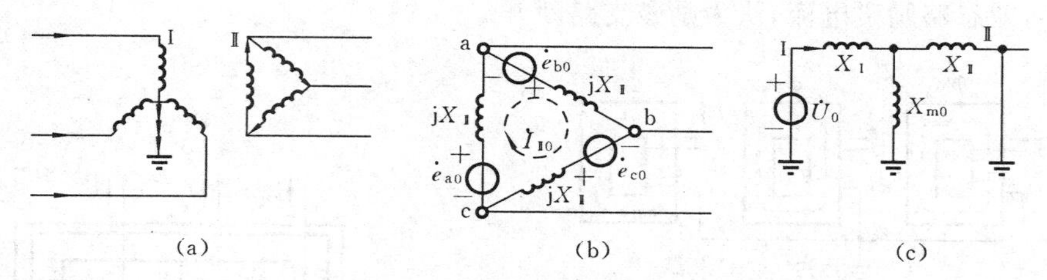

图 7-27 YN，d 接线变压器的零序等值电路

(a)零序电流的流通；(b)三角形侧的零序环流；(c)零序等值电路

(2)YN，y(Y_0/Y)接线变压器。变压器一次星形侧流过零序电流，二次星形侧各相绕组中将感应零序电动势。但因其中性点不接地，零序电流没有通路，即二次星形侧没有零序电流(见图 7-28(a))。此时，变压器对零序系统而言相当于空载，零序等值电路如图 7-28(b)所示，其零序电抗为

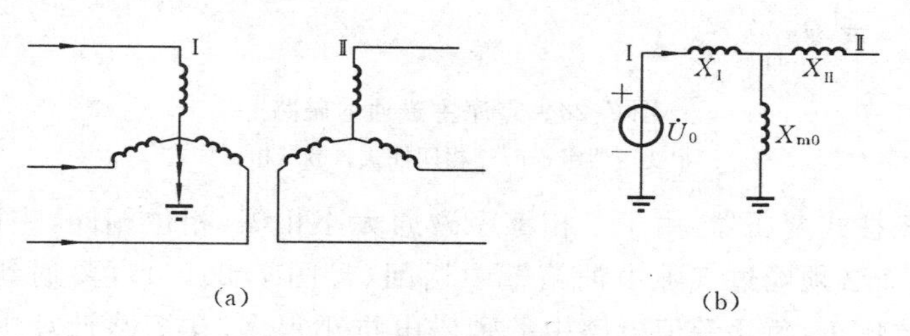

图 7-28 YN，y 接线变压器零序等值电路

(a)零序电流的流通；(b)零序等值电路

$$X_0 = X_1 + X_{m0}$$

(3)YN,yn(Y_0/Y_0)接线变压器。变压器一次星形侧流过零序电流,二次星形侧各相绕组中将感应零序电动势。如果与二次侧相连的电路还有另一个接地中性点,则二次绕组中将有零序电流流过,如图 7-29(a)所示,等值电路如图 7-29(b)所示。如果二次回路中没有其他接地中性点,则二次绕组中没有零序电流流通,此时,变压器也相当于空载,其零序电抗与 YN,y 接线的变压器相同。

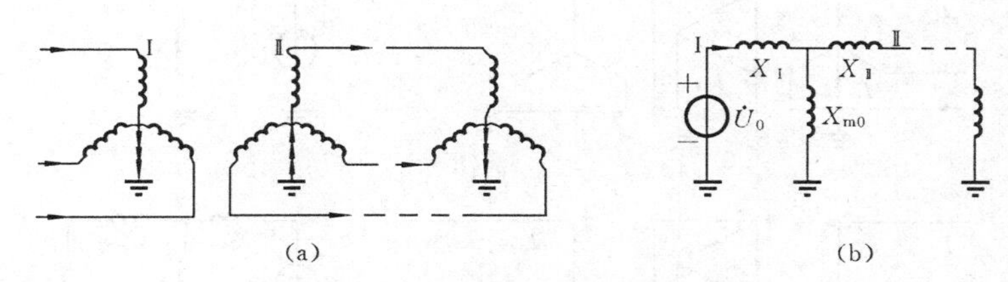

图 7-29　YN,yn 接线变压器零序等值电路

(a)零序电流的流通;(b)零序等值电路

综上所述,对于三个单相变压器组成变压器组或其他非三相三柱式变压器,由于 $X_{m0}=\infty$,当接线为 YN,d 和 YN,yn(外电路有接地中性点)时,$X_0 = X_Ⅰ + X_Ⅱ = X_1$,但要注意接线为 YN,d 时,其零序等值电路是一条 YN 接线侧的接地电抗;当接线为 YN,y 时,$X_0=\infty$。对三相三柱式变压器,由于 $X_{m0}\neq\infty$,一般需计入 X_{m0} 的具体值,但对于接线为 YN,d 的变压器,由于励磁电抗一般总比漏抗大得多,也可以不计励磁电抗的分流作用。

如图 7-30(a)所示,如果变压器星形侧中性点经阻抗 Z_n 接地,当变压器流过正序或负序电流时,三相电流之和为零,中性线中没有电流通过,因此中性点的阻抗不需要反映在正、负序等值电路中。当变压器流过零序电流时,中性点阻抗上流过三倍零序电流,并产生相应的电压降,使中性点与地不同电位。由于等值电路是单相的,故将三倍零序电流在中性点阻抗上的压降等效为一相零序电流在三倍中性点阻抗上的压降。因此,在单相零序等值电路中,应将中性点阻抗扩大三倍,如图 7-30(b)所示,并将 $3Z_n$ 同它所接入的该侧绕组的漏抗相串联,如图 7-30(c)所示。

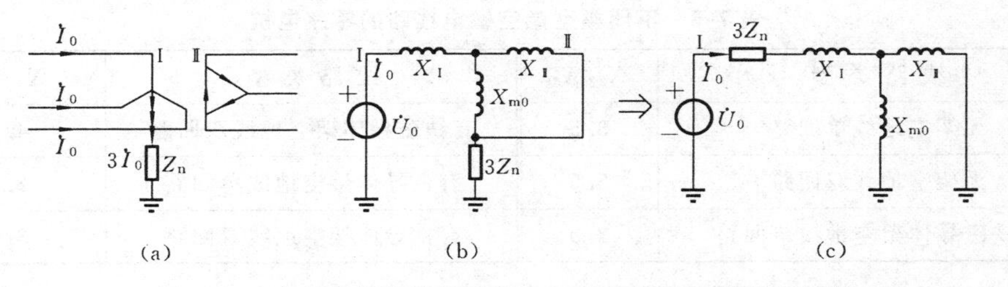

图 7-30　中性点经阻抗接地的 YN,d 变压器及其等值电路

(a)中性点经阻抗接地的 YN,d 变压器;(b)等值电路;(c)等值电路

3. 三绕组变压器的零序等值电路

在三绕组变压器中，为了消除三次谐波磁通的影响，使变压器的电动势接近正弦波，一般总有一个绕组是连成三角形的，以提供三次谐波电流的通路。通常的接线形式为 YN,d,y(Y_0/△/Y)、YN,d,yn(Y_0/△/Y_0)和 YN,d,d(Y_0/△/△)等。忽略励磁电流后，它们的等值电路如图 7-31 所示。

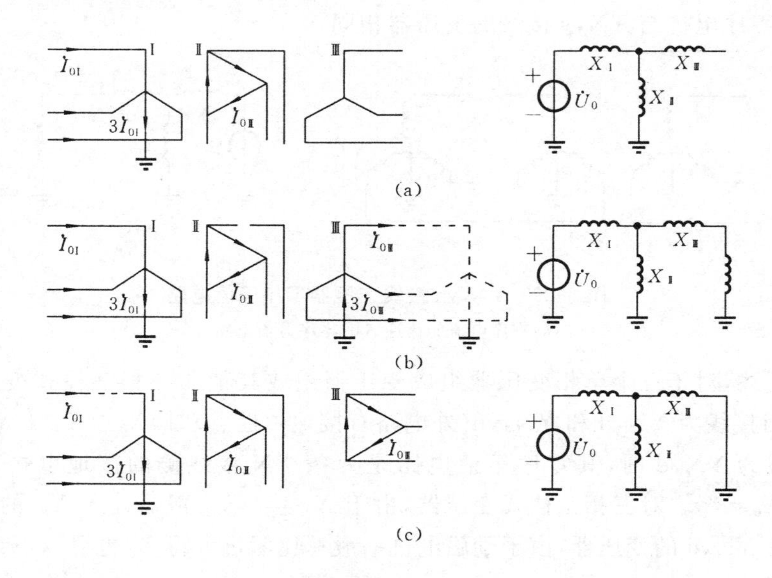

图 7-31　三绕组变压器零序等值电路

(a)YN,d,y 连接；(b)YN,d,yn 连接；(c)YN,d,d 连接

六、架空输电线路的零序阻抗

输电线路是静止元件，其正、负序阻抗及等值电路完全相同，但零序阻抗则有所不同。当输电线路通过零序电流时，由于三相电流完全相同，必须借助大地及架空地线来构成零序电流的通路。因此，架空输电线路的零序阻抗与电流在地中的分布有关，精确计算是很困难的。在实用短路计算中，可采用表 7-5 所列数据。

表 7-5　不同类型架空输电线路的零序电抗

线路类型	X_0/X_1	线路类型	X_0/X_1
无架空地线单回路	3.5	有铁磁导体架空地线双回路	4.7
无架空地线双回路	5.5	有良导体架空地线单回路	2.0
有铁磁导体架空地线单回路	3.0	有良导体架空地线双回路	3.0

注：表中 X_1 为架空输电线路单位长度的正序电抗，约等于 0.4 Ω/km。

第七节 电力系统各序网络的建立

一、应用对称分量法分析不对称短路

当电力系统发生不对称短路时，三相电路的对称条件受到破坏，三相电路就成为不对称的了。但是，应该看到，除了短路点具有某种三相不对称的部分外，系统其余部分仍然可以看成是对称的。因此，分析电力系统不对称短路可以从研究这一局部的不对称对电力系统其余对称部分的影响入手。

现在根据图 7-32 所示的简单系统发生单相接地短路(a 相)来阐明应用对称分量法进行分析的基本方法。

设同步发电机直接与空载的输电线相连，其中性点经阻抗 Z_n 接地。若在 a 相线路上某一点发生接地故障，故障点三相对地阻抗便出现不对称，短路相 $Z_a=0$，其余两相对地阻抗则不为零，各相对地电压亦不对称，短路相 $\dot{U}_a=0$，其余两相不为零。但是，除短路点外，系统其余部分每相的阻抗仍然相等。可见短路点的不对称是使原来三相对称电路变为不对称的关键所在。因此，在计算不对称短路时，必须抓住这个关键，设法在一定条件下，把短路点的不对称转化为对称，使由短路导致的三相不对称电路转化为三相对称电路，从而可以抽取其中的一相电路进行分析、计算。

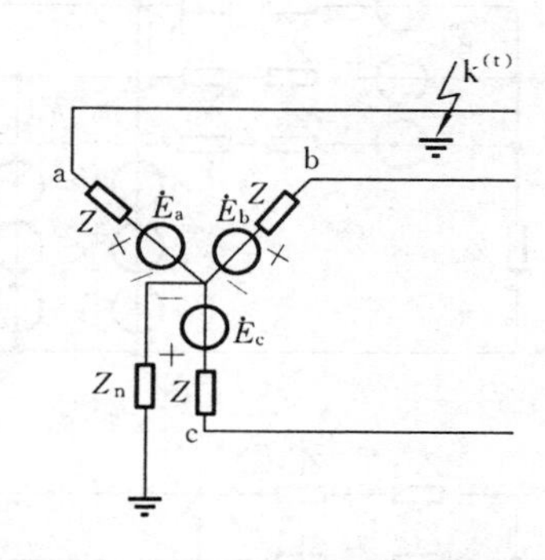

图 7-32 简单系统的单相短路

实现上述转化的依据是对称分量法。发生不对称短路时，短路点出现了一组不对称的三相电压(见图 7-33(a))。这组三相不对称的电压，可以用与它们的大小相等、方向相反的一组三相不对称的电势来替代，如图 7-33(b)所示。显然这种情况与发生不对称短路的情况是等效的。利用对称分量法将这组不对称电势分解为正序、负序及零序三组对称的电势(见图 7-33(c))。由于电路的其余部分仍然保持三相对称，电路的阻抗又是恒定的，因而各序具有独立性。根据叠加原理，可以将图 7-33(c)分解为图 7-33(d)、(e)、(f)所示的三个电路。图 7-33(d)所示的电路称为正序网络，其中只有正序电势在起作用，包括发电机电势及故障点的正序电势。网络中只有正序电流，它所遇到的阻抗就是正序阻抗。图 7-33(e)所示的电路称为负序网络。由于短路发生后，发电机三相电势仍然是对称的，因而发电机只产生正序电势，没有负序和零序电势，只有故障点的负序电势在起作用，网络中只有负序电流，它所遇到的阻抗是负序阻抗。图 7-33(f)所示的电路称为零序网络，只有故障点的零序电势在起作用，网络中通过的是零序电流，它所遇到的阻抗是零序阻抗。由此可见，不对称短路时的负序及零序电流，

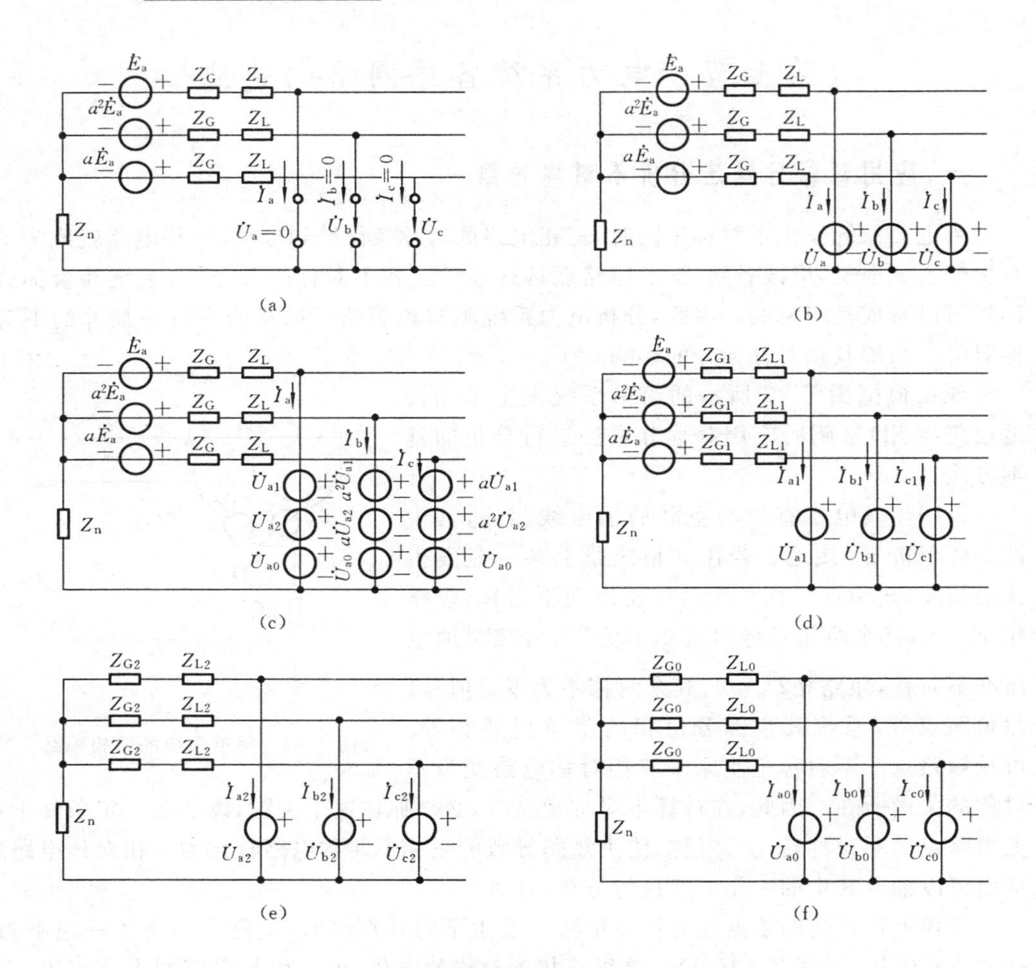

图 7-33 应用对称分量法分析不对称短路

(a)～(c)不对称电路转化为对称的过程；(d)～(f)正序、负序、零序网络

可以看做是由短路点处出现的负序及零序电势所产生的。

对于每一序的网络，由于三相对称，可以只取出一相来计算，如果取 a 相为基准相，便得到相应的 a 相正序、负序及零序网络，如图 7-34(a)、(b)、(c)所示。其中，$\dot{E}_{a\Sigma}=\dot{E}_a$，$Z_{1\Sigma}=Z_{G1}+Z_{L1}$，$Z_{2\Sigma}=Z_{G2}+Z_{L2}$，$Z_{0\Sigma}=Z_{G0}+Z_{L0}+3Z_n$。在 a 相的正序网络和负序网络中，由于正序电流和负序电流均不流经中性线，故可将中性点的接地阻抗除去。而在零序网络中，因三相的零序电流同相位，故流过中性点接地阻抗的电流为一相零序电流的三倍。所以在一相零序等值网络中，应接入 $3Z_n$ 的接地阻抗，以反映三倍的一相零序电流在中性点接地阻抗 Z_n 上产生的电压降。

虽然实际系统要比上述系统复杂得多。但是通过网络化简，总可以根据其各序的

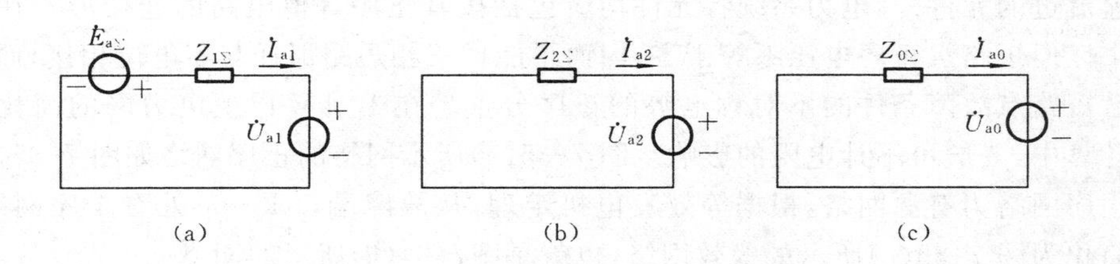

图 7-34 等效网络

(a)正序网络;(b)负序网络;(c)零序网络

等值网络,列出各序网络在短路点处的电压方程式

$$\left.\begin{aligned}\dot{U}_{a1}&=\dot{E}_{a\Sigma}-Z_{1\Sigma}\dot{I}_{a1}\\\dot{U}_{a2}&=0-Z_{2\Sigma}\dot{I}_{a2}\\\dot{U}_{a0}&=0-Z_{0\Sigma}\dot{I}_{a0}\end{aligned}\right\}\tag{7-59}$$

式中,$\dot{E}_{a\Sigma}$为正序网络相对短路点的等值电势;$Z_{1\Sigma}$、$Z_{2\Sigma}$及$Z_{0\Sigma}$分别为正序、负序及零序网络相对短路点的等值阻抗;$\dot{I}_{a1}$、$\dot{I}_{a2}$及$\dot{I}_{a0}$分别为短路点的正序、负序及零序电流;$\dot{U}_{a1}$、$\dot{U}_{a2}$及$\dot{U}_{a0}$分别为短路点的正序、负序及零序电压。

式(7-59)又称为序网方程,它说明了各种不对称故障时在故障处出现的各序电流与电压之间的相互关系,对各种不对称故障都适用。式中共有$\dot{I}_{a1}$、$\dot{I}_{a2}$、$\dot{I}_{a0}$、$\dot{U}_{a1}$、$\dot{U}_{a2}$、$\dot{U}_{a0}$六个未知量,故还需补充三个方程式才能联立求解。这三个补充方程式可以从各种不对称故障的边界条件得出。例如,对于单相(a相)接地短路,其故障的边界条件为$\dot{U}_a=0$,$\dot{I}_b=0$和$\dot{I}_c=0$,用各序对称分量来表示,有

$$\left.\begin{aligned}\dot{U}_a&=\dot{U}_{a1}+\dot{U}_{a2}+\dot{U}_{a0}=0\\\dot{I}_b&=\dot{I}_{b1}+\dot{I}_{b2}+\dot{I}_{b0}=a^2\dot{I}_{a1}+a\dot{I}_{a2}+\dot{I}_{a0}=0\\\dot{I}_c&=\dot{I}_{c1}+\dot{I}_{c2}+\dot{I}_{c0}=a\dot{I}_{a1}+a^2\dot{I}_{a2}+\dot{I}_{a0}=0\end{aligned}\right\}\tag{7-60}$$

由式(7-59)和式(7-60)共六个方程式,就可解出单相接地短路时短路点的各序电流和各序电压。而故障点的各相电流及电压可由相应的序分量相加求得。

由以上分析可知,应用对称分量法分析计算不对称故障时,需要建立电力系统的各序网络。建立各序网络的原则是:凡是某一序电流能流通的元件,都必须包括在该序网络中,并用相应的序参数和等值电路表示。下面我们结合图7-35(a)所示的网络来说明各序网的建立。

二、正序网络

正序网络与计算三相短路时的等值网络完全相同。除中性点接地阻抗和其他无正

序电流流过的元件外,电力系统各元件均应包括按其正序等值电路的连接形式在正序网络中。但短路点正序电压不等于零,因而不能像三相短路那样与零电位相接,而应引入代替短路点故障条件的不对称电势的正序分量。在 10 kV 以上电力网的简化短路电流计算中,一般可不计电阻的影响。图 7-35(a)所示网络的正序网络如图 7-35(b)所示。正序网络为有源网络,根据等效发电机定理,从故障端口 k_1、o_1 处看正序网络,可将其简化为图 7-35(c)所示的等效网络,也就是图7-34(a)所示的网络。

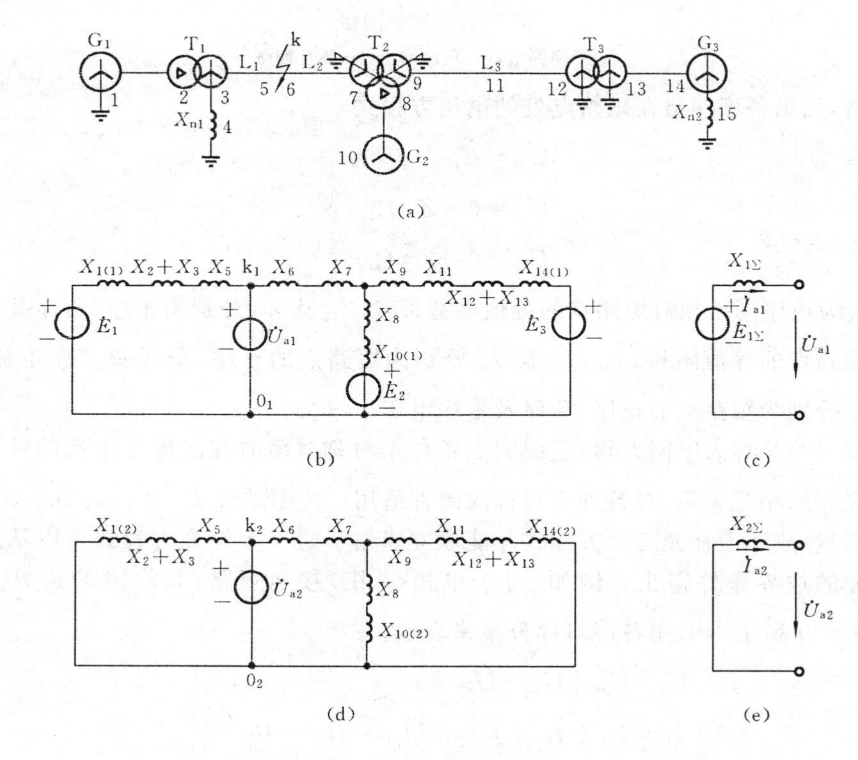

图 7-35 电力系统正、负序网络的建立

(a)系统接线图;(b)、(c)正序网络;(d)、(e)负序网络

三、负序网络

负序网络的组成元件及其等值电路的连接形式与正序网络完全相同。只是发电机等旋转元件的电抗应以其负序电抗代替,其他静止元件的负序电抗与正序电抗相同。由于发电机不产生负序电势,故所有电源的负序电势为零。短路点引入代替故障条件的不对称电势的负序分量,如图 7-35(d)所示。从故障端口 k_2、o_2 看进去,负序网络为无源网络。简化后的负序网络如图 7-35(e)所示。

四、零序网络

零序网络与正、负序网络有很大差别，不仅元件参数有可能不同，而且组成的元件也可能不同。零序电流三相同相位，一般只能通过大地或与地连接的其他导体才能构成通路。因此，零序电流的流通情况，与变压器中性点的接地情况及变压器的接法有密切的关系。

由于发电机零序电势为零，短路点的零序电势就成为零序电流的唯一来源。所以，作零序网络可从短路点开始，由近及远地依次观察在此电势作用下，零序电流可能流通的途径，凡是零序电流通过的元件，均应列入零序网络中，无零序电流通过的元件，可以舍去。显然，从短路点出发，只有当向着短路点一侧的变压器绕组为 Y_0 接法时，才有可能使零序电流流通，而真正要使零序电流形成通路，还取决于变压器另一侧的接法。对于另一侧绕组也是 Y_0 接法的，零序电流可以通过此变压器通向外电路；但对于另一侧为△接法的，零序电流只能在三角形侧绕组内产生零序环流而不能流向外电路。图 7-36(a)为图 7-35(a)所示网络中零序电流流通的示意图，其零序等值电路如图 7-36(b)所示。从故障端口 k_0、o_0 往里看，零序网络亦为无源网络，经简化后的零序网络如图 7-36(c)所示。由于流过中性点接地电抗的电流为 $3I_0$，因此，在一相的零序网络中，应将接地电抗增大三倍，以使中性点的零序电压降($3I_0X_n$)保持不变。此外，应当指出的是，对于系统中空载运行的变压器，由于没有正、负序电流流过而不出现在正、负序网络中的变压器，若其靠短路点一侧为 Y_0 接法，另一侧为△接法，则零序电流仍然可以通过，因而应包括在零序网络中。

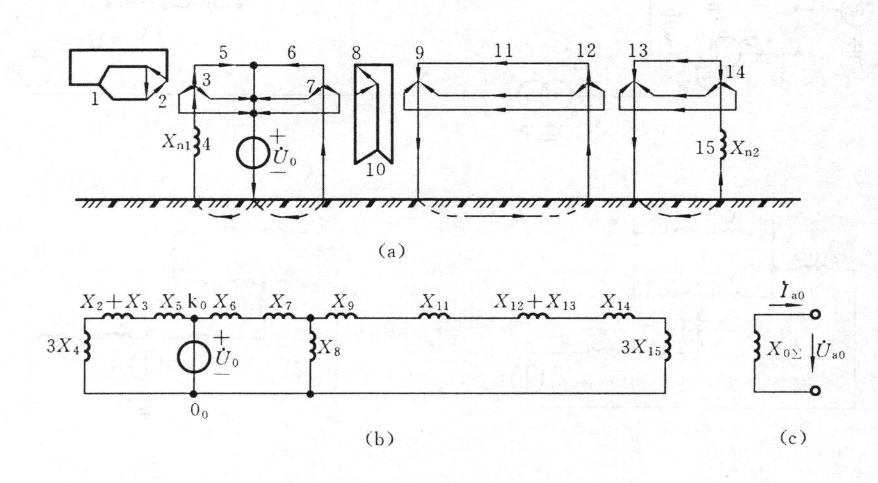

图 7-36　零序网络的建立

(a)零序电流流通图；(b)、(c)零序网络

例 7-6 图 7-37(a)所示的电力系统,若在 k 点发生单相接地短路,试分别作出其正、负、零序等值网络。

解 (1)正序网络。发电机电势为正序电势,各元件电抗均为正序电抗。除空载变压器 T_3 外,其他元件均通过正序电流,故都包括在正序网络中。短路点接入不对称电势的正序分量。正序网络如图 7-37(b)所示。

(2)负序网络。负序网络的组成元件与正序网络相同,其电抗参数除发电机应以其负序电抗表示外,其余元件的负序电抗就等于正序电抗,发电机因无负序电势而仅以其负序电抗表示。短路点接入不对称电势的负序分量,负序网络如图 7-37(c)所示。

(3)零序网络。不对称电势的零序分量作用于短路点,从短路点出发观察零序电流的流通情况。先看短路点右侧:变压器 T_3 虽为空载,但它的接法是 $Y_0/\triangle$,因此,仍然可构成零序电流的通路,应该在零序网络中出现。再分析短路点的左侧:由于变压器 T_2 的绕组 6 为 Y_0 接法,所以零序电流可能流通,但线路 7 要用其零序电抗表示。再观察 T_2 的另两个绕组:绕组 4 为△接法,因此,绕组 6 的零序电流能够使绕组 4 产生零序环流,但不流向外电路;绕组 5 虽有感应的零序电势,但能否产生零序电流,还取决于与绕组 5 相连的电路有无第二个接地中性点使零序电流流通,与之相连的变压器 T_1 绕组 3 中性点接地,且另一侧为△接法,因而保证了零序电流的通路。由于变压器 T_2 绕组 5 中性点电抗 X_{10} 流过的是三倍的零序电流,应将 X_{10} 乘以三倍

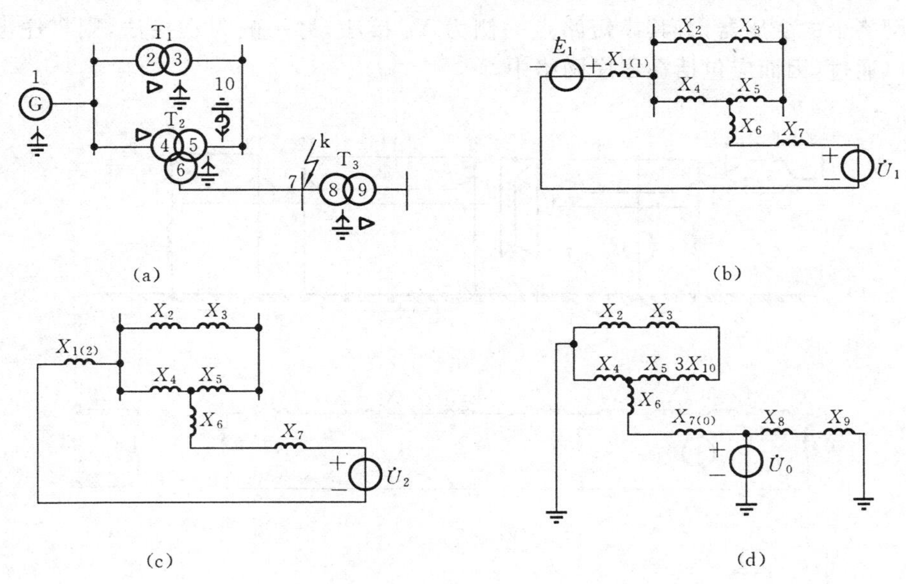

图 7-37 电力系统各序网络

(a)电力系统接线图;(b)正序网络;(c)负序网络;(d)零序网络

与绕组 5 的电抗 X_5 相串联后再与变压器 T_1 绕组 3 的电抗 X_3 串联，而△接法的绕组 2 同样因仅产生零序环流而不能使零序电流流向外电路。这样，发电机因无零序电流通过而不计入零序网络。零序网络如图 7-37(d)所示。

第八节 电力系统不对称短路的计算

电力系统简单不对称短路有单相接地短路、两相短路和两相接地短路。为了简化计算，假定短路是金属性的，即不计短路点的孤光电阻及接地电阻，短路点为直接接地。无论是何种短路，利用对称分量法，都可以写出短路点各序网络的电压方程

$$\left.\begin{aligned}\dot{U}_{a1}&=\dot{E}_{1\Sigma}-jX_{1\Sigma}\dot{I}_{a1}\\\dot{U}_{a2}&=-jX_{2\Sigma}\dot{I}_{a2}\\\dot{U}_{a0}&=-jX_{0\Sigma}\dot{I}_{a0}\end{aligned}\right\}\tag{7-61}$$

这三个方程式共含有各序电压、电流 6 个未知量。因此，还需根据不对称短路的边界条件列出另外三个方程式，才能求解。

下面逐个分析各种不对称短路的情况。

一、单相接地短路

图 7-38 表示 a 相接地短路，故障的三个边界条件为

$$\left.\begin{aligned}\dot{U}_a&=0\\\dot{I}_b&=0\\\dot{I}_c&=0\end{aligned}\right\}\tag{7-62}$$

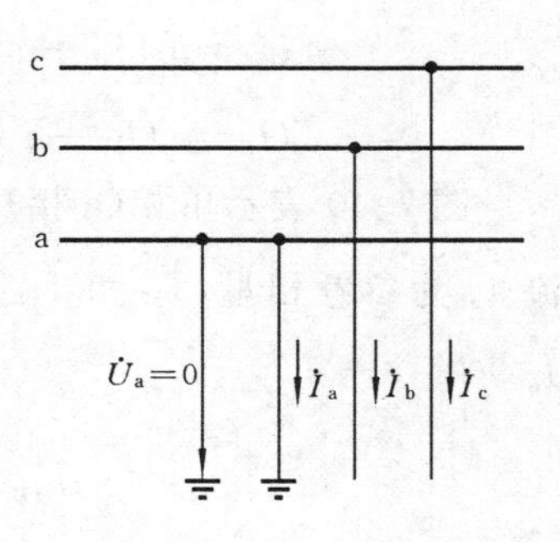

图 7-38 单相接地短路

将上式转换成对称分量的形式，即

$$\dot{U}_a=\dot{U}_{a1}+\dot{U}_{a2}+\dot{U}_{a0}=0$$

$$\dot{I}_b=a^2\dot{I}_{a1}+a\dot{I}_{a2}+\dot{I}_{a0}=0$$

$$\dot{I}_c=a\dot{I}_{a1}+a^2\dot{I}_{a2}+\dot{I}_{a0}=0$$

经整理后便得到用序量表示的边界条件

$$\left.\begin{aligned}\dot{U}_{a1}+\dot{U}_{a2}+\dot{U}_{a0}&=0\\\dot{I}_{a1}=\dot{I}_{a2}&=\dot{I}_{a0}\end{aligned}\right\}\tag{7-63}$$

将方程式(7-61)与方程式(7-63)联立求解，即得短路点的正序分量电流为

$$\dot{I}_{a1}=\frac{\dot{E}_{1\Sigma}}{j(X_{1\Sigma}+X_{2\Sigma}+X_{0\Sigma})}\tag{7-64}$$

式(7-64)还可根据复合序网求得。所谓复合序网，即是根据边界条件所确定的短

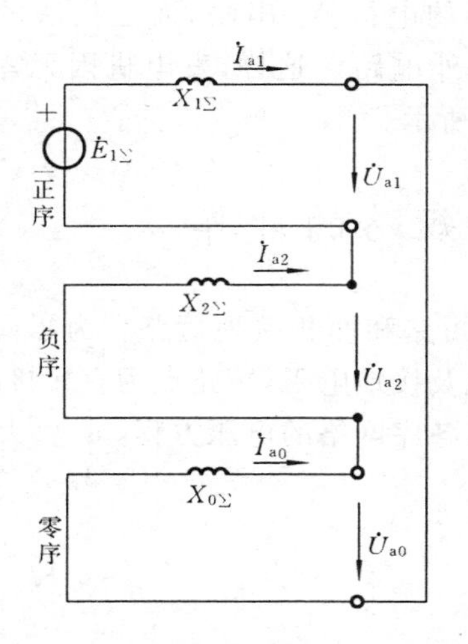

图 7-39 单相接地短路的复合序网

路点各序量之间的关系，由各序网络互相连接起来所构成的网络。由式(7-63)可见，a 相接地短路时，各序电流相等，各序电压之和等于零，故正、负、零网络应互相串联。因此，单相接地短路时的复合序网如图 7-39 所示。显然，由此网络可直接得到式(7-64)。

短路电流的正序分量一经算出，根据边界条件式(7-63)和方程式(7-61)，即可确定短路点电流和电压的各序分量：

$$\left.\begin{aligned}&\dot{I}_{a2}=\dot{I}_{a0}=\dot{I}_{a1}\\&\dot{U}_{a1}=\dot{E}_{1\Sigma}-jX_{1\Sigma}\dot{I}_{a1}=j(X_{2\Sigma}+X_{0\Sigma})\dot{I}_{a1}\\&\dot{U}_{a2}=-jX_{2\Sigma}\dot{I}_{a1}\\&\dot{U}_{a0}=-jX_{0\Sigma}\dot{I}_{a0}\end{aligned}\right\}\tag{7-65}$$

短路点的短路电流为

$$\dot{I}_k^{(1)}=\dot{I}_a=\dot{I}_{a1}+\dot{I}_{a2}+\dot{I}_{a0}=3\dot{I}_{a1}\tag{7-66}$$

短路点非故障相 b 和 c 的对地电压分别为

$$\left.\begin{aligned}&\dot{U}_b=a^2\dot{U}_{a1}+a\dot{U}_{a2}+\dot{U}_{a0}=j[(a^2-a)X_{2\Sigma}+(a^2-1)X_{0\Sigma}]\dot{I}_{a1}\\&\dot{U}_c=a\dot{U}_{a1}+a^2\dot{U}_{a2}+\dot{U}_{a0}=j[(a-a^2)X_{2\Sigma}+(a-1)X_{0\Sigma}]\dot{I}_{a1}\end{aligned}\right\}\tag{7-67}$$

图 7-40 表示单相(a 相)接地短路时，短路点的电压和电流相量图。图中以正序电流 $\dot{I}_{a1}$ 为参考相量，$\dot{I}_{a2}$ 和 $\dot{I}_{a0}$ 与 $\dot{I}_{a1}$ 同大小、同方向，$\dot{U}_{a1}$ 超前 $\dot{I}_{a1}$ 90°而 $\dot{U}_{a2}$ 和 $\dot{U}_{a0}$ 均滞后 $\dot{I}_{a1}$ 90°。

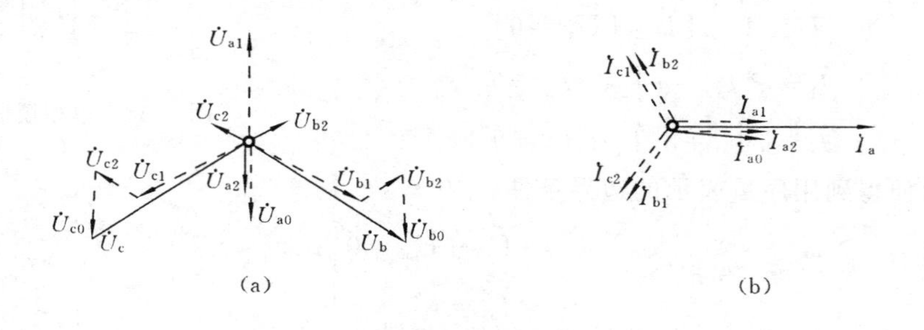

图 7-40 单相接地短路时短路点电压和电流相量图

(a)电压相量图；(b)电流相量图

二、两相短路

图 7-41 所示为 b、c 两相短路的情况。短路点的边界条件为

$$\left.\begin{aligned}\dot{I}_a&=0\\ \dot{I}_b&=-\dot{I}_c\\ \dot{U}_b&=\dot{U}_c\end{aligned}\right\}\tag{7-68}$$

用对称分量表示为

$$\begin{gathered}\dot{I}_{a1}+\dot{I}_{a2}+\dot{I}_{a0}=0\\ a^2\dot{I}_{a1}+a\dot{I}_{a2}+\dot{I}_{a0}=-(a\dot{I}_{a1}+a^2\dot{I}_{a2}+\dot{I}_{a0})\\ a^2\dot{U}_{a1}+a\dot{U}_{a2}+\dot{U}_{a0}=a\dot{U}_{a1}+a^2\dot{U}_{a2}+\dot{U}_{a0}\end{gathered}$$

经整理后便得到用序量表示的边界条件

$$\left.\begin{aligned}\dot{I}_{a0}&=0\\ \dot{I}_{a1}&=-\dot{I}_{a2}\\ \dot{U}_{a1}&=\dot{U}_{a2}\end{aligned}\right\}\tag{7-69}$$

将方程式(7-61)与方程式(7-69)联立求解，即得短路点的正序分量电流为

$$\dot{I}_{a1}=\frac{\dot{E}_{1\Sigma}}{\mathrm{j}(X_{1\Sigma}+X_{2\Sigma})}\tag{7-70}$$

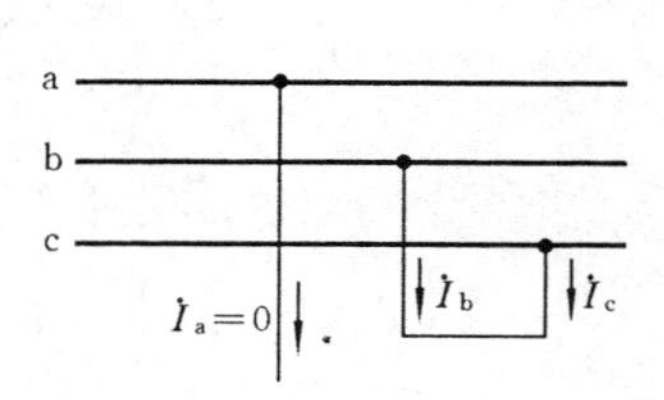

图 7-41　两相短路

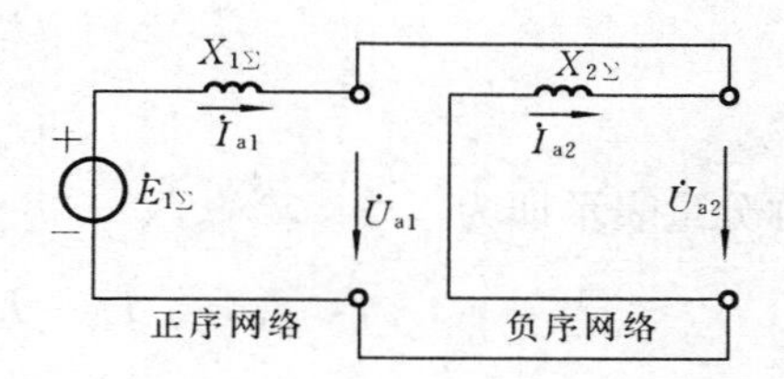

图 7-42　两相短路的复合序网

根据两相短路用序量表示的边界条件，可知其复合序网可由正序网络和负序网络并联组成，如图 7-42 所示。

短路点电流电压的各序分量分别为

$$\begin{gathered}\dot{I}_{a2}=-\dot{I}_{a1}\\ \dot{U}_{a1}=\dot{U}_{a2}=-\mathrm{j}X_{2\Sigma}\dot{I}_{a2}=\mathrm{j}X_{2\Sigma}\dot{I}_{a1}\end{gathered}\tag{7-71}$$

短路点的短路电流绝对值为

$$I_k^{(2)}=I_b=I_c=\sqrt{3}I_{a1}\tag{7-72}$$

短路点各相对地电压分别为

$$\left.\begin{aligned}\dot{U}_{a}&=\dot{U}_{a1}+\dot{U}_{a2}+\dot{U}_{a0}=2\dot{U}_{a1}=\mathrm{j}2X_{2\Sigma}\dot{I}_{a1}\\\dot{U}_{b}&=\dot{U}_{c}=a^{2}\dot{U}_{a1}+a\dot{U}_{a2}+\dot{U}_{a0}=(a^{2}+a)\dot{U}_{a1}=-\dot{U}_{a1}=-\frac{1}{2}\dot{U}_{a}\end{aligned}\right\}\tag{7-73}$$

两相短路时短路点的电压和电流相量图如图 7-43 所示。

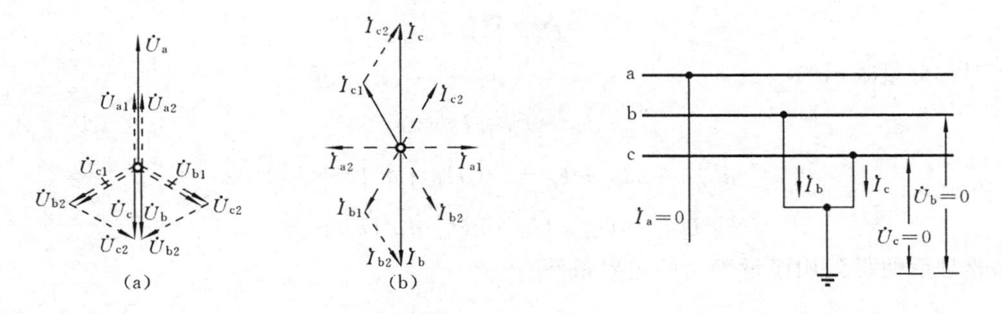

图 7-43　两相短路时短路点电压和电流相量图
(a)电压相量图;(b)电流相量图

图 7-44　两相接地短路

三、两相接地短路

图 7-44 表示 b、c 两相接地短路的情况。短路点的边界条件为

$$\left.\begin{aligned}\dot{I}_{a}&=0\\\dot{U}_{b}&=0\\\dot{U}_{c}&=0\end{aligned}\right\}\tag{7-74}$$

用对称分量表示即为

$$\dot{I}_{a1}+\dot{I}_{a2}+\dot{I}_{a0}=0$$

$$a^{2}\dot{U}_{a1}+a\dot{U}_{a2}+\dot{U}_{a0}=0$$

$$a\dot{U}_{a1}+a^{2}\dot{U}_{a2}+\dot{U}_{a0}=0$$

经整理后便得到用序量表示的边界条件

$$\left.\begin{aligned}\dot{I}_{a1}+\dot{I}_{a2}+\dot{I}_{a0}&=0\\\dot{U}_{a1}=\dot{U}_{a2}&=\dot{U}_{a0}\end{aligned}\right\}\tag{7-75}$$

将方程式(7-61)与方程式(7-75)联立求解,即得短路点的正序分量电流为

$$\dot{I}_{a1}=\frac{\dot{E}_{1\Sigma}}{\mathrm{j}(X_{1\Sigma}+X_{2\Sigma}/\!/X_{0\Sigma})}\tag{7-76}$$

根据两相接地短路的边界条件所组成的复合序网如图 7-45 所示，复合序网由正、负、零序网络并联组成。

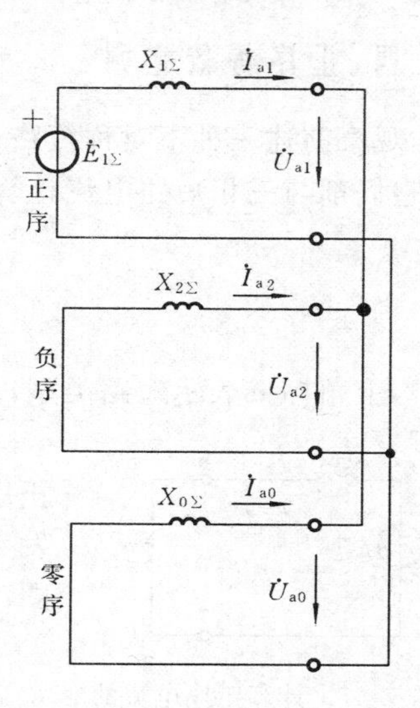

图 7-45　两相接地短路复合序网

短路点电流、电压的各序分量为

$$\left.\begin{aligned}\dot{I}_{a2}&=-\frac{X_{0\Sigma}}{X_{2\Sigma}+X_{0\Sigma}}\dot{I}_{a1}\\ \dot{I}_{a0}&=-\frac{X_{2\Sigma}}{X_{2\Sigma}+X_{0\Sigma}}\dot{I}_{a1}\\ \dot{U}_{a1}&=\dot{U}_{a2}=\dot{U}_{a0}=\mathrm{j}\frac{X_{2\Sigma}X_{0\Sigma}}{X_{2\Sigma}+X_{0\Sigma}}\dot{I}_{a1}\end{aligned}\right\}\tag{7-77}$$

短路点非故障相的电压为

$$\dot{U}_{a}=3\dot{U}_{a1}=\mathrm{j}3\frac{X_{2\Sigma}X_{0\Sigma}}{X_{2\Sigma}+X_{0\Sigma}}\dot{I}_{a1}\tag{7-78}$$

短路点故障相的电流为

$$\left.\begin{aligned}\dot{I}_{b}&=a^{2}\dot{I}_{a1}+a\dot{I}_{a2}+\dot{I}_{a0}\\ &=\left(a^{2}-\frac{X_{2\Sigma}+aX_{0\Sigma}}{X_{2\Sigma}+X_{0\Sigma}}\right)\dot{I}_{a1}\\ \dot{I}_{c}&=a\dot{I}_{a1}+a^{2}\dot{I}_{a2}+\dot{I}_{a0}\\ &=\left(a-\frac{X_{2\Sigma}+a^{2}X_{0\Sigma}}{X_{2\Sigma}+X_{0\Sigma}}\right)\dot{I}_{a1}\end{aligned}\right\}\tag{7-79}$$

根据上式可以求得两相接地短路时故障相电流的绝对值为

$$I_{k}^{(1.1)}=I_{b}=I_{c}=\sqrt{3}\sqrt{1-\frac{X_{0\Sigma}X_{2\Sigma}}{(X_{0\Sigma}+X_{2\Sigma})^{2}}}I_{a1}\tag{7-80}$$

图 7-46 表示两相接地短路时短路点的电压和电流相量图。图中仍以正序电流 $\dot{I}_{a1}$ 为参考相量，$\dot{I}_{a2}$ 和 $\dot{I}_{a0}$ 与 $\dot{I}_{a1}$ 反方向，a 相的三个序电压都相等，且均超前 $\dot{I}_{a1}$ 90°。

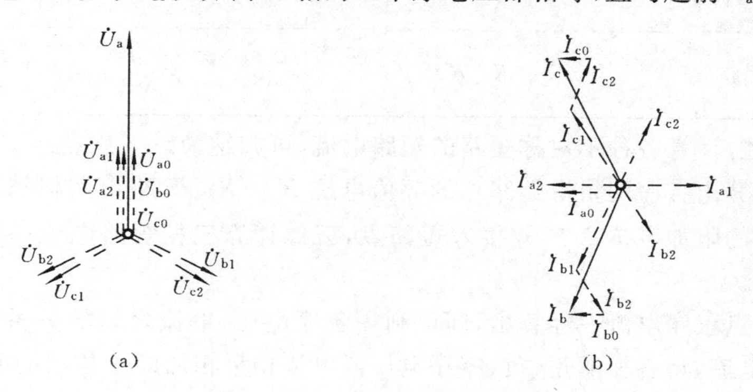

图 7-46　两相接地短路时短路点电压和电流相量图

(a)电压相量图；(b)电流相量图

四、正序等效定则

观察前述三种不对称短路正序电流的计算式(7-64)、式(7-70)及式(7-76),不难发现,它们都与三相短路电流计算式 $I_k^{(3)}=E_{1\Sigma}/X_{1\Sigma}$ 有相似之处,可用一个通用算式来表示

$$I_{a1}^{(n)}=\frac{E_{1\Sigma}}{X_{1\Sigma}+X_{\Delta}^{(n)}} \tag{7-81}$$

式中,上角标 n 表示短路类型;$X_{\Delta}^{(n)}$ 为附加电抗,其值随短路类型而异。

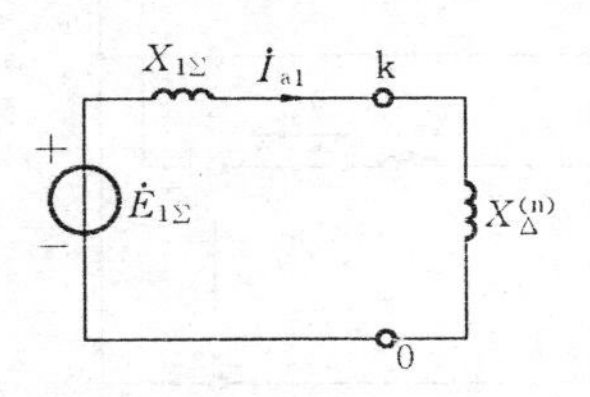

图 7-47　计算正序电流的等值网络

式(7-81)表明:在简单不对称短路的情况下,短路点的正序分量电流,与在短路点每一相中接入附加电抗 $X_{\Delta}^{(n)}$ 而发生三相短路的电流相等。这一概念称为正序等效定则。图7-47所示的网络,可用以表明这一定则的含义。

从式(7-66)、式(7-72)及式(7-80)可以看出,各种不对称短路时短路电流的绝对值与其正序电流的绝对值成正比,即

$$I_k^{(n)}=m^{(n)}I_{a1}^{(n)} \tag{7-82}$$

式中,$m^{(n)}$ 为比例系数,其值随短路类型而异。

表 7-6 列出对应于不同短路类型的附加电抗 $X_{\Delta}^{(n)}$ 和比例系数 $m^{(n)}$ 值。

表 7-6　各种短路时 $X_{\Delta}^{(n)}$ 和 $m^{(n)}$ 值

短路类型	$X_{\Delta}^{(n)}$	$m^{(n)}$
三相短路 $k^{(3)}$	0	1
两相短路 $k^{(2)}$	$X_{2\Sigma}$	$\sqrt{3}$
单相接地短路 $k^{(1)}$	$X_{2\Sigma}+X_{0\Sigma}$	3
两相接地短路 $k^{(1.1)}$	$X_{2\Sigma}//X_{0\Sigma}$	$\sqrt{3}\sqrt{1-\frac{X_{2\Sigma}X_{0\Sigma}}{(X_{2\Sigma}+X_{0\Sigma})^2}}$

综上所述,计算各种不对称短路的短路电流,可归纳为以下几点:

(1)在计算出各序网络对短路点的等值电抗 $X_{1\Sigma}$、$X_{2\Sigma}$ 及 $X_{0\Sigma}$ 后,根据不同的短路类型,组成相应的附加电抗 $X_{\Delta}^{(n)}$ 并接入短路点,就像计算三相短路电流一样计算短路点的正序电流;

(2)短路点正序电流一经算出,即可利用各序电压、电流之间的关系算出短路点的各序电压和电流,将各相的正、负、零序电压或电流相量相加即得各相的电压或电流;

(3)应用正序等效定则,前面讲过的三相短路电流的各种计算方法,诸如无限大功率电源计算法,计算曲线法等均可用于不对称短路计算。

例 7-7 图 7-48 所示的电力系统，试计算 k 点发生不对称短路时的短路电流。系统各元件的参数如下：

发电机 $U_N=10.5\ \text{kV}$，$S_N=120\ \text{MV}\cdot\text{A}$，$E=1.67$，$X_1=0.9$，$X_2=0.45$；

变压器 T_1 $S_N=60\ \text{MV}\cdot\text{A}$，$U_k\%=10.5$；$T_2$ $S_N=60\ \text{MV}\cdot\text{A}$，$U_k\%=10.5$；

线路 $L_1=105\ \text{km}$（双回路），$X_1=0.4\ \Omega/\text{km}$（每回路），$X_0=3X_1$；

负荷 LD 40 MV·A，$X_1=1.2$，$X_2=0.35$（负荷可略去不计）。

解 （1）计算各元件电抗标幺值，绘出各序等值网络。取基准功率 $S_d=120\ \text{MV}\cdot\text{A}$，$U_d=U_{av}$。

①正序网络。因略去负荷，变压器 T_2 相当于空载，故不包括在正序网络中。正序等值网络如图 7-48(b)所示。

$$X_1=0.9\times\frac{120}{120}=0.9,\quad X_2=0.105\times\frac{120}{60}=0.21$$

$$X_3=\frac{1}{2}\times\left(0.4\times105\times\frac{120}{115^2}\right)=0.19$$

②负序网络。变压器 T_2 同样因空载而不包括在负序网络中。负序等值网络如图 7-48(c)所示。

$$X_1=0.45\times\frac{120}{120}=0.45,\quad X_2=0.21,\quad X_3=0.19$$

③零序网络。发电机因有△绕组隔开，而不包括在零序网络中，变压器 T_2 虽属空载，但为 $Y_0/\triangle$ 接法，仍能构成零序电流的通路，应包括在零序网络中。零序等值网络如图 7-48(d)所示。

$$X_2=0.21,\quad X_3=3\times0.19=0.57,\quad X_4=0.105\times\frac{120}{60}=0.21$$

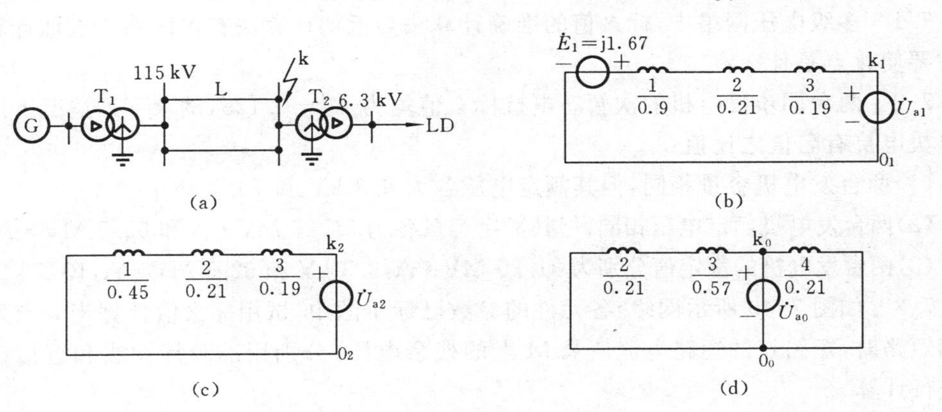

图 7-48 例 7-7 的电力系统接线图及各序等值网络

(a)系统接线图；(b)正序网络；(c)负序网络；(d)零序网络

(2)化简网络,求各序网络对短路点的等值电抗。

$$X_{1\Sigma}=X_1+X_2+X_3=0.9+0.21+0.19=1.3$$

$$X_{2\Sigma}=X_1+X_2+X_3=0.45+0.21+0.19=0.85$$

$$X_{0\Sigma}=(X_2+X_3)/\!/X_4=(0.21+0.57)/\!/0.21=0.165$$

(3)计算各种不对称短路的短路电流。

①单相接地短路

$$I_{a1}^{(1)}=\frac{E_{1\Sigma}}{X_{1\Sigma}+X_{2\Sigma}+X_{0\Sigma}}I_d=\frac{1.67}{1.3+0.85+0.165}\times\frac{120}{\sqrt{3}\times 115}\ \text{kA}=0.43\ \text{kA}$$

$$I_k^{(1)}=m^{(1)}I_{a1}^{(1)}=3\times 0.43\ \text{kA}=1.293\ \text{kA}$$

②两相短路

$$I_{a1}^{(2)}=\frac{E_{1\Sigma}}{X_{1\Sigma}+X_{2\Sigma}}I_d=\frac{1.67}{1.3+0.85}\times\frac{120}{\sqrt{3}\times 115}\ \text{kA}=0.47\ \text{kA}$$

$$I_k^{(2)}=m^{(2)}I_{a1}^{(2)}=\sqrt{3}\times 0.47\ \text{kA}=0.81\ \text{kA}$$

③两相接地短路

$$I_{a1}^{(1.1)}=\frac{E_{1\Sigma}}{X_{1\Sigma}+X_{2\Sigma}/\!/X_{0\Sigma}}I_d=\frac{1.67}{1.3+0.85/\!/0.165}\times\frac{120}{\sqrt{3}\times 115}\ \text{kA}=0.68\ \text{kA}$$

$$m^{(1.1)}=\sqrt{3}\sqrt{1-\frac{X_{2\Sigma}X_{0\Sigma}}{(X_{2\Sigma}+X_{0\Sigma})^2}}=\sqrt{3}\sqrt{1-\frac{0.85\times 0.165}{(0.85+0.165)^2}}=1.62$$

$$I_k^{(1.1)}=m^{(1.1)}I_{a1}^{(1.1)}=1.62\times 0.68\ \text{kA}=1.1\ \text{kA}$$

思考题与习题

7-1　多级电压网络中,标幺值的准确计算法与近似计算法有何区别?近似计算法的主要简化点是什么?

7-2　两台同步发电机的次暂态电抗标幺值均为 $X''_d=0.125$,试求下列情况下两台发电机电抗有名值之比值:

(1)两台发电机容量相同,但其额定电压各为 6.3 kV 和 10.5 kV;

(2)两台发电机额定电压相同,但其额定容量各为 31.25 MV · A 和 62.5 MV · A;

(3)两台发电机的额定值分别为 31.25 MV · A,6.3 kV 和 62.5 MV · A,10.5 kV。

7-3　如图 7-49 所示网络,各元件的参数已标于图中,试用标幺值计算当 k 点发生三相短路时,短路点的短路电流值及 M 点的残余电压(分别用准确计算法和近似计算法进行计算)。

7-4　电力系统短路计算中,简化网络的方法主要有哪些?

7-5　试用最简单的方法计算图 7-50 中各电源对短路点 k 的转移电抗。各元件电抗的标幺值已标明在图上。(提示:利用电路的对称性,可迅速求得各转移电抗值。)

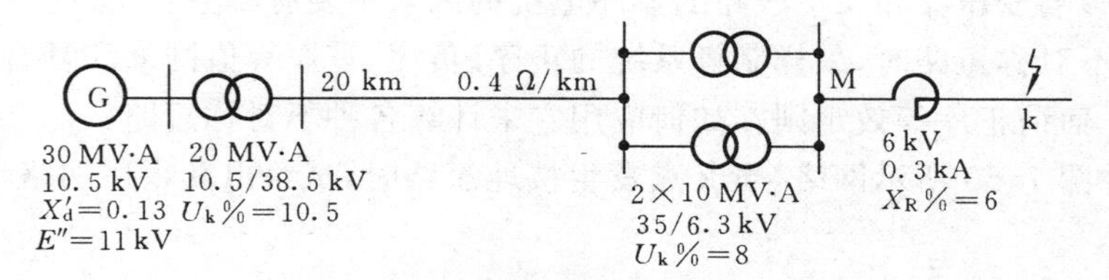

图 7-49　习题 7-3 系统图

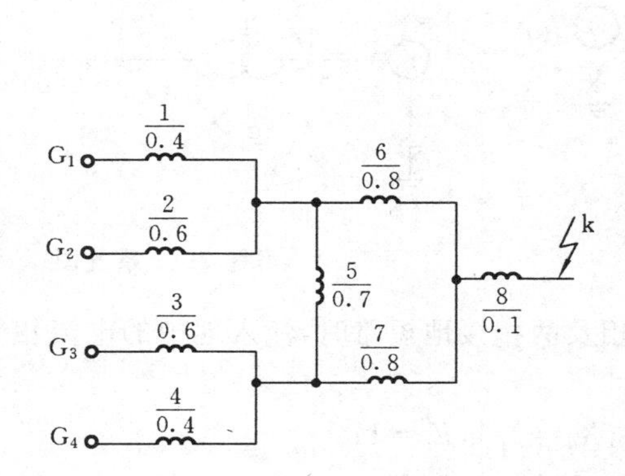

图 7-50　习题 7-5 系统图

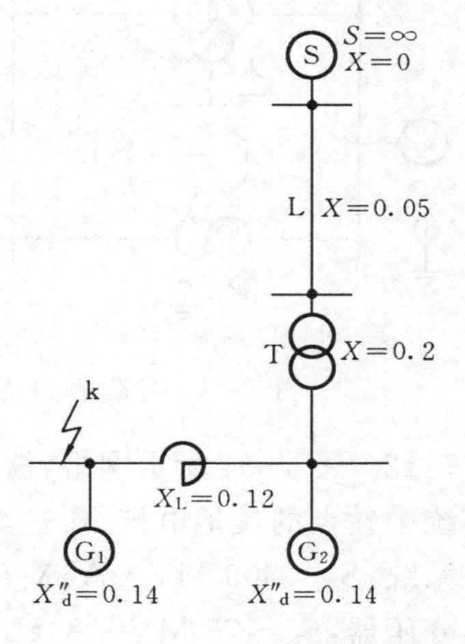

图 7-51　习题 7-6 系统图

7-6　在图 7-51 所示网络的 k 点发生三相短路。试求短路点的次暂态电流起始值 I''和发电机 G_2 母线上的残余电压(标幺值)。两台发电机型号相同,短路前它们都在额定电压下满载运行,$\cos\varphi=0.8$。图中标出各元件电抗的标幺值(以发电机额定容量和额定电压为基准值)。(提示:发电机 G_1 和 G_2 的次暂态电势值 E''可根据正常运行时的数据求出。)

7-7　图 7-52 所示网络,当 k 点发生三相短路时,试求 I'',$I_{0.2}$及 I_∞ 的值($t=4$ s 时,可认为已趋稳态),请分别按下列两种情况进行计算:

(1)G_1,G_2 及 S_C 分别计算;

(2)G_1 与 S_C 合并为一等值机,G_2 单独计算。

已知:G_1、G_2 为汽轮发电机,$P_N=50$ MW,$\cos\varphi=0.85$,$U_N=10.5$ kV,$X''_d=0.129$;S_C 为汽轮发电机,$S_C=300$ MV·A,$X_C=0.6$(以 $S_d=300$ MV·A 为基准值);

T_1,T_2 的 $S_N=60$ MV·A,$U_k\%=10.5$,$K=115/10.5$ kV。

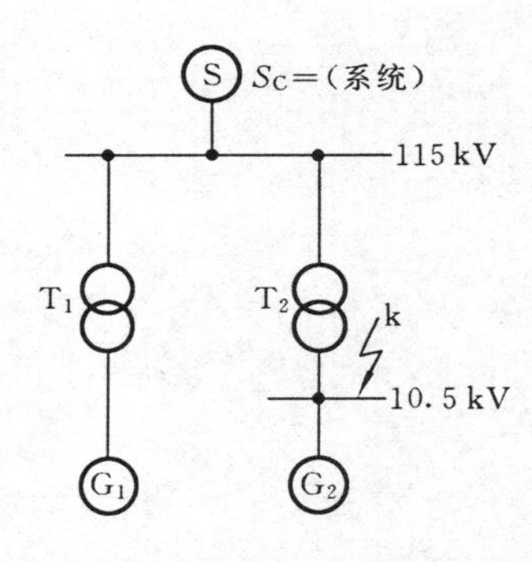

图 7-52　习题 7-7 系统图

7-8　影响变压器和架空线路的零序电抗的因素主要有哪些?

7-9　不对称短路时,怎样制订系统的正序、负序、零序等值网络和复合序网。

7-10　何谓正序等效定则?如何应用它来计算各种不对称短路?

7-11　图 7-53 所示网络,当 k 点发生接地短路时,试绘出其零序网络。

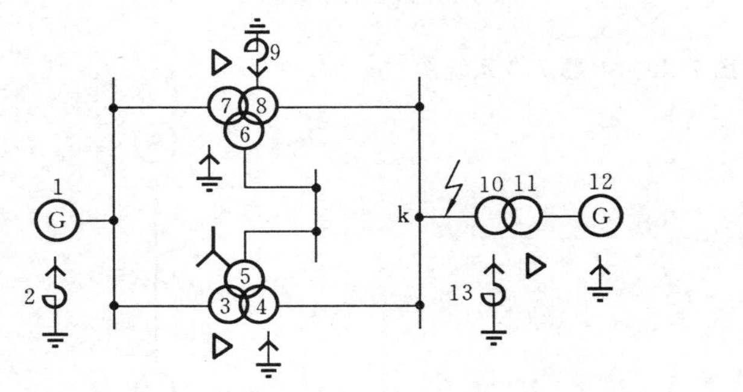

图 7-53　习题 7-11 系统图

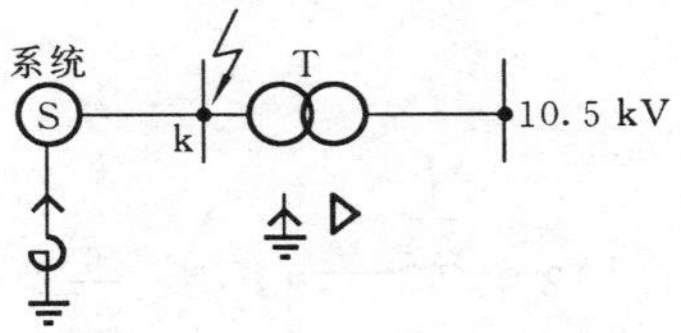

图 7-54　习题 7-12 系统图

7-12　图 7-54 所示网络,欲使 k 点单相及两相接地短路时,流入地中的电流相等,问系统中性点的接地电抗 X_p 应为多少欧?

系统:$S_N=300$ MV·A,$X_1=X_2=0.3$,$X_0=0.1$,$E''=1$;

变压器:$S_N=75$ MV·A,$U_k\%=10$,$K=115/10.5$ kV。

(提示:根据 $I_{a0}^{(1)}=I_{a0}^{(1,1)}$ 的条件,先求出 $X_{0\Sigma}$ 与 $X_{1\Sigma}$ 之间的关系式,最后即可求得 X_p 的值。)

第八章 电气主接线的设计与设备选择

第一节 概 述

电气主接线表明电气一次设备的连接关系，是发电厂、变电站电气部分设计、运行、检修、操作和事故处理的一个平台，其设计对电气设备选择、配电装置布置、继电保护及自动控制方式的拟定，以及防雷接地等产生决定性影响。

1. 原则

以设计任务书为依据，以经济建设方针、政策和有关的技术规程、标准为准则，准确地掌握原始资料，结合工程特点，确定设计标准，参考已有设计成果，采用先进的设计工具。

2. 要求

使设计的主接线满足可靠性、灵活性、经济性，并留有扩建和发展的余地。

3. 步骤

(1)对原始资料进行综合分析；

(2)草拟主接线方案，对不同方案进行技术经济比较、筛选和确定；

(3)厂、站和附近用户供电方案的设计；

(4)限制短路电流的措施和短路电流的计算；

(5)电气设备的选择；

(6)屋内、外配电装置的设计；

(7)绘制电气主接线图及其他图(如配电装置视图)；

(8)推荐最佳方案，写出设计技术说明书，编制一次设备概算表。

第二节 主变压器和主接线的选择

电厂和变电站中，向电力系统或用户输送功率的变压器称为主变压器；用于两种电压等级之间交换功率的变压器称为联络变压器；只供厂、站用电的称为自用电变压器。

一、变压器容量、台数、电压的确定

主变压器的容量、台数，除依据输送容量等原始数据外，还应考虑电力系统 5～10 年的发展规划。如果容量选得过大，不仅增加投资，而且也增加了运行时电能损耗；若容量选得过小，将可能“封锁”发电机剩余功率或者满足不了变电站负荷增长的需要，技

术上不合理,经济上也不合算。

1. 单元接线的主变压器容量确定原则

单元接线的主变压器应按发电机额定容量扣除本机组的厂用负荷后,留有10%的裕度,扩大单元接线应尽可能采用分裂绕组变压器。

2. 连接在发电机电压母线与升高电压之间的主变压器确定原则

(1)发电机全部投入运行时,在满足由发电机电压供电的日最小负荷及扣除厂用电后,主变压器应能将剩余的有功功率送入系统。

(2)若接于发电机电压母线上的最大一台机组停运时,应能满足由系统经主变压器倒供给发电机电压母线上最大负荷的需要。

(3)若发电机电压母线上接有2台或以上主变压器,当其中容量最大的一台因故退出运行时,其他主变压器在允许正常过负荷范围内应能输送剩余功率70%以上。

(4)对水电比重较大的系统,若丰水期需要限制该火电厂出力时,主变压器应能从系统倒送功率,以满足发电机电压母线上的负荷需要。

3. 变电站主变压器容量的确定原则

(1)按变电站建成后5~10年的规划负荷选择,并适当考虑10~20年的负荷发展。

(2)变电站内一台主变压器事故停运后,其余主变压器应能满足全部供电负荷的70%,在计及过负荷能力的允许时间内,满足Ⅰ、Ⅱ类负荷的供电;如果变电站有其他电源能保证主变压器事故停运后向用户的Ⅰ类负荷的供电,则可装设一台主变压器。

若变电站内只有一台主变压器,则容量$S_N \geqslant (0.75 \sim 0.8) P_M$;如果有两台变压器,则每台容量$S_N \geqslant (0.6 \sim 0.7) P_M$,$P_M$为变电站最大计算负荷。

4. 发电厂和变电站主变压器台数的确定

大中型发电厂和枢纽变电站,主变压器不应少于2台;对小型的发电厂和终端变电站可只设一台。

5. 确定绕组额定电压和调压的方式

二、主变压器型式的选择原则

1. 相数

一般选用三相变压器。

2. 绕组数

(1)变电站或单机容量在125 MW及以下的发电厂内有三个电压等级时,可考虑采用三相三绕组变压器,但每侧绕组的通过容量应达到额定容量的15%及以上,或第三绕组需接入无功补偿设备。否则,一侧绕组未充分利用,不如选二台双绕组变压器更合理。

(2)单机容量200 MW及以上的发电厂,额定电流和短路电流均大,发电机出口断路器制造困难,加上大型三绕组变压器的中压侧(110 kV及以上时)不希望留分接头,为此以采用双绕组变压器加联络变压器的方案更为合理。

(3)凡选用三绕组普通变压器的场合，若两侧绕组为中性点直接接地系统，可考虑选用自耦变压器，但要防止自耦变压器的公共绕组或串联绕组的过负荷。

3. 绕组联接组号的确定

变压器三相绕组的联接组号必须与系统电压相位一致。

4. 短路阻抗的选择

从系统稳定和提高供电质量看，短路阻抗小些为好，但阻抗太小会使短路电流过大，使设备选择变得困难。

国内生产的普通三绕组变压器和自耦型三绕组变压器，绕组排列有升压型和降压型两种结构。升压型的三绕组排列顺序自铁芯向外依次为中、低、高，低压绕组在中间、阻抗最小；降压型的三绕组排列顺序自铁芯向外依次为低、中、高，中压绕组阻抗最小。在发电厂主变压器送电方向主要由低压向中高压时，可选用升压型变压器。在变电站供电方向主要为高压向中压(或反之)时，变压器应选用降压型。这样可以降低电压和无功损耗，也有利于变压器并列运行时功率的合理分配。

5. 变压器冷却方式

主变压器的冷却方式有：自然风冷、强迫风冷、强迫油循环风冷、强迫油循环水冷、强迫导向油循环冷却等。

三、主接线设计简述

6～220 kV 电压等级的接线形式，由电压等级高低、出线回路数的多少而定。330～750 kV的接线形式，应首先满足可靠性准则的要求。

220 kV 及以下，当进出线回路多，输送功率大，可采用有母线的接线形式。无母线接线，通常用于进出线回路少且不再扩建的情况。

采用单母和双母接线的 110～220 kV 电压等级，若断路器停电检修时间较长，一般应设置旁路母线。

中小发电厂或变电站若有近区用户，常设有 6～10.5 kV 电压母线。35 kV 以下电压，由于供电距离不远，对重要用户可采用双回线路；若单母分段，也可设置不带专用断路器的旁路母线接线。发电厂、变电所内厂所用电可选用成套配电装置。

对 330～500 kV 电压等级，当进出线 6 回以上时可采用一台半断路器接线、双母线三分段或四分段接线；当最终出线数较少时，也可采用 3～5 角形接线。

四、技术经济比较

技术比较内容主要比较可靠性、灵活性、先进性及对继电保护和配电装置的设计影响等。经济比较的内容主要是综合投资和年运行费。

第三节 载流导体的发热和电动力

一、概述

根据载流导体中流过电流大小和时间长短,电器和导体的发热分为正常工作条件下引起的发热,称为长期发热。由短路电流引起的发热,称为短时发热。

母线、断路器、互感器、绝缘子、套管等,除了导电部分流过电流引起功率损耗外,绝缘材料内部的介质损耗、铁磁材料产生的涡流和磁滞损耗等,都会引起导体和设备的温度升高。

为了限制发热的有害影响,规定了载流导体和电器的长期发热和短时发热的最大允许温度和温升,如表 8-1 所示。

表 8-1 导体长期工作发热和短路时发热的允许温度

导体种类和材料	长期工作发热		短时发热	
	允许温度/℃	允许温升/℃①	允许温度/℃	允许温升/℃②
铜(裸)母线	70③	45	300	230
铝(裸)母线	70③	45	200	130

注:①指导体温度对周围环境温度的升高,我国所采用计算环境温度如下:电力变压器和电器(周围空气温度)40℃;发电机(利用空气冷却时进入的空气温度)35～40℃;装在空气中的导线、母线和电力电缆 25℃;埋入地下的电力电缆 15℃。

②指导体温度较短路前的升高,通常取导体短路前的温度等于它长期工作时的最高允许温度。

③裸导体的长期允许工作温度一般不超过 70℃,当其接触面处具有锡的可靠覆盖层时(如超声波搪锡等),允许提高到 85℃;当有银的覆盖层时,允许提高到 95℃。

二、均匀导体的长期发热

均匀导体是指全长材料和截面相同的导体,如母线、导线、电缆等。研究均匀导体的长期发热,是为了确定导体在正常工作时的最大允许载流量。

1. 均匀导体的发热过程

工作电流流过导体时,在电阻上产生功率损耗 $I^2R\mathrm{d}t$,几乎全部转化成热量。其中一部分热量使导体本身的温度升高,另一部分热量,当导体的温度高于周围环境温度后,主要通过辐射、对流的方式向外散发出去。伴随着导体温度的上升,散热量也随之增大,直到导体发热量等于散热量后,导体的温度已不再上升,列出以下热平衡微分方程式,即

导体温度稳定前 $$I^2R\mathrm{d}t=mC\mathrm{d}\theta+aF(\theta-\theta_0)\mathrm{d}t \tag{8-1}$$

温度达到稳定后 $$I^2R=aF(\theta-\theta_0) \tag{8-2}$$

式中,m 为导体的质量(kg);C 为导体的比热容(J/kg·℃);a 为导体的总换热系数

(W/m² · ℃);F 为导体的散热面积(m²);θ_0 为周围环境的温度(℃)。

2. 导体的载流量

若已知导体的长期发热时最高允许温度 θ_{al},实际环境温度 θ_0,则导体的最大允许温升 $\tau_{st}=\theta_{al}-\theta_0$。由式(8-2),可计算导体的最大允许载流量

$$I=\sqrt{\frac{aF\tau_{st}}{R}}=\sqrt{\frac{aF(\theta_{al}-\theta_0)}{R}} \tag{8-3}$$

为了提高导体的最大允许载流量,宜采用电阻率小,散热面积、散热系数大的材料和散热效果好的布置方式。系统中常见的硬母线形状如矩形、槽形、管形,其载流量按最高允许温度 70℃,额定环境温度 25℃,在无风、无日照下的计算结果,已编制成表格,供查阅。

三、导体的短时发热

1. 短时发热计算

计算目的:确定导体在短路切除以前可能出现的最高温度是否小于短时发热允许温度,以验证导体短时发热的热稳定性。

短时发热特点:由于短路时间短,可近似认为电流产生的热量来不及向周围扩散,而全用于导体本身的温度升高,是一个绝热的过程;短路电流大,导体温度上升快,电阻和比热容不是常数,随温度升高而改变。写出以下热量平衡方程式,即

$$I_{kt}^2R_0\,dt=mC_0\,d\theta \tag{8-4}$$

式中,I_{kt} 为短路全电流(A);m 为导体的质量,$m=\rho_w Sl$;R_0 为温度为 θ℃时导体的电阻,$R_0=\rho_0(1+a\theta)\dfrac{l}{S}$;$C_0$ 为温度为 θ℃时导体的比热容[J/(kg · C)],$C_0=C_0(1+\beta\theta)$;ρ_w 为导体材料的密度(kg/m³);l 为导体的长度(m);S 为导体的截面积(m²);ρ_0 为 0℃时导体的电阻率(Ω · m);α 为 ρ_0 的温度系数(℃⁻¹);C_0 为 0℃时导体的比热容[J/(kg · ℃)];β 为 C_0 的温度系数(℃⁻¹)。

将 R_0、m、C_θ 代入式(8-4)可得到

$$I_{kt}^2\rho_0(1+\alpha\theta)\frac{l}{S}dt=\rho_w SlC_0(1+\beta\theta)d\theta \tag{8-5}$$

在时间 $0\sim t_k$(t_k 是短路切除时间),导体由起始温度 θ_i 上升到 θ_k,上式可写成

$$\begin{aligned}\frac{1}{S^2}\int_0^{t_k}I_{kt}^2\,dt &= \frac{C_0\rho_w}{\rho_0}\int_{\theta_i}^{\theta_k}\frac{1+\beta\theta}{1+\alpha\theta}d\theta\\ &= \frac{C_0\rho_w}{\rho_0}\left[\frac{\alpha-\beta}{\alpha^2}\ln(1+\alpha\theta_k)+\frac{\beta}{\alpha}\theta_k\right]-\frac{C_0\rho_w}{\rho_0}\left[\frac{\alpha-\beta}{\alpha^2}\ln(1+\alpha\theta_i)+\frac{\beta}{\alpha}\theta_i\right]\\ &= A_k-A_i\end{aligned} \tag{8-6}$$

式中,$\int_0^{t_k}I_{kt}^2\,dt$ 为用 Q_k 表示,是短路电流平方的积分,正比于电流产生的热量,称为短路

电流热效应,式(8-6)可写成

$$\frac{1}{S^2}Q_k = A_k - A_i \tag{8-7}$$

$$A_k = \frac{1}{S^2}Q_k + A_i \tag{8-8}$$

实用中常用材料的 θ 和 A 的关系已作成 $\theta = f(A)$ 的曲线,如图 8-1 所示。利用此曲线,计算短时发热最高温度的步骤是,由起始温度 θ_i,在曲线横坐标上查得 A_i,与计算得到的 $\frac{1}{S^2}Q_k$ 相加,得 A_k,再在纵坐标上查得导体的最高温度 θ_k。若 θ_k 小于短时发热最高允许温度,可认为导体短路时是热稳定的。短时发热最高允许温度对硬铝及铝锰合金可取 200℃,硬铜可取 300℃。

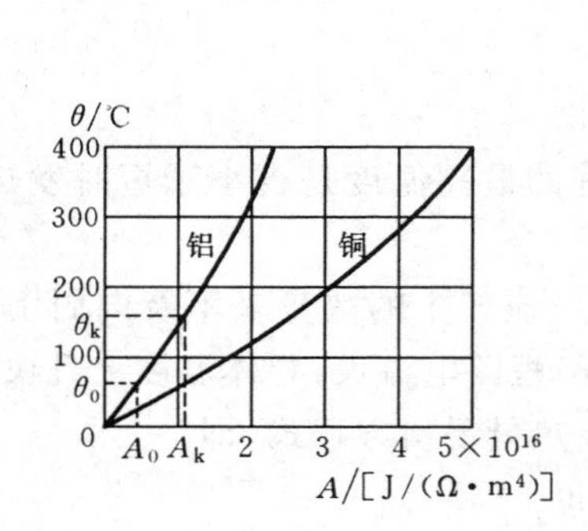

图 8-1 $\theta = f(A)$ 曲线

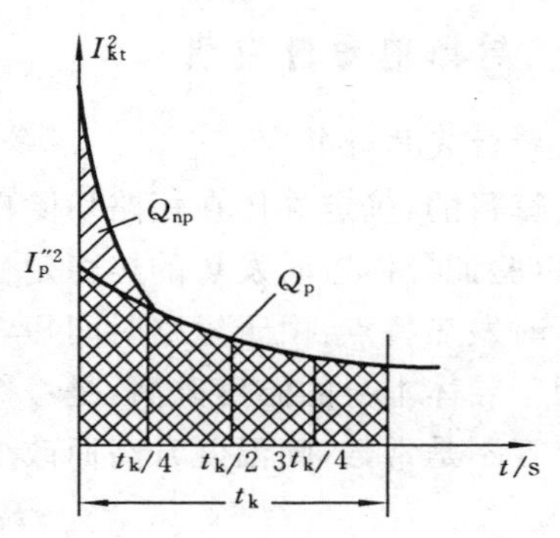

图 8-2 热效应 Q_k 的计算

2. 热效应 Q_k 的计算

热效应 Q_k 的计算,过去采用等值时间法。采用的周期分量等值时间曲线,是根据当时小系统的 50 MW 以下的机组作出的。后来又提出了实用计算法,它是根据数学上任意曲线定积分的辛普森公式推导的,理论上在已知短路电流曲线后的计算结果可达任意精度,但计算十分烦琐。本节介绍工程上的简化辛普森法,又称 1-10-1 法。短路全电流为

$$I_{kt} = \sqrt{2} I_{pt} \cos\omega t + i_{np0} e^{\frac{-\omega t}{T_a}} \tag{8-9}$$

代入热效应计算式,并由正弦周期函数的正交性,得

$$\begin{aligned} Q_k &= \int_0^{t_k} I_{kt}^2 \mathrm{d}t = \int_0^{t_k} (\sqrt{2} I_{pt} \cos\omega t + i_{np0} e^{\frac{-\omega t}{T_a}})^2 \mathrm{d}t \\ &\approx \int_0^{t_k} I_{pt}^2 \mathrm{d}t + \frac{T_a}{2\omega}(1 - e^{\frac{-2\omega t_k}{T_a}}) i_{np0}^2 = Q_p + Q_{np} \end{aligned} \tag{8-10}$$

式中,I_{pt} 为 t 时刻的短路电流周期分量有效值(kA);i_{npo} 为短路电流非周期分量的起始值(kA);T_a 为非周期分量衰减的时间常数(rad);Q_p 为周期分量热效应;Q_{np} 为非周期分量热效应,如图 8-2 所示。

(1)周期分量的热效应,采用辛普森法计算,即

$$\int_a^b f(x)\mathrm{d}x = \frac{b-a}{3n}[(y_0 + y_n) + 2(y_2 + y_4 + \cdots + y_{n-2}) + 4(y_1 + y_3 + \cdots + y_{n-1})] \tag{8-11}$$

式中,b、a 为积分上下限,n 是积分区间$[a,b]$的等分数,n 必为偶数。取 $n=4$,$y_0 = I''^2$,$y_1 = I^2_{t_k/4}$,$y_2 = I^2_{t_k/2}$,$y_3 = I^2_{3t_k/4}$,$y_4 = I^2_{t_k}$,并近似认为 $y_2 = \frac{y_1 + y_3}{2}$。将它们代入式(8-11),可得 1-10-1 法,即

$$\begin{aligned} Q_p &= \int_0^{t_k} I^2_{pt}\mathrm{d}t = \frac{t_k}{12}[(I''^2 + I^2_{t_k}) + 2I^2_{t_k/2} + 4(I^2_{t_k/4} + I^2_{3t_k/4})] \\ &= \frac{t_k}{12}(I''^2 + 10I^2_{t_k/2} + I^2_{t_k}) \end{aligned} \tag{8-12}$$

(2)非周期分量的热效应　由式(8-10)及 $i_{npo} = \sqrt{2}I''$可得

$$Q_{np} = \frac{T_a}{2\omega}(1 - e^{\frac{-2\omega t_k}{T_a}})i^2_{npo} = \frac{T_a}{\omega}(1 - e^{-\frac{2\omega t_k}{T_a}})I''^2 = TI''^2 \tag{8-13}$$

式中,T 为非周期分量等值时间(s),由表 8-2 查得。

表 8-2　非周期分量等值时间 T

短　路　点	T/s	
	$t_k \leqslant 0.1$	$t_k > 0.1$
发电机出口及母线	0.15	0.2
发电机升高电压母线及出线,发电机电压电抗器后	0.08	0.1
变电站各级电压母线及出线	0.05	

如果短路电流持续时间 $t_k > 1$ s,导体短路时的发热主要由周期分量决定,在此情况下可不计非周期分量的影响。当多个支路向短路点供给短路电流时应先求短路电流之和,再求总热效应。

四、短路时载流导体的电动力

导体中流过短路冲击电流,使处于磁场中的导体受到巨大的电动力,如果电器、导体或其支架的机械强度不够,就要产生永久变形或损坏。为此,需计算短路时的电动力。

1. 平行导体间的电动力

如图 8-3 所示,两条无限细长的平行导线 L_1 和 L_2,相距 a,直径为 d,且长度 $L \gg a$,$a \gg d$,分别流过电流 i_1 和 i_2,并近似认为全部电流集中在导线的轴线上。

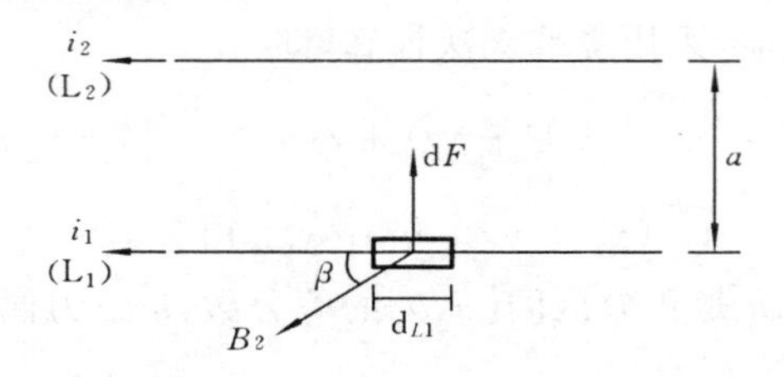

图 8-3 两条无限细长平行导线间的电动力

根据安培环流定律,电流 i_2 在导线 L_2 周围产生的磁场强度 H_2,满足$\oint H_2 \mathrm{d}l = i_2$,导体 1 处的磁场强度 $H_2 = \dfrac{i_2}{2\pi a}$,同样电流 i_1 在导体 2 处的磁场强度 $H_1 = \dfrac{i_1}{2\pi a}$。

图中,L_1 上取一线段 $\mathrm{d}L_1$,线段处磁感应强度 $B_2 = \mu_0 H_2$,根据电动力计算公式,该线段受到的力 $\mathrm{d}F = i_1 B_2 \sin\beta \cdot \mathrm{d}L_1$,其中,$B_2$ 与 $i_1 \mathrm{d}L_1$ 夹角 90°,故 $\sin\beta = 1$,$\mu_0 = 4\pi \times 10^{-7}$ H/m,作用在导线 L_1 上的力

$$F = \int_0^L i_1 B_2 \mathrm{d}L_1 = \int_0^L i_1 \mu_0 \cdot H_2 \cdot \mathrm{d}L_1 = 2 \times 10^{-7} \frac{i_1 i_2}{a} \cdot L \quad (\mathrm{N}) \tag{8-14}$$

不难证明,导线 L_2 上也受到同样大小的作用力,电动力的方向取决于电流的方向,i_1、i_2 同方向时作用力相吸,电流异方向时相斥。

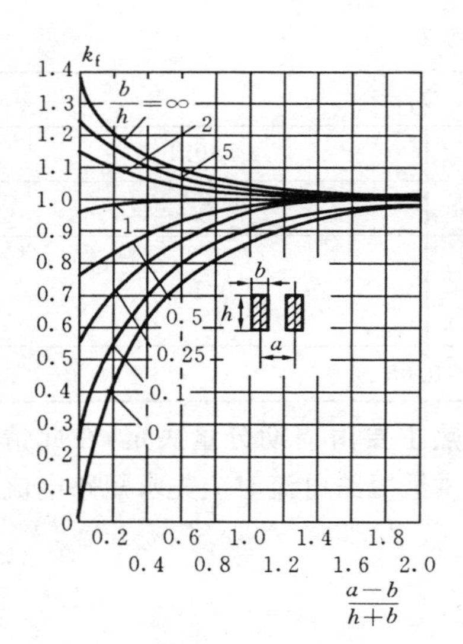

图 8-4 矩形截面形状系数曲线

式(8-14)是按无限细长的导体推导的,工程中使用的导体尚需考虑截面积的因素,故引入形状系数 K 对式(8-14)进行修正,即

$$F = 2 \times 10^{-7} K \frac{L}{a} i_1 i_2 \quad (\mathrm{N}) \tag{8-15}$$

形状系数 K 已制成图表,矩形导体的形状系数示于图 8-4,图中 K 是$\dfrac{a-b}{h+b}$和$\dfrac{b}{h}$的函数,对于圆形导体,形状系数 $K=1$。

2. 三相导体短路时的电动力

由平行导体电动力计算公式,可推得布置在同一平面的三相导体短路时的电动力。在不计短路电流周期分量的衰减时,三相短路电流可写成

$$\begin{aligned} i_A &= I_m \left[\sin(\omega t + \varphi_A) - e^{-\frac{t}{T_a}} \sin\varphi_A\right] \\ i_B &= I_m \left[\sin\left(\omega t + \varphi_A - \frac{2\pi}{3}\right) - e^{-\frac{t}{T_a}} \sin\left(\varphi_A - \frac{2\pi}{3}\right)\right] \\ i_C &= I_m \left[\sin\left(\omega t + \varphi_A + \frac{2\pi}{3}\right) - e^{-\frac{t}{T_a}} \sin\left(\varphi_A + \frac{2\pi}{3}\right)\right] \end{aligned} \tag{8-16}$$

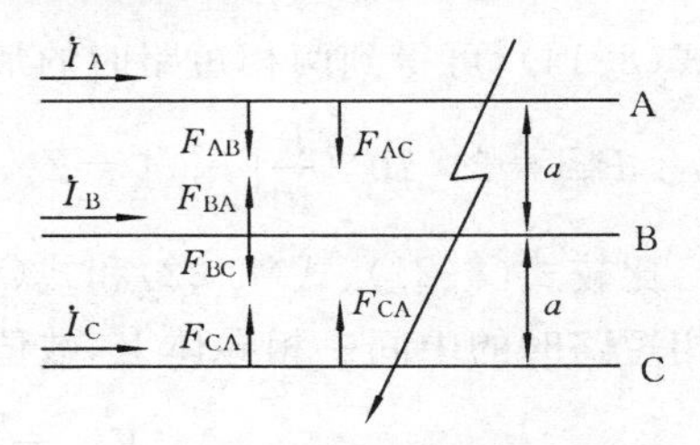

图 8-5　同一平面导体三相短路时的电动力

式中，I_m 为短路电流周期分量的最大值，$I_m=\sqrt{2}I''$；φ_A 为短路电流 A 相的初相角；T_a 为短路电流非周期分量衰减时间常数(s)。

在图 8-5 中，作用在中间相的电动力 F_B，是两边相对其作用力之差，即 $F_B=F_{BA}-F_{BC}=2\times10^{-7}\dfrac{L}{a}(i_Bi_A-i_Bi_C)$，将式(8-16)代入，并化简得到

$$F_B=2\times10^{-7}\frac{L}{a}I_m^2\left[\frac{\sqrt{3}}{2}e^{-\frac{2t}{T_a}}\sin\left(2\varphi_A-\frac{4}{3}\pi\right)-\sqrt{3}e^{-\frac{t}{T_a}}\sin\left(\omega t+2\varphi_A-\frac{4}{3}\pi\right)+\frac{\sqrt{3}}{2}\sin\left(2\omega t+2\varphi_A-\frac{4}{3}\pi\right)\right]\tag{8-17}$$

同理，作用在边相(如 A 相)的电动力为

$$\begin{aligned}F_A&=F_{AB}+F_{AC}=2\times10^{-7}\frac{L}{a}\left(i_Ai_B+\frac{1}{2}i_Ai_C\right)\\&=2\times10^{-7}\frac{L}{a}I_m^2\left\{\frac{3}{8}+\left[\frac{3}{8}-\frac{\sqrt{3}}{4}\cos\left(2\varphi_A+\frac{\pi}{6}\right)\right]e^{-\frac{2t}{T_a}}\right.\\&\left.-\left[\frac{3}{4}\cos\omega t-\frac{\sqrt{3}}{2}\cos\left(\omega t+2\varphi_A+\frac{\pi}{6}\right)\right]e^{-\frac{t}{T_a}}-\frac{\sqrt{3}}{4}\cos\left(2\omega t+2\varphi_A+\frac{\pi}{6}\right)\right\}\end{aligned}\tag{8-18}$$

对三相母线系统而言，工程上需计算电动力的最大值。F_B 的最大值应出现在 $\sin\left(2\varphi_A-\dfrac{4}{3}\pi\right)=\pm1$，$\varphi_A$ 为 75°，165°，255°，…。将 $\varphi_A=75°$，T_a 取平均值 0.05 s，代入式(8-17)得

$$F_B=2\times10^{-7}\frac{L}{a}I_m\left(\frac{\sqrt{3}}{2}e^{\frac{-2t}{0.05}}-\sqrt{3}e^{-\frac{t}{0.05}}\cos\omega t+\frac{\sqrt{3}}{2}\cos2\omega t\right)\tag{8-19}$$

同理，F_A 的最大值应出现在 $\cos\left(2\varphi_A+\dfrac{\pi}{6}\right)=-1$，$\varphi_A=75°$或 225°等，得

$$F_A=2\times10^{-7}\frac{L}{a}I_m\left(\frac{3}{8}+\frac{3+2\sqrt{3}}{8}e^{-\frac{2t}{0.05}}-\frac{3+2\sqrt{3}}{4}e^{-\frac{t}{0.05}}\cos\omega t+\frac{\sqrt{3}}{4}\cos2\omega t\right)\tag{8-20}$$

在短路发生后的最初半个周期，短路电流幅值最大。将 $t=0.01$ s，冲击电流 $i_{sh}=1.82I_m$ 代入式(8-19)和式(8-20)，可分别得 B 相和 A 相的最大电动力分别为

$$F_{Bmax}\approx1.729\times10^{-7}\frac{L}{a}i_{sh}^2\approx1.73\times10^{-7}\frac{L}{a}i_{sh}^2\quad(\mathrm{N})\tag{8-21}$$

$$F_{Amax}=1.616\times10^{-7}\frac{L}{a}i_{sh}^2\quad(\mathrm{N})\tag{8-22}$$

同一地点两相短路与三相短路电流之比，$\dfrac{I''^{(2)}}{I''^{(3)}}=\dfrac{\sqrt{3}}{2}$，冲击电流之比 $i_{sh}^{(2)}=\dfrac{\sqrt{3}}{2}i_{sh}^{(3)}$，代

入式(8-14),可得到两相短路时的最大电动力为

$$F_{max}^{(2)}=2\times10^{-7}\frac{L}{a}[i_{sh}^{(2)}]^2=2\times10^{-7}\frac{L}{a}\left[\frac{\sqrt{3}}{2}i_{sh}^{(3)}\right]^2=1.5\times10^{-7}\frac{L}{a}[i_{sh}^{(3)}]^2 \tag{8-23}$$

比较式(8-21)、式(8-22)和式(8-23),可知同一地点短路的最大电动力,是作用于三相短路时的中间一相导体上,数值为

$$F_{max}=1.73\times10^{-7}\frac{L}{a}i_{sh}^2\quad(N) \tag{8-24}$$

3. 导体的振动应力

凡连接发电机、主变压器及配电装置的导体均为重要导体,这些导体和支持部分构成的三相母线系统,需要考虑共振的影响。

母线在外力的作用下会发生弹性形变,外力除去后母线会产生振动。三相母线受到的电动力,具有丰富的谐波成分,当较大的谐波分量与母线系统的固有振动频率接近或相等时,就会产生机械的共振,有可能使母线系统遭到破坏。

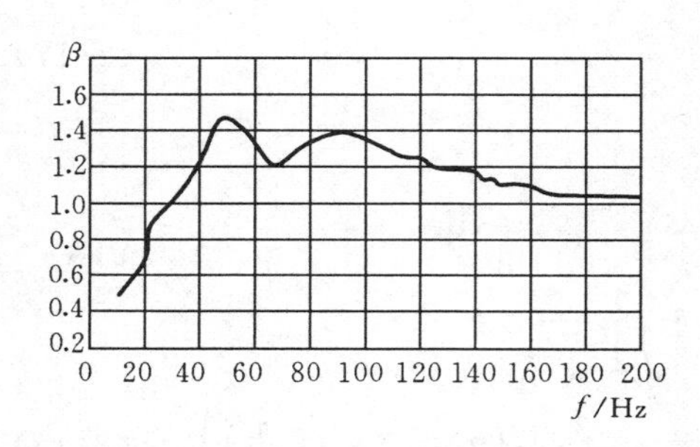

图 8-6 动态应力系数 β

计算强迫振动系统的方法,一般采用修正静态计算法,即最大电动力 F_{max} 乘上动态应力系数 β,动态应力系数 β 与母线固有频率 f 关系如图 8-6 所示。

在单自由度振动系统中,35 kV 及以下,布置在同一平面三相母线的固有振动频率 f_0 可按下式确定

$$f_0=112\frac{r_0}{L^2}\varepsilon\ (Hz) \tag{8-25}$$

式中,L 为绝缘子跨距(m);ε 为材料系数,铜为 1.14×10^2,铝为 1.55×10^2,钢为 1.64×10^2;r_0 为母线的惯性半径(m),对矩形母线如表 8-5 所示。

若固有频率 f_0 处在图 8-6 横坐标的中间范围内时,$\beta>1$,固有频率较低时 $\beta<1$,较高时 $\beta=1$。为了避免导体产生危险的共振,对于重要导体,应使其固有频率在下述范围以外:

单条导体及母线组中的各条导体　　35～135 Hz

多条导体组及有引下线的单条导体　35～155 Hz

如果固有频率在上述范围以外,取 $\beta=1$;在上述范围内时,最大电动力应乘上动态应力系数 β,于是式(8-24)成为

$$F_{max}=1.73\times10^{-7}\frac{L}{a}i_{sh}^2\cdot\beta\quad(N) \tag{8-26}$$

第四节　电气设备的选择

一、电气设备选择的一般条件

电气设备应能满足正常、短路、过电压和特定条件下安全可靠的要求，并力求技术先进和经济合理。通常电气设备选择分两步，第一步按正常工作条件选择，第二步按短路情况校验其热稳定性和电动力作用下的动稳定性。

(一)按正常工作条件选择电器

1. 额定电压

电器的额定电压 U_N 是其铭牌上标明的线电压，电器允许最高工作电压 U_{alm} 不应小于所在电网的工作电压。由于实际电网的线路首端通常高于末端电压 5%～10%，加上调压和负荷的波动，因此规定了电网最高运行电压 U_{sm} 不得超过电网额定电压 U_{NS} 的 1.1 倍。因此，选择时应满足 $U_{alm} \geqslant 1.1U_{NS}$。

一般电器的最高工作电压，当额定电压在 220 kV 及以下时为 $1.15U_N$，额定电压 330～500 kV 时为 $1.1U_N$，因此选择电器时可采用下式

$$U_N \geqslant U_{NS} \tag{8-27}$$

2. 额定电流

导体和电器的额定电流 I_N 是指在额定环境温度 θ_0 下，电气设备长期工作允许的电流。I_N 应不小于该回路在各种合理的运行方式下的最大持续工作电流 I_{max}，即

$$I_N \geqslant I_{max} \tag{8-28}$$

各种回路最大持续工作电流的计算如表 8-3 所示。

表 8-3　各回路最大持续工作电流的计算

回路名称	各回路最大持续工作电流的计算
发电机、调相机，三相变压器回路	$I_{max}=1.05I_N=\dfrac{1.05S_N}{\sqrt{3}U_N}=\dfrac{1.05P_N}{\sqrt{3}U_N\cos\varphi_N}$ 如变压器允许过负荷时按过负荷值计算
母线联络断路器	I_{max} 一般为该段母线上所连接的发电机和变压器中单台容量最大设备的持续工作电流
母线分段电抗器	I_{max} 按该母线上故障切除最大一台发电机或变压器时，可能通过电抗器的电流计算，或取最大一台发电机或变压器额定电流的 50%～80%
馈电线路	$I_{max}=\dfrac{P}{\sqrt{3}U_N\cos\varphi}$ 按潮流分布计算，当回路中装有电抗器时，I_{max} 一般按电抗器 I_N 计算，还需考虑事故时转移过来的负荷

3. 环境条件对电器和导体额定值的修正

环境温度(或冷却介质温度)影响散热条件,我国目前生产的电器的额定环境温度$\theta_0=40$℃,裸导体的$\theta_0=25$℃。如环境温度高于40℃,不超过60℃时,其长期允许电流按下式修正

$$I_{al}=\sqrt{\frac{\theta_{al}-\theta}{\theta_{al}-\theta_0}}\cdot I_N \tag{8-29}$$

式中,θ为实际环境温度(℃);θ_{al}为长期发热允许温度,参见表8-1;I_N为环境温度为40℃时电器的额定电流。

选择电器时,还应考虑电器安装场所的环境条件,如户内、户外、海拔高度、地震等。

(二)按短路情况校验热稳定和动稳定

1. 热稳定的校验

电气设备一般由厂家提供了热稳定电流I_t和热稳定时间t,回路中短路电流产生的热效应Q_k,由算式(8-10)得到,则热稳定校验式为

$$I_t^2 t\geqslant Q_k \tag{8-30}$$

2. 动稳定的校验

短路冲击电流通过电器产生的电动力,应不超过厂家的规定,即应满足动稳定。算式由厂家给出的允许参数值的形式决定,如

$$i_{es}\geqslant i_{sh} \tag{8-31}$$

$$I_{es}\geqslant I_{sh} \tag{8-32}$$

式中,i_{sh}、I_{sh}分别为短路冲击电流的幅值及其有效值;i_{es}、I_{es}分别为厂家给出的动稳定电流的幅值及有效值。

3. 短路电流的计算条件

根据电气主接线可计算短路电流。为确保运行设备的安全,校验应取正常接线下通过电器或导体的最大短路电流值,并考虑具有反馈作用的电动机和电容补偿装置放电电流的影响。

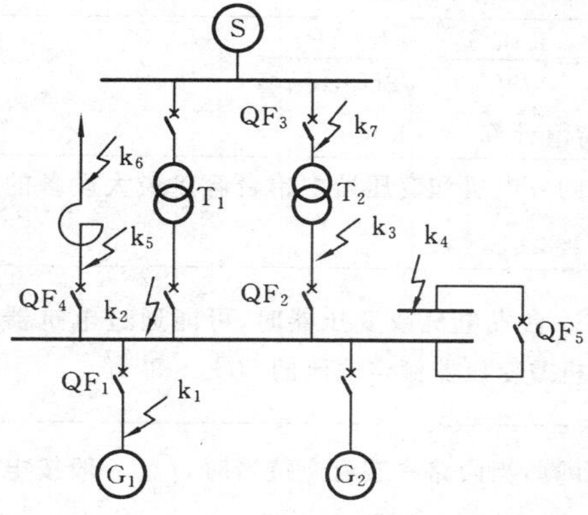

图8-7　短路计算点的选择

(1)计算容量和短路类型。按发电厂、变电站最终设计容量计算。对未来尚不明确的厂站,应考虑本期工程建成后5～10年内可能的发展。短路类型一般采用三相短路,当其他形式短路电流大于三相时,应选取最严重的短路情况校验。

(2)短路计算点。除安装电抗器的馈线选择断路器以外,应选择通过导体和电器短路电流最大的那些点为短路计算点。确定短路计算点可以采用试探或分析的方法。对于简单的接线,以图8-7为例,说明其短路计算点的选择。

①选择发电机出口断路器 QF_1，应考虑 k_1 或 k_2 点分别短路，当 k_2 点短路时，流过 QF_1 为发电机 G_1 提供的短路电流；当 k_1 点短路时，流过 QF_1 为发电机 G_2 和系统 S 提供的短路电流，若两台发电机容量相等，显然 k_1 为选择 QF_1 的短路计算点。

②选择 QF_2 时的短路计算点，应分别考察 QF_3 断开或合上时 k_2 或 k_3 短路流过 QF_2 的电流。k_3 短路时，G_1、G_2 两台发电机提供的短路电流大小与 QF_3 开合状态无关。当 QF_3 合上时，k_2 点短路，系统流过 QF_2 的短路电流，若 T_1 和 T_2 容量相同，却较 QF_3 打开 k_3 点短路时的电流为小，因此 QF_2 的短路计算点应为 QF_3 断开时的 k_3 点。同理，选择 QF_3 也应打开 QF_2 时的 k_7 点为短路计算点（若 T_1 和 T_2 参数不同，应进行试算后确定）。

③选择 QF_5 时，以 k_4 为短路计算点。

④选择 QF_4 时，k_5 点短路流过 QF_4 的电流比 k_6 点短路时为大，但为节约投资，选用的断路器是轻型价廉的，同时又由于 QF_4 与电抗器之间连线短，且电抗器工作较为可靠等，规定 k_6 点为选择 QF_4 的短路计算点，但除断路器和电流互感器以外的其余设备，如刀闸、连接线，仍采用 k_5 为短路计算点。这样，一旦 k_5 故障，QF_4 应可靠闭锁，由上一级断路器将 k_5 处故障切除。

(3)短路计算时间。

①热稳定计算时间 t_k，也称为短路持续时间，为继电保护动作时间 t_p 和断路器的全开断时间 t_{ab} 之和，即

$$t_k = t_p + t_{ab} = t_p + t_{in} + t_a \tag{8-33}$$

式中，t_p 为继电保护动作时间(s)，对电气设备取后备保护动作时间 t_{p2}，对母线可取主保护动作时间 t_{p1}；t_{in} 为断路器固有分闸时间(s)；t_a 为断路器开断时，电弧燃烧持续时间(s)，少油断路器为 0.05～0.06 s；SF_6 和压缩空气断路器为 0.02～0.04 s。

②开断计算时间 t_{br}，为发生故障至断路器开断时刻所需的计算时间，为使断路器可靠开断，应选用主保护动作时间 t_{p1} 和断路器固有分闸时间之和，即

$$t_{br} = t_{p1} + t_{in} \tag{8-34}$$

表 8-4 列出了主接线设计中主要电气设备的选择项目和计算公式，一些特殊的选择项目，在以后设备选择时讲述。

二、高压断路器和隔离开关的选择

(一)高压断路器的选择

高压断路器的 U_N 和 I_N 的选择，如表 8-4 所示，特殊项目的选择方式如下。

表 8-4 各种电气设备的选择项目

设备名称	额定电压	额定电流	额定开断电流	动稳定	热稳定	备注和公式
断路器	✓	✓	✓	✓	✓	
隔离开关	✓	✓		✓	✓	
电抗器	✓	✓		✓	✓	还需校验电压损失、残压 $X_R\%=\left(\frac{I_d}{I_{Nbr}}-X'_{*\Sigma}\right)\cdot\frac{I_N U_d}{U_N I_d}\times 100\%$ 式(8-40)
电流互感器	✓	✓		✓	✓	
电压互感器	✓					
母线及导体		✓		✓	✓	
电缆	✓	✓			✓	
熔断器	✓	✓	✓		✓	还应校验保护特性
支柱绝缘子	✓			✓		还需校验机械荷载
套管绝缘子	✓	✓		✓	✓	柜内电器
成套配电装置	✓	✓	✓			
电力电容器	✓					
计算公式	$U_N \geqslant U_{NS}$ 式(8-27)	$I_N \geqslant I_{max}$ 式(8-28)	$I_{Nbr} \geqslant I_{kt}$ 式(8-35) $I_{Nbr} \geqslant I''$ 式(8-36)	$i_{es} \geqslant i_{sh}$ 式(8-31) $I_{es} \geqslant I_{sh}$ 式(8-32)	$I_t^2 t \geqslant Q_k$ 式(8-30)	$Q_k=\frac{I''^2+10I_{t_k/2}^2+I_{t_k}^2}{12}t_k$ 式(8-12) 其中,$t_k=t_p+t_{in}+t_a$ 式(8-33)

1. 开断电流

高压断路器的额定开断电流 I_{Nbr},不应小于实际触头开断瞬间的短路电流的有效值 I_{kt},即

$$I_{Nbr} \geqslant I_{kt} \tag{8-35}$$

I_{kt}大小与发生短路后开断的时间有关,我国生产的高压断路器在做型式试验时允许 20%的非周期分量,对一般中慢速断路器,由于开断时间较长($t_{br} \geqslant 0.1$ s),短路电流的非周期分量衰减较快,选择时可采用

$$I_{Nbr} \geqslant I'' \tag{8-36}$$

使用快速保护和高速断路器时,其开断时间小于 0.1 s,当电源附近短路时,短路电流中的非周期分量可能超过 20%,因此需采用短路全电流校验。

2. 短路关合电流

断路器合闸于有潜伏性故障的线路时,经历一个先合后分的操作循环,此时断路器应能可靠地开断。在电压额定时,能可靠关合、开断的最大短路电流称为额定关合电流,它是表征断路器灭弧能力、触头和操动机构性能的重要参数之一,用以下公式校验

$$i_{NCl} \geqslant i_{sh} \tag{8-37}$$

式中,i_{NCl}为断路器的额定关合电流(A);i_{sh}为短路电流的冲击值(A)。

3. 合、分闸时间选择

对于 110 kV 以上的电力网，系统稳定要求快速切除故障时，断路器的固有分闸时间不宜大于 0.04 s。用于电气制动回路的断路器，其合闸时间不宜大于 0.04～0.06 s。

(二)隔离开关的选择

隔离开关没有开断短路电流的要求，故不必校验开断电流。其他选择项目与断路器相同。

三、限流电抗器的作用和选择

(一)限流电抗器的作用

当数台发电机或主变压器并列运行于 6～10 kV 母线上时，母线短路电流可达几万甚至十几万安培，超过了配电网馈线上轻型断路器的开断能力，为节省投资，需采取限制短路电流的措施。

线路上安装电抗器后，除限制短路电流外，还维持母线上的残压，若残压大于 65%～70% U_{NS}，对非故障用户，特别是电动机用户是有利的。

(二)限流电抗器的选择

限流电抗器选择如表 8-4 所示，特殊项目的选择方式如下。

1. 电抗百分值的选择

若要求将某一馈线的短路电流限制到电流值 I''，如图 8-8 所示，取基准电流 I_d，则电源到短路点的总电抗标幺值 $X_{*\Sigma}$ 为

$$X_{*\Sigma}=\frac{I_d}{I''} \qquad (8\text{-}38)$$

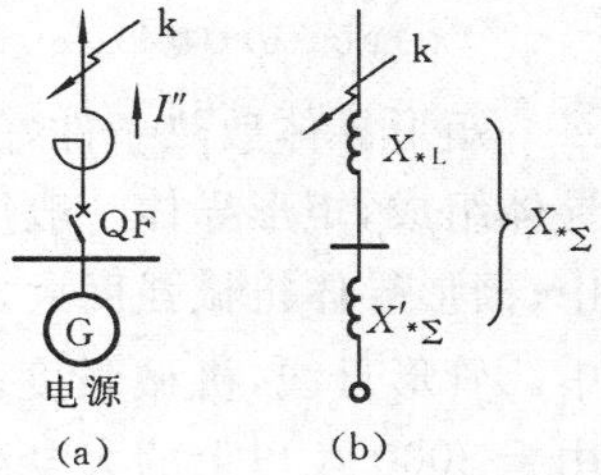

若已知轻型断路器的额定开断电流 I_{Nbr}，令 $I''=I_{Nbr}$，则 $X_{*\Sigma}$ 为

$$X_{*\Sigma}=\frac{I_d}{I_{Nbr}} \qquad (8\text{-}39)$$

k
I''
QF
G
电源
(a)
k
X_{*L}
$X_{*\Sigma}$
$X'_{*\Sigma}$
(b)

图 8-8　计算电抗百分值示意图

若已知电源到电抗器之间的电抗标幺值 $X'_{*\Sigma}$，所选电抗器的电抗值 X_{*R} 为

$$X_{*R}=X_{*\Sigma}-X'_{*\Sigma}$$

这样，以电抗器额定电压和额定电流为基准的电抗百分值 $X_R\%$ 为

$$X_R\%=(X_{*\Sigma}-X'_{*\Sigma})\frac{I_N}{U_N}\cdot\frac{U_d}{I_d}\times 100\% \qquad (8\text{-}40)$$

2. 电压损失的校验

正常运行时，负荷电流流过电抗器将产生电压损失。因此，正常工作时，要求电抗器上的电压损失不应大于电网额定电压的 5%，有

$$\Delta U\%=\frac{I_{max}}{I_N}X_R\%\cdot\sin\varphi\leqslant 5\% \qquad (8\text{-}41)$$

式中,φ为负荷的功率因数角,一般取$\cos\varphi=0.8$,$\sin\varphi=0.6$。

3. 母线残压的校验

电抗器后发生短路,短路电流在电抗器上的压降,使母线维持一定残压,若残压大于60%～70% U_{NS}时,有利于母线上非故障线路的运行。残压的百分值可按下式计算

$$\Delta U_{re}\%=X_R\%\cdot\frac{I''}{I_N}\geqslant 60\%\sim70\% \tag{8-42}$$

如果不满足残压要求,可增大电抗值或采用瞬时速断保护,切除故障线路。

四、母线和电缆的选择

(一)裸导体

裸导体一般按下列各项选择和校验:①导体的材料、截面的形状、敷设的方式;②导体的截面;③电晕;④热稳定;⑤动稳定;⑥共振频率。输变电线路中的裸导体,还应满足机械强度和电压损失不超过容许值。

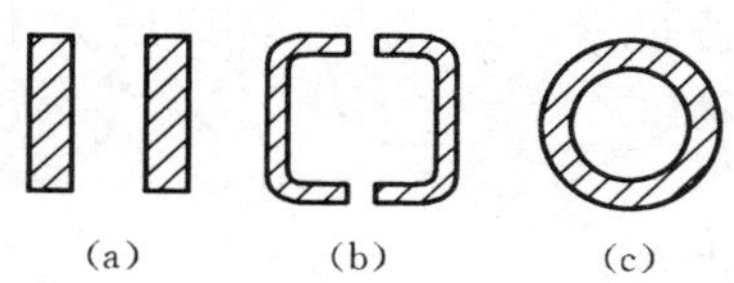

图 8-9 常见硬母线截面形状

(a)矩形;(b)双槽形;(c)管形

1. 硬母线的材料、截面形状、布置方式

导体材料有铜、铝和铝合金,铜只用在持续工作电流大、布置位置狭窄和对铝有严重腐蚀的场所。常用的硬母线是铝母线,截面有矩形、双槽形和管形,如图 8-9 所示。

矩形导体散热条件好,便于固定和连接,但集肤效应大,每相母线可由1～4根矩形导体组成,矩形导体一般用于电压在35 kV及以下,电流在4000 A及以下的配电装置中;槽形导体机械强度大,载流量大,集肤效应小,一般用于4000～8000 A的配电装置中。管形母线,机械强度高,管内可通风或通水,可用于8000 A以上的大电流母线和110 kV及以上的配电装置中。

矩形导体的布置方式如图 8-10 所示。图 8-10 (a)和(c)散热条件相同,较图 8-10 (b)好;图 8-10 (b)和(c)的相间受力和机械强度相同,较图 8-10 (a)的好,但图 8-10 (c)的布置方式使配电装置的高度增加。

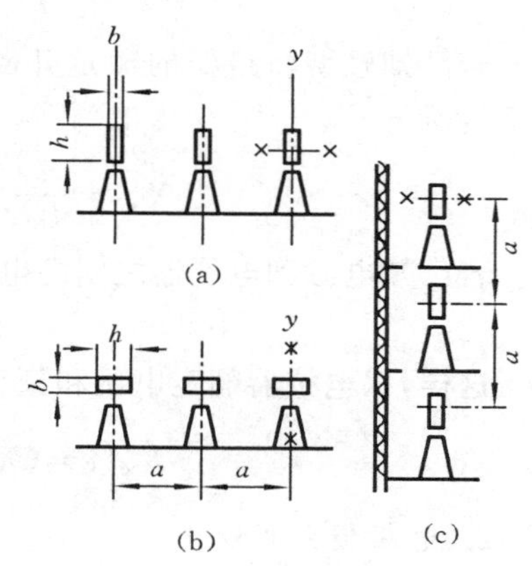

图 8-10 矩形导体的布置方式

(a)支柱绝缘子三相水平布置,导体竖放;(b)支柱绝缘子三相水平布置,导体平放;(c)绝缘子三相垂直布置,导体竖放

2. 导体截面选择

导体截面可按长期发热允许电流或经济电流密度选择。除配电装置的汇流母线、长度在20 m以下的导体外,对于年负荷利用小时数大,传输容量大的导体,其截面一般按经济电流密度选择。

(1)按长期发热允许电流选择,即

$$KI_{al}\geqslant I_{max} \tag{8-43}$$

式中，I_{al}为额定环境温度($\theta_0=25℃$)时，长期工作允许电流；K 为与导体最高允许温度、环境温度和海拔等有关的修正系数；I_{max}为导体所在回路的长期持续工作电流。

(2)按经济电流密度选择。

综合考虑投资、年运行费和国家当时的技术经济政策而确定的经济电流密度，可使选择的导体年计算费用最小。若已知回路的最大负荷利用小时数 T_{max}，在图 8-11 对应曲线上可查得电缆或导体的经济电流密度 J，则导体的经济截面积 S 为

$$S=I_{max}/J \tag{8-44}$$

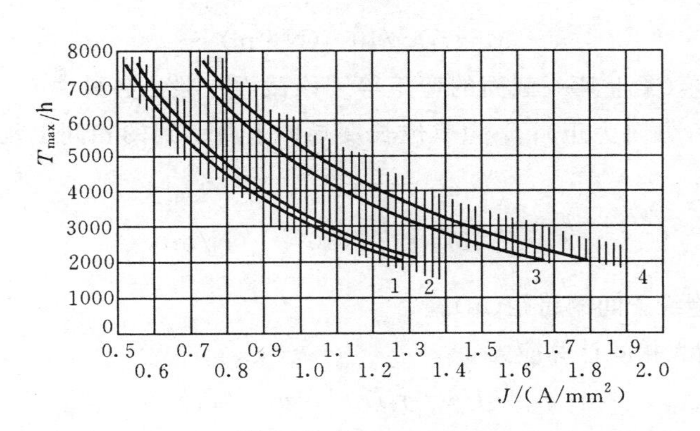

图 8-11　经济电流密度

1—变电站用、工矿用及电缆线路的铝线纸包绝缘铅包、铝包、塑料护套及各种铠装电缆；

2—铝矩形、槽型母线及组合导线；

3—火电厂厂用铝芯纸绝缘铅包、铝包、塑料护套及各种铠装电缆；

4—35～220 kV 线路的 LGJ、LGJQ 型钢芯铝绞线

按经济电流密度选择的导体，必须校验其是否满足式(8-43)的要求。

3. 电晕电压校验

电晕放电引起电能损耗和无线电干扰，对于 110 kV 及以上的各种规格导体，应按晴天不出现电晕的条件校验，使导体的临界电晕电压大于最高工作电压

$$U_{cr}>U_{max} \tag{8-45}$$

式中，U_{cr}为临界电晕线电压有效值。

4. 热稳定校验

校验导体在短路时的热稳定性，可参见式(8-7)，若计及集肤效应系数 K_S 时，满足热稳定的导体最小截面为

$$S_{min}=\sqrt{K_s Q_k/(A_{al}-A_i)}=\frac{1}{C}\sqrt{K_s Q_k}\ (m^2) \tag{8-46}$$

式中，$C=\sqrt{(A_{al}-A_i)}$为热稳定系数；A_{al}为与短路时发热最高允许温度对应的 A 值($J/\Omega\cdot m^4$)；A_i 为与短路前导体温度对应的 A 值，由图 8-1 查得。

当导体短路前的温度取正常运行时的最高允许温度 70℃，铝和铜导体短时发热最高允许温度分别为 200℃和 300℃时，C 值(量纲：$A\cdot s^{1/2}/m^2$)分别为 $C_{铝}=87$ 和 $C_{铜}=171$。

5. 动稳定校验

电流产生的电动力，有可能使固定在支柱绝缘子间的硬母线永久变形，因此硬母线应按弯曲时受到的应力校验其动稳定。

通常把母线看做是一个多跨距的梁，自由地放在绝缘支柱上，在电动力的作用下，母线受到的最大弯矩 M 为

$$M=f_{\phi}L^2/10 \quad (\mathrm{N\cdot m}) \tag{8-47}$$

式中，M 为最大弯矩(梁上某一截面的弯矩等于该截面左梁上各外力对该截面形芯力矩的代数和，以顺时针方向为正)；f_{ϕ} 为单位长度导体上所受到的相间电动力，由式(8-24)可得到

$$f_{\phi}=1.73i_{\mathrm{sh}}^2\cdot\frac{L}{a}\times10^{-7} \quad (\mathrm{N/m}) \tag{8-48}$$

式中，L 为相邻两绝缘子间的跨距(m)。

母线受到的最大相间计算应力

$$\sigma_{\phi}=M/\omega=f_{\phi}L^2/(10\omega) \quad (\mathrm{Pa}) \tag{8-49}$$

式中，ω 为导体对垂直于作用力方向轴的抗弯截面系数，由表 8-5 查得。

表 8-5 导体截面系数和惯性半径

导体布置方式	截面系数 ω	惯性半径 r_0
h b	$bh^2/6$	$0.289h$
h b	$b^2h/6$	$0.289b$
b b b	$0.333bh^2$	$0.289h$
h b b b	$1.44b^2h$	$1.04b$

导体上的计算应力不应超过导体材料的最大允许应力 σ_{al}，硬铝 $\sigma_{\mathrm{al}}=70\times10^6\,\mathrm{Pa}$，硬铜 $\sigma_{\mathrm{al}}=140\times10^6\,\mathrm{Pa}$，即

$$\sigma_{\phi}\leqslant\sigma_{\mathrm{al}} \tag{8-50}$$

如上式成立，则认为该导体是动稳定的。在设计中也根据导体材料的最大允许应力，确定支柱绝缘子间的最大允许跨距，由式(8-49)得

$$L_{max}=\sqrt{10\sigma_{al}\omega/f_{\phi}} \quad (m) \tag{8-51}$$

所选跨距不应超过 1.5～2 m，以避免导体自重而过分弯曲。

(二)电力电缆的选择

电力电缆的选择项目如表 8-4 所示，特殊项目的选择方式如下。

1. 电缆芯线材料及型号选择

电缆芯线有铜芯和铝芯，铜芯电缆载流量约为同截面铝芯电缆载流量的 1.3 倍，一般选用铝芯电缆。敷设电缆一般有电缆桥架、电缆沟、电缆隧道和穿管等方式，为了不损伤电缆绝缘和保护层，敷设时应保持一定的弯曲半径。

2. 截面选择

当电缆的最大负荷利用小时数 $T_{max}>5000$ h，长度超过 20 m 以上，均应按经济电流密度选择。按长期发热允许电流选择电缆截面时，修正系数 K 与敷设方式、环境温度等有关。选择时，可按式(8-43)、式(8-44)计算。

3. 按允许电压降校验

对供电距离远、容量较大的电缆，应校验其电压损失 $\Delta U\%\leqslant 5\%$，对三相电缆，计算公式如下：

$$\Delta U\%=\sqrt{3}I_{max}L\cdot(R_0\cos\varphi+X_0\sin\varphi)/U_{NS} \tag{8-52}$$

式中，L 为电缆线路的长度；R_0、X_0 为单位长度电缆的电阻和电抗；U_{NS} 为电缆安装处电网的额定电压。

4. 热稳定校验

满足热稳定的电缆最小截面为

$$S_{min}\geqslant\frac{1}{C}\sqrt{Q_k} \tag{8-53}$$

式中，C 为热稳定系数，对 6 kV 油浸纸绝缘铝芯电缆，$C=93$；10 kV 油浸纸绝缘铝芯电缆，$C=95$。

五、电流互感器选择

1. 电流互感器的形式

35 kV 以下屋内配电装置，可采用瓷绝缘或树脂绕注式；35 kV 及以上配电装置可采用油浸瓷箱式，有条件时可采用套管式。

2. 一次额定电压和电流

电流互感器一次额定电压和电流的选择如表 8-4 所示，二次额定电流可选 5 A 或 1 A。

3. 电流互感器的准确级

不应低于所供测量仪表的最高准确级，用于重要回路和计费电度表的电流互感器一般采用 0.2 级或 0.5 级，500 kV 采用 0.2 级。

为了保证互感器的准确级，二次侧负荷 S_2，不应大于相应准确级所规定的额定容量 S_{2N}，因厂家提供的技术数据中 S_{2N} 有 V·A 或 Ω 两种表示，故

$$S_{2N} \geqslant S_2 = I_{2N}^2 Z_{2L} \text{ 或 } Z_{2N} \geqslant Z_{2L} \tag{8-54}$$

互感器的二次负荷 Z_{2L} 包含测量仪表和继电器的电流线圈电阻 r_2，连接导线的电阻 r_w 和接触电阻 r_c，如图 8-12 所示，即

$$Z_{2L} = r_2 + r_w + r_c \tag{8-55}$$

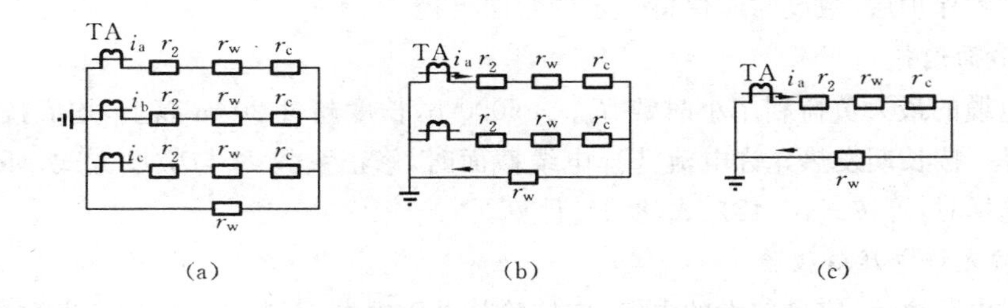

图 8-12 电流互感器的负荷

(a)星形接线；(b)不完全星形接线；(c)单相接线

r_c 不能直接测量，可取 0.05～0.1 Ω，r_2 由所连接的仪表和继电器的电流线圈消耗的功率计算，则连接导线的电阻为

$$S_{2N} \geqslant S_2 = I_{2N}^2 (r_2 + r_w + r_c)$$

$$r_w \leqslant \frac{S_{2N} - I_{2N}^2 (r_2 + r_c)}{I_{2N}^2} \tag{8-56}$$

由于 $r_w = \rho \dfrac{L_c}{S}$，得到导线的截面积计算公式

$$S \geqslant \frac{I_{2N}^2 \rho L_c}{S_{2N} - I_{2N}^2 (r_2 + r_c)} = \frac{\rho L_c}{Z_{2N} - (r_2 + r_c)} \tag{8-57}$$

式中，S、L_c 分别为连接导线的截面和计算长度；ρ 为导线的电阻率，$\rho_{铜} = 1.75 \times 10^{-2}\ \Omega \cdot \text{m}$。

连接导线的计算长度 L_c 与电流互感器的接线系数有关，若测量仪表与互感器安装处相距 L，则当电流互感器星形接线时 $L_c = L$，不完全星形时 $L_c = \sqrt{3} L$，单相接线时 $L_c = 2L$。

为满足机械强度要求，连接导线的截面 S 不得小于 1.5 mm²。应该说测量仪表、继电器和自动装置，一般应分开接在不同的二次绕组。当它们共用同一组二次绕组时，应采取措施避免互相影响。

4. 热稳定和动稳定校验

电流互感器的热稳定校验只对本身带有一次回路导体的电流互感器进行。热稳定能力常以 1 s 允许通过的热稳定电流 I_t 或一次额定电流 I_{1N} 的倍数 K_t 来表示，可按下式校验

$$I_t^2 \cdot 1 \geqslant Q_k \quad 或 \quad (K_t I_{1N})^2 \geqslant Q_k \tag{8-58}$$

互感器内部动稳定，常以允许通过的动稳定电流 i_{es} 或一次额定电流幅值的动稳定倍数 K_{es} 表示，可按下式校验

$$i_{es} \geqslant i_{sh} \quad 或 \quad \sqrt{2} I_{1N} K_{es} \geqslant i_{sh} \tag{8-59}$$

瓷绝缘的电流互感器还应校验瓷绝缘帽上受力的外部动稳定。

六、电压互感器的选择

1. 按额定电压选择

电压互感器一次绕组有接于相间和接于相对地两种方式，绕组的额定电压 U_{1N} 应与接入电网的方式和电压相符，为确保互感器的准确级，要求电网电压的波动范围满足下列条件

$$0.8U_{1N} < U_{NS} < 1.2U_{1N} \tag{8-60}$$

电压互感器二次绕组电压可按表 8-6 选择，附加二次绕组通常接成开口三角形供测量零序电压，在电压正常且三相对称，开口输出电压为零。当电网发生单相接地时，为使开口电压输出 100 V，在不同的中性点接地系统，绕组的额定电压值应分别为 100 V和 100/3 V。

表 8-6　电压互感器二次绕组额定电压选择表

绕　组	主二次绕组		每个附加二次绕组	
高压侧允许接入方式	接于电网线电压上	接于电网相电压上	用于中性点直接接地系统	用于小电流接地系统
二次绕组额定电压/V	100	$100/\sqrt{3}$	100	100/3

2. 容量和准确级选择

根据测量仪表和继电器的接线及准确级要求，电压互感器的额定容量 S_{2N} 应满足

$$S_{2N} \geqslant S_2$$

$$S_2 = \sqrt{(\sum S_0 \cos\varphi)^2 + (\sum S_0 \sin\varphi)^2} = \sqrt{(\sum P)^2 + (\sum Q)^2} \tag{8-61}$$

式中，S_0、P_0、Q_0 分别为电压互感器线圈消耗的视在功率、有功功率和无功功率；$\cos\varphi$ 为电压互感器线圈消耗的功率因数；S_2 为电压互感器最大一相的负荷。

计算电压互感器的各相负荷时，必须注意互感器接线及与负荷的连接方式，表 8-7 列出了两种互感器接线下，二次绕组负荷的计算公式。

表 8-7 电压互感器二次绕组负荷计算公式

接线方式和相量图			
A	$P_A=[S_{ab}\cos(\varphi_{ab}-30°)]/\sqrt{3}$ $Q_A=[S_{ab}\sin(\varphi_{ab}-30°)]/\sqrt{3}$	AB	$P_{AB}=\sqrt{3}S\cos(\varphi+30°)$ $Q_{AB}=\sqrt{3}S\sin(\varphi+30°)$
B	$P_B=[S_{ab}\cos(\varphi_{ab}+30°)+S_{bc}\cos(\varphi_{bc}-30°)]/\sqrt{3}$ $Q_B=[S_{ab}\sin(\varphi_{ab}+30°)+S_{bc}\sin(\varphi_{bc}-30°)]/\sqrt{3}$	BC	$P_{BC}=\sqrt{3}S\cos(\varphi-30°)$ $Q_{BC}=\sqrt{3}S\sin(\varphi-30°)$
C	$P_C=[S_{bc}\cos(\varphi_{bc}+30°)]/\sqrt{3}$ $Q_C=[S_{bc}\sin(\varphi_{bc}+30°)]/\sqrt{3}$		

第五节 设备选择举例

以某发电厂为例，选择母线、断路器、出线电抗器、电流互感器和电压互感器，其中选择校验仅取了三相短路电流值。

例 8-1 某发电厂电气接线，如图 8-13 所示。发电机 A、B 型号 TQ-25-2，$P_N=25$ MW，$X_d''=0.13$；发电机 C 型号 QFQ-50-2，$P_N=50$ MW，$X_d''=0.124$；所有发电机的功率因

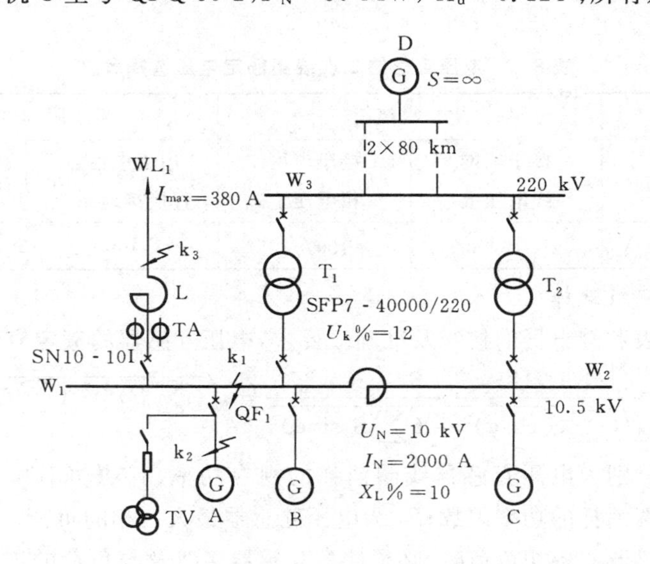

图 8-13 例 8-1 某发电厂电气主接线图

数 $\cos\varphi=0.8$，$U_N=10.5$ kV。两台主变压器参数相同，220 kV 系统 S 容量为无穷大，其余参数如图 8-13 所示，求短路点 k_1 三相短路电流。

解　取 $S_d=100$ MV·A，$U_d=U_{av}$。计算得各电源供给短路点 k_1 的三相短路电流 0 s、1 s、2 s、4 s 的有名值，如表 8-8 所示。

表 8-8　k_1 点三相短路电流计算汇总

时间/s	发电机 A/kA	发电机 B/kA	发电机 C/kA	系统 S/kA	短路点 k_1/kA	i_{sh}/kA
0	14.5	14.5	10.20	20.5	59.7	157.5
1	5.69	5.69	7.375	20.5	39.26	
2	4.812	4.812	7.256	20.5	37.38	
4	4.328	4.328	7.73	20.5	36.89	

例 8-2　选择图 8-13 中汇流母线 W_1，三相母线布置如图 8-14 所示，相间距离 $a=0.75$ m，绝缘子跨距 $L=1.2$ m，断路器固有分闸时间 $t_{in}=0.15$ s，电弧燃烧持续时间 $t_a=0.05$ s，母线主保护动作时间 $t_{p1}=0.06$ s，环境温度 40℃，k_1 点短路电流如表 8-8所示。

解　(1)汇流母线按长期发热允许电流选择，汇流母线上最大设备容量 40 MV·A，得最大长期持续工作电流

$$I_{max}=1.05\frac{S_N}{\sqrt{3}U_N}=1.05\frac{40}{\sqrt{3}\times10.5}\text{ kA}=2.309\text{ kA}$$

由式(8-29)，计算 40℃时的温度修正系数

$$K=\sqrt{\frac{\theta_{al}-\theta}{\theta_{al}-\theta_0}}=\sqrt{\frac{70-40}{70-25}}=0.816$$

查附录Ⅳ的表Ⅳ-1，选用二条$(100\times10)\text{mm}^2$ 的矩形铝导体，布置如图 8-14 所示，$I_{al}=2840$ A，由式(8-43)得

$$I_{al40℃}=0.816\times2840=2317.4\text{ A}>2309\text{ A}$$

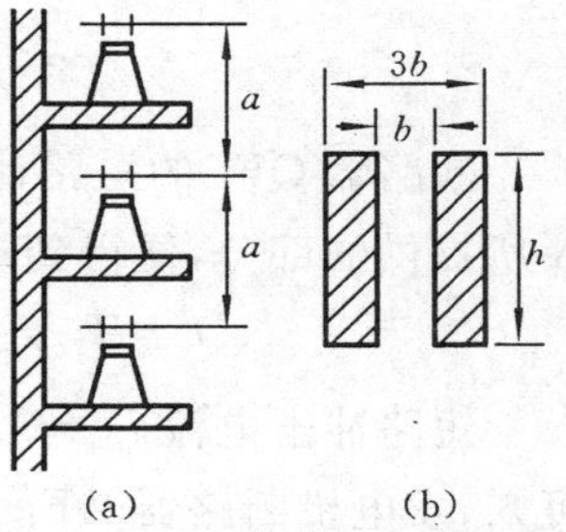

(a)　　(b)

图 8-14　例 8-2 母线布置图

(a)垂直布置，导体竖放；

(b)导体截面尺寸

(2)校验热稳定。由式(8-33)计算短路持续时间，得

$$t_k=t_{p1}+t_{in}+t_a=(0.06+0.15+0.05)\text{ s}=0.26\text{ s}$$

因 $I''>I^2_{t_{k/2}}>I_{t_k}$，近似取 I''代入式(8-12)得

$$Q_p=\frac{t_k}{12}(I''^2+10I^2_{t_{k/2}}+I^2_{t_k})=I''^2\cdot t_k=59.7^2\times0.26\text{ kA}^2\cdot\text{s}=926.7\text{ kA}^2\cdot\text{s}$$

代入式(8-13)得

$$Q_{np}=TI''^2=0.2\times59.7^2\text{ kA}^2\cdot\text{s}=712.8\text{ kA}^2\cdot\text{s}$$

$$Q_k=Q_p+Q_{np}=1639.5\text{ kA}^2\cdot\text{s}$$

由式(8-46)得

$$S_{min}=\frac{1}{C}\sqrt{K_sQ_k}=\frac{1}{87}\sqrt{1.45\times1639.5}\ mm^2=560\ mm^2<2000\ mm^2$$

因此,所选母线截面满足热稳定要求。

(3)校验动稳定。计算导体固有振动频率,根据式(8-25)和表 8-4 可知

$$f_0=112\frac{r_0}{L^2}\varepsilon=112\times\frac{0.289h}{1.2^2}\times1.55\times10^2=348\ Hz>155\ Hz$$

故 $\beta=1$,求母线的相间应力,根据式(8-48)得

$$f_\phi=1.73\times10^{-7}i_{sh}^2/a=1.73\times10^{-7}\times(157.5)^2/0.75\ N/m=5722.4\ N/m$$

$$\omega=0.333bh^2=0.333\times0.01\times0.1^2\ m^3=3.33\times10^{-5}\ m^3$$

$$\sigma_\phi=\frac{f_\phi\cdot L^2}{10\omega}=\frac{5722.4\times1.2^2}{10\times3.33\times10^{-5}}\ Pa=24.7\times10^6\ Pa$$

因每相由多条导体组成,校验应取公式 $\sigma_{max}=\sigma_\phi+\sigma_t\leqslant\sigma_{al}$,其最大计算应力等于相间作用应力 σ_ϕ 和同相不同条间作用应力 σ_t 之和,应小于最大允许应力 σ_{al}。

例 8-3 选择图 8-13 中发电机 A 出口断路器 QF_1,已知发电机 A 主保护动作时间 $t_{p1}=0.04$ s,后备保护时间 $t_{p2}=3.8$ s,k_1 点短路电流计算结果如表 8-8 所示。

解 (1)计算发电机最大持续工作电流。

$$I_{max}=\frac{1.05P_N}{\sqrt{3}U_N\cos\varphi}=\frac{1.05\times25}{\sqrt{3}\times10.5\times0.8}\ A=1804\ A$$

断路器 QF_1 的短路计算点应为图 8-13 中的 k_2 点,由 k_1 点短路电流中扣除发电机 A 所提供的部分,便得到流过 QF_1 的短路电流,即

$$I''=I_{0s}=45.2\ kA,\quad I_{2s}=32.57\ kA,\quad I_{4s}=32.56\ kA$$

短路冲击电流 $i_{sh}=1.9\sqrt{2}I''=1.9\times\sqrt{2}\times45.2\ kA=121.6\ kA$,查附录Ⅳ的表Ⅳ-3 可知,发电机断路器 QF_1 须采用 SN_4-10G/5000 型,$t_{in}=0.15$ s。

(2)计算热稳定。

$$t_k=t_{p2}+t_{in}+t_a=(3.8+0.15+0.05)\ s=4\ s$$

$$Q_p=\frac{I_{0s}^2+10I_{2s}^2+I_{4s}^2}{12}\times t_k=4570\ kA^2\cdot s$$

因为 $t_k>1$ s,可以不计非周期分量的热效应,选择计算结果如表 8-9 所示。

表 8-9　例 8-3 断路器选择计算结果

计算结果	SN_4-10G/5000 参数
$U_{NS}=10$ kV	$U_N=10$ kV
$I_{max}=1804$ A	$I_N=5000$ A
$I''=45.2$ kA	$I_{Nbr}=105$ kA
$i_{sh}=121.6$ kA	$i_{Nes}=300$ kA
$Q_k=4570\ kA^2\cdot s$	$I_t^2t=120^2\times5\ kA^2\cdot s$

例 8-4　选择图 8-13 中 10 kV 馈线 WL_1 的限流电抗器 R。已知馈线 WL_1 采用 SN10-10I 轻型断路器，$I_{Nbr}=16$ kA，最大工作电流 $I_{max}=380$ A，馈线继电保护动作时间 $t_{p2}=1.8$ s，断路器全分闸时间 $t_{ab}=0.2$ s。

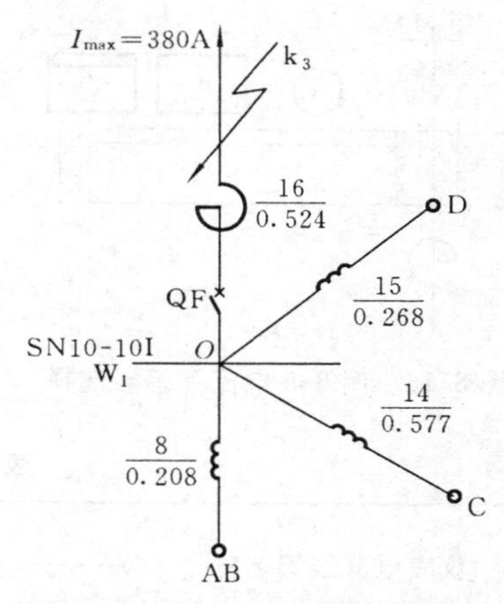

图 8-15　例 8-4 限流电抗器选择

解　(1)选择电抗器用的等值电路图，如图 8-15 所示。电抗器内侧的等值电抗为

$$\Sigma X'_* = \frac{1}{\frac{1}{X_8}+\frac{1}{X_{14}}+\frac{1}{X_{15}}} = \frac{1}{\frac{1}{0.208}+\frac{1}{0.577}+\frac{1}{0.268}} = 0.097$$

(2)计算电抗器的电抗百分值。由式(8-40)得

$$X_R\% = \left(\frac{I_d}{I_{Nbr}} - \sum X'_*\right)\frac{I_N U_d}{I_d U_N} \times 100\% = \left(\frac{5.5}{16} - 0.097\right)\frac{0.4 \times 10.5}{5.5 \times 10} = 1.9\%$$

热稳定计算时间

$$t_k = t_{p2} + t_{ab} = (1.8+0.2)\ \text{s} = 2\ \text{s}$$

选用水泥柱式铝电缆的电抗器 NKL-10-400-3，计算表明，其动稳定不满足要求。改选 NKL-10-400-4，该电抗器 $U_N=10$ kV，$I_N=400$ A，$X_R=4\%$，动稳定电流 $i_{es}=25.5$ kA，1 s 热稳定电流 $I_t=22.2$ kA。计算得 k_3 点短路电流的有名值，$I''_{0s}=9.08$ kA，$I_{1s}=8.93$ kA，$I_{2s}=9.54$ kA。

(3)正常运行时电压损失的校验。根据式(8-41)得

$$\Delta U\% = X_R\% \frac{I_{max}}{I_N}\sin\varphi = 0.04 \times \frac{360}{400} \times 0.6 = 2.16\% < 5\%$$

(4)母线残压校验。根据式(8-42)得

$$\Delta U_{re} = X_R\% \cdot \frac{I''}{I_N} = 0.04\ \frac{9.08}{0.4} = 90.8\% > 70\%$$

(5)校验电抗器的动、热稳定。

$$i_{sh} = K_{sh}\sqrt{2}I'' = \sqrt{2} \times 1.85 \times 9.08 = 23.8\ \text{kA} < i_{es} = 25.5\ \text{kA}$$

因为 $t_k>1$ s，不计非周期 Q_{np} 的值

$$Q_k = Q_p = \frac{I_{0s}^2 + 10I_{1s}^2 + I_{2s}^2}{12} \cdot t_k = \frac{9.08^2 + 10 \times 8.93^2 + 9.54^2}{12} \times 2\ \text{kA}^2\cdot\text{s}$$

$$= 161.6\ \text{kA}^2\cdot\text{s} < 22.2^2\ \text{kA}^2\cdot\text{s}$$

所选电抗器满足动热、稳定。

例 8-5　选择图 8-13 中馈线 WL_1 的电流互感器，互感器安装处与测量仪表之间

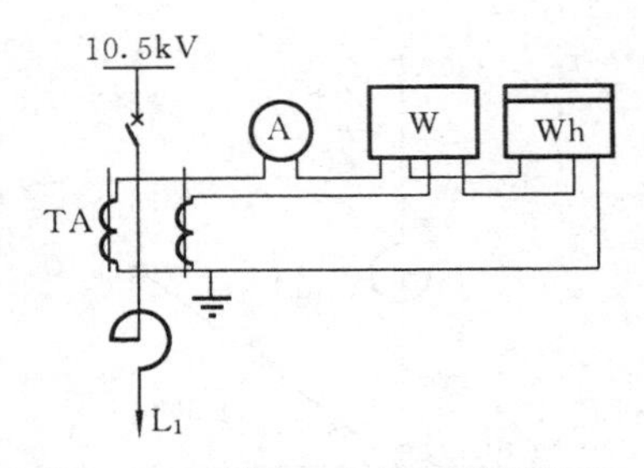

图 8-16 例 8-5 电流互感器选择

相距 50 m，$I_{max}=380$ A。

解 电流互感器二次接线如图 8-16 所示，馈线上安装的仪表负荷如表 8-10 所示。根据馈线电压，最大工作电流及安装地点，选用 LFZJ1-10 型电流互感器，其系环氧树脂绕注式绝缘，有 2 个二次线圈，其变比 400/5 A。仪表中有计费用电度表，选用 0.5 级，二次额定负荷为 0.8 Ω，1 s 热稳定倍数 $K_t=75$，动稳定倍数 $K_{es}=130$。

表 8-10 电流互感器负荷

仪表电流线圈名称	互感器二次侧负荷/V·A	
	A	C
电流表(46L1-A)	0.35	
功率表(46D1-W)	0.6	0.6
电度表(DS1)	0.5	0.5
总计	1.45	1.1

(1)计算连接导线的截面。

电流互感器二次负荷最大的为 A 相：$S_2=1.45$ V·A，$r_2=\dfrac{S_2}{I_{2N}^2}=\dfrac{1.45}{5^2}\ \Omega=0.058\ \Omega$

电流互感器为不完全星形接线，如图 8-16 所示，计算连接导线长度

$$L_c=\sqrt{3}\times 50\ \text{m}=86.6\ \text{m}$$

连接导线截面积 $$S=\frac{\rho L_c}{r_{2N}-r_2-r_c}=\frac{1.75\times 10^{-8}\times 86.6}{0.8-0.058-0.1}\ \text{mm}^2=2.36\ \text{mm}^2$$

可选用标准截面为 2.5 mm^2 的铜芯控制电缆。

(2)热稳定、动稳定校验。

由例 8-4 已计算得到电抗器后短路冲击电流 $i_{sh}=23.15$ kA，热效应 $Q_k=161.8\ \text{kA}^2\cdot\text{s}$。

电流互感器热稳定校验

$$(K_t I_{1N})^2=(75\times 0.4)^2\ \text{kA}^2\cdot\text{s}=900\ \text{kA}^2\cdot\text{s}>Q_k=161.8\ \text{kA}^2\cdot\text{s}$$

内部动稳定校验

$$\sqrt{2}I_{1N}\cdot K_{es}=\sqrt{2}\times 0.4\times 130\ \text{kA}=73.5\ \text{kA}>23.8\ \text{kA}$$

由于电流互感器 LFZJ1 型为绕注式绝缘，故不校验其外部动稳定。

例 8-6 选择图 8-13 中发电机 A 回路测量用电压互感器 TV，仪表接线如图 8-17 所示，该互感器除用作测量外，还需监视发电机对地的绝缘情况。

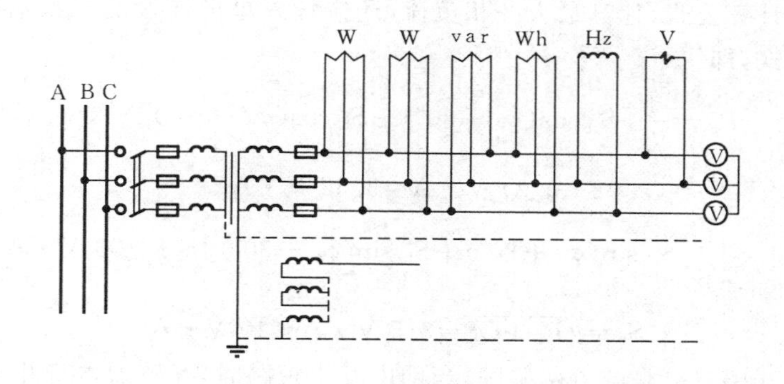

图 8-17　例 8-6 电压互感器和测量仪表

解　发电机中性点不直接接地，$U_{NS}=10.5\ kV$，电压互感器可采用 JDZJ-10 型（单相三圈环氧树脂绕注绝缘），其变比为$\frac{10}{\sqrt{3}}\Big/\frac{0.1}{\sqrt{3}}\Big/\frac{0.1}{3}$，组成星形接线；也可采用 JSJW-10 型（油浸三相五柱式），其变比为 $10/0.1/\frac{0.1}{3}$，由于回路中有计费用电度表，故选用 0.5 级准确级，每相绕组额定容量 40 V·A。

(1)不计星形连接的三只电压表，电压互感器二次负荷统计结果如表 8-11 所示。

表 8-11　电压互感器负荷分配

仪表名称	型　号	仪表数目	仪表电压线圈			ab 相		bc 相	
			每个线圈消耗功率/V·A	$\cos\varphi$	$\sin\varphi$	P_{ab} /V·A	Q_{ab} /V·A	P_{bc} /V·A	Q_{bc} /V·A
有功功率表	46D1-W	2	0.6	1		1.2		1.2	
无功功率表	46D1-VAR	1	0.5	1		0.5		0.5	
有功电度表	DS1	1	1.5	0.38	0.925	0.57	1.39	0.57	1.39
频率表	46L1-HZ	1	1.2	1				1.2	
电压表	46L1-V	4	0.3	1		0.3			
总计						2.57	1.39	3.47	1.39

计算相间二次负荷

$$S_{ab}=\sqrt{P_{ab}^2+Q_{ab}^2}=\sqrt{2.57^2+1.39^2}\ V\cdot A=2.92\ V\cdot A$$

$$S_{bc}=\sqrt{P_{bc}^2+Q_{bc}^2}=\sqrt{3.47^2+1.39^2}\ V\cdot A=3.74\ V\cdot A$$

$$\cos\varphi_{ab}=P_{ab}/S_{ab}=2.57/2.92=0.88,\varphi_{ab}=28.34°$$

$$\cos\varphi_{bc}=P_{bc}/S_{bc}=3.47/3.74=0.928,\varphi_{bc}=21.9°$$

按表 8-6 计算公式,计算最大一相负荷,还应计入星形连接的三只电压表,同时写出 b 相负荷算式,即

$$P_{b}=\frac{1}{\sqrt{3}}[S_{ab}\cos(\varphi_{ab}+30°)+S_{bc}\cos(\varphi_{bc}-30°)]+0.3$$

$$=(3.02+0.3)\ V\cdot A=3.32\ V\cdot A$$

$$Q_{b}=\frac{1}{\sqrt{3}}[S_{ab}\sin(\varphi_{ab}+30°)+S_{bc}\sin(\varphi_{bc}-30°)]=1.133\ V\cdot A$$

$$S_{b}=\sqrt{P_{b}^{2}+Q_{b}^{2}}=3.5\ V\cdot A<40\ V\cdot A$$

由于电压互感器总是与电网并联,当网内发生短路时,互感器本身并不遭受短路电流的冲击,且互感器回路有熔断器,因此不必校验其动、热稳定。

(2)电压互感器回路的熔断器选择。

当电压互感器及其连接线故障时,其短路电流即为 k_1 处的短路电流值,如表 8-7 所示,因此在互感器回路内宜安装专用 RN2 系列熔断器,但 RN2-10 型产品的最大开断电流允许值 50 kA,因此订货时需同时订购 XJ-10 型限流电阻器,与熔断器串联安装。

思考题与习题

8-1 说明主接线设计的原则和步骤。

8-2 叙述发电厂、变电站主变压器的容量、台数的确定原则。

8-3 导体的最大载流量与哪些因素有关?

8-4 载流导体短路时发热的特点是什么?如何计算导体的短时发热最高温度?

8-5 简述三相导体短路时电动力的特点和计算方法。

8-6 简述短路持续时间和开断计算时间的含义。

8-7 试选择某变电站 10.5 kV 侧的汇流母线。已知三相母线水平布置,导体平放,相间距离 $a=0.35$ m,绝缘子跨距 $L=1.2$ m,环境温度 40℃,断路器全分闸时间 $t_{ab}=0.2$ s,继电保护动作时间 $t_{p}=1.2$ s,母线最大长期工作电流 $I_{max}=1.1$ kA,三相短路电流 $I''=11.6$ kA,$I_{t_k}=9.36$ kA,$I_{t_k/2}=9.6$ kA。

8-8 某变电站的电气主接线如图 8-18 所示。已知该变电站 10.5 kV 母线上一出线的最大长期工作电流 $I_{max}=500$ A,主保护动作时间 $t_{p1}=0.6$ s,后备保护动作时间 $t_{p2}=1.8$ s,当以容量 $S_{d}=100$ MV · A 为基准值时,归算到 10 kV 电压的短路阻抗标幺值 $X'_{*\Sigma}=0.42$,试选择该出线断路器。

8-9 已知 10.5 kV 母线上一出线断路器型号为 SN8-10/600,线路 $I_{max}=280$ A,继电保护动作时间 $t_{p2}=1.4$ s,其余参数如图 8-19 所示,试选择该出线电抗器。

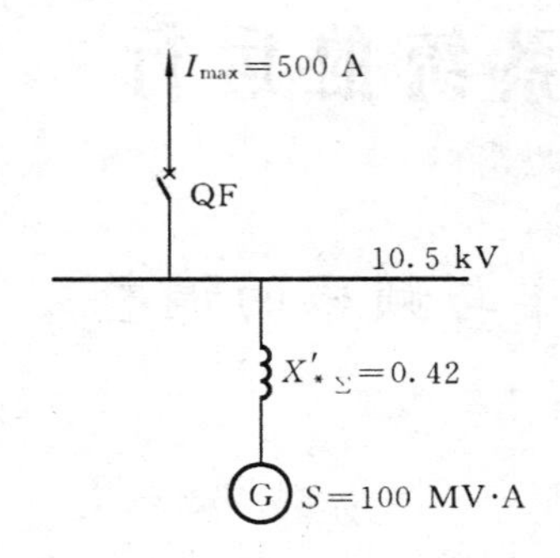

图 8-18　习题 8-8 计算用图

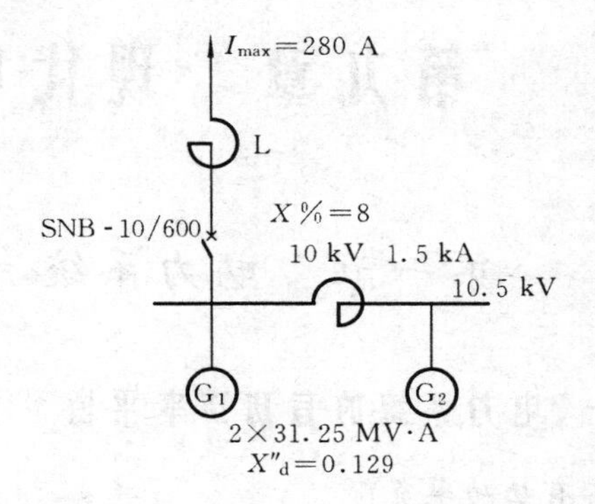

图 8-19　习题 8-9 计算用图

第九章　现代电力系统的运行

第一节　电力系统有功功率与频率的调整

一、电力系统的有功功率平衡

1. 有功功率负荷

实际中负荷无时无刻不在变化。图 9-1 所示的负荷曲线 P_{Σ} 很不规则，深入分析可知，P_{Σ} 为几种负荷变动规律（如 P_1，P_2，P_3 等）的综合。典型的负荷种类有：

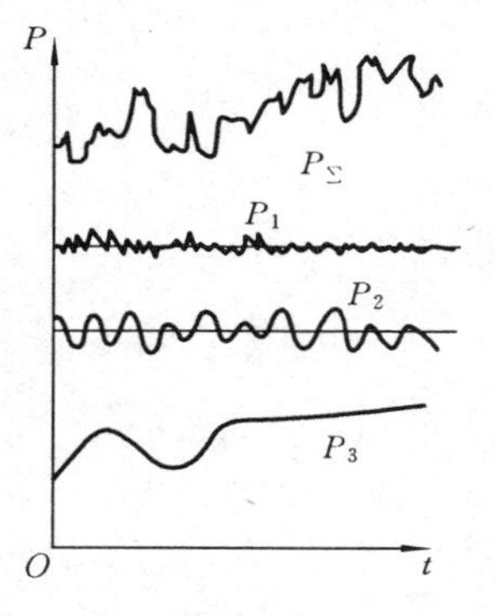

图 9-1　有功负荷的变动

（1）负荷变动幅度小，周期又很短（如 P_1），这种负荷的变动具有很大的偶然性；

（2）负荷变动幅度较大，周期也较长（如 P_2），属于这种变化特点的负荷主要有工业中大电机、电炉、延压机、电气机车等用户的开停，它们具有一定的冲击性；

（3）负荷变动幅度最大，周期也最长，且变化较缓慢（如 P_3），这主要是由于人们生产、生活及气象条件的变化等引起的，这种负荷变化基本上可以预计。

电力系统负荷的这种经常性变化，随时都将打破电源有功出力与负荷消耗的有功功率之间的平衡，引起电力系统频率的变化。为保证电力系统供电的可靠性和电能质量，在电力系统运行中必须调节电源的功率，使电源发出的功率能跟上系统负荷的变化，从而使系统的功率重新平衡，使系统的频率运行在允许的波动范围并趋于稳定。

2. 有功功率电源和备用容量

电力系统在稳态运行情况下，有功功率的平衡是指电源发出的有功功率应满足负荷消耗的有功功率和传输电功率时在网络中损耗的有功功率之和，即

$$\sum_{i=1}^{n} P_{Gi} = \sum_{i=1}^{n} P_{Li} + \Delta P_{\Sigma} \tag{9-1}$$

式中，$\sum_{i=1}^{n} P_{Gi}$ 为系统中所有电源发出的有功之和；$\sum_{i=1}^{n} P_{Li}$ 为系统中所有负荷消耗的有功之和；ΔP_{Σ} 为全网络中有功功率损耗之和。

电力系统的电源所发出的有功功率，应能随负荷的增减、网络损耗的增减而相应调节变化，才可保证整个系统有功功率的平衡。

各类发电厂的发电机组组成了电力系统的有功功率电源，所有发电机的额定容量之和称为系统的总装机容量。系统中可投入发电设备的总容量之和称为系统的有功电源容量。有功电源容量并不是始终等于系统的总装机容量，因为既不能保证在装设备都不间断运行，也不能保证运行中的发电机组都能按额定功率发电。例如，有些机组需要定期检修；水电机组受水库调度的制约和火电机组受燃料的制约等。

由上述分析可知，系统的电源容量应不小于系统总的发电负荷。为保证供电可靠性和电能质量及有功功率的经济分配，发电厂必须有足够的备用容量。系统的备用容量就是系统的电源容量大于发电负荷的部分。一般要求备用容量达最大发电负荷的20％～30％。

二、电力系统有功功率的分配

电力系统中有功功率的分配问题有两方面的主要内容：一是有功电源的组合，它是指系统中发电设备或发电厂的合理组合，包括机组的组合顺序，机组的组合数量和机组的开停时间；二是有功负荷在运行机组间的分配，它是指系统的有功负荷在各运行的发电机组或发电厂间的合理分配。

按各类发电厂的特点，可将各类发电厂承担负荷的顺序作出大致排列，原则如下：充分合理利用水利资源，尽量避免弃水；最大限度地降低火电厂煤耗，并充分发挥高效机组的作用；降低火力发电的成本，执行国家的有关燃料政策，减少烧油，增加燃用劣质煤、当地煤。这样，便可定性地确定在枯水季节和丰水季节各类电厂在日负荷曲线中的安排，如图 9-2 所示。

三、电力系统的频率调整

1. 频率调整的必要性

频率是衡量电能质量的指标之一，频率质量的下降不仅影响用户的用电质量，同时对电力系统本身影响也很大，严重时会造成系统的瓦解。各种电气设备均按额定频率设计，频率质量的下降将影响到各行各业。因此必须调整频率使之保持在规定的范围内，这就要求进行电力系统频率的调整与控制。

2. 电力系统的频率特性

(1)电源有功功率静态频率特性。电源有功功率静态频率特性可理解为发电机组的原动机机械功率与角速度或频率的关系。

未配置自动调速系统时，原动机机械功率的静态频率特性可由下式表示

$$P_m = C_1\omega - C_2\omega^2 = C_1 f - C_2 f^2 \tag{9-2}$$

式中，C_1、C_2 为常数，其特性曲线如图 9-3 所示。

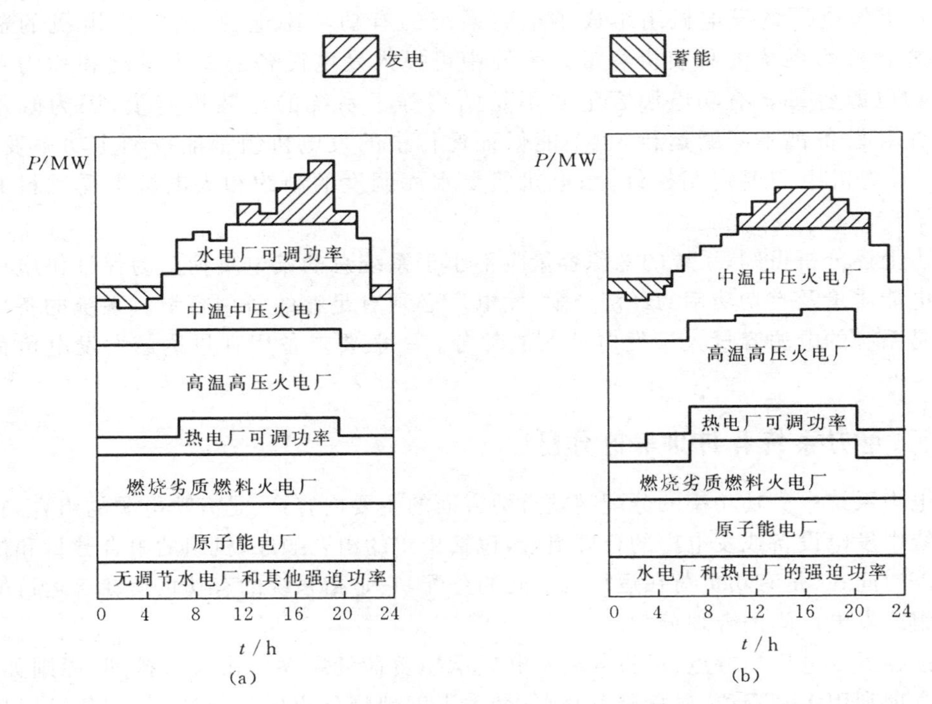

图 9-2 各类发电厂组合顺序示意图

(a)枯水季节；(b)丰水季节

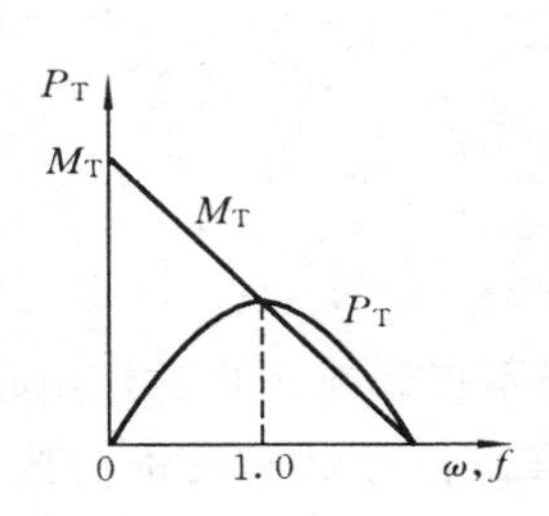

图 9-3 原动机机械功率的静态频率特性曲线

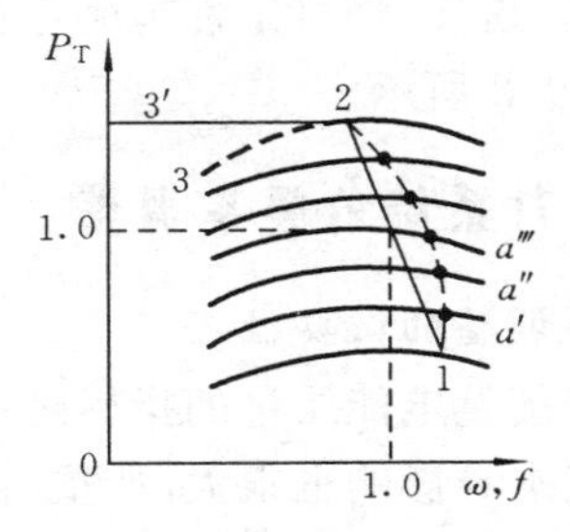

图 9-4 调速器的作用与发电机组的功率-频率静态特性

发电机组配置自动调速系统后，原动机将根据系统频率的变化自动调整进汽量或进水量，以满足负荷变动的需要，从而保证频率偏差在允许的范围内。对应不同气门或叶片开度，原动机的静态频率特性为一族曲线，如图 9-4 所示。随着发电机组调速器的动作，进汽量或进水量的变化使原动机的运行点从一条曲线过渡到另一条曲线，如图 9-4 所示的运行点 a',a'',a'''…反映这种调整结束后发电机输出功率与频率关系的曲线称为发电机组的功率-频率静态特性，它可以近似地用直线段 1-2-3′表示，其中线段

1-2表征机组出力随系统频率下降而增加的调节特性，线段2-3′表征机组受其额定出力的限制。

(2)电力系统负荷的静态频率特性。电力系统中用电负荷从系统中取用有功功率的多少，与用户的生产制度和生产状况有关，与系统的电压有关，还与系统的频率有关。假设前两项因素不变，仅考虑有功负荷随频率的变化的特性称为负荷的频率静态特性。

负荷模型中，负荷与频率的关系可用多项式表示

$$P_{\mathrm{LD}}=a_0P_{\mathrm{LDN}}+a_1P_{\mathrm{LDN}}\left(\frac{f}{f_{\mathrm{N}}}\right)+a_2P_{\mathrm{LDN}}\left(\frac{f}{f_{\mathrm{N}}}\right)^2+\cdots+a_nP_{\mathrm{LDN}}\left(\frac{f}{f_{\mathrm{N}}}\right)^n \tag{9-3}$$

式中，P_{LD}为对应频率为 f 时的负荷功率；P_{LDN}为对应频率为 f_{N} 时的负荷功率；a_0，a_1，…，a_n 为代表各类频率负荷占总负荷的比重。

一般情况下，上述多项式取 3 次方即可，因更高次方比例的负荷比重很小，可略去。把这一有功功率负荷的频率静态方程用曲线表示出来，如图 9-5 所示。由于电力系统运行允许的频率变化范围很小，在较小的频率范围内，该曲线接近直线，它表征负荷取用的有功功率随系统频率上升而增大的特性。

3. 电力系统的频率调整

电力系统中有功功率和频率的调整大体上分为一次、二次、三次调整。针对前述第一种负荷变动引起的频率变化进行的调整，称为频率的"一次调整"，调节的手段一般是采用发电机组上装设调速器系统。针对第二种负荷变动引起的频率偏移进行调整，称为频率的"二次调整"，调节的手段一般是采用发电机组上装设调频器系统。针对第三种规律性变动的负荷引起频率偏移的调整，称为频率的"三次调整"，通常是通过负荷预计得到负荷曲线，按最优化准则分配负荷，从而在各发电厂或发电机组间实现有功负荷的经济分配，这属于电力系统经济运行的问题，或称经济调度。

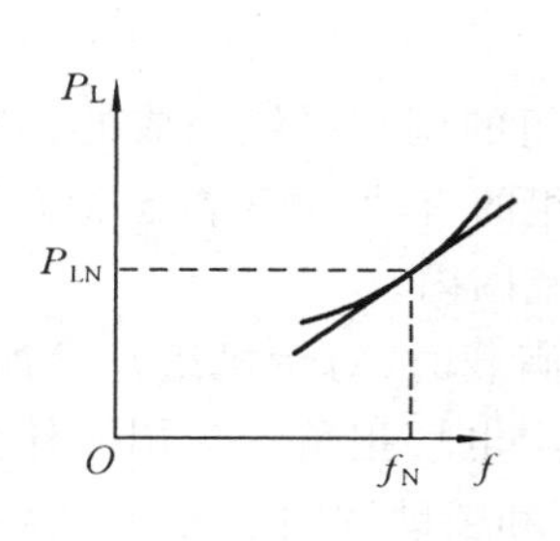

图 9-5 有功负荷频率静态特性

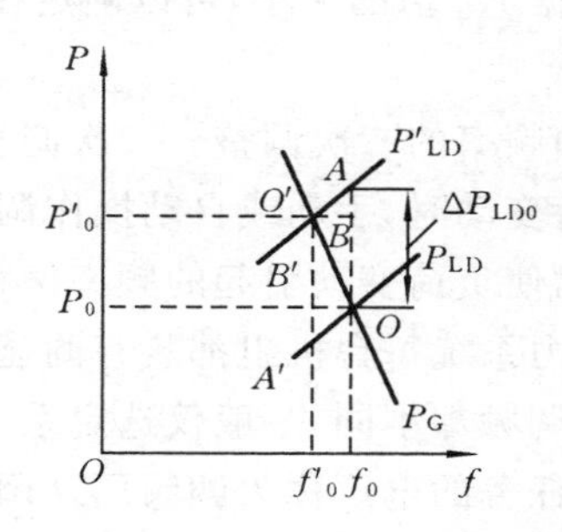

图 9-6 频率的一次调整

(1)频率的一次调整。频率的一次调整可结合发电机组的有功频率静态特性和负荷频率静态特性进行分析。假设系统中有一台发电机组和一个综合负荷，它们的频率静态特性曲线如图 9-6 所示。

设运行中负荷增加了 ΔP_{LD0}，其特性曲线将由 P_{LD}平行上移至 P'_{LD}处，此时由于发

电机来不及调整出力,使系统功率失去平衡,发电机转速下降,系统频率下降;而转速的下降使发电机调速器动作,调整出力,运行点沿发电机功率-频率特性曲线 P_G 上移;负荷功率本身的调节是使其随系统频率的下降而减小,应沿 P'_{LD} 向下移。负荷与发电机的共同调节,使它们的特性曲线又重新交于 O' 点而达到新的平衡,此时系统频率偏离原来值为 Δf,调整的结果如下。

负荷减小的功率为

$$\Delta P_{LD}=K_L\Delta f$$

式中,K_L 为负荷的线性化频率静特性的斜率,称其为负荷的频率调节效应系数。

发电机增发的功率为

$$\Delta P_G=-K_G\Delta f$$

式中,K_G 为发电机组的有功功率静态频率特性斜率的负值,称其为发电机组的单位调节功率。

由此得

$$\Delta P_{LD0}+K_L\Delta f=-K_G\Delta f$$

$$\Delta P_{LD0}=-(K_G+K_L)\Delta f=-K_S\Delta f \tag{9-4}$$

式中,$K_S=K_G+K_L$ 称为系统的单位调节功率,它等于参与一次调整的发电机组的单位调节功率和负荷的频率调节效应之和。

若系统中有 n 台机组,只有 m 台机组参与一次调整($m\leqslant n$),则系统的单位调节功率为

$$K_S=\sum_{i=1}^{m}K_{Gi}+K_L \tag{9-5}$$

式中,i 为参与一次调整的发电机号,$i=1,2,\cdots,m$。

根据 K_S 值的大小,可以确定在允许的频率偏移范围内,系统所能承受的负荷变化量。

(2)频率的二次调整。二次调整是通过发电机组的调频系统完成的。它的作用在于:负荷变动时,手动或自动操作调频器,使发电机组的有功-频率静态特性平行上下移动,从而使负荷变动引起的频率偏移能保持在允许范围内。

电力系统每台机组都装有调速器,在机组尚未满载时,每台机组都参加一次调频。而二次调频却不同,一般仅选定系统中的一个或几个电厂担负二次调频任务。担负二次调频任务的电厂称为调频厂。调频厂有主调频厂和辅助调频厂之分。选择的调频厂应满足以下条件:①具有足够的容量;②具有较快的调整速度;③调整范围内的经济性要好。

火电厂受锅炉技术最小负荷的限制,可调容量仅为其额定容量的30%~75%,小者对应高温高压电厂,大者对应中温中压电厂。水电厂的调整容量大于火电厂,水电厂的调整速度较快,且适宜承担急剧变动的负荷。综上所述,一般应选择系统中容量较大的水电厂作为调频厂。若水电厂调节容量不足或无水电厂,则可选中温中压火电厂作

为调频厂。系统中的主要调频任务，要依靠主调频厂来完成。

第二节　电力系统无功功率与电压的调整

电压是衡量电能质量的重要指标，各种电气设备都是设计在额定电压下运行的，这样既安全又有最高的效率。

电力系统在正常运行时，由于网络中电压损耗的存在，当用电负荷变化或系统运行方式变化时，网络中的电压损耗也将发生变化，从而网络中的电压分布将不可避免地随之而发生变化。要使系统中各处的电压都在允许的偏移范围内，需要采取多种调压措施。电力系统的负荷由各种类型的用电设备组成，一般以异步电动机为主体。综合负荷的电压静态特性，即电压与负荷取用的有功功率与无功功率的关系如图 9-7 所示。分析负荷的电压静态特性可知，在额定电压附近，电压与无功功率的关系比电压与有功功率的关系密切得多，表现为无功功率对电压具有较大的变化率，所以分析系统运行的电压水平应从系统的无功功率入手。

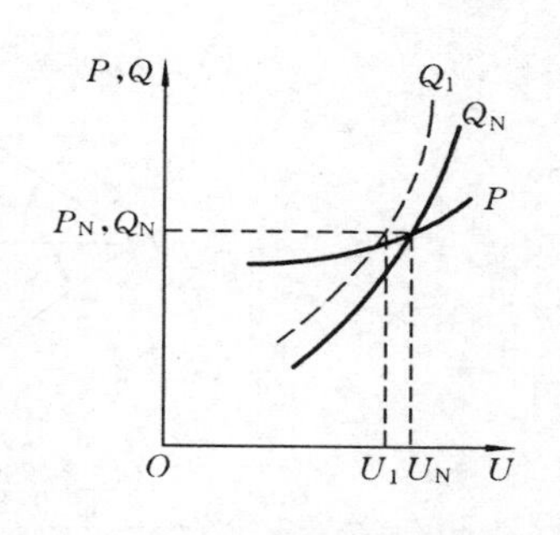

图 9-7　综合负荷的电压静态特性

一、电力系统的无功功率平衡

1. 无功电源

电力系统的无功电源有发电机、同步调相机、电力电容器及静止补偿器等。

同步发电机不仅是电力系统唯一的有功电源，也是电力系统的主要无功电源。当发电机处于额定状态下运行时，发出的无功功率为

$$Q_{GN}=S_{GN}\sin\varphi_N=P_{GN}\tan\varphi_N \tag{9-6}$$

式中，S_{GN}为发电机的额定视在功率；P_{GN}为发电机的额定有功功率；Q_{GN}为发电机的额定无功功率；φ_N 为发电机的额定功率因数角。

现在以图 9-8 所示的汽轮发电机有功与无功功率出力图为例来分析发电机在非额定功率因数下运行时，可能发出的无功功率。图中$\overline{OA}$代表发电机额定电压 $\dot{U}_{GN}$，$\dot{I}_{GN}$为发电机额定定子电流，它滞后于 $\dot{U}_{GN}$一个额定功率因数角 φ_N。$\overline{AC}$代表 $\dot{I}_{GN}$在发电机电抗 X_d 上引起的电压降，正比于定子额定电流，所以$\overline{AC}$亦正比于发电机的额定视在功率 S_{GN}。这样，C 点表示发电机的额定运行点。而$\overline{AC}$在纵坐标和横坐标上的投影分别正比于发电机的额定有功功率 P_{GN}和额定无功功率 Q_{GN}。$\overline{OC}$为发电机电势 $\dot{E}_q$，它正比于发电机的额定励磁电流。

当改变功率因数运行时，受转子电流不能超过额定值的限制，发电机运行不能越出

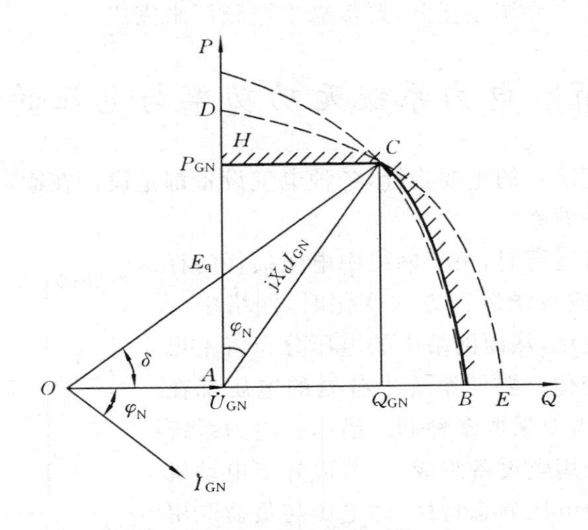

图 9-8 发电机有功与无功功率的出力图

以 O 为圆心、以$\overline{OC}$为半径的圆弧$\overline{BC}$;受定子电流不能超过额定值(正比于额定视在功率)的限制,发电机运行不能越出以 A 为圆心、以$\overline{AC}$为半径的圆弧$\overline{ECD}$;此外,发电机有功出力还要受汽轮机出力的限制,发电机运行不能越出水平线$\overline{HC}$。从对图 9-8 的分析可知,当发电机运行于$\overline{HC}$段时,发电机发出的无功功率低于额定运行情况下的无功输出;而当发电机运行于$\overline{BC}$段时,发电机可以在降低功率因数、减少有功输出的情况下多发无功功率;只有在额定电压、额定电流和额定功率因数(即 C 点)下运行时,发电机的视在功率才能达到额定值,其容量也利用得最充分。当系统中有功功率备用容量较充裕时,可使靠近负荷中心的发电机在降低有功功率出力的条件下运行,从而可多发无功功率,改善系统的电压质量。

分析图 9-8 中由$\overline{OAC}$组成的发电机电势相量图,可以得出发电机的无功输出与电压的关系。

由
$$E\sin\delta = XI\cos\varphi$$
可得
$$P = UI\cos\varphi = \frac{EU}{X}\sin\delta \tag{9-7}$$
又由
$$E\cos\delta = U + IX\sin\varphi$$
可得
$$Q = UI\sin\varphi = \frac{EU}{X}\cos\delta - \frac{U^2}{X} \tag{9-8}$$

由式(9-7)解出 $\sin\delta$,代入式(9-8),考虑 $\cos\delta = \sqrt{1-\sin^2\delta}$,当 P 为一定值时,得

$$Q = \sqrt{\left(\frac{EU}{X}\right)^2 - P^2} - \frac{U^2}{X} \tag{9-9}$$

由上式可知,当电势 E 为一定值时,Q 同 U 的关系,是一条向下开口的抛物线,如

图 9-9 曲线 1 所示。

同步调相机是专门设计的无功功率发电机，其工作原理又相当于空载运行的同步电动机。在过励磁运行时，同步调相机向系统输送无功功率；欠励磁运行时，它从系统吸收无功功率。所以，通过调节调相机的励磁可以平滑地改变其输出的无功功率的大小和方向。由于同步调相机主要用于发出无功功率，它在欠励磁运行时的容量仅设计为过励磁运行时容量的 50%～60%。调相机一般装在接近负荷中心处，直接供给负荷无功功率，以减少传输无功功率所引起的电能损耗和电压损耗。调相机的无功功率-电压静特性与发电机的相似。

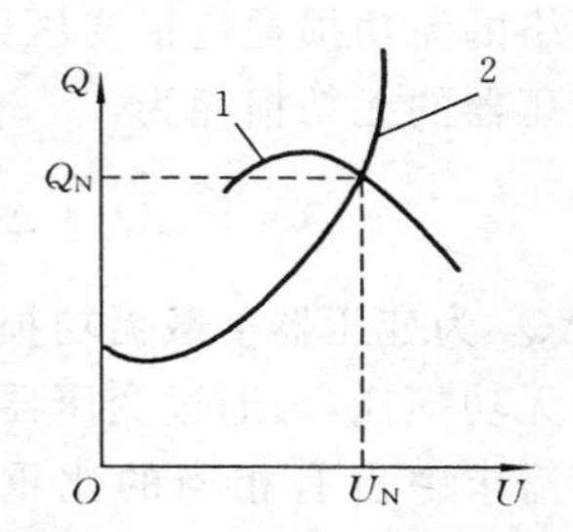

图 9-9 无功与电压静态特性曲线

1—发电机无功与电压的静特性；

2—异步电动机无功与电压的静特性

电力电容器并接于电网，它供给的无功功率与其端电压的平方成正比。

$$Q_C = U^2 / X_C \tag{9-10}$$

式中，U 为电容器所接母线的电压；X_C 为电容器的容抗，$X_C = 1/(\omega C)$。

与电容器相比，调相机的优点在于能平滑调节它所供应或吸收的有功功率，而电容器只能成组地投入、切除；调相机具有正的调节效应，即它所供应的无功功率随端电压的下降而增加，这对电力系统的电压调整是有利的，而电容器则与之相反，即它供应的无功功率随端电压的下降而减少。但电容器是静止元件，具有有功损耗小、适合于分散安装等优点。这两种无功电源均广泛地用于电力系统的无功补偿。

近年来，在国内外电力系统中已开始推广使用静止无功补偿器。静止无功补偿器是由晶闸管控制的可调电抗器与电容器并联组成，既可发出无功功率，又可吸收无功功率，且调节平滑，安全、经济、维护方便。可以预料，这种补偿装置将得到越来越广泛的应用。

2. 无功负荷和无功损耗

异步电动机在电力系统负荷中占很大的比重，故电力系统的无功负荷与电压的静态特性主要由异步电动机决定。异步电动机的无功消耗为

$$Q_M = Q_m + Q_\sigma = \frac{U^2}{X_m} + I^2 X_\sigma \tag{9-11}$$

式中，Q_m 为异步电动机的励磁功率，它与施加于异步电动机的电压平方成正比；Q_σ 为异步电动机漏抗 X_σ 中的无功损耗，它与负荷电流平方成正比。

综合这两部分无功功率的特点，可得图 9-9 所示的无功功率与电压的关系曲线 2。由图 9-9 可见，在额定电压附近，电动机取用的无功功率随电压的升降而增减。当电压明显地低于额定值时，电动机取用的无功功率主要由漏抗中的无功损耗决定，此时，随电压下降，曲线反而具有上升的性质。

网络的无功损耗包括变压器和输电线路的无功损耗。

变压器的无功损耗为

$$Q_T = \Delta Q_0 + \Delta Q_T = U^2 B_T + I^2 X_T = \frac{I_0\%}{100} S_N + \frac{U_k\% S^2}{100 S_N} \tag{9-12}$$

式中,ΔQ_0 为变压器空载无功损耗,它与所施电压的平方成正比;ΔQ_T 为变压器绕组漏抗中的无功损耗,与通过变压器的电流的平方成正比。变压器的无功功率损耗在系统的无功需求中占有相当的比重。假设一台变压器的空载电流 $I_0\%=2.5$,短路电压 $U_k\%=10.5$,由式(9-12)可知,在额定功率下运行时,变压器无功功率损耗将达其额定容量的13%。一般电力系统从电源到用户需要经过好几级变压,因此,变压器中的无功功率损耗的数值将是相当可观的。

输电线路的无功功率损耗分为两部分,其串联电抗中的无功功率损耗与通过线路的功率或电流的平方成正比,而其等值并联电纳中发出的无功功率与电压的平方成正比。输电线路等值的无功消耗特性取决于输电线传输的功率与运行电压水平。当传输功率较大,线路电感中消耗的无功功率大于线路电容中发出的无功功率时,线路等值为消耗无功;当传输功率较小、线路运行电压水平较高,电容中产生的无功功率大于电抗中消耗的无功功率时,线路等值为无功电源。

3. *无功功率的平衡与运行电压水平*

电力系统中所有无功电源发出的无功功率,是为了满足整个系统无功负荷和网络无功损耗的需要。在电力系统运行的任何时刻,电源发出的无功功率总是等于同时刻系统负荷和网络的无功损耗之和,即

$$Q_{GC}(t) = Q_{LD}(t) + \Delta Q_{\Sigma}(t) \tag{9-13}$$

式中,$Q_{GC}(t)$为系统中所有的无功电源,即发电机、同步调相机、静止电容器等发出的无功功率;$Q_{LD}(t)$为系统中所有负荷消耗的无功功率;$\Delta Q_{\Sigma}(t)$为系统中所有变压器、输电线路等网络元件的无功功率损耗。

图 9-10 表示按系统无功功率平衡确定的运行电压水平。曲线 1 表示系统等值无功电源的无功电压静态特性,曲线 2 表示系统等值负荷的无功电压静态特性。两曲线的交点 a 为无功功率平衡点,此时对应的运行电压为 U_a。当系统无功负荷增加时,其无功电压静态特性如曲线 2′所示。这时,如系统的无功电源出力没有相应的增加,即电源的无功电压静态特性维持为曲线 1。这时曲线 1 和 2′的交点 a'就代表了新的无功功率平衡点,对应的运行电压为 $U_{a'}$。显然,$U_{a'}<U_a$,这说明负荷增加后,系统的无功电源已不能满足在电压 U_a 下无功平衡的需要,因而只好降低电压水平,以取得在较低电压水平下的无功功率平

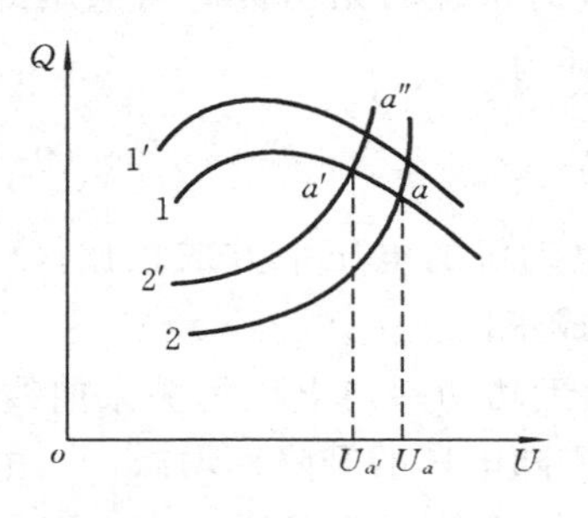

图 9-10　无功平衡与电压水平的关系

衡。如果这时系统无功电源有充足的备用容量，多发无功功率，使无功电源的无功电压静态特性曲线上移至曲线1′，从而使曲线1′和2′的交点a''所确定的运行电压达到或接近U_a。由此可见，系统无功电源充足时，可以维持系统在较高的电压水平下运行。为保证系统电压质量，在进行规划设计和运行时，需制订无功功率的供需平衡关系，并保证系统有一定的备用容量。无功备用容量一般为无功负荷的7%～15%。在无功电源不足时，应增设无功补偿装置。无功补偿装置应尽可能装在负荷中心，以做到无功功率的就地平衡，减少无功功率在网络中传输而引起的网络功率损耗和电压损耗。

二、中枢点的电压管理

电力系统调压的目的是，使用户的电压偏移保持在规定的范围内。由于电力系统结构复杂，负荷极多，不可能对每个负荷点的电压都进行监视和调整。一般是选定少数有代表性的节点作为电压监视的中枢点。所谓中枢点是指那些反映系统电压水平的主要发电厂或枢纽变电站的母线，系统中大部分负荷由这些节点供电。它们的电压一经确定，系统其他各点的电压也就确定了。因此，应根据负荷对电压的要求，确定中枢点的电压允许调整范围。

假定有一简单电力网如图9-11(a)所示，中枢点O向负荷点A和B供电，而负荷点电压U_A和U_B的允许变化范围均为$(0.95\sim1.05)U_N$，两处的日负荷曲线如图9-11(b)所示。当线路参数一定时，线路上的电压损耗ΔU_A和ΔU_B的变化曲线如图9-19(c)所示。现在来确定中枢点O的允许电压变化范围。

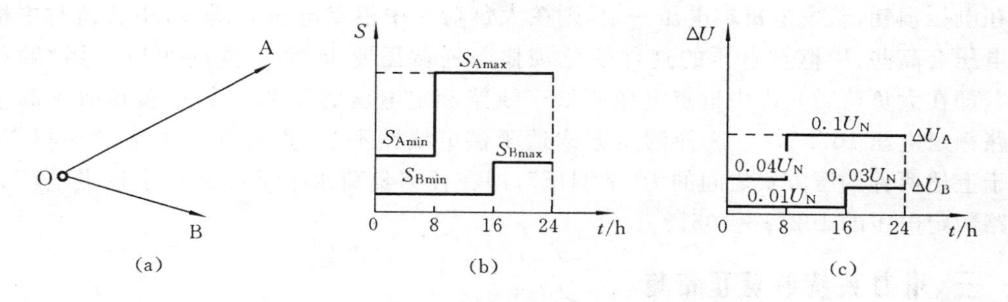

图9-11　简单电力网

(a)网络接线；(b)日负荷曲线；(c)电压损耗曲线

为了满足负荷节点A的调压要求，中枢点电压应控制的变化范围是：

在0～8 h，$U_{(A)}=U_A+\Delta U_A=(0.95\sim1.05)U_N+0.04U_N=(0.99\sim1.09)U_N$

在8～24 h，$U_{(A)}=U_A+\Delta U_A=(0.95\sim1.05)U_N+0.1U_N=(1.05\sim1.15)U_N$

同理可以算出负荷节点B对中枢点电压变化范围的要求是：

在0～16 h，$U_{(B)}=U_B+\Delta U_B=(0.96\sim1.06)U_N$

在16～24 h，$U_{(B)}=U_B+\Delta U_B=(0.98\sim1.08)U_N$

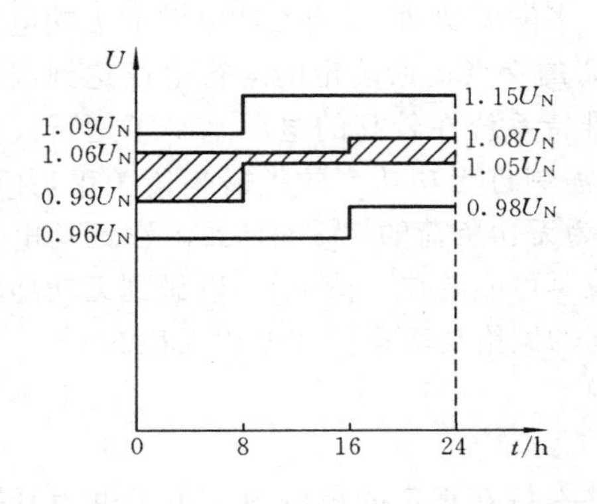

图 9-12　中枢点电压允许变化范围

考虑A、B两个负荷对O点的要求，可得出O点电压的允许变化范围，如图9-12所示。图中阴影部分表示可同时满足A、B两个负荷点电压要求的O点电压的变化范围。尽管A、B两点允许电压偏移量都是±5%，即有10%的变化范围，但由于负荷A和负荷B的变化规律不同，从而使ΔU_A和ΔU_B的大小和变化规律差别较大，在某些时间段，中枢点的电压允许变化范围很小。可以想象，如由同一中枢点供电的各用户负荷的变化规律差别很大，调压要求又不相同，就可能在某些时间段内，中枢点的电压允许变化范围找不到同时满足所有用户的电压质量要求的部分。在这种情况下，仅依靠控制中枢点的电压不能保证所有负荷点的电压偏移都在允许范围内，必须增加其他调压措施。

在进行电力系统规划设计时，由系统供电的较低电压级电网可能尚未建成，这时对中枢点的调压方式只能提出原则性的要求。考虑大负荷时，由中枢点供电的线路的电压损耗大，将中枢点的电压适当升高些(比线路额定电压高5%)，小负荷时将中枢点电压适当降低(取线路的额定电压)，这种调压方式称为“逆调压”。“逆调压”适合于供电线路较长，负荷变动较大的中枢点，是比较理想的调压方式。由于从发电厂到中枢点也存在电压损耗，若发电机端电压一定，则在大负荷时中枢点电压会低些，小负荷时中枢点电压会高些，中枢点电压的这种变化规律与逆调压要求相反，这时可以采用“顺调压”，即在大负荷时允许中枢点电压不低于线路额定电压的102.5%，小负荷时不高于线路额定电压107.5%。这种调压方式适于供电线路不长，负荷变动不大的中枢点。介于上述两种调压方式之间的为“常调压”，即在任何负荷水平下都保持中枢点电压为线路额定电压的102%～105%。

三、电力系统的调压措施

明确了对电压调整的要求，就可进一步讨论为达到这些要求可能采取的措施。以下通过图9-13所示简单电力系统来说明可能采取的调压措施所依据的基本原理。

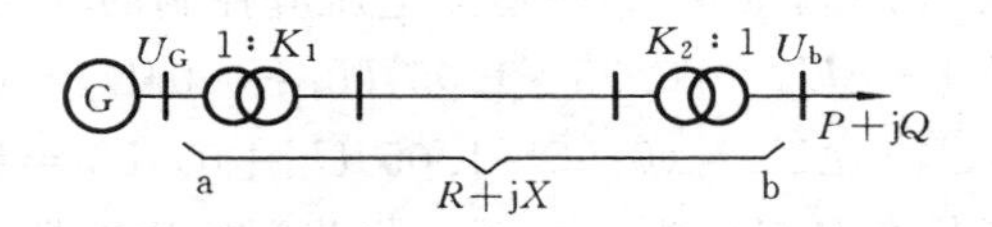

图 9-13　电压调整原理图

发电机通过升压变压器、线路和降压变压器向用户供电。要求调整负荷节点 b 的电压 U_b。为简单起见，略去线路的电容充电功率和变压器的励磁功率，变压器的参数均已归算到高压侧。这时，b 点的电压为

$$U_b=(U_G K_1-\Delta U)/K_2=\left(U_G K_1-\frac{PR+QX}{U}\right)\Big/K_2 \tag{9-14}$$

由式(9-14)可知，为调整用户端电压 U_b，可采取的措施有：改变发电机端电压 U_G；改变变压器的变比 K；增设无功补偿装置，以减少网络传输的无功功率；改变输电线路的参数(电阻、电抗)。

1. 利用发电机调压

发电机的端电压可以通过改变发电机励磁电流的办法进行调整，这是一种经济、简单的调压方式。在负荷增大时，电力网的电压损耗增加，用户端电压降低，这时增加发电机励磁电流，提高发电机的端电压；在负荷减小时，电力网的电压损耗减少，用户端电压升高，这时减少发电机励磁电流，降低发电机的端电压。即对发电机实行“逆调压”以满足用户的电压要求。按规定，发电机运行电压的变化范围在发电机额定电压的±5%以内。在直接以发电机电压向用户供电的系统中，如供电线路不长，电压损耗不大，用发电机进行调压一般就可满足调压要求。

2. 改变变压器变比调压

改变变压器的变比可以升高或降低变压器次级绕组的电压。为了实现调压，双绕组变压器的高压绕组，三绕组变压器的高、中压绕组都设有若干分接头以供选择。对应变压器额定电压的分接头称为主接头或主抽头。容量为 6300 kV·A 及以下的变压器，高压侧一般有三个分接头，各分接头对应的电压分别为 $1.05U_N$、U_N 和 $0.95U_N$。容量为 8000 kV·A 及以上的变压器，高压侧有五个或更多个分接头，五个分接头电压分别为 $1.05U_N$、$1.025U_N$、U_N、$0.975U_N$ 和 $0.95U_N$。变压器的低压绕组不设分接头。变压器选用不同的分接头时，原、副方绕组的匝数比不同，从而使变压器变比不同。因此，合理地选择变压器分接头，可以调整电压。

下面以双绕组降压变压器(见图 9-14)分接头的选择为例，说明其调压的基本方法。

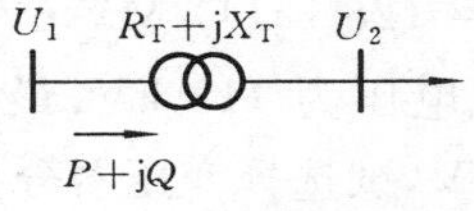

U_1　R_T+jX_T　U_2

$P+jQ$

图 9-14　降压变压器

若进入变压器的功率为 $P+jQ$，其高压侧母线的实际电压给定为 U_1，变压器归算到高压侧的阻抗为 R_T+jX_T，则归算到高压侧的变压器电压损耗为

$$\Delta U_T=\frac{PR_T+QX_T}{U_1} \tag{9-15}$$

若低压侧要求的电压为 U_2，则有

$$U_2=\frac{U_1-\Delta U_T}{K_T} \tag{9-16}$$

式中,$K_T = U_{1t}/U_{2N}$为变压器的变比。

设U_{1t}为待选择的变压器高压绕组的分接头电压,U_{2N}为变压器低压绕组的额定电压,将K_T代入式(9-16),便得高压侧分接头电压为

$$U_{1t} = \frac{U_1 - \Delta U_T}{U_2} U_{2N} \tag{9-17}$$

普通双绕组变压器的分接头只能在停电的情况下改变,而变压器通过的负荷功率是随时变化的。为了使得在变压器通过任何正常的负荷功率时只使用一个固定的分接头,这时应按两种极端情况(变压器通过最大负荷和最小负荷的情况)下的调压要求(一般按顺调压考虑)确定分接头电压。变压器通过最大负荷时对分接头电压的要求为

$$U_{1t\max} = (U_{1\max} - \Delta U_{\max}) U_{2N}/U_{2\max} \tag{9-18}$$

式中,$U_{1\max}$、$\Delta U_{\max}$和$U_{2\max}$分别为变压器高压侧在最大负荷时的电压值、变压器在通过最大负荷时其阻抗中的电压损耗和变压器低压侧在最大负荷时要求的电压值。

变压器通过最小负荷时对分接头电压的要求为

$$U_{1t\min} = (U_{1\min} - \Delta U_{\min}) U_{2N}/U_{2\min} \tag{9-19}$$

式中,$U_{1\min}$、$\Delta U_{\min}$和$U_{2\min}$分别为变压器高压侧在最小负荷时的电压值、变压器在通过最小负荷时其阻抗中的电压损耗和变压器低压侧在最小负荷时要求的电压值。

考虑在最大和最小负荷时变压器要用同一分接头,故取$U_{1t\max}$和$U_{1t\min}$的算术平均值,即

$$U_{1tav} = \frac{1}{2}(U_{1t\max} + U_{1t\min}) \tag{9-20}$$

再根据U_{1tav}值选择一个与它最接近的变压器标准分接头电压。选定变压器分接头后,应校验所选的分接头在最大负荷和最小负荷时变压器低压母线上的实际电压是否符合调压要求。如果不满足要求,还需考虑采取其他调压措施。

例 9-1 某降压变电所有一台变比$K_T = (110 \pm 2 \times 2.5\%)$ kV/11 kV 的变压器,归算到高压侧的变压器阻抗为$Z_T = (2.44 + j40)\ \Omega$,最大负荷时流入变压器的功率为$S_{\max} = (28 + j14)$ MV·A,最小负荷时为$S_{\min} = (10 + j6)$ MV·A。最大负荷时,高压侧母线电压为 113 kV,最小负荷时为 115 kV,低压侧母线电压允许变化范围为 10～11 kV,试选择变压器分接头。

解 最大负荷及最小负荷时变压器的电压损耗为

$$\Delta U_{\max} = \frac{P_{\max} R_T + Q_{\max} X_T}{U_{1\max}} = \frac{28 \times 2.44 + 14 \times 40}{113}\ \text{kV} = 5.56\ \text{kV}$$

$$\Delta U_{\min} = \frac{P_{\min} R_T + Q_{\min} X_T}{U_{1\min}} = \frac{10 \times 2.44 + 6 \times 40}{115}\ \text{kV} = 2.3\ \text{kV}$$

按最大和最小负荷情况选变压器的分接头电压(因无其他电压调整手段,故按顺调压要求考虑)

$$U_{1t\max}=\frac{U_{1\max}-\Delta U_{\max}}{U_{2\max}}U_{2\mathrm{N}}=\frac{113-5.6}{10}\times 11\ \mathrm{kV}=118.2\ \mathrm{kV}$$

$$U_{1t\min}=\frac{U_{1\min}-\Delta U_{\min}}{U_{2\min}}U_{2\mathrm{N}}=\frac{115-2.3}{11}\times 11\ \mathrm{kV}=112.7\ \mathrm{kV}$$

取平均值

$$U_{1t\mathrm{av}}=\frac{1}{2}(U_{1t\max}+U_{1t\min})=\frac{1}{2}\times(118.2+112.7)\ \mathrm{kV}=115.45\ \mathrm{kV}$$

选择最接近的分接头电压 115.5 kV，即 110+5%的分接头。按所选分接头校验低压母线的实际电压有

$$U_{2\max}=\frac{113-5.6}{115.5}\times 11\ \mathrm{kV}=10.23\ \mathrm{kV}>10\ \mathrm{kV}$$

$$U_{2\min}=\frac{115-5.6}{115.5}\times 11\ \mathrm{kV}=10.73\ \mathrm{kV}<11\ \mathrm{kV}$$

上述电压均未超出允许电压范围 10～11 kV，可见所选分接头能满足调压要求。

升压变压器分接头的选择方法与上述降压变压器的选择方法基本相同。但在通常的运行方式下，升压变压器的功率方向与降压变压器相反，是从低压侧流向高压侧的。故式(9-16)中电压损耗项 ΔU_{T} 前的符号应相反，即应将电压损耗和高压侧电压相加，得

$$U_{1t}=\frac{U_1+\Delta U_{\mathrm{T}}}{U_2}U_{2\mathrm{N}} \tag{9-21}$$

式中，U_2 为升压变压器低压侧的实际电压或给定电压；U_1 为变压器高压侧所要求的电压，升压变低压侧直接连接发电机时，可按逆调压方式考虑对 U_1 的调压要求。

在采用普通变压器不能满足调压要求的场合，如供电线路长、负荷变动大的情况，可采用有载调压变压器。有载调压变压器可以在带负荷的情况下切换分接头，即可以在最大负荷和最小负荷时分别选择不同的分接头，此时，可按逆调压方式考虑调压要求。

3. 利用无功功率补偿调压

改变变压器分接头调压虽然是一种简单而经济的调压手段，但改变分接头并不能增减无功功率。当整个系统无功功率不足引起电压下降时，要从根本上解决系统电压水平问题，就必须增设新的无功电源。无功功率补偿调压就是通过在负荷侧安装同步调相机、并联电容器或静止补偿器，以减少通过网络传输的无功功率，降低网络的电压损耗，从而达到调压的目的。

图 9-15 所示电力网，在未装补偿装置时，电力网首端电压可表示为

$$U_1=U_2'+\frac{PR+QX}{U_2'} \tag{9-22}$$

式中，U_2' 为变压器低压侧归算到高压侧的电压值。

在负荷侧装设容量为 Q_{C} 的无功补偿装置后，电力网的首端电压可表示为

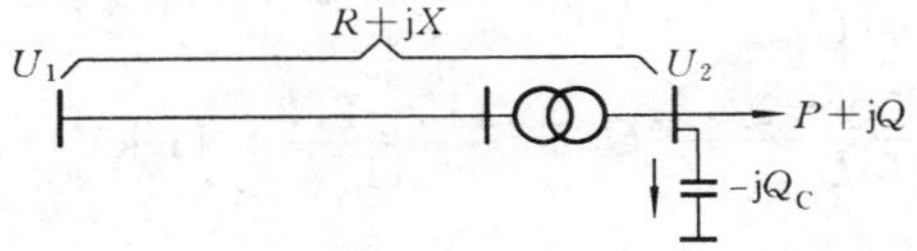

图 9-15 电力系统的无功功率补偿

$$U_1=U'_{2C}+\frac{PR+(Q-Q_C)X}{U'_{2C}} \tag{9-23}$$

式中,U'_{2C}为装设补偿装置后变压器低压侧归算到高压侧的电压值。

若首端电压 U_1 保持不变,则有

$$U'_2+\frac{PR+QX}{U'_2}=U'_{2C}+\frac{PR+(Q-Q_C)X}{U'_{2C}}$$

由此可求出补偿容量为

$$Q_C=\frac{U'_{2C}}{X}\left[(U'_{2C}-U'_2)+\frac{PR+QX}{U'_{2C}}-\frac{PR+QX}{U'_2}\right] \tag{9-24}$$

式中,由于U'_{2C}与U'_2差别一般不大,故方括号内计算电压损耗的后两项数值一般相差很小,可以略去,这样便得如下简化形式

$$Q_C=\frac{U'_{2C}}{X}(U'_{2C}-U'_2) \tag{9-25}$$

如变压器变比为 K_T,则

$$Q_C=\frac{K_T^2U_{2C}}{X}\left(U_{2C}-\frac{U'_2}{K_T}\right) \tag{9-26}$$

式中,U_{2C}为变压器低压侧实际要求的电压值,可按常调压或逆调压要求考虑。

无功功率补偿装置主要有电力电容器和同步调相机。

(1)电力电容器容量的选择。对于在大负荷时降压变电所低压侧电压偏低、小负荷时电压偏高的情况,在选择电力电容器作补偿设备时,由于电容器只能发出无功功率以提高电压,故应考虑在最小负荷时将电容器全部切除,在最大负荷时全部投入的运行方式。由式(9-26)可知,无功补偿容量还与变压器变比的选择有关。因此,在选择与变压器分接头相配合确定无功补偿容量时,可按在最小负荷时不补偿(即电容器不投入)来确定变压器分接头。

$$U_{1t}=\frac{U'_{2min}}{U_{2min}}U_{2N} \tag{9-27}$$

式中,U'_{2min}和U_{2min}分别为最小负荷时变压器低压母线归算到高压侧的电压和低压母线要求的电压值。

选定与U_{1t}最接近的分接头后,变比即已确定,再按最大负荷时的调压要求计算无功补偿容量,即

$$Q_C=\frac{U_{2\mathrm{Cmax}}}{X}\left(U_{2\mathrm{Cmax}}-\frac{U'_{2\max}}{K_T}\right)K_T^2 \tag{9-28}$$

式中，$U'_{2\max}$和$U_{2\mathrm{Cmax}}$分别为最大负荷时变压器低压母线归算到高压侧的电压值和低压母线要求的电压值。

(2)同步调相机容量的选择。当选用同步调相机作补偿装置时，由于同步调相机既可发出无功功率以升高电压，又可吸收无功功率以降低电压。故应考虑在最大负荷时同步调相机满发无功。由此，调相机的容量应为

$$Q_{\mathrm{CN}}=\frac{U_{2\mathrm{Cmax}}}{X}\left(U_{2\mathrm{Cmax}}-\frac{U'_{2\max}}{K_T}\right)K_T^2 \tag{9-29}$$

在最小负荷时同步调相机吸收无功功率，考虑同步调相机通常设计在只能吸收(0.5～0.6)Q_{CN}的无功功率，所以有

$$-(0.5\sim0.6)Q_{\mathrm{CN}}=\frac{U_{2\mathrm{Cmin}}}{X}\left(U_{2\mathrm{Cmin}}-\frac{U'_{2\min}}{K_T}\right)K_T^2 \tag{9-30}$$

式(9-29)和式(9-30)相除，可解出变比K_T，选择与K_T值最接近的变压器高压绕组分接头电压，即确定了变压器的实际变比，再将实际变比代入以上两式中任一式即可求出为满足调压要求所需的调相机容量Q_{CN}。

例 9-2　电力网如图 9-16 所示，归算到高压侧的线路和变压器阻抗为$Z_T=(6+\mathrm{j}120)\ \Omega$。供电点提供的最大负荷$S_{\max}=(20+\mathrm{j}15)$ MV·A，最小负荷$S_{\max}=(10+\mathrm{j}8)$ MV·A，降压变低压侧母线电压要求保持为 10.5 kV。若供电点、电压U_1保持为 110 kV 不变，试配合变压器分接头选择，确定用电容器作无功补偿装置时的无功补偿容量。

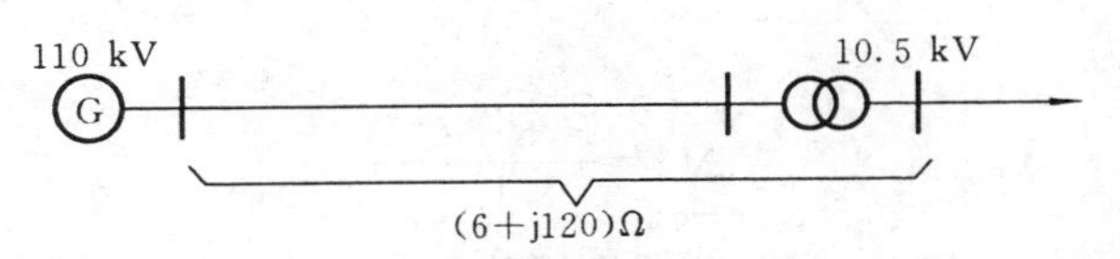

图 9-16　例 9-2 的电力网

解　计算未补偿时，最大及最小负荷时变电所低压母线归算到高压侧的电压

$$U'_{2\max}=U_1-\Delta U_{\max}=\left(110-\frac{20\times6+15\times120}{110}\right)\ \mathrm{kV}=92.5\ \mathrm{kV}$$

$$U'_{2\min}=U_1-\Delta U_{\min}=\left(110-\frac{10\times6+8\times120}{110}\right)\ \mathrm{kV}=100.7\ \mathrm{kV}$$

最小负荷时，将电容器全部切除，选择分接头电压

$$U_{1t}=\frac{U'_{2\min}}{U_{2\min}}U_{2N}=\frac{100.7}{10.5}\times11\ \mathrm{kV}=105.5\ \mathrm{kV}$$

选最接近的分接头 104.5 kV，即 110(1－5%)的分接头，则

$$K_T=\frac{104.5}{11}=9.5$$

按最大负荷时的调压要求，确定电容器的容量

$$Q_C=\frac{U_{2\max}}{X}\left(U_{2\max}-\frac{U'_{2\max}}{K_T}\right)K_T^2=\frac{10.5}{120}\times\left(10.5-\frac{92.5}{9.5}\right)\times 9.5^2\ \text{Mvar}=6.03\ \text{Mvar}$$

取补偿容量为 6 Mvar，验算低压母线实际电压值

$$U_{2C\max}=\frac{U_1-\Delta U_{C\max}}{K_T}=\frac{110-\dfrac{20\times 6+(15-6)\times 120}{110}\times 15\times 120}{9.5}\ \text{kV}=10.43\ \text{kV}$$

$$U_{2\min}=\frac{U_1-\Delta U_{\min}}{K_T}=\frac{110-\dfrac{10\times 6+8\times 120}{110}\times 15\times 120}{9.5}\ \text{kV}=10.6\ \text{kV}$$

可见选取此补偿容量能基本满足调压要求。

4. 改变输电线路的参数调压

从电压损耗的计算公式可知，改变网络元件的电阻 R 和电抗 X 都可以改变电压损耗，从而达到调压的目的。由于网络中变压器的电阻 R 和电抗 X 已由变压器的结构决定，一般不宜改变。故在电力网设计或改建时，可考虑采用改变输电线路的电阻和电抗参数以满足调压要求。减小线路电阻将意味着增大导线截面，多消耗有色金属。对于 10 kV 及以下电压等级的电力网中电阻比较大的线路，当采用其他调压措施不适宜时，才考虑增大导线截面以减小线路的电阻。而对于 X 比 R 大的 35 kV 以及上电压等级的电力线路，电抗上的电压降占的比重较大，可以考虑采用串联电容补偿的方法以减小 X。

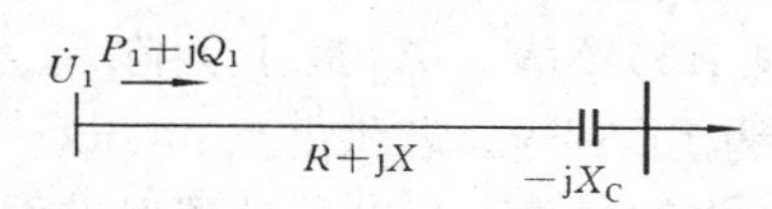

图 9-17　电力网的串联电容补偿

图 9-17 所示输电线，在未装设串联电容时，线路的电压损耗为

$$\Delta U=\frac{P_1R+Q_1X}{U_1} \tag{9-31}$$

装设串联电容 C(其容抗为 X_C)后，线路的电压损耗为

$$\Delta U_C=\frac{P_1R+Q_1(X-X_C)}{U_1} \tag{9-32}$$

串联电容补偿的目的，是为了减小线路的电压损耗，提高线路末端运行电压的水平，电压提高的数值应是补偿前后的电压损耗之差，即

$$\Delta U-\Delta U_C=\frac{Q_1X_C}{U_1} \tag{9-33}$$

所以

$$X_C=\frac{U_1(\Delta U-\Delta U_C)}{Q_1} \tag{9-34}$$

式中，$\Delta U-\Delta U_C$ 为补偿前后线路的电压损耗值之差，当线路首端电压 U_1 保持不变时，也是补偿后线路末端电压的升高值。

从式(9-33)可以看出，串联电容补偿的调压效果与负荷的无功功率 Q_1 成正比，从

而与负荷的功率因数有关。在负荷功率因数较低时，线路上串联电容调压效果较显著。因此，串联电容补偿一般适用于负荷波动大且功率因数低的配电线路。

综上所述，电力系统的电压调整，是一个涉及面广的复杂问题。一般来说，发电机调压主要适用于地方性供电网，对于区域性电力网仅作为辅助调压措施。在系统无功功率充裕时，首先应考虑采用改变变压器变比调压。对于无载调压变压器，一般只适用于季节性负荷变化的情况。当系统无功电源不足时，不宜采用调整变压器变比的办法来提高电压。因这时当某一地区的电压随变压器分接头的改变而升高后，该地区所需的无功功率也增大了，这就可能扩大系统的无功缺额，从而导致整个系统电压水平更加下降，因此必须增设无功补偿容量。无功功率的就地补偿虽需增加投资，但这样不仅能提高运行电压水平，还能通过减少无功功率在网络中的传输而降低网络的有功功率损耗。串联电容补偿可用于输电网的调压，但近年来，串联电容补偿用于超高压输电线路带来的对潮流控制、系统稳定性的提高等方面的综合效益已日益引起人们的关注。

第三节　电力网运行的经济性

对电力系统的基本要求之一是具有良好的运行经济性。由于电力系统所需的能源占整个国民经济的总能源消耗的比例举足轻重，因此，提高电力系统运行的经济性将带来巨大的经济效益。

电力系统运行的经济性主要反映在总的燃料消耗（或发电成本）和网络的电能损耗上。本节将简要分析电力网电能损耗的计算和降低电能损耗的措施。

一、电力网的电能损耗

电力网在运行时，由于电流或功率通过输电线和变压器要产生电能损耗。从输电线和变压器的等值电路看，电能损耗由两部分组成：一部分是在导线和变压器绕组的电阻上的损耗，这部分损耗与通过元件的电流或功率有关，输送的功率愈大，损耗也愈大，该损耗称为可变损耗；另一部分是输电线和变压器等值电路中并联电导中的有功损耗，如输电线的电晕损耗、变压器的铁心损耗等，这部分损耗同施加于元件的电压有关，而与通过元件的功率几乎无关，根据电力网对电压质量的要求，元件运行电压一般不允许偏离额定值太多，因此，这部分损耗基本不变，故又称为固定损耗。

电力网的有功功率损耗需要由发电机提供，当系统负荷功率一定时，网络有功功率损耗愈大，所需要的发电设备容量也愈大，因而增加了发电设备的投资。同时，为了供给电力网的电能损耗，发电厂还需多消耗能源，这就使电力系统的发电成本增加。例如，某电力系统的最大负荷功率是 8000 MW。若系统总有功网络损耗为最大负荷功率的 15%，则系统不但装机容量将增加 1200 MW，而且这 1200 MW 的有功网损每年约损耗电能 60×10^{8} kW·h，这是一个惊人的数字。因此，电力网的功率损耗与电能损耗是电力网运行中的一个重要的经济指标。尽量降低电力网的功率损耗和电能损耗是电力网设计与运行中的重要任务。

在电力系统正常运行时，一般尽量避免输电线路产生电晕。因此，输电线路的电晕损耗可以不计。对于给定的运行时间 T，考虑到负荷随时间变化，输电线路的电能损耗为

$$\Delta A_{\mathrm{L}} = 3\int_0^T I^2 R_{\mathrm{L}} \times 10^{-3}\,\mathrm{d}t = \int_0^T \frac{S^2}{U^2} R_{\mathrm{L}} \times 10^{-3}\,\mathrm{d}t \tag{9-35}$$

变压器的电能损耗为

$$\Delta A_{\mathrm{T}} = \Delta P_0 T + 3\int_0^T I^2 R_{\mathrm{T}} \times 10^{-3}\,\mathrm{d}t = \Delta P_0 T + \int_0^T \frac{S^2}{U^2} R_{\mathrm{T}} \times 10^{-3}\,\mathrm{d}t \tag{9-36}$$

式(9-35)和式(9-36)中各量的单位是：电能损耗为 kW·h，视在功率为 kV·A，电压为 kV，电流为 A，电阻为 Ω，时间为 h；式中 ΔP_0 为变压器的空载有功损耗，对应于固定损耗。

由于负荷功率是随时间变化的，所以式(9-35)和式(9-36)中可变损耗项用积分形式表示。而负荷的变化规律一般不易用解析式表示，这将给计算电能损耗带来困难。为此，通常采用近似算法。近似算法通常是以统计资料及相应的经验公式或曲线作基础的。下面介绍一种工程计算中常用的简化近似算法，即最大负荷损耗时间法。它的含义简述如下。

首先定义最大负荷损耗时间 τ。如果网络输送的功率始终保持为最大负荷功率 $S_{\max}$，经 τ 小时后，网络中损耗的电能恰等于网络按实际负荷曲线运行时全年实际损耗的电能，则称 τ 为最大负荷损耗时间。

一年按 8760 h(365 天 × 24 h) 计，根据 τ 的定义，输电线全年的电能损耗为

$$\Delta A_{\mathrm{L}} = \int_0^{8760} \frac{S^2}{U^2} R_{\mathrm{L}} \times 10^{-3}\,\mathrm{d}t = \frac{S_{\max}^2}{U^2} R_{\mathrm{L}} \times 10^{-3}\,\tau \tag{9-37}$$

若认为运行电压接近于维持恒定，则

$$\tau = \frac{\int_0^{8760} S^2\,\mathrm{d}t}{S_{\max}^2} \tag{9-38}$$

由此可见，最大负荷损耗时间 τ 与用视在功率 S 表示的负荷曲线有关。视在功率可以根据相应的有功功率和功率因数决定，而有功功率负荷持续曲线的形状，在某种程度上可由最大负荷利用小时数 $T_{\max}$ 反映出来。可以设想，对于给定的功率因数，τ 同 $T_{\max}$ 之间将存在一定的关系。通过对一些典型负荷曲线的分析，得到的 τ 与 $T_{\max}$ 的关系列于表 9-1。从而，在无法确知负荷的变化曲线的场合，如在电力系统规划设计时，可根据用户的性质，查出其最大负荷利用小时数 $T_{\max}$，再根据 $T_{\max}$ 和用户的功率因数 $\cos\varphi$ 由表 9-1 查出与之对应的 τ 值，即可根据式(9-37)计算出线路全年的电能损耗。

表 9-1　最大负荷损耗时间 τ 与最大负荷利用小时数 T_{max} 的关系　　单位:h

T_{max}	$\cos\varphi$				
	0.80	0.85	0.90	0.95	1.00
2000	1500	1200	1000	800	700
2500	1700	1500	1250	1100	950
3000	2000	1800	1600	1400	1250
3500	2350	2150	2000	1800	1600
4000	2750	2600	2400	2200	2000
4500	3150	3000	2900	2700	2500
5000	3600	3500	3400	3200	3000
5500	4100	4000	3950	3750	3600
6000	4650	4600	4500	4350	4200
6500	5250	5200	5100	5000	4850
7000	5950	5900	5800	5700	5600
7500	6650	6600	6550	6500	6400
8000	7400	—	7350	—	7250

变压器电能损耗中的可变损耗项与输电线路相似,变压器的固定损耗一般应计入,即

$$\Delta A_T = \Delta P_0 T + \frac{S_{max}^2}{U^2} R_T \times 10^{-3} \tau \quad (kW \cdot h) \tag{9-39}$$

也可直接利用变压器的短路损耗和空载损耗计算。如果网络中接有 n 台相同容量的变压器并联运行,则一年中总电能损耗为

$$\Delta A_T = n\Delta P_0 T + \frac{\Delta P_k}{n}\left(\frac{S_{max}}{S_N}\right)^2 \tau \quad (kW \cdot h) \tag{9-40}$$

式中,ΔP_0 为单台变压器的空载损耗(kW);ΔP_k 为单台变压器的短路损耗(kW);S_{max} 为网络输送的最大功率(MV · A);S_N 为单台变压器的额定容量(MV · A);T 为变压器全年实际投入运行小时数(h)。

应当指出,最大负荷利用小时数 T_{max} 和最大负荷损耗时间 τ 虽然在定义上有类似之处,即都应用等值的概念,以确定值(P_{max} 和 S_{max})来代替变量(P 和 S),但其实质是有区别的。T_{max} 用于等值计算负荷消耗的电能,而 τ 用于等值计算网络的电能损耗。此外,T_{max} 是有功功率负荷的等值时间,而 τ 是视在功率负荷的等值时间。

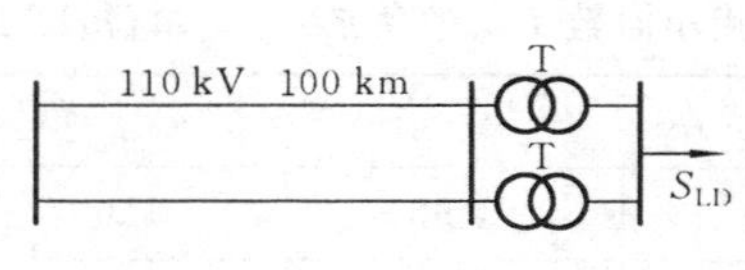

图 9-18 例 9-3 的网络

例 9-3 有一额定电压为 110 kV，长度为 100 km的双回输电线路向变电所供电(见图9-18)，线路单位长度参数为 $Z_0=(0.17+j0.409)\ \Omega/km$，$b_0=2.79\times10^{-6}$ S/km，两台变压器的额定容量均为 31.5 MV·A，变比为 110/11，$\Delta P_0+j\Delta Q_0=(0.03+j0.22)$ MV·A，$\Delta P_k=190$ kW，$U_k\%=10.5$，最大负荷为(40+j30) MV·A，$T_{max}=4500$ h，试计算电力网全年的电能损耗。

解 (1)计算电力网的潮流分布。变压器阻抗为

$$P_T=\frac{1}{2}\times\frac{\Delta P_k U_N^2}{S_N^2}\times10^3=\frac{1}{2}\times\frac{190\times110^2}{31500^2}\times10^3\ \Omega=1.16\ \Omega$$

$$X_T=\frac{1}{2}\times\frac{U_k(\%)}{100}\times\frac{U_N^2}{S_N}\times10^3=\frac{1}{2}\times\frac{10.5}{100}\times\frac{110^2}{31500}\times10^3\ \Omega=20.17\ \Omega$$

变压器绕组中的功率损耗

$$\begin{aligned}\Delta S_T&=\frac{S_{LD}^2}{U_N^2}(R_T+jX_T)=\frac{40^2+30^2}{110^2}\times(1.16+j20.17)\ \text{MV}\cdot\text{A}\\&=(0.24+j4.17)\ \text{MV}\cdot\text{A}\end{aligned}$$

双回线路电容充电功率

$$\Delta Q_b=2\times\frac{B_0 l}{2}\times U_N^2=3.38\ \text{MV}\cdot\text{A}$$

线路阻抗末端的功率

$$\begin{aligned}S_2&=S_{LD}+\Delta S_T+\Delta S_0-j\Delta Q_b\\&=[40+j30+0.24+j4.17+2\times(0.03+j0.22)-j3.38]\ \text{MV}\cdot\text{A}\\&=(40.3+j31.23)\ \text{MV}\cdot\text{A}\end{aligned}$$

(2)计算变压器全年的电能损耗。当 $T_{max}=4500$ h，$\cos\varphi=\cos\left(\arctan\frac{30}{40}\right)=0.8$ 时，查表 9-1 得 $\tau=3150$ h，即有

$$\begin{aligned}\Delta A_T&=\frac{\Delta P_k}{n}\left(\frac{S_{max}}{S_N}\right)^2+n\Delta P_0 T=\left[\frac{190}{2}\times\left(\frac{50}{31.5}\right)^2\times3150+2\times30\times8760\right]\ \text{kW}\cdot\text{h}\\&=1.28\times10^6\ \text{kW}\cdot\text{h}\end{aligned}$$

(3)计算线路全年的电能损耗。线路阻抗末端负荷的功率因数

$$\cos\varphi=\frac{P_2}{\sqrt{P_2^2+Q_2^2}}=\frac{40.3}{40.3^2+31.23^2}=0.79$$

查表 9-1 得 $\tau=3150$ h，即

$$\begin{aligned}\Delta A_L&=\frac{S_{max}^2}{U_N^2}R_L\tau\times10^{-3}=\frac{40300^2+31230^2}{110^2}\times\frac{1}{2}\times0.17\times100\times3150\times10^{-3}\ \text{kW}\cdot\text{h}\\&=5.75\times10^6\ \text{kW}\cdot\text{h}\end{aligned}$$

(4)计算电力网全年总电能损耗

$$\Delta A=\Delta A_{L}+\Delta A_{T}=(5.75\times10^{6}+1.28\times10^{6})\ \text{kW}\cdot\text{h}=7.03\times10^{6}\ \text{kW}\cdot\text{h}$$

二、降低电能损耗的技术措施

为了降低电力网的能量损耗，可以采取各种技术措施。其中有些措施是建设电力网时，以及对现有电力网进行技术改造时采取的措施，这往往需要投资。这些措施的采取需进行多方案的技术经济性比较才能确定。另外有些措施可通过对现有电网合理地组织运行方式来实施，这类措施可不增加或少增加投资，因此，应优先予以考虑。从输电线和变压器电能损耗的计算公式(9-37)和式(9-39)可知，在电力网运行中可以采取下列措施降低网络损耗。

1.提高电力网负荷的功率因数

(1)合理选择异步电动机的容量及运行方式。用户是电力网分配电能的终点，提高用户的功率因数，不仅提高了与用户联系的配电网的功率因数，而且也提高了输电网的功率因数。提高了电网的功率因数即意味着在电网传输相同的有功功率的情况下减少了网络的功率损耗。为了减少用户取用的无功功率，用户应尽可能避免用电设备在低功率因数下运行，所选用的异步电动机容量应尽量接近它所带的机械负载，此外，可以在有条件的企业中用同步电动机代替异步电动机。因为同步电动机在过励磁情况下，可以向系统送出无功功率，从而可以显著地提高用户的功率因数。

(2)实行无功功率就地补偿。在用户处或靠近用户的变电所中，装设无功功率补偿装置，如电力电容器、同步调相机等，以实现无功功率就地补偿，限制无功功率在电网中传送，提高用户的功率因数，从而降低配电网的电能损耗。

根据我国目前的有关规定，高压供电线路应保证 $\cos\varphi\geqslant0.9$，低压供电线路应保证 $\cos\varphi\geqslant0.85$。工矿企业的自然功率因数(即未采取无功补偿措施之前的功率因数)一般都较低，通常采用电容器补偿。补偿方式有集中补偿和分散补偿。集中补偿是将电容器集中装设于企业总降压变电所 6～35 kV 侧的母线上；分散补偿是将电容器组分设在功率因数较低的车间变电所的高压或低压侧母线上，这不仅可降低供电线路功率损耗，而且能提高车间变电所变压器的负荷能力。此外，对于少数容量特大的异步电动机，也有直接单独装设电容器进行补偿的。

2.合理组织电力网的运行方式

(1)适当提高电力网的运行电压水平。虽然变压器空载损耗与电压平方成正比，但占总网络损耗的70%～80%的导线和变压器绕组电阻中的电能损耗与运行电压的平方成反比。因此，在电网负荷水平较高时，适当提高电力网运行电压水平，总网络损耗将相应降低。电力网运行时，线路和变压器等电气元件的绝缘所允许的最高工作电压，一般不超过其额定电压的10%。因此，电力网运行于重负荷状态时，在不超过上述规定的条件下，应尽量提高运行电压水平，以降低功率损耗和电能损耗。根据计算，线路运行电压提高 5%,电能损耗约可降低 6%。为提高电网运行电压水平,可以采取同时提高电网的升、降压变压器的分接头的办法,使输电线路运行于较高的电压水平。但另一方面,当电网处于轻载状态时,变压器空载损耗占总网络损耗的比例增大,此时在允许的电压偏移范围内应适当降低电力网的运行电压水平。

(2)合理组织并联变压器的运行。为了适应负荷的变化与提高供电的可靠性,变电站通常安装两台相同容量的变压器。对于一些重要的枢纽变电站,也有安装多台相同容量变压器的。如何根据负荷的变化,确定并联运行变压器的投入台数,以减少功率损耗和电能损耗,这便是并联运行变压器的经济运行问题。当总负荷功率为 S 时,并联运行 n 台变压器的总损耗为

$$\Delta P_{\mathrm{T(n)}}=n\Delta P_0+n\Delta P_{\mathrm{k}}\left(\frac{S}{nS_{\mathrm{N}}}\right)^2 \tag{9-41}$$

式中,ΔP_0 为单台变压器的空载功率损耗;ΔP_{k} 为单台变压器的短路功率损耗;S_{N} 为单台变压器的额定容量。

由式(9-41)可知,铁芯损耗与台数成正比,绕组损耗与台数成反比。当变压器轻载运行时,绕组损耗所占的比重相对减小,铁芯损耗所占的比重相对增大。在这种情况下,减少变压器投入的台数就能降低总的功率损耗。当变压器负荷大时,绕组损耗所占的比重相对增大。这样,总可以找出一个负荷功率的临界值,使投入 n 台变压器与投入 $n-1$ 台变压器的总功率损耗值相等。为此,列出 $n-1$ 台变压器并联运行时的总功率损耗

$$\Delta P_{\mathrm{T}(n-1)}=(n-1)\Delta P_0+(n-1)\Delta P_{\mathrm{k}}\left[\frac{S}{(n-1)S_{\mathrm{N}}}\right]^2 \tag{9-42}$$

使 $\Delta P_{\mathrm{T}(n)}=\Delta P_{\mathrm{T}(n-1)}$ 的负荷功率即为临界功率,记为 S_{cr},则

$$S_{\mathrm{cr}}=S_{\mathrm{N}}\sqrt{n(n-1)\frac{\Delta P_0}{\Delta P_{\mathrm{k}}}} \tag{9-43}$$

式中,S_{N}、ΔP_0、ΔP_{k} 的意义与式(9-41)的相同。当负荷功率 $S>S_{\mathrm{cr}}$ 时,投入 n 台变压器经济,当 $S<S_{\mathrm{cr}}$,投入 $n-1$ 台变压器经济。

应该指出,这种对变压器投入台数的选择只适合于季节性负荷变化的情况,对一昼夜内负荷的变化,变压器及断路器的频繁启停对安全性和经济性均不利。

第四节　电力系统运行的稳定性

一、电力系统稳定性的概念

随着电力工业的发展,电力系统的规模日趋扩大,输电距离愈来愈远,跨省、区的大型电力网相继出现,经济效益和供电可靠性得到了提高。同时也带来了一系列复杂的技术问题,电力系统运行稳定性问题就是其中的一个突出问题。在电力系统中,各同步

发电机是并联运行的。使并联的所有发电机保持同步是电力系统维持正常运行的基本条件之一。

同步发电机的频率或电气角速度与它的转速有着密切的关系，而转速的变化规律取决于作用在发电机轴上的转矩的平衡。作用于发电机轴上的转矩主要由两部分组成，即起驱动作用的原动机的机械转矩和起制动作用的发电机的电磁转矩。正常运行时，原动机的机械转矩与发电机的电磁转矩是平衡的，发电机保持匀速圆周运动，角加速度为零。但是，这种转矩的平衡状态只是相对的、暂时的。由于电力系统的负荷随时都在变化，因而，发电机的电磁转矩也随着变化。由于惯性的作用，原动机的机械转矩不能瞬时适应这一变化，因此，这种平衡状态将不断被破坏。当系统由于负荷变化、元件的操作或发生故障而打破功率平衡状态后，各发电机组将因功率不平衡而发生转速的变化。由于各发电机组功率不平衡的程度不同，因此发电机组转速变化的规律也不同，有的变化较大，有的变化较小，甚至导致一部分发电机组因输出的电磁功率减小导致其电磁转矩减小而产生加速运动时，另一部分发电机组因输出的电磁功率增加导致其电磁转矩增加而产生减速运动，从而使原来保持同步运行的各发电机组的转子之间产生相对运动。如果各发电机组在经历一段相对运动过程后能重新恢复到原来的平衡状态，或者在某一新的平衡状态下同步运行，则称这样的电力系统是稳定的。反之，如果在受到扰动后各发电机组间产生很剧烈的电磁功率振荡，最后导致机组之间失去同步运行，则称这样的系统是不稳定的。

因此，所谓电力系统运行的稳定性，就是指在受到外界干扰的情况下发电机组间维持同步运行的能力。研究电力系统稳定性问题归结为研究当系统受到扰动后的运动规律，从而判断系统是否可能失去稳定及研究提高系统稳定性的措施。

电力系统的稳定性与系统的发展密切相关。对于早期孤立运行的发电厂，发电机并列运行在公共母线上，并列运行的稳定性问题并不严重。随着系统容量和供电范围的扩大，许多发电厂并联运行在同一电力系统时，并列运行稳定性问题日益严重。在现代电力系统中，稳定性问题常成为制约交流远距离输电的输送容量的决定性因素。

当电力系统失去稳定时，系统内的同步发电机失步，系统发生振荡，结果会使系统解列，可能造成大面积的用户停电。因此，失去稳定性是电力系统最严重的故障。

电力系统稳定性问题，是一个机械运动过程和电磁暂态过程交织在一起的复杂问题，属于电力系统机电暂态过程的范畴。根据扰动量的大小，可将电力系统稳定性分为静态稳定性和暂态稳定性两大类型。

电力系统在运行中时刻受到小的扰动，如负荷的随机变化、汽轮机蒸汽压力的波动、发电机端电压发生小的偏移等。在小扰动作用下，系统将会偏离运行平衡点，如果这种偏离很小，小扰动消失后，系统又重新恢复平衡，则称系统是静态稳定的。如果偏离不断扩大，不能重新恢复原来的平衡状态，则系统不能保持静态稳定。

电力系统运行时还会受到大的扰动，如电气元件的投入或切除、输电线路发生短路故障等。在大扰动作用下,如果系统运行状态的偏离是有限的,且在大扰动结束后又达到新的平衡,则称系统是暂态稳定的。如果偏离不断扩大,不能重新恢复平衡,则称系统失去了暂态稳定。

二、功角及功角特性

1. 功角及功角特性的概念

简单电力系统如图 9-19 所示,发电机通过升压变压器、输电线路、降压变压器与受端系统的母线相连接。假定受端系统容量相对于发电机来说很大,以致可以认为在发电机输出功率变化时,受端母线电压的幅值和频率均保持不变,即所谓的无限大功率系统。这种简单电力系统称为“单机-无限大”系统,当不计各元件的电阻及对地导纳支路时,该系统的总电抗 $X_{d\Sigma}$ 为

$$X_{d\Sigma}=X_{d}+X_{T1}+\frac{1}{2}X_{L}+X_{T2}=X_{d}+X_{TL} \tag{9-44}$$

式中,$X_{TL}=X_{T1}+\frac{1}{2}X_{L}+X_{T2}$ 为变压器和输电线的总电抗。

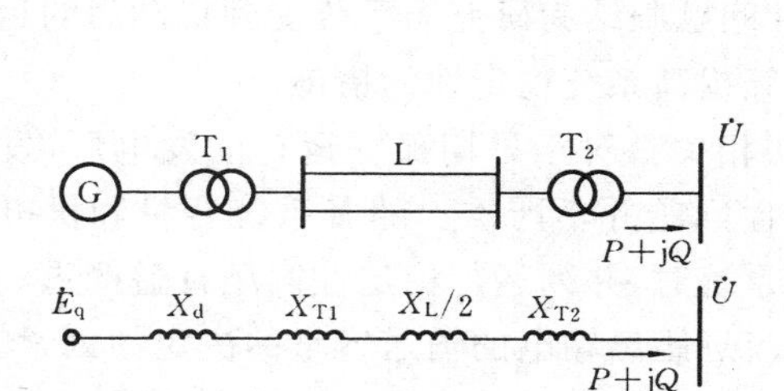

图 9-19 简单电力系统及其等值电路

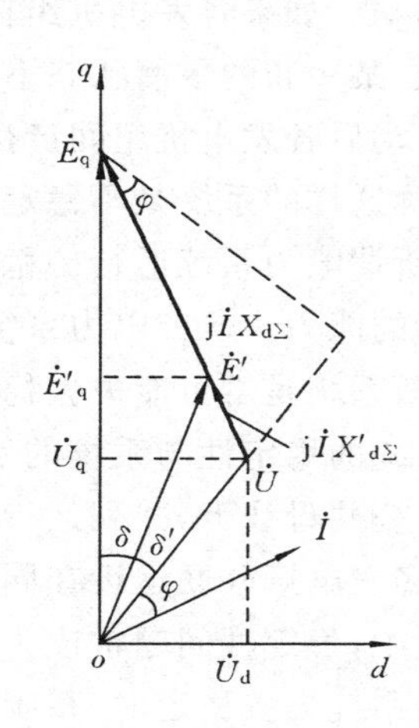

图 9-20 隐极机的相量图

如发电机为隐极机,则其纵轴与横轴的同步电抗相等,即 $X_{d}=X_{q}$,这时“单机-无限大”系统的相量图如图 9-20 所示,分析此相量图,可得

$$E_{q}\sin\delta=X_{d\Sigma}I\cos\varphi$$

或

$$I\cos\varphi=\frac{E_{q}\sin\delta}{X_{d\Sigma}}$$

所以

$$P_{E_{q}}=UI\cos\varphi=\frac{E_{q}U}{X_{d\Sigma}}\sin\delta \tag{9-45}$$

当系统受端母线电压 U 和输入到无限大容量系统的功率 $P+\mathrm{j}Q$ 已知时,可求出此

时发电机的电势及其相对于U的初始相位角为

$$\left.\begin{aligned} E_{q0} &= \sqrt{\left(U+\frac{QX_{d\Sigma}}{U}\right)^2+\left(\frac{PX_{d\Sigma}}{U}\right)^2} \\ \delta_0 &= \arctan\frac{\dfrac{PX_{d\Sigma}}{U}}{\left(U+\dfrac{QX_{d\Sigma}}{U}\right)} \end{aligned}\right\} \tag{9-46}$$

由式(9-45)可知，当发电机的电势E_q和受端系统母线电压U均为恒定时，电磁功率P_{E_q}是角度δ的正弦函数。这里，角度δ是电势$\dot{E}_q$与电压$\dot{U}$之间的相位角。因为传输的电磁功率的大小与相位角δ密切相关，因此，又称δ为“功角”或“功率角”。电磁功率与功角的关系$P_{E_q}=f(\delta)$，称为“功角特性”或“功率特性”。图9-21表示隐极机的功角特性。

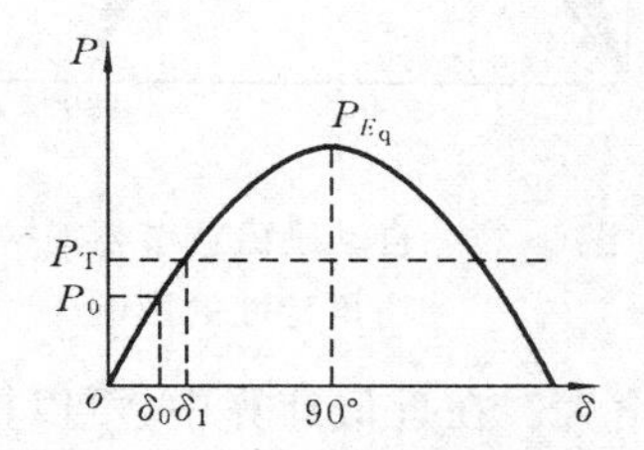

图 9-21　隐极机的功角特性

功角δ在电力系统稳定问题的研究中占有特别重要的地位。它除了表示电势$\dot{E}_q$和电压$\dot{U}$之间的相位差，即表征系统的电磁关系之外，还表明了各发电机转子之间的相对空间位置。如果设想将送端发电机和受端系统等值发电机的转子移到一处，则功角δ就是两转子轴线间用电角度表示的相对空间位置角。δ角随时间的变化描述了各发电机转子间的相对运动。如果两个发电机电气角速度相同，则δ角保持不变。如果增大送端发电机的原动机功率，使$P_T>P_{E_q}$，则由于发电机转子上的转矩平衡遭到破坏，发电机转子加速，发电机转子间的相对空间位置便要发生变化，功角δ增大。从图9-21的功角特性可知，当δ增大时，发电机输出的电磁功率也增大，直到$P_T=P_{E_q}$为止。此时，送端发电机转子上的转矩再次达到平衡，送端发电机与受端系统在新的功角下保持同步稳定运行。

2. 自动励磁调节器对功角特性的影响

无自动调节励磁的发电机，当输出功率增加时，由于励磁电流和与之相应的电势E_q保持不变，从隐极发电机的等值电路可以看出，负荷电流的增大将使得在发电机电抗X_d上的电压降增大，从而引起发电机端电压下降。为维持机端电压，一般发电机都装有自动励磁调节器。当发电机输出功率增加、端电压下降时，励磁调节器动作以增大励磁电流，使发电机电势E_q增大，直到端电压恢复或接近恢复到整定值U_{G0}为止。这时，励磁调节器将使E_q随功角δ增大而增大。用不同的E_q值，作出一组正弦功角特性曲线族，它们的幅值与E_q成正比，如图9-22所示。当发电机由某一给定的运行条件开始增加输出功率时，随着δ的增大，电势E_q也增大，发电机的工作点将从E_q较小的正弦曲线过渡到E_q较大的正弦曲线上，于是便得到一条反映励磁调节器影响的发电机功角特性曲线。显然，有励磁调节器作用时，发电机的功角特性曲线明显高于无励磁调

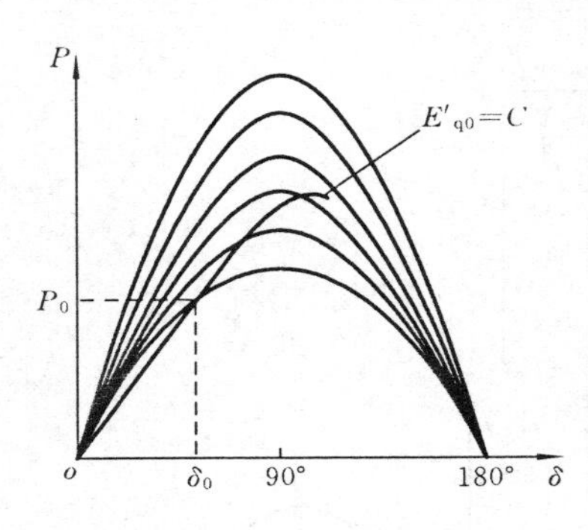

图 9-22 自动励磁调节器对功角特性的影响

节器的功角特性曲线。而且,在$\delta>90°$的某一范围内,功角特性曲线仍然具有上升的性质。这是因为在$\delta>90°$附近,当δ增大时,E_q的增大使电磁功率上升的作用要超过$\sin\delta$的减小所起的作用。

在功角特性计算中,若算式中的电势是恒定的,则发电机输出功率仅为功角δ的函数。而由于励磁调节器性能的不同,其维持电压的能力亦不同。因而,就出现了用各种不同电势表示的功角特性。

例如,一般的比例式励磁调节器并不能完全保持发电机端电压不变。因而,发电机端电压将随功率P及功角δ的增大而有所下降,而E_q则随P及δ的增大而增大。在近似计算中,可以根据该调节器的性能,认为它能保持发电机q轴暂态电势E'_q不变。进一步,可将q轴暂态电势E'_q保持不变的条件近似地以发电机暂态电抗X'_d后的暂态电势E'保持不变代替,这时的功角特性可表示为

$$P_{E'}=\frac{E'U}{X'_{d\Sigma}}\sin\delta' \tag{9-47}$$

E'和δ'可以根据系统运行情况直接计算出其初始运行值为

$$\left.\begin{aligned}E'_0&=\sqrt{\left(U+\frac{QX'_{d\Sigma}}{U}\right)^2+\left(\frac{PX'_{d\Sigma}}{U}\right)^2}\\ \delta'_0&=\arctan\frac{PX'_{d\Sigma}}{U}\Big/\left(U+\frac{QX'_{d\Sigma}}{U}\right)\end{aligned}\right\} \tag{9-48}$$

式中,$X'_{d\Sigma}=X'_d+X_{TL}$。这里,δ'虽不同于功角δ(见图 9-20),但它的变化规律与功角δ相似,在稳定性计算中常使用它。用E'和X'_d表示的发电机模型通常称为发电机的经典模型。E'既能基本体现常规自动励磁调节器的作用,又易于直接根据系统运行情况得出,还使得用E'表示的发电机功角特性具有正弦曲线的形式,故在电力系统暂态稳定近似计算中,一般都采用发电机经典模型。

三、电力系统的静态稳定性

电力系统的静态稳定性,是指系统在受到小扰动的情况下能自动恢复到原来运行状态的能力。电力系统具有静态稳定性是系统保持正常运行的基本前提。

1. 简单电力系统静态稳定的实用判据

图 9-19 所示的简单电力系统,如发电机为隐极机,无励磁调节,则其功角特性为$P_{E_q}=\frac{E_qU}{x_{d\Sigma}}\sin\delta$,与之对应的功角特性曲线如图 9-23 所示。

在稳态运行情况下,当不计发电机的功率损耗时,发电机输出的功率$P_{E_q}=P_0$与原动机输入功率P_T相平衡。当原动机功率保持恒定时,从图 9-23 可以看到,功角特

性曲线上有 a、b 两个交点，即两个功率平衡点。对应的功角分别为 δ_a 和 δ_b。下面来分析一下，在 a 点和 b 点，发电机是否能维持稳定运行。

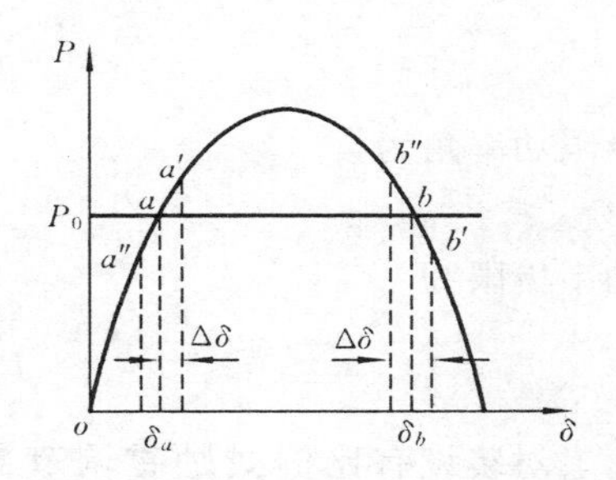

图 9-23 发电机的功角特性曲线

假设发电机运行在 a 点，若此时发电机受到一个小的扰动，使功角 δ_a 获得一个正的增量 $\Delta\delta$，发电机的电磁功率相应地从与 a 点对应的值增加到与 a' 点对应的值。而原动机输入的机械功率 P_T 保持不变。这样，发电机输出的电磁功率大于原动机的输入功率，机组的功率平衡遭到破坏，发电机转子将减速，功角 δ 减小。当 δ 减小到 δ_a 时，虽然原动机转矩与电磁转矩相平衡，但由于相对角速度 $\Delta\omega<0$，功角 δ 将继续减小，直至 a'' 点 $\Delta\omega=0$ 时才能停止减小。在 a'' 点，原动机的机械转矩大于发电机的电磁转矩，转子在加速性不平衡转矩作用下继续加速，$\Delta\omega>0$，使功角 δ 增大。由于阻尼、摩擦的作用，δ 达不到 δ_a' 又开始减小，经过一系列衰减的振荡后，发电机又恢复在 a 点运行，即恢复了原来的运行状态。反之，如果发电机受到一个负的角度扰动量，这时发电机的输入功率将大于输出功率，机组在加速的不平衡转矩作用下开始加速，功角相应增加。同样，经过一系列振荡过程又恢复到 a 点运行。由以上分析可以得出结论，发电机在 a 点运行是稳定的。

b 点的情况则完全不同。在小扰动作用下，使功角增加 $\Delta\delta$ 后，发电机输出功率不是增加而是减小。此时原动机的机械转矩大于发电机的电磁转矩，发电机的转速继续增加，功角 δ 不断增大，再也回不到 b 点，这表明发电机与系统之间失去了同步。如果发电机初始受到的扰动使功角 δ 减小 $\Delta\delta$，则运行点将由 b 点逐步过渡到 a 点。由此看出，发电机在 b 点是不能稳定运行的。

由以上分析可知，在功角特性曲线的上升部分（如 a 点），发电机电磁功率的增量 ΔP 与功角增量 $\Delta\delta$ 总具有相同的符号，即 $\Delta P/\Delta\delta>0$；在功角特性曲线的下降部分（如 b 点），ΔP 与 $\Delta\delta$ 总具有相反的符号，即 $\Delta P/\Delta\delta<0$，故可以用比值 $\Delta P/\Delta\delta$ 的符号来判断系统是否具有静态稳定性。将 $\Delta P/\Delta\delta$ 取极限形式，即得到判断简单电力系统具有静态稳定性的实用判据

$$\frac{\mathrm{d}P}{\mathrm{d}\delta}>0 \tag{9-49}$$

2. 功率极限与静态稳定储备系数

发电机功角特性曲线的最大值称为功率极限。功率极限可通过对发电机功角特性求极值，即令 $\mathrm{d}P/\mathrm{d}\delta=0$ 求得。显然，对上述简单电力系统，功率极限点是静态稳定的临界点。具体来说，对无励磁调节器的隐极发电机，运行中保持 $E_q=E_{q0}=$ 常数，则有

$$\frac{\mathrm{d}P_{E_q}}{\mathrm{d}\delta}=\frac{E_qU}{X_{d\Sigma}}\cos\delta=0$$

极限功率角为

$$\delta_{E_{qm}}=90^\circ$$

功率极限为

$$P_{E_{qm}}=\frac{E_qU}{X_{d\Sigma}}\sin90^\circ=\frac{E_qU}{X_{d\Sigma}} \tag{9-50}$$

对装设有比例式励磁调节器的发电机，可近似认为其能维持发电机暂态电势 $E'=E'_0=$常数，则在近似计算中，发电机的功角特性可表示为

$$P_{E'}=\frac{E'U}{X'_{d\Sigma}}\sin\delta'$$

其功率极限为

$$P_{E'm}=E'U/X'_{d\Sigma} \tag{9-51}$$

从电力系统运行可靠性要求出发，不允许电力系统运行在功率极限附近，否则，运行情况稍有变动，系统便会失去稳定。为此，一般要求电力系统有相当的稳定裕度。稳定裕度的大小，通常用稳定储备系数表示，以百分值表示的静态稳定储备系数为

$$K_P=\frac{P_{sl}-P_0}{P_0}\times100\% \tag{9-52}$$

式中，P_0 为发电机的输出功率；P_{sl} 为系统保持稳定所能输送的最大功率，称为系统的静态稳定极限，在一定的近似简化条件下，该稳定极限可用功率极限来代替。

为了保证电力系统运行的可靠性，在正常运行时，要求 $K_P\geqslant15\%\sim20\%$，事故后运行方式下，要求 $K_P\geqslant10\%$。所谓事故后运行方式，是指电力系统事故消除之后，在恢复到正常运行方式之前，系统所出现的短期稳态运行方式。

例 9-4 简单电力系统如图 9-24 所示，发电机经升压变压器和双回输电线路向无限大功率系统送电。输送功率和电压的标幺值为 $P_0=1.0, Q_0=0.2, U_0=1.0$，试计算下列情况下发电机的功角特性、功率极限及静态稳定储备系数。

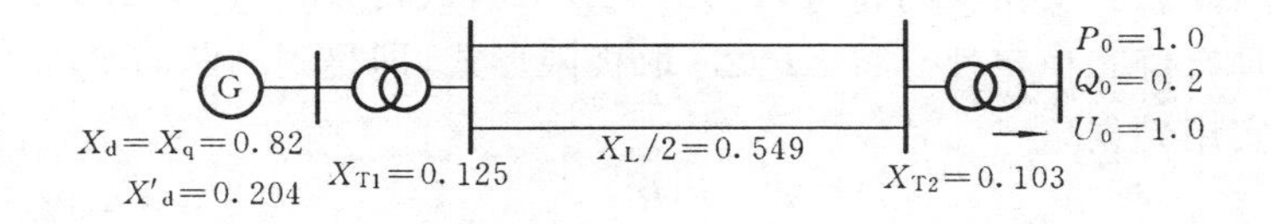

图 9-24 例 9-4 的简单电力系统

(1)发电机无励磁调节器，维持 $E_q=C$；

(2)发电机装有比例式励磁调节器，近似认为能维持 $E'=C$。

解 $X_{d\Sigma}=X_{q\Sigma}=X_d+X_{T1}+\frac{1}{2}X_L+X_{T2}=0.82+0.125+0.549+0.103=1.597$

$$X'_{d\Sigma}=X'_d+X_{T1}+\frac{1}{2}X_L+X_{T2}=0.204+0.125+0.549+0.103=0.981$$

（1）隐极机 $X_d=X_q$，所以

$$E_q=\sqrt{\left(U+\frac{Q_o X_{d\Sigma}}{U}\right)^2+\left(\frac{P_o X_{d\Sigma}}{U}\right)^2}=\sqrt{\left(1+\frac{0.2\times1.597}{1}\right)^2+\left(\frac{1\times1.597}{1}\right)^2}=1.967$$

$$P_{E_q}=\frac{E_q U}{X_{d\Sigma}}\sin\delta=\frac{1.967\times1}{1.597}\sin\delta=1.23\sin\delta$$

$$P_{Eqm}=1.23$$

$$K_p=\frac{P_{Eqm}-P_o}{P_o}\times100\%=\frac{1.23-1}{1}\times100\%=23\%$$

（2）近似认为能维持 $E'=C$，则有

$$E'=\sqrt{\left(U+\frac{Q_o X'_{d\Sigma}}{U}\right)^2+\left(\frac{P_o X'_{d\Sigma}}{U}\right)^2}=\sqrt{(1+0.2\times0.981)^2+(1\times0.981)^2}=1.547$$

$$P_{E'}=\frac{E'U}{X'_{d\Sigma}}\sin\delta'=\frac{1.547\times1}{0.981}\sin\delta'=1.577\sin\delta'$$

$$P_{E'm}=1.577$$

$$K_p=\frac{P_{E'm}-P_o}{P_o}\times100\%=\frac{1.577-1}{1}\times100\%=57.7\%$$

3.提高电力系统静态稳定性的措施

从静态稳定的分析可以看出，提高电力系统的静态稳定性，应着力于提高电力系统的功率极限。从电力系统功率极限的简单表达式

$$P_m=EU/X \tag{9-53}$$

可以看出，提高电力系统的功率极限应从提高发电机的电势 E，减小系统电抗 X，提高和稳定系统电压 U 等方面着手。

（1）提高发电机电势 E。提高发电机电势是提高电力系统的功率极限最有效的措施之一，它主要依靠采用自动励磁调节器并改善其性能来实现。在现代电力系统中，几乎所有的发电机都装有自动励磁调节装置。从图 9-22 可见，自动励磁调节器明显地提高了功率极限。当发电机装有比例式励磁调节器时，在静态稳定分析中发电机所呈现的电抗由 X_d 减小到 X'_d，并近似维持暂态电势为常数。当采用强力式励磁调节器时，相当于把发电机电抗减小到接近于零，即近似当做发电机端电压维持恒定，这就大大地提高了发电机的功率极限，对提高静态稳定性极为有利。自动励磁调节器在整个发电机投资中所占的比重很小，所以，在各种提高稳定性的措施中，总是优先考虑使用或改善自动励磁调节装置。

此外，在系统运行中，希望发电机运行在滞后的功率因数下，从而有较高的内电势和较小的运行功角。但由于超高压输电线路的充电功率较大，可能使送端发电机运行于高功率因数工况，对系统的稳定性产生不利影响。为此，在超高压输电线路的首端需

要装设并联电抗器以吸收输电线路的充电功率。

(2)减少系统的总电抗 X。从简单电力系统的功率极限表达式可以看出，输电系统的功率极限与系统总电抗成反比，系统电抗愈小，功率极限就愈大，系统稳定性也就愈高。

输电系统的总电抗由发电机、变压器和输电线路的电抗组成。发电机和变压器的电抗与它们的结构、尺寸有关，一般在发电机和变压器设计时，已考虑在投资和材料相同的条件下，力求使它们的电抗减小一些。当发电机装有自动励磁调节器时，发电机的实际电抗已由 X_d 减小为 X'_d 或更小，且 X'_d 主要是漏电抗。因此，从发电机结构方面去减小电抗的作用有限。对于变压器而言，其短路阻抗直接影响到制造成本和运行性能，也不宜改变。自耦变压器除具有损耗小、体积小、价格便宜的优点外，它的电抗也较小，对提高稳定性有利，故在超高压电力系统中得到了广泛的应用。

设法减少输电线的电抗，也是一个可循的途径。主要方法之一是采用分裂导线，这可以使线路电抗约减少 20%，而且还能减少或避免电晕所引起的有功功率损耗。减少输电线电抗的另一方法是采用串联电容补偿以大幅度地减少线路电抗。串联电容的容抗与线路的感抗之比称为补偿度。一般来说，补偿度越大，对系统稳定越有利，但过大的补偿度可能引起发电机的自励磁等异常情况，影响线路继电保护的正确动作，增大短路电流等，一般取补偿度为 0.2～0.5。

此外，在超高压远距离输电中，如输电功率受稳定性限制，也可采用增加输电回路数，减少等值电抗，以达到提高输电功率的目的。

(3)提高和稳定系统电压。要提高系统运行电压水平，最主要的是系统中应装设充足的无功电源。在远距离输电线的中途或在负荷中心装设同步调相机，将有助于提高和稳定系统的运行电压水平，从而提高系统运行的稳定性。

合理地选用高一级的电压，除了降低损耗、增加输电容量等作用外，还将提高电力系统的功率极限，这在设计新线路或改造旧线路时常作为一个措施来考虑。这是因为对于同一结构的输电线路，采用的额定电压愈高，线路电抗的标幺值就愈小，功率极限也就愈高。

四、电力系统的暂态稳定性

电力系统的暂态稳定性，是指系统在受到大扰动的情况下，系统中各发电机组能否继续保持同步运行的问题。这里所说的大扰动，主要是指系统元件的切除或投入，大负荷的突然变化，系统发生短路故障等，其中尤以短路故障对系统暂态稳定的影响最为严重。

当电力系统受到大的扰动时所引起的电力系统暂态过程，是一个电磁暂态过程和发电机转子间机械运动暂态过程交织在一起的复杂过程。精确地确定所有电磁参数和机械运动参数在暂态过程中的变化是困难的，通常在暂态稳定计算中采用一些近似简化条件，忽略或近似考虑暂态过程中对转子机械运动影响较小的因素。一般性的简化有：考虑发电机定子非周期分量电流衰减时间常数相对很小，且对转子机械运动影响较小，故在暂态过程中忽略发电机定子电流的非周期分量和与它相对应的转子电流的周期分量，这就意味着发电机定、转子绕组的电流，系统的电压及发电机的电磁功率在大扰动的瞬间均可以突变；在发生不对称故障时，也可不计零序和负序电流对转子运动的影响，从而在发生不对称故障时可以应用正序等效定则和复合序网计算发电机电磁功率的正序分量，而故障时确定正序分量的等值电路与正常运行时的等值电路的不同之处，仅在于在故障处接入由故障类型确定的附加阻抗 Z_{Δ}。在近似计算中还可作进一步的简化：近似考虑发电机电磁暂态过程和自动励磁调节器的作用，认为发电机可保持暂态电势 $E'=C$（常数），即采用发电机的经典模型；不考虑原动机调速器的作用，假定原动机输入功率保持恒定。

1. 分析电力系统暂态稳定时的等值电路和功角特性

当系统遭受大扰动后，系统的各种运行参数（电压、电流和功率等）都将发生急剧的变化。但是，原动机的输出功率却由于机组惯性影响而不能随发电机电磁功率的瞬时变化而及时调整，因而各发电机输出功率与相应的原动机的输入功率间的平衡会受到严重的破坏，机组转轴上相应出现不平衡转矩，使转子的转速及转子间的相对角度发生变化。这一变化，又影响到电流、电压及各发电机输出功率的变化。在严重的情况下，可能导致发电机失去同步。

下面以单机-无限大功率系统中一回线路因短路故障被切除为例，作系统的暂态稳定性分析。图 9-25 所示为单机-无限大功率系统在各种情况下的等值电路。

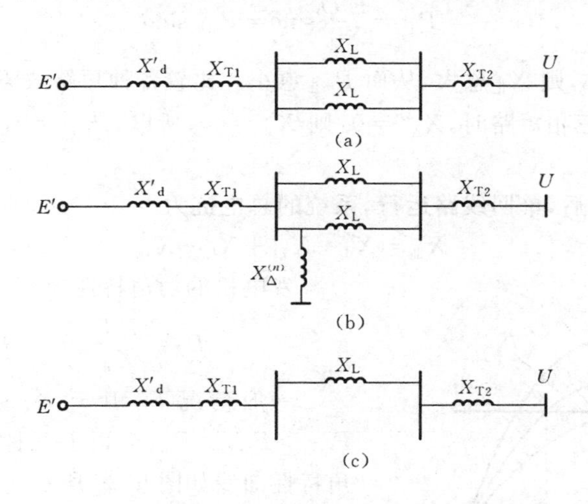

图 9-25　简单电力系统在各种情况下的等值电路

（a）正常运行时；（b）故障时；（c）故障切除后

正常运行时,系统的总电抗为

$$X_{\mathrm{I}}=X_{\mathrm{d}}'+X_{\mathrm{T1}}+\frac{1}{2}X_{\mathrm{L}}+X_{\mathrm{T2}} \tag{9-54}$$

发电机的功角特性为

$$P_{\mathrm{I}}=\frac{E'U}{X_{\mathrm{I}}}\sin\delta=P_{\mathrm{mI}}\sin\delta \tag{9-55}$$

设一回线路始端发生某种类型的短路故障,根据正序等效定则,短路时系统的等值电路相当于在正常情况的等值电路中,在短路点接入短路附加电抗 $X_{\Delta}^{(n)}$。这里 n 表示不同的短路类型,从电力系统不对称短路分析知:

对单相短路 $X_{\Delta}^{(1)}=X_{2\Sigma}+X_{0\Sigma}$

对两相短路 $X_{\Delta}^{(2)}=X_{2\Sigma}$

对两相接地短路 $X_{\Delta}^{(1.1)}=X_{2\Sigma}/\!/X_{0\Sigma}$

对三相短路 $X_{\Delta}^{(3)}=0$

在系统短路过程中,从送端发电机到受端系统之间的总电抗(转移电抗)为

$$\begin{aligned}X_{\mathrm{II}}&=X_{\mathrm{d}}'+X_{\mathrm{T1}}+\frac{1}{2}X_{\mathrm{L}}+X_{\mathrm{T2}}+\frac{(X_{\mathrm{d}}'+X_{\mathrm{T1}})\left(\frac{1}{2}X_{\mathrm{L}}+X_{\mathrm{T2}}\right)}{X_{\Delta}^{(n)}}\\&=X_{\mathrm{I}}+\frac{(X_{\mathrm{d}}'+X_{\mathrm{T1}})\left(\frac{1}{2}X_{\mathrm{L}}+X_{\mathrm{T2}}\right)}{X_{\Delta}^{(n)}}\end{aligned} \tag{9-56}$$

发电机的功角特性为

$$P_{\mathrm{II}}=\frac{E'U}{X_{\mathrm{II}}}\sin\delta=P_{\mathrm{mII}}\sin\delta \tag{9-57}$$

显然,$X_{\Delta}^{(n)}$ 愈小,则 X_{II} 愈大,从而 P_{mII} 愈小。比较各种短路故障时的附加电抗可以看出,当系统发生三相短路时,$X_{\Delta}^{(3)}=0$,则 $X_{\mathrm{II}}=\infty$,所以,$P_{\mathrm{mII}}=0$,对系统暂态稳定性的威胁最为严重。

故障线路切除后,单回线路运行,系统的总电抗为

$$X_{\mathrm{III}}=X_{\mathrm{d}}'+X_{\mathrm{T1}}+X_{\mathrm{L}}+X_{\mathrm{T2}} \tag{9-58}$$

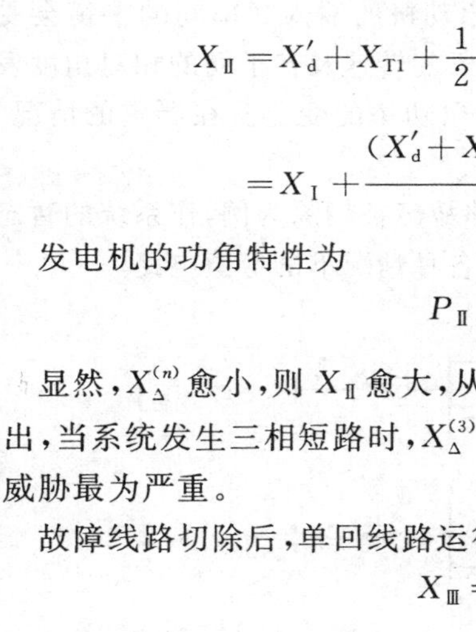

发电机的功角特性为

$$P_{\mathrm{III}}=\frac{E'U}{X_{\mathrm{III}}}\sin\delta=P_{\mathrm{mIII}}\sin\delta \tag{9-59}$$

一般情况下,由于 $X_{\mathrm{I}}<X_{\mathrm{III}}<X_{\mathrm{II}}$,因此,$P_{\mathrm{mI}}>P_{\mathrm{mIII}}>P_{\mathrm{mII}}$。以上三种状态下发电机的功角特性曲线如图 9-26 所示。

图 9-26 功角特性曲线

2. 大扰动后发电机转子的相对运动

在正常运行情况下,若原动机输入功率为 $P_{\mathrm{T}}=P_0$,发电机工作在 a 点,对应功角为 δ_0。短

路故障发生后，发电机的电磁功率下降到短路时的功角特性 P_{II} 上 b 点。由于转子具有惯性，原动机功率保持 P_0 不变，发电机组出现过剩功率 $\Delta P = P_0 - P > 0$，引起机组加速，$\Delta\omega = \omega - \omega_N > 0$，功角 δ 逐渐增大。如果到 c 点，故障线路被切除，发电机的电磁功率上升到 P_{III} 上对应于 δ_c 的 d 点，这时 $\Delta P = P_0 - P < 0$，机组开始减速，从而把加速过程中转子所增加的动能，在减速过程中不断地释放出来。在机组开始减速时，由于相对速度 $\Delta\omega$ 不可能突变，仍大于零，故功角将继续增大。如果到达 f 点时，在加速过程中转子增加的动能已全部消耗完毕，则发电机的转速又恢复到同步速度，即 $\Delta\omega = 0$，这时功角 δ 达到它的最大值 δ_{max}。虽然机组在 f 点恢复到同步速度，但在这一点发电机输出功率仍大于 P_0，因此，转子转速将继续减小，使 $\Delta\omega < 0$，于是功角 δ 开始减小。考虑实际过程中由于阻尼、摩擦等的作用将损耗能量，系统经一系列减幅振荡后，最后在 s 点稳定运行。因此，系统在上述大扰动下仍将保持暂态稳定。图 9-27 表明了暂态稳定的振荡过程中，功角 δ 和相对速度 $\Delta\omega$ 随时间的变化曲线。

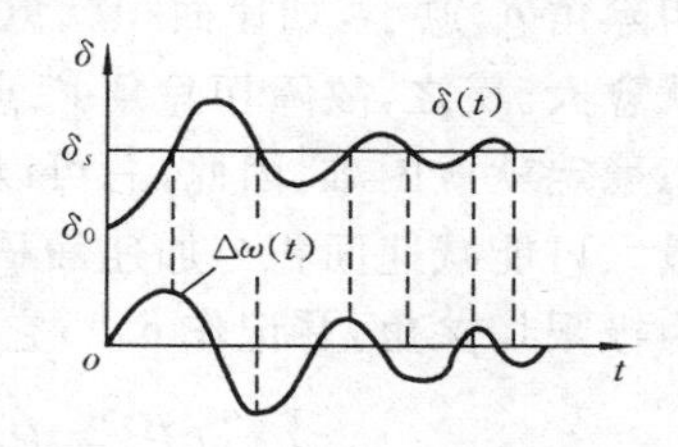

图 9-27　发电机转子摇摆曲线

电力系统在受到大扰动的情况下，也可能产生另一种结果。如果故障的切除较迟缓，这时因发电机加速过程长，储藏的动能较多，在达到点 s' 时转速仍未减至同步速度，功角将继续增大。这样，当越过 s' 点后，过剩转矩又变成加速性的，角加速度变为正值，从而使转子继续加速。随着 δ 角的增大，加速性的转矩不断增大，迫使转子不断加速，于是发电机便与系统失去了同步。

3. 面积定则

下面进一步研究，如何通过定量计算以分析系统的暂态稳定性。

在图 9-26 中，在转子的角度从 δ_0 摇摆到 δ_c 的过程中，由于过剩功率的存在，使转子动能增加，它在数值上等于过剩功率对功角的积分，即图 9-26 中由 a、b、c、e 所围成的面积，通常称之为“加速面积”。它表示转子在加速过程中储存的动能，等于过剩转矩对转子所做的功，以 W_+ 表示，则有

$$W_+ = \int_{\delta_0}^{\delta_c} (P_0 - P_{m\text{II}} \sin\delta)\,\mathrm{d}\delta \tag{9-60}$$

与加速面积对应，在图 9-26 中由 e、d、f、g 围成的面积称为“减速面积”。它既代表转子在减速过程中所消耗的动能，又等于减速性的过剩转矩所做的功，以 W_- 表示，则有

$$W_- = -\int_{\delta_c}^{\delta_{max}} (P_0 - P_{m\text{III}} \sin\delta)\,\mathrm{d}\delta \tag{9-61}$$

在减速期间，当发电机转子耗尽了它在加速期间所储存的全部动能增量时，$\Delta\omega = 0$，它的功角达到最大值 δ_{max}，显然，δ_{max} 可由下式决定：

$$W_+ = W_-$$

即

$$\int_{\delta_0}^{\delta_c}(P_0 - P_{m\mathrm{II}}\sin\delta)\mathrm{d}\delta + \int_{\delta_c}^{\delta_{max}}(P_0 - P_{m\mathrm{III}}\sin\delta)\mathrm{d}\delta = 0 \tag{9-62}$$

在图 9-26 中，最大可能减速面积显然等于由 e、d、s' 所围成的面积。如果最大可能减速面积小于加速面积，则系统必定失去稳定。所以，根据最大可能减速面积必须大于加速面积的原则，可以判断电力系统是否具有暂态稳定性。从图 9-26 还可以看出，故障切除角 δ_c 愈小，加速面积就愈小，最大可能减速面积就愈大，保持系统稳定的可能性也就愈大。反之，故障切除角 δ_c 愈大，加速面积就愈大，最大可能减速面积便愈小，保持暂态稳定就愈困难。因此，总可以找到一个切除角，当在此角度下切除短路故障时，恰好使最大可能减速面积与加速面积相等，这时系统将处于稳定的极限情况，通常称此切除角为极限切除角，并记作 δ_{clim}，它可以根据面积定则确定：

$$\int_{\delta_0}^{\delta_{clim}}(P_0 - P_{m\mathrm{II}}\sin\delta)\mathrm{d}\delta + \int_{\delta_{clim}}^{\delta_{cr}}(P_0 - P_{m\mathrm{III}}\sin\delta)\mathrm{d}\delta = 0$$

解上式可得

$$\delta_{clim} = \arccos\frac{P_0(\delta_{cr} - \delta_0) + P_{m\mathrm{III}}\cos\delta_{cr} - P_{m\mathrm{II}}\cos\delta_0}{P_{m\mathrm{III}} - P_{m\mathrm{II}}} \tag{9-63}$$

这里临界角 δ_{cr} 为

$$\delta_{cr} = \pi - \arcsin\frac{P_0}{P_{m\mathrm{III}}} \tag{9-64}$$

按式(9-63)求得极限切除角 δ_{clim} 后，还需进一步找出与极限切除角 δ_{clim} 相对应的极限切除时间 t_{clim}，从而可以对继电保护和断路器切除故障的时间提出要求。从稳定性的角度看，希望故障切除时间 t_c 尽可能短。故障切除角与对应的故障切除时间 t_c 的关系，需要通过发电机转子运动方程的求解得出。由于转子运动方程是非线性微分方程，一般采用数值解法，限于篇幅，此处从略。

例 9-5 某电力系统的接线如图 9-28 所示，受端为无限大容量系统，系统各元件负序阻抗与正序阻抗相同。当输电线某一回路始端发生两相短路时，试确定保证系统暂态稳定的极限切除角 δ_{clim}。

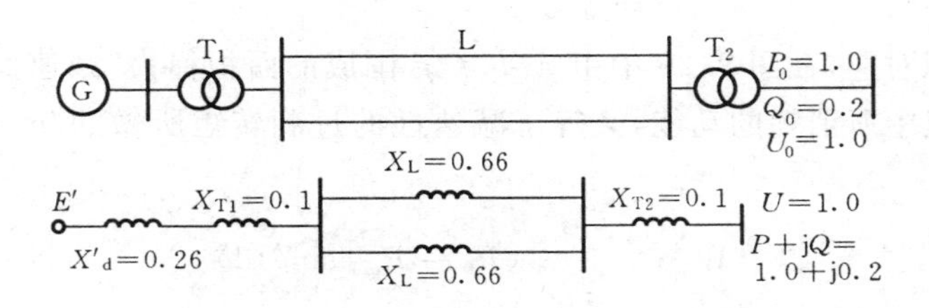

图 9-28 例 9-5 电力系统接线及等值电路

解 (1)正常时的功角特性

$$X_{\mathrm{I}}=X'_{\mathrm{d}}+X_{\mathrm{T1}}+\frac{1}{2}X_{\mathrm{L}}+X_{\mathrm{T2}}=0.26+0.1+\frac{1}{2}\times 0.66+0.1=0.79$$

$$E'=\sqrt{(1+0.2\times 0.79)^2+(0.79)^2}=1.402$$

$$\delta_0=\arctan\frac{0.79}{1+0.2\times 0.79}=34.3^\circ$$

$$P_{\mathrm{mI}}=\frac{E'U}{X_{\mathrm{I}}}=\frac{1.402\times 1}{0.79}=1.775$$

(2)故障运行时的功角特性

$$X_{2\Sigma}=\frac{(X'_{\mathrm{d}}+X_{\mathrm{T1}})\left(\frac{1}{2}X_{\mathrm{L}}+X_{\mathrm{T2}}\right)}{X'_{\mathrm{d}}+X_{\mathrm{T1}}+\frac{1}{2}X_{\mathrm{L}}+X_{\mathrm{T2}}}=\frac{(0.26+0.1)(0.33+0.1)}{0.79}=0.196$$

$$X_{\Delta}^{(2)}=X_{2\Sigma}=0.196$$

$$X_{\mathrm{II}}=X'_{\mathrm{d}}+X_{\mathrm{T1}}+\frac{1}{2}X_{\mathrm{L}}+X_{\mathrm{T2}}+\frac{(X'_{\mathrm{d}}+X_{\mathrm{T1}})\left(\frac{1}{2}X_{\mathrm{L}}+X_{\mathrm{T2}}\right)}{X_{\Delta}^{(2)}}=1.58$$

$$P_{\mathrm{mII}}=\frac{E'U}{X_{\mathrm{II}}}=\frac{1.402\times 1}{1.58}=0.887$$

(3)故障切除后的功角特性

$$X_{\mathrm{III}}=X'_{\mathrm{d}}+X_{\mathrm{T1}}+X_{\mathrm{L}}+X_{\mathrm{T2}}=0.26+0.1+0.66+0.1=1.12$$

$$P_{\mathrm{mIII}}=\frac{E'U}{X_{\mathrm{III}}}=\frac{1.402\times 1}{1.12}=1.252$$

(4)利用面积定则,确定极限切除角 δ_{clim}。计算临界角

$$\delta_{\mathrm{cr}}=180^\circ-\arcsin\frac{P_0}{P_{\mathrm{mIII}}}=180^\circ-\arcsin\left(\frac{1}{1.252}\right)=127^\circ$$

$$\delta_{\mathrm{clim}}=\arccos\frac{P_0(\delta_{\mathrm{cr}}-\delta_0)+P_{\mathrm{mIII}}\cos\delta_{\mathrm{cr}}-P_{\mathrm{mII}}\cos\delta_0}{P_{\mathrm{mIII}}-P_{\mathrm{mII}}}$$

$$=\arccos\frac{1\times\frac{\pi}{180^\circ}(127^\circ-34.3^\circ)+1.252\cos 127^\circ-0.887\cos 34.3^\circ}{1.252-0.887}$$

$$=\arccos 0.359=69^\circ$$

4.提高暂态稳定性的措施

一般说来,提高电力系统静态稳定的措施也有助于提高暂态稳定性。从图 9-26 可以看出,如果提高了故障时和故障切除后的功率极限,这显然增加了最大可能的减速面积,减小了加速面积,从而有利于系统保持暂态稳定性。此外,从暂态稳定分析来看,除提高系统的功率极限外,还可以采取一些相应的措施,减少发电机转子相对运动的振荡幅度,提高系统的暂态稳定性。对其中的一些主要措施列举如下。

(1)快速切除故障。利用快速继电保护装置和快速动作的断路器尽快切除故障是提高暂态稳定性的重要措施。从图 9-26 可以看出,缩短故障切除时间,可以使故障切除角 δ_c 减小,从而减小加速面积,相应增大减速面积。

(2)实行快速强行励磁。在系统发生短路故障时,发电机实行快速强行励磁,能迅速提高发电机的电势,提高故障时和故障切除后发电机的功角特性,将有利于提高系统的暂态稳定性。

(3)采用自动重合闸装置。高压输电线的短路故障绝大多数是瞬时性的。故障发生后,由继电保护装置启动断路器将故障线路切除。待瞬时性故障消失后,由自动重合闸装置自动将被切除的线路重新投入运行,使该线路恢复输电,从而有利于保持系统的暂态稳定,同时也提高了系统供电的可靠性。

(4)改善原动机的调节特性。电力系统受到大扰动后,由于发电机输出的电磁功率突然变化,而原动机的功率由于惯性及调速器的时滞等原因,功率不可能及时相应变化,从而造成了发电机轴上转矩的不平衡,引起发电机产生剧烈的相对运动,甚至破坏系统的稳定性。如果原动机调速系统能实行快速调节,使原动机功率变化能接近跟上电磁功率的变化,则机组轴上的不平衡转矩便可减小,从而防止暂态稳定性的破坏。此外,对于并联运行的发电机组,也可在故障发生后切除部分发电机组,以减少过剩功率,或采用机械制动的方法来消耗掉一部分原动机的机械功率。

(5)采用电气制动。所谓"电气制动",就是在送端发电机附近装设一电阻性负载,当系统发生短路故障而引起发电机产生过剩功率时,自动地投入这一电阻负荷以吸收过剩功率,抑制发电机转子的加速。因而,提高了电力系统的暂态稳定性。

思考题与习题

9-1　为什么电力系统有功功率不足会导致频率下降?如何进行频率调整?

9-2　为什么电力系统无功功率不足会导致电压下降?如何进行电压调整?

9-3　图 9-29 所示供电网,供电点 A 电压保持为 36 kV,最大负荷 $S_{max}=(4.3+j3.6)$ MV·A,最小负荷 $S_{min}=(2.4+j1.8)$ MV·A,变压器的电压比为 35(1±2×2.5%) kV/11 kV, 10 kV 母线要求为顺调压,试选变压器分接头(变压器有 35±2×2.5%分接头)。

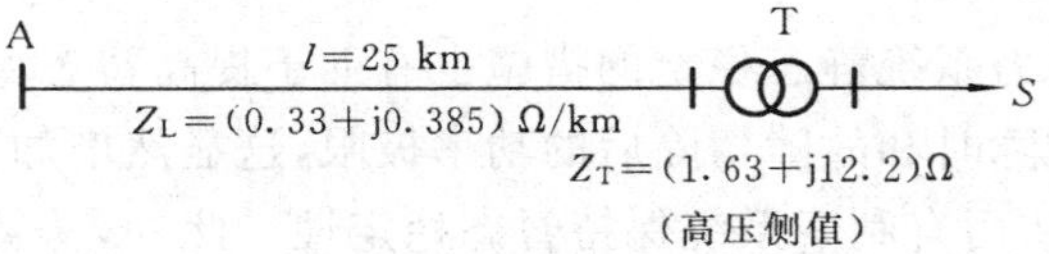

A
T
$l=25$ km
S
$Z_L=(0.33+j0.385)\ \Omega/\text{km}$
$Z_T=(1.63+j12.2)\Omega$
(高压侧值)

图 9-29　习题 9-3 的系统图

9-4　简单电力系统如图 9-30 所示，线路和变压器归算到高压侧的阻抗均标于图中，降压变电所低压母线电压要求保持 10.4 kV，若供电点 A 电压保持 117 kV 恒定，变压器的电压比为 110(1±2×2.5%) kV/11 kV，试配合变压器分接头(110±2×2.5%)的选择，确定采用电力电容器或调相机两种方案的补偿容量。

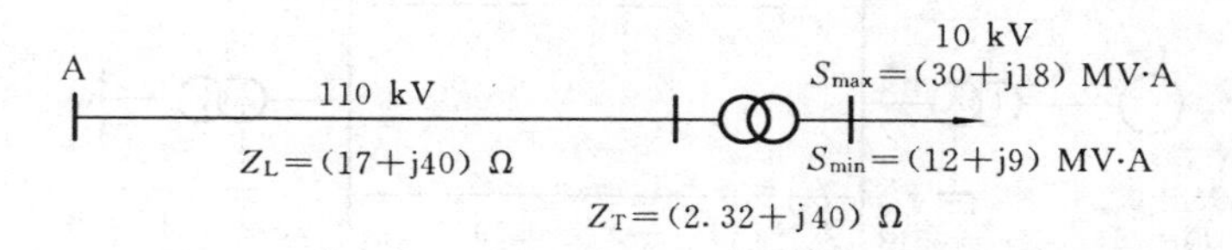

图 9-30　习题 9-4 的系统图

9-5　某变电所通过两台 10 MV·A，110/11 kV 变压器向用户供电，其最大有功负荷为 18 MW，$\cos\varphi=0.9$，年负荷持续曲线如图 9-31 所示，每台变压器的 $\Delta P_0=10$ kW，$\Delta P_k=60$ kW。求下列两种情况下变压器的总电能损耗：(1)两台变压器全年并联运行；(2)当负荷降至 40%，功率因数不变时，切除一台变压器运行。

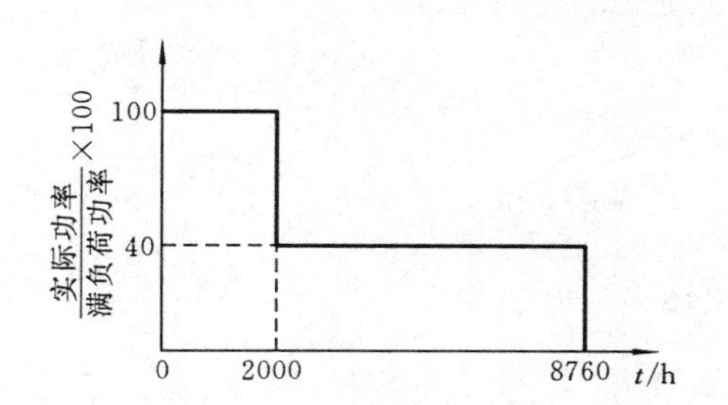

图 9-31　习题 9-5 的年负荷持续曲线

9-6　降低电网的电能损耗的技术措施有哪些？其原理是什么？

9-7　何谓电力系统的稳定性？电力系统的静态稳定和暂态稳定分别研究何种问题？

9-8　电力系统如图 9-32 所示，试计算下列两种情况下发电机的功率极限 P_m 和稳定储备系数 K_P。情况：(1)发电机无励磁调节，$E_q=E_{q0}=$常数；(2)发电机有励磁调节，$E'=E'_{q0}=$常数。

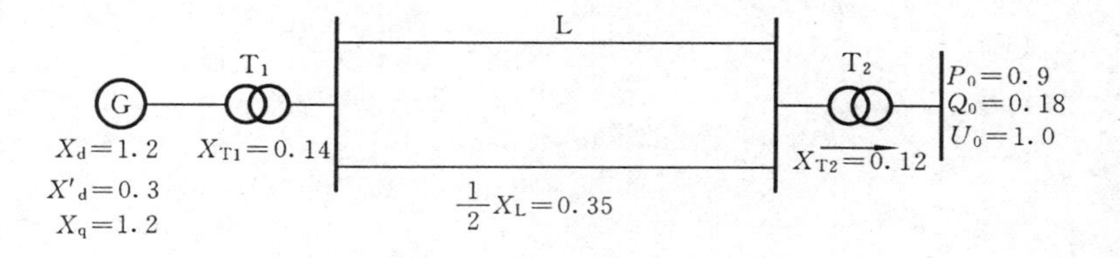

图 9-32　习题 9-8 系统图

9-9　图 9-33 所示简单电力系统,元件参数及运行条件的标幺值示于图中,线路零序电抗为正序电抗的 3 倍,在一回输电线始端发生单相接地短路,试用面积定则确定极限切除角。

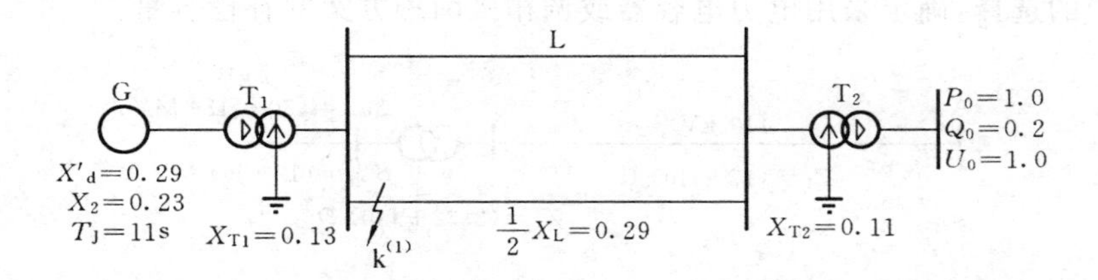

图 9-33　习题 9-9 系统图

9-10　提高电力系统稳定性的措施有哪些?其中哪些措施仅用于提高电力系统的暂态稳定性?

第十章　电力系统继电保护

第一节　继电保护的作用和原理

电力系统继电保护是电力系统中重要的组成部分，也是电力系统中的一种反事故技术和措施。这种技术在随着电力系统的进步和新技术的涌现而迅速发展。

一、继电保护的作用

电力系统因其不断发展而变得越来越庞大和复杂，在运行中不可避免地会发生各种故障和出现不正常的运行状态。其中，对电力系统影响最为严重的是各种类型的短路，从前述章节知，这些短路将造成严重的后果。除此之外，电力系统中还可能出现一些不正常的工作状态。如电气设备超过额定值运行（称为过负荷），将使电气设备绝缘加速老化，造成故障隐患甚至发展成故障；发电机尤其是水轮发电机突然甩负荷引起定子绕组的过电压；电力系统的振荡；电力变压器和发电机的冷却系统故障及电力系统的频率下降等。系统中的故障和不正常运行状态都可能引起电力系统事故，不仅使系统的正常工作遭到破坏，甚至可能造成电气设备损坏和人身伤亡。

电力系统继电保护就是一门研究这种自动识别故障并排除故障元件的自动装置的技术学科。对于继电保护装置来说，它应是能反应电力系统中电气元件故障或不正常运行状态并动作于断路器跳闸或发出指示信号的一种自动装置。因此，它的基本任务主要包括如下两个方面。

(1)自动、迅速、有选择地将故障元件从电力系统中切除，使故障元件免于继续遭到破坏并保证非故障元件迅速恢复正常运行。

如图 10-1 所示为一个简化的电力系统，图中每个断路器处均配置了继电保护装置。当 k 点发生短路时，由 3 号断路器（用 3QF 表示）处的继电保护装置（以下简称保护）控制 3 号断路器跳闸。3 号断路器跳闸以后，使电源与故障点隔离，流过发电机、AB 线和 BC 线上的短路电流将消失，而非故障元件发电机，A、B 母线，A 母线上的所有其他元件（如 5QF 断路器所在线路）和 B 母线上的非故障元件（如 6QF 断路器所在线路）等迅速恢复正常运行而不致继续受故障的影响。

(2)反应电气元件的不正常工作状态并根据实际运行条件作出不同的反应，例如，

①在无人值班的变电站，保护一般动作于故障元件的断路器跳闸；

②若发生过负荷而有自动减负荷装置时，保护可动作于自动减负荷装置；

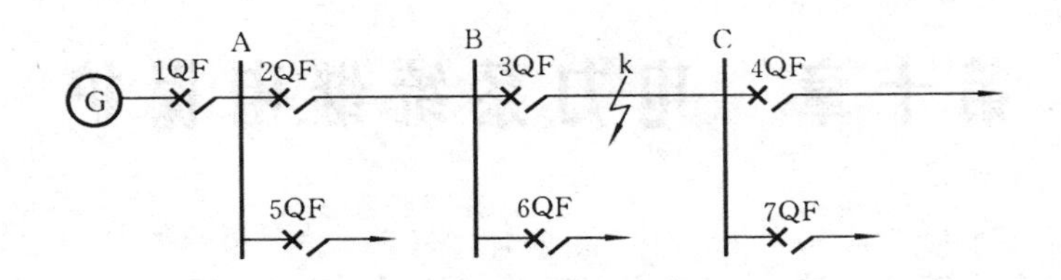

图 10-1 电力系统中继电保护的作用

③在有值班人员的变电站或控制室,保护一般动作于发信号,提示值班人员哪个元件出现了不正常工作状态。

除此之外,对于用于切除故障的断路器上,根据需要配置的自动重合闸装置应该能够实现自动重合闸功能,以提高系统的供电可靠性和稳定性。

二、继电保护的基本原理

电力系统中的继电保护是为了准确识别故障和不正常的工作状态,首先必须分析与提取电力系统发生故障和处于不正常运行状态时一些物理量的特征和特征分量;然后利用这些特征和特征分量构成各种原理的保护。

1. 电流保护的原理

如图 10-2 所示,正常运行时,系统中各元件(包括发电机、变压器、母线、线路和用户)的电流和电压均在额定值及附近,各元件的负荷功率因数角较小。当 k_2 点发生三相短路时,电源与短路点之间的各相电流将突然增加,其值可能是额定电流或正常工作电流的十几倍。利用这个特点可用一个元件对电流进行测量并与给定电流比较,当测量到的电流大于给定电流时,输出相应的控制信号。这就构成了反应相电流增大而动作的过电流保护(简称电流保护)。这个给定电流称为电流保护的整定值,即电流保护的动作电流。这种测量电流大小并与动作电流比较而动作的元件称为电流测量元件。

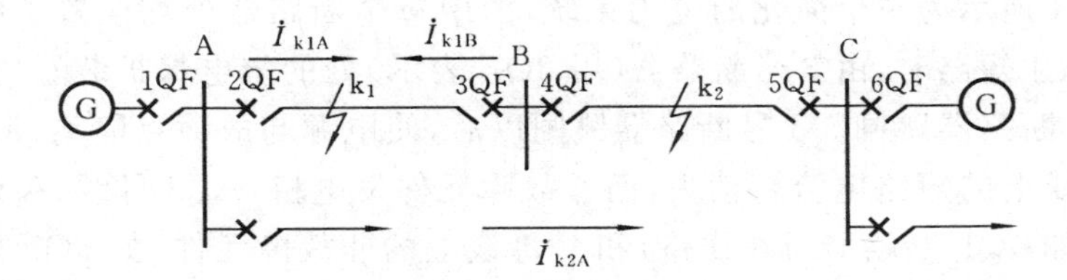

图 10-2 继电保护原理示意图

2. 低电压保护的原理

在图 10-2 所示的网络中,不管在哪里发生故障都将导致该网路中各母线电压的下降。如图中 k_2 点三相短路时,将使 B、C 母线电压很小甚至几乎为零。利用短路时母线电压下降的特点，可构成测量电压且反应电压下降动作的低电压保护。这个给定电压称为电压保护的动作电压。测量电压大小并与给定电压比较而动作的元件称为电压测量元件。当测量电压小于动作电压时动作的电压元件称为低电压测量元件；反之，则称为过电压测量元件。

因此，可以利用某些元件在故障时电压下降的特点构成低电压保护，也可利用某些元件在故障时电压突然增大（如水轮发电机突然甩负荷时出现定子电压升高）的特点而构成过电压保护。

3. 低阻抗保护的原理

以图 10-2 中 2QF 断路器为例，若用一个元件同时测量线路 AB 的电流和 A 母线的电压并获取其比值 Z_m，即取 $Z_m=\dot{U}/\dot{I}$，这个比值 Z_m 通常称为测量阻抗。从上分析可知，正常运行时，由于母线电压和线路电流均在额定值左右，故测量阻抗 Z_m 的幅值大而相角小。当 k_1 点故障时，A 母线电压严重下降而线路电流却大大上升，因此，故障时测量阻抗 Z_m 也就与正常时大不相同，其幅值下降而相角却增大。利用这种差别可以构成反应该断路器处测量阻抗 Z_m 变化的保护，称为阻抗保护。当保护安装处测量到的阻抗小于某个给定的阻抗时，输出控制信号；反之，不输出信号。这个给定阻抗称为阻抗保护的整定值即整定阻抗。能测量阻抗大小的元件称为阻抗测量元件。

值得说明的是，由于短路时阻抗保护中所测量到的阻抗的大小 Z_m 与保护安装地点到故障点间的距离 l 成正比，即 $Z_m=Z_1l$，Z_1 为线路每公里的正序阻抗，故阻抗保护又称为距离保护。可见，阻抗测量元件能测量到保护和故障点之间的距离。因此，距离保护能识别故障点的位置是否在人为规定的某个范围内，当故障点在人为规定的某个范围内时，阻抗测量元件有输出；反之，无输出。

4. 方向保护的原理

在图 10-2 中，同一条线路上需要在线路两侧均装断路器并配置保护才能切除该线路上任意处的故障，如 AB 线路应由断路器 2、3QF 两处的保护动作才能切除 AB 线上的故障。在这种双电源的线路上发生故障时，可以找到新的故障特点以构成保护。如对断路器 3QF 而言，当 AB 线上 k_1 点发生故障时，流过断路器 3QF 处的短路电流 $\dot{I}_{k1B}$（或短路功率）方向是从母线 B 流向故障点；而当 k_2 点发生故障时，流过该处的短路电流 $\dot{I}_{k2A}$ 却从线路流向 B 母线。若以母线电压为参考，则两处故障时电流与电压之间的相位完全不同，前一种短路电流与电压之间的相位 φ_{k_1} 在 0°～90°之间，后一种短路电流与电压之间的相位 φ_{k_2} 大于 180°。利用这个相位特点可构成反应功率方向的方向保护。

5. 纵差保护的原理

利用线路内部短路时其两侧电流均为正，而外部短路时两侧电流一侧为正一侧为

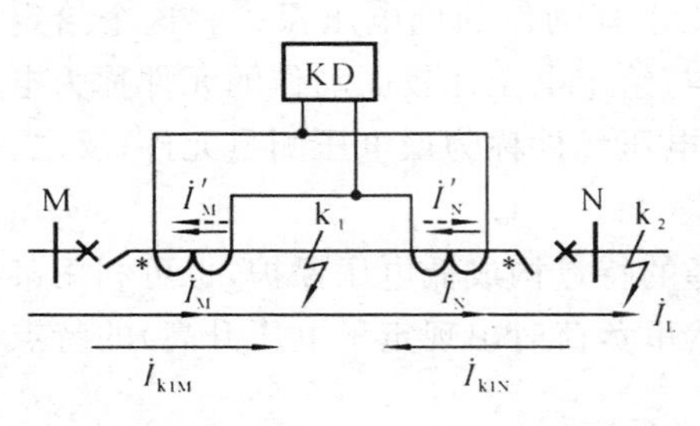

图 10-3 纵差保护的基本原理

负的特点可构成纵差保护。纵差保护是纵联保护的一种。如图 10-3 所示，在输电线两侧用变比相同的电流互感器取出电流信号，电流互感器的极性与连接方式如图所示，且规定当电流互感器的一次电流从 * 端流入时，二次电流从 * 端流出，图中 KD 为差动电流测量元件，简称差动元件或差动继电器。

正常运行时，若线路的潮流 $\dot{I}_L$ 从 M 端送向 N 端，则线路两侧电流 $\dot{I}_M$ 和 $\dot{I}_N$ 为同一电流，$\dot{I}_M$ 从母线流向线路为正，$\dot{I}_N$ 从线路流向母线为负，K_{TA} 为两侧电流互感器的变比，$\dot{I}_{\mu M}$、$\dot{I}_{\mu N}$ 为 M、N 侧电流互感器的励磁电流。如图中实线所示，若流入差动电流元件的电流为 $\dot{I}_r$，则

$$\dot{I}_r=\frac{\dot{I}_M-\dot{I}_{\mu M}}{K_{TA}}-\frac{\dot{I}_N-\dot{I}_{\mu N}}{K_{TA}}=\frac{\dot{I}_{\mu M}-\dot{I}_{\mu N}}{K_{TA}}=\dot{I}_{unb}$$

式中，$\dot{I}_{unb}$ 为正常时流入差动继电器的不平衡电流，其值较小，为正常工作时两侧电流互感器的激磁电流。

当线路 MN 外部短路(如 k_2 点)时，电流互感器一次和二次电流方向与正常运行时相同，故流入差动电流元件 KD 的电流 $\dot{I}_r$ 仍为不平衡电流，但因电流互感器的一次电流为短路电流，比正常运行时要大得多，故流入差动电流元件的不平衡电流也大得多。

当线路 MN 内部短路(如 k_1 点)时，M、N 两侧电流均为正。这时流入差动元件 KD 的电流如图中虚线所示，即

$$\dot{I}_r=\frac{\dot{I}_{k1M}-\dot{I}_{\mu M}}{K_{TA}}+\frac{\dot{I}_{k1N}-\dot{I}_{\mu N}}{K_{TA}}$$

$$\dot{I}_r=\frac{\dot{I}_{k1M}+\dot{I}_{k1N}}{K_{TA}}-\frac{\dot{I}_{\mu M}+\dot{I}_{\mu N}}{K_{TA}}=\frac{\dot{I}_{k1}}{K_{TA}}-\frac{\dot{I}_{\mu M}+\dot{I}_{\mu N}}{K_{TA}}$$

式中，$\dot{I}_{k1}$ 为故障点的总电流 $\dot{I}_{k1M}+\dot{I}_{k1N}$；$\dot{I}_r$ 为 MN 线内部短路时流入差动元件 KD 的电流，是故障点总故障电流的二次值，远远大于正常运行和外部短路时流入差动元件 KD 的不平衡电流。当差动元件 KD 为反应电流过量动作的测量元件时，MN 线内部短路时，KD 会动作向被保护线路两侧送出跳闸信号。而正常运行和外部短路时，KD 不能动作，故纵差保护是一种比较线路两侧电流大小和方向而无延时动作使线路两侧断路器跳闸的全线速动保护。

纵差保护一般用在短线路，发电机、母线和变压器等元件上作为主保护。

6.序分量保护的原理

当电力系统中发生不对称短路时,故障电流和电压中含有负序分量。若为不对称接地故障时,故障电流、电压中还包括零序分量。利用故障时序分量的出现可以构成反应序量动作的保护,如零序电流、电压保护,负序电流、电压保护等。

7.其他保护原理

利用变压器内部短路时使其油箱内绝缘油受热分解产生的大量气体构成反应这些气体多少和气流速度的瓦斯保护。利用线路故障时故障点产生的暂态行波分量的传播方向不同等特点可构成各种行波保护。

总之,如何准确分析电气元件故障时出现的各种特征并抽取这些特征分量是保护构成原理的关键所在,尤其当高压大容量的电气元件不断投入运行后,这个问题对如何构成高性能的保护显得更为重要。

第二节 继电保护装置的构成

一、继电保护装置的构成

继电保护从装置构成的材料与元件看,已由最原始的熔断器发展到了当今的微型计算机保护;从构成原理看,已由过电流原理保护发展到了故障分量行波保护;它已经经历了几代一百多年的发展。但是,不管什么原理、什么材料、元件与工艺做成的保护装置,它们的基本组成部分相同。从所完成的功能看,保护的构成如图10-4所示,有输入、测量、逻辑判断、输出和执行等主要部分。

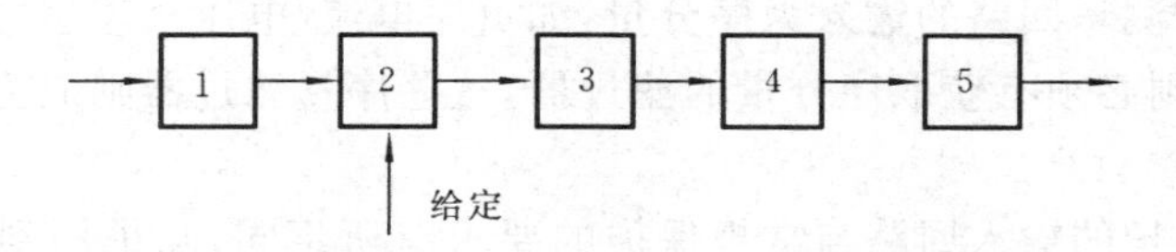

图10-4 继电保护的构成框图

图10-4中,1为输入部分(输入电路),它将保护所需测量的物理量从一次电力系统中取出并进行相关的处理(如电流互感器、电压互感器、电压变换、电流变换、采样保持等一个或几个环节)后送入测量部分;2为测量部分,它对输入的信号进行测量或计算并与保护的整定值进行比较,根据比较结果确定是否启动保护的逻辑部分;3为逻辑部分,它由测量部分启动后根据自身的逻辑结构(如各种门电路、时间元件、比较电路等)进行逻辑判断,确定是否送出启动后一级的命令;4为输出部分,输出通常指开关量的输出,对微机保护而言,输出部分一般包括并行接口的输出口、光电隔离及有接点的继电器元件等,通过它把逻辑判别结果传递给执行部分;5为执行部分,当接到逻辑回

路或输出回路的跳闸或发信号等命令后，执行其命令以完成继电保护所担负的任务。

保护的各组成部分根据保护的类型和所使用的电路、元件等不同而有不同。

二、输入电路

输入电路应将电力系统中的强电量变换成为满足继电保护二次电路需要的各种弱电量。因此，输入回路包括各种互感器、变换器、序滤过器、滤波回路、整流电路、模数变换等部件。

1. 电压互感器和电压变换器

电压互感器(用 TV 表示)的作用是将电力系统的高电压变为保护测量回路允许的电压，如 100 V 或 $100/\sqrt{3}$ V；电压变换器(用 TVM 表示)可将电压互感器输出的电压变换成更低的某些保护所需的电压。

2. 电流互感器和电流变换器

电流互感器(用 TA 表示)的作用是将一次系统中的大电流变换成为保护测量回路允许的小电流，如 5 A、1 A 或 0.5 A；而电流变换器(用 TAM 表示)可将电流互感器输出的电流变换成更小的电流，以适合某些保护测量回路的需要，故又称为中间变流器。当电流变换器带上电阻负载后，它可将输入电流变换成电压，故也可称它为电压形成回路。

3. 电抗变压器

电抗变压器(用 UR 表示)是一个铁芯带气隙的变换器，具有励磁阻抗很小的特征，可用它将电流信号变成电压后送入测量元件。

4. 序量滤过器

当某些保护测量回路的输入为序分量，如负序电流(电压)、零序电流(电压)或序分量的综合值时，则必须有获取序分量的滤过器，这些序量滤过器则成为有些保护的输入部分。

关于微机保护的输入回路与常规保护的要求有所不同，除了用到上述有关的输入部分之外，还需对来自电力系统中的电量进行预处理，如滤波、采样保持、模数转换、数据更新排序和隔离等多个环节后再送入计算机进行相关的软件处理。

三、测量元件

电力系统继电保护从构成元件的材料、结构形式及制造工艺等可分类为：第一类，由电磁型、感应型等原理的元件组成的常规保护，这类保护装置的构成元件一般由有机械转动部件和带电部分等的机电式各类元件(称机电式继电器，如电磁型继电器、感应型继电器等)组成；第二类，由晶体管组成的晶体管继电保护，又称电子式静态保护装置，因此，这类保护的各构成元件为半导体电路；第三类，由集成电路组成的集成电路保护，它是静态保护装置的主要形式，其保护的构成元件由集成电路模块组成；第四类，微型计算机保护，这类保护的构成元件除输入电路、输出回路和执行元件之外，其他构成部分一般由程序软件组成。因此，各种保护的测量元件因保护类型而异，其构成元件有电磁型继电器、感应型继电器、晶体管电路、集成电路元件和软件等各种不同的类型。

1. 电磁型测量元件

(1)电流继电器。电磁型电流继电器的原理结构如图 10-5(a)所示。图中，1 为电磁铁；2 为可动衔铁，其上装有反作用弹簧并将可动接点片固定在可动衔铁上；3 为接点(含动、静接点)；4 为反作用弹簧；5 为用以限制可动衔铁行程的支撑；6 为线圈。

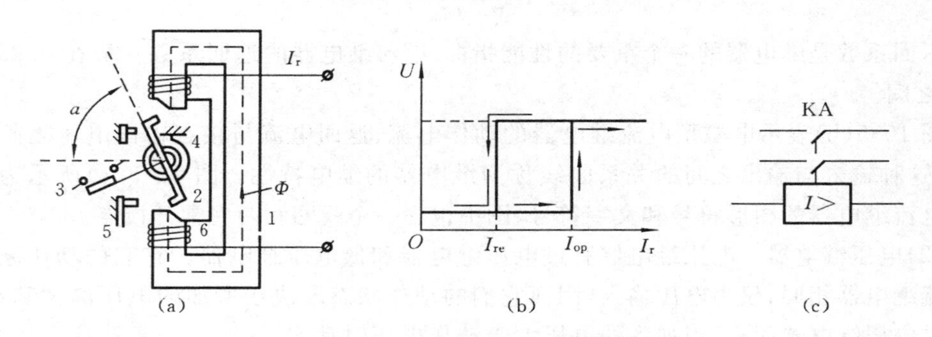

图 10-5　电磁型电流继电器

(a)继电器的原理结构图；(b) 继电器的继电特性；(c) 继电器的图形符号和文字符号

当继电器的线圈输入电流 I_r 时，在铁芯中产生的磁通 Φ 对转动衔铁产生一对转矩，转矩的大小为

$$M=K\frac{W_r^2}{R_M^2}I_r^2$$

式中，K 为比例系数；W_r 为继电器线圈的匝数；R_M 为磁通所经路径的磁阻；I_r 为输入继电器线圈的电流有效值。

设弹簧的反作用力矩为 M_S，衔铁在运动过程中的摩擦力矩为 M_M，当继电器的输入电流增加至一定值后将满足以下关系

$$M\geqslant M_S+M_M$$

将使动、静接点接触(叫继电器接点闭合)，称继电器动作。电流越大，继电器越能动作。能使继电器动作的最小电流称为继电器的动作电流，用 I_{op}表示。从上式可求得动作电流为

$$I_{op}=\frac{R_M}{W_r}\sqrt{\frac{M_S+M_M}{K}}$$

由上式可知，这种电磁型电流继电器的动作电流可以用下面几种办法调节：改变线圈匝数，改变弹簧的反作用力矩，改变磁阻(一般通过改变磁路的气隙改变磁阻)。这里电流继电器的动作电流即为前面所说的测量元件的动作电流，用测量元件的输入电流与其

动作电流进行比较,当输入电流大于动作电流时,测量元件有输出。

当继电器处在动作状态而减少加入继电器的电流时,电磁力矩不断减小以致弹簧的反作用力矩将大于电磁力矩和摩擦力矩的和,即

$$M_S \geqslant M + M_M$$

由上式可以求得一个使继电器接点打开(称继电器返回)的最大电流,这个电流称为继电器的返回电流,用 I_{re}表示。流入继电器的电流越小继电器越容易返回。继电器返回电流与动作电流的比值称为继电器的返回系数,用 I_{re}表示,则有

$$K_{re} = \frac{I_{re}}{I_{op}}$$

返回系数是继电器的一个重要的性能指标,电流继电器的返回系数一般在 0.85～0.99 之间。

图 10-5(b)表示电磁型电流继电器的动作电流、返回电流与接点输出电压之间的关系,这种输入与输出之间的关系曲线称为继电器的继电特性。图 10-5(c)所示为电磁型电流继电器的图形符号和文字符号,图中包含一个线圈和两对常开接点。

(2)电压继电器。电压继电器有过电压继电器和低电压继电器。它们的动作原理与电流继电器相同,仅为电压输入,因而它们的动作状态取决于所加的电压的大和小。对于过电压继电器而言,当加入的电压大于动作电压时动作,这时它的常开接点闭合,常闭接点打开,电压越高越动作,越低越返回,其返回系数仍小于 1。对低电压继电器而言,当加入的电压小于动作电压时动作,常开接点打开,而常闭接点闭合,因电压越低越动作,越高越返回,故其返回系数大于 1。

这种原理还可构成逻辑元件,如时间继电器、中间继电器等。

2. 晶体管测量元件

晶体管测量元件有电流、电压、方向元件等各类。

3. 微机保护中的测量部分

微机保护中的测量是通过程序实现的。如微机电流保护中可通过对来自输入回路电流进行采样保持,然后通过某种算法(如半周积分算法、采样值积算法等)求出采样电流的幅值并不断与定值比较。首先确定是否发生故障,若判断为故障,再进一步与各保护定值进行比较,判别是什么范围故障,当计算电流值大于保护的动作电流时,向该保护的逻辑电路送信号,否则继续采样并计算。

四、逻辑元件

逻辑元件可由各种门电路、时间电路、相位或幅值比较电路、加法器、减法器、积分器及移相电路等中的一个或几个部分组成。其中,门电路有与门、或门、反相器及由这些门电路组成的与非门、或非门、异或门、同或门、否门(禁止门)等;时间电路包括延时动作瞬时返回、瞬时动作延时返回(又称脉冲展宽回路)、瞬时动作定时返回(有短时记

忆和长记忆两种)等各种电路。

五、输出电路与执行元件

如前所述,输出电路主要是微机保护中从微机输出口到执行元件的中间环节,由中间功率放大、光电隔离、有接点继电器等组成。执行元件主要有直接控制断路器跳闸的电磁型中间继电器、信号元件及相关的回路等。

第三节 对继电保护的基本要求

对于动作断路器跳闸的继电保护,在技术上一定要满足有选择性、速动性、灵敏性和可靠性等要求。

一、有选择性

所谓有选择性指电力系统故障时,保护装置仅切除其故障元件,尽可能地缩小停电范围,保证电力系统中的非故障部分继续运行。例如,在图 10-6 中,所有断路器处均装设某种保护。当在 k_1 点短路时,保护有选择性动作应由断路器 5QF 处保护动作使 5QF 跳闸,切除故障元件 BC 线路,保证非故障部分继续运行。

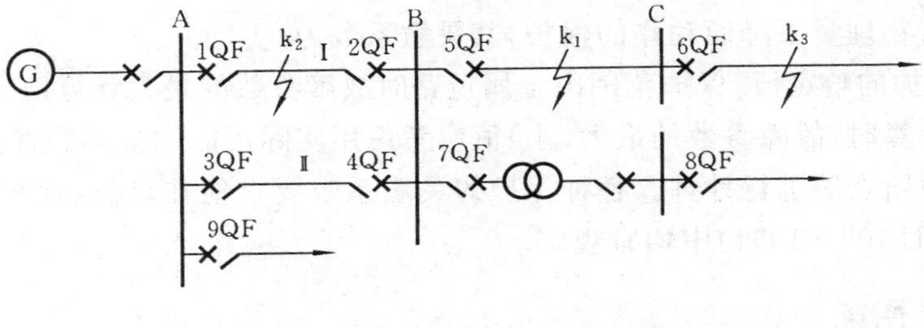

图 10-6 保护有选择性动作示意图

又如,当图中 k_2 点短路时,有选择性应由断路器 1QF 和 2QF 处保护动作跳开 1QF 和 2QF 以切除故障元件 AB 线路Ⅰ,使其他非故障元件继续运行,不影响任何用户供电。当 k_3 点短路时,应由断路器 6QF 处保护动作跳 6QF 切除故障称保护有选择性。但是,这时可能出现 6QF 或 6QF 处保护因自身故障而拒绝动作的情况,因此在断路器 5QF 处的保护应该动作使 5QF 跳闸以切除故障。这种情况下 5QF 处保护的动作行为也称有选择性,使停电范围达到最小。这时称 5QF 处的这种保护是 6QF 处保护的远后备保护,或称为相邻元件的远后备保护。

二、动作迅速

继电保护动作迅速对用户、电气设备和电力系统的稳定运行等带来很大的好处。

对用户来说,快速切除故障可以减少非故障用户元件在低电压下运行的时间,利于电动机自启动,保持用户电气设备的不间断运行。对于系统中的电气设备而言,由于系统发生短路时,短路电流将经过电源至短路点之间的所有电气设备,故障点还可能燃起电弧,短路电流的热效应和力效应及电弧可能严重损坏设备,短路电弧和电流维持时间越长,对这些电气设备的损坏越严重,甚至烧毁。因此,保护动作越快,对通过故障电流的电气设备损坏越小。电力系统中的故障大多数是单相接地故障,若保护动作迅速可以防止单相接地故障发展为相间故障,以及暂时性故障发展为永久性故障,大大有利于电力系统的运行稳定性。此外,短路电流中的非周期分量使保护输入回路中的互感器在一定时间后出现饱和,导致测量元件可能不正确动作。因此,保护快速动作也利于提高自身的可靠性。

三、灵敏度好

灵敏度是指继电保护对其保护范围内故障或不正常运行状态的反应能力。灵敏度好则指保护在系统任何运行方式下对于自己保护范围内任何地方发生的该反应的所有类型的故障均应可靠反应。保护的灵敏度一般用灵敏系数(K_{sen})来衡量。灵敏系数的定义因保护的类型而异。

对于反应物理量上升而动作的保护,其灵敏系数为

K_{sen}=保护范围内金属短路时故障参数的最小计算值/保护的整定值(动作值)

对于反应物理量下降而动作的保护,其灵敏系数为

K_{sen}=保护的整定值/保护范围内金属短路时故障参数的最大计算值

灵敏度计算时,故障参数的最大(小)值应考虑用实际可能的最不利保护运行方式、短路类型和短路点等进行计算。各种保护的灵敏系数要求值在《继电保护和自动装置技术规程》(DL 400—1991)中均有规定。

四、可靠性高

保护的可靠性高是指属于保护范围内的短路故障,保护应动作,对于保护范围外的故障则应不动作。否则,该动作的而不动作称为保护拒动作,不该动作的而动作称为保护误动作。保护拒动或误动都会给用户、电力系统和电气设备带来不应该有的损失。

在满足上述对保护要求的前提下,还应考虑保护装置的经济性。保护装置的经济性除考虑自身装置的成本、投资等因素之外,还有与其他产品不同之点,如应考虑由于过分强求保护自身的经济性而出现不可靠动作等原因对整个电力系统和国民经济带来的经济损失。

总之,对继电保护的这些要求,有选择性应该是首先考虑的因素,但有时也可能出现矛盾,如在有些情况下要求保护满足速动性而失去了有选择性。这时,应根据系统和具体保护对象的实际情况进行处理。

第四节　输电线路的电流保护

电力系统中的输电线路因各种原因可能发生相间和相地短路故障。因此，必须有相应的保护装置来反应这些故障并控制断路器跳闸，以切除故障。

一、线路相间短路的电流保护

根据线路故障对主、后备保护的要求，线路相间短路的电流保护有三种：无时限电流速断保护、带时限电流速断保护、定时限过电流保护。这三种电流保护分别称为相间短路电流保护第Ⅰ段、第Ⅱ段和第Ⅲ段。其中，第Ⅰ、Ⅱ段作为线路主保护，第Ⅲ段作为本线路主保护的近后备保护和相邻线路或元件的远后备保护。第Ⅰ、Ⅱ、Ⅲ段保护统称为线路相间短路的三段式电流保护。

(一)无时限电流速断保护(电流保护第Ⅰ段)

1. 无时限电流速断保护的动作原理与整定计算

无时限电流速断保护的作用是保护在任何情况下只切除本线路上的故障，其原理可用图 10-7 所示的单电源辐射网络来说明。假定图中断路器 1QF、2QF 处均装有无时限电流速断保护，以 AB 线路断路器 1QF 处的无时限电流速断保护为例，则必须首先计算 AB 线路各处三相和两相短路时的短路电流，以确定该保护的动作电流和校验该保护的灵敏度。

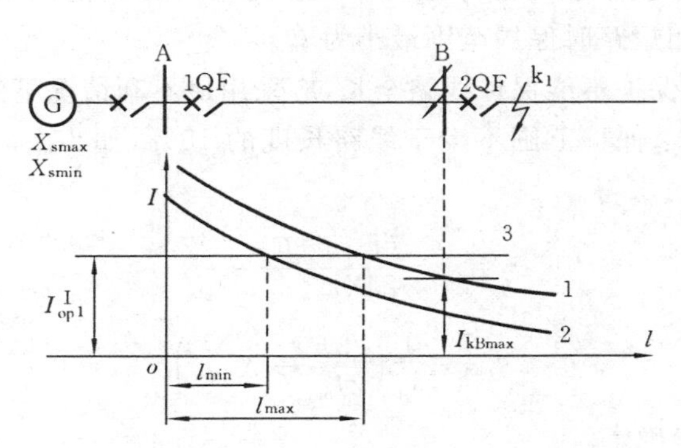

图 10-7　无时限电流速断保护整定计算示意图

若忽略线路的电阻分量，归算至断路器 1QF 处的系统等效电源的相电势为 E_s，等效电源的阻抗最大值为 X_{smax}（对应该等效电源系统最小运行方式），最小值为 X_{smin}（对应该等效电源系统最大运行方式），故障点至保护安装处的距离为 l，设每公里的线路电抗为 x_1，则在线路各点三相和两相短路时的短路电流分别为

$$I_{kmax}^{(3)}=\frac{E_s}{X_{smin}+x_1 l} \qquad (10\text{-}1)$$

$$I_{\mathrm{kmin}}^{(2)}=\frac{E_{\mathrm{s}}}{X_{\mathrm{smax}}+x_1 l}\times\frac{\sqrt{3}}{2}$$

如图 10-7 中的曲线 1 和 2 所示。

若将断路器 1QF 处无时限电流速断保护装置中使测量元件动作的一次电流称为保护的动作电流，用 $I_{\mathrm{op1}}^{\mathrm{I}}$ 表示。断路器 1QF 处的无时限电流速断保护的动作电流 $I_{\mathrm{op1}}^{\mathrm{I}}$ 应整定为

$$I_{\mathrm{op1}}^{\mathrm{I}}=K_{\mathrm{rel}}^{\mathrm{I}}I_{\mathrm{kBmax}} \tag{10-2}$$

式中，$K_{\mathrm{rel}}^{\mathrm{I}}$称为电流保护第Ⅰ段的可靠系数，可取 1.2～1.3，以保证在有各种误差的情况下(如元件整定误差和非周期分量影响等)该保护在区外短路时不动作；I_{kBmax}为母线 B 处短路即被保护线路 AB 末端短路时的最大短路电流。

AB 线路断路器 1QF 处电流保护第Ⅰ段的动作电流可用图 10-7 中的直线 3 表示。

从以上分析，可得到以下结论。

(1)无时限电流速断保护依靠动作电流保证选择性，即被保护线路外部短路时流过该保护的电流总小于其动作电流，不能动作；而只有在内部短路时，才有可能使流过保护的电流大于其动作电流，使保护动作。也就是说，1QF 处电流保护第Ⅰ段的人为延时为 0 s，即电流保护第Ⅰ段的动作时间为 $t_{\mathrm{op1}}^{\mathrm{I}}=0$ s。

(2)无时限电流速断保护的灵敏度可用保护范围即它所保护的线路的长度的百分数来表示。因此，保护在不同运行方式和短路类型时，保护范围(或灵敏度)各不相同。如图 10-7 所示，当系统在最大运行方式下三相短路时保护范围最大为 $l_{\max}$，而系统在最小运行方式下两相短路时保护范围最小为 $l_{\min}$。

(3)无时限电流保护不能保护线路全长，应采用最不利情况下的保护范围来校验保护的灵敏度，一般要求保护范围不少于线路长度的 15%，如 $l_{\min}\geqslant 15\% l_{\mathrm{AB}}$。从图 10-7 可知，$l_{\min}$可由解析法求得。

因为

$$I_{\mathrm{op1}}^{\mathrm{I}}=\frac{\sqrt{3}}{2}\frac{E_{\mathrm{s}}}{X_{\mathrm{smax}}+x_1 l_{\min}}$$

所以

$$l_{\min}=\frac{1}{x_1}\left(\frac{\sqrt{3}E_{\mathrm{s}}}{2I_{\mathrm{op1}}^{\mathrm{I}}}-X_{\mathrm{smax}}\right) \tag{10-3}$$

式中，$I_{\mathrm{op1}}^{\mathrm{I}}$由式(10-2)确定。

2. 无时限电流速断保护的构成

无时限电流速断保护的构成，可用图 10-8 所示的单相原理框图表示。

当保护的输入电流 $I_{\mathrm{r}}=\dfrac{I}{K_{\mathrm{TA}}}$大于其测量元件的动作电流 $I_{\mathrm{opr}}^{\mathrm{I}}=\dfrac{I_{\mathrm{op1}}^{\mathrm{I}}}{K_{\mathrm{TA}}}$(称为保护的二次动作电流)时，测量元件 1 有输出，即在 $I>I_{\mathrm{op1}}^{\mathrm{I}}$时有输出，启动逻辑元件 2。逻辑元件则判断是本保护的保护范围发生短路故障还是其他原因使测量元件误动。当在本保护的保护范围发生故障时逻辑元件有输出，一方面启动信号元件 KS 送出告警信号，提示

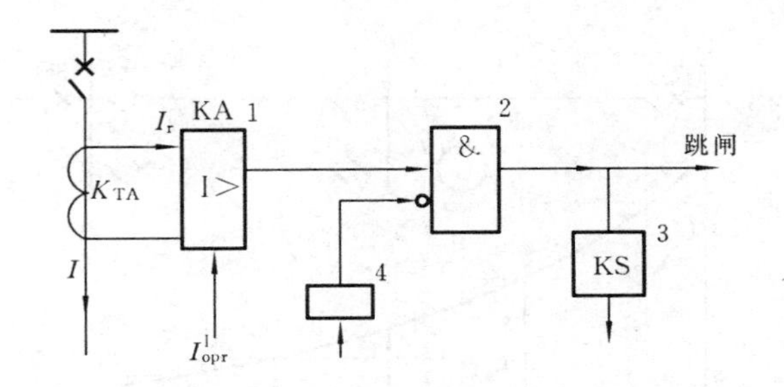

图 10-8 无时限电流速断保护单相原理框图

1—电流测量元件;2—否门;3—信号元件;4—闭锁元件

工作人员断路器 1QF 处无时限电流速断保护动作;另一方面去控制断路器 1QF 跳闸以切除本保护范围内发生的故障。如当雷击使线路避雷器对地放电等原因使电流测量元件动作时,因逻辑元件 2 被闭锁元件 4 闭锁而无输出,无保护动作信号,断路器 1QF 不会跳闸。

当上述无时限电流速断保护灵敏度不满足要求时,即保护范围 $l_{min}<15\%l_{AB}$时,不宜使用,此时可采用无时限电流电压联锁速断保护,以提高电流保护第Ⅰ段的灵敏度。

(二)带时限电流速断保护(电流保护第Ⅱ段)

无时限电流速断保护只能保护线路的一部分,那么该线路剩下部分的短路故障必须依靠另外一种电流保护即带时限电流速断保护来可靠切除。这样线路上的电流保护第Ⅰ段和第Ⅱ段共同构成整个被保护线路的主保护,以尽可能快的速度可靠并有选择性地切除本线路上任一处包括被保护线路末端的相间短路故障。

根据带时限电流速断保护作用,确定其测量元件的动作电流必须遵循以下原则:

(1)在任何情况下,带时限电流速断保护均能保护本线路的全长(包括本线路的末端),为此,保护范围必须延伸至相邻的下一线路,以保证在有各种误差的情况下仍能保护线路的全长;

(2)为了保证在相邻下一线路出口处短路时保护的选择性,本线路的带时限电流速断保护在动作时间和动作电流两个方面均必须和相邻线的无时限电流速断保护配合。

以图 10-9 中断路器 1QF 的带时限电流速断保护的整定为例,说明带时限电流速断保护的动作电流、动作时间的整定计算方法。

设断路器 1QF 处的带时限电流速断保护的动作电流和动作时间分别为 I_{op1}^{II} 和 t_{op1}^{II},则为保证保护范围超过 l_{AB},必须有 $I_{op1}^{\mathrm{II}}<I_{kBmax}$;为保证与相邻线路电流保护第Ⅰ段(即断路器 2QF 处的无时限电流速断保护)配合,必须有 $I_{op1}^{\mathrm{II}}>I_{op2}^{\mathrm{I}}$;为保证在相邻下一线路断路器出口短路时的选择性,即保证相邻下一线路保护出口短路时只由相邻下一线路的无时限电流速断保护动作跳断路器 2QF,则应该使断路器 1QF 处的带时限电流速断保护动作时间比断路器 2QF 处无时限电流速断保护的动作时限大,即 $t_{op1}^{\mathrm{II}}>t_{op2}^{\mathrm{I}}$,以保

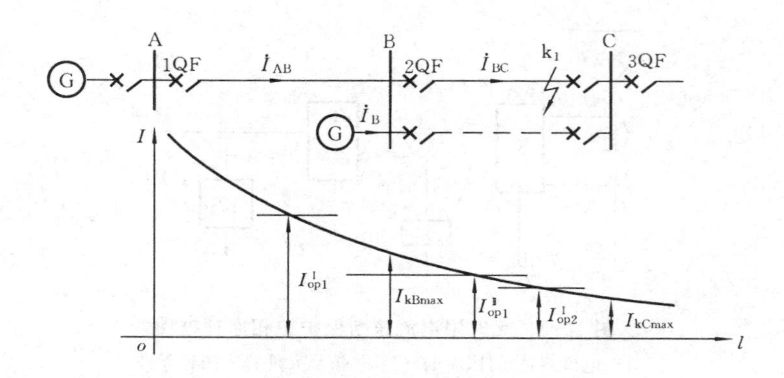

图 10-9 带时限电流速断保护整定计算示意图

证在相邻下一线路的出口处短路时,由断路器 2QF 处的无时限电流速断保护首先动作,使断路器 2QF 跳闸切除故障。这时故障电流消失,而断路器 1QF 处的带时限电流速断保护的测量元件和逻辑元件均会返回且无输出,故不能动作跳断路器 1QF。可见,断路器 1QF 处带时限电流速断保护的动作电流和动作时间应分别整定为

$$\left.\begin{aligned} I_{op1}^{II} &= K_{rel}^{II} I_{op2}^{I} / K_{bmin} \\ t_{op1}^{II} &= t_{op2}^{I} + \Delta t = \Delta t \end{aligned}\right\} \tag{10-4}$$

式中,I_{op2}^{I} 为断路器 2QF 处无时限电流速断保护的动作电流,等于 $K_{rel}^{I} I_{kCmax}$;t_{op1}^{II} 为断路器 1QF 处带时限电流速断保护的动作时间;t_{op2}^{I} 为断路器 2QF 处无时限电流速断保护的动作时间,一般为 0s;K_{rel}^{II} 为电流保护第Ⅱ段的可靠系数,一般取 1.1～1.2;Δt 为时限阶段,它与断路器的动作时间、被保护线路的保护的动作时间误差、相邻保护动作时间误差等因素有关,一般取 0.3～0.6 s,在我国通常取 0.5 s;K_{bmin} 为分支系数最小值。

当电流保护第Ⅱ段的整定值确定后也须校验其灵敏度是否满足技术规程的要求,即要求满足下式

$$K_{sen}^{II} = \frac{I_{kBmin}}{I_{op1}^{II}} \geqslant 1.3 \sim 1.5 \tag{10-5}$$

式中,I_{kBmin} 为在本线末端短路时流过 1QF 处保护的最小短路电流;K_{sen}^{II} 为带时限电流速断保护的灵敏度,其值在技术规程中规定:当线路长度小于 50 km 时,大于等于 1.5,当线路长度在 50～200 km 时,大于等于 1.4,当长度大于 200 km 时,大于等于 1.3。

当该保护灵敏度不满足要求时,动作电流可采用与相邻线路电流保护第Ⅱ段整定值配合,以降低本线路电流保护第Ⅱ段的整定值而提高其灵敏度,整定值为

$$I_{op1}^{II} = \frac{K_{rel}^{II} I_{op2}^{II}}{K_{bmin}} \tag{10-6}$$

动作时间亦与相邻线电流保护第Ⅱ段动作时间配合,即

$$t_{op1}^{II} = t_{op2}^{II} + \Delta t \tag{10-7}$$

可见这种提高灵敏度的办法牺牲了断路器 1QF 处电流保护第Ⅱ段的速动性。

(三)定时限过电流保护(电流保护第Ⅲ段)

定时限过电流保护是作本线路主保护的后备保护即近后备保护，并作相邻下一线路(或元件)的后备保护即远后备保护。因此它的保护范围要求超过相邻线路(或元件)的末端。以图 10-10 中断路器 1QF 处定时限过电流保护为例，其电流保护第Ⅲ段的动作电流 $I_{op1}^{Ⅲ}$ 应按以下条件进行整定。

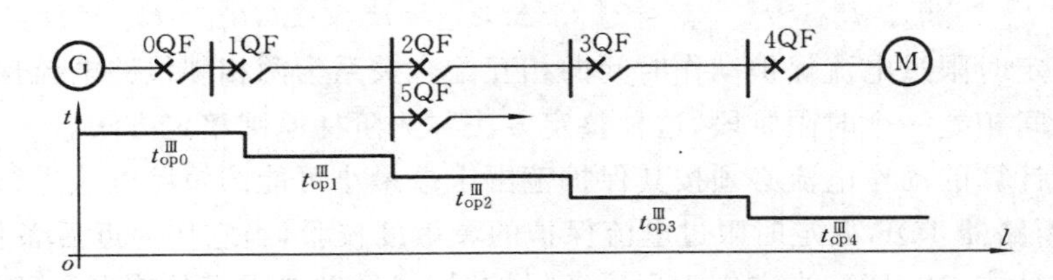

图 10-10　定时限过电流保护动作时间整定示意图

(1)正常运行并伴有电动机自启动而流过最大负荷电流为 $K_{ss}I_{L.max}$ 时，该电流保护不动作，即要求动作电流满足下式

$$I_{op1}^{Ⅲ}>K_{ss}I_{L.max} \tag{10-8}$$

式中，K_{ss} 为电动机的自启动系数，由具体接线、负荷性质、试验数据及运行经验等因素确定，一般 $K_{ss}>1$；$I_{L.max}$ 为正常情况下流过被保护线路可能的最大负荷电流。

(2)外部故障切除后，非故障线路的定时限过流保护在下一母线有电动机启动且流过最大负荷电流时应能可靠返回，即要求满足以下公式

$$I_{re}>K_{ss}I_{L.max}$$

即

$$I_{re}=K_{rel}^{Ⅲ}K_{ss}I_{L.max} \tag{10-9}$$

式中，I_{re} 为电流测量元件的返回电流。

若电流满足式(10-9)则必然满足式(10-8)，故取式(10-9)作为整定电流的计算公式，并将返回系数 $\frac{I_{re}}{I_{op1}^{Ⅲ}}=K_{re}$ 代入式(10-9) 后，经整理得到

$$I_{op1}^{Ⅲ}=\frac{K_{rel}^{Ⅲ}K_{ss}}{K_{re}}I_{L.max} \tag{10-10}$$

式中，$K_{rel}^{Ⅲ}$ 为电流保护第Ⅲ段的可靠系数，一般取 1.15～1.25；K_{re} 为电流测量元件的返回系数，在 0.85～0.99 之间，一般取 0.85。

由于定时限过电流保护的动作值只考虑在最大负荷电流情况下保护不动作和保护能可靠返回，而无时限电流速断保护和带时限电流速断保护的动作电流必须躲过某一个短路电流，因此，电流保护的第Ⅲ段动作电流通常比电流保护第Ⅰ段和第Ⅱ段的动作电流小得多，故其灵敏度比电流保护第Ⅱ、Ⅲ段更高。

在网路中某处发生短路故障时，从故障点至电源之间所有线路上的电流保护第Ⅲ

段的电测量元件均可能动作。为了保证选择性，各线路第Ⅲ段电流保护均需增加延时元件且各线路第Ⅲ段保护的延时必须相互配合。如在图 10-10 中，断路器 1QF 处第Ⅲ段电流保护的动作时间 t_{op1}^{III} 应与相邻线路断路器 2QF 所在线段的第Ⅲ段电流保护动作时间 t_{op2}^{III} 配合，断路器 2QF 所在线路的第Ⅲ段保护的动作时间 t_{op2}^{III} 应与断路器 3QF 所在线路第Ⅲ段保护的动作时间 t_{op3}^{III} 配合，以此类推。各线路第Ⅲ段保护的动作时间之间应有如下关系

$$t_{op1}^{\mathrm{III}} > t_{op2}^{\mathrm{III}} > t_{op3}^{\mathrm{III}} > t_{op4}^{\mathrm{III}}, t_{op3}^{\mathrm{III}} = t_{op4}^{\mathrm{III}} + \Delta t, t_{op2}^{\mathrm{III}} = t_{op3}^{\mathrm{III}} + \Delta t, t_{op1}^{\mathrm{III}} = t_{op2}^{\mathrm{III}} + \Delta t \tag{10-11}$$

各线路定时限过电流保护动作时间的相互配合关系为两相邻线路电流保护第Ⅲ段动作时间之间相差一个时限阶段，这种整定方法称为阶梯原则整定方法。

对于所计算的动作电流必须按其保护范围末端最小可能的短路电流进行灵敏度校验。例如，断路器 1QF 处定时限过电流保护的灵敏度校验，当它作为近后备保护时，灵敏度要求满足式(10-12)；当它作为远后备保护时，灵敏度要求满足式(10-13)。

$$K_{sen1}^{\mathrm{III}} = \frac{I_{kBmin}}{I_{op1}^{\mathrm{III}}} \geqslant 1.3 \tag{10-12}$$

$$K_{sen1}^{\mathrm{III}} = \frac{I_{kCmin}}{I_{op1}^{\mathrm{III}}} \geqslant 1.2 \tag{10-13}$$

式中，I_{kBmin} 为被保护线路末端短路时流过该保护处的最小短路电流；I_{kCmin} 为相邻线路末端短路时流过该保护处的最小短路电流。

当灵敏度不满足要求时，可采用低电压启动的过电流保护。

(四)电流保护的接线方式

所谓电流保护的接线是指电流互感器和电流测量元件间的连接方式。为反应相间短路，电流保护要求至少在两相线路上应装有电流互感器和电流测量元件，如图 10-11 所示。图 10-11(a)所示为完全星形接线，用于大接地电流系统；图 10-11(b)所示为不完全星形接线，用于小接地电流系统。

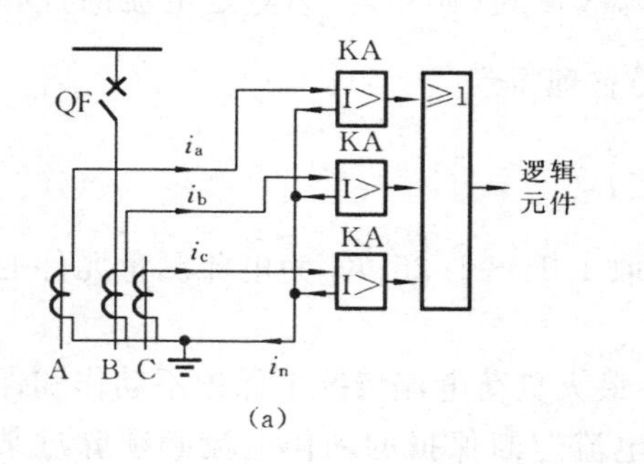

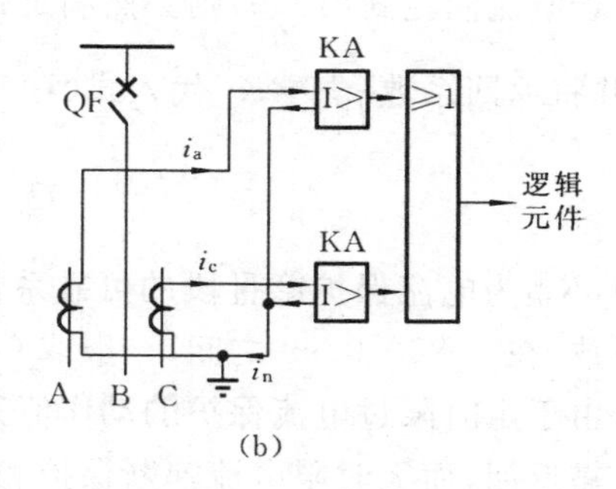

图 10-11 电流保护的接线方式

(a)完全星形接线；(b)不完全星形接线

从上述图中的两种接线方式可知，两种接线方式均能反应所有的相间短路，且进入电流测量元件电流与电流互感器的二次电流之比为1，即保护的接线系数 K_{con} 均等于1。但是在以下几方面两种接线方式的电流保护表现出不同的特点：两种接线的投资不同；在大接地电流系统中，完全星形接线能反应所有单相接地故障，不完全星形接线不能反应B相接地故障；在小接地电流系统中，当在不同线路上发生两点接地时，一般情况下只要求切除一个接地点，而允许带一个接地点继续运行一段时间。

（五）三段式电流保护的原理图及延时特性

1. 三段式电流保护的功能框图

反应三段式电流保护构成的三相功能框图如图10-12所示。图中，1、4、7分别为A、B、C三相电流保护第Ⅰ段的测量元件；2、5、8分别为A、B、C三相电流保护第Ⅱ段的测量元件；3、6、9分别为A、B、C三相电流保护第Ⅲ段的测量元件；11、12分别为电流第Ⅱ、Ⅲ段电流保护的逻辑延时元件2KT、3KT；13、14、15分别为电流保护第Ⅰ、Ⅱ、Ⅲ段的报警用信号元件1KS、2KS、3KS；16为出口跳闸继电器KCO。

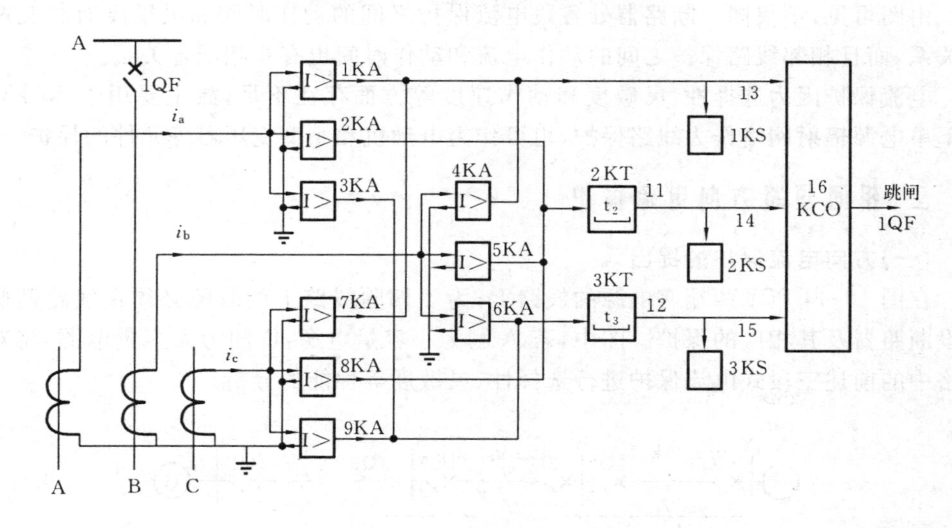

图10-12 三段式电流保护的功能框图

2. 延时特性

如图10-13所示，当网络中 k_1 点（在该处电流保护的Ⅰ段保护范围内）发生A、B两相短路时，这时测量元件1、2、3、4、5、6均动作，其中测量元件1、4直接启动出口跳闸的继电器KCO和信号元件1KS，并跳开断路器1QF，使故障切除。发生故障时，虽然测量元件2、5启动延时元件2KT，测量元件3、6启动延时元件3KT，但因故障切除后，故障电流已消失，所有测量元件、延时元件2KT、3KT和出口跳闸继电器KCO均将返回。电流保护第Ⅱ、Ⅲ段不会送出跳闸信号。

同一路断路器处电流保护第Ⅰ、Ⅱ和Ⅲ段的动作时间与其保护范围之间的关系称为三段电流保护的延时特性，这种特性如图 10-13 所示。图中，t_{op1}^{I}、t_{op1}^{II}、t_{op1}^{III} 分别为断路器 1QF 处第Ⅰ、Ⅱ和Ⅲ段电流保护的动作时间，l_1^{I}、l_1^{II}、l_1^{III} 分别为在一定运行方式下该处电流保护第Ⅰ、Ⅱ和Ⅲ段电流的保护范围。

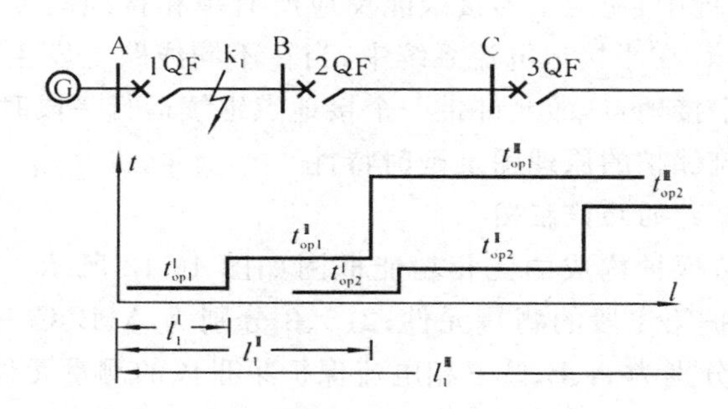

图 10-13　三段式电流保护的网络及延时特性

由图可见，不仅同一断路器处各段电流保护之间的动作时间和灵敏度有相互配合的关系，而且相邻线路保护之间的动作电流和动作时间也有互相配合关系。

电流保护因为选择性、灵敏度和动作速度等方面存在不足，故主要用于 35 kV 及以下单电源辐射网络作为线路保护，也可作为电动机和小型变压器等元件的保护。

二、相间短路方向电流保护

(一)方向电流保护的提出

在图 10-14 所示两端有电源的线路上，为了切除线路上的故障必须在线路两侧均装设断路器及其相应的保护。图中，若 A 侧为小容量电源，D 侧为大容量电源，将对该网络中的前述三段式电流保护进行选择性、灵敏度等性能的分析。

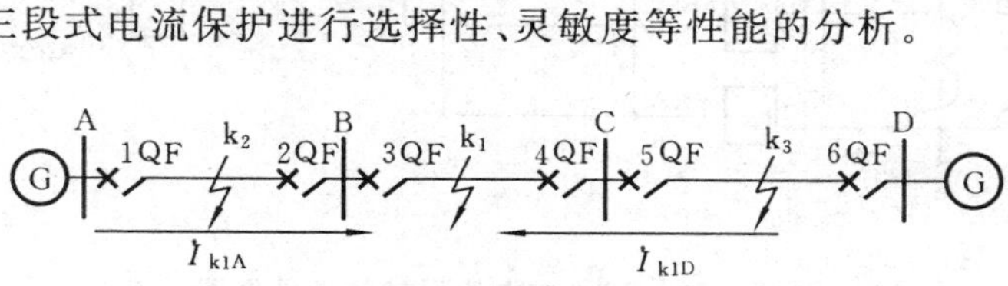

图 10-14　双电源网络中三段式电流保护的选择性

在图 10-14 中，对于断路器 2QF 和 3QF 处的电流保护第Ⅲ段的动作时间整定来说，当 k_1 点短路时，按满足选择性要求应 $t_{op2}^{III}>t_{op3}^{III}$，而 k_2 点短路时，按满足选择性要求 $t_{op3}^{III}>t_{op2}^{III}$，这种矛盾的要求对时间元件来说无法实现。

为了解决上述矛盾，若考虑在每个断路器的电流保护中增加一个功率方向测量元件，该功率方向测量元件在短路功率从母线流向线路(为正)时动作，而线路流向母线(为负)时不动作。当 k_3 点短路时，仅断路器 1QF、3QF、5QF、6QF 处的电流保护流过的短路功率方向为正，其功率方向测量元件将动作；当 k_2 点短路时，只有断路器 1QF、2QF、4QF、6QF 处电流保护流过的短路功率方向为正，其功率方向测量元件动作。那么，对电流保护第Ⅰ段(如断路器 3QF 处的电流保护第Ⅰ段)来说，因反方向短路时功率方向测量元件不动作，其整定值就只需躲过正方向线路末端(即 C 母线)短路电流最大值而不必躲过反方向短路(B 母线短路)的最大短路电流整定，因而提高了灵敏度。对于断路器 2QF、3QF 处的电流保护的第Ⅲ段在整定时间上已不再存在配合关系，而仅需功率方向相同的断路器 1QF、3QF、5QF 处的电流保护第Ⅲ段的动作时间之间配合，断路器 2QF、4QF、6QF 处电流保护第Ⅲ段的动作时间之间配合，按阶梯原则应满足 $t_{op1}^{Ⅲ}>t_{op3}^{Ⅲ}>t_{op5}^{Ⅲ}$，$t_{op6}^{Ⅲ}>t_{op4}^{Ⅲ}>t_{op2}^{Ⅲ}$。

这种增加了功率方向测量元件(它和电流测量元件均动作后才启动逻辑元件)的电流保护即为方向电流保护。在双电源网络或其他复杂网络中，可以采用带方向的三段式电流保护(称三段式方向电流保护)以满足各种保护性能的要求。

(二)方向电流保护的构成

三段式方向电流保护的构成，可用图 10-15 所示的单相原理框图来说明。图中，1、2、3 为方向电流保护Ⅰ、Ⅱ、Ⅲ段的电流测量元件；4 为功率方向测量元件，在保护线路正方向短路时动作，即短路功率为正时动作；5、6、7 为与门逻辑元件；8、9 为方向电流保护第Ⅱ、Ⅲ段的延时逻辑元件；10、11、12 分别为方向电流保护第Ⅰ、Ⅱ、Ⅲ段的信号元件；13 为或门；14 为出口跳闸继电器。

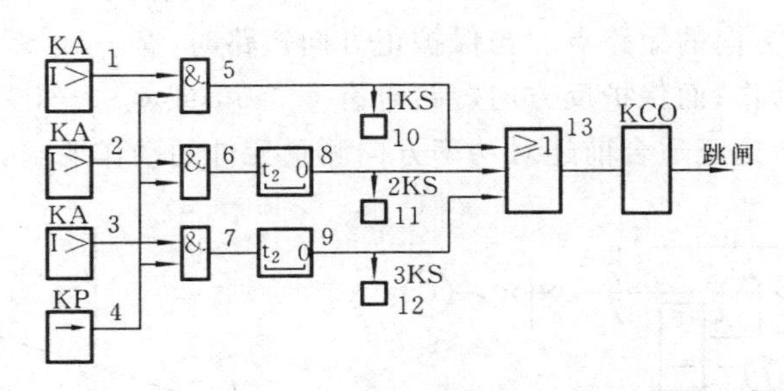

图 10-15　三段式方向电流保护单相原理框图

为简化保护接线和提高保护的可靠性，电流保护每相的第Ⅰ、Ⅱ、Ⅲ段可共用一个方向元件。实际上各开关处电流保护并非一定装设方向元件，而仅在用动作电流、动作时间不满足选择性时才加方向元件。例如，同一变电站内，电流保护第Ⅲ段的动作时间较小而可能失去选择性时加方向元件，动作时间相同可能失去选择性时加方向元件。

(三)功率方向元件

从三段式方向电流保护的单相原理框图(见图 10-15)可知，方向电流保护与无方向电流保护的差别仅多了一个功率方向元件。因此，下面只讨论功率方向元件的构成原理、接线方式和动作特性等。

1. 功率方向元件的构成原理

功率方向元件是利用在保护正、反方向短路时，保护安装处母线电压和流过保护的电流之间的相位变化构成的。图 10-16(a)所示，功率方向测量元件加入保护安装处母线电压 $\dot{U}_r$ 和保护所在线路的电流 $\dot{I}_r$。若以母线电压 $\dot{U}_r$ 为参考值，在保护正方向 k_1 点短路时，进入功率方向元件的电流 $\dot{I}_r$ 正向为 $\dot{I}_{k1}$，则加入功率方向测量元件的两矢量间的相位角为 $\varphi_r=\varphi_{k1}$，一般在 0°～90°之间，令其为 70°；而反方向 k_2 点短路时，进入继电器的电流 $\dot{I}'_r$ 反向为 $\dot{I}_{k2}$，这时 $\dot{U}_r$ 和 $\dot{I}_r$ 间相位角为 $\varphi_r=\varphi_{k2}=180°+\varphi_{k1}$。分析得知，在保护正方向短路时，$-90°\leqslant\varphi_r\leqslant90°$，保护反方向短路时 $\varphi_r>90°$ 或 $\varphi_r<-90°$。若在 $-90°\leqslant\varphi_r\leqslant90°$ 时，使保护的功率方向测量元件动作，而 $\varphi_r>90°$ 或 $\varphi_r<-90°$ 时，不让功率方向测量元件动作，则功率方向测量元件可以通过判别角度 φ_r 的大小而正确区分保护正、反方向的短路点。

若令 $K_1\dot{U}_r+K_2\dot{I}_r=\dot{A}$，$K_1\dot{U}_r-K_2\dot{I}_r=\dot{B}$，$K_1$ 为常量，K_2 为复常量(称模拟阻抗)且角度小于 90°而大于 0°，此处设为 70°。因此，A 和 B 之间的大小关系与加入功率方向元件的电流 $\dot{I}_r$、电压 $\dot{U}_r$ 之间的角度 φ_r 有关。如图 10-16(b)所示，当 $-90°\leqslant\varphi_r\leqslant90°$ 时，一定满足 $A\geqslant B$，当 $\varphi_r>90°$ 或 $\varphi_r<-90°$ 时，一定有 $A<B$。若功率方向测量元件反应 $A\geqslant B$ 时动作，而 $A<B$ 时不动作，则比较 A、B 大小动作的功率方向测量元件亦可正确区分保护正、反方向的短路点。当保护正方向短路时，有 $-90°\leqslant\varphi_r\leqslant90°$ 和 $A\geqslant B$，功率方向测量元件动作；而保护反方向短路时有 $\varphi_r>90°$ 或 $\varphi_r<-90°$ 和 $A<B$，功率方向测量元件不动作。这正适合前述对功率方向测量元件的动作要求。

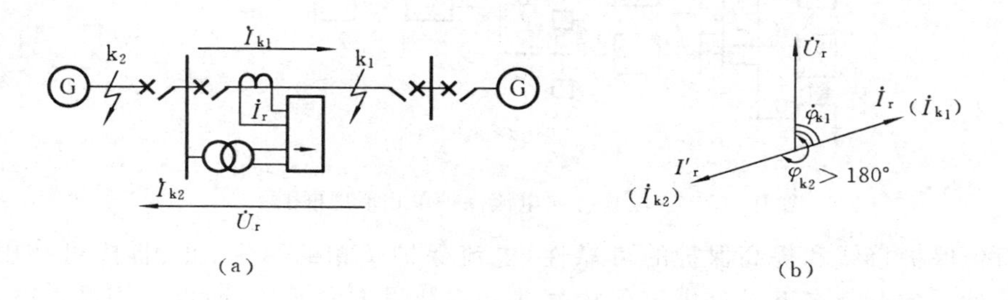

图 10-16 功率方向测量元件

(a)功率方向元件原理示意图；(b)电流和电压的相位图

从上述分析知，不仅比较 A、B 大小可以正确区分短路点的方向，且直接比较两个电量 $\dot{U}_r$ 和 $\dot{I}_r$ 的相位也可正确区分短路点的方向。

2. 功率方向元件的接线方式

功率方向元件的接线方式主要要求相间短路时它有良好的方向性和有很高的灵

敏度，故相间短路的功率方向元件一般采用90°接线方式。所谓90°接线方式是指在三相对称且功率因数为1的情况下，接入功率方向元件的电流超前所加电压90°的接线，如图10-17所示，若接入功率方向测量元件的电流为 $\dot{I}_a$，则加入该功率方向测量元件的电压应为 $\dot{U}_{bc}$。

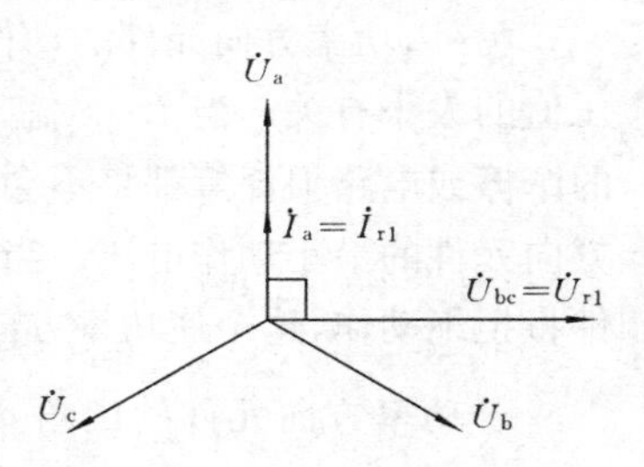

图10-17　相间短路功率方向元件的90°接线

方向电流保护中，对三个相功率方向元件所加电流、电压如表10-1所示。

表10-1　功率方向元件的90°接线

继　电　器	$\dot{I}_r$	$\dot{U}_r$
1	$\dot{I}_a$	$\dot{U}_{bc}$
2	$\dot{I}_b$	$\dot{U}_{ca}$
3	$\dot{I}_c$	$\dot{U}_{ab}$

3.功率方向元件的特性

可以推得功率方向元件的动作方程为

$$-90°-\alpha\leqslant\arg\frac{\dot{U}_r}{\dot{I}_r}\leqslant 90°-\alpha \tag{10-14}$$

式(10-14)的关系用图形表示，即为某功率方向元件的动作区域，如图10-18(a)所示阴影区。在图10-18(a)中，若 $\dot{U}_r$ 反时针旋转 α 角后与 $\dot{I}_r$ 同相，这时功率方向元件处于最灵敏状态，称 α 为功率方向元件的内角，且将其此时所加电压 $\dot{U}_r$ 和电流 $\dot{I}_r$ 之间的 φ_r 角称为功率方向元件的最大灵敏角，用 φ_{sen} 表示。分析可知，最灵敏角、内角和线路阻抗角之间应有关系 $\alpha=-\varphi_{sen}=(90°-\varphi_k)$。

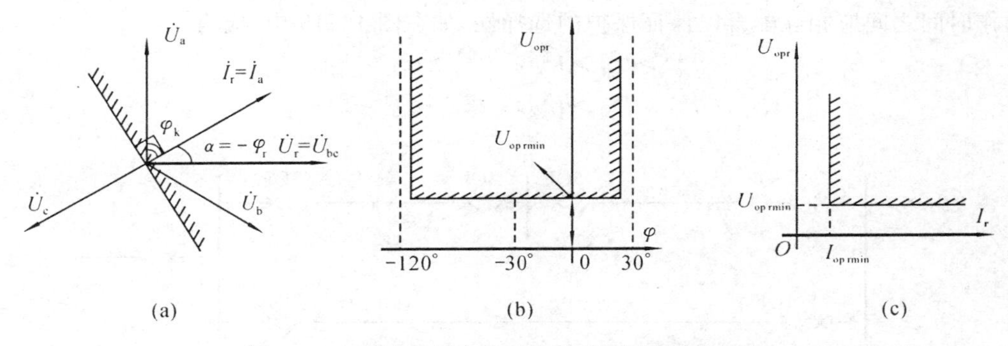

图10-18　某功率示方向元件的动作区和动作特性

(a) 动作区；(b) 角度特性；(c)伏安特性

另外,功率方向元件的动作不仅与所加的电流、电压间的角度大小有关,还与电流、电压值的大小有关。当 $I_r < I_{oprmin}$ 或 $U_r < U_{oprmin}$ 时,实际上功率方向元件因内部机械运动中的摩擦或电路损耗等都将不会动作。I_{oprmin} 为功率方向元件的最小动作电流,U_{oprmin} 为功率方向元件的最小动作电压。当功率方向元件所加电压小于其最小动作电压时功率方向元件将拒绝动作,这个使功率方向元件拒绝动作的区域称为功率方向元件的死区。

若功率方向元件的内角 $\alpha=30°$,$\dot{I}_r$ 一定时,功率方向元件的动作电压与 φ_r 的关系即 $U_{opr}=f(\varphi_r)$ 的函数关系称为功率方向元件的角度特性,如图 10-18(b)所示。当 $\varphi_r=-\alpha$ 时,$U_{opr}=f(I_r)$ 的函数关系称为功率方向元件的伏安特性,如图 10-18(c)所示。两图中所示阴影区,均为功率方向元件的动作区。

(四)三段式方向电流保护的特点

三段式方向电流保护在作用原理、整定计算原则等方面与无方向三段式电流保护基本相同。但方向电流保护用于双电源网络和单电源环行网络时,在构成、整定、相互配合等问题上还有以下特点。

(1)在保护构成中应增加功率方向测量元件,并与电流测量元件共同判别是否在所保护线路的正方向发生故障。

(2)方向电流保护第Ⅰ段,即无时限方向电流速断保护的动作电流整定可以不必躲过反方向外部最大短路电流。

(3)第Ⅲ段电流保护动作电流除按式(10-10)计算外,还应考虑躲过反方向不对称短路时,流过非故障相的电流 I_{unf},即

$$I_{op}^{Ⅲ}=K_{rel}^{Ⅲ}I_{unf},\quad K_{rel}^{Ⅲ}=1.15\sim1.3$$

式中,$\dot{I}_{unf}=\dot{I}_L+\dot{I}_0$ 为非故障线路非故障相的负荷电流;I_0 为非故障线路非故障相的零序电流。这样可防止因反方向单相接地故障时非故障线功率方向元件误动而造成保护误动。

(4)在环网和双电源网中,功率方向可能相同的电流保护第Ⅲ段的动作电流之间和动作时间之间应相互配合以保证保护的选择性,如在图 10-19 中,应有

$$I_{op6}^{Ⅲ}>I_{op4}^{Ⅲ}>I_{op2}^{Ⅲ},\quad t_{op6}^{Ⅲ}>t_{op4}^{Ⅲ}>t_{op2}^{Ⅲ}$$

$$I_{op1}^{Ⅲ}>I_{op3}^{Ⅲ}>I_{op5}^{Ⅲ},\quad t_{op1}^{Ⅲ}>t_{op3}^{Ⅲ}>t_{op5}^{Ⅲ}$$

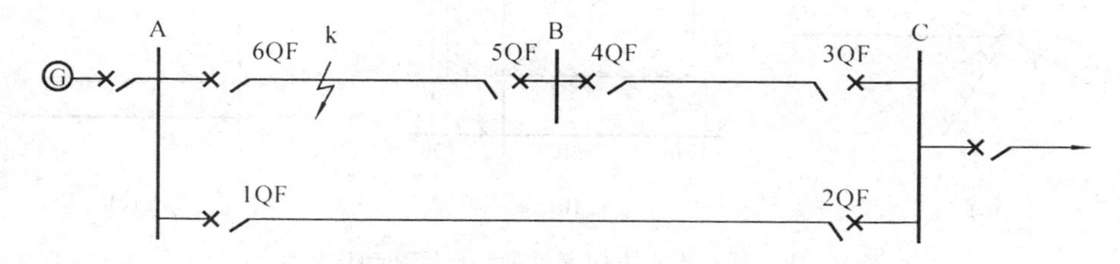

图 10-19　环形网中保护动作值的配合

(5)环网中方向电流保护第Ⅱ、Ⅲ段的灵敏度校验可能出现不满足要求的情况时可用相继动作校验保护的灵敏度。

(6)方向电流保护应采用按相启动接线。为了保证方向电流保护不会因为反方向不对称短路时非故障相电流测量元件动作和功率方向元件误动而造成的保护误跳闸，方向电流保护必须采用按相启动接线。

(7)方向电流保护主要用于 35 kV 及以下的双电源和单电源环网中，作相间短路保护。

三、相间短路电流保护整定计算举例

例 10-1 如图 10-20 所示电网中，每条线路的断路器处均装三段式相间方向电流保护。试求 AB 线路断路器 1QF 处电流保护第Ⅰ、Ⅱ段的动作电流、动作时间和灵敏度。图中，电源电势为 115 kV，A 处电源的最大、最小等值阻抗分别为 $X_{sAmax}=20\ \Omega$、$X_{sAmin}=15\ \Omega$，B 处电源的最大、最小阻抗分别为 $X_{sBmax}=25\ \Omega$、$X_{sBmin}=20\ \Omega$，各线路的阻抗分别为 $X_{AB}=40\ \Omega$，$X_{BC}=26\ \Omega$，$X_{BD}=24\ \Omega$，$X_{DE}=20\ \Omega$，电流保护第Ⅰ、Ⅱ段的可靠系数分别为 $K_{rel}^{\mathrm{I}}=1.3$，$K_{rel}^{\mathrm{II}}=1.15$。

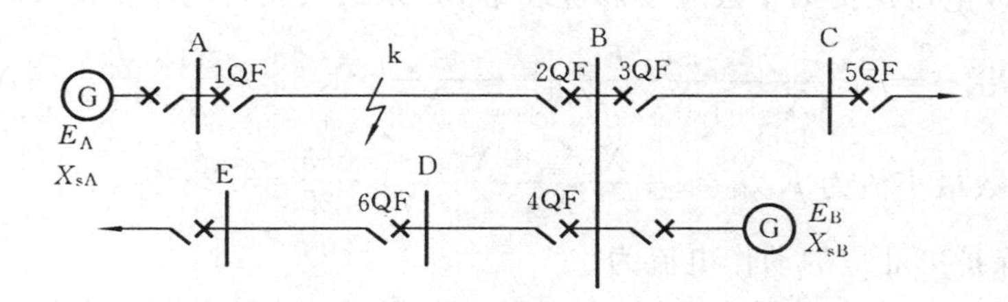

图 10-20 例 10-1 电网一次系统接线

解 (1)断路器 1QF 处电流保护第Ⅰ段的整定计算。

按断路器 1QF 处电流保护第Ⅰ段的动作电流应躲过本线路 AB 末端的最大短路电流 $I_{kBmax}^{(3)}$，即

$$I_{op1}^{\mathrm{I}}=K_{rel}^{\mathrm{I}}I_{kBmax}^{(3)}$$

而

$$I_{kBmax}^{(3)}=\frac{E_s}{X_{sAmin}+X_{AB}}=\frac{115/\sqrt{3}}{15+40}\ \text{kA}=1.21\ \text{kA}$$

故

$$I_{op1}^{\mathrm{I}}=K_{rel}^{\mathrm{I}}I_{kBmax}^{(3)}=1.3\times1.21\ \text{kA}=1.57\ \text{kA}$$

$$x_1 l_{min}=\left(\frac{\sqrt{3}E_S}{2I_{op1}^{\mathrm{I}}}-X_{sAmax}\right)=\left(\frac{115}{2\times1.57}-20\right)\ \Omega=16.62\ \Omega$$

$\frac{x_1 l_{min}}{x_1 l_{AB}}=\frac{16.62}{40}\times100\%=41.6\%>15\%$，满足灵敏度的要求。

该处电流保护第Ⅰ段的动作时间为 $t_{op1}^{\mathrm{I}}=0\ \text{s}$。

当电流保护第Ⅰ段的动作电流躲过最大振荡电流时应按下式计算

$$I_{op1}^{I}=K_{rel}^{I}I_{osmax}$$

其中最大振荡电流为

$$I_{osmax}=\frac{2E_s}{X_{sAmin}+X_{AB}+X_{sBmin}}=\frac{2\times 115/\sqrt{3}}{15+40+20}\ kA=1.77\ kA$$

故

$$I_{op1}^{I}=K_{rel}^{I}I_{osmax}=2.3\ kA$$

而这时电流保护第Ⅰ段的灵敏度校验为

$$x_1 l_{min}=\left(\frac{\sqrt{3}E_s}{2I_{op1}^{I}}-X_{sAmax}\right)=\left(\frac{115}{2\times 1.77}-20\right)\ \Omega=5\ \Omega$$

$\frac{x_1 l_{min}}{x_1 l_{AB}}=12.5\%<15\%$,不满足灵敏度的要求,应考虑采用无时限电流电压联锁速断保护。

(2)断路器1QF处电流保护第Ⅱ段的整定计算。

断路器1QF处电流保护第Ⅱ段的动作电流应与相邻线BD电流保护第Ⅰ段配合,即

$$I_{op1}^{II}=K_{rel}^{II}I_{op4}^{I}/K_{bmin}$$

而相邻线BD电流保护第Ⅰ段应按躲过线路BD末最大短路电流整定,即

$$I_{op4}^{I}=K_{rel}^{I}I_{kDmax}^{(3)}=K_{rel}\frac{E_s}{(X_{smin}+X_{AB})/\!/X_{sBmin}+X_{BD}}=1.3\times\frac{115/\sqrt{3}}{55/\!/20+24}\ kA=2.23\ kA$$

分支系数最小值为 $K_{bmin}=1+\frac{X_{sAmin}+X_{AB}}{X_{sBmax}}=1+\frac{55}{25}=3.2$

所以,电流保护第Ⅱ段的动作电流为

$$I_{op1}^{II}=K_{rel}^{II}I_{op4}^{I}/K_{bmin}=1.15\times 2.23/3.2\ kA=0.8\ kA$$

因为有 $I_{kBmin}^{(2)}=\frac{\sqrt{3}}{2}\times\frac{E_s}{X_{sAmax}+X_{AB}}=0.96\ kA$

所以,电流保护第Ⅱ段的灵敏度为

$K_{sen}^{II}=\frac{I_{kBmin}^{(2)}}{I_{op1}^{II}}=\frac{0.96}{0.8}=1.2<1.4$,不满足灵敏度的要求。

考虑电流保护第Ⅱ段应与相邻线路电流保护第Ⅱ段配合,即

$$I_{op1}^{II}=K_{rel}^{II}I_{op4}^{II}/K_{bmin}$$

$$I_{op4}^{II}=K_{rel}^{II}I_{op6}^{I}/K_{bmin}=K_{rel}^{II}K_{rel}^{I}I_{kEmax}=1.15\times 1.3\times\frac{115/\sqrt{3}}{(15+40)/\!/20+44}\ kA=1.69\ kA$$

式中,相邻线路断路器4QF电流保护的分支系数最小值 $K_{bmin}=1$,故电流保护第Ⅱ段的动作电流为

$$I_{op1}^{II}=K_{rel}^{II}I_{op4}^{II}/K_{bmin}=\frac{1.15\times 1.69}{3.2}\ kA=0.61\ kA$$

电流保护第Ⅱ段的灵敏度为

$K_{sen}^{Ⅱ}=\frac{I_{kBmin}^{(2)}}{I_{op1}^{Ⅱ}}=\frac{0.96}{0.61}=1.58>1.4$，满足灵敏度的要求。

这时，断路器1QF处电流保护第Ⅱ段的动作时间应与断路器4QF处电流保护第Ⅱ段的动作时间配合，即

$$t_{op1}^{Ⅱ}=t_{op4}^{Ⅱ}+\Delta t=1\ s$$

四、接地短路的电流保护

接地短路是电力系统中架空线路上出现最多的一类故障，尤其是单相接地故障可能占所有故障中的90%左右。对于大接地电流系统中的单相接地短路，用完全星形接线的相间电流保护可以反应但可能不满足灵敏度要求，因此必须装专门的接地短路保护。反应接地短路的保护主要有反应零序电流、零序电压和零序功率方向的电流保护，接地距离保护及纵联保护等。下面将介绍零序电流、电压和功率方向保护。

(一)大接地电流系统中的多段式零序电流保护

1. 大接地电流系统接地故障的特征

图10-21所示为大接地电流系统及当k点发生单相故障时的网络接线和零序网络。

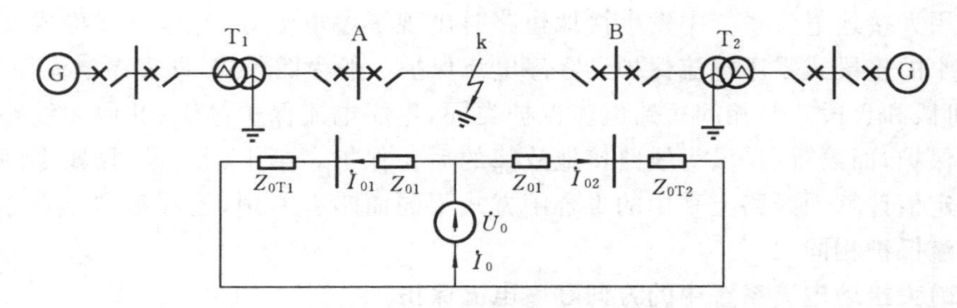

图10-21　大接地电流系统中的单相接地短路

图中，Z_{0T1}和Z_{0T2}分别为变压器T_1和T_2的零序阻抗，Z_{01}和Z_{02}分别为线路Ak和Bk段的零序阻抗。若故障点的零序电流为$\dot{I}_0$，通过T_1和T_2的零序电流则分流为$\dot{I}_{01}$和$\dot{I}_{02}$，若其假定正方向从母线流向线路故障点，设$\dot{U}_A$、$\dot{U}_B$、$\dot{U}_C$为故障点处三相对地电压，$\dot{U}_0$为故障点处的零序电压，则故障点零序电压的大小为

$$\dot{U}_0=\frac{1}{3}(\dot{U}_A+\dot{U}_B+\dot{U}_C)=Z_{0\Sigma}\dot{I}_0$$

而A、B两母线处的零序电压分别为

$$\left.\begin{aligned}\dot{U}_{A0}&=-\dot{I}_{01}Z_{0T1}\\\dot{U}_{B0}&=-\dot{I}_{02}Z_{0T2}\end{aligned}\right\}\qquad(10\text{-}15)$$

可见,变压器 T_1 和 T_2 中性点的零序电压最低为 0,而故障点 k 的零序电压最高为 U_0。因此,中性点直接接地系统发生接地短路时,有以下特征:

(1)系统中出现零序电流且零序电流的分布与接地点的位置和数目相关,如图 10-21中,若 T_2 中性点不接地,则 $\dot{I}_{02}=0,\dot{I}_{01}=\dot{I}_0$;

(2)系统中出现零序电压,且故障点零序电压 U_0 最高,而变压器中性点的零序电压为 0,保护安装处母线 A、B 的零序电压取决于变压器零序阻抗的大小,如式(10-15)所示;

(3)零序功率 $S_0=U_0I_0$。故障点的零序功率最大,零序功率方向在故障线上是由线路指向母线;

(4)在故障线路上,零序电压和零序电流间的相差角 φ_0,亦取决于线路和变压器的零序阻抗角 φ_{k0},$-\varphi_0=180°-\varphi_{k0}$,若 φ_{k0} 为 80°左右,则 φ_0 在 $-100°$左右。

2. 变压器中性点接地方式的安排

系统中变压器中性点是否接地运行的原则是应尽量保持变电站零序阻抗基本不变,以保持系统中零序电流的分布不变,使零序电流电压保护有足够的灵敏度和变压器不至于承受过电压危险。

3. 多段式零序电流保护

利用大接地电流系统中发生接地短路时出现零序电流等特点,可以构成反应零序电流大小的多段式零序电流保护。零序电流保护一般为四段式,即零序电流保护Ⅰ段、Ⅱ段、Ⅲ段和Ⅳ段。与相间短路电流保护类同,零序电流保护第Ⅰ、Ⅱ段为线路接地故障的主保护,而第Ⅲ、Ⅳ段为线路接地故障的后备保护。第Ⅰ、Ⅱ、Ⅲ、Ⅳ段零序电流保护的整定值计算因线路上采用的重合闸方式不同而略有差别,但其基本原则亦与相间短路电流保护相同。

(二)大接地电流系统中的方向零序电流保护

在复杂的环网中,为了简化整定计算及保护之间相互的配合并保证保护的选择性,零序电流保护第Ⅰ、Ⅱ、Ⅲ、Ⅳ各段均可分别经零序功率方向元件控制,构成多段式方向零序电流保护。多段方向零序电流保护的构成仅在多段式零序电流保护中增加一个零序功率方向元件,并与零序电流测量元件构成与门共同判别是否在保护线路正方向发生接地短路。

(三)小接地电流系统中单相接地的零序电压、电流及功率方向保护

小接地电流系统发生单相接地故障时,虽然系统的中性点电位发生变化,相电压不对称,但线间电压却还保持对称状态,因此不影响供电,仍可维持电网在短时间内运行,不必跳该故障线路的断路器(在危及人身、设备安全时应跳闸)。但为了防止事故扩大,应发出报警信号以便运行人员及时检查和排除故障。为此,也必须分析这种系统中单相接地故障的特征,以构成对这种故障进行监视和控制的保护方案。

1. 中性点不接地系统中单相接地故障的特征及保护方式

(1)单相接地的特征。如图 10-22 所示,设由线路 1 至 n 和发电机的每相对地电容分别为 C_{01},…,C_{0n},C_{0G}。正常运行时,保护所在母线处各相电压 $\dot{U}_A$、$\dot{U}_B$、$\dot{U}_C$ 对称,线路 l_1 至 l_n 各相对地电容电流分别为 $\dot{I}_{A1}$、$\dot{I}_{B1}$、$\dot{I}_{C1}$ 至 $\dot{I}_{An}$、$\dot{I}_{Bn}$、$\dot{I}_{Cn}$,电源各相对地电容电流为 $\dot{I}_{AG}$、$\dot{I}_{BG}$、$\dot{I}_{CG}$,各相电容电流超前于其相电压 90°,且有

$$\dot{I}_{Ai}+\dot{I}_{Bi}+\dot{I}_{Ci}=0 \quad i=1,2,\cdots,n$$

$$\dot{I}_{AG}+\dot{I}_{BG}+\dot{I}_{CG}=0$$

即各线路和发电机流入地中的电容电流为零。

当系统中发生单相(如图 10-22 中线路 1 C 相)金属接地时,设中性点对地电压为 U_N,相电压为 U_φ,接地点电流为 I_{jd},忽略相对小的线路和电源阻抗,则母线 A 处各相电压为

$$\dot{U}_C=0, \quad \dot{U}_N=-\dot{E}_C, \quad \dot{U}_A=\sqrt{3}\dot{E}_C e^{-j150^\circ}, \quad \dot{U}_B=\sqrt{3}\dot{E}_C e^{j150^\circ}$$

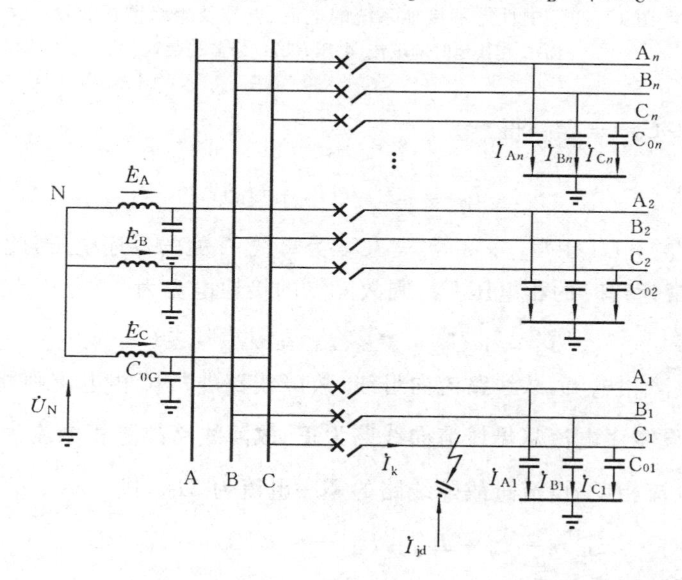

图 10-22 中性点不接地系统中的单相接地故障

这时各元件 C 相的对地电容电流为

$$\dot{I}_{C1}=\cdots=\dot{I}_{Cn}=\dot{I}_{CG}=0$$

忽略线路负荷电流时,A 母线处各元件非故障相电流为

$$\dot{I}_{Ai}=\dot{U}_A j\omega C_{0i}, \quad \dot{I}_{Bi}=\dot{U}_B j\omega C_{0i}, \quad i=1,2,\cdots,n$$

$$\dot{I}_{AG}=\dot{U}_A j\omega C_{0G}, \quad \dot{I}_{BG}=\dot{U}_B j\omega C_{0G}$$

电流方向如图 10-23(a)所示。求得故障点的接地电流为

$$\dot{I}_{jd} = j\dot{U}_A\omega\left(\sum_{i=1}^{n} C_{0i} + C_{0G}\right) + j\dot{U}_B\omega\left(\sum_{i=1}^{n} C_{0i} + C_{0G}\right)$$
$$= j\omega\left(\sum_{i=1}^{n} C_{0i} + C_{0G}\right)(\dot{U}_A + \dot{U}_B)$$

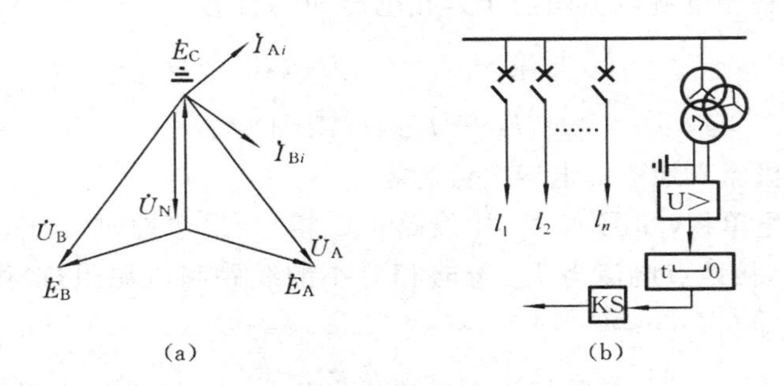

图 10-23　中性点不接地系统的电流、电压及绝缘监视装置

(a)C 相接地时的电流、电压;(b)绝缘监视装置

令 $\sum_{i=1}^{n} C_{0i} + C_{0G} = C_{0\Sigma}$,得

$$\dot{I}_{jd} = j\omega C_{0\Sigma}(\dot{U}_A + \dot{U}_B)$$

而 $\dot{U}_A + \dot{U}_B + \dot{U}_C = \dot{U}_A + \dot{U}_B = 3\dot{U}_0 = 3\dot{U}_N$ 为母线 A 处的零序电压,此时零序电压值 U_0 等于母线正常运行时的相电压 U_φ,则故障点的接地电流为

$$\dot{I}_{jd} = j\omega C_{0\Sigma}\cdot 3\dot{U}_0, I_{jd} = \omega C_{0\Sigma}\cdot 3U_\varphi$$

即为故障线路故障相电流,从线路流向母线;故障线路非故障相电流则相反,相电流从母线流向线路。设零序电流从母线流向线路为正。故障线路故障相电流为 $\dot{I}_k = -\dot{I}_{jd}$,其方向非故障相电流相反。设流过故障线路的零序电流为 $3\dot{I}_{01}$,则

$$3\dot{I}_{01} = -\dot{I}_{jd} + \dot{I}_{B1} + \dot{I}_{A1} = -j\omega(C_{0\Sigma} - C_{01})3\dot{U}_0$$

流过非故障线路的零序电流为

$$3\dot{I}_{0i} = \dot{I}_{Bi} + \dot{I}_{Ci} = j3\dot{U}_0\omega C_{0i},\quad i = 2,3,\cdots,n$$

从上分析可知,中性点不接地系统发生单相接地时有以下特征:全系统出现零序电压和零序电流;非故障线路的零序电流为该线路非故障相对地电容电流之和,方向由母线指向线路且超前零序电压 $3\dot{U}_0$ 的角度为 90°;故障点的电流为全系统非故障相对地电容电流之和,其相位超前零序电压 $3\dot{U}_0$ 的角度 90°;故障线路的零序电流等于除故障线路外的全系统中其他元件的电容电流之和,其值远大于非故障线的零序电流,且方向

与非故障线相反，由线路指向母线且滞后零序电压 $3\dot{U}_0$ 的角度 90°；故障线路的零序功率与非故障线的零序功率方向相反。

(2)保护方式。根据中性点不接地系统出现单相接地时各种特征，可构成以下接地短路保护方式。

①绝缘监视装置。利用单相接地时系统出现零序电压的特点，构成反应零序电压动作的绝缘监视装置。但它发出无选择性的信号，即在变电站内任一线路发生接地短路时均动作发出信号。这时需值班人员去顺序拉开各线路断路器，检查出故障所在线路并排除故障线。绝缘监视装置如图 10-23(b)所示。

②零序电流保护。利用故障线路零序电流大于非故障线零序电流的特点，实现有选择性切除故障线路的零序电流保护。

③零序功率方向保护。根据中性点不接地系统发生单接地时，故障线与非故障线零序功率方向相反的特点可构成零序功率方向保护，有选择性切除故障线路。

2. 中性点经消弧线圈接地系统中单相接地故障的保护方式

对中性点经消弧线圈接地系统中单相接地故障，有下述保护方式：用绝缘监视装置，用单相接地时产生的高次谐波分量构成保护，用接地故障暂态过程中的故障分量的某些特征构成保护。

但到目前为止，中性点经消弧线圈接地系统中的单相接地故障保护并没有很完善的方案，因而也是继电保护领域中需进一步研究的课题之一。

第五节　输电线路的自动重合闸

运行经验表明，在电力系统中发生的故障大多都属于暂时性的，如雷击过电压引起的绝缘子表面闪络，大风时的短时碰线，导体通过鸟类身体的放电，风筝绳索或树枝落在导线上等引起的短路。这些故障，当被断路器迅速切除后，电弧即可熄灭，故障点的绝缘可以恢复，故障随即自行消除。这时，若迅速使断路器重新合上，往往能恢复供电，因而减小用户停电的时间，提高供电的可靠性。当然，重新合上断路器的工作也可由运行人员手动操作进行，但手动操作时，停电时间太长，用户电动机多数可能停转，重新合闸取得的效果并不显著；对于高压和超高压线路而言，系统必然失去动态稳定。为此，在电力系统中，往往必须用自动重合闸装置(用符号 ARD 表示)代替运行人员的手动合闸。因此，自动重合闸在输、配电线路中尤其是高压输电线路上得到极其广泛的应用。

一、概述

1. 自动重合闸的作用

在输、配电线路上装设自动重合闸 ARD，对于提高供电的可靠性无疑会带来极大的好处。但由于自动重合闸 ARD 本身不能判断故障的性质是暂时性的，还是永久性的，因此，在重合之后，可能成功(恢复供电)，也可能不成功。根据运行资料统计，输电线自动重合闸 ARD 的动作成功率(重合闸成功的次数/总的重合闸的动作次数)相当高，在(60～90)%之间。可见采自动重合闸 ARD 的效益是比较可观的。

一般说来，在输电线路上，自动重合闸 ARD 的作用可归纳如下：

(1)在线路上发生暂时性故障时，迅速恢复供电，从而可提高供电的可靠性；

(2)对于有双侧电源的高压输电线路，可以提高系统并列运行的稳定性；

(3)可以纠正由于断路器机构不良，或继电保护误动作引起的误跳闸；

(4)在电网建设过程中，考虑自动重合闸作用，可暂缓架设双回线路以节约投资。

由于自动重合闸 ARD 本身的投资低，工作可靠，采用自动重合闸 ARD 后可避免因暂时性故障停电而造成的损失，因此，规程规定，在 1 kV 及以上电压的架空线路或电缆与架空线的混合线路上，只要装有断路器，一般都应装设自动重合闸装置。但是，采用自动重合闸 ARD 后，当重合于永久性故障时，系统将再次受到短路电流的冲击，可能引起电力系统振荡，继电保护应再次使断路器断开。可见，断路器在短时间内连续两次切断故障电流，这就恶化了断路器的工作条件。因此，对油断路器而言，其实际切断的短路容量应比正常的额定切断容量有所降低。

2.对自动重合闸的基本要求

作为安全自动装置之一的自动重合闸与继电保护装置一样，应满足可靠性、选择性、灵敏性和速动性要求。根据生产的需要和运行经验，对线路的自动重合闸装置，提出了如下的基本要求。

(1)动作迅速。在满足故障点去游离(即介质恢复绝缘能力)所需的时间和断路器灭弧室及断路器的传动机构准备好再次动作所必需的时间的条件下，自动重合闸 ARD 装置的动作时间应尽可能短。因为，故障后从断路器断开到自动重合闸 ARD 发出合闸脉冲的时间愈短，用户的停电时间就可以相应缩短，从而可以减轻故障对用户和系统带来的不良影响。自动重合闸动作的时间，一般采用 0.5～1.5 s。

(2)不允许任意多次重合。自动重合闸 ARD 动作次数应符合预先的规定。如一次重合闸就只应重合一次。当重合于永久性故障而断路器再次跳闸时，就不应再重合。在任何情况下，如自动重合闸装置本身的元件损坏、继电器拒动等，都不应把断路器错误地多次重合到永久性故障上去。因为自动重合闸 ARD 多次重合于永久性故障，将使系统多次遭受冲击，还可能使断路器损坏，从而扩大事故。

(3)动作后应能自动复归。当自动重合闸 ARD 成功动作一次后，应能自动复归，准备好再次动作。对于受雷击机会较多的线路，为了发挥自动重合闸 ARD 的效果，这一要求更有必要。

(4)手动跳闸时不应重合。当运行人员手动操作或遥控操作使断路器断开时，自动重合闸装置不应自动重合。当有其他情况不允许重合时，应可以对自动重合闸 ARD

进行闭锁。

(5)手动合闸于故障线路不重合。当手动合闸于故障线路时,继电保护动作使断路器跳闸后,装置不应重合,因为在手动合闸前,线路上还没有电压,如合闸后就已存在有故障,则故障多属永久性故障。

(6)一般自动重合闸 ARD 可用控制开关位置和断路器位置不对应启动,对综合重合闸 ARD 宜用不对应原则和保护同时启动。

(7)应考虑继电保护和自动重合闸之间动作的相互配合。

3. 自动重合闸的类型

自动重合闸的采用是系统运行的实际需要。因此,随着电力系统的发展,自动重合闸的类型有一个从三相重合闸到单相重合闸,再到综合重合闸的发展过程。故一般认为自动重合闸有以下三种类型。

(1)三相重合闸。所谓三相重合闸是指不论在输、配电线上发生单相短路还是相间短路,继电保护装置均将线路三相断路器同时跳开,然后启动自动重合闸同时合三相断路器。若为暂时性故障则重合闸成功。否则保护再次动作跳三相断路器。重合闸是否再重合要视情况而定。目前,一般只允许重合闸动作一次,称为三相一次自动合闸装置。特殊情况下(如无人值班变电站的无遥控单回线,无备用电源的单回重要负荷供电线,断路器遮断容量允许时),可采用三相二次重合闸装置。

(2)单相重合闸。在 110 kV 及以上的大接地电流系统中,由于架空线路的线间距离较大,相间故障的机会比较少,而单相接地短路的机会却比较多,占总故障的 90%左右。如果能在线路上装设三个单相的断路器,当发生单相接地故障时,采用单相重合闸,只把故障相的断路器断开,而未发生故障的其余两相仍继续运行。这样,不但可以提高供电的可靠性和提高系统并联运行的稳定性,还可以减少相间故障的发生几率。

所谓单相重合闸,就是指线路上发生单相接地故障时,保护动作只跳开故障相的断路器,然后进行单相重合。如果故障是暂时性的,则重合后,便恢复三相供电;如果故障是永久性的,而系统又不允许长期非全相运行时,则重合后,保护动作跳开三相断路器,不再进行重合。当采用单相重合闸时,如果发生相间短路,一般都跳开三相断路器,并不进行三相重合;如果因任何其他原因断开三相断路器时,也不进行重合。

(3)综合重合闸。继单相重合闸使用后不久,综合重合闸迅速得到了应用和推广。在线路上设计自动重合闸装置时,将单相重合闸和三相重合闸综合在一起。当发生单相接地故障时,采用单相重合闸方式;当发生相间短路时,采用三相重合闸方式。综合考虑这两种重合闸方式的装置称为综合重合闸装置。

由于综合重合闸装置经过转换开关的切换,一般都具有单相重合闸、三相重合闸、综合重合闸和直跳(即线路上发生任何类型的故障,保护可通过重合闸装置的出口,断开三相,不进行重合闸)等四种运行方式。所以,在 110 kV 及以上高压电力系统中,综合重合闸得到了广泛应用。

4. 自动重合闸的配置原则

《电力技术规程》规定自动重合闸的配置原则是：

(1)1 kV 及以上架空线和电缆与架空线混合线路，在具有断路器的条件下，如用电设备允许且无备用电源自动投入时，应装设自动重合闸装置；

(2)旁路断路器和兼作旁路母联断路器或分段断路器，应装设自动重合闸装置；

(3)低压侧不带电源的降压变压器，可装设自动重合闸装置；

(4)必要时，母线故障可采用自动重合闸装置。

二、三相自动重合闸

(一)单电源线路的三相一次自动重合闸

1. 自动重合闸的构成

电力系统中，三相一次自动重合闸方式应用十分广泛。不管是电磁型、晶体管型还是集成电路型的三相一次自动重合闸装置，主要由启动元件、延时元件、一次合闸脉冲元件和执行元件四部分组成。启动元件的作用是当断路器跳闸之后，使重合闸的延时元件启动。延时元件是为了保证断路器跳开之后，在故障点有足够的去游离时间和断路器及传动机构能恢复准备再次动作的时间。一次合闸脉冲元件用于保证重合闸装置只能重合一次。执行元件则是将重合闸动作信号送至合闸电路和信号回路，使断路器重新合闸并发信号让值班人员知道自动重合闸已动作。

三相一次自动重合闸的原理框图，如图 10-24 所示。图中，1 为重合闸装置的启动元件，一般采用控制开关和断路器位置不对应启动或保护启动等方法；2 为重合闸的延时元件，1 启动后经动作时间 t_2 延时后再触发一次合闸脉冲元件；3 为一次合闸脉冲元件，其动作后送出一个自动重合闸脉冲并能经 15～25 s 后自动复归，准备再次动作；4 为否门，当有合闸脉冲和无闭锁讯号时有输出，称自动重合闸动作；5 为自动重合闸执行元件，执行重合闸动作命令，使断路器合闸一次；6 为自动重合闸信号元件，在重合闸执行元件动作的同时送出信号，提示值班人员，自动重合闸已动作；7 为短时记忆元件(记忆时间 0.1 s)；8 为重合闸后加速元件 KCP，重合闸动作后若线路故障仍存在就加速继电保护动作，无延时地使断路器跳闸；9 为重合闸闭锁回路，送出不允许重合闸动

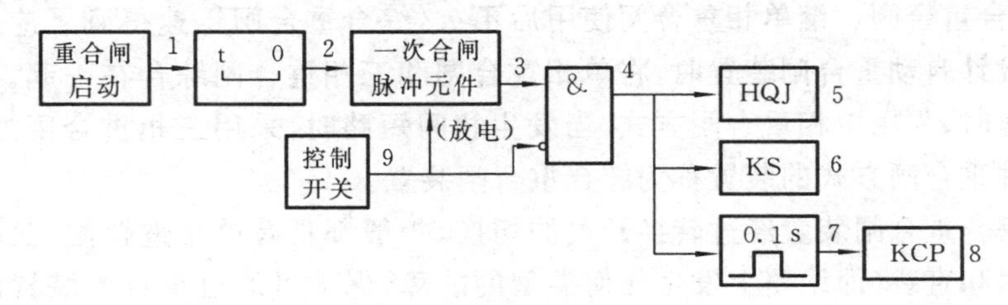

图 10-24　三相一次自动重合闸原理框图

作的信号，并使一次合闸脉冲元件短路而无输出。如当手动跳闸时送出闭锁信号不允许自动重合闸动作，实现自动重合闸闭锁功能。

2. 重合闸动作时间整定

重合闸动作时间 $t_{op}=t_2$，应使断路器跳闸后，故障点有足够的去游离时间以保证重合闸动作成功。重合闸动作时间 t_{op} 约为 1 s，由下述时间组成

$$t_{op}=t_t+t_{re}+t_{rel}-t_n$$

式中，t_t 为断路器固有跳闸时间，用不对应启动时 $t_t=0$ s；t_n 为断路器合闸时间；t_{re} 为灭弧及去游离时间；t_{rel} 为裕度时间，0.1～0.15 s。

(二)双电源的三相自动重合闸与同期问题

1. 双电源三相重合闸的特殊问题

对于两端有电源的线路上采用的三相自动重合闸装置与单电源线上三相自动重合闸有以下特点。

(1)时间的配合。由于线路两侧的继电保护在输电线路上发生故障时，可能以不同的时限断开两侧断路器。例如，在靠近线路一侧发生短路时，对于近故障侧而言，属于继电保护第Ⅰ段动作范围内故障，而对另一侧属保护第Ⅱ段动作范围内故障。因此，当近故障侧断路器断开后，在进行重合前，必须保证在对侧的断路器确已断开且故障点有足够的去游离时间的情况下，才能将断路器首先合上。故双电源重合闸的动作时间 t_{op} 除考虑单电源三相一次重合闸时间各因素外，应考虑对侧保护的动作时间的影响。它的重合闸时间比单电源的重合闸时间大。动作时间为

$$t_{op}=t'_{opmax}+t'_t+t_{re}+t_{rel}-t_n$$

式中，t_{op} 为近故障侧重合闸动作时间；t'_{opmax} 为远故障侧保护动作时间最大值；t'_t 为远故障侧断路器跳闸时间；t_n 为近故障侧断路器合闸时间；t_{re} 为灭弧及去游离时间；t_{rel} 为裕度时间，0.1～0.15 s。

(2)同期问题。在某些情况下，当线路断路器断开之后，线路两侧电源之间的电势角会摆开，有可能失去同步。这时，后合闸一侧的断路器在进行重合闸时，应考虑采用什么方式进行自动重合闸的问题。

2. 双电源三相一次重合闸方式

双电源三相一次重合闸方式，一般有以下几种：快速自动重合闸，非同期自动重合闸，检查同期重合闸，检查另一回路有电流重合闸，自动解列重合闸。应根据线路的实际情况，选择不同的重合闸方式。

三、单相重合闸

1. 单相重合闸的特点

采用单相重合闸要求保护只跳单相，然后单相自动重合。因此与三相重合闸比，有两个显著的差别：第一，必须有选故障相的选相元件；第二，单相跳闸后，应考虑故障点

去游离和灭弧的影响,即单相重合闸的动作时间要比三相重合闸长。

2.潜供电流和恢复电压对单相重合闸动作时间的影响

当线路的故障相两侧断路器跳开后,由于非故障相与故障相之间的电容与互感存在,虽然短路相的电源已被切断,但故障点弧光通道中仍有一定的电流流过,这个电流称潜供电流。潜供电流是因为相间电容和互感影响由非故障相向故障点提供的,如图10-25(a)所示的输电线上,当C相发生暂时性接地故障时,C相线路两侧的断路器会跳开,这时短路电流虽被切断,但A、B两相仍处在工作状态。由于各相之间存在着电容,所以A、B两相将通过电容 C_{AC}、C_{BC} 和对地电容 C_0 向k点提供电流。同时由于各相之间存在互感M,所以A、B两相的负荷电流,也将通过互感M的电磁耦合,在C相中感应电势。此感应电势也向短路点提供电流。这两部分电流的总和构成潜供电流,如图10-25(b)所示。

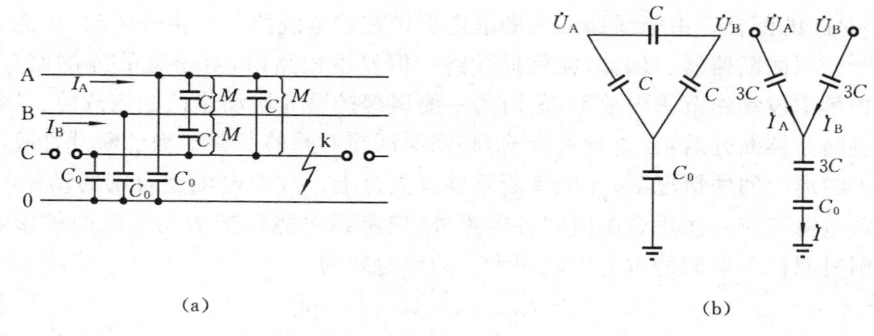

图10-25 潜供电流示意图

(a)潜供电流的产生;(b)潜供电流的计算

由于潜供电流的存在,将维持故障点处的电弧,使之不易熄灭。另外,当潜供电流熄灭瞬间,断开相C相的电压又会立即上升。这个电压亦由两部分组成,一是非故障相A、B相电压通过电容耦合过来,另一是A、B相负荷电流通过互感产生的互感电势。由于这两部分电压的存在,故障相短路点对地电压可能升得较高,并使弧光复燃,因而再次出现弧光接地,使弧光复燃的该短路点对地电压,简称恢复电压。

可见,由于潜供电流和恢复电压的影响,短路处的电弧不能很快熄灭,弧光通道的去游离受到严重的阻碍。自动重合闸只有在故障点电弧熄灭,绝缘强度恢复以后才有可能成功。单相重合闸的动作时间必须充分考虑它们的影响,否则将造成单相重合闸的失败。因此,单相重合闸的动作时间,一般都应比三相重合闸的时间长。

3.选相元件

(1)对选相元件的基本要求。对选相元件的基本要求是:单相接地时,选相元件应可靠选出故障相;选相元件的灵敏度和速动性应比保护好;选相元件一般不要求区分外部故障,不要求有方向性。

(2)选相元件的基本类型。根据发生单相、两相、两相接地短路的特点，构成的选相元件有以下几种。

①电流选相元件。根据故障相出现短路电流的特点构成相电流选相元件，元件的动作电流应按躲过线路最大负荷电流和单相接地时非故障相电流整定。原理简单，但短路电流小时不能采用。一般作为阻抗选相元件消除死区的辅助选相元件。

②电压选相元件。根据故障相出现电压下降的特点构成相电压选相元件，动作电压按躲过正常运行和单相接地非故障相可能出现最低电压整定。通常也只作辅助选相元件。

此外，还有阻抗选相元件、反应二相电流差的突变量选相元件等。

四、综合重合闸

在我国 220 kV 及以上的高压电力系统中，综合重合闸得到了广泛的应用。综合重合闸装置除了必须装设选相元件外，还应该装设故障判别元件(简称判别元件)，用它来判别是接地故障还是相间故障。如果综合重合闸装置中不装设判别元件，就会发生单相接地故障跳三相的后果。

我国电力系统采用的判别元件，一般是由零序电流继电器和零序电压继电器构成。线路发生相间短路时，判别元件不动作，由继电保护启动三相跳闸回路跳三相断路器。接地短路时，判别元件会动作，继电保护经选相元件判别是单相接地短路还是两相接地短路后，再决定跳单相还是跳三相。判别元件与继电保护、选相元件配合的逻辑电路如图 10-26 所示。图中，1 KZ、2 KZ 和 3 KZ 分别是三个反应 A、B、C 单相接地短路的阻抗选相元件。KAZ 是判别是否发生接地短路的零序电流元件(即判别元件)。当线路发生相间短路时没有零序电流，判别元件 KAZ 不动作，继电保护通过门 8 跳三相断路器。当线路发生接地短路时故障线上有零序电流，判别元件 KAZ 动作，闭锁门 8，不能直跳三相断路器。如果是单相接地短路，则仅一个选相元件动作，与门 1、2、3 中之一开放跳单相；如果两个选相元件动作，则说明发生了两相接地短路，与门 4、5、6 中之一开放，保护将跳三相断路器。

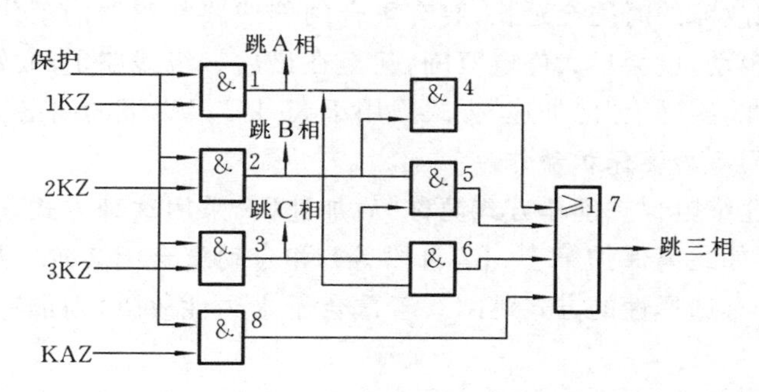

图 10-26　保护、选相元件和判别元件的配合逻辑回路

五、重合闸和继电保护的配合

重合闸与继电保护之间的关系极为密切。重合闸与继电保护之间密切良好的配合可以较迅速切除多数情况下的故障,提高供电可靠性和对系统安全稳定产生极其重要的作用。

在电力系统中,自动重合闸与继电保护配合的方式有两种,即自动重合闸前加速保护动作和自动重合闸后加速保护动作。

1. 自动重合闸前加速保护动作

自动重合闸前加速保护动作方式简称"前加速"。其意义可用图 10-27 所示单电源辐射网络来说明。图中每一线路上均装设带延时的过电流保护,其动作时限是按阶梯形原则选择的。断路器 1QF 处的继电保护时限最长。为了加速切除故障,在断路器 1QF 处采用自动重合闸前加速保护动作方式,即在断路器 1QF 处不仅装有过电流保护,而且还装有能保护到最末级线路 L_3 的无时限电流速断保护和自动重合闸装置 ARD。这样配置后,无论是在线路 L_1 或 L_2 或 L_3 上发生故障,断路器 1QF 处的电流速断保护都能无延时跳开断路器 1QF。然后自动重合闸将断路器 1QF 重合一次。如果是暂时性故障,则重合成功,迅速恢复正常供电。如果是永久性故障,则在断路器 1QF 重合之后,过电流保护将按时限有选择性地将故障线路的断路器跳开。

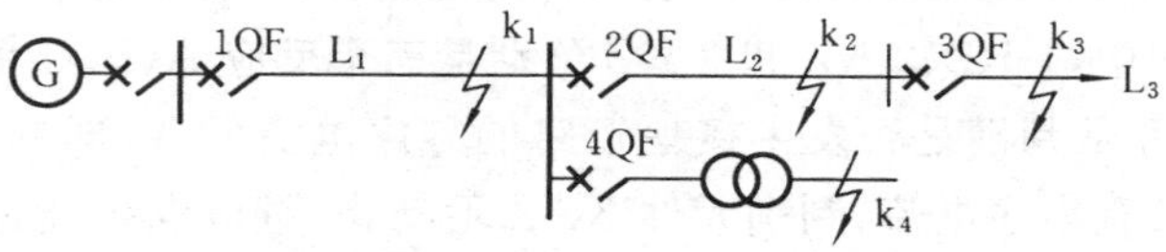

图 10-27 重合闸前加速保护动作的原理说明图

采用"前加速"的优点是,能快速切除瞬时性故障,使暂时性故障来不及发展成为永久性故障,而且使用设备少,只需一套 ARD 自动重合闸装置;其缺点是重合于永久性故障时,再次切除故障的时间会延长,装有重合闸的线路断路器的动作次数较多,若此断路器的重合闸拒动,就会扩大停电范围,甚至在最后一级线路上的故障,也可能造成全网络停电。因此,实际上"前加速"方式只用于 35 kV 及以下的网络。

2. 自动重合闸后加速保护动作

重合闸后加速继电保护动作方式简称"后加速"。采用这种方式,一般每条线路均配备完善的保护(如距离保护第Ⅰ、Ⅱ、Ⅲ段等)和自动重合闸装置。如果在线路上发生故障,保护均按有选择性的方式跳闸。若重合于永久性故障,则加速保护动作,瞬时切除故障。

重合闸"后加速"工作方式,如图 10-27 所示。当任一条线路上发生故障时,首先由故障线路有选择性的保护(一般是线路的主保护)将故障切除,然后由故障线路的自动重合闸装置 ARD 进行重合，自动重合闸动作后将本线有选择性动作的保护的延时部分退出工作。如果是暂时性故障，则重合成功，恢复正常供电。如果是永久性故障，故障线路的保护便瞬时将故障再次切除。

采用“后加速”的优点是，第一次跳闸是有选择性的，不会扩大事故。在重要高压网络中，是不允许无选择性跳闸的，应用这种方式特别适合。同时，这种方式使再次断开永久性故障的时间缩短，有利于系统并联运行的稳定性。其主要缺点是第一次切除故障可能带时限，当主保护拒动，而由后备保护来跳闸时，时间可能比较长。

第六节 主要电气设备的保护配置

一、电力系统继电保护的配置原则

电力系统继电保护的合理配置，是保护能否圆满地完成所担负任务的一个十分重要的因素。因此，规程 DL 400—1991 对电力系统中电力设备的保护配置有十分详细和具体的规定。按该规程要求，对于电力系统的电力设备和线路，应装设反应各种短路故障和异常运行的保护装置；反应电力设备和线路短路故障的保护应有主保护和后备保护，必要时可再增设辅助保护；重要的设备要求配置双重主保护；各个相邻元件保护区域之间需有重叠区，不允许有无保护的区域；必要时线路应装设将断路器自动合闸的自动重合闸装置。

所谓主保护是指满足系统稳定和设备安全要求，能以最快速度有选择地切除被保护设备和线路故障的保护。后备保护是在主保护或断路器拒动时，用以切除故障的保护。在主保护拒动时用以切除故障的保护称近后备保护，而在断路器拒动时用以切除故障的保护则称为远后备保护。辅助保护是为补充主保护和后备保护的性能不足或在主、后备保护退出运行时而增设的简单保护。

电力系统中的电力设备包括发电机、电力变压器、输配电线、母线、断路器、同步调相机、电力电容器、并联电抗器和异步、同步电动机等。这些电力设备和线路因结构及电压等级等情况不同，发生短路和出现异常运行情况的种类、部位等不同，因而对不同的电力设备和线路应配置不同种类的保护装置。原则上，电力设备可能出现什么短路和异常运行状态则必须配置与之对应的保护方式。

二、电力变压器的保护配置

电力变压器是电力系统广泛使用且十分重要的电气设备。为保证电力变压器的安全和电力系统的稳定运行，在变压器上配置完善而可靠的保护也是非常必要的。设电力变压器的保护应配置如下保护。

(1)对油浸式变压器，因故障使油箱内产生瓦斯和油面下降，应装反应箱内气体容量和流速的轻、重瓦斯保护,轻瓦斯保护动作于信号,重瓦斯动作于跳变压器各侧断路器。

(2)变压器引出线、套管内及油箱内部的短路,应按变压器的容量及实际运行条件装设主保护并动作于变压器各侧断路器跳闸;电力变压器的主保护有电流速断保护和纵差保护;对于变压器高压侧电压在 330 kV 及以上时,可装双重纵差保护。

(3)由于变压器外部短路引起的变压器过电流,应根据变压器的容量和类型装设相应的保护作为主保护的后备保护和相邻元件的后备保护,如过电流保护,复合电压启动的过电流保护,负序电流及单相式低电压启动的过电流保护等。这些保护延时动作于变压器各侧断路器跳闸。500 kV 系统联路变压器高、中压侧均应装设阻抗保护,短延时用于缩小故障影响范围,长延时动作于变压器各侧断路器跳闸。

(4)中性点直接接地系统中的变压器,若其中性点直接接地运行,对外部单相接地引起的过电流应装零序过电流保护。对于在中性点直接接地系统中,低压侧有电源且中性点可能接地运行也可能不接地运行的变压器,应根据变压器的绝缘情况装设不同时限的零序电流保护,零序电压保护或零序电流电压保护等。

(5)反应变压器过负荷的过负荷保护。

(6)高压侧电压为 550 kV 的变压器,应装反应变压器工作磁通密度过高的过励磁保护。

(7)对于变压器温度升高、油箱内压力过高和冷却系统的故障均应装设相应的保护。

三、同步发电机和电动机的保护配置

1. 同步发电机的保护配置

同步发电机尤其是大型同步发电机在电力系统中有举足轻重的作用,其工作状态关系到电力系统的安全稳定运行。同步发电机的定子绕组可能出现相间短路、匝间短路、单相接地短路和转子可能出现一点或两点接地短路等故障,同步发电机的不正常工作状态则有定子过电流、过负荷、过电压,发电机失步、失磁或低励磁、频率过低或过高、逆功率等。因此,同步发电机一般应配置以下保护方式:

(1)定子绕组相间短路保护,如电流速断保护、差动保护等,前者常用于小型发电机,而后者常用于 1 MW 以上的发电机定子绕组相间短路时切除故障;

(2)定子绕组接地短路保护,如零序电压保护等在定子绕组接地短路切除故障;

(3)在发电机外部发生相间故障时应装相间后备保护以防止外部短路引起发电机定子绕组过电流,这种保护有过电流保护、复合电压启动的过电流保护、负序电流和单相低电压过电流保护、阻抗保护等,根据发电机容量不同选择上述保护中的一种保护;

(4)定子绕组过电压保护和过负荷保护;

(5)对于不对称负荷、非全相运行、外部不对称短路引起的负序过电流应装定时限与反时限负序过电流保护以防止发电机转子表层过负荷；

(6)装励磁绕组过负荷保护和低励、失磁保护；

(7)发电机逆功率保护；

(8)转子一点或两点接地保护；

(9)其他保护，如发电机启动过程中电流过大的发电机电流保护等。

2. 电动机的保护配置

同步电动机和异步电动机的主要故障是定子绕组相间故障、单相接地故障和一相绕组匝间故障等。因此，应装设的保护有：

(1)相间短路保护，如电流速断保护或纵差保护；

(2)单相接地短路保护，如零序电流保护，但一般电动机不装匝间短路保护。

同步电动机和异步电动机的主要异常运行方式是过负荷、相电流不平衡、低电压，同步电动机还有异步运行和失磁问题。因此，应装设的保护是：反时限过负荷电流保护、低电压保护、失步保护和失磁保护等。

四、母线的保护配置

发电厂和变电站的母线是汇集和分配电能的关键元件。母线故障将威胁电力系统的安全运行。母线故障几率尽管较小，但因后果严重，应该有良好的保护措施。母线的故障主要是相间和接地短路。对母线进行保护的方式有两种：一种是利用供电元件的后备保护延时切除故障；另一种是装专门的母线保护。前者通常用于小型发电厂和变电站的单母线或单母线分段情况，后者常用于高压母线和对系统稳定及运行有特殊要求(如给发电厂重要负荷供电的母线等)的情况。专门的母线保护主要有：母线电流纵差保护、母联电流比相式母线保护、电流比相式母线保护等。除此之外，应考虑母线上某断路器可能拒动时产生的严重后果，故必须装断路器失灵保护(又称后备接线)，在该断路器拒动时切除所在母线上的全部断路器。

电力系统中的电容器组和电抗器也应考虑相应的保护配置，由于篇幅的限制，在此不作叙述。

思考题与习题

10-1　何谓保护的最大和最小运行方式？确定保护最大、最小运行方式时应考虑哪些因素？

10-2　比较电流保护第Ⅰ、Ⅱ、Ⅲ段的灵敏度，哪一段保护的灵敏度高和保护范围最长？为什么？

10-3　相间短路电流保护的第Ⅰ、Ⅱ、Ⅲ段各有什么办法提高其灵敏度？

10-4　为什么电流保护第Ⅲ段整定值中考虑电动机自启动系数和返回系数，而电流保护第Ⅰ段、第Ⅱ段的整定计算不考虑?

10-5 某电网装相间短路电流三段式保护,试分析在某断路器保护安装处出口AB两相短路时,该处保护第Ⅰ、Ⅱ、Ⅲ段逻辑框图中各相各元件的动作如何?

10-6 电流保护第Ⅲ段的动作时间应按什么原则确定?凡相邻元件的动作时间之间的时间差都相同吗?为什么?

10-7 在什么情况下,电流保护可只用两段?为什么?

10-8 试说明方向电流保护第Ⅰ段和第Ⅲ段中,在什么情况下有必要装功率方向元件?变电站分支负荷线上的电流保护是否需要装设方向元件?为什么?

10-9 试比较相间短路功率方向元件和接地短路的零序功率方向元件的异同点。

10-10 为什么电流保护中第Ⅱ和第Ⅲ段必须有延时元件?试举例分析说明。

10-11 为什么反应接地短路的保护一般利用零序分量而不是其他序分量或相电流?

10-12 分析比较电流保护中完全星形接线和不完全星形接线在小接地电流系统中的选择性和可靠性。

10-13 大接地电流系统中的接地保护有哪些?

10-14 中性点经消弧线圈接地系统中能采用零序电流及零序功率方向保护吗?为什么?

10-15 图10-28所示网络装三段式相间电流保护,变压器用纵差保护。保护采用完全星形接线。AB线路最大负荷电流为200 A,$K_{ss}=1.5$,$K_{rel}^{\mathrm{I}}=1.25$,$K_{rel}^{\mathrm{II}}=1.15$,$K_{rel}^{\mathrm{III}}=1.15$,$K_{re}=0.85$。电源电压为115 kV,阻抗为$X_{smin}=13\ \Omega$,$X_{smax}=18\ \Omega$。归至115 kV电压等级的各线路阻抗为:$X_{AB}=24\ \Omega$,$X_{BC}=20\ \Omega$,$X_{BD}=16\ \Omega$。变压器阻抗$X_{T1}=185\ \Omega$,$X_{T2}=138.8\ \Omega$。$t_{op6}^{\mathrm{III}}=1.5$ s,$t_{op7}^{\mathrm{III}}=2$ s。试求AB线路上电流保护Ⅰ、Ⅱ、Ⅲ段的动作电流、动作时间和灵敏度。

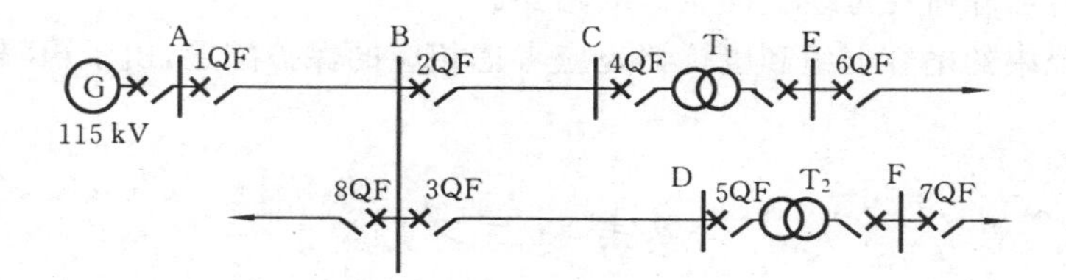

图10-28 题10-15的网络图

第十一章　发输变配电系统的二次系统

第一节　基本概念

一、概述

电力系统的电气设备可分为一次设备和二次设备，即所谓强电设备和弱电设备。其中，一次设备有发电机、变压器、断路器、隔离开关、电抗器、电力电缆及母线、输配电线路等。由这些设备按一定规律相互连接而构成的电路称为一次接线或一次系统。一次系统是发电、输变电、配电到用户的电力系统的主体。二次设备包括监视与测量仪表、控制及信号器件、继电保护装置、自动装置、远动装置等。这些设备和给这些设备供电的电流互感器、电压互感器、蓄电池组或其他低压电源互相连接的电路称为二次接线或二次系统。在发电厂和变电站中，虽然一次接线是主体，但是要实现一次系统的安全、可靠、优质、经济运行，二次接线是不可缺少的重要组成部分和安全措施。因此，电力系统是由一次设备和二次设备组成的互相联系的有机的系统。

表明一次设备之间连接关系的图称为一次接线图或一次系统图。一次系统图常有电力系统接线图、发电厂及变电站的主接线图、网络接线图等。表明二次设备之间连接关系的图称为二次接线图。实际中常见的二次接线图主要有原理接线图、展开接线图和安装接线图三种。以下对这三种二次接线图作概要说明。

二、原理接线图

原理接线图是用来表示继电保护、测量仪表和自动装置等工作原理的一种二次接线图。通常是将二次接线和一次接线中的有关部分画在一起。在原理接线图中，所有仪表、继电器和其他二次电器都以整体的形式出现，其相互联系的电流回路、电压回路和直流回路，都综合在一起。这种接线图的特点是能够使看图者对整个装置的构成有一个明确的整体概念和逻辑关系。

图 11-1 所示为 10 kV 线路两相式过电流保护原理接线图。这里就其组成、接线和动作情况作简单说明。从图 11-1 可以看出，整套保护装置主要由四个继电器组成，电流继电器 KA_1 和 KA_2 为测量元件，其线圈分别串接于 A、C 相电流互感器 TA_a、TA_c 的二次线圈回路中，两个电流继电器的常开接点并联后接到逻辑元件时间继电器 KT 的线圈上。时间继电器 KT 的接点与信号继电器 KS 线圈串联后，通过断路器 QF 辅助接点 QF_2 接到断路器 QF 跳闸线圈 YR 上。当流过的电流超过电流继电器动作电流

时,其接点闭合,将由直流操作电源母线正极来的电源加在时间继电器 KT 线圈上,时间继电器线圈的另一端是直接接在由操作电源负母线引来的电源负极上,故时间继电器 KT 启动,经过一定时限后其延时接点闭合,电源正极经过其延时接点、信号继电器 KS 的线圈、断路器 QF 的辅助接点 QF_2、跳闸线圈 YR 接至电源负极。信号继电器 KS 的线圈和跳闸线圈 YR 中有电流流过,两者同时动作,使断路器 QF 跳闸,并由信号继电器 KS 的接点发出信号。断路器 QF 跳闸后由其辅助接点 QF_2 断开,切断跳闸线圈中的电流。

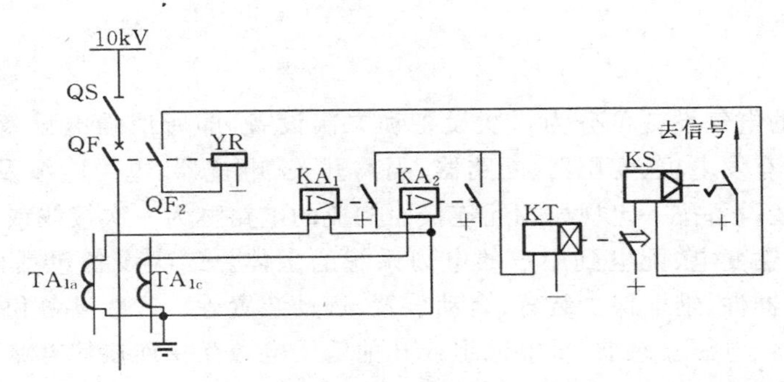

图 11-1　10 kV 线路过电流保护原理接线图

TA—电流互感器;KA_1、KA_2—电流继电器;KT—时间继电器;KS—信号继电器;QF—断路器;QF_2—断路器 QF 的辅助常开接点;YR—断路器 QF 的跳闸线圈;QS—隔离开关

原理接线图主要用于表示继电保护和自动装置的工作原理和构成这套装置所需要的二次设备。原理接线图可作为二次接线设计的原始依据。它的主要特点是二次回路中的元件及设备以整体形式表示,同时将相互联系的电气部件和连线画在同一图上,给人以明确的整体概念。由于原理接线图上各元件之间的联系是以元件的整体形式来表示的,没有给出元件的内部接线、元件引出端子的编号和回路的编号,直流部分仅标出电源的极性,没有具体标明是从哪一组熔断器下面引来的。另外,关于信号部分在图中只标出了"去信号",而没有画出具体的接线。特别对于复杂设备,由于接线复杂,回路中的缺陷不易发现和寻找。因此,仅有原理接线图还不便对二次回路进行检查、维修和安装配线,下面介绍的展开接线图便可弥补这些缺陷。

三、展开接线图

展开接线图(简称展开图)用来说明二次回路的动作原理,在现场使用极为普遍。展开接线图的特点是将每套装置的有关设备部件解体,按供电电源的不同分别画出电气回路接线图,如交流电流回路、交流电压回路和直流回路分开表示等。于是,将同一个仪表或继电器的电流线圈、电压线圈和接点分别画在不同的回路里,为了避免混淆,将同一个元件及设备的线圈和接点采用相同的文字标号表示。

绘制展开图时，一般将电路分为交流电流回路、交流电压回路、直流操作回路和信号回路等几个主要组成部分。每一部分又分成许多行。交流回路按 a、b、c 的相序，直流回路按继电器的动作顺序，各行按从上往下排列。在每一行中各元件及设备的线圈和接点是按实际连接顺序排列的。在每一回路的右侧通常有文字说明，以便于阅读。

图 11-2 是根据上述的 10 kV 线路两相式过电流保护原理图而绘制的展开接线图。展开图由交流电流回路、直流操作回路和信号回路三部分组成。交流电流回路由电流互感器的二次绕组供电。电流互感器只装在 A、C 两相上，其二次绕组每相分别接入一只电流继电器线圈，然后用一根公共线引回，构成不完全星形接线。直流操作回路中，横线条中上面两行为时间继电器启动回路，第三行为跳闸回路，最后一行为信号回路。图中各元件的动作顺序如下：当被保护线路上发生故障出现过电流时，使电流继电器 KA_1 或 KA_2 动作，其常开接点闭合，接通时间继电器的线圈回路。时间继电器 KT 动作经过整定时限其延时接点闭合后，接通跳闸回路。断路器在合闸状态时，其与主轴联动的常开辅助接点 QF_2 是闭合的，因而此时在跳闸线圈 YR 中有电流流过，使断路器跳闸。同时串联于跳闸回路中的信号继电器 KS 动作并掉牌，其在信号回路中的 KS 接点闭合，接通小母线 WAS，发出事故音响等信号。比较图 11-1 和图 11-2 可知，展开接线图接线清晰，易于阅读，便于了解整套装置的动作程序和工作原理，特别是在复杂电路中其优点更为突出；又便于检查二次回路接线是否正确，有利于寻找故障。

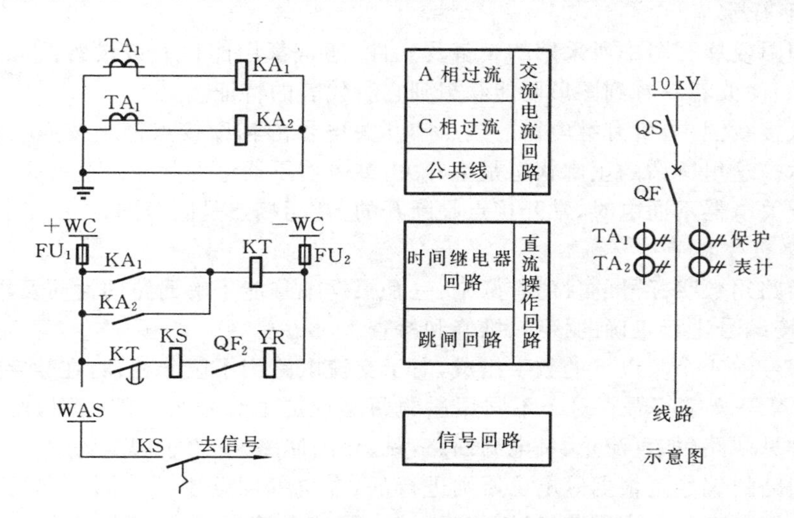

图 11-2　10 kV 线路过电流保护展开接线图

WAS—事故音响信号小母线；WC—控制电路电源小母线

四、安装接线图

安装接线图是制造厂加工制造屏(屏盘)和现场施工安装所必不可少的图，也是运行试验、检修和事故处理等的主要参考图。安装接线图包括屏面布置图、屏背面接线图和端子排图三个组成部分,它们相互对应,相互补充。

屏面布置图是说明屏上各个元件及设备的排列位置和其相互间距离尺寸的图,要求按照一定的比例尺绘制。屏背面接线图是在屏上配线所必需的图,其中应标明屏上各个设备在屏背面的引出端子之间的连接情况,以及屏上设备与端子排的连接情况。端子排图是表示屏上需要装设的端子数目、类型及排列次序,以及与屏外、屏内设备端子连接情况的图。通常在屏背面接线图中亦包括端子排图在内。盘背面接线图和端子排图必须说明导线从何处来,到何处去。我国广泛采用“相对编号法”,如甲、乙两个端子需用导线连接起来,则在甲端子旁边标上乙端子的编号,而在乙端子旁边标上甲端子的编号;如果一个端子需引出两根导线,那么,在它旁边就标出所要连接的两个端子编号。

五、文字代号和图形符号

在二次接线图中,为了便于阅读和记忆,使用图形符号代表互感器、继电器、接点等,并使用字母表示这些元件,还使用一些数字表示回路性质。

1. 文字代号

在设备或元件的图形符号上方或其近旁,用字母表示出其名称。

2. 图形符号

在原理图或展开图中所采用的设备及元件,通常都用能代表该设备及元件特征的图形来表示,使读者一看到图形便能联想到它所代表的特征。

在二次接线图中,所有继电器的接点和开关电器的辅助接点都是按照它们的正常状态来表示。这里所谓的正常状态是指开关、继电器不通电的状态。这就是说,当继电器线圈和开关电器不通电时,常开接点是断开的,常闭接点是闭合的。

3. 回路数字标号

二次回路用数字标号的目的有两个:一是根据编号能了解回路的性质及用途;二是便于记忆,按编号进行正确的接线、维修和检查。

回路编号由 4 个及以下的数字组成,对于交流电路为了区分相别,在数字前面还加上 A、B、C、N 等文字符号。对于不同用途的回路规定了编号数字的范围,对于一些比较重要的常见回路(如直流正、负电源回路,跳、合闸回路)都给予固定的编号。

二次回路的编号是根据等电位原则进行的,在电气回路中接于同一点的全部导线都用同一个编号表示。当回路经过开关或继电器接点等隔开后,因为在接点断开时接点两端已不是等电位,所以应给予不同的编号。

第二节　断路器的控制和信号回路

在发电厂和变电站内对断路器的控制按控制地点可分为集中控制和就地控制两

种。对主要设备，如发电机、主变压器、母线分段或母联、旁路断路器、35 kV 及以上电压的线路，以及高、低压厂用工作与备用变压器等采用集中控制，对 6～10 kV 线路及厂用电动机等采用就地控制。所谓集中控制就是集中在主控制室内进行控制，被控制的断路器与主控制室之间一般都有几十米到几百米的距离。所谓就地控制是指在断路器安装地点进行控制，可以大大地减少主控制室的建筑面积和节省控制电缆。按控制方法又可分为手动控制和自动控制。所谓手动控制是指人工现地操作；所谓自动控制是指通过自动装置进行自动化的就地和远方控制，不需要人员到现场去手动操作。

断路器的自动控制是通过相应的二次设备和二次回路实现的；当断路器的控制通过手工实现时，在主控制室的控制屏上应当有能发出跳、合闸命令的控制开关，而在断路器上应当有执行操作命令的操动机构、跳闸线圈、合闸线圈等。控制开关与断路器之间是通过控制电缆连接起来的。

一、控制开关和操动机构

1. 控制开关

控制开关是发电厂和变电站中一种常用的二次装置，主要有两种类型：一种是跳、合闸操作都分两步进行，手柄有两个固定位置和两个操作位置的控制开关；另一种是跳、合闸操作只用一步进行，手柄有一个固定位置和两个操作位置的控制开关。前者用于火力发电厂和有人值班的变电站中，后者用于遥控及无人值班的变电站中。

LW2 系列封闭式万能转换开关在发电厂和变电站中应用很广，除了在断路器及接触器等的控制回路中用作控制外，还在测量表计回路、信号回路、各种自动装置及监察装置回路中用作转换开关。

LW2 系列转换开关制成旋转式，它从一种位置切换到另一种位置是通过将手柄向左或向右旋转一定角度来实现的。

为了说明操作手柄在不同位置时，各接点通、断情况，一般都列出接点图表。表 11-1 所示为 LW2-Z-1a、4、6a、40、20、6a/F8 型控制开关的接点图表。型号中：LW2-Z 为开关型号；1a、4、6a、40、20、6a 为开关上所带接点盒的形式，它们的排列次序就是从手柄处算起的装配顺序；斜线后面的 F8 为面板及手柄的形式（面板有两种：方形用 F 表示，圆形用 O 表示。手柄有 9 种，分别用数字 1～9 表示）。

表中手柄样式是正面图，这种控制开关是有两个固定位置（垂直和水平）和两个操作位置（由垂直位置再顺时针转 45°和由水平位置再逆时针转 45°）的开关，由于有自由行程的接点不是紧跟着轴转动的，所以按操作顺序的先后，接点位置实际上有六种，即："跳闸后"、"预备合闸"、"合闸"、"合闸后"、"预备跳闸"和"跳闸"。当断路器是在断开状态时，操作手柄是在"跳闸后"位置（水平位置）。如果需要进行合闸操作，则应首先顺时针方向将手柄转动 90°至"预备合闸"位置（垂直位置），然后再顺时针方向旋转 45°至"合闸"位置，此时 4 型接点盒内的接点 5-8 接通，发出合闸命令，此命令称为合闸脉冲。

合闸操作必须用力克服控制开关中自动复位弹簧的反作用力，当操作完成松开手后，操作手柄在复位弹簧的作用下自动返回到原来的垂直位置，但这次复位是在发出合闸命令之后，所以称其为“合闸后”位置。从表面上看，“预备合闸”与“合闸后”手柄是处在同一固定位置上，但从接点图表中可以看出，对于具有自由行程的40、20两种形式的接点盒，其接通情况是前后不同的，因为在进行合闸操作时，40、20型接点盒中的动接点随着切换，但在手柄自动复归时，它们仍保留在“合闸”时的位置上，未随着手柄一起复归。

表 11-1 LW2-Z-4a、4、6a、40、20、6a/F8 型控制开关的接点图表

在“跳闸后”位置的手柄(正面)的样式和触点盒(背面)的接线图		合 跳	1 2 4 3		5 6 8 7		9 10 12 11			13 14 16 15			17 18 20 19			21 22 24 23		
手柄和触点盒的型式		F8	la		4		6a			40			20			6a		
触点号		—	1-3	2-4	5-8	6-7	9-10	9-12	10-11	13-14	14-15	13-16	17-19	17-18	18-20	21-22	21-24	22-23
触点位置	跳闸后		—	×	—	—	—	—	×	—	×	—	—	—	×	—	—	×
	预备合闸		×	—	—	—	×	—	—	×	—	—	—	×	—	×	—	—
	合闸		—	—	×	—	—	×	—	—	—	×	×	—	—	—	×	—
	合闸后		×	—	—	—	×	—	—	—	—	×	×	—	—	×	—	—
	预备跳闸		—	×	—	—	—	—	×	×	—	—	—	×	—	—	—	×
	跳闸		—	—	—	×	—	—	×	—	×	—	—	—	×	—	—	×

跳闸操作是从“合闸后”位置(垂直位置)开始，逆时针方向进行。即先将操作手柄逆时针方向转动90°至“预备跳闸”位置，然后再继续用力旋转45°至“跳闸”位置。此时4型接点盒中的接点6-7接通，发出跳闸脉冲。松开手后，手柄自动复归，此时的位置称为“跳闸后”位置。这样，跳、合闸操作，都分成两步进行，对于防止误操作有很大的意义。

在看控制开关接点图表时必须注意，表中所给出的接点盒背面接线图是从屏后看的，而手柄是从屏前看的。两者对照看时，当手柄顺时针方向转动，接点盒中的可动接点应逆时针方向转动，两者恰相反。表中有“×”号表示接点接通，有“—”者表示断开。

2. 操动机构

操动机构是断路器本身附带的跳、合闸传动装置，其种类很多，有电磁操动机构、弹簧操动机构、液压操动机构、气压操动机构等，其中应用最广的是电磁操动机构。

与电气二次接线关系比较密切的是操动机构中跳、合闸线圈的电气参数。各种形式操动机构的跳闸电流一般都不很大(当直流操作电压为110～220 V时，跳闸电流为

0.5～5 A)，而合闸电流则相差较大，如利用弹簧、液压、气压等操作，则合闸电流较小(当直流操作电压为110～220 V时，一般不大于5 A)，如利用电磁操动机构合闸，则合闸电流很大，可由几十安培至数百安培，此点在设计控制回路时必须注意。对于电磁型操动机构，合闸线圈回路不能利用控制开关接点直接接通，必须采用中间接触器，利用接触器带灭弧装置的接点去接通合闸线圈回路。

二、断路器的控制和信号回路接线图

所有设备的断路器其控制回路可能各有不同特点及要求，但一般都应满足如下所述最基本的要求。

(1)既能进行手动跳、合闸，又能由继电保护与自动装置实现自动跳、合闸，当跳、合闸操作完成后，应能自动切断跳、合闸脉冲电流。

(2)应有防止断路器多次连续跳、合闸的"跳跃"闭锁装置。

(3)应能指示断路器的合闸与分闸位置的信号。

(4)自动跳闸或合闸应有明显的信号。

(5)应能监视熔断器的工作状态及断路器跳、合闸回路的完整性。

下面以直流操作的电磁操动机构为例，分别说明实现上述要求的方法。

1. 断路器的简化控制回路

简化的断路器控制回路如图11-3所示。为了构成断路器的手动跳、合闸回路，需要将控制开关SA上的跳、合闸接点相应地与断路器QF操动机构上的跳闸线圈YR、合闸接触器线圈KO连接起来，中间还引入了断路器QF的辅助接点QF_1。QF_1接点在断路器的操动机构中，与断路器的传动轴联动。该接点为动断(常闭)接点，其状态与断路器主触头的状态正好相反。因此，在合闸回路中引入了QF_1，在未进行合闸操作之前它是闭合的，此时只要将控制开关的SA的手柄转至"合闸"位置，接点5-8接通，合闸接触器线圈KO中即有电流流过，接触器的接点KO_1和KO_2闭合，将断路器QF的合闸线圈YO回路接通，断路器即行合闸。当断路器合闸过程完成，与断路器传动轴连

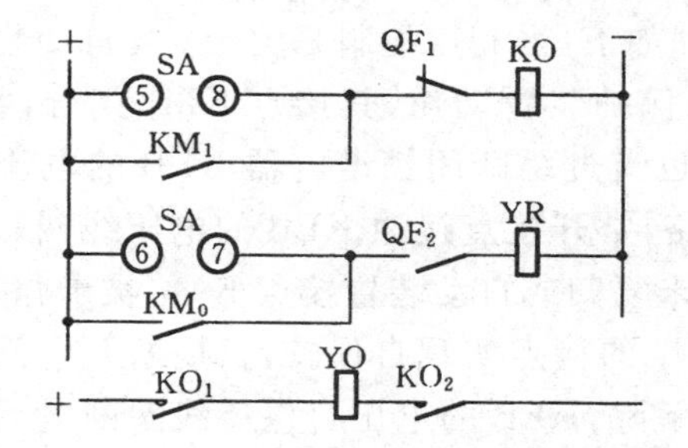

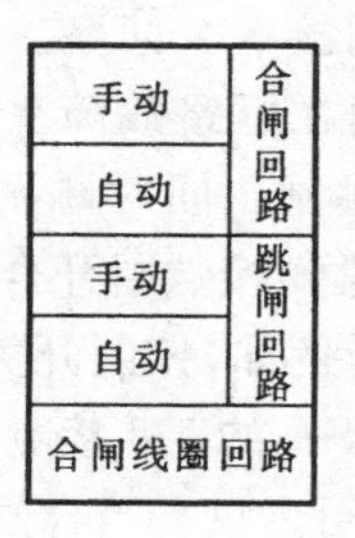

图11-3　简化的断路器控制回路图

SA—控制开关；KO—合闸接触器线圈；YR—断路器QF的跳闸线圈；QF_1—断路器QF的辅助常闭接点；KM_1—自动装置接点；KM_0—继电保护出口继电器接点；YO—断路器QF的合闸线圈

动的 QF_1 立即断开，自动地切断合闸接触器线圈中的电流。同理，在跳闸回路中则引入了 QF_2 的动合(常开)接点，控制开关 SA 的接点也相应地改用了在“跳闸”位置接通的 6-7 接点。

为了实现自动跳、合闸，只需将保护出口继电器的接点 KM_0 和自动装置(如自动重合闸装置)的接点 KM_1 在相应的回路中与控制开关 SA 的接点并联接入即可。

2. 防止“跳跃”的闭锁装置

当断路器合闸后，如果由于某种原因造成控制开关的接点 SA 或自动装置的接点 KM_1 未复归(如操作手柄未松开，接点焊住等)，此时如果发生短路故障，继电保护动作使断路器自动跳闸，而接点 KM_1 焊住将使接触器线圈 KO 带电，断路器合闸；但故障并未消失，保护又动作使断路器跳闸，接触器线圈 KO 又带电又合闸……则会出现多次的“跳-合”现象，这种现象称为“跳跃”。断路器如果多次“跳跃”，会使断路器毁坏，造成事故扩大。所谓“防跳”就是要采取措施防止这种“跳跃”的发生。带有电气“防跳”闭锁装置简化的断路器控制回路如图 11-4 所示。

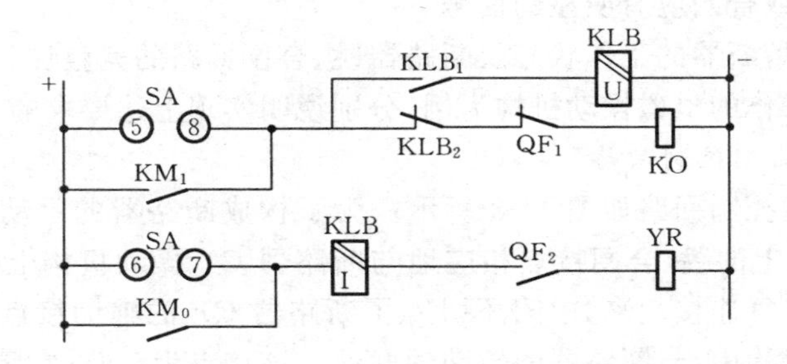

图 11-4　带有电气“防跳”闭锁装置简化的断路器控制回路图

图 11-4 与图 11-3 的差别是增加了一个中间继电器 KLB，称为跳跃闭锁继电器。它有两个线圈，一个是电流启动线圈，串联于跳闸回路中；另一个是为电压自保持线圈，经过自身的常开接点并联于合闸接触器回路中。此外，在合闸回路中还串联接入了一个 KLB 的常闭接点。回路工作原理如下：当利用控制开关 SA 或自动装置 KM_1 进行合闸时，如合闸在短路故障上，继电保护装置动作，其接点 KM_0 闭合，将跳闸回路接通，使断路器跳闸。同时跳闸电流也流过跳跃闭锁继电器 KLB 的电流启动线圈，使 KLB 动作，其常闭接点断开合闸回路，常开接点接通 KLB 的电压线圈。此时，如果合闸脉冲未解除，例如，控制开关 SA 未复归或自动装置接点 KM_1 被卡住等，则 KLB 的电压线圈通过 SA 的 5-8 接点或 KM_1 的接点实现自保持，长期断开合闸回路，使断路器不能再次合闸。只有当合闸脉冲解除，KLB 的电压自保持线圈断电后，才能恢复至正常状态。

3. 断路器的分合闸位置指示灯回路

断路器的分合闸位置可利用信号灯来指示，其接线原理如图 11-5 所示。指示灯是利用与断路器传动轴一起联动的辅助接点 QF_1 和 QF_2 来进行切换的。当断路器在分闸位置时，QF_1 的常闭接点接通，在控制屏上绿灯 GN 亮；当断路器在合闸位置时，QF_2 的常开接点接通，红灯 RD 亮。

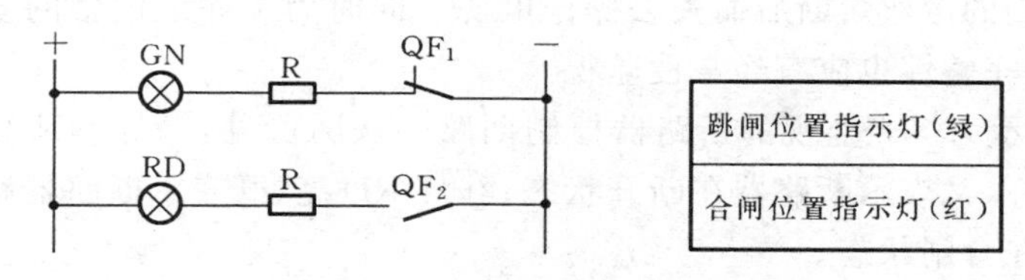

图 11-5　断路器的分合闸位置指示灯回路

4．断路器自动跳闸或自动合闸的信号

在继电保护装置动作使断路器跳闸或自动装置动作将断路器合闸时，为了能给值班人员一个明显的信号，目前广泛采用指示灯闪光的办法。其接线图是按照不对应原则设计的。所谓不对应原则就是指控制开关的位置与断路器的分合闸位置不一致，例如，断路器原来是在合闸位置，控制开关是在“合闸后”位置，两者是一致的，但由于发生短路故障，继电保护装置动作使断路器自动跳闸后，断路器已处在断开状态，而控制开关仍保留在原来的“合闸后”位置，两者就出现了不一致。凡属自动跳、合闸都将出现控制开关与断路器实际分合闸位置不一致的情况，因此，可利用这一特征来发出自动跳、合闸信号，其接线原理图如图 11-6 所示。

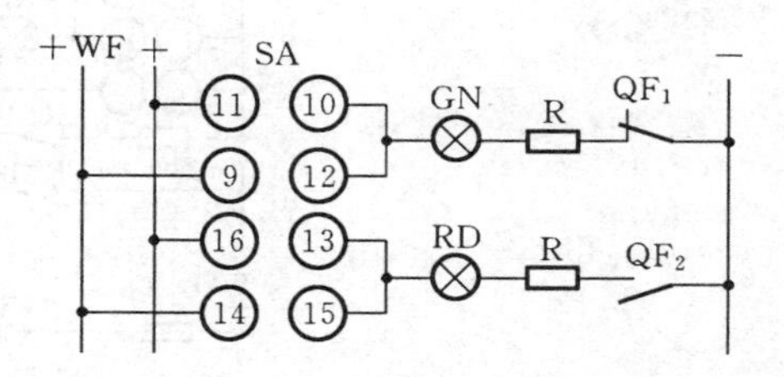

图 11-6　断路器自动分、合闸的灯光信号回路

为了减少屏上信号指示灯数目及简化接线，自动跳、合闸指示灯与断路器分合闸位置指示灯共用一组灯泡。为了区别手动跳、合闸与自动跳、合闸，在接线图中增加了控制开关 SA 的接点。当值班人员手动操作使断路器跳闸后，控制开关是处在“跳闸后”位置，SA 的 10-11 接点接通，绿灯 GN 发出平光，指示断路器在分闸状态。当断路器由继电保护动作自动跳闸后，控制开关仍处在原来的“合闸后”位置，而断路器已经跳开，两者的分合闸位置不一致，此时绿灯 GN 经 SA 的 9-12 接点接至闪光电源小母线＋WF 上，所以绿灯闪光，以引起值班人员的注意。当值班人员将控制开关切换至“跳闸后”位置时，则控制开关与断路器两者的分合闸位置对应，绿灯闪光停止，发出平光。当由自动装置进行自动合闸后，也将出现分合闸位置不对应情况，此时红灯闪光，原理与上述相同。

当断路器由继电保护装置动作跳闸后，为了引起值班人员注意，不仅已跳闸的断路器的绿色指示灯闪光，而且还要发出事故跳闸音响信号。事故音响信号也是利用上述的不对应原理实现的。

5. 熔断器与跳、合闸回路完整性的监视

控制回路的操作电源是经过熔断器供给的,对于熔断器的工作状态必须加以监视,以防熔断器控制的熔丝熔断后而失去操作电源。同时为了保证设备的安全运行,对于跳、合闸回路的完整性也应有经常性监视。

图 11-7 所示为灯光监视的断路器控制回路。从图可见,绿灯 GN 亮,既表示断路器合闸回路良好,又表示断路器在断开状态;红灯 RD 亮,既表示断路器跳闸回路良好,又表示断路器在合闸状态。

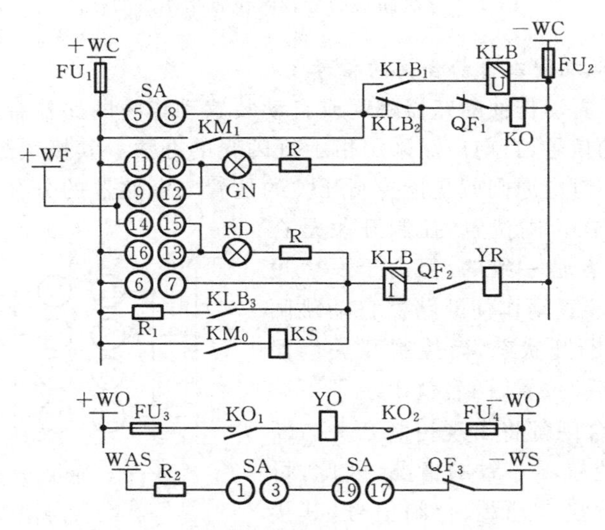

图 11-7 灯光监视的断路器控制回路

除发电机、变压器、发电机变压器组、电动机等的断路器及隔离开关均有自己的二次控制回路之外,其他如变压器冷却器控制、发电厂同期系统、发电厂相关流程控制、快切装置、UPS 电源系统等都属于二次系统。

第三节 变电站的综合自动化

一、变电站的自动化技术

变电站是电力系统中电能传输、交换、分配的重要环节。提高变电站的自动化水平是电力系统安全、稳定、优质、经济运行的十分重要的保证措施之一。

变电站自动化是分别通过微机实现数据采集、巡回监视、召唤测量、输入数据校验和软件滤波、网络接线和实时数据的显示与打印、异常情况报警、人机对话和提示、报表制作及打印等测量监控功能；通过微机实现微机远动终端装置（RTU）；通过微机实现微机继电保护装置，甚至实现在线修改数据、保护定值修改及故障显示报警等相关功能等。但不同的微机系统各自有独立的功能、体系结构和工作模式。因此，变电站自动化是变电站常规表盘、操作控制盘、中央信号系统等二次系统的改进和发展。虽然克服了其常规二次系统没有自检功能、设备种类多、杂而不规范、维护和调试复杂等缺点，使变电站的二次系统提高到了一个新的水平。但由于电力系统的规模不断扩大，结构更加复杂、运行方式多变等原因，人们对电力系统运行可靠性、安全性提出了更高的要求。原有变电站自动化水平仍不适应大型电力系统的运行要求。调度人员面临大量采集的电力系统信息可能不知所措而可能延误事故处理，导致事故扩大。系统调度给变电站的自动化提出了统一进行数据采集、功能重新组合，达到监视、测量、控制、远动、保护、故障录波等协调、集合、智能化的更高要求，也由于计算机技术、网络通信技术和自动控制技术的发展，给分离的微机监控、微机测量、微机远动、通信和微机保护等互相独立的变电站自动化系统发展成综合自动化系统成为可能。

二、变电站综合自动化

所谓变电站综合自动化是将变电站的微机测量监控、微机远动、微机保护等多套分离的二次自动装置用一套自动化系统装置来完成，即通过计算机和通信网将保护、测量、监控、远动管理、故障录波等功能融为一体，构成变电站综合自动化系统。因此，变电站综合自动化系统实质上是由多台微机组成的保护和监控系统，由测控单元、保护单元、远动单元、电能质量自动控制单元、故障记录分析单元等多个子系统和计算机及通信网络组成，其中的每个子系统又由多个模块组成。变电站综合自动化系统是二次设备完全用计算机实现对一次设备的安全运行与记录、安全操作监视、系统故障录波、故障分析、继电保护等多方面自动化的综合。变电站综合自动化始于 20 世纪 80 年代，发展很快，已由最初的集中式发展到目前的分层分布式综合自动化系统，其总体结构模式多样，但目前主要有集中式、分布分散式和分布式结构集中式组屏三种。

集中式综合自动化系统结构如图 11-8 所示。一般用功能较强的计算机扩展其输入/输出及外围接口实现集中采集信息、集中处理与计算，甚至包括保护功能等，但由于当时计算机技术、通信技术水平的限制使这种系统的可靠性差、功能有限、很难推广应用。

随着计算机特别是单片机技术、网络通信技术、总线技术等的出现，也根据以往开发经验和用户使用意见，变电站综合自动化系统目前已向分布分散式方向发展。变电站自动化分布式结构系统也相继出现。分布式结构系统的特点是按回路将数据采集、控制单元、计算机保护等就地安装在开关柜内或一次设备旁，各回路的二次系统之间通过电缆进行通信联系，如图 11-9 所示，最大的特点是二次电缆、设备占地面积小，二次回路较少受电磁干扰等。

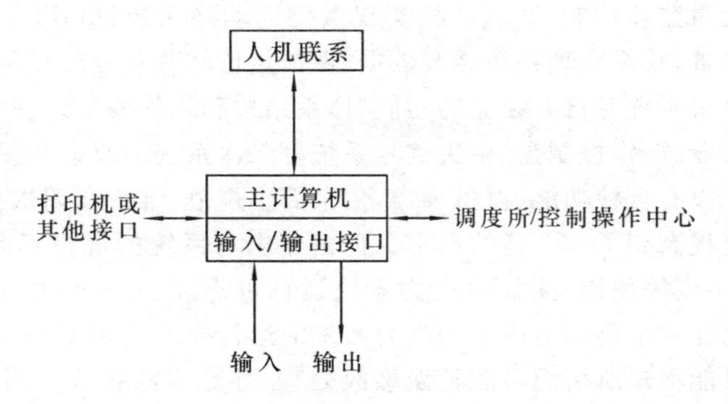

图 11-8 集中式综合自动化系统结构

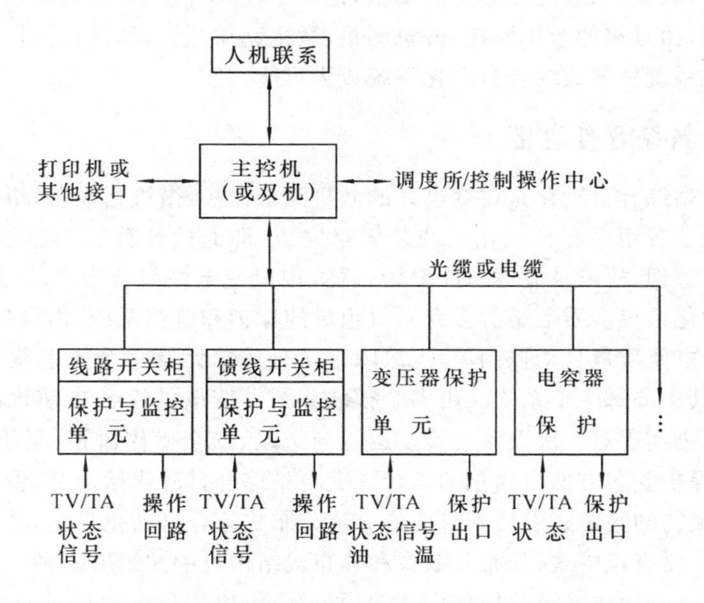

图 11-9 分布分散式综合自动化系统结构

分布式结构集中式组屏系统主要用于一次设备比较集中或组合式设备的中低压变电站,不仅具有分布分散式综合自动化系统的特点,而且便于设计、安装、扩展、维护和管理,一个环节故障不影响其他部分工作,其结构如图 11-10 所示。

从上述可知,一个变电站综合自动化系统不管结构如何,一般包括四个不同的层次:底层、一层、二层和高层。底层的基本功能是采集数据,如测量传感器、断路器、隔离开关等的信息,这些信息为保护和监控系统所共用;一层为保护、监控等具有独立功能的装置;二层是处理、控制单元,需要一层各元件的相关信息才能工作,也接受控制室的相关命令;高层是实现变电站的遥控功能层。

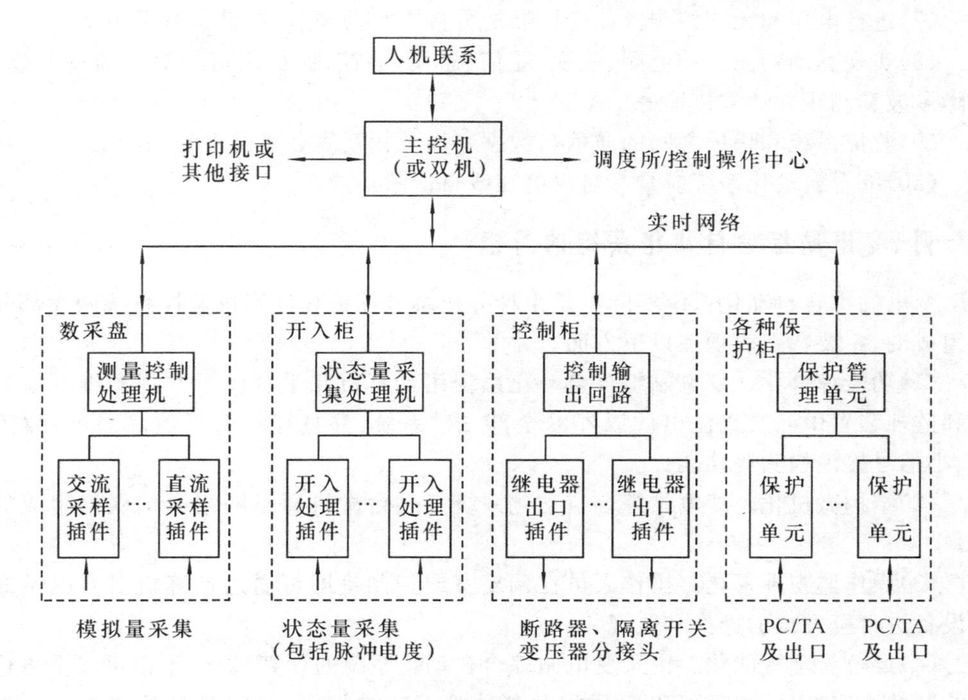

图 11-10　分布式结构集中式组屏综合自动化系统结构

三、变电站综合自动化系统的主要功能

变电站综合自动化系统的功能已远远超过了常规变电站二次系统,使远方调度所可对变电站进行远方监控,实现微机保护及对微机保护装置进行定值修改、投入或闭锁部分保护功能,信号复归,对隔离开关和断路器进行操作和闭锁,故障录波,事故记录、自检等,使变电站无人值班成为可能。具体说,变电站综合自动化系统的主要功能一般有如下方面。

(1)数据采集与显示。采集变电站内相关设备的模拟量和开关量并实时地显示在屏幕上供运行人员使用。

(2)安全监视及报警。对所有采集的实时数据、信息进行监视,并在出现异常状态(如保护动作、数据越限、设备异常等)时报警、显示和信息上传等。

(3)事件顺序记录。对变电站内的异常状态、故障按时间进行自动记录、信息远传。

(4)电能计算。系统应自动实现电能分时统计和累加。

(5)控制操作。系统可实现对断路器、隔离开关、变压器分接点的控制及防误操作等,并在特殊情况下可进行人工操作。

(6)可实现变压器、线路、母线、电容器等设备的各种保护功能及合理的配置保护。

(7)进行电压和无功控制。如变压器的分接点自动调节、补偿电容调节等。

(8)实现远动功能。如遥测、遥视、遥信、遥调、遥控、保护定值的远方监视和修改、故障录波和测距并远方传输等。

(9)监控系统和保护之间的通信与数据交换及相互间必要的报告和响应。

(10)综合自动化系统应具有自身的在线自诊断功能。

四、变电站综合自动化系统的特点

变电站综合自动化系统实际上是由计算机继电保护和计算机监控系统两大部分综合组成的,主要特点表现在以下方面。

(1)功能综合化。变电站综合自动化系统用计算机几乎替代了常规的继电保护装置和监控装置中除交直流电源以外的全部二次系统,并且还综合了故障录波、故障测距、小信号接地检测等功能。

(2)结构微机化。变电站综合自动化系统是多台微机通过网络通信联络组成的系统。

(3)操作监视屏幕化。操作人员在调度室或控制室即可通过计算机对变电站的一切设备进行全方位的操作和监视。

(4)运行管理智能化。由于变电站综合自动化系统的计算机化,不但可以全方位监视控制整个变电站,而且可以实现相关各种管理功能,并每时每刻对系统自身进行检测、诊断。

变电站综合自动化系统的出现为变电站的安全、可靠、经济运行提供了强有力的保证,为实现无人值班变电站提供了可靠的技术条件,使电力系统的自动化水平达到了一个新的高度,也为电力系统的安全、稳定、可靠、优质、经济运行提供重要而关键的条件。

思考题与习题

11-1　什么是二次接线和一次接线?它们之间有何联系?

11-2　二次接线图有几种形式?各有何特点,在什么场合下使用?

11-3　对断路器的控制回路有哪些基本要求?试说明如何实现这些要求?

11-4　断路器的控制回路接线是如何防止跳跃的?

11-5　在断路器的控制和信号回路中"不对应"原则指的是什么?

11-6　变电站综合自动化与常规变电站自动化的差别有哪些?

11-7　试述变电站综合自动化系统的基本结构形式及特点。

11-8　试述变电站综合自动化系统的基本功能。

第十二章 电力系统内部过电压

第一节 概 述

过电压是指超过正常运行电压并可使电力系统绝缘或保护设备损坏的电压升高。据统计，在电力系统各种事故中，由于过电压引起的绝缘事故占主导地位。过电压保护工作做好了，不仅可以使电力系统安全运行，而且还能降低电力系统的造价与运行维护的工作量。过电压可以分为内部过电压和外部（雷电）过电压两大类。本章所介绍的是内部过电压，有关雷电过电压将在第十三章中介绍。

内部过电压（简称内过电压）是由于电力系统内部能量的转化或传递引起的。这里所说的能量转化是指磁能转化为电能，能量传递主要指通过各部分相互之间的电磁耦合。内部过电压可按其产生原因分为操作过电压和暂时过电压，而后者又包括谐振过电压和工频电压升高。它们也可以按持续时间的长短来区分，一般操作过电压的持续时间在 0.1 s（5 个工频周波）以内，而暂时过电压的持续时间要长得多。

因操作引起的暂态电压升高，称为操作过电压。这里所谓操作包括断路器的正常操作，如分、合闸空载线路或空载变压器、电抗器等；也包括各类故障，如接地故障、断线故障等。由于操作，使系统的运行状态发生突然变化，导致系统内部电感元件与电容元件之间电磁能量的互相转换，这个转换常常是强阻尼的、振荡性的过渡过程。因此，操作过电压具有幅值高，存在高频振荡、强阻尼及持续时间短等特点。

因系统中电感、电容参数配合不当，在系统进行操作或发生故障时出现的各种持续时间很长的谐振现象及其电压升高，称为谐振过电压。谐振过电压不仅会在进行操作或发生故障的过程中产生，而且可能在该过渡过程结束后的较长时间内稳定存在，直到发生新的操作、谐振条件受到破坏为止。谐振过电压的危害性既取决于其幅值，也取决于它的持续时间。

此外，电力系统中在正常或故障时还可能出现幅值超过最大工作相电压、频率为工频或接近工频的电压升高。这种电压升高统称为工频电压升高，也称为工频过电压。线路单相接地所引起的健全相（或非故障相）电压的升高，空载长线的电感-电容效应及发电机突然甩负荷等是产生工频过电压的主要原因。工频过电压显然会影响到各种内部过电压的数值，因为后者的倍数是以工频电压为基准的。工频过电压一般不应超过最高运行相电压的 1.3 倍（线路断路器的变电站侧）或 1.4 倍（线路断路器的线路侧）。

内部过电压的能量来源于电网本身，所以它的幅值基本上是与电网的工频电压成正比的。内部过电压的幅值与电网该处最高运行相电压的幅值之比,称为内部过电压倍数,用字母 K 表示。K 值与电网结构、系统容量和参数、中性点接地方式、断路器性能、母线上的出线回数、电网的运行接线和操作方式等因素有关,它具有统计性质。通常在中性点直接接地的电网中,如果不采取限压措施,操作过电压的最大幅值可达最高运行相电压幅值的 3 倍以上;在中性点非直接接地的电网中,最大操作过电压可达最高运行相电压的 4 倍以上;谐振过电压的幅值则在 2 倍以上。

第二节　操作过电压

电力系统中存在着许多电感、电容元件,如电力变压器、互感器、发电机、消弧线圈、电抗器、线路导线的电感等均可作为电感元件;而线路导线的对地自电容和相间互电容、补偿用的并联或串联电容器组、高压设备的杂散电容等均可作为电容元件。电感和电容均为储能元件,可在电力系统中组成各种振荡回路。在电力系统运行中,当进行操作或发生故障时,将会发生回路从一种工作状态通过振荡转变到另一种工作状态的过渡过程,出现操作过电压,操作过电压存在的时间一般为几毫秒到几十毫秒。

电力系统中常见的操作过电压有:中性点绝缘电网中的电弧接地过电压;切除电感性负载(空载变压器、消弧线圈、并联电抗器、电动机等)过电压;切除电容性负载(空载长线路、电缆、电容器组等)过电压;空载线路合闸(包括重合闸)过电压及系统解列过电压等。

一、空载变压器的分闸过电压

电网中用断路器切除小电感负荷的操作是常见的一种操作,如切除空载变压器、消弧线圈和并联电抗器。在这种操作过程中,有可能产生很高的过电压。运行经验表明,所用断路器的灭弧能力越强,则切除小电感负荷的过电压事故就越多。下面以切除空载变压器为例进行分析。

1. 切空载变压器过电压产生的机理

断路器的作用是快速而可靠地开断大的感性短路电流。在开断 100 A 以上的交流电流时,断路器通常是在工频电流自然过零时断弧的,因而不会吸收大量的能量。而空载变压器的励磁电流 i_L 仅为短路电流的几百分之一到几万分之一,因此在切空载变压器时,断路器常常会在工频电流自然过零之前强行切断电弧,简称“截流”。在切除空载变压器励磁电流的截流瞬间,电弧电流被迫很快下降到零,造成

$$\mathrm{d}i_L/\mathrm{d}t \rightarrow (-\infty)$$

于是在变压器励磁电感 L 上将感应出过电压

$$u = L\mathrm{d}i_L/\mathrm{d}t \rightarrow (-\infty)$$

即过电压有可能达到很高的数值。

当然，在实际电路中 $\mathrm{d}i_L/\mathrm{d}t$ 是不会达到无穷大的。这是因为变压器绕组除励磁电感 L_T 外，还有电容 C_T，如图 12-1 所示。断路器截断电流后，电感中的电流可以以电容为回路继续流通，对电容进行充电，将电感中的磁能转化为电容中的电能。如图 12-2 所示，如果截流发生在某一瞬时值 I_0 时，电容上的电压为 U_0，此时变压器的总储能 W 为

$$W=W_L+W_C=(L_TI_0^2+C_TU_0^2)/2 \tag{12-1}$$

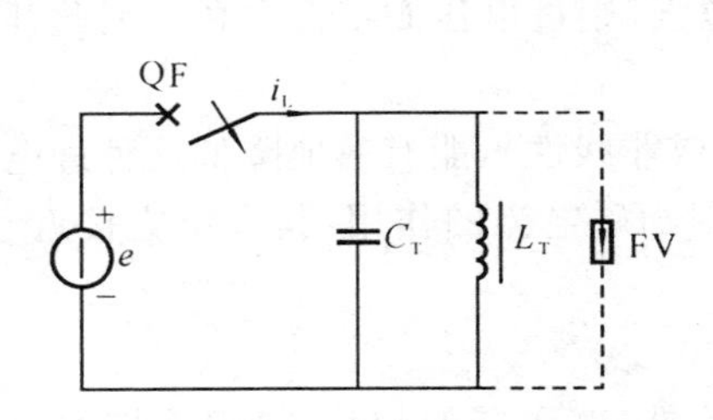

图 12-1　切除空载变压器的原理图

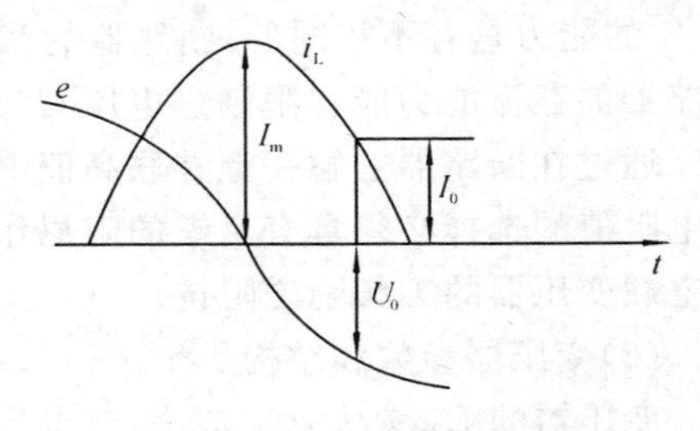

图 12-2　截流时刻

按能量不灭定律，当磁能全部转化为静电电能时，电容上的电压将达到其最大值 U_{Tm}，即

$$W=C_TU_{Tm}^2/2=(L_TI_0^2+C_TU_0^2)/2 \tag{12-2}$$

也就是说，由截流引起的变压器上的过电压可达

$$U_{Tm}=\sqrt{U_0^2+I_0^2L_T/C_T} \tag{12-3}$$

截流值愈大则过电压愈高，当截流发生在励磁电流的幅值 I_m（即 $I_0=I_m$，$U_0=0$）时，有

$$U_{Tm}=I_m\sqrt{L_T/C_T} \tag{12-4}$$

图 12-3 给出了在电流过幅值时截断后，电感中的电流 i_L 和电容上的电压（也即电感上的电压）u_C 的波形。如不计衰减，i_L 和 u_C 可写成

$$i_L=I_m\cos\omega_0t \tag{12-5}$$

$$u_C=-U_m\sin\omega_0t=-I_m\sqrt{\frac{L_T}{C_T}}\sin\omega_0t \tag{12-6}$$

式中，$\omega_0=1/\sqrt{L_TC_T}$。

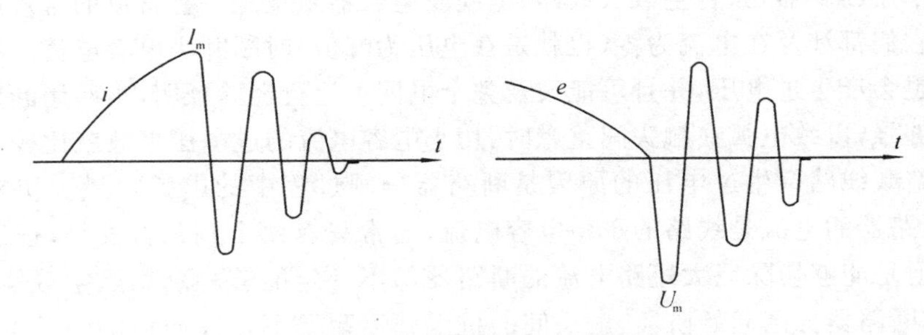

图 12-3　截流后的电流和电压波形

2. 影响切空载变压器过电压的因素及限制措施

由以上分析可知:切空载变压器过电压的大小和断路器的性能、变压器的参数和结构与变压器的连接线路有关。

(1)断路器性能。

切空载变压器引起的过电压幅值近似地与截流值 I_0 成正比。各种断路器截断电流 I_0 的能力是各不相同的,断路器的截流能力愈强,则过电压 U_{Tm} 就愈高。因此,降低断路器的截流能力能够限制过电压 U_{Tm} 的大小。

通过在断路器主触头上并联高值电阻(线性或非线性),能有效地降低这种过电压。该电阻值的选择必须具有足够的阻尼作用和限制励磁电流的作用,其大小应接近于被切空载变压器的工频励磁阻抗。

(2)变压器参数和结构。

变压器的 L_T 愈大,C_T 愈小,过电压愈高。此外,变压器的相数、绕组连接方式、铁芯结构、中性点接地方式、断路器的断口电容,以及与变压器相连的电缆段和架空线路段等,都会对切除空载变压器的过电压产生影响。

从变压器绕组连接方式角度,采用纠结式绕组及增加静电屏蔽等措施增大变压器的对地电容 C_T,可以限制这种过电压;从变压器铁芯角度,采用优质导磁材料,减小变压器励磁电感 L_T 或励磁电流 I_0 也可有效地限制这种过电压。现代高压变压器都采用冷轧硅钢片,其励磁电流仅为额定电流的 0.5%左右(热轧硅钢片可达 5%以上),同时又采用了纠结式绕组,大大增加了绕组的电容,所以切除这种变压器时,过电压倍数一般不会大于 2。

此外,空载变压器励磁绕组所存储的磁能不大,可以用限制雷电过电压的普通阀式避雷器来吸收。因此,如果需要的话也可用阀式避雷器来限制切空载变压器过电压。但这一避雷器应该接在断路器的变压器侧,以保证断路器断开后避雷器仍能留在变压器的连线上(见图 12-1 中用虚线连接的避雷器 FV)。

二、空载长线路的分闸过电压

电网中用断路器切、合空载长线路、电缆及电容器组也是一种常见的常规或故障操作方式。它们都涉及在电流为零(也就是在电压为峰值)时断开小电容电流。在这种操作过程中也会产生过电压,并且可能波及整个电网。运行经验证明,当所用断路器的灭弧能力不够强,以致电弧在触头间重燃时,切小电容电流的过电压事故就比较多。

切除空载线路产生过电压的原因是断路器分闸过程中的电弧重燃。切空载线路时,通过断路器的电流是线路的正序电容电流,通常只有几十到几百安培,远远小于短路电流。但是能够切除巨大短路电流的断路器却不一定能够顺利切除空载线路,其原因在于,在断路器分闸起始阶段,触头间的抗电强度耐受不住高幅值的恢复电压作用,因而发生一次或多次重燃现象而产生过电压。这种操作过电压幅值大,持续时间也较长，通常被作为选择超高压长线路绝缘水平的重要因素之一。

图 12-4 所示为断路器切除空载长线时的接线图和等值电路图。图中 L 是电源与线路的等值电感，C 是线路的等值电容。通常 $\omega L \ll 1/(\omega C)$，因此在电路切除前，可认为电容电压 u_C 和电源电动势 e 近似相等，而流过断口的工频电流 i_C 超前电源电压 90°。

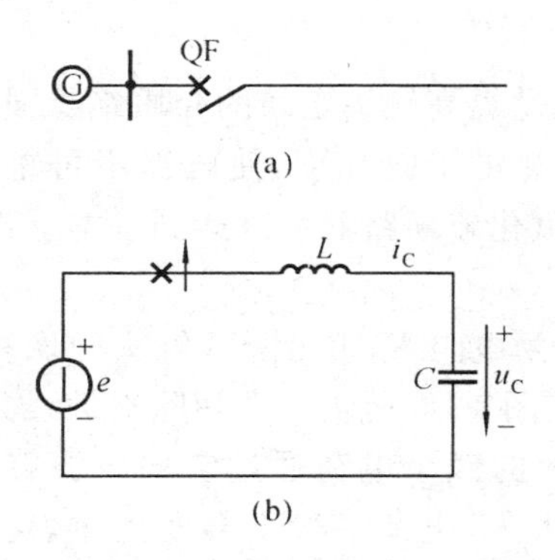

图 12-4　切除空载长线

(a)接线图；(b)单相等值电路图

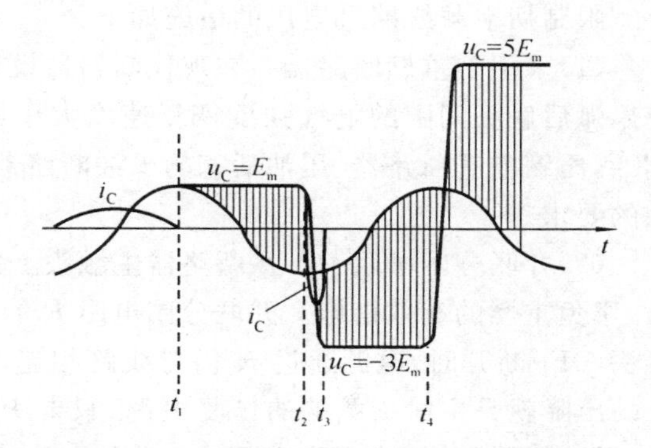

图 12-5　切除空载长线时的电流和电压波形

当断路器 QF 的触头分离后，触头间的电弧将在工频电流过零时熄灭(图 12-5 中 $t=t_1$ 时刻)，此时线路电容上的电压恰好达到电源电压的最大值 E_m。电弧熄灭后，电源与电容分开，电容 C 上的电荷无处泄放，所以线路电容维持残余电压 E_m，而电源电压 e 则将继续按工频变化，此时加在 QF 断口上的电压将逐渐增加(如图中阴影所示)。过了工频半个周波后(图中 $t=t_2$ 时刻)，当电源电压 e 到达反相最大值 $-E_m$ 时，QF 断口间的恢复电压达到 $2E_m$。如果此时 QF 断口间介质的抗电强度不够，刚好在 $2E_m$ 时被击穿，电弧第一次重燃，此时线路电容上的电压 u_C 将由起始值 E_m 以 $\omega_0=1/\sqrt{LC}$ 的角频率围绕 $-E_m$ 振荡，其振幅为 $2E_m$，因此 u_C 的最大值可达 $-3E_m$。

伴随着高频振荡电压的出现，QF 断口间将有高频电流流过，它超前于高频电压 90°。因此，当 u_C 达到 $-3E_m$ 时(图中 $t=t_3$ 时刻)，高频电流恰恰经过零点，于是电弧可能再一次熄灭。此时电容 C 上将保持 $-3E_m$ 的电压，而电源电压则继续按工频变化。又经过工频半个周波后(图中 $t=t_4$ 时刻)，作用在断口上的电压将达 $4E_m$。假如断口又恰好在此时击穿，则由于电容的起始电压为 $-3E_m$，电源电压为 E_m，振幅为 $4E_m$，振荡后电容上的最大电压可达 $5E_m$。以此类推，过电压可按 $-7E_m$，$+9E_m$，…逐次增加而达到很大的数值。可见电弧的多次重燃是切除空载长线路产生危险过电压的根本原因。

以上的分析都是按最严峻的条件进行的，实际上断路器重燃不一定在工频电压为异极性半波的幅值时才发生，重燃的电弧也不一定在高频电流首次过零时熄灭，再加上线路上还有电晕及电阻等损耗，会使过电压最大值有所下降。

当母线上同时接有多路出线，而只切除其中一条时，因为电弧重燃时残余电荷迅速重新分配,改变了电压的起始值,因而可以降低过电压。

此外,当线路侧装有电磁式电压互感器等设备时,它们将为线路上的残余电荷提供泄放的附加路径,因而能降低过电压。

国内外大量实测数据表明,在中性点不接地系统中,过电压倍数一般不超过3.5～4倍,在中性点直接接地系统中一般不超过3倍。

限制切空载线路过电压的措施如下。

(1)采用不重燃断路器。在现代断路器设计中通过提高触头之间的介质绝缘强度,使熄弧后触头间隙的电气强度恢复速度大于恢复电压的上升速度,使电弧不再重燃。例如,压缩空气断路器、压油活塞的少油断路器及六氟化硫断路器可以达到基本上不重燃的要求。

(2)并联分闸电阻 R。在断路器主触头上并联分闸电阻 R,也是降低触头间恢复电压、避免重燃的有效措施。并联分闸电阻 R 的接法如图12-6所示。在切除空载线路主触头 QF_1 断开时,电源通过 R 仍与线路相连,线路上的残余电荷通过它向电源释放。R 的压降就是主触头两端的恢复电源,只要 R 值不太大,电弧一般不会发生重燃。经过一段时间辅助触头 QF_2 断开,恢复电压已较低,电弧不会重燃,即使重燃,R 将对其振荡起阻尼作用,能使过电压降低。实测研究表明:当装有分闸电阻的断路器切除空载线路时,过电压的最大值不高于2.28倍。一般从降低 QF_1 和 QF_2 的恢复电压及热容量方面考虑选取分闸电阻值,通常取1000～3000 Ω。

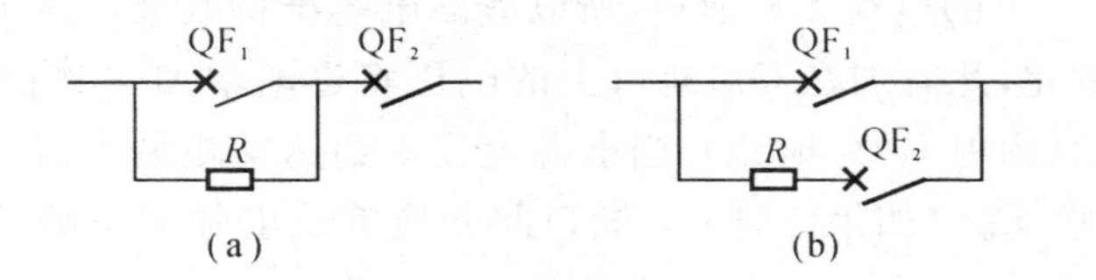

图12-6　并联分闸电阻的接法

(3)线路首末端装设避雷器。装设金属氧化物避雷器(MOA)或磁吹阀式避雷器能有效地限制这种过电压的幅值。

三、空载长线路的合闸过电压

1. 正常合闸

由于正常运行需要而进行的合闸操作称为正常合闸,如图12-7(a)所示。电源 E_1 和 E_2 经输电线连通,线路两侧均装有断路器。在线路一侧断路器(如 QF_2)断开的情况下,关合另一侧断路器(如 QF_1)就会遇到关合空载线路的操作。用单相集中参数表示线路的T型等值电路,可得如图12-7(b)所示的合闸空载线路的单相等值电路图。图中 L 为电源电感,C 为线路总电容,忽略回路中的电阻,则 L 与 C 将构成振荡回路,其振荡角频率 $\omega_0=1/\sqrt{LC}$。

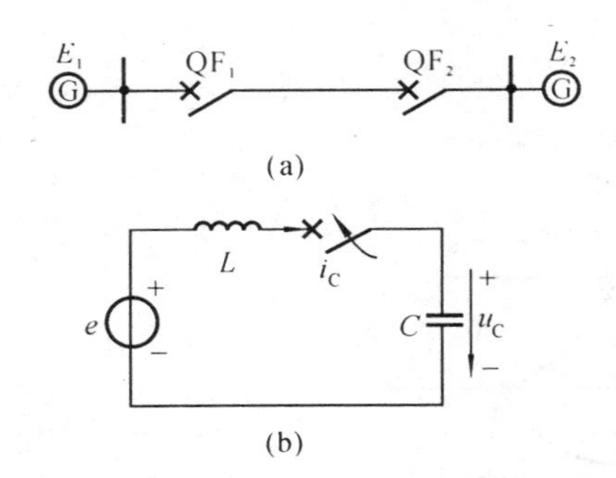

图 12-7　关合空载长线

(a)接线图；(b)单相等值电路图

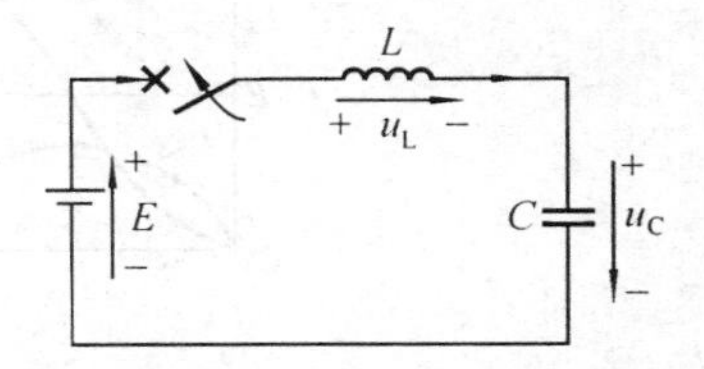

图 12-8　直流电压作用在 LC 回路上

在一般情况下，ω_0 要比工频高得多。因此，可以假设在求过渡过程中电容 C 上的电压时，电源电压近似地保持不变（如果在电源电压接近幅值时合闸，由于这时电源电压变化较慢，这一假设就更接近于实际了）。这样，空载线路的关合可以简化成图 12-8 的直流电源合闸于 LC 振荡回路的情况，图中直流电动势 E 等于电网工频相电压的幅值 U_{pm}（这相当于最严重的情况）。据此可以写出

$$E=u_L+u_C \tag{12-7}$$

$$u_L=L\mathrm{d}i/\mathrm{d}t \tag{12-8}$$

$$u_C=\frac{q}{C}=\frac{1}{C}\int i\mathrm{d}t \tag{12-9}$$

因此，电路方程可写成

$$E=L\frac{\mathrm{d}i}{\mathrm{d}t}+\frac{1}{C}\int i\mathrm{d}t \quad 或 \quad LC\frac{\mathrm{d}^2u_C}{\mathrm{d}t^2}+u_C=E \tag{12-10}$$

当电容 C 上无起始电压时，即 $t=0, u_C=0$，则式(12-10)的解为

$$u_C=E(1-\cos\omega_0 t) \tag{12-11}$$

代入式(12-9)可得电流的解为

$$i=C\frac{\mathrm{d}u_C}{\mathrm{d}t}=\frac{E}{\sqrt{L/C}}\sin\omega_0 t \tag{12-12}$$

图 12-9 给出了与式(12-11)、式(12-12)相应的电压、电流变化曲线，即回路中的电流为一正弦波形，电压则为一围绕电源电压发生周期振荡的波形。可见不计长线电阻效应，关合空载长线时，长线电容上出现的过电压可达电源电压 E 的 2 倍。

实际上，回路中总存在着电阻，只要回路中有少量电阻 $R(R<2\sqrt{LC})$ 存在，则经过若干周期振荡后，电容上的电压最终一定会衰减到稳态值——电源电压 E。由式(12-11)和图 12-9 可知，u_C 可以看做是由两部分叠加而成：第一部分为稳态值 E；第二部分为振荡部分。后者是由于起始状态和稳定状态的差异而引起的，振荡部分的振幅为(稳态值－起始值)。因此，由于振荡而产生的过电压可以用下列更普遍的式子求出

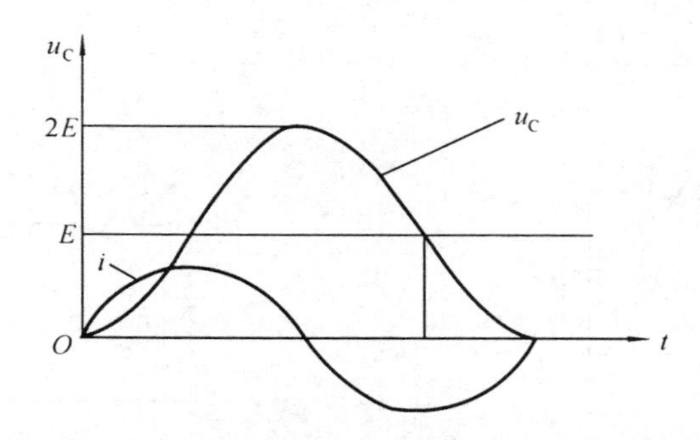

图 12-9　图 12-8 回路中 i 和 u_C 随时间的变化曲线

$$\begin{aligned}\text{过电压}&=\text{稳态值}+\text{振荡幅值}=\text{稳态值}+(\text{稳态值}-\text{起始值})\\&=2\text{ 倍稳态值}-\text{起始值}\end{aligned}\tag{12-13}$$

式(12-13)是最大过电压估算的基础。利用这个关系式,可以方便地估算出由振荡而产生的过电压值。如图 12-10 所示,当电容 C 上的起始电压 $u_C(0)=-U_0$ 时,由于稳态电压为 E,振荡的振幅将为 $E-(-U_0)=E+U_0$,此时 u_C 的波形如图 12-10(b)所示。据此不难写出当电容 C 上有起始电压 $u_C(0)$时,u_C 的数学表达式为

$$u_C=E-[E-u_C(0)]\cos\omega_0 t\tag{12-14}$$

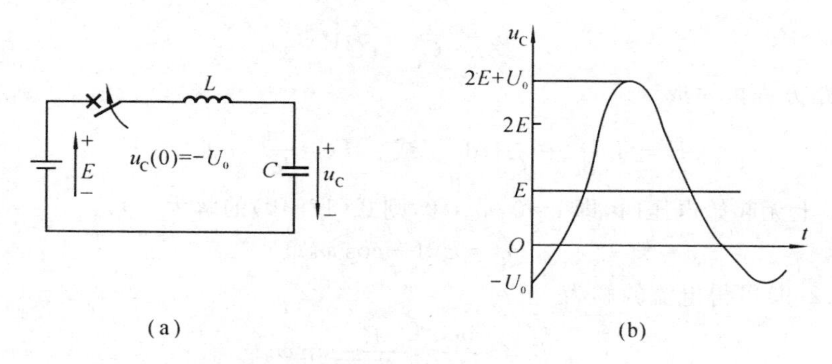

图 12-10　直流电源 E 通过电感 L 加到起始电压为 $-U_0$ 的电容 C 上

(a)等值电路图;(b)u_C 随时间的变化曲线

2. 自动重合闸

为了减少鸟害和雷害等暂时性故障引起的线路跳闸事故,运行中的线路发生故障时,由继电保护装置控制断路器跳闸后,经过一短暂时间后再合闸,即为自动重合闸操作,这也是电力系统中经常遇到的一种操作。仍以图 12-7(a)为例,当雷击线路而使线路两端的断路器跳闸时,其中后动作的断路器将切断空载长线的电容电流,而在线路电容上保留数值等于电源电压幅值(如$+E_m$)的残留电压。当开关重合时,如果电源电压

恰好达到极性相反的幅值（如$-E_m$），则重合闸过电压将达$2(-E_m)-E_m=-3E_m$。相当于开关第一次重燃时的过电压。

3. 影响因素及限制措施

根据以上分析，合闸空载线路过电压以重合闸最为严重，理论上重合闸过电压可达$3E_m$。但实际中过电压的幅值受到很多因素的影响，如系统参数、结构及运行方式等；此外，如合闸相位、三相断路器合闸动作的不同期等随机性因素，不但影响过电压数值，还使其具有统计性质。

(1)影响因素。归纳起来影响因素主要有以下几个方面。

① 合闸相位。电源相电势$e(t)=E_m\sin(\omega t+\alpha_0)$，合闸瞬间的电势值$e(0)=E_m\sin\alpha_0$，取决于合闸初相位$\alpha_0$。正常合闸时，若$\alpha_0=\pm90°$，即$e(0)=\pm E_m$是其中最严重的情况。合闸初相位$\alpha_0$是个随机数值，遵循统计规律。由于断路器触头在机械上闭合以前可能发生预击穿现象，而且多发生在触头间电压接近最大的情况，即相当于电源电势在最大值附近重合闸或接近反相重合闸。试验表明，预击穿现象的发生与断路器触头的动作速度有关。速度越低，越容易发生预击穿现象，幅值（反相）合闸的几率越高，合闸相位α_0多处在最大值附近$\pm30°$之内，油断路器就属于这种情况。若触头动作速度较高时，合闸相位α_0的分布就比较均匀，有幅值（反相）合闸，也有零值合闸。

采用选相合闸（或称同步合闸）可以达到限制合闸过电压的目的。所谓选相合闸，就是通过专门装置进行控制，使断路器在两触头电位极性相同或电位差接近于零时完成合闸操作，从而将合闸过电压降至可能低的程度。

② 线路残压。在自动重合闸的过程中（大约 0.5 s），由于线路残余电荷的泄放，实际上线路残压是下降的。线路绝缘子存在着一定的泄漏电阻，使线路上的残余电荷泄放入地。据国外实测，(110～220) kV 线路残压接近于随时间按指数关系衰减。残余电压下降的速度与线路绝缘子的表面情况、气候条件等因素有关。

当线路侧接有电磁式电压互感器时，电压互感器的励磁电感、等值电阻与线路电容就构成阻尼振荡回路，线路残余电荷得以在几个周波内泄放掉，使重合闸过电压受到限制。

超高压线路上常接有并联电抗器，所不同的是，并联电抗器的电阻小，遂使线路上的残余电荷经电抗器呈现弱阻尼的振荡放电，而且由于补偿度较高，使回路的振荡频率接近工频频率。在重合闸时有可能使断路器断口两侧的电位极性相反，甚至会造成接近反相重合的结果。此时线路上即使接有电磁式电压互感器，亦不会起到使电荷泄放的作用，仍可能出现严重的过电压。实际上并联电抗器的作用是降低空载线路的工频电压升高，从而降低合闸过电压。

③ 线路损耗。输电线路的能量损耗会引起自由分量的衰减，使过电压幅值降低。能量损耗主要来自两方面：一方面是线路存在电阻；另一方面当过电压较高时，线路上将出现冲击电晕放电现象，而且过电压倍数越高，冲击电晕现象越强烈，电晕损失也越

大。无论哪一种形势的能量损耗,能量损耗越大,对过电压的限制作用越显著。

④ 三相断路器不同期合闸。断路器合闸时总存在一定程度的三相不同期,因而形成三相电路瞬时的不对称,这种不对称的程度会因为中性点非直接接地或中性点绝缘而更加严重。此外,由于三相之间存在互感及电容的耦合作用,在未合闸相上感应出与已合闸相极性相同的电压,待该相合闸时可能出现反极性合闸情况,以致产生高幅值的过电压。模拟试验表明,断路器的不同期合闸会使过电压幅值增高10%~30%。

⑤ 单相自动重合闸。模拟试验表明,一般情况下,三相自动重合闸,特别是不成功的三相重合闸,过电压最为严重。这主要是由于不对称效应使健全相残压高于相电压,空载长线的电容效应及相间耦合等原因所致。

在超高压系统中采用单相自动重合闸可以降低重合闸过电压。在这种操作方式下,由于故障相被切除后,线路上没有残余电荷,加之系统零序回路的阻尼作用大于正序回路,甚至会使单相重合闸过电压低于正常重合闸过电压。

⑥ 母线上接有其他出线时。母线上出线回路的数目也会对空载长线的操作过电压产生影响。以图12-11为例,母线上有A、B两条出线。当拉开B线,工频电流经过零点而熄弧后,B线将保持$+E_m$的电位,而A线电位将随电源电压而变。到下半周期,电源电压变为$-E_m$时,A线电位也是$-E_m$,而B线断路器两触头间的电压将为$2E_m$,于是电弧可能重燃。在重燃一瞬间,B线电荷将与A线电荷在迅速的衰减振荡中中和(消失),使B线和A线电位迅速地变为零值,然后再出现电源经电感L向B线及A线充电的较慢过程。由于此时B线的起始电位已是零而不是$+E_m$,也就是说起始电位更靠近了稳态电位$-E_m$一些,因此过渡过程的振荡分量就要相应小些。此时在振荡中B线的最大电位将不再是以前的$-3E_m$,而是$-2E_m$。显然,并联的线路越多,则当B线断路器电弧重燃时,B线电荷与其他各线电荷互相作用的结果将使B线的起始电位越接近于稳态电位,因此过电压也就越小。

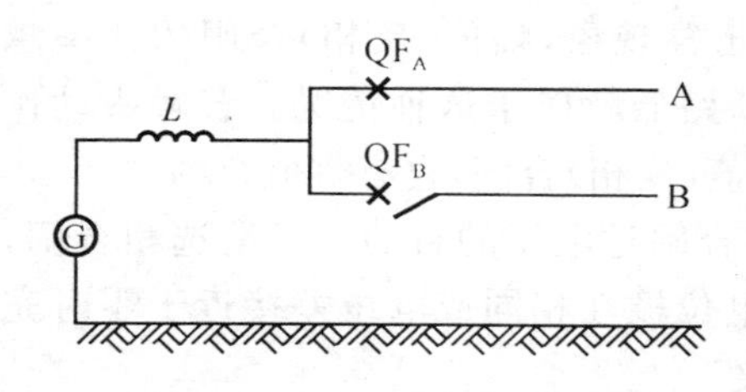

图12-11 两条送电线路中断开其中一条线路时的情况

(2)限制合闸过电压的措施。限制合闸过电压的措施主要包括以下几个方面。

① 合理装设并联电抗器,以及适当安排合闸操作程序,降低因线路电容效应等引起的工频电压升高。

② 采用单相自动重合闸避免线路残压的影响。

③ 断路器主触头上并联合闸电阻,其接法与图12-6的分闸电阻相同,所不同的是首先由辅助触头QF_2串联电阻R合闸于线路。由于R对振荡回路的阻尼作用,过渡过程的过电压降低,为降低过电压希望选用较大的阻值。接着经8~15 ms,主触头QF_1闭合,短接R,完成合闸操作,为使短接R时,回路振荡程度较弱,希望选用较小的

阻值。综合考虑合闸两个阶段对电阻值的不同要求，目前国内设计中多取 400～1000 Ω。与前面介绍的分闸电阻相比，合闸电阻值属于低值范围。

④ 线路首末端装设磁吹阀式避雷器或金属氧化物避雷器(MOA)。运行实践表明，断路器并联合闸电阻的热容量大，难以满足使用寿命要求，而且合闸电阻的机械部分维修工作量大，所以已有取消合闸电阻，在空载线路首、末端甚至在线路中部加装 MOA 的做法，同样能将沿线过电压限制在容许范围内。

我国在线路设计时所取的操作空载线路过电压倍数为

① 相对地绝缘(相应设备最高运行相电压的倍数)：

35～66 kV 及以下(电网中性点经消弧线圈接地或不接地)	4.0
110～154 kV(电网中性点经消弧线圈接地)	3.5
110～220 kV(电网中性点直接接地)	3.0
330 kV(电网中性点直接接地)	2.75
500 kV(电网中性点直接接地)	2.0

② 相间绝缘(相应相对地操作过电压的倍数)：

35～220 kV 取 1.3～1.4 倍；330 kV 可取 1.4～1.45 倍；500 kV 可取 1.5 倍。

四、电弧接地过电压

单相接地故障是电力系统中的主要故障形式，占 60%以上，而且常以电弧接地的故障形式出现。对于中性点不接地的电网，如果一相导线对地发弧，流过故障点的电流只是另两相导线的对地电容电流。由于故障电流很小，不会引起断路器跳闸，但这种电弧接地却能使电网中产生过电压，在绝缘薄弱处引起故障。

运行经验证明，在电网较小、线路较短、接地电流很小(如几安到十几安)的情况下，单相接地电弧会迅速熄灭，使电网自动恢复正常；当接地电流较大时(6～10 kV 电网对地电容电流超过 30 A，35～60 kV 超过 10 A)，电弧难以自动熄灭，但又不会大到形成稳定电弧的程度，在故障点出现电弧熄灭-重燃交替进行的现象，使系统中电感、电容回路间多次产生电磁振荡，会造成遍及全系统的电弧接地过电压(亦称弧光接地过电压)。

1. 电弧接地过电压产生的基本原理

电弧的熄灭与重燃时间是决定最大过电压的重要因素。单相电弧接地时流过弧道的电流有两个分量：工频电流(强制)分量和高频电流(自由)分量。一般假设在电源相电压为最大值时燃弧，由于燃弧瞬间出现的自由振荡频率远远高于工频，故可认为接地瞬间弧道中的电流以高频电流为主，高频电流迅速衰减后，剩下的主要是工频电流。在分析电弧接地过电压时有两种假设：以高频电流第一次过零时熄弧为前提进行分析，称高频电流熄弧理论，因高频电流过零时，高频振荡电压恰为最大值，熄弧后残留在非故障相上的电荷量较大，故按此分析，过电压值较高；以工频电流过零时熄弧为条件进行分析，称为工频电流熄弧理论，按此分析，熄弧时残留在非故障相上的电荷量较少，过电压值较低,但接近于电网中的实际测量值。虽然两种理论分析所得的过电压的大小不同,但反映过电压形成的物理本质是相同的。下面以工频电流熄弧理论来解释电弧接地过电压的形成过程。

图 12-12 所示为中性点绝缘系统发生单相接地故障(假设 A 相电弧接地)时的电路。设三相电源相电压为 e_A、e_B、e_C,各相对地电压为 u_A、u_B、u_C。假设 A 相电压在幅值 $-U_m$ 时对地闪络(图 12-13 中 $t=0$ 时刻),令 $U_m=1$,则发弧前瞬间($t=0^-$ 时刻)线路相对地电容 C_0 上的初始电压分别为

$$u_A(0^-)=-1,\quad u_B(0^-)=u_C(0^-)=0.5$$

这就是振荡过程的电压起始值。发弧后瞬间($t=0^+$ 时刻),A 相对地电容 C_0 上电荷通过电弧泄入地下,其相电压降为零,则此时

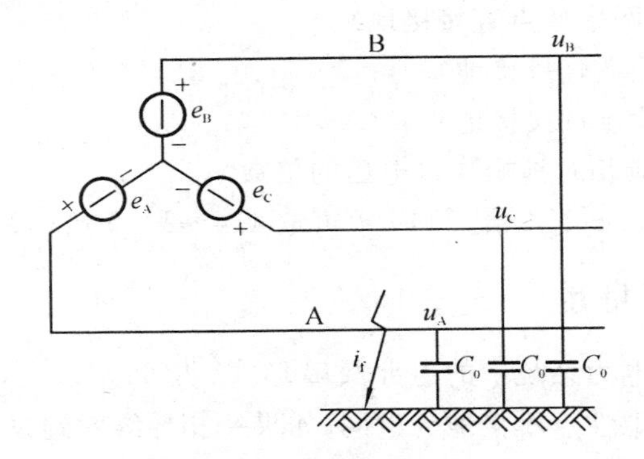

图 12-12　A 相电弧接地

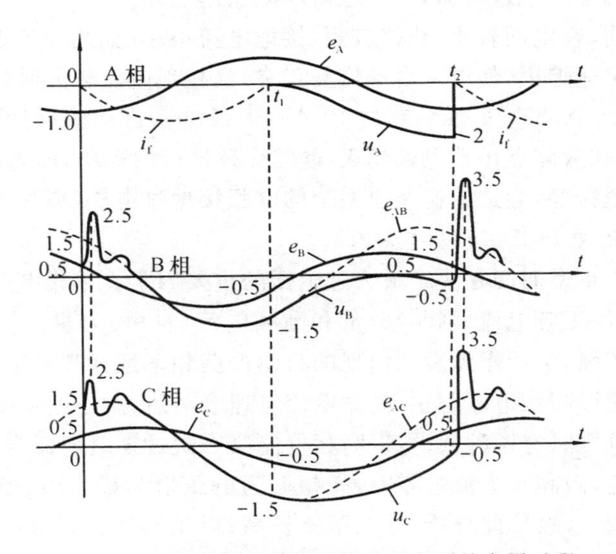

图 12-13　工频熄弧时电弧接地过电压的发展过程

$$u_A(0^+)=0,\quad u_B(0^+)=u_{BA}(0^+)=1.5,\quad u_C(0^+)=u_{CA}(0^+)=1.5$$

在$(0^-,0^+)$期间，电源经线路电感给B、C相对地电容C_0充电，这是一个高频振荡过程。根据式(12-13)，在此过渡过程中出现的最高振荡电压幅值将为$U_{Bm}=U_{Cm}=2\times1.5-0.5=2.5$。其后，过渡过程很快衰减，B、C相对地电容上的电压稳定到线电压e_{BA}和e_{CA}。

经过半个工频周期，在$t=t_1$时刻，B、C相对地电容上的电压将等于-1.5，此时接地点的工频接地电流i_k通过零点，电弧自动熄灭，即发生第一次工频熄弧。注意到在熄弧瞬间，B、C相对地电容上的电压将各为-1.5，而A相对地电容上的电压为零，电网储有电荷$q=2C_0(-1.5)=-3C_0$，由于系统中性点是绝缘的，这些电荷无处泄漏，必将在三相对地电容间平均分配，使中性点上产生了对地直流偏移电压，$u_N(t_1)=q/3C_0=-1$。因此电弧熄灭后，导线对地电容上的稳态电压应由各相的电源电压和直流电压$u_N(t_1)$叠加而成。由于在电弧熄灭后的瞬间，B、C相的电源电压e_B、e_C均为-0.5，叠加结果作用在B、C相对地电容上的电压仍为-1.5；而在电弧熄灭后的瞬间A相对地电源电压e_A为1，叠加结果作用在A相对地电容上的电压仍为零，即各相对地电容上的起始值与稳态值相等，不会引起过渡过程。

熄弧后，相对地电压逐渐恢复，再经半个工频周期，在$t=t_2$时刻，B、C相对地电容上的电压变为-0.5，A相对地电容上的电压则高达-2，这时可能引起故障点接地电弧重燃，B、C相对地电容C_0电压将从起始值-0.5被充电至线电压的瞬时值1.5，过渡过程的最高电压为$U_{Bm}=U_{Cm}=2\times1.5-(-0.5)=3.5$。过渡过程衰减后，B、C相将稳定在线电压运行。

其后，每隔半个工频周期依次发生熄弧和重燃，其过渡过程与上述过程完全相同。据此可得非故障相的最大过电压$U_{Bm}=U_{Cm}=3.5$，故障相的最大过电压$U_{Am}=2$。

2. 电弧接地过电压的影响因素

产生电弧接地过电压的根本原因是不稳定的电弧过程。由于受到发生电弧部位的介质及大气条件的影响，电弧的燃烧与熄灭具有强烈的随机性质，直接影响过电压的发展过程，使过电压数值具有统计性。以上分析是在一定的假定条件下进行的，即第一次发弧及重燃均发生在故障相电压达到最大值的时刻，且熄弧发生在工频电流过零的时刻。实测表明，燃弧不一定发生在故障相电压达到最大值的时刻，熄弧可能发生在工频电流过零的时刻，也发现在第一次或几次高频电流过零后熄弧的情况。

此外，导线相间有电容存在、线路有损耗电阻、过电压下将出现电晕而引起衰减等因素，都会对振荡过程产生影响，使得过电压的最大值有所降低。我国实测电弧接地过电压倍数最大为3.2，绝大部分均小于3.0。由于这种过电压的幅值并不太高，所以变压器、各类高压电器和线路的正常绝缘是能承受这种过电压的。但是这种过电压的持续时间较长，而且遍及全网，对网内装设的绝缘较差的老设备，线路上存在的绝缘薄弱点，尤其是由发电机电压直配电网中绝缘强度很低的旋转电机等，都将存在较大的威胁,在一定程度上会影响电网的安全运行。经验证明,由这种过电压所造成的设备损坏和大面积停电事故在我国时有发生,因此,仍需要给予足够的重视。

3. 限制过电压的措施

由电弧接地过电压的产生原理分析可以看出,产生该过电压的根本原因在于电网中性点的电位偏移,要消除这种过电压,可从改变中性点的接地方式入手。

(1)采用中性点直接接地方式运行。当发生单相接地时将造成很大的单相短路电流,断路器将立即跳闸,切断故障,经过一段短时间歇让故障点电弧熄灭后再自动重合。如能成功,就立即恢复送电;否则,断路器将再次跳闸,不会出现间歇电弧现象。因而110 kV及以上电网均采用中性点直接接地方式,除可避免出现这种过电压外,还因为能降低所需的绝缘水平,缩减建设投资。

(2)中性点经消弧线圈接地方式运行。对于为数极多的较低电压等级的送电线路来说,单相电弧接地的事故率相对很大,采用中性点直接接地方式,将会引起断路器的频繁开断和增加重合闸装置及维修工作量。因此,对于66 kV及以下电压等级的电网,通常采用中性点经消弧线圈接地运行方式,它可以补偿接地电流,使通过故障点的残流变得很小,促使电弧迅速熄灭,因而也消除了间歇性的弧光接地现象。

第三节 谐振过电压

电力系统中包括有许多电感和电容元件,作为电感元件的有电力变压器、互感器、发电机、消弧线圈及线路导线等,作为电容元件的有线路导线的对地电容和相间电容、补偿用的串联和并联电容器组及各种高压设备的寄生电容等。当系统进行操作(如断路器的操作或不同期动作)或发生故障(如不对称接地故障或断线故障)时,系统中的电感、电容元件可能形成多种频率的振荡回路。当外加的强迫振荡频率等于振荡系统中某一自由振荡频率时,就会出现周期性或准周期性的谐振现象,引起谐振过电压。

谐振是一种稳态性质的现象,虽然在某些情况下谐振现象不能自保持,在发生后经一段短暂的时间,会自动消失,但也可能稳定存在,直到谐振条件受到破坏为止。因此谐振过电压的危害性既取决于其幅值,也取决于它的持续时间。当系统产生谐振时,可能因持续的过电压而危及电气设备的绝缘,或因持续的过电流而烧毁小容量电感元件设备(如电压互感器),还可能影响过电压保护装置的工作条件,如影响阀式避雷器的灭弧条件。

运行经验表明,谐振过电压可在各种电压等级的电网中产生。在35 kV及以下的电网中,由谐振造成的事故较多,需要特别重视。在电网设计时或进行操作前,要作一些估计和安排,尽量避免谐振的发生或缩短谐振存在的时间。

电力系统中的有功负荷是阻尼振荡和限制谐振过电压的有利因素,所以通常只有在空载或轻载的情况下才会发生谐振。但对零序回路参数配合不当而形成的谐振,系统的正序有功负荷是不起作用的。

在不同电压等级、不同结构的系统中可以产生不同类型的谐振过电压。一般可认为电力系统中电容和电阻元件的参数是线性的，而电感元件则不然。因此，随着振荡回路中电感元件的特性不同，谐振将呈现有三种不同的类型。

(1)线性谐振。谐振回路由不带铁芯的电感元件（如输电线路的电感、变压器的漏感）或励磁特性接近线性的带铁芯的电感元件（如消弧线圈，其铁芯中带有空气隙）和系统中的电容元件所组成。在交流电源的作用下，当系统自振频率等于或接近电源频率时，将产生线性谐振现象。

(2)铁磁谐振（非线性谐振）。谐振回路由带铁芯的电感元件（如空载变压器、电压互感器）和系统中的电容元件组成。受铁芯饱和的影响，铁芯电感元件的电感参数是非线性的，这种含有非线性电感元件的回路，在满足一定谐振条件时会产生铁磁谐振现象。

(3)参数谐振。谐振回路由电感参数作周期性变化的电感元件（如凸极发电机的同步电抗在 $X_d \sim X_q$ 间周期性变化）和系统电容元件（如空载线路）组成。当参数配合恰当时，通过电感的周期性变化不断向谐振系统输送能量，将会造成参数谐振。

一、线性谐振过电压

在 LC 串联线性电路中，只要电路的自振频率接近交流电源频率，就会发生串联谐振现象。这时即使是在稳态也可能在电感或电容元件上产生很高的过电压，因此串联谐振也称为电压谐振。

图 12-14 所示为串联线性谐振电路，这种电路常常在操作或故障引起的过渡过程中出现。设电源电压为 $\sqrt{2}E\sin(\omega t+\alpha)$，$R$ 为回路的阻尼电阻，$\mu=R/(2L)$ 为回路的阻尼率。由于 R 较小，$\mu/\omega_0 \ll 1$，可以忽略电阻对自振角频率的影响，自振角频率 $\omega_0=1/\sqrt{LC}$。当回路中电感电流和电容电压的初始值为零时，可得出过渡过程中电容 C 上的电压为

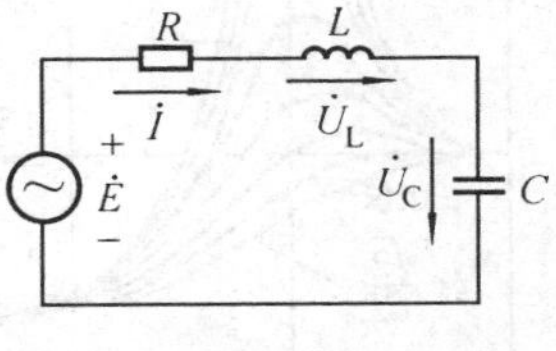

图 12-14　串联线性谐振电路

$$u_C(t)=\sqrt{2}U_C\left[-\cos(\omega t+\varphi)+\sqrt{\left(\frac{\omega}{\omega_0}\right)^2\sin^2\varphi+\cos^2\varphi}\,e^{-\mu t}\cos(\omega_0 t+\theta)\right] \tag{12-15}$$

式中，U_C 及 φ 为电容电压稳态分量的有效值及初相角，可由电路稳态计算得到。稳态时，回路阻抗角 φ_0 为

$$\varphi_0=\arctan\frac{\omega L-1/\omega C}{R} \tag{12-16}$$

回路的电流及电容、电感电压有效值分别为

$$I=E/\sqrt{R^2+(\omega L-1/\omega C)^2} \tag{12-17}$$

$$U_C=\frac{I}{\omega C}=\frac{E}{\sqrt{[1-(\omega/\omega_0)^2]^2+(R\omega C)^2}}=\frac{E}{\sqrt{[1-(\omega/\omega_0)^2]^2+4(\mu/\omega_0\cdot\omega/\omega_0)^2}} \tag{12-18}$$

$$U_L=\omega LI=\frac{E}{\sqrt{[1-(\omega_0/\omega)^2]^2+(R/\omega L)^2}}=\frac{E}{\sqrt{[1-(\omega_0/\omega)^2]^2+4(\mu/\omega)^2}} \tag{12-19}$$

式(12-15)中初相角

$$\varphi=\alpha-\arctan\frac{\omega L-1/\omega C}{R} \tag{12-20}$$

自由分量的初始角 θ 与 φ 有如下关系

$$\tan\theta=\frac{\omega}{\omega_0}\tan\varphi \tag{12-21}$$

图 12-15 给出了在不同 μ/ω_0 时,由式(11-18)计算出的表示 U_C/E 和 μ/ω_0 关系的曲线,曲线中 U_C 的最大值出现在 $\omega/\omega_0=\sqrt{1-(\mu/\omega_0)^2}$ 时,其值为

$$U_{Cm}=E\cdot\frac{\omega_0^2}{2\mu\sqrt{\omega_0^2-\mu^2}} \tag{12-22}$$

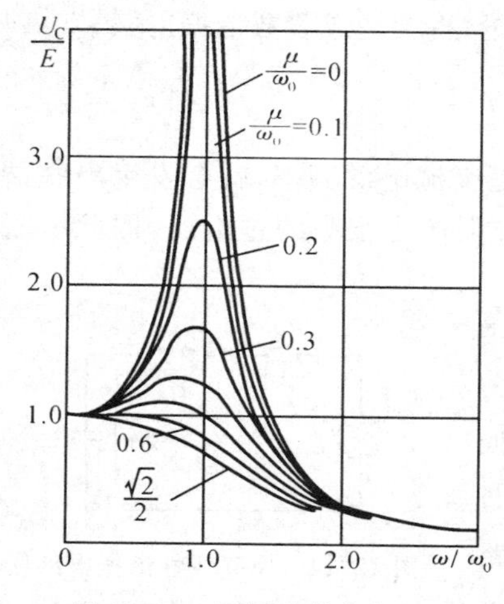

图 12-15　不同参数条件下的谐振曲线

由图 12-15 可以看出,当 $\mu=0$ 时,只要 ω 和ω_0 相近,电感 L 和电容 C 上的电压已相当高。这种电路并未出现谐振而在电感和电容上出现过电压的现象称为电感-电容效应,简称电容效应。

分析上述公式可知,线性谐振现象具有如下特点。

(1)只要串联回路的电感和电容参数为常数,回路的自振频率就是固定的,当电源频率与之接近或相等时就会发生线性谐振现象。实际电路比较复杂,有时可能具有一个以上的自振频率,甚至电源中也可能包括有谐波,这时只要回路中的一个自振频率与电源频率或它的某一个谐波频率相等或接近,就可能产生这个频率下的线性谐振现象。

(2)当 $\omega=\omega_0$ 时,过电压只能由回路电阻来限制,一般回路电阻很小,所以线性谐振过电压幅值可能很高。

在电力系统中,发生不对称接地故障或非全相操作时可能发生线性谐振现象。线性谐振对参数配合要求比较严格,实际电力系统往往可以在设计或运行时避开谐振范围来避免线性谐振过电压。

二、铁磁谐振过电压

含有铁芯元件的回路,由于铁磁元件的磁饱和现象,使它的电感值呈现非线性特

性，从而导致铁磁谐振现象的一系列特征。

图 12-16(a)所示铁芯线圈，其磁链 Ψ 及电感 L 随线圈中电流 i 变化的关系曲线如图 12-16(b)。由图可见，当电流较小时，可以认为磁链 Ψ 与 i 成正比，反映这一关系的电感值 $L=\Psi/i$ 基本保持不变。随着电流的逐渐增大，铁芯中的磁通也逐渐增大，铁芯开始饱和，磁链与电流的关系呈现非线性，电感值不再是常数，而是随着电流(磁链)的增大而逐渐减小。

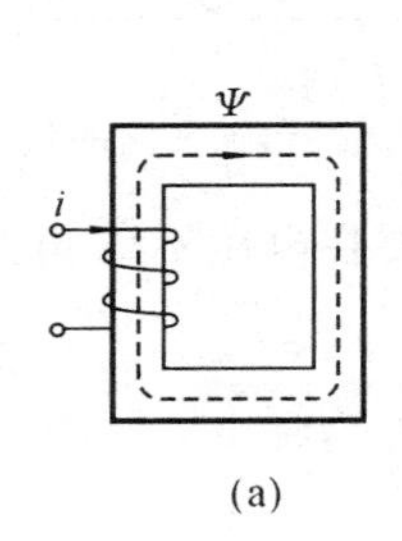

(a)

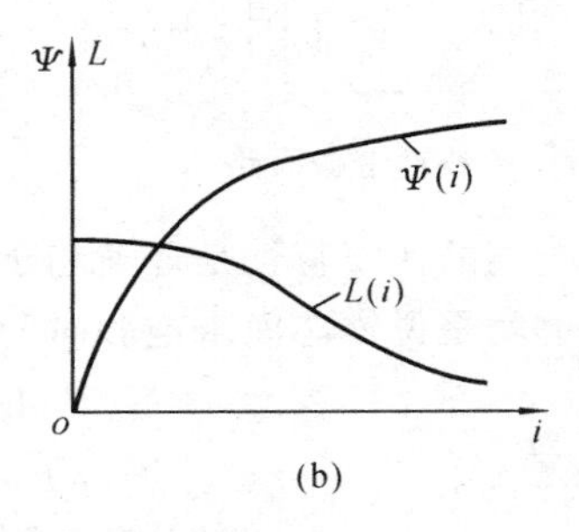

(b)

图 12-16　铁芯元件的非线性特性

上述反映电流与磁链大小比值的电感值实际上是静态电感。在过渡过程中，应该采用反映电流与磁链变化量的比值，这就是动态电感 $L_d=d\Psi/di$。对于线性电感，静态电感值与动态电感值是相同的常数；对于铁芯电感，两者是不同的，但变化的趋势都是随电流的增大而减小。不难理解，由于电感 L 的非线性，当交流电源作用于电感时，会发生波形畸变现象。若磁链 Ψ 保持正弦波形，则电流 i 波形将发生畸变出现尖峰，波形中出现有 3，5，…奇次谐波。对于动态电感值 L_d，因为电感参数与电流或磁通的方向无关，在电流或磁链正负变化一周期内，电感参数反复变化了两次。因此动态电感 L_d 的波形是按二倍电源频率变化的。

在交流电源作用下铁芯元件的电感值作周期性变化，这是产生铁磁谐振的基本原因。电感值的这种变化并非外力作用引起的，而是由元件本身在交变电流或磁通作用下的特性引起的，因此铁磁谐振也称自参数谐振。

如图 12-17 所示，由线性电容和铁芯电感组成的串联铁磁谐振回路，其电感和电容上的电压随电流变化的曲线如图 12-18 所示。由于电容 C 为常数，$U_C(I)=I/\omega C$ 是一条直线(图 12-18 中曲线 1)。由于铁芯的饱和程度会随着电流的增大而增大，电感 L 会随着电流的增大而逐渐减小，因此回路中电感的伏安特性，即 $U_L(I)=\omega LI$ 是非线性的，如图 12-18 中曲线 2 所示。

在两者的交点 b 处，$U_C=U_L$，即满足谐振条件 $\omega L=1/\omega C$。曲线 3 是 U_C 和 U_L 的差值曲线，即回路的总压降，可写成

$$\Delta U=|U_L-U_C|$$

由图 12-18 不难看出，铁磁谐振具有以下特点。

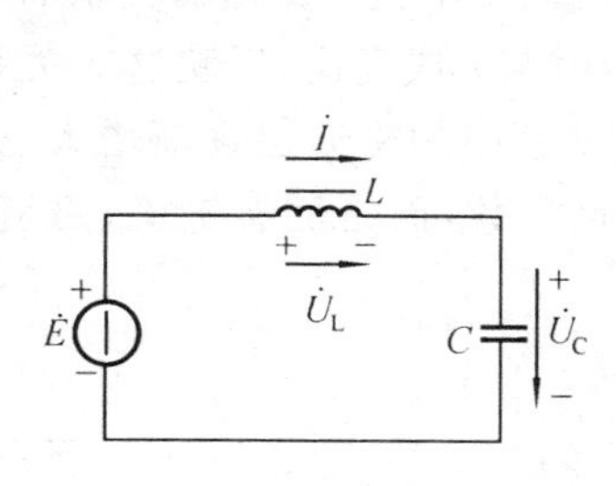

图 12-17 非线性谐振回路

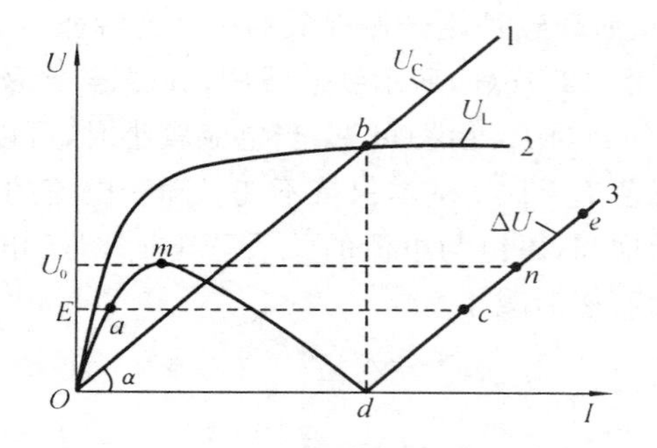

图 12-18 非线性谐振回路的伏安特性

(1)由于电感的伏安特性是逐渐趋于饱和的,所以只要在电压不高、电流不大时,回路呈现感性,也就是说铁芯尚未饱和时的电感值 L_0 满足

$$U_L > U_C$$

即

$$\omega L_0 > 1/(\omega C) \tag{12-23}$$

或

$$C > 1/(\omega^2 L_0) \tag{12-24}$$

在此条件下,两条曲线必有交点 b。因此,铁磁谐振不像线性谐振那样需要有严格的 C 值,而是在满足式(12-24)的很大 C 值范围内都可能发生。

(2)按电路定理,电感上电压与电容上电压之间的差值必定等于电源电压。因此,当电源电压由正常工作值 E 开始不断加大时,电路的工作点将沿曲线 3 自 a 点上升。但当电源电压超过 m 点的值 U_0 以后,工作点显然不是沿 m-d 段下降(因为后者意味着电源电压的下降),而从 m 点突然跳到 n 点,并沿 n-e 段上升。n 点与 m 点相比较,其相应的电源电压虽然一样,但电容上的电压 U_C 值却大得多。同时电感上的电压 U_L 值也增大了,即此时产生了过电压,而产生过电压的过程就是电路工作状态由感性经谐振到容性的过程。可见,要产生铁磁谐振过电压,除电路中的参数满足式(12-24)以外,还需要有某种“激发”因素,例如,电源电压突然升高超过了 U_0 值。电源电压升高的激发,其实质不过是使电感饱和,因此不论什么原因使铁芯达到饱和,都可能引起过电压,例如,变压器(具有铁芯的电感线圈)突然合闸时出现的励磁涌流就会使铁芯强烈饱和而激发铁磁谐振过电压。总之,需要激发才会出现谐振。

(3)电容越大,$1/\omega C$ 就越小,曲线 1 的 α 角变小,U_0 就变大,产生铁磁谐振所需要的电源电压升高的激发因素就越大。因此 C 值太大时,出现铁磁谐振的可能性将减小。

(4)在铁磁谐振时,L 和 C 上的电压都不会像线性谐振时那样趋于无限大,而是有一定的数值。U_L 由铁芯的饱和程度决定,而 U_C 等于 U_L 加上电源电压。由于铁芯电感的饱和效应,铁磁谐振过电压幅值一般不会很高,而电流却可能很大。

(5)当铁磁谐振发生后,如果将电源电压降低,则电路的工作点将沿曲线 3 的 n-d

段下降，因为 n-d 段完全能够满足电路定理的要求。当电压恢复到正常工作电压 E 时，电路将稳定工作在 c 点。此时的 U_L 和 U_C 都要比工作在 a 点时大得多，仍有过电压存在。因此，铁磁谐振的产生虽需由电源电压大于 U_0 来激发，但当激发过去后电源电压降到正常值时，铁磁谐振过电压仍可能继续存在，即谐振状态可能自保持。

(6)在铁磁谐振发生前，即 m 点以前，感抗大于容抗，电路是感性的。但在谐振发生以后，即突变到 n 点以后，容抗已大于感抗，此时电路变为容性。可见，产生铁磁谐振时，电流的相角将有 180°的转变，这称为电流的"翻相"。在三相系统中，由于翻相可能使工频三相相序改变，从而引起小容量异步电动机的反转。

(7)在交流电路中即使只有一个非线性电感 L 单独存在，电流波形也会发生畸变。现有 L 与 C 串联，问题就更加复杂。一般来说，非线性振荡电路中的电流波形除了工频分量(基波)外，还有高次谐波，甚至可能有分次谐波(如 1/2 次，1/3 次等)。因此，既可能出现基波谐振，也可能出现高次谐波谐振，甚至还可能出现分次谐波谐振。到底出现哪种谐振，与电路的固有频率有关(它由电路的电容值和电感值决定，而后者又与铁芯的实际饱和程度，即激发程度有关，也与饱和曲线的形状有关)。在基波谐振时，由于其他谐波幅值很小，为了简化分析和突出基波谐振时的特点，可近似忽略其他谐波的影响。

应该注意，在上述分析中尚未计入回路中的电阻，当计入电阻 R 的作用时，回路的总压降将变为 $\Delta U'$，可写成

$$\Delta U' = \sqrt{|U_C - U_L|^2 + U_R^2} = \sqrt{(\Delta U)^2 + (IR)^2} \tag{12-25}$$

$\Delta U'$的曲线可以图 12-18 中曲线 3 为基础，根据电阻的伏安特性曲线 IR 作出，如图 12-19所示。例如，当 $I=\overline{Oh}$时，可得 $\Delta U=\overline{ht}$，取$\overline{hs}=\overline{ph}=IR$，则有$\overline{ts}=\sqrt{\overline{ht}^2+\overline{hs}^2}=\sqrt{(\Delta U)^2+(IR)^2}$。取$\overline{hf}=\overline{ts}$，可得与 $I=\overline{Oh}$相应的 $\Delta U'$点。由图 12-19 可见，此时激发谐振所需的电压将增高。谐振激发后，当电源电压降低到正常电压 E 时，谐振点将从 c 点，转移到 c'点，此时 L、C 两端的过电压也将有所下降。但通常回路固有的电阻 R 比较小，与铁芯电感饱和的限压效应相比，这一作用并不明显。

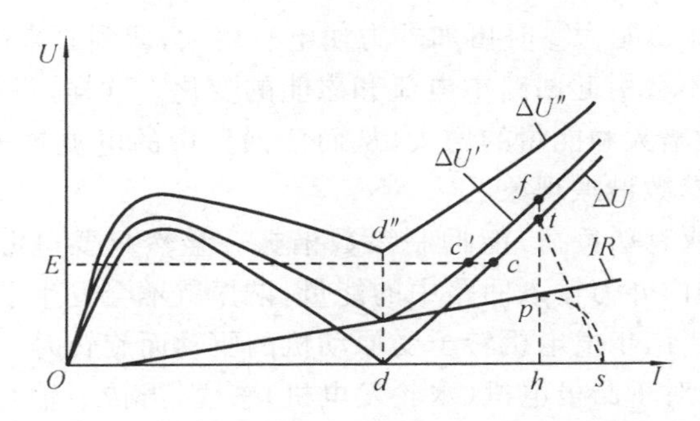

图 12-19　有电阻存在的非线性谐振回路的伏安特性

铁磁谐振过电压与系统铁磁元件特性、接线、参数等有极为密切的关系,在决定接线和运行方式时,应力图避开构成谐振的可能。此外,还必须采取有效措施来限制和消除铁磁谐振过电压,主要措施如下。

(1)改善电磁式电压互感器的励磁特性,或改用电容式电压互感器。

(2)在电压互感器开口三角形绕组中接入阻尼电阻,或在电压互感器一次绕组的中性点对地接入电阻;人为地增大电阻 R,使图 12-19 中 ΔU 曲线上的 d 点抬高为 d'' 点,即使之略高于正常工作时的电压 E,这样在正常工作电压下,谐振就不能自保持了。此时根据 d 点的电流值 I,可以算出所需的电阻 R 为

$$R>E/I$$

(3)在有些情况下,可在 10 kV 及以下的母线上装设一组三相对地电容器,或用电缆段代替架空线路段,以增大对地电容,从参数搭配上避开谐振。

(4)在特殊情况下,可将系统中性点临时经电阻接地或直接接地,或投入消弧线圈,也可以按事先规定投入某些线路或设备以改变电路参数,消除谐振过电压。

三、参数谐振——同步电机的自激过电压

图 12-20 所示,由电感和电容组成的振荡回路中,如果存在一个振荡性电流 i,则当电流 i 为最大值 i_m 时,电容上的电压 u 为零值,此时磁能 $Li_m^2/2$ 将达最大值,电能 $C^2u/2$ 则为零值;当电流 i 过零点时,电容上的电压达最大值 u_m,此时电能将达最大值,而磁能下降为零值。

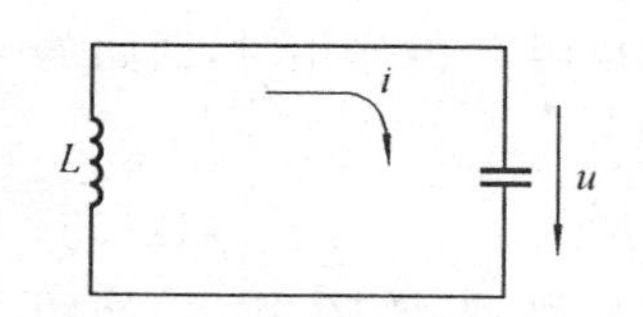

图 12-20 振荡回路

由于与电感相链的磁链是不能突变的,如果回路的电流 i 在最大值 i_m 时,用外力使电感参数 L 减小为 $L-\Delta L$,则电流必定增大为 $i_m+\Delta i$ 以保持磁链不变,即有

$$Li_m=(L-\Delta L)(i_m+\Delta i) \tag{12-26}$$

由此可得电流的增值 Δi 为

$$\Delta i=\frac{\Delta L}{L-\Delta L}i_m\approx\frac{\Delta L}{L}i_m \tag{12-27}$$

如果在 i 过零,即磁能为零时再加外力使电感增大,回到原来的 L 值,此时,由于电感的磁链为零,显然不会引起回路中电流和磁能的变化。这样,每经过一次电流最大点就获得了一次电流的增大和能量的增大,从而使回路中的电流越来越大或电压越来越高,即出现了电学的参数谐振现象。

回路的电阻 R(或有功负荷)能抑制参数谐振。显然只要电源每周期内在 R 上消耗的能量大于每周期内外力输入回路中的能量,谐振就不会发生了。

在电力系统中,当同步发电机转子受原动机的驱动而旋转时,定子绕组的电感会周期性地改变其大小。对于凸极电机(水轮发电机)来说,当转子轴与一相(如 A 相)绕组轴重合时,该相绕组的感抗最大,为 X_d(直轴电抗);而当转子轴与该相绕组轴成正交

(电气角度 90°)时,该相绕组的感抗最小,为 X_q(交轴电抗)。显然,如果原动机带动转子以同步转速 ω 旋转,则 A 相(B 相和 C 相也同此)绕组的感抗将在 X_d 和 X_q 的范围内以 2ω 的角频率变化。

如果同步发电机接有容性负载(如空载线路),且线路的容抗参数与发电机感抗配合得当,使电感-电容的自振频率能与电感变化的频率相适应,即能满足电流过零时电感增大,电流达到幅值时电感减小的条件,就可能引起工频参数谐振。此时,即使发电机的励磁电流很小,甚至为零(零起升压),但受电机转子剩磁切割绕组而产生的不大的感应电压或电容两端具有很小残余电荷的激发,也会引发参数谐振,使发电机的端电压和电流急剧上升,最终产生很高的过电压。这种现象称为电机的同步自励磁,所产生的自励磁过电压称为自激过电压。电机的自励磁现象就其物理本质来说是由于电机旋转时电感参数发生周期性变化,与电容形成参数谐振而引起的。在同步自励磁时,电流和电压将逐渐上升,如图 12-21 所示。这种过电压的上升速度以秒计,为限制这种过电压,只要采用快速自动励磁调节器就足够了。

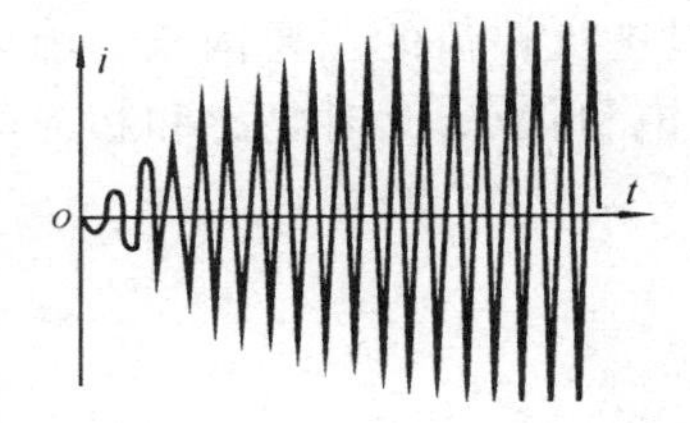

图 12-21　同步自励磁时定子电流的变化曲线

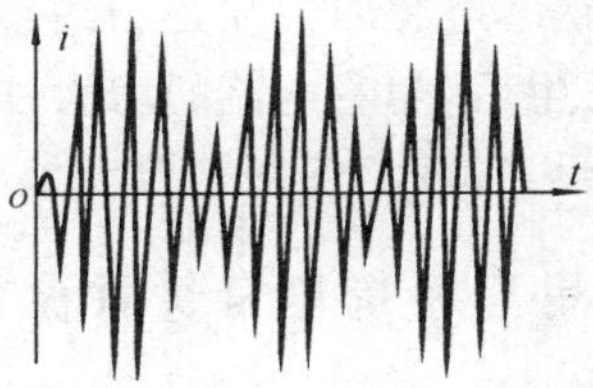

图 12-22　异步自励磁时定子电流的变化曲线

如果电机处于异步状态,则定子绕组的旋转磁场将切割转子绕组,在转子绕组中感应出周期性变化的电流,生成相应的脉动磁场。而转子的这一脉动磁场又可以分解为两个大小相等、方向相反的旋转磁场叠加到原有转子磁场上,与定子绕组切割,在定子绕组中感应出两个拍频电势。这样,定子电流将具有拍频的性质,如图 12-22 所示。这种情况下的参数谐振叫异步自励磁。由于异步自励磁过电压具有拍振现象,其上升速度很快,已不能靠快速励磁自动调节器来有效限制,因此出现异步自励磁过电压时必须用过电压速断保护立即将电机从系统中切除。

一般情况下,如果发电机的容量比被投入的空载线路的充电功率大得多,就不太会发生电机的自励磁现象。如果不能满足这一点,则应避免发电机带空载线路启动,例如,可以在线路末端先接上带负荷的电源,也可在线路上采用并联电抗器来消除参数谐振条件。

附带指出:由于铁芯的饱和效应,变压器的励磁电感在工频作用下也是以二倍频率变化的,因此也可能出现参数谐振过电压。不过这种参数的变化是电源电能作用的结果,通常称这种参数谐振为自参数谐振,以区别于前述外力使参数周期变化引起的谐振。当变压器励磁电感 L_m 的这种周期性变化,与由 L_m 和线路电容及电机电抗等组成的回路的自振频率相适应时,就会引起参数谐振。计算表明,对于 1000 km 以内的线路而言,不会出现工频自参数谐振,但存在出现二次谐波自参数谐振的可能性。运行经验表明,只要系统的自振频率小于并接近于 100 Hz,就能在中性点直接接地的高压空载(或轻载)线路中出现幅值较高的以二次谐波为主的自参数谐振过电压。为了防止这种过电压的产生,应调整系统参数使其避开谐振条件,或禁止在只带空载长线的变压器的低压侧合闸,因为此时由于合闸涌流冲击的激发极易产生这种过电压。

由以上分析可知,参数谐振具有以下特点。

(1)谐振可以在无电源时出现。此时谐振所需的能量是由改变电感参数的原动机直接供给的。只要在谐振起始阶段,回路中具有某些起始扰动,谐振就可能出现。

(2)虽然电网中存在着一定的损耗电阻,只要每次参数变化所引入的能量大于电阻中的能量损耗,回路中的储能就会愈积愈多,谐振就能发展,因此谐振出现后回路中的电流和电压的幅值,理论上能趋于无穷大。这一点与线性谐振现象有显著区别,线性谐振即使在完全谐振的条件下,其振荡的幅值也受损耗电阻所限制。

(3)铁芯电感的饱和是制约参数谐振过电压和过电流幅值的主要因素。因为当参数谐振发生后,随着电流的增大,电感线圈将达到磁饱和状态,此时电感和相应的差值 ΔL 都将迅速减小,使回路自动偏离谐振条件。

四、电力系统中常见谐振过电压及其防治

1. 断线谐振过电压

在电力系统运行中,常会出现导线断落、断路器非全相动作或严重的不同期操作、熔断器的一相或两相熔断等故障,造成系统的非全相运行。非全相运行时,在空载或轻载运行变压器的励磁电感和导线对地和相间部分电容、电感线圈对地杂散电容之间,可能形成多种多样的串联谐振回路。在一定的参数配合和激发条件下,可能出现铁磁谐振过电压。这一类铁磁谐振过电压统称为断线谐振过电压。这种断线谐振过电压的出现,会导致发生系统中性点位移、负载变压器相序反转、绕组电流急剧增加,使铁芯发出响声、导线发生电晕声等现象。在严重情况下,会使绝缘闪络,避雷器爆炸,甚至损坏电力设备。

由于涉及三相系统的不对称开断,系统中又包含非线性元件,因此常利用等效电源定理(戴维南定理)将三相电路简化为单相等值电路进行分析。

为了限制断线过电压,除了加强线路巡视与检修,预防发生断线外,常采取的措施有:

(1)不采用熔断器,减少三相断路器的不同期操作,提高三相同期性;

(2)在中性点接地系统中,操作中性点不接地变压器时,将变压器中性点临时接地。

2. 中性点不接地系统中电压互感器饱和过电压

在中性点不接地的 6～35 kV 配电网络中，由于电压互感器饱和而产生的内部过电压事故最为频繁，严重地影响供电安全。这种过电压的表现可能是两相（基波时）或三相（谐波时）对地电压升高，或相电压以每秒一次左右的低频摆动（分谐波时），或引起绝缘破坏或避雷器爆炸（高次谐波时），或出现虚幻接地现象，或在电压互感器中引起过电流使熔丝熔断或电压互感器烧坏。这是因为电压互感器在正常工作时接近于空载状态，呈现为一个很大的励磁电感，当回路受到激发（电压和电流的突然增大）后，励磁电感会因饱和而突然减小，从而引起谐振过电压。

在中性点不接地的电网中，中性点直接接地的电压互感器经常受到的激发有两种：第一种是电源对只带电压互感器的空母线突然合闸；第二种是一相导线突然对地发弧。在这两种情况下，电压互感器都会出现涌流。理论分析和实验结果都表明，在这两种情况下，由于电压互感器上的交流电压突变引起的涌流都会使电压互感器的励磁电感大为减小。

运行经验表明，当电源向只带有电压互感器的空母线合闸时，容易产生基波（工频）过电压。当电网带有线路运行时，如果电压互感器的励磁特性不好，在线路一相接地又自动熄弧时，容易产生 1/2 次谐波过电压。实际上 1/2 次谐波过电压的频率并非严格等于电源频率的一半，而是稍小一些，一般处在 24～25 Hz 范围内，这一频差现象可使配电盘上指针式表计的表针发生抖动或以低频来回摆动。

实际测量证明，在 35 kV 电网中电压互感器饱和过电压可达 $3.5U_\varphi$（U_φ 为相电压）以上，而在 60 kV 电网中曾测到过 $4.74U_\varphi$ 的过电压。绝大多数分谐波过电压虽只达到 $2U_\varphi$ 左右，但由于在低频电压下电压互感器易于饱和，所以电压互感器中流过的电流可达额定励磁电流的 100 倍，会烧坏熔丝或引起电压互感器严重过热，使电压互感器冒油、烧损甚至爆炸。

将电网中性点改为经消弧线圈（电抗器）接地或直接接地，就破坏了谐振回路的形成，并且相对地稳定了中性点的电位，因此就不太可能出现电压互感器饱和过电压。但如果由于保护不当，使电网出现暂时失去消弧线圈或失去直接接地，则这种过电压仍会发生。因此，在中性点经消弧线圈接地或直接接地的电网中应尽量避免发生中性点不接地运行。在中性点不接地的电网中，可采用以下措施消除电压互感器的饱和过电压。

(1)选用励磁特性较好的电磁式电压互感器或只使用电容式电压互感器。

(2)在零序回路中接入阻尼电阻。接入阻尼电阻的方法有两种：

① 在电压互感器的开口三角绕组中短时接入电阻；

② 在电压互感器一次绕组的中性点对地接入电阻。

(3)在个别情况下，可在 10 kV 及以下的母线上装设一组三相对地电容器，或利用电缆段代替架空线路段，减小对地容抗，有利于避免谐振。

(4) 特殊情况下，可将电网中性点改为暂时经电阻接地或直接接地，也可以采用临时的倒闸措施来改变电路参数,如投入事先规定好的某些线路或设备等,以消除谐振过电压。

(5) 禁止只使用一相或两相电压互感器接在相线与地线间,以保证三相对地阻抗的对称性,避免中性点位移或产生谐振。

3. 中性点直接接地系统中电压互感器饱和过电压

在 110 kV、220 kV 中性点直接接地系统中,电压互感器饱和过电压出现在用断口间具有并联电容的断路器切除空载线路时。国内外的运行经验表明,这种形式的谐振过电压在变电站中普遍发生。当 C 值小时谐振往往属于基波性质,测量到的过电压为额定相电压的 1.65～3 倍;当 C 值大时谐振具有分频性质(主要是 1/3 次),过电压幅值不高,但因频率和相应的励磁感抗均下降到工频时的 1/3,励磁电流往往很大,测到的最大励磁电流可达额定励磁电流的 80 倍,这会使电压互感器过热烧毁,甚至喷油爆炸。

4. 传递过电压

当系统中发生不对称接地故障或断路器不同期操作时,可能出现明显的零序工频电压分量,通过静电和电磁耦合在相邻输电线路之间或变压器绕组之间会产生工频电压传递现象,从而危及低压侧电气设备绝缘的安全;若与接在电源中性点的消弧线圈或电压互感器等铁磁元件组成谐振回路,还可能产生线性谐振或铁磁谐振传递过电压。

当有不同电压等级的输电线路同杆并架,或两线路间有较长距离的临近平行段时,如图 12-23(a)所示,高压线路由于不对称接地故障而出现的零序工频电压分量 U_0 会通过电容耦合在低压线路上产生过电压 U_2,根据图 12-23(b)等值电路可得

$$U_2=U_0C_{12}/(C_{12}+C_0) \tag{12-28}$$

式中,C_{12} 为高、低压线路间的耦合电容;C_0 为低压线路的对地电容。

这种从高压线路到低压线路的传递过电压,会对低压线路的绝缘造成严重威胁。

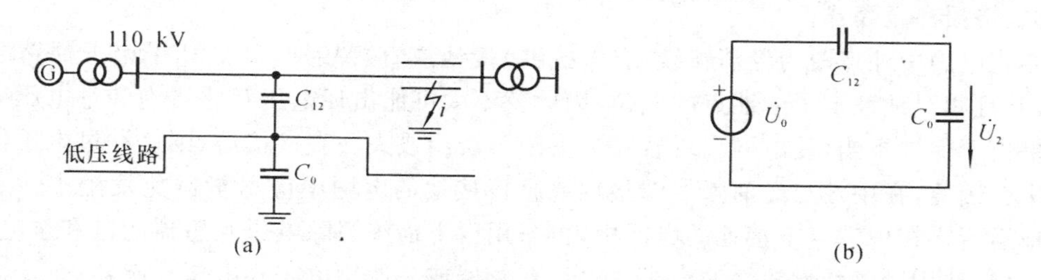

图 12-23 同杆并架线路的传递过电压

(a)同杆并架输电线路;(b)等值电路

变压器绕组间的电容耦合造成的静电传递过电压,在实际系统中是较常遇到的,典型电路如图 12-24(a)所示。系统在正常运行时,整个电路中电源及其他设备参数都是对称的,变压器绕组间只有按高低压绕组间的变比(电磁耦合)关系传递的工频正序电压分量,不会产生工频的静电传递。当高压系统发生不对称接地故障、断线或断路器非

同期操作，以及由此而激发起铁磁谐振时，对中性点不接地的变压器会产生中性点位移电压，此即工频零序电压 U_0。通过绕组之间的电容 C_{12} 可将零序电压传递到低压侧，使整个低压系统的对地电位提高。

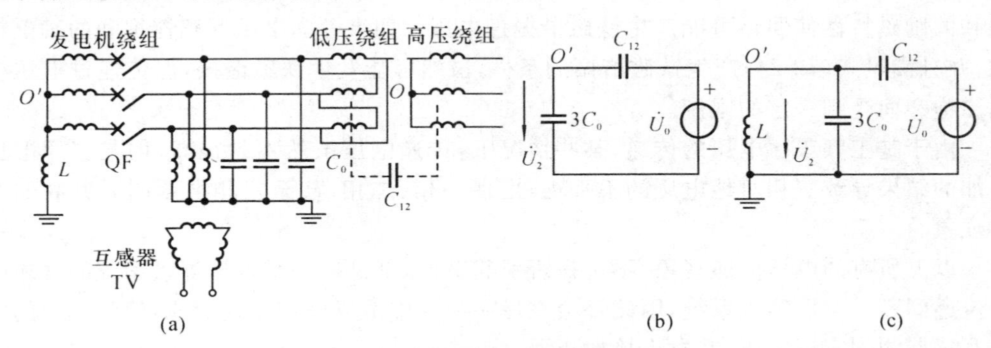

图 12-24　变压器绕组间的传递过电压

(a)变压器接线；(b)QF 断开、未接 TV 时等值电路；(c)QF 闭合、接有 L 或 TV 时等值电路

如果低压侧断路器 QF 处于断开状态，且低压侧未接有电压互感器 TV 及消弧线圈 L，传递过电压可按图 12-24(b)等值电路计算，低压侧传递电压 U_2 为

$$U_2 = U_0 C_{12}/(C_{12}+3C_0) \tag{12-29}$$

式中，C_0 为包括发电机、母线和变压器低压绕组在内的每相对地电容。由于发电机对地电容较大，当断路器 QF 开断时 C_0 较小，会使低压侧的传递电压倍数很高，危及低压侧绝缘。这时，继电保护可能发出接地信号，即出现所谓虚幻接地现象。

若图 12-24(a)中断路器 QF 闭合，且发电机中性点接有消弧线圈 L 或母线上接有电压互感器 TV，则可能形成谐振的传递回路，其等值电路如图 12-24(c)所示，图中 L 可以是消弧线圈的电感，也可以是电压互感器励磁电感的三相并联值。

(1)当 L 是消弧线圈的电感时，由于其近似的线性励磁特性，发生的谐振接近线性谐振，这时由于消弧线圈的补偿度不同，可能会有三种不同的情况。

① 消弧线圈调谐至完全补偿时，在图 12-24(c)中，$\omega L = 1/(3\omega C_0)$，低压侧处于并联谐振状态，相当于开路，因此高压侧的零序电压将全部传递至低压侧，即 $U_2 = U_0$。

② 若消弧线圈处在过补偿运行状态时，在图 12-24(c)中，$\omega L < 1/(3\omega C_0)$，$L$ 与 $3C_0$ 并联以后的阻抗是感性的，它与变压器绕组间的电容 C_{12} 可能发生串联谐振，其谐振条件为

$$\omega L = \frac{1}{\omega(C_{12}+3C_0)} \tag{12-30}$$

此时，$U_0' = U_0 C_{12}/(C_{12}+3C_0)$。满足上述条件时，将在低压侧出现更严重的谐振过电压，即使不满足上述条件，也会由于电容效应，在低压侧出现高于 U_0' 数值的过电压。

③ 若消弧线圈处在欠补偿运行状态时，在图 12-24(c)中，$\omega L > 1/(3\omega C_0)$，$L$ 与 $3C_0$

并联以后的阻抗虽然仍是容性，显然不会发生谐振。因此，发电机中性点经消弧线圈接地，且欠补偿运行时，将不会发生谐振现象。

(2)当 L 是电压互感器的励磁电感时，由于电压互感器正常运行时接近空载状态，饱和的励磁特性使回路可能产生铁磁谐振过电压。如果考虑电压互感器饱和的励磁特性，并且满足式(12-24)产生铁磁谐振的条件，虽然可能发生铁磁谐振，但传递过电压会因磁饱和而受到一定的限制。

由于是工频零序电压的传递，某些情况下，传递电压虽然不是很高，但与正序电压叠加的结果导致三相对地电压的不平衡，出现一相、二相，甚至三相电压同时升高的严重现象。

以上所有的电压传递现象，不论是否引起谐振，都是把一个电压等级系统的零序电压传递到另一电压等级系统，因此都会在后一系统中造成虚幻接地现象，使系统中的电压互感器测到零序电压，并发出接地指示。

为了限制传递过电压，可以采取一些针对性的措施。在高压侧避免采用熔断器、尽量避免高压断路器不同期操作等，以减少在高压侧出现零序电压的可能性。对中性点直接接地系统中的中性点不接地变压器进行操作时，可将变压器的中性点临时接地，并借助于三角形连接的低压绕组的作用，可以避免由于非全相动作而在高压侧出现的零序电压。在低压侧未装消弧线圈及对地电容很小的情况下，可以在低压侧三相对地间装设电容器组，通常作为永久性的措施每相装 0.1 μF 以上的电容即可。若低压侧中性点经消弧线圈接地，则应进行校验，保持一定的脱谐度。

5. 超高压系统中的谐振过电压

超高压系统中，变压器的中性点系直接接地或经小阻抗接地，中性点电位基本固定，所以普遍存在于较低电压系统中的电磁式电压互感器饱和引起的谐振过电压等在超高压系统中不可能发生。但是由于超高压系统电压高、传输距离长，往往装有串联、并联补偿装置，这些集中的电容、电感元件使网络增加了谐振的可能性。超高压系统中的谐振过电压主要有非全相切合并联电抗器时的工频传递谐振，串、并联补偿装置的分频谐振，以及空载线路合闸于发电机变压器单元接线时引起的高频谐振等。

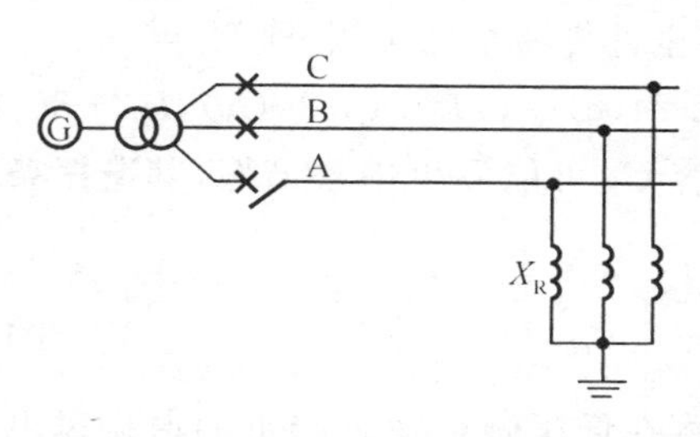

图 12-25　线路带并联电抗器的非全相运行

(1)工频谐振过电压。图 12-25 所示为并联电抗器非全相操作的典型电路。图中线路末端接有并联电抗器 X_R，线路首端断路器两相(B、C 相)闭合，一相(A 相)断开。这种情况可能发生在正常分、合闸过程中，也可能发生在单相自动重合闸过程中。由于 B、C 相电压通过相间电容的耦合作用，构成谐振电路，在断开相(或故障相)A 相出现较高的工频谐振过电压，以致造成并联电抗器的绝缘事故。

利用对称分量法或简化等值电路法可分析带有并联电抗器的线路非全相操作过程。分析和实测表明，在电抗器中性点接入小电抗，只要参数选择恰当，可以有效地避免工频谐振，降低断开相的工频传递电压。

(2)高频谐振过电压。在超高压系统中，当发电机变压器单元接线带一条空载长线路时，在线路投入或切除时都有可能产生奇次和偶次高频铁磁谐振过电压。

图 12-26 给出了这种接线的集中参数等值电路，图中 L_1 和 L_2 分别为包括发电机变压器漏感和线路电感在内的线性电感，L_m 是变压器的励磁电感，C 是线路对地电容，R_1 和 R_2 分别为电源和线路的等值电阻。

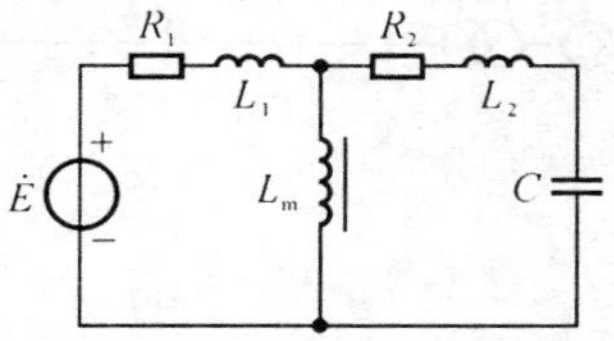

图 12-26 发电机变压器单元接线带空载长线路的等值电路

由于 L_1、L_2 远小于 L_m，因此回路线性部分的谐振角频率为

$$\omega_0=\frac{1}{\sqrt{(L_1+L_2)C}} \tag{12-31}$$

同时，由于 L_m 的非线性，其中除流过基波分量电流外，还包含一些奇次高频谐波分量，如果式(12-31)中ω_0等于或接近某高次谐波角频率 $n\omega$，则可能发生 n 次高频谐振。

由于空载长线路的电容效应，线路末端电压高于线路首端，工频谐振长度为 1500 km，n 次谐波的谐振长度则为(1500/n) km。若考虑发电机和变压器的电感，谐振长度还要缩短。在超高压系统中，这种条件很容易满足。

在上述超高压系统接线中产生高次谐波振荡，除了满足一般的铁磁谐振条件外，还需要满足以下具体参数条件：线路首端的输入阻抗必须是容性的和系统线性部分的自振角频率必须接近 $n\omega$。

通常，在实际电力系统中，最容易发生的高次谐波谐振是二次及三次谐波，也可能是五次谐波。一般高压变压器中有一个三角形连接的绕组，由于三角形连接绕组对三次谐波相当于短路线圈，使三次谐波振荡的发生成为不可能。对于五次及更高次谐波，由于回路的等值损耗、电晕损耗伴随频率增加而增加，可起到抑制振荡的作用。

(3)分频谐振过电压。理论上讲，在简单的铁磁谐振回路中就可能产生各种不同分频谐振，但试验表明，最常见的是 1/3 分频谐振。分频谐振不能自激，而要经过一定的过渡过程的冲击才能建立起稳定的谐振。

分频谐振过电压常常发生在如图 12-27(a)所示的串联补偿电网中。若在并联电抗器后面的线路上发生短路故障，在故障切除后由串补电容器与并联电抗器就可能形成串联铁磁谐振回路，其等值电路如图 12-27(b)所示。虽然并联电抗器的铁芯中有气隙，但试验及理论分析表明，其非线性程度已经足够产生 1/3 分频谐振。对于 500 km 以下超高压输电线路，在一般补偿度下总能满足$\omega_0/\omega<1/3$，可能产生 1/3 次分频谐

振。激发分频谐振所需要的过渡过程冲击可以是开关 QF 的分断,图 12-27 中实际系统接线切除故障所引起的过渡过程。

为防止这种分频谐振的发生,通常在并联电抗器中性点串入一个百欧数量级的阻尼电阻,或采用滤波设备及继电保护装置使串补电容暂时短接等。

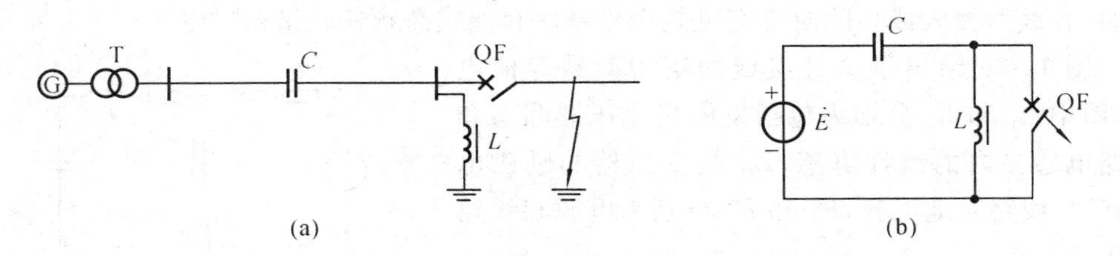

图 12-27　串联补偿电网中的分频谐振电路

(a)串联补偿电网;(b)等值电路

高压及超高压系统中采用电容式电压互感器也可能产生分频谐振过电压。电容式电压互感器主要是一个电容分压器,其接线如图 12-28 所示,其中,$C_2 \gg C_1$,L_2 用来补偿测量时的相位误差,负载接入变压器 T 的低压侧。与普通电磁式电压互感器相比,电容式电压互感器省去了套管,结构简单,比较经济,在我国普遍用于 220 kV 及以上系统中。采用这种电容式电压互感器,可以避免系统中某些谐振过电压,但设备本身就是一个铁磁谐振回路。试验表明在电容式电压互感器回路中可能产生 1/3 分频谐振。

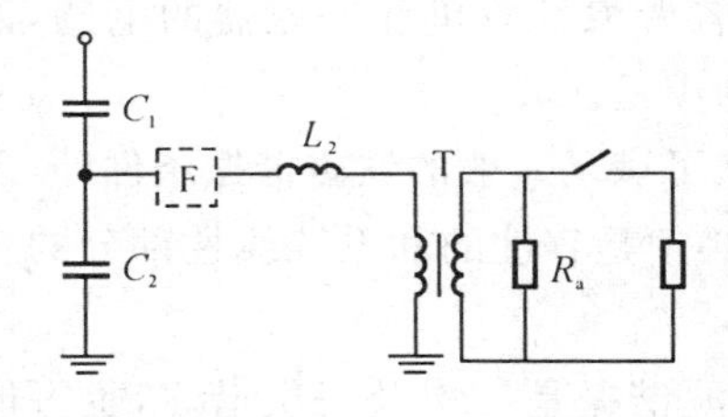

图 12-28　电容式电压互感器接线

为了消除谐振,可在电路中接入一固定的有效负载电阻 R_a 加以阻尼,或者在电路中串接一滤波器 F 消除谐振频率分量。为了不影响互感器的测量准确度,电阻 R_a 可以只在发生 1/3 分频谐振时自动投入。

第四节　工频电压升高

电力系统中在正常或故障时可能出现幅值超过最大工作相电压、频率为工频或接近工频的电压升高,统称为工频电压升高,或称为工频过电压。

工频电压升高本身对电力系统中正常绝缘的电器设备是没有危险的,但是在超高压系统的绝缘配合中具有重要作用,因为:① 其大小将直接影响操作过电压的幅值;② 其数值是决定避雷器额定电压的重要依据;③ 持续时间长的工频电压升高仍可能危及设备的安全运行。

通常,合闸后 0.1 s 内出现的电压升高称为操作过电压。往后,0.1 s 至 1 s 时间内，由于发电机自动电压调整器的惰性，发电机电势 E' 尚保持不变，在 E' 的基础上再加上空载线路的电容效应所引起的工频电压升高，总称为暂态工频电压升高。时间再长，发电机自动电压调整器发生作用，母线电压逐渐下降，在 2～3 s 以后，系统进入稳定状态，这时的工频电压升高称为稳态工频电压升高。对于过电压防护和绝缘配合影响大的是暂态工频电压升高，稳态工频电压升高则对系统并列、电气设备老化、游离等影响较大。

在超高压系统中，为降低电气设备的绝缘水平，不但要对工频电压升高的数值予以限制，而且对其持续时间也给予限定。目前，我国 500 kV 网络，一般要求母线的暂态工频电压升高值不超过工频电压的 1.3 倍，线路不超过 1.4 倍。500 kV 空载变压器允许 1.3 倍工频电压持续 1 min，并联电抗器允许 1.4 倍工频电压持续 1 min。

产生工频电压升高的主要原因是空载长线路的电容效应、不对称接地故障的不对称效应、发电机突然甩负荷的甩负荷效应等。

一、空载长线路电容效应引起的工频电压升高

对于一般电压等级的输电线路，传输距离不太长时，可以用集中参数 T 型或 Π 型等值电路表示。当线路空载时，该等值电路就构成一个 RLC 回路。若其参数 $R\ll 1/(\omega C)$、$R\ll\omega L$，且有 $1/(\omega C)>\omega L$，当有正弦交流电流流过时，由于电感与电容上的压降 U_L、U_C 反相，且其有效值 $U_C>U_L$，于是电容上的压降大于电源的电势。这就是集中参数电路中的电感-电容效应，简称电容效应。

对于超高压空载长线路，由于输电线路电压等级高，传送距离长达几百公里。研究这种空载长线路电容效应引起的工频电压升高时，就需要采用分布参数模型。对于分布参数电路，当末端空载时，一定条件下，首端的输入阻抗为容性（例如，长度小于 1/4 波长的空载线路），计及电源内阻抗（感性）的影响时，由于电容效应不仅使线路末端电压高于首端，而且使线路首、末端电压高于电源电势。这就是系统中空载长线路的工频电压升高。

为了限制空载长线路的工频电压升高，通常采用并联电抗器来补偿线路电容电流以削弱电容效应，其效果十分显著。

二、不对称短路引起的工频电压升高

不对称短路是输电线路最常见的故障形式，当发生单相或两相接地短路时，短路电流的零序分量会使健全相出现工频电压升高，常以接地系数表示由此而产生的工频电压升高的程度。所谓接地系数是指健全相的最高对地工频电压有效值与无故障时对地电压有效值之比，用符号 K 表示。系统中不对称短路故障，以单相接地故障最为常见，且引起的工频电压升高也最严重，下面以单相接地故障为例进行分析。

设系统中 A 相发生单相接地故障，由对称分量法，可以推导出健全相电压为

$$
\begin{aligned}
\dot{U}_{B} &= \frac{(a^2-1)Z_0+(a^2-a)Z_2}{Z_1+Z_2+Z_0}\dot{E}_{A\Sigma} \\
\dot{U}_{C} &= \frac{(a-1)Z_0+(a^2-a)Z_2}{Z_1+Z_2+Z_0}\dot{E}_{A\Sigma}
\end{aligned}
\tag{12-32}
$$

式中,$\dot{E}_{A\Sigma}$为正常运行时故障相对地的组合电势;Z_1、Z_2、Z_0 分别为从故障点看进去的系统的正序、负序和零序组合阻抗。

若以 $K^{(1)}$ 表示单相接地故障时的接地系数,则有健全相电压为

$$\dot{U}=K^{(1)}\dot{E}_{A\Sigma} \tag{12-33}$$

式中,$K^{(1)}$ 可表示为

$$K^{(1)}=-\frac{1.5Z_0}{Z_0+Z_1+Z_2}\pm \mathrm{j}\,\frac{\sqrt{3}(2Z_2+Z_0)}{2(Z_0+Z_1+Z_2)} \tag{12-34}$$

对于电源容量较大的系统,$Z_1 \approx Z_2$,若忽略各序等值阻抗中的电阻分量 R_1、R_2、R_0,则式(12-34)可简化为

$$K^{(1)}=-\frac{1.5X_0/X_1}{2+X_0/X_1}\pm\frac{\sqrt{3}}{2} \tag{12-35}$$

同理可得两相接地短路时的接地系数

$$K^{(2)}=\frac{3Z_2Z_0}{Z_1Z_2+Z_1Z_0+Z_2Z_0}\approx\frac{3X_0/X_1}{1+2X_0/X_1} \tag{12-36}$$

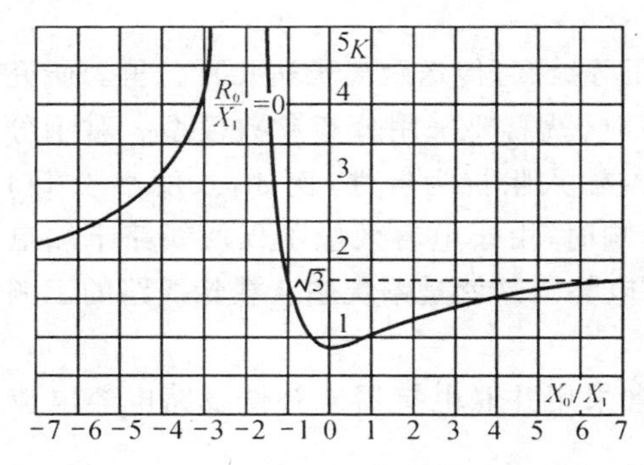

图 12-29 单相接地时健全相的电压升高

分析式(12-34)~式(12-36),接地系数的大小与零序阻抗关系极大。图 12-29 给出了单相接地短路时接地系数 K 与 X_0/X_1 的关系曲线。系统正序电抗 X_1 包括发电机的次暂态同步电抗、变压器漏抗及线路感抗等,一般是感性的,而系统的零序电抗 X_0 则因系统中性点接地方式的不同而有较大的差别。

对中性点不接地系统,X_0 取决于线路的容抗,故为负值。通常 3~10 kV 系统采用这种运行方式,所接线路不会太长,X_0/X_1 值在($-\infty$~-20)的范围内,单相接地时健全相上的工频电压升高可达 1.1 倍额定电压。避雷器的灭弧电压即规定为系统最高电压的 1.1 倍,故称为 110%避雷器。

对中性点经消弧线圈接地 35~60 kV 系统,按补偿度,X_0 可以分为两种情况。欠补偿方式时,X_0 为很大的容抗,$|X_0/X_1|\to-\infty$;过补偿方式时,X_0 为很大的感抗,$|X_0/X_1|\to+\infty$。单相接地故障时,健全相电压接近等于额定电压,故采用 100%避雷器。

对中性点有效接地的 110～220 kV 系统，X_0 为不大的正值，其 $X_0/X_1 \leqslant 3$。单相接地故障时，健全相的工频电压升高不大于 1.4 倍相电压，即 0.8 额定电压，故采用 80％避雷器。

对 330 kV 及以上系统，输送距离较长，计及长线路的电容效应时，线路末端工频电压升高可能超过系统最高电压的 80％，则根据安装位置的不同分为电站型避雷器(80％避雷器)及线路型避雷器(90％避雷器)两种。

三、甩负荷引起的工频电压升高

当输电线路重负荷运行时，由于某种原因(如发生短路故障)导致线路末端断路器突然跳闸甩掉负荷，是造成工频电压升高的另一重要原因，通常称为甩负荷效应。这种情况下影响工频电压升高的因素较多，主要有以下几个方面：① 断路器跳闸前输送负荷的大小；② 空载长线路的电容效应；③ 发电机励磁系统及电压调节器的特性，原动机调速器及制动设备的惰性，等等。

在发电机突然失去部分或全部负荷时，通过励磁绕组的磁通因须遵循磁链守恒原则而不会突变，与其对应的电源电势 E' 维持原来的数值。原先负荷的电感电流对发电机主磁通的去磁效应突然消失，而空载线路的电容电流对主磁通起助磁作用使 E' 反而增大，要等到自动电压调节器开始发挥作用时才逐步下降。另一方面，发电机突然甩掉一部分有功负荷后，由于调速器和制动设备的惰性，不能立即起到应有的调速效果，导致发电机加速旋转(飞逸现象)、频率上升，不但发电机的电势随转速的增大而升高，而且还会加剧线路的电容效应，从而使空载线路中的工频电压升高更为严重。待自动电压调整器起作用后 E' 将降低，这个过程可持续几秒钟之久。

根据我国的运行经验，在 220 kV 及以下系统中，一般不需要采取特殊措施来限制工频过电压。而在 330 kV、500 kV 等超高压系统中，工频电压升高对确定绝缘水平时有重要作用，应当采取措施将工频电压升高限制在一定水平以内，并联电抗器或静止补偿装置是限制空载线路电容效应、降低工频电压升高的有效措施。

思考题与习题

12-1　切断有负载的变压器时为什么不会产生过电压？

12-2　试分析切除空载线路过电压的形成过程及影响因素。

12-3　断路器断口并联电阻为什么能限制合闸空载线路过电压？

12-4　为什么 220 kV 及以下线路不需采用限制重合闸过电压的措施？

12-5　铁磁谐振过电压有哪些特征？如何避免铁磁谐振过电压。

12-6　试述消除电压互感器饱和过电压的措施。

12-7 已知某变压器参数为：$S_N=31500\ \text{kV}\cdot\text{A}$，$U_N=121\ \text{kV}$，$I_0\%=4$。变压器对地电容 $C_T=5000\ \text{pF}$。试计算：(1)空载时切除该类变压器的最大可能过电压值；(2)若采用冷轧硅钢片将变压器 $I_0\%$从 4 减小到 0.5，此时该类变压器的最大可能过电压值。

12-8 在线性串联谐振电路中，回路阻尼率 $\mu=0.05\ \omega_0$，工频电源电压为 E，角频率 $\omega=314$。试分别计算 $X_C=2.5X_L$ 和 $X_C=6X_L$ 时，(1)电容上的稳态电压 U_C；(2)断路器合闸以后电容上暂态电压的最大值 U_{Cm}。

12-9 引起工频电压升高的主要原因是什么？为什么在超高压电网中需特别重视工频电压升高问题？

12-10 限制电力系统工频电压升高的主要措施有哪些？

12-11 避雷器的灭弧电压是如何确定的？为什么分为 80%及 110%两大类？

第十三章　电力系统防雷保护

第一节　雷电的放电过程和雷电参数

一、雷电放电过程

在雷雨季节里，太阳使地面部分水分汽化，同时地面空气受到热地面的作用变热上升，成为热气流。由于太阳几乎不能直接使空气变热，所以每上升 1 km，空气温度约下降 10 ℃。上升的热气流遇到高空的冷空气时，水蒸气会凝结成为小水滴而形成热雷云。此外，水平移动的冷气团或暖气团，在其前锋交界面上也会因冷气将湿热的暖气团抬高而形成面积极大的锋面雷云。在足够冷的高空，如 4 km 以上高空中，水滴会转化成冰晶。

雷云的带电过程可能是综合性的。云中水滴被强气流吹裂时，较大的水滴带正电荷，较小的水滴带负电荷，小水滴同时被气流携走；另外，云中水滴在凝结时，冰粒会带正电荷，没有结冰的水滴将会带负电荷。于是，云的各部分就带有不同的电荷。雷云带电的过程也可能与水滴吸收离子，相互撞击或融合的过程有关。

根据实测结果，在 5～12 km 高度的雷云主要是带正电荷，在 1～5 km 高度的雷云主要是带负电荷。雷云中的电荷分布常常是非常不均匀的，通常形成多个电荷密集中心。当云中电荷密集中心的场强达到 25～30 kV/cm 时，就可能引发雷电放电。

雷云放电主要是在云间或云内进行，只有小部分是对地发生的，而对地放电危害最大。根据雷电放电的次数和放电的电荷总量来说，75%～90%的雷电流是负极性的。雷电有多种放电方式，如线状雷电、片状雷电和球状雷电。以下主要研究放电方式最多的线状雷电的云-地之间的放电，因为电力系统中的绝大多数雷电事故都是这种情况造成的。

根据云-地之间线状雷电的光学照片，如图 13-1 所示，由此可了解雷电放电的一般过程。一般一次雷击包括先导、主放电和余晖三个阶段。

1. 先导阶段

雷云下部伸出微弱发光的放电通道向地面的发展是分级推进的，每一级的长度为 25～50 m，停歇时间为 30～90 μs，下行的平均速度约为 0.1～0.8 m/μs。在下行先导和地面的上行先导相遇形成放电通道前的过程中，出现的电流并不大，仅有数十至数百安，此过程称为先导放电过程。

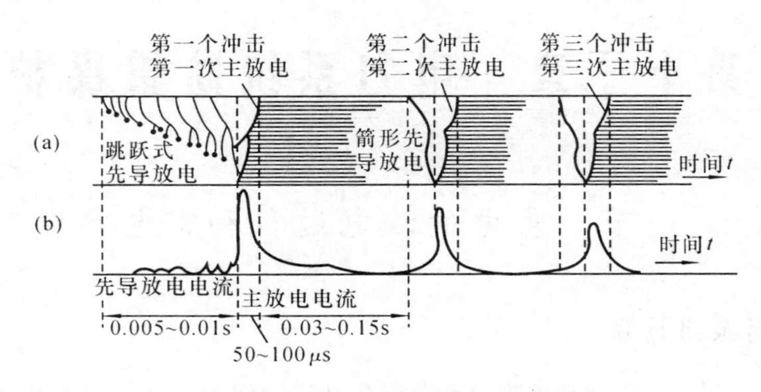

图 13-1　雷电放电的光学照片和电流变化

(a)负雷云下行雷的放电光学照片;(b)放电过程中雷电流的变化

2. 主放电和迎面流注阶段

当雷电先导接近地面时,会从地面较突起的部分发出向上的迎面先导(也称迎面流注),当不同极性的下行先导和迎面先导相遇时,就产生强烈的电荷中和过程,伴随雷鸣和闪电,出现极大的电流(数十至数百千安),这就是主放电阶段。主放电的时间极短,只有 50～100 μs,放电发展速度为 50～100 m/μs。主放电过程是逆着下行先导由下向上发展的,离开地面越高速度越小。主放电过程达到云端时,放电过程就结束了。

3. 余晖阶段

在主放电过程结束后,云中残余电荷经过主放电通道流向大地,这一阶段称为余晖(余光)阶段。由于云中的电阻较大,电流不大(约数百安),持续时间较长,为 0.03～0.15 s。云中的多余电荷主要是在这一阶段泻入大地的。

雷云中一般有多个电荷密集中心。由某一个电荷中心开始的先导放电到达地面后,它的电位变成零电位,此时其他电荷中心与这个电荷中心之间形成很大的电位差,利用已经存在的原主放电通道又发生对地放电,造成多重雷击,两次放电的时间间隔约为 0.03 s。由于原放电路径已经游离,所以既无分支,也没有分级,是自上而下连续发展。一般有 30％～80％的雷暴至少有第二次重复雷击,第二次及以上的主放电电流一般较小,不超过 30 kA。

雷电主放电的瞬间,虽然功率很大,但是雷电产生的能量却很小,即其破坏力虽然大,但是实际利用价值很小。以一次中等雷电为例,取雷云电位 U 为 50 MV,电荷 Q 为 8 C,则其能量为

$$W=UQ/2=55\ \mathrm{kW\cdot h}$$

每平方千米每年(雷暴日为 40)的落雷次数可取 2.8 次,所以每平方千米每年获得的雷电总量为

$$W=55\times2.8\ \mathrm{kW\cdot h}=154\ \mathrm{kW\cdot h}$$

其平均功率仅为

$$P=154\times10^{3}/365/24\ \mathrm{W}=17.58\ \mathrm{W}$$

但是，雷电主放电的瞬时功率 P 却很大，例如，若雷电流 I 以 50 kA 计算，压降以 6 kV/m计，雷云高度以 1000 m 计，则主放电功率 P 可达到

$$P=50\times6\times1000\ \mathrm{MW}=300000\ \mathrm{MW}$$

二、雷电参数

雷电参数是雷电过电压计算和防雷设计的基础，目前常采用的参数是在现有雷电观测数据的基础上总结出来的。其中，雷暴日(T_d)、雷暴小时(T_h)和地面落雷密度(γ)主要用于雷害统计，雷电流幅值(I)、雷电流的波前时间(T_1)、陡度(α)、波长(T_2)和波形是防雷保护的重要参数。

1. 雷暴日和雷暴小时

为了评价某地区雷电活动的频繁程度，常用该地区多年统计所得到的平均出现雷暴日或者雷暴小时来估计。雷暴日是指该地区一年四季中有雷电放电的天数，一天中只要听到一次及以上雷声就算一个雷暴日。由于不同年份的雷暴日数变化较大，所以要采用多年平均值——年平均雷暴日。为了区别不同地区每个雷暴日内雷电活动持续时间的差别，也有用雷暴小时数作为雷电活动频度的统计单位。一个小时以内听到一次及以上雷声就算一个雷暴小时。据统计，每一个雷暴日折合为 3 个雷暴小时。

我国年平均雷暴日分布，西北少于 25 日，长江以北 25～40 日；长江以南 40～80 日，南方大于 80 日。根据雷电活动的频度和雷害的严重程度，我国把年平均雷暴日数超过 90 日的地区称为强雷区，超过 40 日的称为多雷区，不足 15 日的称为少雷区。

2. 地面落雷密度

在雷暴日和雷暴小时的统计中，并没有区分雷云之间的放电与雷云对地的放电。只有落地雷才可能产生危害电力系统的过电压，因此需要引入地面落雷密度 γ 这个参数，它表示每平方千米每雷暴日的地面受到的平均落雷次数。γ 值与年平均雷暴日数 T_d 有关。一般 T_d 较大的地区，其 γ 值也较大。两者的关系，我国计算标准推荐采用国际大电网会议(CIGRE)1980 年提出的以下关系式

$$N_g=0.023T_d^{1.3} \tag{13-1}$$

式中，N_g 为每年每平方千米地面落雷数；T_d 为雷暴日数。

地面落雷密度为

$$\gamma=0.023T_d^{0.3} \tag{13-2}$$

对 $T_d=40$ 的地区，取值 $\gamma=0.07$。

输电线路高出地面有引雷作用，会将线路两侧一定宽度内的地面落雷吸引到线路上来。根据试验和运行经验，一般输电线路的等值受雷面的宽度为 10 h(h 为输电线路平均高度)，线路年平均受雷击的次数可按照下式计算

$$N=\gamma\times 10\ h/1000\times 100\times T_{\mathrm{d}} \tag{13-3}$$

式中,N 为输电线路受雷击次数(次/100 km·年);T_{d} 为年平均雷暴日数。若取 $T_{\mathrm{d}}=40$,$\gamma=0.07$,则 $N=2.8$ 次/100 km·年。

3. 雷电流幅值

雷电流是指雷击于低接地阻抗(≤30 Ω)的物体时流过该物体的电流,近似等于传播下来的电流入射波的2倍,计算公式为

$$i=\frac{2u_0}{Z_0+Z_{\mathrm{j}}}=\frac{2Z_0 i_0}{Z_0+Z_{\mathrm{j}}} \tag{13-4}$$

式中,u_0 为波电压;i_0 为波电流;Z_0 为雷电通道的波阻抗;Z_{j} 为雷击点的接地阻抗。

在防雷设计中,一般取雷电通道的波阻抗 Z_0 为 300 Ω。实际测量雷电流时,接地阻抗 $Z_{\mathrm{j}}\leqslant 20$ Ω。雷电流幅值 I 是表示雷电强度的指标,是最重要的雷电参数。雷电流幅值与雷云中的电荷多少有密切关系。雷击任一物体时,流过它的电流值与其波阻抗有关,波阻抗愈小,流过的电流愈大。雷电流幅值 I 是根据实测数据经整理得出的结果,图13-2所示曲线为我国目前在一般地区使用的雷电流幅值概率曲线。

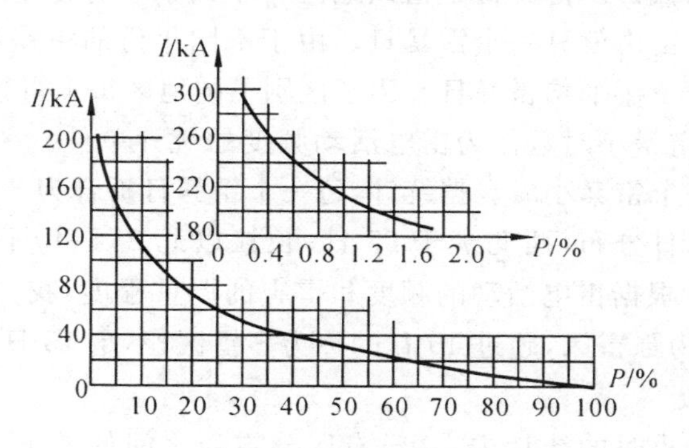

图 13-2 我国雷电流幅值概率曲线

在年平均雷暴日大于20的地区,测得的雷电流幅值 I 的概率曲线可用下式表示

$$\lg P=-\frac{I}{88} \tag{13-5}$$

式中,P 为雷电流超过幅值 I(kA)出现的概率。在年平均雷暴日数只有20或更少的地区,雷电流幅值也较小,可用下式求其出现的概率

$$\lg P=-\frac{I}{44} \tag{13-6}$$

4. 雷电流的波前时间、陡度和波长

据统计,雷电流的波前时间 T_1 多在 1～4 μs 内,平均为 2.6 μs 左右,波长 T_2 在 20～100 μs 内。在防雷设计中,采用 2.6/40 μs 的波形,则波长对防雷计算结果几乎无影响,为简化计算,一般可视波长为无限长。雷电流波前的平均陡度为

$$\alpha=\frac{I}{2.6}\ (\mathrm{kA}/\mu\mathrm{s}) \tag{13-7}$$

式中，α 是雷电流陡度（kA/μs），一般认为取 50 kA/μs 左右是最大限值。

5. 雷电流的极性和等值计算波形

国内外实测结果表明，75%～90%的雷电流是负极性，加之负极性的冲击过电压波沿线路传播时衰减小，因此，电气设备的防雷保护中一般均按负极性进行分析研究。

在电力系统的防雷保护计算中，要求将雷电流波形用公式描述以便处理，经过简化和典型化后，可得以下三种常用的计算波形，如图 13-3 所示。

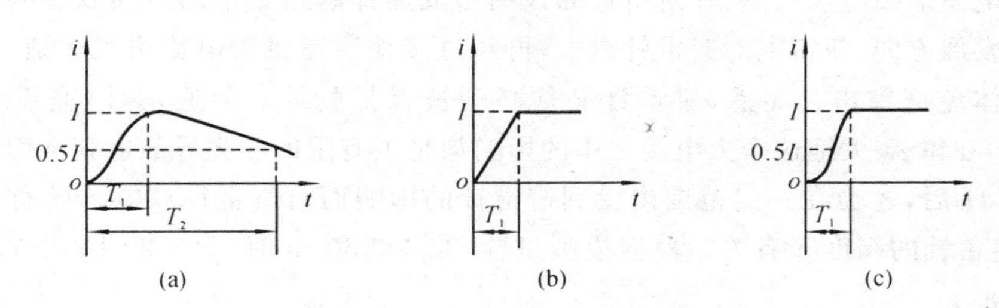

图 13-3　雷电流的等值波形

（a）标准冲击波形；（b）等值斜角波前；（c）等值半余弦波前（I-雷电流幅值）

图 13-3（a）所示为标准雷电流冲击波形，其波头部分可用双指数函数表示

$$i=I(\mathrm{e}^{-\alpha t}-\mathrm{e}^{-\beta t}) \tag{13-8}$$

式中，I 为雷电流幅值（kA）；α、β 为时间常数；t 为作用时间。这种表示是与实际雷电波形最为接近的等值计算波形，但比较繁琐。

图 13-3（b）所示为斜角平顶波，其陡度 α 可由给定的雷电流幅值 I 和波前时间 T_1 确定。斜角波的数学表达式最简单，便于分析与雷电流波前有关的波过程。并且斜角平顶波用于分析发生在 10 μs 以内的各种波过程，有很好的等值性。

图 13-3（c）所示为等值半余弦波，雷电流波形的波前部分接近半余弦波，可用下式表示

$$i=\frac{I}{2}(1-\cos\omega t) \tag{13-9}$$

式中，I 为雷电流幅值（kA）；ω 为角频率，$\omega=\pi/T_1$。这种波形多用于分析雷电流波前的作用，因为用余弦函数波前计算雷电流通过电感支路时所引起的压降比较方便。

第二节　电力系统的防雷保护装置

防雷保护装置是指能使被保护物体避免雷击，而引雷于本身，并顺利地泄入大地的装置。电力系统中最基本的防雷保护装置有：避雷针、避雷线、避雷器和防雷接地装置

等。避雷针和避雷线可以防止雷电直接击中被保护物体，因此也称为直击雷保护；避雷器可以防止沿输电线侵入变电站的雷电过电压波，因此也称为侵入波保护；防雷接地装置的作用是减少避雷针(线)或避雷器与大地(零电位)之间的电阻值，以达到降低雷电过电压幅值的目的。

一、避雷针

避雷针包括三部分：接闪器(避雷针的针头)、引下线和接地体。避雷针的保护原理是雷云放电使地面电场畸变，在避雷针的顶端形成局部场强集中的空间以影响雷电先导放电的发展方向，使雷电对避雷针放电，再经过接地装置将雷电流引入大地，从而使被保护物体免遭雷击。显然，避雷针必须高于被保护物体。但避雷针(高度一般为20～30 m)在雷云-大地这个大电场之中的影响却是很有限的。先导放电朝地面发展到某一高度 H 后，才会在一定范围内受到避雷针的影响而对避雷针放电。H 称为定向高度，与避雷针的高度 h 有关。根据模拟试验，当 $h\leqslant 30$ m 时，$H=20$ h；当 $h>30$ m 时，$H\approx 600$ m。

避雷针的保护范围是由模拟试验确定的。保护范围只具有相对的意义，不能认为在保护范围内的物体就完全不受雷直击，在保护范围外的物体就完全不受保护。因此，为保护范围规定了一个绕击率。所谓绕击系指雷电绕过避雷装置而击于被保护物体的现象。我国有关规程所推荐的保护范围是对应 0.1%的绕击率而言的。对于这么小的绕击率，可认为保护作用足够可靠。

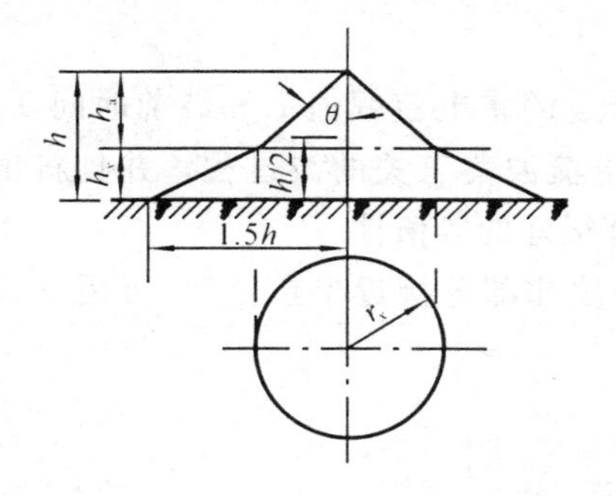

图 13-4　单支避雷针的保护范围
h—避雷针的高度(m)；h_x—被保护物的高度(m)；
$h_a=h-h_x$—避雷针的有效高度(m)；
r_x—h_x 水平面上的保护半径(m)；
当 $h\leqslant 30$ m 时，$\theta=45°$

单支避雷针的保护范围近似一个圆锥体空间，如图 13-4 所示。它的侧面边界线实际上是曲线，工程上以折线代替曲线。

在被保护物高度 h_x 水平面上，其保护半径 r_x 为

$$\left.\begin{aligned} r_x&=(h-h_x)p & h_x&\geqslant\frac{h}{2}\\ r_x&=(1.5h-2h_x)p & h_x&<\frac{h}{2}\end{aligned}\right\}\tag{13-10}$$

式中，h 为避雷针的高度；p 为高度修正系数，当 $h\leqslant 30$ m，$p=1$；当 $30<h\leqslant 120$ m 时，$p=5.5/\sqrt{h}$。

两支等高避雷针的保护范围如图 13-5 所示。两避雷针外侧的保护范围按单支避雷针的计算方法确定。由于两支避雷针的相互屏蔽效应，两避雷针中间部分的保护范

围要比两支单避雷针的范围之和大得多。两避雷针间的保护范围应按通过两避雷针顶点及保护范围上部边缘最低点 O 的圆弧确定，圆弧的半径为 R_0，O 点高度 h_0。按下式计算

$$h_0=h-\frac{D}{7p} \tag{13-11}$$

式中，D 为两避雷针间的距离(m)；h_0 为两避雷针间的保护范围上部边缘最低点 O 的高度(m)。

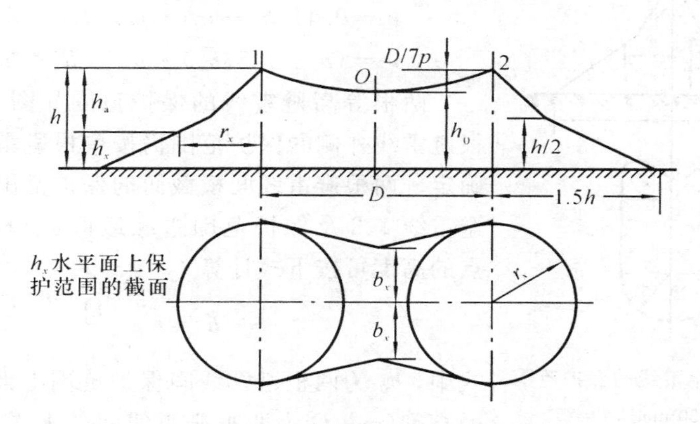

图 13-5　两支等高避雷针的保护范围

两避雷针间 h_x 水平面上保护范围的一侧最小宽度 b_x 应按图 13-6 确定。当 $b_x>r_x$ 时，取 $b_x=r_x$。求得 b_x 后，可按图 13-5 绘出两避雷针间的保护范围。两避雷针间距离 D 与避雷针高度 h 之比 D/h 不宜大于 5。

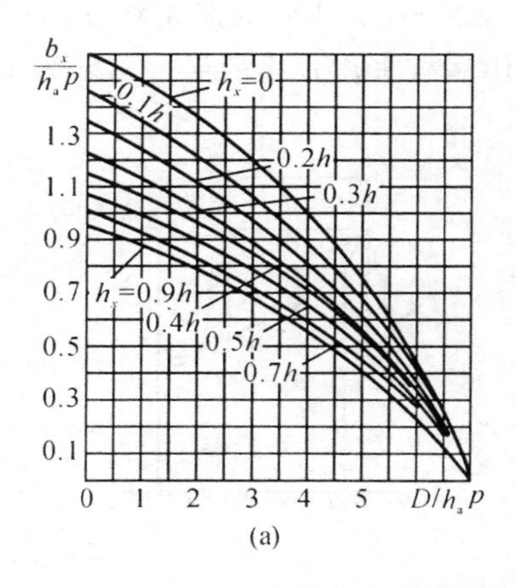

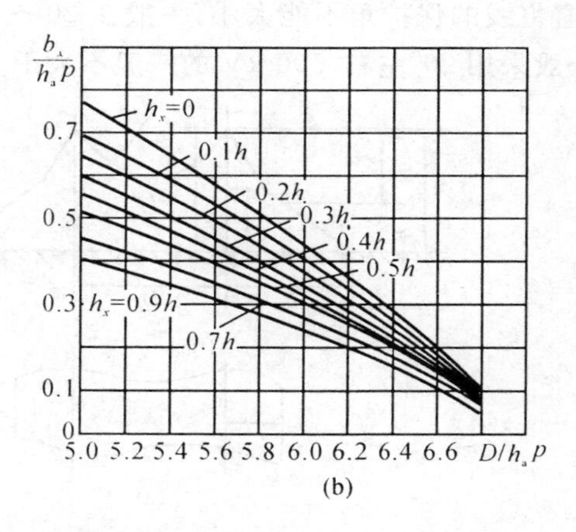

图 13-6　两支等高避雷针间保护范围一侧最小宽度(b_x)与 $D/(h_a p)$ 的关系

(a) $D/(h_a p)=0\sim7$；(b) $D/(h_a p)=5\sim7$

二、避雷线

避雷线(即架空地线)的作用原理与避雷针相同，主要用于输电线路的保护，也可用来保护发电厂和变电站。单根避雷线的保护范围的长度与线路等长，而且两端还有其保护的半个圆锥体空间。

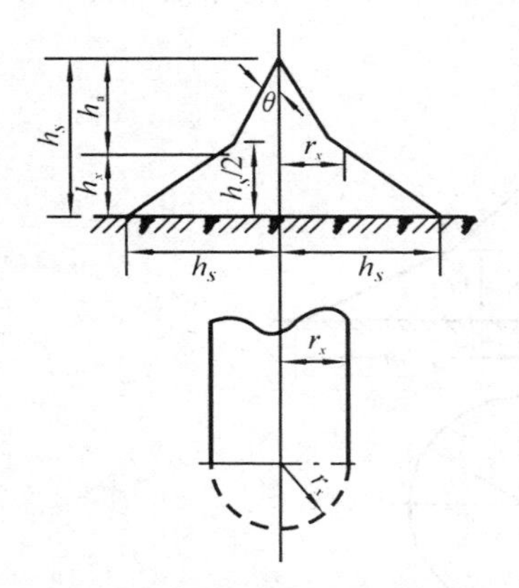

图 13-7 单根避雷线的保护范围
当 $h\leqslant 30$ m 时，$\theta=25°$

单根避雷线的保护范围如图 13-7 所示，并按下式计算

$$\left.\begin{aligned} r_x &= 0.47(h_s-h_x)\cdot p \qquad h_x\geqslant h_s/2 \\ r_x &= (h_s-1.53h_x)\cdot p \qquad h_x<h_s/2 \end{aligned}\right\} \tag{13-12}$$

两根等高避雷线的保护范围如图 13-8 所示。两根避雷线外侧的保护范围仍按单根避雷线的计算方法确定。两根避雷线间横截面的保护范围应由通过两根避雷线 1、2 及保护范围边缘最低点 O 的圆弧确定，O 点的高度可按下式计算

$$h_0=h_s-\frac{D}{4p} \tag{13-13}$$

式中，h_0 为两根避雷线间保护范围上部边缘最低点 O 的高度(m)；D 为两根避雷线间的水平距离(m)；h_s 为避雷线的高度(m)；p 为高度修正系数。

图 13-8 中的 α 称为避雷线的保护角，是杆塔上避雷线的铅垂线与同杆塔处避雷线和边导线的连线间所组成的夹角，保护角愈小，避雷线就愈可靠地保护导线免受雷击。为了减小保护角，可提高避雷线的悬挂高度，但这样势必加重杆塔结构，增加造价，所以单根避雷线的保护角不能太小，一般在 20°～30°。220～330 kV 双避雷线线路的保护角，一般采用 20°左右，500 kV 的一般不大于 15°；山区宜采用较小的保护角。为了减小

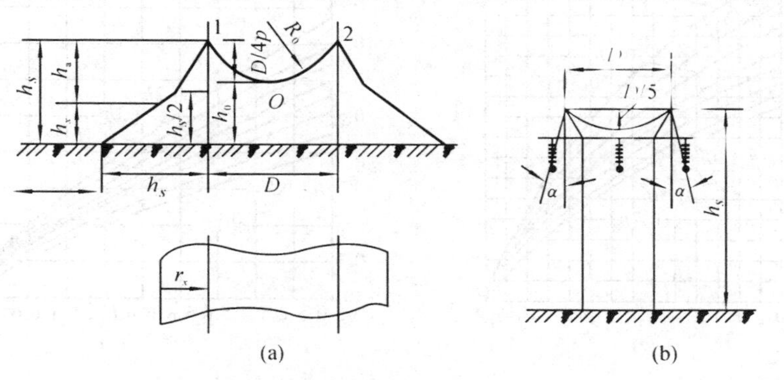

图 13-8 两根等高避雷线的保护范围
(a)保护范围；(b)保护角

对两侧导线的保护角，可将两根避雷线适当向外移动。经验证明，只要两避雷线间的距离不超过避雷线与中间导线高度差的五倍，中间导线便能得到保护。

三、避雷器

避雷针(避雷线)可以防止设备遭受直击雷，但是它不能防止线路传入发电厂和变电站的雷电波(侵入波)对电气设备的危害。由于变电站中各种电气设备的绝缘水平远低于同级线路的绝缘水平，因此，在雷雨季节，沿线路传到发电厂、变电站的高幅值雷电波常危及电气设备的安全，如果不加保护，会发生放电，使电气设备遭受破坏。

避雷器就是一种普遍采用的侵入波保护装置，它是一种过电压限制器。早期主要用来限制由线路传入的雷电过电压的幅值，后来发展到用来限制某些小能量的操作过电压。近年来已拓宽到线路防雷和深度限制操作过电压的领域中，故也可称为过电压限制器，简称限压器。

为了使避雷器能够达到预期保护效果，必须满足下面基本要求。

(1)具有良好的伏秒特性，以易于实现合理的绝缘配合。

(2)有较强的绝缘强度自恢复能力，以利于快速切断工频续流，使电力系统得以继续运行。

以上两条要求适合于有间隙的避雷器，包括保护间隙、管式避雷器、带间隙阀式避雷器。其中阀式避雷器又包括普通阀式避雷器和磁吹阀式避雷器两种。

无间隙金属氧化物避雷器(MOA)的技术要求不同于有间隙的避雷器。MOA 在工频下仍流过很小的泄漏电流，过电压下其残压应小于被保护设备冲击绝缘强度，它必须具有长时间工频稳定性和过电压下的热稳定性，它没有灭弧问题，但相应地却产生了独特的热稳定问题。

1. 保护间隙

保护设备中简单的形式是保护间隙，它由两个电极组成，并接在被保护设备的两端。常用的角形保护间隙如图 13-9 所示。它由主间隙 1 和辅助间隙 2 串联而成。辅助间隙是为了防止主间隙被外物短路误动作而设的。当雷电波侵入时，间隙先击穿，线路接地，从而使电气设备得到保护。保护间隙击穿后形成工频续流，其电弧在电动力和上升热气流的作用下向上移动，从而被拉长、冷却，并使电弧熄灭。由于间隙的熄弧能力不高，一般难以使工频电弧可靠熄灭，所以应与自动重合闸装置相配合，以便减少线路停电事故。保护间隙的主要缺点是灭弧能力低，只能熄灭中性点不接地系统中不大的单相接地短路电流，因此在我国只用于 10 kV 及以下的应用场合。

2. 管式避雷器

管式避雷器的原理结构如图 13-10 所示。它由两个间隙串联组成。一个间隙 F_1 装在产气管 1 内，称为内间隙。另一个间隙 F_2 装在产气管外，称为外间隙。外间隙的作用是使产气管在正常运行时与工频电压隔离。产气管内层由绝缘的产气材料做成，

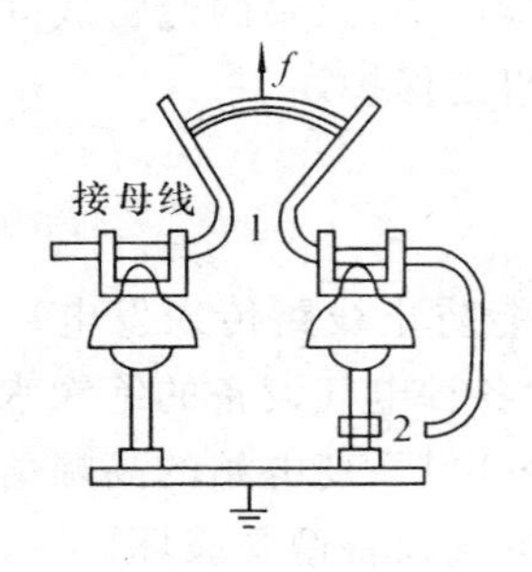

图 13-9 角形保护间隙

1—主间隙；2—辅助间隙

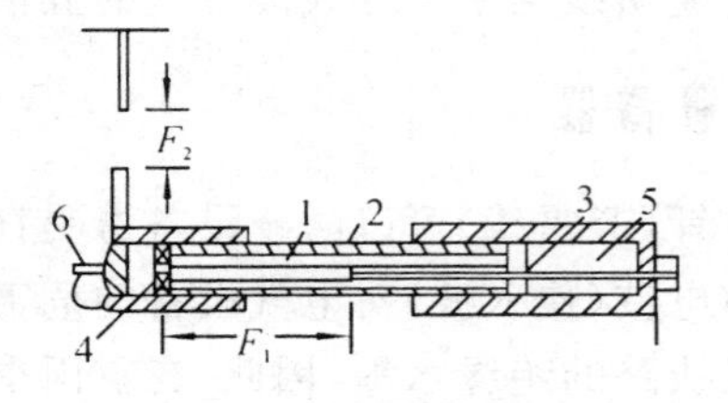

图 13-10 管式避雷器

1—产气管；2—胶木管；3—棒形电极；4—环形电极；5—储气室；6—动作指示器；F_1、F_2—内、外间隙

由装在管子内部的棒形电极 3 和环形电极 4 组成不能调节的灭弧间隙 F_1。

由于产气材料在泄漏电流作用下会分解，因此管子不能长时间接在工作电压上，需用外间隙 F_2 把避雷器与工作电压隔开。当雷电冲击波袭来时，间隙 F_1 和 F_2 均被击穿，使雷电流入大地。冲击电流消失后间隙流过工频续流。在工频续流电弧的高温作用下，产气管内分解出大量气体，形成数十甚至上百个大气压力。高压气体从环形电极孔口急速喷出，强烈地纵向吹动电弧，使工频续流在第一次过零时熄灭。这是一种利用灭弧腔内电弧与产气材料接触所产生的气体来切断续流的避雷器，所以又可称为排气式避雷器。

管式避雷器的主要缺点有：

(1)伏秒特性太陡，且放电分散性较大，难以与被保护设备实现合理的绝缘配合；

(2)放电间隙动作后工作导线直接接地，会产生高幅值的截波，对变压器的纵绝缘不利。

因此，管式避雷器不能用在大型变电站内，目前只是用作变电站进线段保护的辅助手段，用来保护容量小的变电站及输电线路上薄弱绝缘路段，如用作大跨距和交叉档距处。也可与电缆段相配合，在直配电机的防雷保护中起限流作用。

3. 普通阀式避雷器和磁吹阀式避雷器

(1)阀式避雷器的工作原理。阀式避雷器由装在密封瓷套中的放电间隙组和非线性电阻(阀片)组成。在电力系统正常工作时，间隙将电阻阀片与工作母线隔离，以免被母线的工作电压在电阻阀片中产生的电流烧坏阀片。当避雷器上过电压的瞬时值达到放电间隙的冲击放电电压时，间隙击穿，过电压波即被截断。由于间隙放电的伏秒特性低于被保护设备的冲击耐压强度，被保护设备得到保护。间隙击穿后，冲击电流通过阀片流入大地，由于阀片的非线性特性，电流愈大电阻愈小，故在阀片上产生的压降 U_R(称为残压)将得到限制，此残压应比被保护设备绝缘的冲击强度低 25%～40%，设备就得到了保护。在过电压消失后，间隙中由工作电压产生的工频续流仍将继续流过避雷器，此续流受阀片电阻的非线性特性所限制，使其小于 80 A(最大值)，间隙能在工频续流第一次过零值时就将电弧切断。以后，就依靠间隙的绝缘强度能够耐受电网恢复电压的作用而不会发生重燃。这样，避雷器从间隙击穿到工频续流的切断不超过半个工频周期，继电保护来不及动作系统就已恢复正常。

(2)普通阀式避雷器。避雷器的阀片是用电工金刚砂(SiC)细粒和结合剂(水玻璃等)制成的圆盘在高温下焙烧而成的。普通阀式避雷器中的阀片是在300～350 ℃下烧成的，称为低温阀片。在金刚砂颗粒的表面有一层很薄的二氧化硅(SiO_2)封闭层。金刚砂颗粒本身的电阻率不大，约 10^{-2} Ω·m，而封闭层的电阻是非线性的，它与电场强度有关，当场强不大，即阀片上电压不高时，封闭层的电阻率为 10^4～10^6 Ω·m，此时整个外施电压都加在封闭层上，由它决定阀片的电阻。当场强增大时，封闭层的电阻急剧下降，阀片的电阻逐渐由金刚砂本身的电阻来确定，于是就使阀片呈现非线性。

普通阀式避雷器的火花间隙由许多如图13-11所示的单个间隙串联而成，单个间隙的电极由黄铜板冲压而成，两电极之间以云母垫圈隔开形成间隙，间隙距离为0.5～1.0 mm，由于间隙电场近似均匀电场，同时，过电压作用时云母垫圈与电极之间的空气缝隙中发生电晕，对间隙产生照射作用，从而缩短了间隙的放电时间，其伏秒特性曲线很平且分散性小，单个间隙的工频放电电压为2.7～3.0 kV(有效值)，其冲击系数为1.1左右。避雷器动作后，工频续流被许多单个间隙分割成许多短弧，利用短间隙的自然熄弧能力使电弧熄灭。

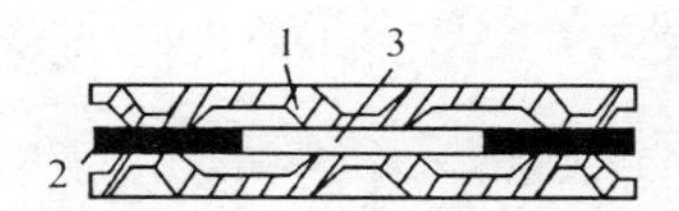

图 13-11　单个平板型放电间隙

1—黄铜电极；2—云母垫圈；3—间隙放电区

普通阀式避雷器有较平坦的伏秒特性，动作时不会形成截断波，所以可用作变电站中的变压器等重要设备的保护。但普通阀式避雷器熄弧完全依靠间隙的自然熄弧能力，其次阀片的热容量有限，不能承受较长持续时间的内过电压冲击电流的作用。当续流超过80 A(峰值)，而电弧又不运动时，间隙的电极会发热，可能导致热电子发射。由于电极的热惯性很大，在电流过零时，电弧难以顺利熄灭。因此，此类避雷器通常不容许在内过电压作用下动作。

(3)磁吹阀式避雷器。为了提高避雷器灭弧能力，可以采用电弧运动的间隙，即磁吹放电间隙。它利用磁场使电弧运动来加强去游离，以提高间隙灭弧能力。采用磁吹间隙的避雷器称为磁吹阀式避雷器。

磁吹阀式避雷器中火花间隙也是由许多单个间隙串联而成的。利用磁场使电弧产生运动(如旋转或拉长)来加强去游离以提高间隙的灭弧能力。磁吹间隙通常有旋弧型和灭弧栅型两种。

旋弧型磁吹间隙如图13-12所示，由两个同心式内、外电极构成，磁场由永久磁铁产生。在外磁场的作用下，电弧受力沿着圆形间隙高速旋转(旋转方向取决于电流方向)，使弧柱得以冷却，加速去游离过程。灭弧能力能可靠切断300 A(幅值)的工频续流，切断比为1.3左右。这种间隙用于电压较低的如保护旋转电机用的磁吹阀式避雷器中。

灭弧栅型磁吹间隙如图 13-13 所示，由主间隙、辅助(分流)间隙、磁吹线圈、灭弧盒等组成。主间隙与线圈串联连接，分流间隙与线圈并联连接。当雷电流通过线圈时，线圈的感抗很大，因此，雷电流在避雷器上的压降，除了阀片的残压之外，还有线圈上的压降，会大大削弱避雷器的保护性能。为此采用了分流间隙，当雷电流在线圈上产生很大的压降时，分流间隙击穿将线圈短路，使避雷器的压降不致太大。当工频续流通过线圈时，分流间隙自动熄弧，产生吹弧作用。很明显，永久磁铁所产生的磁场其磁场方向不能随续流方向改变而作相应改变，因此，主间隙的磁场是由与间隙串联的磁吹线圈产生的。主间隙的续流电弧被磁场迅速吹入灭弧栅的狭缝内，被拉长或分割成许多短弧而迅速熄灭。当续流反向时，磁场方向也反向，因此电弧的运动方向总是向着灭弧栅的狭缝不变。

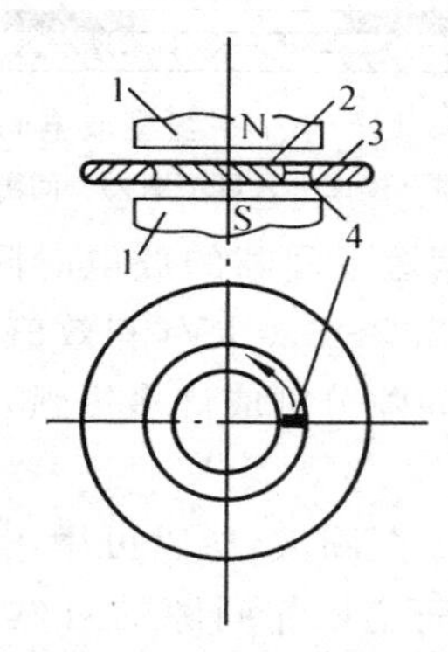

图 13-12　旋弧型磁吹间隙

1—永久磁铁；2—内电极；3—外电极；

4—电弧(箭头表示旋弧方向)

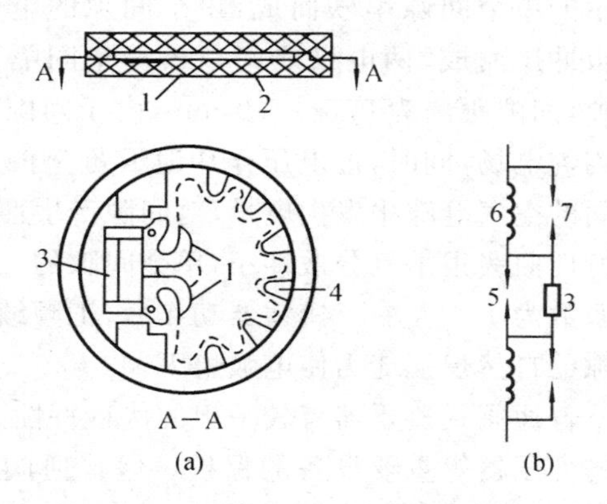

图 13-13　灭弧栅型磁吹间隙

1—电极；2—灭弧盒；3—分路电阻；4—灭弧栅；

5—主间隙；6—磁吹线圈；7—辅助间隙

这种磁吹间隙能切断 450 A(幅值)左右的工频续流，为普通间隙的 4 倍多，因此，广泛用于电压较高的如保护变电站用的磁吹阀式避雷器中。

(4)阀式避雷器的基本参数。

① 额定电压 U_N(有效值，kV)。U_N 指施加到避雷器端部的最大允许工频电压(有效值)。

② 残压 U_R(峰值，kV)。指波形为 8/20 μs 的一定幅值的冲击电流通过避雷器时，在阀片上产生的电压峰值。

③ 冲击放电电压 $U_{b(i)}$(峰值，kV)。对额定电压在 220 kV 及以下的避雷器，其冲击放电电压是指在标准雷电波作用下，避雷器的放电电压(峰值)的上限值。对额定电压在 330 kV 及以上的超高压电网，由于操作过电压开始起主导作用，所以用于超高压电网的避雷器还应给出标准操作冲击电压作用下的冲击放电电压值(峰值)的上限。

④ 工频放电电压U_{gf}(有效值,kV)。指在工频电压作用下,避雷器将发生放电的电压值。由于间隙击穿的分散性,对工频放电电压都给出一个上、下限值。在工频电压作用下,避雷器的放电电压不能过高,也不能太低。35 kV 及以下电网中的避雷器,其工频放电电压的下限值取为电网最大运行相电压的 3.5 倍;110 kV 及以上电网中的避雷器则取 3.0 倍。

⑤ 通流容量。避雷器的通流容量主要是指在规定的波形情况下,非线性电阻片耐受通过电流的能力,用电流的幅值、持续时间和通过次数表示。我国规定,普通阀式避雷器阀片的通流容量为通过 20/40 μs、幅值为 5～10 kA 的冲击电流 20 次;磁吹阀式避雷器阀片的通流容量为通过 20/40 μs、幅值为 15 kA 的冲击电流 20 次和 2000 μs、幅值为 800～1000 A 的方波电流 20 次。对于 500 kV 电网中的避雷器,其阀片的通流容量为 18/40 μs、幅值为 10 kA 的冲击电流 20 次和大电流冲击耐受 4/10 μs、幅值为 100 kA的冲击电流 2 次。

⑥ 冲击系数。冲击系数是避雷器冲击放电电压与工频放电电压幅值之比。一般希望冲击系数接近于 1,这样避雷器的伏秒特性比较平坦,有利于绝缘配合。一定的避雷器结构有一定的冲击系数,所以工频放电电压不能太高,否则会使冲击放电电压太高,影响保护性能。

⑦ 切断比。切断比是避雷器的工频放电电压(下限)与灭弧电压之比。它是体现间隙灭弧能力的重要指标。因为间隙绝缘强度的恢复需要一个去游离过程,所以灭弧电压总是低于工频放电电压。切断比愈小,说明绝缘强度的恢复愈快,因而灭弧能力愈强。一般普通阀式避雷器的切断比为 1.8,磁吹阀式避雷器的切断比为 1.4。

⑧ 保护比。保护比为避雷器残压与灭弧电压之比。保护比愈小,说明残压愈低或灭弧电压愈高,因而保护性能愈好。普通阀式避雷器的保护比为 2.29(FZ 型)和 2.52(FS 型),磁吹阀式避雷器为 1.78。

4. 氧化锌避雷器

由于氧化锌电阻片具有非常优异的非线性伏安特性,可以取消串联火花间隙,实现避雷器无间隙、无续流,而且造价低廉,因此氧化锌避雷器的应用越来越广泛。

氧化锌非线性电阻片以氧化锌(ZnO)为主要材料,并掺以微量的氧化铋、氧化钴、氧化锰、氧化锑、氧化铬等添加物,经过成型、烧结、表面处理等工艺过程而制成。所以又称为金属氧化物电阻片,以此制成的避雷器称为金属氧化物避雷器(MOA)。

图 13-14 所示为氧化锌阀片与碳化硅阀片伏安特性曲线的比较,两者在 10 kA 电流下的残压大致相同,但在额定电压下,碳化硅阀片流过的电流幅值达 100 A,而氧化锌阀片流过的电流却小于 10^{-5} A,可以近似认为其续流为零。正因为如此,氧化锌避雷器才可以不用串联放电间隙,使之成为无间隙、无续流的避雷器。

氧化锌避雷器具有如下优点。

(1)保护性能优越。由于氧化锌避雷器取消了传统的碳化硅避雷器所必不可少的串联放电间隙,因而也取消了与串联间隙相并联的分路电阻,因此氧化锌避雷器的结构大为简化,尺寸明显变小。目前氧化锌避雷器的保护水平虽比碳化硅避雷器略低或不相上下,但由于氧化锌电阻片有优异的伏安特性,进一步发展的潜力很大,特别是它不需间隙动作,电压稍微升高,即可迅速吸收过电压能量,抑制过电压的发展。如图13-15所示,其实际保护效果比碳化硅避雷器好。

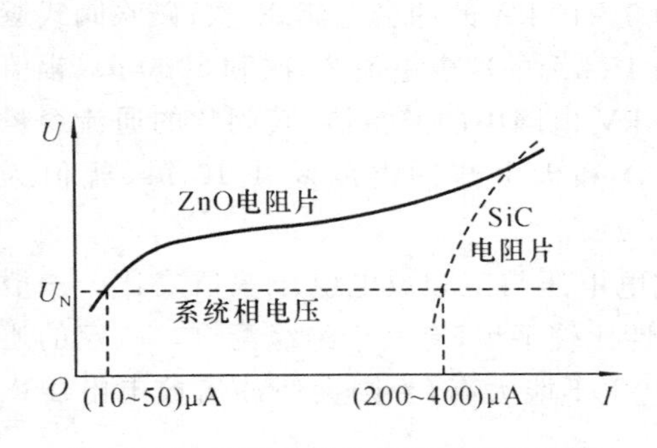

图 13-14 两种电阻片伏安特性的比较

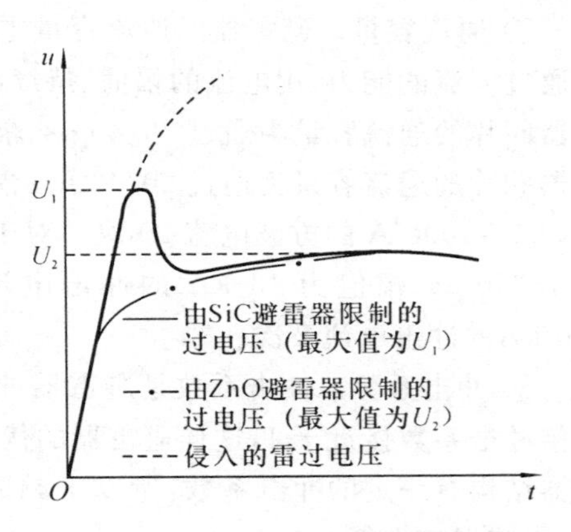

图 13-15 氧化锌避雷器的保护效果

氧化锌电阻片还有良好的温度响应特性,在低电流范围内($<10^{-3}$ A/cm²)呈现负的温度系数如图 13-16 所示;在大电流段呈现很小的正温度系数,通常可以忽略,因此其保护特性不受温度变化的影响。

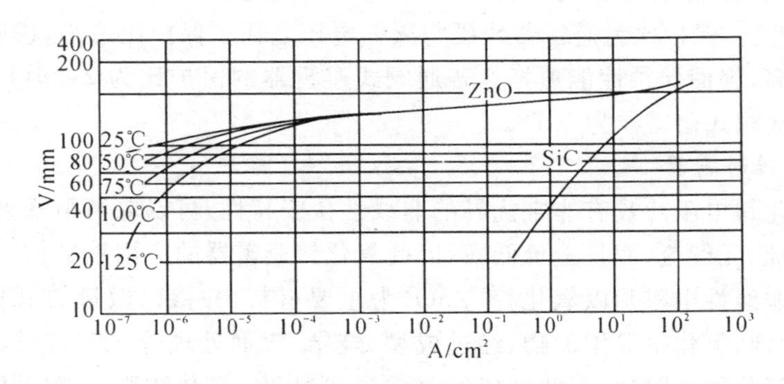

图 13-16 氧化锌避雷器的温度响应特性

氧化锌避雷器还有优越的陡波响应特性(伏秒特性)。它没有间隙的放电时延,只需考虑陡波头下伏安特性的上翘,而其上翘又比碳化硅电阻片低得多,所以对陡波头过电压的保护效果大大提高。

(2)无续流,动作负载轻,耐重复动作能力强。氧化锌避雷器的续流为微安级,实际上可视为无续流,所以在雷电或操作冲击作用下,只需吸收过电压能量,不需吸收续流能量。这不仅能减轻其本身负载，而且对系统的影响甚微。氧化锌避雷器在大电流长时间重复动作的冲击作用下，特性稳定，变化甚微，所以具有耐受多重雷和重复动作的操作冲击过电压的能力。

(3)通流容量大。氧化锌避雷器的容许能量吸收，没有串联间隙烧伤的制约，仅与氧化锌电阻片本身的强度有关。与碳化硅电阻片比较，氧化锌电阻片单位面积的通流能力大 4～4.5 倍，完全可以用来限制操作过电压，也可耐受一定持续时间的暂时过电压。同时由于氧化锌电阻片的残压特性分散性小(约为碳化硅电阻片的 1/3)，电流分布特性均匀，可以通过并联电阻片或整只避雷器并联的方法来提高避雷器所需的通流能力，因此易于设计制造特殊用途的重载避雷器，用于保护如长电缆系统或大电容器组。

(4)性能稳定，抗老化能力强。在大电流冲击后，氧化锌电阻片的残压特性变化很小，可靠性高，预期运行寿命长。

四、防雷接地

“防雷在于接地”。各种防雷保护装置(避雷针、避雷线和避雷器)都必须配以合适的接地装置，将雷电流泄入大地，才能有效地起到保护作用。防雷接地用来将雷电流顺利泄入地下，以减小雷电所引起的过电压。雷电流的特点，一是幅值很大，二是等值频率高。

接地电阻 R 是电流 I 经接地电极流入大地时，接地体对地电压 U 与电流 I 之比值，即

$$R=\frac{U}{I}$$

忽略接地体的金属电阻、接地引下线的电阻、接地体与土壤的接触电阻等，则接地电阻主要是指接地体与零电位之间土壤的电阻。

工频电流 I_e 作用时呈现的电阻称为工频接地电阻，用 R_e 表示；冲击电流作用时呈现的电阻称为冲击接地电阻，用 R_i 表示。一般不特殊说明，则指工频接地电阻，因为测量接地电阻时是用工频电源，在计算时是利用稳定电流场与静电场的相似性，以电磁场理论中的静电类比法得出的。

实际上，对防雷起作用的是冲击接地电阻。为了计算冲击接地电阻，可以定义冲击系数 α_i 的概念，通常把冲击接地电阻 R_i 与工频接地电阻 R_e 的比值称为接地体的冲击系数，即

$$\alpha_i=\frac{R_i}{R_e} \tag{13-14}$$

式中，α_i 的值一般小于 1，当采用伸长接地体时，可能因电感效应而大于 1。

在工程实际中，经常利用式(13-14)表示的原理通过 α_i 和 R_e 计算 R_i，但具体的计算公式须根据接地装置的不同而分别进行计算。

第三节　架空输电线路的防雷保护

一、概述

架空输电线路地处旷野,纵横交错,线路很长,容易遭受雷击。雷击是造成线路跳闸停电事故的主要原因,同时,雷击线路形成的雷电过电压波,沿线路传播侵入变电站,也是危害变电站设备安全运行的重要因素。因此,必须十分重视输电线路的雷电过电压及其防护问题。

根据过电压形成的物理过程,雷电过电压可以分为两种:① 直击雷过电压,是雷电直接击中杆塔、避雷线或导线引起的线路过电压;② 感应雷过电压,是雷击线路附近大地,由于电磁感应在导线上产生的过电压。运行经验表明,直击雷过电压对电力系统的危害最大,感应过电压只对 35 kV 及以下的线路有威胁。

按照雷击线路部位的不同,直击雷过电压又分为两种情况:一种是雷击线路杆塔或避雷线时,雷电流通过雷击点阻抗使该点对地电位大大升高,当雷击点与导线之间的电位差超过线路绝缘的冲击放电电压时,会对导线发生闪络,使导线出现过电压,因为杆塔或避雷线的电位(绝对值)高于导线,故通常称为反击;另一种是雷电直接击中导线(无避雷线时)或绕过避雷线(屏蔽失效)击于导线,直接在导线上引起过电压,后者通常称为绕击。

衡量线路耐雷性能的主要指标是耐雷水平和雷击跳闸率。耐雷水平是指雷击时线路绝缘不发生冲击闪络的最大雷电流幅值,以 kA 为单位。耐雷水平愈高,线路耐雷性能愈好。当雷电流大于线路耐雷水平时,线路绝缘闪络,导线上的运行工频电压就有可能在冲击闪络通道上建立工频电弧,使继电保护装置动作,线路断路器跳闸。我国以 40 雷暴日、100 km 长线路雷击跳闸次数为线路雷击跳闸率。显然,跳闸率愈高,耐雷性能愈差。应当注意的是,雷击跳闸率不是指某条线路每年的雷击跳闸次数,因为该线路所处地区的雷暴日并不一定是 40,线路长度也不一定是 100 km。雷击跳闸率是将具体线路每年雷击跳闸次数折算至同一条件下使之可进行相互比较的一个综合性指标。

二、架空输电线路的感应雷过电压

由于雷云对地放电过程中,放电通道周围空间电磁场的急剧变化,会在附近输电线路的导线上产生感应雷过电压。

感应雷过电压包含静电感应和电磁感应两个分量。

在雷电放电的先导阶段,线路处于雷云及先导通道与大地构成的电场之中,如图 13-17 所示。由于静电感应,导线轴线方向上的电场强度 E_x 将正电荷(与雷云电荷异号)吸引到最靠近先导通道的一段导线上,成为束缚电荷(见图 13-17(a))。导线上的负电荷则被排斥而向两侧运动,经由线路泄漏电导和系统中性点进入大地。因为先导放电发展的平均速度较低,导线束缚电荷的聚集过程也较缓慢,由此而呈现出的导线电流很小,相应的电压波也可忽略不计。同时,忽略线路工作电压,认为导线具有地电位。因此,在先导放电阶段尽管导线上有了束缚电荷,但它们在导线上各点产生的电场与先导通道负电荷所产生的电场相平衡而被抵消,结果使导线仍保持地电位。

主放电开始以后(见图 13-17(b)),先导通道中的负电荷自下而上被迅速中和,相应电场迅速减弱,使导线上的正束缚电荷迅速释放,由于主放电速度很快,所以导线中的电流很大,即形成向导线两侧运动的静电感应过电压波。由于主放电的平均发展速度很快,导线上束缚电荷的释放过程也很快,所以形成的电压波可能很高,这种过电压就是感应过电压的静电分量。

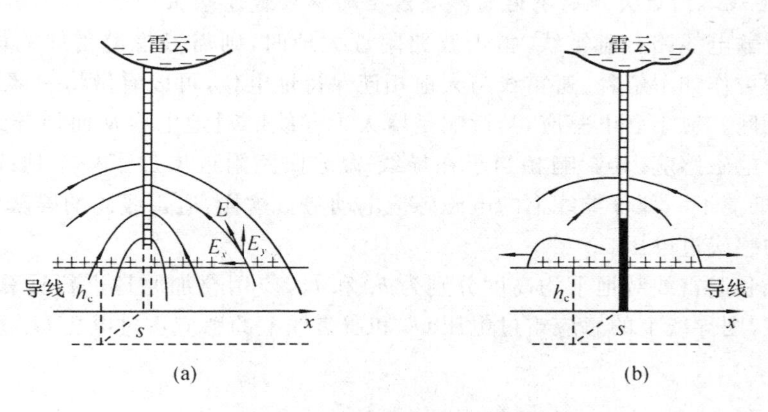

图 13-17　感应雷过电压形成示意图

(a)先导放电阶段;(b)主放电阶段

在主放电过程中,伴随着雷电流冲击波,在放电通道周围空间出现甚强的脉冲磁场,它的磁通若有与导线相交的情况,就会在导线中感应出一定的电压,称为感应雷击过电压的电磁分量。由于主放电通道与导线基本上是互相垂直的,所以电磁分量较小,通常只要考虑其静电分量。

1. 雷击线路附近大地时无避雷线导线上的感应雷过电压

雷击线路附近大地时,无避雷线线路导线上感应雷过电压值 U_g 与雷电流幅值 I(kA)、导线平均高度 h_c(m)成正比,与雷击点至线路间的水平距离 s 成反比,即

$$U_g = k\frac{Ih_c}{s} \tag{13-15}$$

式中,k 为系数,具有电阻的量纲。雷击点离线路距离 s 影响线路处电场和磁场的强度。s 愈大,电磁场强度愈弱,U_g 愈大。

综合理论分析、模拟试验和实测结果,有关规程建议,当 $s>65$ m 时,式(13-17)中的系数 k 取为 25,于是

$$U_g=25\frac{Ih_c}{s}\ (\text{kV})$$

由于雷击地面时,被击点的自然接地电阻较大,最大雷电流幅值一般不会超过 100 kA,可按 $I\leqslant 100$ kA 进行估算。实测表明,感应过电压的幅值一般为 300～400 kV,这可能引起 35 kV 及以下电压等级的线路闪络,而对 110 kV 及以上电压等级的线路,则一般不至于引起闪络,且由于各相导线的感应过电压基本上相同,所以相间闪络无可能。

与直击雷过电压相比,感应过电压还有以下特点:它的波形较平缓,波头由几微秒到几十微秒,而波长可达数百微秒。

2. 雷击线路附近大地时有避雷线导线上的感应雷过电压

当架空输电线路有避雷线,雷击线路附近大地时,则需考虑避雷线的电磁屏蔽作用。其原理可作如下解释:避雷线与大地相连保持地电位,可以看做将一部分“大地”引入导线的近区。对于静电感应,其影响是增大了导线的对地电容从而使导线对地电位降低。对于电磁感应,其影响相当于在导线-大地回路附近增加了一个地线-大地的短路环,因而抵消了一部分导线上的电磁感应电动势。这样,避雷线总的屏蔽效果是降低了导线上的感应过电压。

设导线和避雷线对地平均高度分别为 h_c 和 h_s,应用叠加原理进行计算,先假设避雷线不接地,则导线上的感应雷过电压 U_c 和避雷线上的感应雷过电压 U_s 分别为

$$U_c=25\frac{Ih_c}{s} \tag{13-16}$$

$$U_s=25\frac{Ih_s}{s}=U_c\frac{h_s}{h_c} \tag{13-17}$$

但实际上避雷线是接地的,避雷线电位保持零值,为符合此条件,可设想在不接地的避雷线上叠加一个 $-U_s$ 的电压,于是此电压将在导线上产生耦合电压 $k_0(-U_s)$,k_0 是避雷线与导线间的耦合系数。于是,线路有避雷线时,导线上实际的感应过电压 U_c' 为

$$U_c'=U_c-k_0U_s=U_c\left(1-k_0\frac{h_s}{h_c}\right)\approx U_c(1-k_0) \tag{13-18}$$

上式表明,避雷线使导线上的感应过电压下降至 $1-k_0$ 倍。耦合系数愈大,导线上的感应过电压愈低。

三、架空输电线路的直击雷过电压和耐雷水平

我国 110 kV 及以上线路多数全线装有避雷线,下面将以有避雷线输电线路为例来分析架空输电线路的直击雷过电压和耐雷水平。

有避雷线输电线路落雷有三种情况，即雷击杆塔塔顶（雷击杆塔），雷绕过避雷线击于导线（绕击导线），雷击挡距中间的避雷线（雷击避雷线）。

1. 雷击杆塔塔顶

当雷击杆塔塔顶时，雷电流大部分流经被击杆塔及其接地电阻流入大地，小部分电流则经过避雷线由两相邻杆塔入地。从雷击线路接地部分（避雷线、杆塔等）而引起绝缘子串闪络的角度来看，这是最严重的情况，产生的雷电过电压最高。雷击杆塔示意图及等值电路如图 13-18 所示。

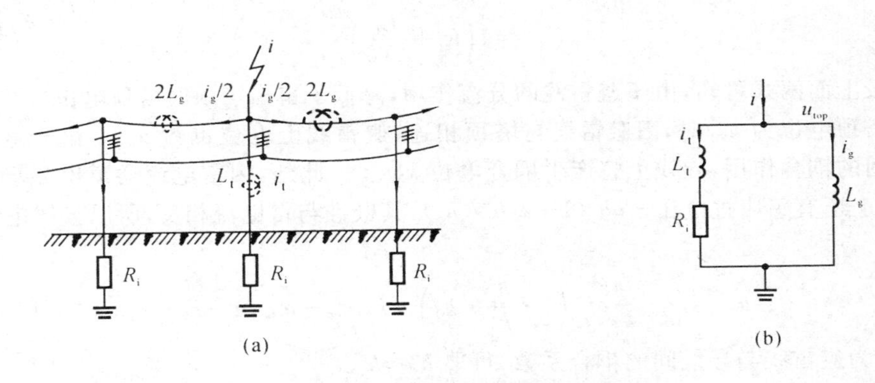

图 13-18　雷击塔顶示意图及等值电路

(a)雷击塔顶示意图；(b)等值电路

由于一般杆塔不高，其接地电阻 R_i 较小，因而从接地点反射回来的电流波立即到达塔顶，入射电流加倍，因而注入线路的总电流即为雷电流 i，而不是沿雷道波阻抗传播的入射电流 $i/2$。因为避雷线有分流作用，所以流经杆塔的电流 i_t 将小于雷电流 i，有

$$i_t = \beta \cdot i \tag{13-19}$$

式中，β 称为杆塔分流系数，β 在 0.86～0.92 的范围内，各种不同情况下的 β 值，可由表 13-1 查到。

表 13-1　杆塔分流系数 β

线路额定电压/kV	避雷线根数	β	线路额定电压/kV	避雷线根数	β
110	1	0.96	330	2	0.88
	2	0.86			
220	1	0.92	500	2	0.88
	2	0.88			

设雷电流波前为斜角平顶波，取波前时间为 $T_1 = 2.6\ \mu s$，则 $a = I/2.6$，由图 13-21(b)所示的等值电路可求出塔顶电位为

$$u_{top}=R_i i_t+L_t\frac{di_t}{dt}=\beta\left(R_i i+L_t\frac{di}{dt}\right)$$

式中,R_i 为杆塔冲击接地电阻;L_t 为杆塔的等值电感。

以$\frac{di}{dt}=\frac{I}{T}=\frac{I}{2.6}$代入上式,则塔顶电位幅值 U_{top} 为

$$U_{top}=\beta I\left(R_i+\frac{L_t}{2.6}\right) \tag{13-20}$$

无避雷线时,$\beta=1$,则有

$$U_{top}=I\left(R_i+\frac{L_t}{2.6}\right) \tag{13-21}$$

比较上面两式可知,由于避雷线的分流作用,降低了雷击塔顶时塔顶电位。

当塔顶电位为 u_{top}时,因避雷线与塔顶相连,避雷线上电位也为 u_{top}。由于避雷线与导线间的耦合作用,导线上将产生耦合电位 $k_0 u_{top}$。此外,因雷电流通道电磁场的作用,导线上还有感应过电压$-\alpha h_c(1-k_0 h_s/h_c)$,其极性与雷电流相反,所以导线电位 u_c 为

$$u_c=k_0 u_{top}-\alpha h_c\left(1-\frac{h_s}{h_c}\cdot k_0\right)\approx k_0 u_{top}-\alpha h_c(1-k_0) \tag{13-22}$$

式中,k_0 为避雷线与导线间的耦合系数,可取 $h_s\approx h_c$。

因此,线路绝缘子串上两端电压 u_{li}为塔顶电位 u_{top}和导线电位 u_c 之差,u_{li}可写为

$$u_{li}=u_{top}-u_c=u_{top}-k_0 u_{top}+\alpha h_c(1-k_0)=(u_{top}+\alpha h_c)(1-k_0)$$

以 $\alpha=I/2.6$ 代入,得

$$U_{li}=I(\beta R_i+\beta L_t/2.6+h_c/2.6)(1-k_0) \tag{13-23}$$

当线路绝缘子串上的电位差 U_{li}大于或等于线路绝缘子串的冲击耐压 $U_{50\%}$时,将发生绝缘子串的闪络。于是,可求得雷击塔杆时线路的耐雷水平 I_l 为

$$I_l=\frac{U_{50\%}}{(1-k_0)\left[\beta\left(R_i+\frac{L_t}{2.6}\right)+\frac{h_c}{2.6}\right]} \tag{13-24}$$

2. 雷绕过避雷线击于导线

线路装设了避雷线,仍然有雷绕过避雷线击于导线(简称雷绕击导线)的可能性,虽然绕击的概率很小,但是一旦出现此情况,也可能引起线路绝缘子串的闪络。

模拟试验、运行经验和现场实测都已表明,绕击率 P_α 与避雷线对边相导线的保护角 α、杆塔高度 h_t 和线路所经过的地形地貌和地质条件有关,规程建议用下式计算 P_α。

对平原线路
$$\lg P_\alpha=\frac{\alpha\sqrt{h_t}}{86}-3.9 \tag{13-25}$$

对山区线路
$$\lg P_\alpha=\frac{\alpha\sqrt{h_t}}{86}-3.35 \tag{13-26}$$

式中,h_t 为杆塔高度(m);α 为避雷线对边相导线的保护角(°)。

如图 13-19 所示，在雷绕击导线后，雷电流便沿着导线向两侧流动，假定 Z_0 为雷电通道的波阻抗，$Z/2$ 为雷击点两边导线的并联波阻抗，其等值电路如图 13-19(b) 所示。若计及冲击电晕的影响，可取 $Z=400\ \Omega$，$Z_0\approx 200\ \Omega$，则雷击点电压 U_A 为

$$U_A=\frac{I}{2}\cdot\frac{Z}{2}=100I \tag{13-27}$$

由此可见，雷击导线的过电压与雷电流的大小成正比。如果此过电压超过线路绝缘的耐受电压，则将发生冲击闪络，由此可得线路的耐雷水平为

$$I_2=\frac{U_{50\%}}{100} \tag{13-28}$$

式中，I_2 的单位为 kA，它在数值上等于单位为 kV 的 $U_{50\%}$ 冲放电压的 1/100。

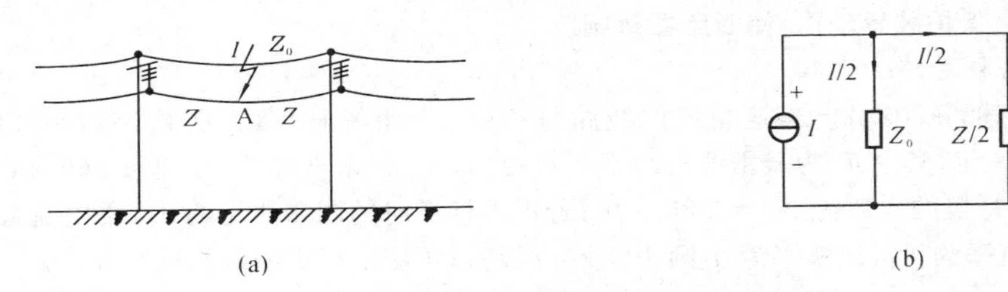

图 13-19　雷绕击导线示意图及等值电路

(a)雷绕击导线示意图；(b)等值电路

根据规程的计算方法，雷绕击的耐雷水平较雷击杆塔小很多。式(13-27)、式(13-28)分别用于计算雷绕击导线的过电压和耐雷水平。

3. 雷击挡距中间的避雷线

雷击于挡距中间的避雷线 A 点，如图 13-20所示，雷击点会出现较大的过电压。半挡避雷线可近似用集中参数电感 L_b 来表示，雷击点电位 u_A 为

$$u_A=\frac{L_b}{2}\times\frac{di}{dt}=\alpha\frac{L_b}{2} \tag{13-29}$$

式中，α 为雷电流陡度。

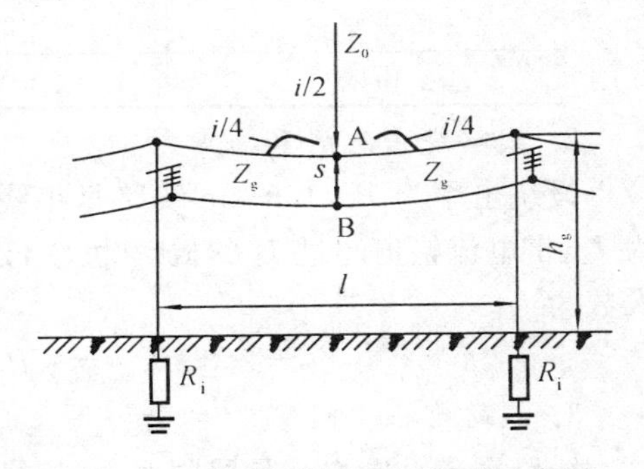

图 13-20　雷击挡距中间避雷线示意图

在挡距中间，避雷线与导线的空气间隙 s 上承受的雷电过电压 u_s 为

$$u_s=u_A(1-k_0)=\frac{L_b}{2}\alpha(1-k_0) \tag{13-30}$$

当 u_s 超过空气间隙 s 的绝缘强度时，将发生避雷线与导线间的闪络，为了避免闪络，则要求挡距中间避雷线与导线间应保持足够的空气距离 s。根据理论分析和运行经验，中国电力行业标准 DL/T620—1997 规定，15 ℃无风时，挡距中间导线与避雷线

间的距离 s 宜按下式选择

$$s=0.012l+1 \tag{13-31}$$

式中,l 为挡距长度(m)。

四、输电线路的雷击跳闸率

输电线路的雷击跳闸率是指雷电活动强度都折算为每年 40 个雷暴日、线路长度折算至 100 km 的条件下,每年雷击引起线路跳闸的次数,即次/(100 km · 年)。在工程设计中,它是衡量线路耐雷性能的综合指标。

以带避雷线的输电线路为例,雷击引起的跳闸须经历下述过程:先是线路遭受雷击,接着是大于耐雷水平的雷电流引起绝缘闪络,然后在冲击闪络通道上建立起工频电弧,从而继电保护装置动作,使断路器跳闸。

1. 雷击杆塔的跳闸率

前已叙述,每 100 km 有避雷线的线路每年(40 个雷暴日)落雷次数为 $N=2.8h_s$ 次/100 km · 年,其中 h_s 为避雷线对地平均高度(m)。若击杆率为 g,则每 100 km 线路每年雷击杆塔的次数为 $N_g=2.8h_s g$ 次;若雷击杆塔时的耐雷水平为 I_1,雷电流幅值超过 I_1 的概率为 P_1,建弧率为 η,则 100 km 线路每年雷击杆塔的跳闸次数 n_1 为

$$n_1=2.8\cdot h_s\cdot g\cdot \eta\cdot P_1 \quad (\text{次}/100\ \text{km}\cdot\text{年}) \tag{13-32}$$

式中,g 为击杆率,即雷击杆塔次数与雷击线路总数的比例,如表 13-2 所示。

表 13-2 击杆率 g

地形 \ 避雷线根数	0	1	2
平原	1/2	1/4	1/6
山区	—	1/3	1/4

2. 线路绕击跳闸率

设绕击率为 P_α,100 km 线路每年绕击次数为 $NP_\alpha=2.8h_sP_\alpha$,绕击时的耐雷水平为 I_2,雷电流幅值超过 I_2 的概率为 P_2,建弧率为 η,则每 100 km 线路每年的绕击跳闸次数为

$$n_2=2.8\cdot h_s\cdot \eta\cdot P_\alpha\cdot P_2 \quad (\text{次}/100\ \text{km}\cdot\text{年}) \tag{13-33}$$

3. 线路雷击跳闸率

线路雷击跳闸率 n 是跳闸率 n_1 与绕击跳闸率 n_2 之和,即

$$n=n_1+n_2=2.8\cdot h_s\cdot \eta\cdot (gP_1+P_\alpha P_2) \quad (\text{次}/100\ \text{km}\cdot\text{年}) \tag{13-34}$$

五、防雷措施

为了提高线路的耐雷性能、降低雷击跳闸率、保证安全供电,在经过技术经济比较的基础上,应当因地制宜地采用合理的综合防雷措施。

1. 架设避雷线

架设避雷线是高压和超高压线路最基本的防雷措施，主要目的是防止雷直击导线。我国 110 kV 线路一般全线架设避雷线，220 kV 及以上线路则是全线架设避雷线。35 kV及以下的线路，因绝缘相对很弱，装避雷线效果不大，一般不沿全线架设避雷线。

为了提高避雷线对导线的屏蔽效果，减小绕击率，避雷线对外侧导线的保护角应小一些，通常采用 20°～30°。500 kV 及以上的超高压、特高压线路都架设双避雷线，保护角在 15°及以下。通常，避雷线应在每基杆塔处接地。但在超高压线路上，为了降低正常运行时因避雷线中感应电流引起的附加损耗，以及利用避雷线兼作高频通道，将避雷线经一小间隙对地（杆塔）绝缘。当线路正常运行时，避雷线是绝缘的；当线路空间出现强雷云电场或雷击线路时，小间隙击穿，避雷线自动转变为接地状态。

2. 降低杆塔接地电阻

对一般高度杆塔，降低杆塔冲击接地电阻是提高线路耐雷水平、降低雷击跳闸率的最经济而有效的措施。规程要求，有避雷线的线路，每基杆塔的工频接地电阻在雷季干燥时不宜超过表 13-3 所列数值。

表 13-3　有避雷线输电线路杆塔的工频接地电阻

土壤电阻率/Ω·m	100 及以下	100～500	500～1000	1000～1500	2000 以上
接地电阻/Ω	10	15	20	25	30

3. 采用中性点经消弧线圈接地

我国 35 kV 及以下电网一般采用中性点不接地或经消弧线圈接地的方式。这样可使雷击引起的大多数单相接地故障自动消除，不致造成雷击跳闸。运行经验表明，电网采用中性点经消弧线圈接地，线路雷击跳闸会明显下降，可降低 1/3 左右。

4. 装设自动重合闸

由于线路绝缘具有自恢复性能，大多数雷击造成的冲击闪络在线路跳闸后能够自行消除，因此安装自动重合闸装置对降低线路的雷击事故率效果较好。据统计，我国 110 kV 及以上的高压线路重合闸成功率达 75%～95%，35 kV 及以下的线路为 50%～80%。因此，各级电压的线路都应尽量装设自动重合闸装置。

5. 安装线路避雷器

运行经验表明，采用线路避雷器后，能够消除或大大减少线路的雷击跳闸事故。

以上分别简介了线路防雷的几种主要措施。对于高压线路，主要是防止直击雷过电压，根据雷击跳闸的过程，可归纳为采取如下四道防线进行保护。

(1)防止雷直击导线：采用避雷线、避雷针、改用电缆线路等。

(2)防止反击：降低杆塔的接地电阻，增加耦合和分流（如采用双避雷线、耦合地线），加强绝缘，采用管型避雷器等。

(3)防止建弧：电网中性点经消弧线圈接地，增加绝缘子片数等。

(4)防止输电线路供电中断:安装自动重合闸,环网供电等。

对上述四道防线的具体措施,强调从实际出发,合理采用。

第四节　发电厂和变电站的防雷保护

一、概述

发电厂是生产电能的场所,变电站是电力系统的枢纽,一旦发生雷害事故,将造成大面积停电;同时,电气设备的绝缘如果受到损坏,则需更换或修复,而且更换或修复的时间往往很长,将造成很大的影响。因此,发电厂和变电站的防雷保护要求十分可靠。

发电厂和变电站的雷害有两种情况:

(1)雷电直接击于发电厂和变电站;

(2)输电线路上发生感应雷过电压或直接落雷,雷电波沿导线侵入变电站或发电机。

防止直击雷过电压的主要措施是装设专门的避雷针或悬挂避雷线,在这种情况下,只有绕击、反击或感应时才会发生事故。我国运行经验表明,凡按规程要求正确装设避雷针、避雷线和接地装置的发电厂、变电站,绕击和反击的事故率都非常低,每年每一百个变电站发生绕击或反击次数约为 0.3 次,防雷效果是很可靠的。

对雷电侵入波过电压防护的主要措施是在发电厂、变电站内装设避雷器,同时在线路进线段上采取辅助措施,以限制流过避雷器的雷电流和降低侵入波陡度,使电气设备上过电压幅值限制在电气设备的雷电冲击耐受电压以下。采用合理保护后,侵入波造成的变电站事故率为 0.5～0.67 次/(100 站·年)。

SF_6 气体绝缘全封闭变电站(GIS)的出现,新型氧化锌避雷器的应用,计算机技术的进步等,给发电厂和变电站的防雷保护和绝缘配合带来新的活力和特点。

二、发电厂和变电站的直击雷防护

在发电厂和变电站中,必须装设多根避雷针,并可靠接地,以防止直击雷的危害。在设计避雷针时,应以最经济的原则,选择避雷针的根数、高度和具体位置,保证所有电气设备均处在它们的保护范围内。同时还应注意,雷击避雷针时,高达上百千安的雷电流流经接地引下线,会在接地阻抗上产生压降,所以被保护物不能与避雷针靠得太近,以免发生反击现象。

避雷针的装设可分为独立避雷针和构架避雷针两种。

独立避雷针受雷击时,雷电流流过避雷针和接地装置,将会出现很高的电位。如图 13-21 所示,设避雷针在高度为 h 处的电位为 u_A,接地装置上的电位为 u_B,则

$$u_A = iR_i + L_0 h \frac{di}{dt} \quad (kV) \qquad (13\text{-}35)$$

$$u_B = iR_i \quad (kV) \qquad (13\text{-}36)$$

式中，R_i 为接地装置的冲击接地电阻(Ω)；L_0 为避雷针单位高度的等值电感(μH/m)；h 为高度(m)；i 为流过避雷针的雷电流(kA)；$\frac{di}{dt}$ 为雷电流陡度(kA/μs)。

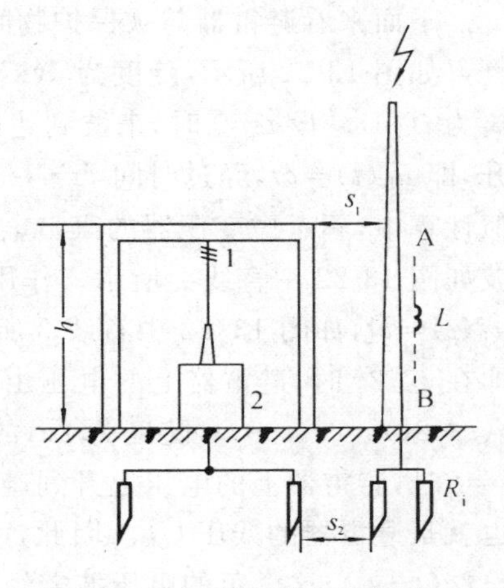

图 13-21　雷击独立避雷针时的高电位

为了防止避雷针对被保护物体发生反击，避雷针与被保护物体之间的空气间隙 s_1 应有足够的距离。若取空气间隙的击穿场强为 E_1(kV/m)则 s_1 应满足下式要求，即

$$s_1 > \frac{U_A}{E_1} \ (m) \qquad (13\text{-}37)$$

同理，为了防止避雷针接地装置与被保护设备接地装置之间击穿造成反击，若取土壤的击穿场强为 E_2(kV/m)，两者之间地中距离 s_2，也应满足下式要求，即

$$s_2 > \frac{U_B}{E_2} \ (m) \qquad (13\text{-}38)$$

根据规程，取 $i=100$ A，平均波前陡度 $\left(\frac{di}{dt}\right)_{av} \approx \frac{100}{2.6}$ kA/μs，$L_0 \approx 1.55$ μH/m，空气绝缘的平均耐压强度取 $E_1 \approx 500$ kV/m，土壤的击穿场强为 $E_2 \approx 300$ kV/m，代入 u_A、u_B、s_1 和 s_2，求得 s_1 和 s_2 应当满足下列要求，即

$$s_1 \geqslant 0.2R_i + 0.1h \ (m) \qquad (13\text{-}39)$$

$$s_2 \geqslant 0.3R_i (m) \qquad (13\text{-}40)$$

式中，R_i 不宜大于 10 Ω。在一般情况下，间隙距离 s_1 不得小于 5 m，s_2 不得小于 3 m。

构架避雷针利用发电厂和变电站的主接地网接地，接地网虽然很大，但在持续时间极短的冲击电流作用下，只有离避雷针接地点约 40 m 范围内的接地体才能有效地导出雷电流。因此，构架避雷针接地点附近应加设 3～5 根垂直接地极或水平接地带。对于 60 kV 及以上的配电装置，由于绝缘较强，不易反击，一般可将避雷针(线)装设在构架上。由于主变压器的绝缘较弱而且重要，所以在变压器的门形构架上不应安装避雷针。其他构架避雷针的接地引下线的入地点到变压器接地线的入地点，沿接地体的地中距离应大于 15 m。

三、变电站的侵入波防护

变电站中限制侵入波的主要设备是避雷器，它接在变电站母线上，与被保护设备相并联，并使所有设备受到可靠的保护。

下面来看避雷器与被保护物间的距离对其保护作用的影响。

如图 13-22 所示,陡度为 α(kV/μs)的斜角波沿线路侵入,避雷器与变压器间的距离为 l(m)。设 $t=0$ 时,来波到达避雷器(B 点),该处电压 u_B 将沿陡度为 α 的直线 l 上升,即 $u_B(t)=\alpha t$,经过时间 $\tau=l/v$(v 为雷电波的传播速度)时,来波侵入变压器。在近似计算中,不考虑变压器的入口电容,所以侵入波在变压器处(T 点)发生全反射。反射波如图 13-22 中直线 2 所示。作用在变压器上的电压为入射电压与反射电压之和,即 $u_T(t)=\alpha t$,如图 13-22 中直线 3 所示,其陡度为 2α。又经过时间 τ,反射波到达避雷器,即在 $t\geqslant 2\tau$ 时,避雷器上的电压由反射电压和原有的入射电压叠加而成,$u_B(t)=\alpha t+\alpha(t-2\tau)=2\alpha(t-\tau)$,陡度为 2α,故 m 点以后,避雷器上的电压将沿直线 3 上升。假定 $t=t_f$时,避雷器上的电压上升到避雷器的放电电压,避雷器放电,此后避雷器上的电压也就是避雷器的残压 U_R。因此,可以认为,在 $t=t_f$ 时,在 B 点叠加了一个负的电压波 $-2\alpha(t-t_f)$,这个负的电压波需经时间 τ,即 $t=t_f+\tau$ 时,才传到变压器,在此 τ 时间内,变压器上的电压仍以 2α 的陡度上升。因此,变压器上的最大电压将比避雷器的放电电压高出一个 ΔU,即

$$\Delta U=2\alpha\tau=2\alpha\frac{l}{v} \tag{13-41}$$

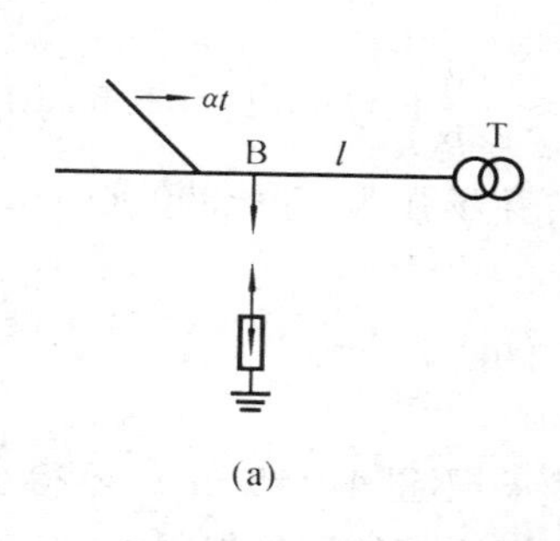

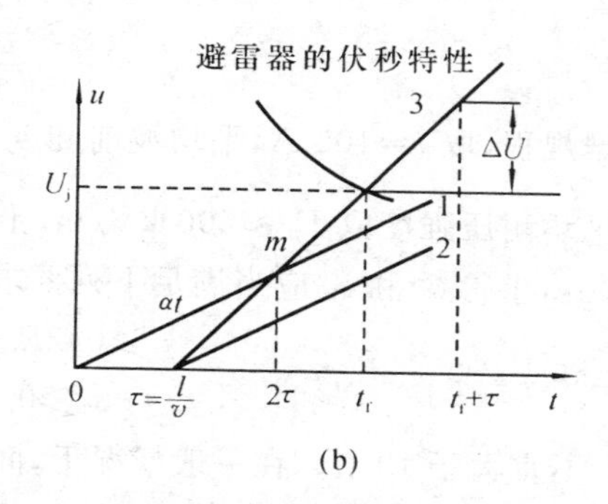

图 13-22 避雷器和被保护物(变压器)上的电压波形

(a)避雷器的接线;(b)作图方法

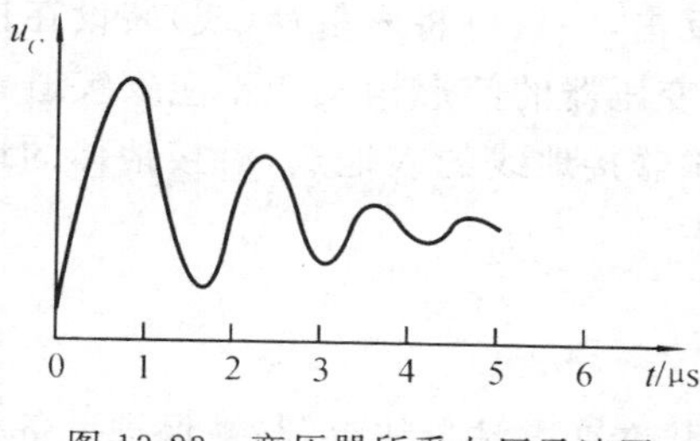

图 13-23 变压器所受电压示波图

如果考虑变压器的入口电容 C_r 的作用,波过程将更加复杂,根据分析,两者结论是极为相似的。

实际上,由于冲击电晕和避雷器电阻的衰减作用,同时由于避雷器上残压并非恒定值而是随着雷电流的衰减而衰减,所以变压器上所受冲击电压的波形是衰减振荡的,如图 13-23 所示,其最大值为用式(13-41)计算值的 87%。

取变压器绝缘的冲击耐压强度为 U_j，利用式(13-41)，可求出避雷器与变压器之间的最大允许电气距离，即避雷器的保护距离 l_m 为

$$l_m=\frac{U_j-U_R}{2\dfrac{\alpha}{v}}=\frac{U_j-U_R}{2\alpha'}\ (\mathrm{m}) \tag{13-42}$$

式中，U_R 为避雷器上的残压(kV)；α 为时间陡度(kV/μs)；$\alpha'=\frac{\alpha}{v}$为电压沿导线升高的空间陡度(kV/m)。

可见，最大允许电气距离与来波陡度密切相关。

四、变电站的进线段保护

当雷电波侵入变电站时，要使变电站的电气设备得到可靠的保护，必须限制侵入波的陡度，并限制通过避雷器的雷电流以降低残压。这就要求变电站的线路进线段应有更好的保护。运行经验表明，变电站的雷电侵入波事故约有 50%是由雷击离变电站 1 km以内的线路引起的，约有 71%是由雷击 3 km 以内的线路引起的，可见加强线路进线段保护的重要。

进线段保护是指在临近变电站 1～2 km 的一段线路上加强防雷保护措施。当线路全线无避雷线时，这段线路必须架设避雷线；当线路全线有避雷线时，则应使这段线路具有更高的耐雷水平，以减小进线段内绕击和反击形成侵入波的概率。这样就可以使侵入变电站的雷电波主要来自进线段以外，并且由于受到 1～2 km 线路冲击电晕的影响，削弱了侵入波的陡度和幅值；同时由于进线波阻抗的作用，减小了通过避雷器的雷电流。

1. 35 kV 及以上变电站进线段保护

对于 35～110 kV 无避雷线的线路，雷直击于变电站附近线路的导线上时，流经避雷器的电流可能超过 5 kA，而且陡度也可能超过允许值，因此，对于 35～110 kV 无避雷线的线路，在靠近变电站的一段进线段上，必须架设避雷线，以保证雷电波只在此进线段外出现，进线段内出现雷电波的概率将大大减少。架设避雷线的线段称为进线保护段，其长度一般取为 1～2 km，如图 13-24 所示。

图 13-24(a)所示是 35～110 kV 线路全线无避雷线时进线段保护的标准接线方式。其中 FT 是管式避雷器，FV 是变电站内的阀式(含氧化锌)避雷器。图 13-24(b)所示是全线有避雷线时的进线段保护接线。在进线段内，避雷线的保护角应适当减小，以降低绕击率，并采取措施适当提高其耐雷水平。有关规程规定，不同电压等级进线段的耐雷水平如表 13-4 所示。避雷线的保护角应不大于 20°，以尽量减少绕击率。对于全线有避雷线的线路，也将变电站附近 2 km 的一段进线段列为进线保护段，进线段的避雷线除了防雷外，还担负着避免或减少变电站雷电波事故的作用，此段的耐雷水平及保护角也应符合上述规定。

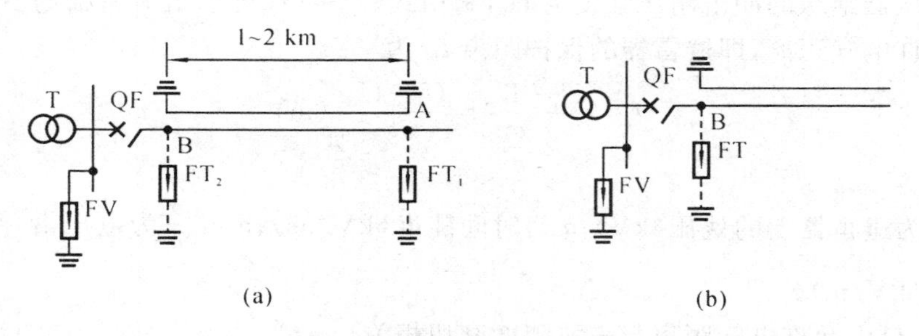

图 13-24　35 kV 及以上变电站进线段保护

(a)35～110 kV 全线无避雷线的线路;(b)全线有避雷线的线路

表 13-4　进线段的耐雷水平

额定电压/kV		35	66	110	220	330	500
耐雷水平/kV	一般线路	20～30	30～60	40～75	75～110	100～150	125～175
	大跨越挡和进线段	30	60	75	110	150	175

变电站进线段保护能使侵入波陡度降低的主要原因,是线路在雷电波作用下发生强烈的冲击电晕使波变形和衰减。冲击电晕的影响,一方面是增加了电晕能量损耗使波幅值衰减;另一方面是加大了导线对地电容引起波的变形和衰减。工程计算中通常忽略电晕能量损耗的影响。

对变电站 35 kV 及以上电缆进线段,在电缆与架空线的连接处,由于波的多次折、反射,可能形成很高的过电压,因而一般都需装设避雷器保护。避雷器的接地端应与电缆金属外皮连接。对三芯电缆,末端的金属外皮应直接接地,如图 13-25(a)所示;对单芯电缆,因为不许外皮流过工频感应电流而不能两端同时接地,又需限制末端形成很高的过电压,所以应经 ZnO 电缆护层保护器(FC)或保护间隙(FG)接地,如图 13-25(b)所示。

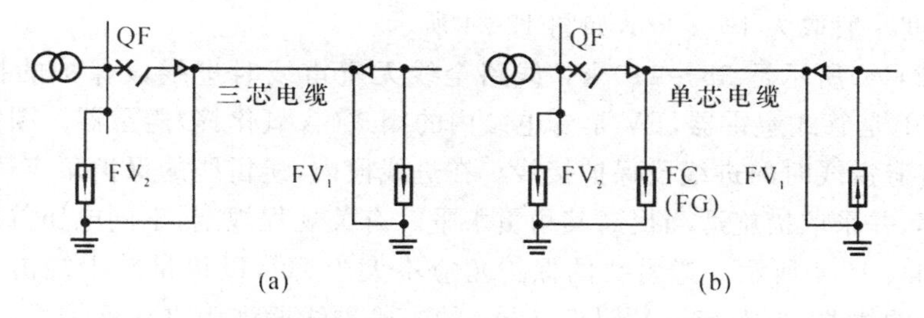

图 13-25　35 kV 及以上电缆进线段保护接线

(a)三芯电缆;(b)单芯电缆

若电缆长度不长，或虽然较长，但经校验证明装设一组 ZnO 避雷器即能满足要求时，图 13-25 所示线路可只装设 FV_1 或 FV_2。

若电缆长度较长，且断路器在雷雨季可能经常开路运行时，为防止开路端全反射形成很高的过电压而损坏断路器，应在电缆末端装设管式避雷器或阀式避雷器。

连接电缆进线段前的 1 km 架空线路应架设避雷线。

对全线电缆-变压器组接线的变电站内是否装设避雷器，应根据电缆前端是否有雷电过电压波侵入，经校验确定。

2. 35 kV 小容量变电站进线段保护

对于 35 kV、3150～5000 kV · A 小容量变电站，可根据变电站的重要性和雷电活动强度等情况，采取简化的进线段保护。由于 35 kV 小容量变电站范围小，避雷器距变压器的距离一般在 10 m 以内，故侵入波陡度允许增加，进线长度可以缩短到 500～600 m。为限制流入变电站阀式避雷器的雷电流，在进线段首端可装设一组管式避雷器或保护间隙。

35～66 kV 变电站，如果进线段装设避雷线有困难或进线段杆塔接地电阻难以下降，不能达到耐雷水平要求时，可在进线的终端杆上安装一组 1000 μH 左右的电抗线圈来代替进线段。此电抗线圈既能限制流过避雷器的雷电流，又能限制侵入波陡度。

五、变压器中性点和配电变压器的保护

变电站中的主要设备是变压器，在不同的中性点接地方式和绕组结构形式下，中性点所受到的过电压是不同的，需要选择不同参数的避雷器加以保护。对于 6～10 kV 的配电变压器来说，低压绕组为 400 V，取 Y，y 的接线方式，高压绕组的中性点并没有引出来，过电压保护方式也有一定的特点。

1. 变压器中性点的保护

35～60 kV 变压器的中性点不接地或经消弧线圈接地，在结构上是全绝缘的，即中性点的绝缘强度（绝缘水平）与端部绕组的相同。绕组的端部有避雷器加以保护，当三相来波时，中性点电位由于全反射而可能升高到来波电压（即端部避雷器的残压）的两倍左右，这是危险的。但是，根据实际运行经验，中性点可以不接保护装置而仍能安全运行，原因在于：流过端部避雷器的雷电流一般只在 2 kA 以下，故其残压要比预定 5 kA时的残压减小 20%；大多数来波是从线路的较远处袭来，陡度很小；据统计，三相来波的概率很小，只有 10%，平均大约 15 年才有一次。因此，设计技术规程规定，35～60 kV 变压器的中性点一般不需保护。但是，当变压器中性点是经消弧线圈接地且有一路进线运行的可能性时，为了限制开断两相短路时线圈中磁能释放所引起的操作过电压，应在中性点上加装避雷器，其额定电压可按线电压或相电压选择，这种避雷器即使在非雷季节亦不应退出运行。

110～220 kV 系统属于有效接地系统，其中一部分变压器的中性点系直接接地，同

时为了限制单相接地电流和满足继电保护的需要,一部分变压器的中性点是不接地的。这种系统中的变压器分为两种情况:一是中性点全绝缘,此时中性点一般不加保护;二是中性点半绝缘(新制变压器均如此)。具体地说,110 kV 变压器的中性点为 35 kV 级的绝缘水平,220 kV 变压器的中性点为 110 kV 级的绝缘水平,它们均需用避雷器保护。避雷器的选择是根据其灭弧电压高于单相接地时的中性点电位升高,其残压则低于中性点的冲击耐压。

500 kV 变压器的中性点直接接地或经小电抗接地(用以限制单相接地电流),其绝缘水平为 35 kV 级,并用相应等级的避雷器保护。

2. 配电变压器的防雷保护

配电变压器的基本保护措施是靠近变压器装设避雷器,以防止从线路侵入的雷电波损坏绝缘。3～10 kV 配电线路绝缘低,直击雷常使线路绝缘闪络,大部分雷电流被导入地中,从而限制了侵入波及通过避雷器的雷电流峰值。又由于避雷器就装在变压器旁,两者之间的电压差很小,因此可以不用进线保护。

六、GIS 变电站的防雷保护

GIS 变电站(全封闭 SF_6 气体绝缘变电站)是除变压器以外的整个变电站的高压电力设备及母线封闭在一个接地的金属壳内,壳内充以 0.3～0.4 MPa 压力的 SF_6 气体作为相间和对地的绝缘,它是一种新型的变电站。我国 110 kV、220 kV 的 GIS 变电站已经投运,并取得了大量的运行经验。500 kV 的 GIS 变电站正在大型水电工程和城市高压电网建设中得到迅速推广。

GIS 的防雷保护除了与常规变电站具有共同的原则外,也有自己的一些特点。

(1)GIS 的结构紧凑,设备之间的电气距离小,避雷器离被保护设备较近,防雷保护容易实现。

(2)GIS 绝缘的伏秒特性曲线很平坦,其冲击系数很小(1.2～1.3),因此它的绝缘水平主要取决于雷电冲击电压。这就对所用避雷器的伏秒特性、放电稳定性等技术指标都提出了特别高的要求,最好是采用保护性能好的避雷器。

(3)GIS 内的绝缘完全不允许发生电晕,一旦出现电晕,将立即导致击穿,而且没有自恢复能力,将导致整个 GIS 系统的损坏。因此,要求防雷保护措施可靠,在绝缘配合中应留有足够的裕度。

(4)GIS 中的同轴母线筒的波阻抗一般在 60～100 Ω 之间,远比架空线路低,从架空导线侵入的过电压波经过折射,其幅值和陡度都显著变小,因此对变电站进行波保护措施比常规变电站也是容易实现些。

实际的 GIS 变电站有不同的主接线方式,其进线方式大体可分为两类:一类是架空线直接与 GIS 相连;二类是经电缆段与 GIS 相连,但不论哪种连结方式,从绝缘配合的角度看,应尽量使用保护性能好的避雷器。

七、旋转电机的防雷保护

旋转电机包括发电机、同步调相机、变频机和电动机等，它们都是电力系统的重要设备，要求具有十分可靠的防雷保护。

旋转电机与输电线路的连接有两种形式：不经变压器而直接与配电网络连接的称为直配电机；经过变压器后再与输电线路连接的称为非直配电机。直配电机直接受到进行波的作用，可靠性比非直配电机差，故我国规定，单机容量为 60 MW 以上的电机不允许采用直配方式。

1. 旋转电机防雷的特点

(1)电机的冲击绝缘强度低。因为电机绕组的主要部分是放在铁心槽内，在嵌放过程中，难免受到局部损伤，形成绝缘弱点，加之电机不能像变压器那样放在油中，而是靠固体介质来绝缘，制造时绝缘内部可能存有气泡，运行中也就容易发生游离；此外，特别是在导线出槽处，电位分布很不均匀，电场强度很高，而电机又不能像变压器那样可以采用补偿和均压措施，故每经一次过电压的作用，就会受到轻微损伤，久之由于累积效应而发生击穿。而且，电机绝缘的冲击系数接近于1(变压器的冲击系数为2～3)，其冲击强度约为同级电压的变压器绝缘的1/3。

(2)较多用磁吹阀式避雷器作为旋转电机的主保护。保护电机用的磁吹阀式避雷器的冲击放电电压及残压不够低，如旋转电机用的磁吹阀式避雷器 3 kA 下的残压只能勉强与电机出厂时的耐压值相配合。现也有用氧化锌避雷器作为旋转电机的主保护，保护性能稍好一些，如氧化锌避雷器勉强能与运行中的直流耐压值相配合。

(3)为了保护电机绕组匝间绝缘，要求严格限制来波陡度。理论与实践证明，若发电机绕组中性点接地，应将来波陡度 α 限制在 5 kV/μs 以下；若发电机绕组中性点不接地，应将来波陡度 α 限制在 2 kV/μs 以下，中性点过电压将不超过相端过电压，中性点绝缘不会受到损坏。

2. 直配电机防雷保护

直配电机防雷保护的主要措施有：在每组发电机出线上装一组氧化锌避雷器或磁吹阀式避雷器，以限制侵入波幅值，取其 3 kA 下的残压与电机的绝缘水平相配合；在发电机电压母线上装一组并联电容器，以限制侵入波陡度和降低感应过电压；采用进线段保护，限制流经磁吹阀式避雷器的雷电流，使之小于 3 kA；发电机中性点有引出线时，中性点加装避雷器保护，否则需加大母线并联电容以进一步降低侵入波的陡度。

3. 非直配电机防雷

大部分发电机(其中包括 60 MW 以上的电机)一般都经变压器升压后接至架空输电线路。国内外的运行经验说明，这种非直配电机在防雷上比直配电机可靠得多，但也有被雷击坏的情况。因为，当高压侧线路传来幅值很高的冲击电压波时，会由高、低压绕组间的静电感应和电磁感应传递到低压绕组，使电机母线绝缘损坏。所以，在多雷区的非直配电机,宜在电机出线上装设一组旋转电机用的避雷器。如电机与升压变压器之间的母线桥或组合导线无金属屏蔽部分的长度大于 50 m 时,除应有直击雷保护外,还应采取防止感应过电压的措施,即在电机母线上装设每相不小于 0.15 μF 的电容器或磁吹避雷器;此外,在电机的中性点上还宜装设灭弧电压为相电压的阀式避雷器。

思考题与习题

13-1　简述各雷电参数的含义。

13-2　简述表征阀式避雷器工作特性的主要参数。

13-3　电力系统的防雷保护有哪些基本措施?简述其基本原理。

13-4　进线段保护有何作用?

13-5　在旋转电机的防雷保护接线中,管式避雷器与电缆段的联合作用是什么?

13-6　以雷击带有避雷线的杆塔顶部为例,分析避雷线在提高线路耐雷水平中的作用。

13-7　110 kV、220 kV 和 500 kV 输电线路的耐雷水平分别是 40 kA、75 kA 和 125 kA,试求超过其耐雷水平的概率。

13-8　某原油罐直径为 10 m,高出地面 15 m,若采用单支避雷针保护,且要求避雷针距罐壁至少 5 m,试求该避雷针的高度是多少?

第十四章　电力系统绝缘配合

第一节　概　　述

一、绝缘配合的基本概念

电力系统的绝缘包括发电厂、变电站电气设备的绝缘及线路的绝缘，它们在运行中将承受以下几种电压：正常运行时的工作电压、短时过电压、操作过电压及大气过电压。一般情况下，过电压在确定绝缘水平时起着决定性作用。

所谓绝缘配合，就是综合考虑电气设备在系统中可能承受的各种作用电压（工作电压和过电压）、保护装置的特性和设备绝缘对各种工作电压的耐受特性，合理选择设备的绝缘水平，以使设备的造价、维护费用和设备绝缘故障所引起的事故损失，达到在经济上和安全运行上总体效益最高的目的。也就是说，在技术上要处理好各种作用电压、限压措施及设备绝缘耐受能力三者之间的互相配合关系；在经济上，应该全面考虑投资费用（特指绝缘投资和过电压防护措施的投资）、运行维护费用（亦指绝缘和过电压防护装置的运行维护）和事故损失（特指绝缘故障引起的事故损失）等三个方面，以求优化总的经济指标。

绝缘配合的目的就是确定各种电气设备的绝缘水平，它是绝缘设计的首要前提，而设备的绝缘水平是用设备绝缘可以耐受的试验电压值表征。由于任何一种电气设备在运行都不是孤立存在的，首先是它们一定和某些过电压保护装置一起运行并接受后者的保护；其次是各种电气设备绝缘之间，甚至各种保护装置之间在运行中都是互相影响的，所以在选择绝缘水平时，需要考虑的因素很多，需要协调的关系很复杂。电力系统中存在着许多绝缘配合的问题，主要有下述方面。

1. 架空线路与变电站之间的绝缘配合

在现代变电站内，装有保护性能相当完善的阀式避雷器，只要过电压波前陡度不太大、变电设备均处于避雷器的保护范围之内，流过避雷器的雷电流也不超过规定值，大幅值过电压波就不会对设备绝缘构成威胁。

2. 同杆架设的双回路线路之间的绝缘配合

为了避免雷击线路引起两回线路同时跳闸停电的事故，两回路绝缘水平应选择多大的差距，就是一个绝缘配合问题。

3. 电气设备内绝缘与外绝缘之间的绝缘配合

在没有获得现代避雷器的可靠保护以前，曾将内绝缘水平取得高于外绝缘水平，因为内绝缘击穿的后果远较外绝缘(套管)闪络更为严重。

4. 各种外绝缘之间的绝缘配合

有不少电力设施的外绝缘不止一种,它们之间往往也有绝缘配合问题。架空线路塔头空气间隙的击穿电压与绝缘子串的闪络电压之间的关系就是一个典型的绝缘配合问题。又如高压隔离开关的断口耐压必须设计得比支柱绝缘子的对地闪络电压更高一些,这样的配合是保证人身安全所必需的。

5. 各种保护装置之间的绝缘配合

变电站防雷接线中的阀式避雷器 FV 与断路器外侧的管式避雷器 FT 放电特性之间的关系就是不同保护装置之间绝缘配合的一个很典型的例子。

6. 被保护绝缘与保护装置之间的绝缘配合

这是最基本和最重要的一种配合,将在后面作详细的分析。

二、绝缘配合的发展阶段

从电力系统绝缘配合的发展过程来看,大致上可分为以下三个阶段。

1. 多级配合

1940 年以前,由于当时所用的避雷器保护性能不够好、特性不稳定,因而不能把其保护特性作为绝缘配合水平应高于外绝缘配合的基础。

当时采用的多级配合的原则是:价格越昂贵、修复越困难、损坏后果越严重的绝缘结构,其绝缘水平应选得越高。按照这一原则,显然变电站的绝缘水平应高于线路,设备内绝缘水平应高于外绝缘水平,等等。在现代阀式避雷器的保护性能不断改善、质量提高的情况下,多级配合的原则已不再适用绝缘配合问题。

2. 两级配合

从 20 世纪 40 年代后期开始,有越来越多的国家逐渐摒弃多级配合的概念而转化为采用两级配合的原则,即各种绝缘都接受避雷器的保护,仅仅与避雷器进行绝缘配合,而不再在各种绝缘之间寻求配合。换言之,阀式避雷器的保护特性变成绝缘配合的基础,只要将它的保护水平乘上一个综合考虑各种影响因素和必要裕度的系数,就能确定绝缘应有的耐压水平。从这一基本原则出发,经过不断修正与完善,终于发展成为直至今日仍在广泛应用的绝缘配合惯用法。

3. 绝缘配合统计法

在惯用法中,以过电压的上限与绝缘电气强度的下限作绝缘配合,而且还要留出足够的裕度,以保证不发生绝缘故障。这样做虽然提高了系统的可靠性,但却加大了投资费用,不符合优化总体经济指标的原则。从 20 世纪 60 年代以来,国际上出现了一种新的绝缘配合方法,称为“统计法”。它的主要原则如下:电力系统中的过电压和绝缘的电气强度都是随机变量,要求绝缘在过电压的作用下不发生任何闪络或击穿现象,过于保守(特别是在超高压和特高压输电系统中)。正确的做法应该是:规定出某一可以接受的绝缘故障概率（例如，将超、特高压线路绝缘在操作过电压下的闪络概率取作0.1%～1%），容许冒一定的风险。总之，应该用统计的观点及方法处理绝缘配合问题，以求获得优化的总体经济指标。

第二节　绝缘配合方法

绝缘配合的方法有惯用法（确定性法）、统计法和简化统计法。

一、绝缘配合惯用法

惯用法是至今为止使用最广泛的绝缘配合方法，除了在330 kV及以上的越高压线路绝缘（均为自恢复绝缘）设计中采用统计法以外，在其他情况下主要采用惯用法。

惯用法是按作用在设备绝缘上的最大过电压和设备最小绝缘强度相配合的方法，即首先确定设备上可能出现的最大过电压，然后根据运行经验，考虑适当的安全裕度来确定绝缘应耐受的电压水平。根据两级配合的原则，确定电气设备绝缘水平的基础是避雷器的保护水平，是避雷器上可能出现的最大电压，再乘以一个配合系数，即可得出绝缘水平。配合系数的确定主要是考虑设备安装点与避雷器间的电气距离所引起的电压差值、绝缘老化所引起的电气强度下降、避雷器保护性能在运行中逐渐劣化、冲击电压下击穿电压的分散性、必要的安全裕度等因素。

由于220 kV（其最大工作电压U_{max}为252 kV）及以下电压等级（指高压）和220 kV以上电压等级（指超高压）电力系统在过电压保护措施、绝缘耐压试验项目、最大工作电压倍数、绝缘裕度取值等方面都存在差异，所以在作绝缘配合时，将电压等级分成下述两个范围。

范围Ⅰ：3.5 kV$\leqslant U_{max}\leqslant$252 kV；

范围Ⅱ：$U_{max}>$252 kV。

1. 雷电过电压下的绝缘配合

电气设备在雷电过电压下的绝缘水平通常用它们的基本冲击绝缘水平（BIL）来表示，有时亦称为额定雷电冲击耐压水平，可由下式求得

$$\mathrm{BIL}=K_{L}U_{P(L)} \tag{14-1}$$

式中，$U_{P(L)}$为阀式避雷器在雷电过电压下的保护水平（kV），通常简化为以配合电流下的残压U_R作为保护水平；K_L为雷电过电压下的配合系数，其值在1.2～1.4的范围内。国际电工委员会（IEC）规定$K_L\geqslant$1.2，我国规定：电气设备与避雷器相距很近时取1.25，相距较远时取1.4，即

$$\mathrm{BIL}=(1.25\sim1.4)U_{R} \tag{14-2}$$

2. 操作过电压下的绝缘配合

在按内部过电压绝缘配合时，通常不考虑谐振过电压，因为在系统设计和选择运行

方式时均应设法避免谐振过电压的出现；此外，也不单独考虑工频电压升高，而把它的影响包括在最大长期工作电压内。这样，按内部过电压绝缘配合就归结为操作过电压下的绝缘配合。

这时可分为两种不同的情况来讨论。

(1)变电站内所装的阀式避雷器只用作雷电过电压的保护；对于内部过电压，避雷器不动作以免损坏，但依靠别的降压或限压措施(如改进断路器的性能等)加以抑制，而绝缘本身应能耐受可能出现的内部过电压。

我国标准对范围Ⅰ的各级系统所推荐的操作过电压计算倍数 K_0 如表 14-1 所示。

表 14-1　操作过电压计算倍数 K_0

系统额定电压/kV	中性点接地方式	相对地操作过电压计算倍数
66 及以下	有效接地	4.0
35 及以下	经小电阻接地	3.2
110～220	有效接地	3.0

对于这一类变电站中的电气设备来说，其操作冲击绝缘水平(SIL)，有时亦称额定操作冲击耐压水平，可按下式求得

$$SIL = K_s K_0 U_\varphi \tag{14-3}$$

式中，K_s 为操作过电压下的配合系数；K_0 为操作过电压计算倍数；U_φ 为相电压。

(2)对于范围Ⅱ(EHV)的电力系统，过去采用的操作过电压计算倍数：330 kV 时 K_0 为 2.75 倍；500 kV 时 K_0 为 2.0～2.2 倍。

普遍采用氧化锌或磁吹避雷器来同时限制雷电与操作过电压，故不采用上述计算倍数，因为这时的最大操作过电压幅值将取决于避雷器在操作过电压下保护水平 $U_{p(s)}$。对于这一类变电站的电气设备来说，其操作冲击绝缘水平应按下式计算

$$SIL = K_s U_{p(s)} \tag{14-4}$$

式中，K_s 为操作过电压下的配合系数，$K_s = 1.15 \sim 1.25$。

3. 工频绝缘水平的确定

为了检验电气设备绝缘是否达到了以上所确定的 BIL 和 SIL，就需要进行雷电冲击和操作冲击耐压试验，对试验设备和测试技术提出了很高的要求。对于 330 kV 及以上的超高压电气设备来说，这样的试验是完全必须的，但对于 220 kV 及以下的高压电气设备来说，应该设法用比较简单的高压试验去等效地检验绝缘耐受雷电冲击电压和操作冲击电压的能力。对高压电气设备普遍施行的工频耐压试验实际上就包含着这方面的要求和作用。

如果在进行工频耐压试验时所采用的试验电压比被试设备的额定电压略高，那么试验的目的只限于检验绝缘在工频工作电压和工频电压升高下的电气性能。但是实际上，短时(1 min)工频耐压试验所采用的试验电压值比额定相电压要高出数倍，可见其

目的和作用是代替雷电冲击和操作冲击耐压试验，等效地检验绝缘在这两类过电压下的电气强度。所以，凡经工频耐压试验合格的设备绝缘在雷电和操作过电压下均能可靠地运行。

为了更加可靠和直观，国际电工委员会(IEC)作了如下补充规定。

(1)对于 300 kV 以下的电气设备：绝缘在工频工作电压、暂时过电压和操作过电压下的性能用短时(1 min)工频耐压试验来检验；绝缘在雷电过电压下的性能用雷电冲击耐压试验来检验。

(2)对于 300 kV 及以上的电气设备：绝缘在操作过电压下的性能用操作冲击耐压试验来检验；绝缘在雷电过电压下的性能用雷电冲击耐压试验来检验。

4. 长时间工频高压试验

当内绝缘的老化和外绝缘的污染对绝缘在工频工作电压和过电压下的性能有影响时，尚需作长时间工频高压试验。由于试验的目的不同，长时间工频高压试验时所加的试验电压值和加压时间均与短时工频耐压试验不同。

按照上述绝缘惯用法的计算，结合我国的实际情况，并参考 IEC 推荐的绝缘配合标准，我国国家标准 GB311.1—1983 对各种电压等级电气设备以耐压值表示的绝缘水平都有相应规定。

二、绝缘配合统计法

采用绝缘配合统计法作绝缘配合的前提是充分掌握作为随机变量的各种过电压和各种绝缘电气强度的统计特性(概率密度、分布函数等)。

假定电压幅值的概率密度函数为 $f(U)$，绝缘的击穿(或闪络)概率分布函数为 $P(U)$，且 $f(U)$ 与 $P(U)$ 互不相关，则绝缘在过电压作用下遭到损坏的故障概率为

$$R=\int_{U_{\varphi}}^{\infty}P(U)f(U)\mathrm{d}U \tag{14-5}$$

式中，U_{φ} 为最高运行相电压幅值。

图 14-1 给出了绝缘故障率的估算区域。由图可见：$P(U_0)f(U_0)\mathrm{d}U$ 为有斜线阴影的小块面积，R_a 为阴影部分总面积。如果提高绝缘的电气强度，图 14-1 中的 $P(U)$ 曲线向右移动，阴影部分的面积缩小，绝缘故障率降低，但设备投资费用将增大，经济性变差。利用统计法进行绝缘配合时，安全裕度不再是一个带有随意性的量值，而是一个与绝缘故障率相联系的变数。

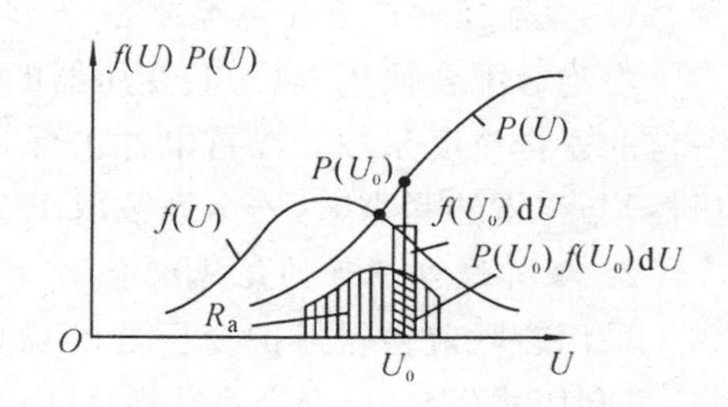

图 14-1　绝缘故障率的估算

三、简化统计法

在实际工程中采用上述绝缘配合统计法来进行绝缘配合，是相当繁复和困难的。为此 IEC 又推荐了一种简化统计法，以利实际应用。

在简化统计法中，对过电压和绝缘电气强度的统计规律作了某些假设，例如，假定它们均为正态分布，并已知它们的标准偏差。这样一来，它们的概率分布曲线就可以用与某一参考概率相对应的点来表示，分别称为统计过电压 U_s 和统计绝缘耐压 U_W。它们之间由一个统计安全因数 K_s 联系着，即

$$K_s=\frac{U_W}{U_s} \tag{14-6}$$

在过电压保持不变的情况下，如提高绝缘水平，其统计绝缘耐压和统计安全因数均相应增大、绝缘故障率减小。

式(14-6)的表达形式与惯用法十分相似，可以认为：简化统计法实质上是利用有关参数概率统计特性，但沿用惯用法计算程序的一种混合型绝缘配合方法。把这种方法应用到概率特性为已知的自恢复绝缘上，就能计算出在不同的统计安全因数 K_s 下的绝缘故障率 R，这对于评估系统运行可靠性是重要的。

不难看出，要得出非自恢复绝缘击穿电压的概率分布是非常困难的，因为一件被试品只能提供一个数据，代价太大了。所以，时至今日，在各种电压等级的非自恢复绝缘的绝缘配合中均仍采用惯用法；对降低绝缘水平的经济效益不很显著的 220 kV 及以下的自恢复绝缘均采用惯用法；只有对 330 kV 及以上的超高压自恢复绝缘(如线路绝缘)，才有采用简化统计法进行绝缘配合的工程实例。

第三节　输变电设备绝缘水平的确定

在变电站的诸多电气设备中，电力变压器是最重要的电力设备，因此，通常以确定变压器的绝缘水平为中心环节。

1. 雷电过电压下的绝缘配合

由绝缘配合惯用法可知：变压器的雷电冲击耐受电压和避雷器保护水平之间应取一定的安全裕度系数。以雷电冲击保护水平为基础，利用式(14-2)，当电气设备(如变压器)与避雷器紧靠时，安全系数取 1.25，有一定距离时取 1.4。

2. 操作过电压下的绝缘配合

采用磁吹避雷器保护变压器的操作基本冲击绝缘水平与避雷器的保护水平相配合，可利用式(14-4)，安全系数在 1.15～1.25 范围内。

电气设备是否要作冲击耐受电压试验均按上节所述规定进行。

根据我国的电气设备制造水平、电力系统的运行经验，并参考 IEC 推荐的绝缘配

合标准，我国国家标准 GB311.1—1983 中对各种电压等级电气设备以耐压值表示的绝缘水平，如表 14-2 所示。

对表 14-2 作如下说明。

(1)对 3～15 kV 的设备给出了每种基准绝缘水平的系列Ⅰ和系列Ⅱ。系列Ⅰ适用于下列场合：① 在不接到架空线的系统和工业装置中，系统中性点经消弧线圈接地，且在特定系统中安装适当的过电压保护装置；② 在经变压器接到架空线上去的系统和工业装置中，变压器低压侧的电缆每相对地电容至少为 0.05 μF，如不足此数，应尽量靠近变压器接线端增设附加电容器，使每相总电容达到 0.05 μF，并应用适当的避雷器保护。在所有其他场合，或要求很大的安全裕度时，均采用系列Ⅱ。

(2)对 220～500 kV 的设备，给出了两种基准绝缘水平，由用户根据电网特点和过电压保护装置的性能等具体情况加以选用，制造厂按用户要求提供产品。

表 14-2　3～500 kV 输变电设备的基准绝缘水平

额定电压	最高工作电压	额定操作冲击耐受电压		额定雷电冲击耐受电压		额定短时工频耐受电压	
有效值/kV		峰值/kV	相对地过电压（标幺值）	峰值/kV		有效值/kV	
				Ⅰ	Ⅱ	Ⅰ	Ⅱ
3	3.5	—	—	20	40	10	18
6	6.9	—	—	40	60	20	23
10	11.5	—	—	60	75	28	30
15	17.5	—	—	75	105	38	40
20	23.0	—	—	—	125	—	50
35	40.5	—	—	—	185/200*	—	80
63	69.0	—	—	—	325	—	140
110	126.0	—	—	—	450/480*	—	185
220	252.0	—	—	—	850	—	360
		—	—	—	950	—	395
330	363.0	850	2.85	—	1050	—	(460)
		950	3.19	—	1175	—	(510)
500	550.0	1050	2.34	—	1425	—	(630)
		1175	2.62	—	1550	—	(680)

注：① 用于 15 kV 及 20 kV 电压等级的发电机回路的设备，其额定短时工频耐受电压一般提高 1～2 级。

② 对于额定短时工频耐受电压，干试和湿试选用同一数值，括号内数值为 330～500 kV 设备额定短时工频耐受电压，供参考。

* 仅用于变压器内设备的绝缘。

第四节　架空输电线路的绝缘配合

架空输电线路的绝缘配合主要内容为:线路绝缘子串的选择、确定线路上各空气间隙的极间距离——空气间距。虽然架空线路上这两种绝缘都属于自恢复绝缘,但除了某些 500 kV 线路采用简化统计法作绝缘配合外,其余 500 kV 以下线路至今大多仍采用惯用法进行绝缘配合。

一、绝缘子串的选择

线路绝缘子串应满足下述三方面的要求:

(1)在工作电压下不发生污闪;

(2)在操作过电压下不发生湿闪;

(3)具有足够的雷电冲击绝缘水平,能保证线路的耐雷水平与雷击跳闸率满足规定要求。

通常按下列顺序进行选择:① 根据机械负荷和环境条件选定所用悬式绝缘子的型号;② 按工作电压所要求的泄漏距离选择串中片数;③ 按操作过电压的要求计算应有的片数;④ 按上面②、③所得片数中的较大者,校验该线路的耐雷水平和雷击跳闸是否符合规定要求。

1. 按工作电压要求

为了防止绝缘子串在工作电压下发生污闪事故,绝缘子串应有足够的沿面爬电距离。设每片绝缘子的几何爬电距离为 L_0(cm),则总爬电比距为

$$\lambda=\frac{nK_e L_0}{U_{max}}\ (\text{cm/kV}) \tag{14-7}$$

式中,n 为绝缘子片数;U_{max} 为系统最高工作(线)电压有效值(kV);K_e 为绝缘子爬电距离有效系数。K_e 值主要由各种绝缘子几何泄漏距离对提高污闪电压的有效性来确定。

可见为了避免污闪事故,所需的绝缘子片数应为

$$n_1\geqslant\frac{\lambda U_{max}}{K_e L_0} \tag{14-8}$$

按式(14-8)求得的片数 n_1,其中已包括零值绝缘子(指串中已丧失绝缘性能的绝缘子),故不需要增加零值片数,能适用于中性点接地方式的电网。

例 14-1　处于清洁区(0 级,$\lambda=1.39$)的 110 kV 线路采用的是 XP-70(或 X-4.5)型悬式绝缘子(其几何爬电距离 $L_0=29$ cm),试按工作电压的要求计算应有的片数 n_1。

解

$$n_1\geqslant\frac{1.39\times110\times1.15}{29}=6.06\rightarrow\text{取 7 片}$$

2. 按操作过电压要求

绝缘子串在操作过电压的作用下，也不应发生湿闪。对于最常用的 XP-70（或 X-4.5）型绝缘子来说，其工频湿闪电压幅值 U_W 可利用下面的经验公式求得

$$U_W = 60n + 14\ (\text{kV}) \tag{14-9}$$

式中，n 为绝缘子片数。

绝缘子串的湿闪电压在考虑大气状态等影响因素并保持一定裕度的前提下，应大于可能出现的过电压，裕度一般取 10%。此时应有的绝缘子片数为 n_2'，则由 n_2' 片组成的绝缘子串的工频湿闪电压幅值应为

$$U_W = 1.1K_0U_\varphi\ (\text{kV}) \tag{14-10}$$

式中，U_φ 为最高运行相电压；K_0 为操作过电压计算倍数；系数 1.1 为综合考虑各种影响因素和必要裕度的一个综合修正系数。

在实际工作中，利用式(14-10)和式(14-9)求得应有的 n_2' 值后，再考虑需增加的零值绝缘子片数 n_0 后，最后得出的操作过电压所要求的片数为

$$n_2 = n_2' + n_0 \tag{14-11}$$

我国规定应预留的零值绝缘子片数，如表 14-3 所示。

表 14-3　零值绝缘子片数 n_0

额定电压/kV	35～220		330～500	
绝缘子串类型	悬垂串	耐张串	悬垂串	耐张串
n_0	1	2	2	3

例 14-2　试按操作过电压的要求，计算 110 kV 线路的 XP-70 型绝缘应有的片数 n_2。

解　该绝缘子串应有的工频湿闪电压幅值为

$$U_W = 1.1K_0U_\varphi = 1.1\times 3\times \frac{1.15\times 110\sqrt{2}}{\sqrt{3}}\ \text{kV} = 341\ \text{kV}$$

将应有的 U_W 值代入式(14-9)，即得

$$n_2' = \frac{341-14}{60} = 5.45 \rightarrow \text{取 6 片}$$

最后得出的应有片数

$$n_2 = n_2' + n_0 = (6+1)\text{片} = 7\ \text{片}$$

现将按以上方法求得的不同电压等级线路应有的绝缘子片数 n_1 和 n_2 及实际采用片数 n，综合列于表 14-4 中。

如果已掌握该绝缘子串在正极性操作冲击波下的 50% 放电电压 $U_{50\%(s)}$ 与片数的关系，那么也可以用下面的方法来求出此时应有的片数 n_2' 和 n_2。

该绝缘子串应具有下式所示的 50% 操作冲击放电电压。

表 14-4 各级电压线路悬垂串应有的绝缘子片数

线路额定电压/kV	35	66	110	220	330	500
n_1	2	4	7	13	19	28
n_2	3	5	7	12	17	22
实际采用值 n	3	5	7	13	19	28

注：① 表中数值仅适用于海拔 1000 m 及以下的非污秽区。

② 绝缘子均为 XP-70(或 X-4.5)型，其中 330 kV 和 500 kV 线路实际上采用的很可能是别的型号绝缘子(如 XP-160)，可按泄漏距离和工频湿闪电压进行折算。

$$U_{50\%(s)} \geqslant K_s U_s \tag{14-12}$$

式中，U_s 在范围Ⅰ($U_{max} \leqslant 252$ kV)，它等于 $K_0 U_\varphi$，其中操作过电压计算倍数 K_0 可由表 14-1 查得；U_s 在范围Ⅱ($U_{max} > 252$ kV)，它应为合空载线路、单相重合闸、三相重合闸这三种方式中的最大者；K_s 为绝缘子串操作过电压配合系数，在范围Ⅰ内 K_s 取 1.17，在范围Ⅱ内 K_s 取 1.25。

3. 按雷电过电压要求

按上面所得的 n_1 和 n_2 中较大的片数，校验线路的耐雷水平和雷击跳闸率是否符合有关规程的规定。

不过实际上，雷电过电压方面的要求在绝缘子片数选择中的作用一般是不大的，因为线路的耐雷性能取决于各种防雷措施的综合效果，影响因素很多。

二、空气间距的选择

输电线路的绝缘水平不仅取决于绝缘子的片数，同时也取决于线路上各种空气间隙的极间距离——空气间距，而且后者对线路建设费用的影响远远超过前者。

输电线路上的空气间隙包括以下几个方面。

(1)导线对地面：在选择其空气间距时主要考虑穿越导线下的最高物体与导线的安全距离。

(2)导线之间：应考虑相间过电压的作用、相邻导线在大风中因不同步摆动或舞动而相互靠近等问题。当然，导线与塔身之间的距离也决定着导线之间的空气间距。

(3)导线、地线之间：按雷击于挡距中央避雷线上时不至于引起导线、地线间气隙击穿这一条件来选定。

(4)导线与杆塔之间：这将是下面要探讨的重点内容。

为了使绝缘子串和空气间的绝缘能力都得到充分的发挥，显然应使气隙的击穿电压与绝缘子串的闪络电压大致相等。但在具体实施时，会遇到风力使绝缘子串发生偏斜等不利因素。

就塔头空气间隙上可能出现的电压幅值来看，一般是雷电过电压最高、操作过电压次之、工频工作电压最低；但从电压作用时间来看，情况正好相反。由于工作电压长期作用在导线上，所以在计算它的风偏角 θ_0（见图14-2）时，应取该线路所在地区的最大设计风速 v_{max}（取20年一遇的最大风速，在一般地区为25～35 m/s）；操作过电压持续时间较短，通常在计算风偏角 θ_s 时，取计算风速为 $0.5v_{max}$；雷电过电压持续时间最短，而且强风与雷击点同在一处出现的概率极小，因此通常取其计算风速为10～15 m/s，可见它的风偏角 $\theta_1<\theta_s<\theta_0$，如图14-2所示。

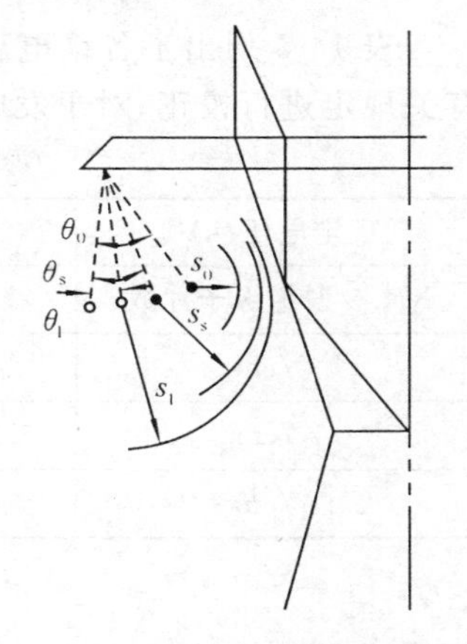

图14-2　塔头上的风偏角与空气间距

三种情况下的净空气间距 s 的选择方法如下。

1. 工作电压所要求的净空气间距 s_0

s_0 的工频击穿电压幅值为

$$U_{50\sim}=K_1U_\varphi \tag{14-13}$$

式中，系统 K_1 为综合考虑工频电压升高、气象条件、必要的安全裕度等因素的空气间隙工频配合系数。对66 kV及以下的线路取 $K_1=1.2$；对110～220 kV线路取 $K_1=1.35$；对范围Ⅱ取 $K_1=1.4$。

2. 操作过电压所要求的净间距 s_s

为了保证间隙在操作过电压下不发生闪络，其等值工频放电电压为

$$U_{50\%(s)}=K_2U_s=K_2K_0U_\varphi \tag{14-14}$$

式中，U_s 为计算用最大操作过电压；K_2 为空气间隙操作配合系数，对范围Ⅰ取1.03，对范围Ⅱ取1.1。

3. 雷电过电压所要求的净间距 s_1

通常取 s_1 的50%雷电冲击击穿电压 $U_{50\%(1)}$ 等于绝缘子串的50%雷电冲击闪络电压 U_{CFO} 的85%，即

$$U_{50\%(1)}=0.85U_{CFO} \tag{14-15}$$

其目的是减少绝缘子串的沿面闪络，减小釉面受损的可能性。

求得以上的净间距后，即可确定绝缘子串处于垂直状态时对杆塔应有的水平距离

$$\left.\begin{aligned}L_0&=s_0+l\sin\theta_0\\L_s&=s_s+l\sin\theta_s\\L_1&=s_1+l\sin\theta_1\end{aligned}\right\} \tag{14-16}$$

式中，l 为绝缘子串长度(m)。

最后，选三者中的最大的一个，就得出导线与杆塔之间的水平距离 L，即

$$L=\max[L_0,L_s,L_1] \tag{14-17}$$

表 14-5 列出了各级电压线路所需的净间距值。当海拔高度超过 1000 m 时，应按有关规定进行校正；对于发电厂、变电站，各个 s 值应再增加 10%的裕度，以利于安全。

表 14-5　各级电压线路所需的净间距值

额定电压/kV	35	66	110	220	330	500
X-4.5 型绝缘子片数	3	5	7	13	19	28
s_0/cm	10	20	25	55	90	130
s_s/cm	25	50	70	145	195	270
s_1/cm	45	65	100	190	260	370

思考题与习题

14-1　什么是绝缘配合？绝缘配合有哪些方法？

14-2　绝缘配合的主要目的是什么？

14-3　如何确定输变电设备的绝缘水平？

14-4　架空输电线路的绝缘配合包含哪些主要内容？

第十五章　现代电力系统的管理

第一节　概　　述

一、企业

企业是从事独立的生产、流通等经济活动，为满足社会需要并获取利润，进行自主经营，实行独立的经济核算，具有法人资格的基本经济单位。

企业是生产力发展到一定水平的产物，是商品生产的产物，又随着商品生产的发展而发展。从原始社会到封建社会，自给自足的自然经济占统治地位，社会生产和消费主要是以家庭为经济单位，这样的单位不叫企业。那时专为奴隶主、封建主服务的，以手工劳动为基础的作坊，也不叫企业。

到了资本主义社会，社会的基本经济单位发生了根本的变化，资本所有者雇用许多工人从事劳动，以机器为基本生产手段，生产商品与其他生产单位和消费者发生经济联系。这时，从事社会生产和流通的工厂、矿山、商店等大量出现，这些基本经济单位都称为企业。

二、企业管理

企业管理就是对企业生产经营活动进行计划、组织、领导、协调和控制，以获得最大利润的所有活动的总称。

企业管理的基本任务是有效地利用人力、物力和财力等各种资源，合理组织生产经营活动，发展经济，不断提高企业的竞争能力；正确协调内外关系，增强企业的环境适应性，发挥企业职工的积极性、创造性，减少消耗，提高效率，生产更多的符合社会需要的产品。

管理是通过组织、计划等活动，把拥有的人力、物力和财力充分发挥起来，使之产生最大的效果，以期达到预期目标。管理大致包括下述 5 种职能。

(1)计划。计划是对未来活动的具体运筹谋划，是管理的首要因素。企业的计划是未来实施经营活动的目标和行动纲领。计划工作是最重要也是最难办的管理职责。

(2)组织。组织是实现目标、完成计划的保证。组织是为了实现目标和计划，对企业内部生产经营活动及对外部技术经济联系的各要素，在空间上、时间上所进行的部署和安排，通过科学组织工作使企业成为一个能动的有机整体。因此，组织工作是企业生产经营能否成功及发展的重要问题。

(3)领导。指挥是对下属的活动给予指导。要求指挥者必须以身作则,对下属及其与企业之间的合同应有透彻的了解,定期检查组织机构,把适当的人员安排在适当岗位,从事适当工作,充分发挥人的效能,而对不称职人员应及时处理,经常与主要助手开会协商,以便达到指挥的统一,保证指挥的有效进行。

(4)协调。协调是结合、统一及调和所有企业内部各部门间的活动、外部各单位间的关系和个人的努力,以实现一项共同的目标。为了达到协调的目的,就要使企业全体职工清楚了解经营活动的目的、政策、方针和标准。协调贯穿于经营管理的全过程,它是企业经营管理中带有综合性的、全局性的职能。

(5)控制。控制就是注意一切是否按已经制订的计划和下达的命令进行,其目的在于保证成果和目标的一致。一般控制程序是:制订各种标准,建立信息反馈制度,检查执行效果,采取改进措施,纠正各种偏差。通常采用的控制技术,如信息控制技术、网络技术等。这些都要借助计算机及数学工具来完成。

上述5种职能及实现方法,必须通过一整套科学的理论和方法来合理组织生产力,完善生产关系,提高产品质量及企业经济效益。

三、电力企业管理

电力企业是从事电能生产经营活动的企业,它由发电、变电、输电、配电和用电等系统构成的整体,进行电能的生产、供应和销售,实行独立的经济核算、工商合一的独立经济单位,也称电力系统。

电力企业的产品是电能,具有生产、供应、销售同时进行并时刻保持平衡的特点,停电将给国民经济造成极大损失,因此电力企业的基本任务就是为用户提供充足、可靠、合格、廉价的电能,同时为国家积累大量的资金,促进国民经济的发展和改善人民生活。

电力企业管理就是对电力企业的生产、供应、销售全过程进行的管理。由于电能生产的特点和它对社会特有的影响,使得电力企业具有公用性、要害性和垄断性,它主要追求社会效益,同时也保持合理的经济效益,否则不利于自身的生存和发展;电力企业还具有设备性,其设备投资占总资金的90%以上,而一般行业只占45%;电力企业还具有资金密集性,国家对电力工业的投资一般占国家基建投资的10%~30%,同时还应超前于国民经济建设的发展,才能满足社会发展的需要。此外,由于电力企业的产品是单一的电能,生产、供应和销售同时完成而且连续不断,具有亦工亦商的特点,它给管理带来不少特殊问题。上面分析了电力企业生产及管理的特点,是由电力企业本身固有的客观规律决定的,这些特点是研究电力企业管理的基本依据。

电力企业管理包括经营管理和生产管理两大部分。以电能生产活动为对象的管理属于生产管理,以电能经营活动为对象的管理属于经营管理。经营是企业为了达到预期经营目标而进行活动的总称。电能经营是指企业以市场或社会需要为对象,以电能商品生产和交换为手段，为了实现企业目标，所进行的与外部条件、社会环境实现平衡的一系列经济活动。

四、电力企业管理效果的评价及指标

1. 管理效果的评价

做任何工作都是讲求效果的，管理也是这样。管理效果可定义为：管理人员通过自己的管理行为，所取得的经济、技术、政治、心理的效益。但是由于管理成果、直接消耗和占用等方面的不稳定性、不直观性等原因，给评价工作带来困难。例如，由于管理工作是一个由人、财、物组成的开放系统，其中任一要素的变化都会影响管理行为的效果，当外界条件变化时，管理效果就会与原来正常情况时大不相同，这就是不稳定的因素。一般的劳动成果往往是可见的，但管理的效果却只能通过别人的劳动间接地表现出来，这就是间接可见性。管理的效果还存在一定的滞后性，时效可能较长，同时又涉及与外界的联系及相互作用，这就又构成了潜在性和模糊性，这些都给评价带来困难。因此，在进行评价时，应对全过程进行评价。

2. 评价管理效果的指标体系

对电力企业而言，生产的目的是最大限度地供给用户可靠、廉价和高质的电能，同时要创造一定的利润，作为发展国民经济的重要来源，并为扩大再生产打下基础。这项任务必须通过有效的管理来完成，而管理的效果就必须通过各种指标来评价。这些指标应该反映我国电力工业生产的技术水平和经济效益，同时也应反映出我国电力企业管理水平。指标必须有明确的可比性。这些相互联系、相互制约的指标就构成指标体系。

电力企业采用的指标分为数量指标和质量指标。

数量指标用绝对值表示，如总产值、发电量、利润额、工资总额等。

质量指标用相对值表示，它表示电力企业生产经营的质量及其经济效果，如频率合格率、供电煤耗率、电费回收率、线路损失率等。

数量指标与质量指标之间是相互联系、相互影响的。

五、电力企业管理现代化

(一)电力企业管理现代化的基本含义

电力企业管理现代化是根据社会主义经济发展规律，按照电力工业基本特征和性质，为适应现代化生产力发展的客观需要，积极应用现代化科学思想、组织、方法和手段，对电力企业的生产经营全过程各环节进行有效的科学管理，创造最佳经济效益，达到国际先进水平。

(二)电力企业管理现代化的内容

电力企业管理现代化，以提高经济效益为中心，适应现代化大生产的需要，改变与生产力发展不相适应的生产关系,改变一切不适应的管理方式。这就决定了电力企业管理现代化的内容应包括:管理思想、管理组织、管理方法、管理手段和管理人才的现代化,并将它们同各项管理职能有机地结合起来,形成具有中国特色的社会主义现代化企业管理体系。

1. 管理思想现代化

树立现代化的科学管理思想,从我国电力企业实际情况出发,管理人员都应有下述的思想观念。

(1)系统观念。任何一个完整的系统,都是由各个要素组成的整体,一个系统整体的功能取决于各个要素,而各个要素在时间上和空间上相互联系的组合方式和排列程序,取决于系统的整体结构。因此,必须用系统观念去观察和处理一切问题,而且只有从整体出发,用系统分析方法按照一定客观规律,并采取合适的模型进行综合分析,才能实现系统整体优化,充分发挥系统的功能。

(2)市场观念。在社会存在着商品经济的条件下,市场作为生产和消费的中间环节是客观存在的。电能是商品,商品流通自然要依赖市场。要调查了解市场需求情况,积极参与市场竞争,为用户提供优质产品和良好的服务,自觉运用价值规律,及时开发新产品,不断开拓市场。

(3)信息观念。信息是管理的"眼睛",在管理现代化中有着突出的作用。要具有对国内外经济科技信息的高度敏感性,迅速收集分析、正确处理,并及时作出相应对策的能力。

(4)时间观念。社会化大生产,应该是效率高、节奏快的,"时间就是金钱,效率就是生命"应该成为一切管理人员重要指导思想。

(5)创新观念。要有创新的思想,要将社会学方法、心理学方法、系统工程方法、运筹学方法和电子计算机应用等渗透到管理科学中来,将管理方法不断推向新阶段。创新应该成为管理活动的主旋律。

(6)优化观念。企业生产经营的核心就是提高经济效益。管理的目的就是要获得最大效益。优化是指整个系统最优化,即在一定条件下管理系统根据内部条件和外部条件相互作用,使整个系统最大限度地满足一定的客观标准,实现整个系统最优。

(7)人才观念。要重视人的因素的作用。要善于发现人才,培养人才,合理使用人才,发挥人的积极性和主动性,要能吸引人才,并用有效的方法激励人才成长。

有了正确的管理思想,才能制定出正确的生产经营战略,这是在激烈的市场竞争中求得生存和发展的根本保证。

2. 管理组织现代化

管理组织现代化是指管理体制和管理机构适应现代化大生产的需要。现代化管理要求管理机构的设置和管理人员的配备,都要以提高工效为原则。因此,管理机构必须实行科学分工,明确职责,实行责、权、利的统一。

3. 管理方法现代化

管理方法上的现代化，主要指管理科学化。科学化的管理就是把管理工作从传统的定性分析转移到定量计算上来，使定性分析和定量分析结合起来。任何质量都表现为一定的数量，没有数量也就没有质量，没有正确的数值就不能作出判断。所以，现代管理要运用自然科学的成就，如系统工程、运筹学、网络计划技术、价值工程、计算机技术、预测与决策技术等，科学地进行管理，以适应生产力发展的需要。

4. 管理手段现代化

管理手段的现代化主要是指用现代新技术、新设备武装管理，如电子计算机、通信系统、网络技术、信息处理系统等。这些系统是新一代的管理手段，能使管理效率提高到前所未有的水平。

5. 管理人才现代化

在实现管理现代化中，人才是现代化管理的关键。当代的市场竞争，实际上是技术能力、产品质量和管理水平的竞争，本质还是人才的竞争。管理人才现代化，就是管理人员的基本素质要有鲜明的时代特点，知识面要广，专业技术要精，要具有洞察力、想象力、判断力、计划力，有强烈的开拓创新精神。

上述企业管理现代化的内容是密切联系、相互促进和相互制约的。管理思想现代化是先导，管理组织现代化是保证，管理方法现代化是基础，管理手段现代化是条件，管理人才现代化是关键，要使这些方面有机地结合起来，根据电力企业的特点和规律，逐步建立电力企业完整的现代化管理体系。

(三)电力企业管理信息系统

1. 信息系统含义

在任何生产和经营管理中，伴随有反映其存在状态和变化过程的大量数据。为了管好生产和经营，人们要随时测量和收集这些数据，并及时进行加工整理，利用它们去指挥、控制生产和经营。这些经过加工整理的数据，称之为信息。

为了达到对信息进行加工处理的目的，而由若干个信息处理部分有机组合在一起的一个整体，称为信息系统。信息系统包括两个部分：一是处理生产过程及其控制信息的生产过程自动化信息系统；另一是处理企业生产及其经营管理信息的管理信息系统。

2. 管理信息系统含义

管理信息系统 MIS(Management Information System)，就是由对管理信息进行收集、传送、加工、存储和使用等各个环节构成的系统。在这个系统中，输入的是从生产和经营活动中来的原始数据，经过加工处理后，得到的是对各管理部门和管理人员有用的信息。它的目标是及时、高效地提供信息服务和辅助决策手段，用以指挥经营和控制生产。

把电子计算机引进管理信息系统中，便形成电子计算机管理信息系统。当代通常所说的管理信息系统，都是指电子计算机管理信息系统，或称计算机管理信息系统。

管理信息系统主要由计算机及其网络系统、应用软件、数据库和数据等组成。

3. 电力企业管理信息系统的目标

电力企业管理信息系统的目标是:为确保电力企业目标的实现,给企业管理人员提供及时、准确、完整、可靠的信息服务,以提高企业管理的效率和决策的正确性,提高其管理现代化水平。

4. 电力企业管理信息系统的功能

电力企业管理信息系统应具有下述功能:

(1)具有灵活的信息渠道,能利用先进的技术,完整、准确、及时、可靠地收集各种信息;

(2)有高效率的数据加工处理能力,对所收集的数据迅速进行加工和及时提供服务;

(3)能将大量数据分门别类地存储在数据库中,利用网络技术,实现数据资源共享,且有查询功能;

(4)管理信息系统与生产过程自动化系统结合,使电厂、电网的实时监测数据送入管理信息系统,为专业管理人员和决策人员提供实时信息;

(5)提供各种预测、决策模型及软件,进行定量分析,作出科学预测和提供最佳决策。

5. 电力企业管理信息系统的管理内容

(1)综合统计。包括能反映企业生产和经营的主要数据,如装机容量、发电量、燃料供应情况、生产技术状况、安全状况、设备利用率、煤耗、线损、负荷率、经济效益、劳资变动、物资供应等。

(2)计划管理。包括中、长期负荷预测,电源和电网中长期发展规划,年度计划和生产计划,年度计划执行情况检查分析等各种信息管理。

(3)勘测设计。包括工程概预算,技术经济指标,标书与合同,勘测设计资料,图纸与技术档案等各种信息管理。

(4)基建工程。包括工程标书与合同,施工计划,技术指标与经济指标,技术资料与图纸等信息管理。

(5)生产维护。包括发、送、供电设备的参数,技术状况,运行健康状况,检修工程,技改措施,安全与环境保护等各种信息管理。

(6)生产调度。包括短期负荷预测,运行方式优选,运行数据统计分析,燃料供应与水文资料等信息管理,其中有些信息需要实时监测,即时管理。

(7)用电与营业。包括对城市和农村的计划用电,节约用电,用电监察和用电营业的信息管理,有配电、用电设备管理,用户报装,用电与节约用电统计分析,计量设备与计量监督,电价与电费等信息管理。

(8)财务管理。包括财务计划,专项费用管理,账户处理与会计管理,财务分析,财务统计等。

(9)物资管理。包括基建和运行维护所需要的各种材料,零配件及设备的储运和供销等信息管理。

(10)劳资管理。包括干部和工人的档案、工资、劳动考核,劳动编制,劳动保护和保险,以及离退休人员的管理。

(11)办公自动化。包括收发文件管理,资料、档案管理,秘书工作,行政工作,以及后勤总务工作的信息管理。利用电子计算机和其他现代化手段实现办公自动化。

(12)决策管理。包括提供领导者掌握决策所需要的各种信息,如企业外部有关信息、发展规划信息、当前企业生产经营的重要信息等,还要利用电子计算机技术进行最佳决策。

第二节 电力企业计划管理

一、计划管理

1. 计划管理的意义、任务和内容

计划管理是企业各项生产经营活动的最高形态的综合性管理,企业内部的一切生产经营活动都必须按照它们的内在联系通过计划组织起来,以一个完整的计划体系进行组织、监督、控制、协调,合理使用人力、物力和财力,使其相互协调配合,共同实现总的目标。同时,由于现代化大生产的客观要求,产供销要环环相扣,企业除本身是一个系统整体外还是社会经济大系统的一部分,因此,不仅有内部的密切联系,也要保持与外部经济管理体制的基本一致,加之我国目前推行的是有计划的商品经济,这些都要求进行强有力的计划管理,统一协调,密切配合,取得最佳的综合效益。因此,计划管理是企业管理的重要职能,是各项管理的基础。

计划管理的任务可以归纳为下述几点。

(1)保证实现党和国家在计划期内政治经济任务,完成国家下达的各项计划任务和计划指标,以满足国民经济日益增长的电能需求。

(2)处理安排好电力企业的生产、建设与国民经济各部门的生产、人民生活及其发展之间的比例关系。处理安排好电力企业内部各环节,如发电、输电和配电之间的衔接及其比例关系,一次设备与二次设备、有功容量与无功容量之间的比例关系。处理安排好上述各种比例关系,才能使电力生产、输送、分配和销售畅通,不致因比例不宜而出现“卡脖子”现象,造成“窝电”。处理安排好上述各种比例关系,才能使电力企业与国民经济各部门、电力企业内各环节协调发展。当出现比例失调时,要及时通过计划工作加以调整。

(3)确保节约社会劳动消耗,合理利用各种资源。在安排组织电能生产经营活动、安排电力发展、确定电力基本建设任务时，都要通过计划管理做到以最少的劳动消耗和劳动占用，取得电能生产经营及电力建设的最大有效成果，不断提高电能社会经济效益。

电力企业要从电能的产、供、销的特点出发，制订严密的计划，保证企业内部的正常运转和用户的用电。

电力企业计划按内容分类，可分为生产经营计划、设备检修计划、基本建设计划、固定资产改造计划、成本销售收入及利润计划、财务计划、物资供应计划、劳动工资计划、技术组织措施计划、教育培训计划等10大类。为做好这些计划，应采用现代化的管理技术和方法，具体的方法有预测技术、经济分析方法、数学规划方法等。

电力企业计划按时间分类，可分为长期计划(规划)、中期及短期计划(年度、季度、月、旬)等，前者为企业确定一个较长时期内的战略目标，后者则比较实际，常利用目标管理的方法进行，以便分级分层下达具体任务目标及作业规范。

计划管理通常包括制订计划、实施计划、检查分析计划完成情况和拟定改进措施等基本程序。

2. 计划制订原则

企业计划的制订是计划管理工作的开始，制订计划时要遵循下述基本原则。

(1)要从全局出发，统筹规划，不留缺口；从国家和广大用户出发，在讲究社会效益的同时提高企业自身效益，即坚持以国家计划指标为主、市场调节为辅的原则，贯彻“统一计划，分级管理”的政策。

(2)要从实际出发，掌握市场信息。计划的指标要先进、合理，积极可靠，实事求是，并要适当留有余地。

(3)要坚持计划的科学性，每项计划均应经过科学分析和综合平衡，以充分利用各种资源，要能经受生产经营实践的检验。

(4)要注意长短计划的衔接性，使计划既有预见性，又有现实性。

3. 计划编制方法

(1)综合平衡法。电力企业计划编制的基本方法是采用综合平衡法，即利用“平衡表”来编制计划。表中应反映各种事件的供需关系，通过此表可以发现薄弱环节及缺口，以便采取对策。平衡表主要包括电力电量平衡表、发电能源平衡表、设备检修平衡表、物资平衡表、劳动力平衡表、财务资金平衡表等。随着管理水平的提高，经济数学模型、系统工程等方法将在计划编制及综合平衡工作中得到广泛应用。在综合平衡的基础上，首先确定主要技术经济指标方案，然后依此制订各项专业计划，再在此基础上制订正式计划指标总表。编制计划的过程是反复进行综合平衡的过程。

(2)滚动式计划法。编制计划时还经常采用滚动式计划法，特别是长期计划，在执行过程中要根据情况的变化，对计划作必要的调整。所谓滚动式计划法，是根据一定时期计划执行情况和内外条件的变化，采取近细远粗、定期调整的方法来修订未来计划，并逐时间阶段向前移动，是把近期和长期计划结合起来编制的一种动态计划方法。

滚动式计划法是将整个计划划分为几个时间阶段，例如，将整个5年计划分为5个时间阶段，其中第1年(第1个时间阶段)的计划为执行计划，后4年为预订计划，前2年任务指标较细，后2年任务指标较粗，即近细远粗。执行计划的任务指标较为具体，要求按计划完成，而预订计划的任务指标，有近细远粗，允许调整。当第1年(第1个时间阶段)结束时，根据计划实际执行情况，作差异分析及企业条件的变化对预订计划作必要的调整，并将计划向前推进一个时间阶段。这样，原预订计划中的第2个时间阶段的计划就变为执行计划。如此不断地按一定滚动时间阶段进行滚动编制计划，这就是滚动式计划法。

二、目标管理

1. 电力企业目标管理的含义

电力企业目标管理是根据电力企业总目标，制定方针，分解目标，落实措施，安排进度，具体实施，严格考核，为取得电能社会经济效益，而组织电力企业内部自我控制电能生产经营活动的全过程，它是对电力企业实行全面综合性管理的一种科学方法。

电力企业目前管理体现了系统论和控制论的思想，把企业目标作为一个系统看待，在确定总目标时，就要注意分目标的确定和落实，从上到下构成一个有机联系的目标体系。把企业管理中经营目标相对独立起来，然后加以有效控制。这种有效控制包括：掌握信息，预测决策，制定目标，分解目标，落实目标，实施目标，考核评价目标及信息反馈等。

2. 目标管理的特点

(1)目的性。实行目标管理，使电力企业在一定时期内各项生产经营活动的目的非常简单明了、具体明确。目标管理的目的性，还反映在制定目标时，要遵循客观规律的要求。

(2)整体性。电力企业拥有复杂的技术设备装备，自动化程度高，需要实行精细的劳动分工，严密协作，以适应社会化大生产的要求，而且电能生产经营过程具有高度的比例性和连续性，以及适应外界环境变化的应变能力。目标管理是对电力企业实行全面综合性管理，通过确定和落实目标，建立纵横交错、全面完整的目标体系。这个目标体系，使企业上下每一个层次相互关联，融为一体，每位职工的精力都集中在总目标上。

(3)民主性。目标管理是组织职工参加企业民主管理的好方法。在确定目标时，要广泛征求职工的意见，共同协商，共同讨论，共同决定；在实施目标时，职工自觉地对准自己的目标，按要求与进度，负责任，做贡献，实行自我控制，发挥主人翁责任感，“不是要我干，而是我要干”，尽最大努力把工作做好。

3. 制定目标的原则

由于总体与各级各层之间相互制约而又紧密相连，因此，制定目标时应遵循以下原则。

(1)全局性。作为一个社会主义企业,在制定目标时,应该首先确保国家计划的完成,以提高社会经济效益为前提,以满足社会需要为宗旨,有利于社会的进步和科学技术的发展。

(2)关键性。企业的总目标应该是关系到企业成败的关键性问题,是全局的重点问题。

(3)可行性。目标应略高于现有实际能力和水平,通过努力能够达到,是可行的。

(4)定量性。目标是把在规定时期内完成的成果用数量和质量表现出来,以便于执行、比较和评价。这是制定目标的关键。

(5)统一性。企业总目标与各级各层分目标,以及分目标之间不能自相矛盾或出现空白断层,要相互协调形成统一整体。

(6)激励性。目标能激励广大职工的积极性和创造性,把个人利益和企业利益统一起来。

(7)灵活性。目标在实施过程中,企业经营的内外条件和环境都在不断变化,要根据变化了的客观情况及时进行调整与修正。

4. 电力企业的目标

电力企业的目标有如下内容。

(1)完成国家计划目标。包括国家下达的具体生产任务,如发电量、产值、销售收入、上交税金、基建投产容量等。

(2)发展目标。以一定时期的发电量和发电装机容量增长水平和速度来反映。

(3)经济效益目标。它反映了生产经营活动的动力,即企业经济收益的大小,由利润额、利润率、损耗率及企业留利水平来表现。它对企业扩大再生产及最大限度调动广大职工积极性有关键的作用。

(4)生产技术水平目标。生产技术水平目标应反映出与生产技术活动密切相关的内容,如设备完好率、电压合格率、设备可用率、频率合格率、事故率、各种设备效率、安全情况及可靠度等。

有了以上明确的目标,就能明确企业各时期、各层次生产经营活动的重点,同时还是评价这些活动的标准和依据。采用按目标分级分层的管理方法,就可将各级各层的活动联系成一个整体,提高管理效率。

5. 目标管理的内容及程序

目标管理的内容及程序,如图 15-1 所示。

电力企业目标制定后,就要把目标从上到下按照管理层次层层分解,落实分目标,形成企业的目标体系,这个过程称为目标展开。目标展开主要包括目标分解、对策展开、目标协商、明确目标责任制和编制目标展开图等。

目标展开后,就要组织实施,实施的过程就是目标实现的过程。在这个过程中,对目标值要严加控制,因为目标实施的结果,直接关系到预期目标能否保质保量按期全面

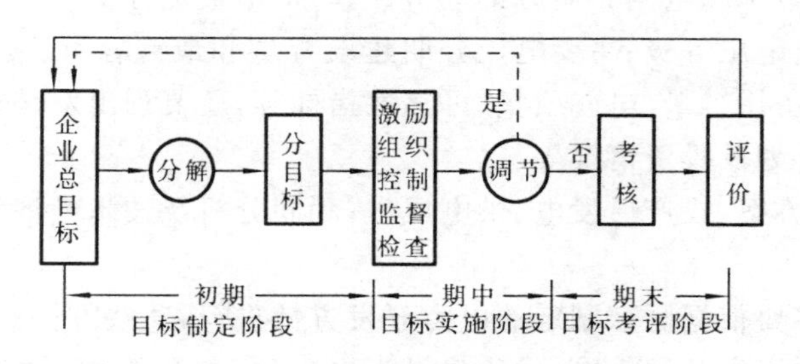

图 15-1　目标管理的内容及程序

实现。因此，目标实施在目标管理过程中处于极其重要的地位。电力企业各管理层次的管理人员，要有强烈的时间观念和空间观念，忽略这一点，电能生产经营全过程将失去跟踪控制和调整的能力，确定的目标就很难达到。

在目标实施中，抓好实施准备与制定措施，“受权”与自我控制，监督与检查，意见交流与调节等。

目标成果评价是目标管理的最后一个环节。在实施目标的基础上，通过目标评价，可以改进领导工作和优化管理。目标评价就是全面总结本期目标管理的经验教训，为下期目标管理进行新的循环做好准备。通过评价，肯定行之有效的做法，并使之标准化、制度化，不断巩固提高。

评价考核内容有：电能生产安全质量指标，发电量指标，电力成本指标，利税指标，能源消耗指标及安全指标等。

评价方式可采用自评，专项评价，重点评价，或对某些重大问题实行综合评价，例如，秋季安全大检查，迎接高峰负荷大检查，安全事故分析，生产经营计划执行情况等。

三、电力系统发展规划

(一)电力系统发展规划的概述

电力系统发展规划在总体上也体现了电力企业的发展规划。规划可分为近期(5年左右)、中期(10年左右)和长期(15年以上)三种，无论是跨省网局，还是各省电力局，或各基层电厂及供电局，都应有在总目标下的各自发展规划。它们对国民经济的发展具有重大意义。

1. 规划内容

电力系统规划的主要内容应包括下述几个方面。

(1)在规划期内，逐年电力负荷及需求电量预测和分布，有功和无功、电力和电量平衡计算。

(2)能源资源的分布及开发条件分析，燃料运输和水源取得。

(3)进行各种电源和电网布局方案分析计算,得出最优方案。方案内容包括电源布点、主干网络布局、电压等级、主要电厂分期建设容量和最终容量、接入系统方式、能源消耗及资源利用、备用容量、电能质量、可靠性指标等,还要列出发、输、变电工程项目明细表及进度顺序计划及投资情况等。

(4)投资筹措方案,投产后发电、供电成本,利润分析及技术经济效果分析等。

2. 规划方针

上述规划内容要根据国家制定的电力开发方针进行,这些方针概括为以下几点。

(1)能源开发:大力开发水电,优化建设火电(燃煤),积极发展核电,利用新能源发电,因地制宜开发小水电及其他多种地方能源用以发电。

(2)采用大容量发电机组,建设坑口、港口燃煤发电厂,在城市工业矿区提倡建设热电厂,实行热电联产。

(3)建设一批特高压、远距离交流、直流输变电工程,加强网络结构,走向联合电力系统,完善地方电力网。

3. 规划步骤

做电力系统规划的基本步骤如下:

(1)明确规划目标和任务,做调查研究,收集资料;

(2)进行负荷预测,确定规划期内各年负荷及其特性;

(3)生成电源和电网建设方案,应用优化技术,作计算分析;

(4)进行综合分析评价,选出经济合理方案;

(5)整理资料和图表,编写电力系统规划报告。

(二)负荷预测

1. 预测的概述

预测是根据事物过去和现在的实际资料,运用科学方法和逻辑推理,对事物的未来发展趋势和规律作出的预计和推测。根据预测的结果可以指导和调节企业未来生产经营活动,即“鉴往而知来”。预测是要求定量的,但由于受各种条件的限制,定量总是有局限性和近似性的,尽管如此,预测总是可以减少企业未来计划活动的盲目性。在一般情况下,当预测误差小于10%～15%时,即认为是较成功的预测。

预测方法也称预测技术,是现代管理科学的重要组成部分,是典型的软科学技术。普遍应用的有10多种,如专家预测法、指标换算法、弹性系数法、回归技术、时间序列法、灰色系统、模糊数学及人工神经网络等。随着电子计算机技术的发展,预测方法愈来愈多,考虑的因素也愈来愈细致,因此使预测的精度大大提高。

2. 预测的内容

电力企业中常用预测技术来预测需用电量及电力负荷,它为电力系统的正确规划及做好调度管理提供有力的依据。通过预测,可以具体确定发电量及燃料需求量,可以安排发电及输变电设备的检修,可以确定需要增加的设备容量等。由于电力负荷的非确定因素较多，目前还不能完全寄托于用数学模型来提高预测的准确性，还需要采用定性分析和定量计算相结合的方法进行预测。

电力企业预测的主要内容有：计划期内的需用电量和发电量，需用负荷及发电能力；年负荷线和典型日负荷曲线，其中年负荷曲线是安排机组维修及系统规划设计的重要依据，典型日负荷曲线是调度部门近期安排机组运行的依据；供电范围内电力负荷分布及负荷密度等，电力负荷分布及密度则是电力系统进行潮流计算和确定运行方式的依据，也是规划建设的依据。

（三）电源规划

1. 电源规划的内容

电源规划的内容主要应提出比较合理的电源结构，装机容量，厂址的选择，还有建设电厂（含装机）的顺序。在规划中应分析研究，并说明规划地区在规划期内现有电源的结构、地区经济发展规划、流域开发、水文情况、能源资源及运输情况、建厂条件（如出灰、水源、出线走廊、环境保护、坝址、地质等）、电力负荷预测等。在此基础上，根据系统观点，建立数学模型，运用优化方法，以计算机为工具，通过可靠性分析和技术经济分析提出最合理的电源规划方案。

2. 系统装机类型及容量

根据预测需求的最大电力负荷，并考虑系统的备用容量的大小或可靠性指标要求，确定规划期内系统需要的装机容量。对于备用容量，在未进行可靠性计算之前，可按最大系统负荷的20％～30％来考虑。新增电厂要根据能源、运输及投资等各种因素确定电厂类型、容量及布点。在确定电厂类型时，应有适宜于调峰的发电机组，如水轮发电机组、抽水蓄能机组，可以调峰运行的汽轮发电机组及燃气轮机组等。

3. 选点和定址

选点和定址首先是建厂地点的选择，即在一个相当大的地理区域内，通过若干可供选择的建厂地点进行计算比较而选出的地点，简称选点，然后再进行具体建厂地址的选择，简称为定址。

根据我国的具体情况，在选点问题上，要服从国家长远规划和布局要求及各时期的政策，还要根据能源、电网结构、负荷分布及整个电网统一运行的需要。

在定址问题上则着重于技术上的要求，如出线条件、环境保护要求等。在确定火电厂厂址时，还应考虑输煤方案（电厂建在负荷中心）及输电方案（电厂建在煤矿附近）的比较。根据经验，一般煤的发热量为 $3500\times4.2\times10^{3}$ J/kg 以下时，以建设坑口电厂采用输电方案比较适宜。

（四）电网规划

1. 电网规划的内容

电网规划的内容主要是提出在规划期内电网电压等级、网架结构、是否联网及变电站的布点，还有建设顺序。

电网规划和电源规划有密切的联系,不可分割,是一个统一的整体,必须同时考虑,相互协调,防止电厂建成后,发生送不出电的"卡脖子"现象,也要防止有输电线而无电可送。电网的规模和布局取决于经济发展水平、能源资源和工农业用电的分布等客观情况,应经过全面技术经济论证确定。同时,应有发展的观点,使电网具有一定的适应国民经济发展的能力。

2. 电网电压等级的考虑

电压等级应简化和合理配置,在同一电力系统中相邻电压等级的级差不宜小于2。电力系统最高一级电压的选择应满足10~15年的需要,当两级电压的经济技术指标差异不大时,应尽可能采用高一级电压。发电厂接入系统的最高电压应考虑发电厂最终容量、送电容量和距离,发电厂在系统中的地位和作用,断路器的开断能力及各种变化因素的适应性等来确定。

3. 电网结构的考虑

确定电网结构时,应考虑按电压等级分层,按供电区域分片,主次分明。高压主干"骨架"网络要尽早形成,在主干网络中宜少设置沿线接入的地区受电变电站,即"T"形接线。二次网络采用环路接线,开环运行,各级电压供电半径和输送容量应符合规定。主干线路的输电容量应有必要的备用。在正常运行方式下静态稳定储备参数不应低于15%~20%,事故运行方式(如一条线路跳闸后)不应低于10%。在确定电网结构时,还要考虑故障时保证系统的暂态和动态稳定性,应该防止出现过长线路的单环网,也要防止出现超短线,防止出现电低压电磁环网。还应考虑电网建成投入运行后,线损尽可能减小,以提高输电效率。电网的结构涉及变电站的布置及无功补偿装置的配置,对无功功率原则上应就地补偿,分区、分电压等级进行配置,每区各电压级的无功补偿设备应达到在该区受电变压器高压侧功率因数保持一定(一般为0.95以上)的情况下,保证低压侧母线电压在规定限额以内。

在进行网络方案选择时,为保证方案的最佳,可采用线性规划、整数规划、动态规划及遗传算法等数学工具及电子计算机进行计算。

四、网络计划技术在计划管理中的应用

(一)网络计划技术的概述

完成任何一件工作都要有一个进度安排问题,即要有进度计划。传统的进度计划是用横道图描述,这种横道图在国外叫甘特图,现在大多采用网络计划技术。

网络计划技术,亦称计划评审技术或计划协调技术,应用网络图的形式来表示一项计划中各项工作、任务、活动、过程、工序的先后顺序和相互关系,通过计算找出计划中关键工序和关键线路,通过不断改善网络计划,选出最优化的方案,付诸实施。在执行计划过程中,进行有效的控制与监督,保证最合理地使用人力和物力,实现预期目标的一种科学管理方法。

(二)网络图的组成和绘制

网络图又称箭线图或统筹图。网络图是用图解形式表示工程项目或计划及其组成要素之间内在逻辑关系的综合反映,是进行规划和计算网络参数的基础。

1. 网络图的组成要素

网络图是由事项、工序和线路三部分组成的。

(1)事项。事项又称事件,是指某一项工作、活动、工程、计划的开始或完成。在网络图中,事项是用圆圈表示的。事项是两条或两条以上的箭线的交点,又称为节点。节点的特点是,不消耗资源,也不占用时间,具有瞬时性、衔接性,只表示某项工作的开始或结束。

如图 15-2 所示,节点 i 代表始点事项,节点 k 代表终点事项,节点 j 代表中间事项。中间事项 j 对于工序 A 来讲代表结束事项,对工序 B 来讲代表开始事项。

(2)工序。工序是指一项工作或一项活动,有具体的活动过程。工序的特点是,需要人力、物力作保证,经过一定时间后才能完成的活动过程。工序一般用箭线表示。箭头所指的方向表示工序进行的方向,从箭尾到箭头表示一项工序的作业过程,箭尾表示工序的开始(或开工),箭头表示工序的结束(或完工)。如图 15-3 所示,用箭线表示工序,在箭线上方注明工序名称或工序代号,在箭线下方注明工序所需的作业时间。

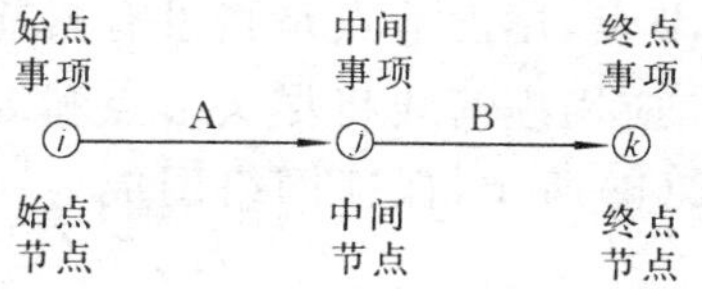

始点事项　中间事项　终点事项
ⓘ —A→ ⓙ —B→ ⓚ
始点节点　中间节点　终点节点

图 15-2　用圆圈表示事项

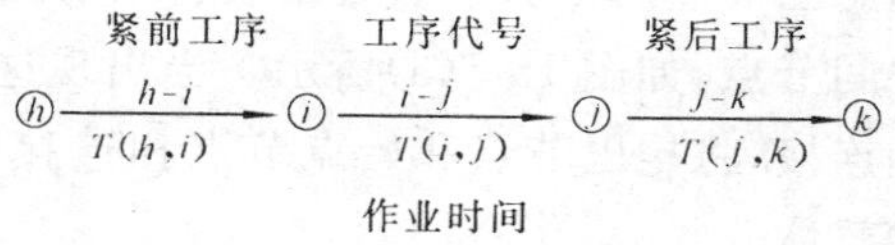

紧前工序　工序代号　紧后工序
ⓗ —h-i→ ⓘ —i-j→ ⓙ —j-k→ ⓚ
$T(h,i)$　$T(i,j)$　$T(j,k)$
作业时间

图 15-3　用箭线表示工序

工序根据它们之间的相互关系分为紧前工序、紧后工序、平行工序和交叉工序。紧前工序是指紧接在某工序之前的工序。紧后工序是指紧接在某工序之后的工序。平行工序是指与某工序同时进行的工序。交叉工序是指相互交替进行的工序。

(3)线路。线路是指从网络图中始点事项开始,顺着箭线方向,连续不断地到达终点事项为止的一条通路。这条路上各工序作业时间之和,称为路长。在一个网络图中,往往有几条线路,每条线路的路长不一样,其中最长的一条(或几条)线路,称为关键线路。组成关键线路的工序称为关键工序。网络分析主要是找出工程项目中的关键线路,它对生产周期有直接影响。在网络图中,关键线路常用粗线表示。

2. 网络图的绘制方法

要绘制网络图,首先要对工程项目或计划进行分析,弄清工程项目所包括的全部工序,各工序之间的逻辑衔接关系和完成每道工序所需要的时间(或资源)。

(1)绘制规则。

① 节点编号不能重复。在网络图中,节点要统一编号,其顺序一般由小到大,从左

到右；也可采用非连续编号法，这样当节点有增减变化时，可以进行局部调整，不会打乱全部编号。

② 两个节点之间只能有一条箭线。箭线必须从一个节点开始到另一个节点结束，其方向是由左向右。

在绘制网络图时，可能遇到有两道工序 A 和 B 同时开始，同时完成，如图 15-4(a)所示。这时，工序 A 和 B 用节点编号表示都是 1-3，输入计算机中，计算机就无法识别 1-3 到底是工序 A 还是工序 B，所以图 15-4(a)的画法是错误的。遇到这种情况，必须在工序 A 或 B 中插入一道虚拟工序 y 来区别，如图 15-4(b)所示。

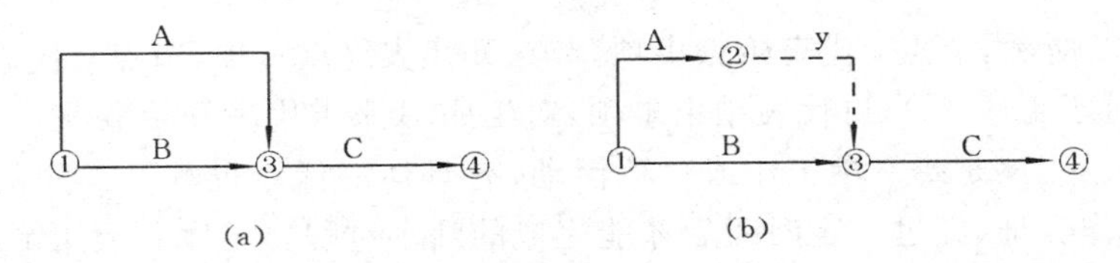

图 15-4 虚拟工序

(a)错误画法；(b)正确画法

③ 在同一个网络图中，只能有一个始点节点和一个终点节点，不允许出现尽头节点和尾巴节点。尽头节点是指没有紧后工序的中间节点，尾巴节点是指没有紧前工序的中间节点，如图 15-5(a)所示。当出现这种情况时，应用虚箭线将尽头节点和终点节点相连接，将尾巴节点和始点节点相连接，如图 15-5(b)所示，保证网络图成为一个有机的整体。

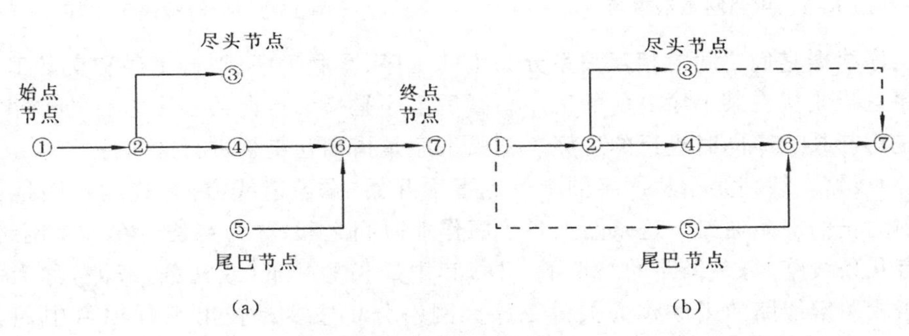

图 15-5 网络图画法

(a)尽头节点和尾巴节点；(b)尽头节点和尾巴节点的连接

④ 正确反映各工序之间的逻辑关系，应与工序明细表中所列的逻辑关系相同。

⑤ 不允许出现循环回路，即不能从一个节点出发，又回到同一个节点上，如图 15-6 所示。

从图 15-6 可见，工序 E 必须在工序 B、C 完成后才能开始，而工序 B 又必须在工序 A、E 同时完成后才能开始，这种情况不合逻辑，所以是错误的。

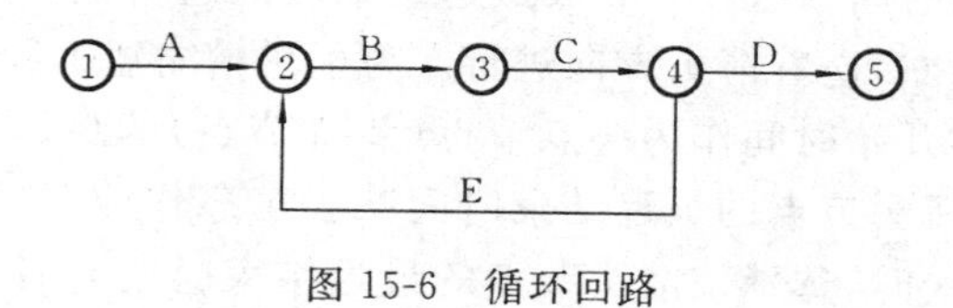

图 15-6　循环回路

(2)绘制步骤。

① 将工程项目或计划，按照一定的规律和需要进行分解，划分工序；

② 分析和确定各工序之间的相互关系；

③ 确定每道工序的作业时间(或资源)；

④ 列出工序明细表；

⑤ 绘制网络图。按照工序明细表所列出的工序先后顺序和相互关系，以箭线连接各节点，绘制网络图。画图时，从第 1 道工序开始，由左向右依次画下去直到最后一道工序为止，并且标明工序名称或工序代号及其所需作业时间(或资源)。

(三)网络图的时间计算

制订网络计划，要进行时间进度的安排，必须计算网络时间。

1. 工序作业时间

工序作业时间是指完成一项工作或一道工序所需要的时间，也就是在一定的生产技术经济条件下，完成该道工序所需要的延续时间。

工序作业时间的确定有两种方法：工时定额法和三点估算法。工时定额法用于不可知因素较少，有先例可循的情况。三点估算法用于工序作业时间没有工时定额的情况，可按下式估算

$$T=(a+4m+b)/6$$

式中，T 为工序作业时间；a 为最短的估计工时；b 为最长的估计工时；m 为正常情况下，最可能发生的工时。

2. 节点时间

节点时间有 2 个，即节点最早开始时间和节点最迟结束时间。

(1)节点最早开始时间 $T_E(j)$。计算节点最早开始时间是从始点节点开始，自左向右逐个节点向前计算。假定始点节点(箭尾节点)的最早开始时间等于零，箭头节点的最早开始时间等于箭尾节点最早开始时间加上工序作业时间。当同时有两个或两个以上箭线指向箭头节点时，选择各工序的箭尾节点最早开始时间与各自工序作业时间之和的最大值，即

$$T_E(1)=0$$

$$T_E(j)=\max\{T_E(i)+T(i,j)\} \quad j=2,3,\cdots,n$$

式中,$T_E(1)$为始点节点1最早开始时间;$T_E(j)$为箭头节点j最早开始时间;$T_E(i)$为箭尾节点i最早开始时间;$T(i,j)$为工序i-j的作业时间;n为网络节点总数。

(2)节点最迟结束时间$T_L(i)$。节点最迟结束时间通常是从终点节点的最迟结束时间开始计算,从右向左,逆着箭头方向进行。为了尽量缩短工程项目或计划的完工时间,把终点节点的最早开始时间作为终点节点(箭头节点)的最迟结束时间。箭尾节点的最迟结束时间等于箭头节点的最迟结束时间减去工序作业时间,当箭尾节点同时引出两个或两个以上箭线时,选择该箭头节点的最迟结束时间与各工序作业时间之差的最小值,即

$$T_L(n)=T_E(n)$$

$$T_L(i)=\min\{T_L(j)-T(i,j)\} \quad i=n-1,\cdots,2,1$$

式中,$T_L(n)$为终点节点n最迟结束时间;$T_E(n)$为终点节点n最早开始时间;$T_L(i)$为箭尾节点i最迟结束时间;$T_L(j)$为箭头节点j最迟结束时间。

为了便于分析网络图,一般将节点最早开始时间填入节点左上方的矩形框内,节点最迟结束时间填入该节点右上方的三角形框内。

3. 工序时间

计算出各节点时间以后,工序时间的计算就比较方便。

(1)工序最早开始时间$T_{ES}(i,j)$。任何一道工序都必须在其紧前工序结束后才能开始进行。紧前工序最早结束时间即为本工序最早可能开始时间,称为工序最早开始时间,用$T_{ES}(i,j)$表示,它等于该工序箭尾节点的最早开始时间,即

$$T_{ES}(i,j)=T_E(i)$$

(2)工序最早结束时间$T_{EF}(i,j)$。工序最早结束时间用$T_{EF}(i,j)$表示,它等于工序最早开始时间加上该工序的作业时间,即

$$T_{EF}(i,j)=T_{ES}(i,j)+T(i,j)$$

(3)工序最迟结束时间$T_{LF}(i,j)$。在不影响工程项目或计划最早结束时间的条件下,工序最迟必须结束的时间,称为工序最迟结束时间,用$T_{LF}(i,j)$表示,它等于工序的箭头节点的最迟结束时间,即

$$T_{LF}(i,j)=T_L(j)$$

(4)工序最迟开始时间$T_{LS}(i,j)$。在不影响工程项目或计划最早结束时间的条件下,工序最迟必须开始的时间,称为工序最迟开始时间,用$T_{LS}(i,j)$表示,它等于工序最迟结束时间减去工序的作业时间,即

$$T_{LS}(i,j)=T_{LF}(i,j)-T(i,j)$$

4. 时差和关键线路

计算各工序时间,其目的是为了分析和寻求各项工作在时间配合上是否合理,有无潜力可挖。为此,需要计算工序总时差,找出关键线路。

(1)工序总时差$\mathrm{TF}(i,j)$。在不影响整个工程项目或计划完工时间的条件下,某项工作由最早开始时间到最迟开始时间之间可以推迟的最大延迟时间,称为工序总时差,

简称时差，用 $TF(i,j)$ 表示，它表示了某项工程可以利用的机动时间，故又称为机动时间。工序总时差计算公式

$$TF(i,j)=T_{LS}(i,j)-T_{ES}(i,j)$$

或

$$TF(i,j)=T_{LF}(i,j)-T_{EF}(i,j)$$

计算工序总时差是网络计算中一个主要内容，它为计划进度的安排提供了可供选择的可能性，又是制定关键线路的科学依据。

(2)关键线路的确定。工序总时差为零的工序，称为关键工序，由关键工序连接起来的线路就是关键线路。一般来讲，在网络图中，工期最长的线路就是关键线路，所以，要控制计划进度，缩短生产周期，就必须抓住关键线路。抓住关键线路，对于组织和指挥生产是非常重要的。确定关键线路的办法有三种，即时差法、最长线路法和破圈法。

5. *应用实例*

这里，以某一变电站工程项目运用网络图组织施工为例，来说明网络计划技术在电力企业工程项目施工计划管理中的应用。

例 15-1 某变电站施工工序明细表如表 15-1 所示。试计算节点最早开始时间和最迟结束时间，绘制网络图，并指出关键线路。

表 15-1 某变电站施工工序明细表

工序代号	*i-j*	工序内容	作业时间/月
A	1-2	三通一平	4
B	1-3	主要设备订货	3
C	1-5	辅助设备外加工	2
D	3-4	主要设备到货开箱检查组装	4
E	2-4	主厂房土建施工	10
F	2-5	辅助设施土建施工	6
G	5-6	辅助设备安装调试	5
H	4-6	主要设备安装调试	8
I	6-7	变电站试运行	2

解 根据表 15-1 所示工序明细表，绘制出如图 15-7 所示的网络图。

(1)计算节点最早开始时间，并将计算结果填在节点编号左上方的矩形框内。

$T_E(1)=0$

$T_E(2)=\max\{T_E(1)+T(1,2)\}=\max\{0+4\}=4$

$T_E(3)=\max\{T_E(1)+T(1,3)\}=\max\{0+3\}=3$

$T_E(4)=\max\{T_E(3)+T(3,4),T_E(2)+T(2,4)\}=\max\{3+4,4+10\}=14$

$T_E(5)=\max\{T_E(1)+T(1,5),T_E(2)+T(2,5)\}=\max\{0+2,4+6\}=10$

$T_E(6)=\max\{T_E(4)+T(4,6),T_E(5)+T(5,6)\}=\max\{14+8,10+5\}=22$

$T_E(7)=\max\{T_E(6)+T(6,7)\}=\max\{22+2\}=24$

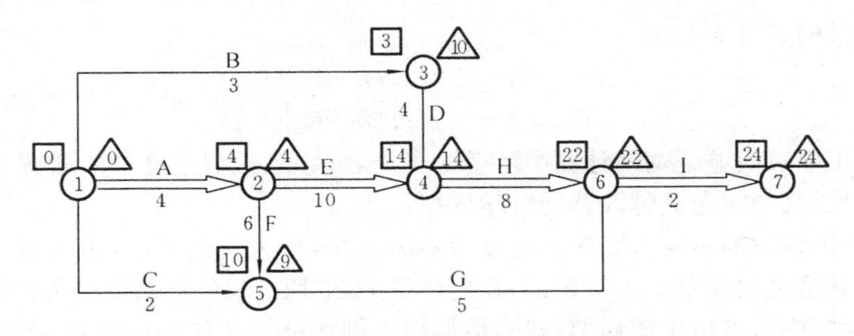

图 15-7　某变电站施工网络图

(2)计算节点最迟结束时间,并将计算结果填在节点编号右上方的三角形框内。

$T_L(7)=T_E(7)=24$

$T_L(6)=\min\{T_L(7)-T(6,7)\}=\min\{24-2\}=22$

$T_L(5)=\min\{T_L(6)-T(5,6)\}=\min\{22-5\}=17$

$T_L(4)=\min\{T_L(6)-T(4,6)\}=\min\{22-8\}=14$

$T_L(3)=\min\{T_L(4)-T(3,4)\}=\min\{14-4\}=10$

$T_L(2)=\min\{T_L(4)-T(2,4),T_L(5)-T(2,5)\}=\min\{14-10,17-6\}=4$

$T_L(1)=\min\{T_L(2)-T(1,2),T_L(3)-T(1,3),T_L(5)-T(1,5)\}$

$=\min\{4-4,10-3,17-2\}=0$

(3)计算各工序时间和工序总时差,计算结果如表 15-2 所示。

(4)确定关键线路。由表 15-2 看出,时差为零的工序为关键工序,由这些关键工序连接起来的线路即为关键线路。如图 15-7 所示某变电站施工网络图,其关键线路为 1-2-4-6-7,路长为 24 个月。

表 15-2　工序时间及工序总时差

工序代号	i-j	$T(i,j)$	$T_{ES}(i,j)$	$T_{LS}(i,j)$	$T_{EF}(i,j)$	$T_{LF}(i,j)$	$TF(i,j)$	关键工序
A	1-2	4	0	0	4	4	0	✓
B	1-3	3	0	7	3	10	7	
C	1-5	2	0	15	2	17	15	
D	3-4	4	3	10	7	14	7	
E	2-4	10	4	4	14	14	0	✓
F	2-5	6	4	11	10	17	7	
G	5-6	5	10	17	15	22	7	
H	4-6	8	14	14	22	22	0	✓
I	6-7	2	22	22	24	24	0	✓

(四)网络优化与调整

通过绘制网络图,计算网络时间和确定关键线路,所得到的网络计划也许是一个可行方案,但不一定是最优方案。为了达到缩短工期,节省资源,降低生产成本,还要对网络计划进行优化(简称网络优化),寻找最优的计划方案。由于计划本身带有预测性和不确定性,在计划的制订期间和执行期间,都会因条件变化而发生变化,还需要进行网络调整。调整时,也要用优化方法进行。

网络优化就是根据确定的目标要求,在一定的约束条件下,寻求最优的计划方案。网络优化的基本思路是利用时差,向关键工序要时间,向非关键工序要资源,不断调整网络计划的初始计划方案,使之获得最佳生产周期、最低成本和有效地利用资源。网络优化可分为时间优化、时间-资源优化和时间-成本优化三个方面。

网络调整是对网络图的结构、参数进行修改和协调。网络图调整有两种情况:一是静态调整;二是动态调整。不论静态调整,还是动态调整,都存在一个优化问题,因此这里所说的调整都是进行优化调整。

第三节 电力企业生产管理

一、电力企业生产管理的概念

1. 电力企业生产管理的含义

电力企业生产管理是企业有关生产活动方面一切管理工作的总称。生产管理的任务是通过合理组织生产过程、有效利用生产资源,以期实现企业的经营战略和经营目标。

广义的生产管理是指企业全部生产活动的管理,包括需求预测、发展规划、生产要素、产品质量和成本利润等方面管理。而狭义的生产管理,则局限于电力企业日常生产活动的计划、组织和控制,包括生产计划、作业计划、生产调度及安全与技术措施计划等,侧重于生产技术方面。生产管理在整个生产经营活动中具有重要的地位,搞好生产管理就可使企业为社会提供优质产品,为用户提供良好的服务。

生产管理是实现经营目标的前提条件,是对企业最基本活动的管理,企业的目标必须通过生产过程和生产管理才能实现。

由于电力企业的生产管理更有其特殊性,因为电能的产、供、销、用是通过电网同时完成的,是不可储存的,因此,保证电网的安全、可靠、经济运行就成为电力企业生产管理的关键。

2. 电力企业生产管理的任务

电力企业生产管理的中心任务是,在安全第一的方针指导下,通过贯彻国家标准和行业标准,推动技术进步,保证电网充足、可靠、合格、廉价地发供电。

电力企业生产管理的具体任务有下述几个方面：

(1)保证全面完成国家生产计划和基建计划；

(2)贯彻安全第一和预防为主的方针，保证安全生产和连续供电；

(3)严格按额定参数运行，保证所供电(热)能符合质量标准(包括电网的频率和电压，热网的温度和压力)；

(4)合理利用各种能源，降低燃料消耗，降低成本，使系统在最经济、可靠的方式下运行；

(5)水力发电厂应统筹兼顾防洪、灌溉、航运、渔业和供水等效益，做到综合利用；

(6)满足国家对生态平衡与环境保护的要求；

(7)不断吸收现代科学技术的新成果，改善电能生产的技术条件，提高劳动生产率。

为了完成上述各项任务，就应不断总结经验，加强培训，执行先进技术和管理方法，确定具体的生产管理内容。

3. 电力企业生产管理的内容

电力企业生产管理的主要内容是发供电生产运行管理，电网安全经济运行管理和电网建设管理。

总结我国多年来电力生产管理的经验，其中最重要的就是建立健全生产指挥系统和各级生产技术责任制；组织好安全运行和检修工作；重视劳动组织管理及执行技术规程制度；推广可靠性管理，全面质量管理和设备全过程管理等现代化管理方法；充分利用电子计算机等现代化工具，收集统计并储存各种资料数据，实现电网、电厂的高度自动化，把我国的电力生产运行提高到一个新的水平。

4. 发供电生产运行组织管理形式

我国电力生产(发、供电)是通过电力系统来完成其产、供、销、用任务的，因而，电力系统的组织管理形式就是电力发、供电企业生产的组织管理形式。为了获得电力系统的最大经济效益，防止大面积停电事故的发生，电力系统必须实行统一调度管理，即统一计划、统一调度、分层控制、分级指挥、分级考核。电网调度局是电力系统生产运行的指挥机构。跨省电力系统一般为三级调度机构，即网调、省调、地(市)调。在地(市)调下再设县(市)调。

5. 生产管理计划

电力生产有一定的目标，围绕这个目标而制订的生产管理计划，既是计划管理的组成部分，也是生产运行所遵循的依据。电网应有一个总生产计划，而各发供电企业都应有一个围绕全网生产计划的分计划。电力企业的生产计划一般是由发电量计划为主体和以设备检修计划为辅的两部分组成。

生产计划的形式主要是编制电力电量平衡表，还有技术经济指标计划，此外还有各项专业计划，如固定资产改造计划、设备升级计划、备品备件计划和事故演习计划等。

二、全面质量管理

1. 全面质量管理的含义

美国著名的质量管理专家费根堡姆把全面质量管理 TQC(Total Quality Control)定义为:为了能够在最经济的水平上,并考虑充分满足顾客要求的条件下,进行市场研究,制作、销售和服务,把企业各部门的研制质量、维持质量和提高质量的活动,构成为一种有效的体系。

ISO8402 标准中对全面质量管理的定义为:以质量为中心建立在全员参与基础上的一种管理方法,其目的在于长期获得顾客满意和组织成员和社会的利益。该定义附注有:

(1)“全员”是指组织机构中所有部门和各层次的人员;

(2)最高管理层强有力的领导和对全员的教育及培训是必要的;

(3)全面质量管理以包括质量在内的所有管理目标为对象。

由定义可以看出,全面质量管理不等于质量管理,它是质量管理的更高境界。质量管理只是企业或公司全部管理职能之一,而全面质量管理则将所有管理职能纳入质量管理的范畴。

2. 全面质量管理的对象

产品质量就是产品的使用价值,是产品适应一定的用途满足社会需要所具备的特性。它包括对产品性能、寿命、可靠性、安全性、经济性 5 个方面的特殊要求。质量标准就是产品质量主要特性的定量表现。

“质量”的含义是全面的,它不仅狭义地指产品质量,还广义地指产品赖以形成的工序质量和工作质量。工序质量是指在产品形成过程中对产品质量起作用的诸因素,它包括人、设备、原材料、作业方法与环境 5 大因素。工作质量则指企业生产技术和组织管理等各方面的水平。产品质量是企业工序质量和工作质量的综合反映,而工序质量和工作质量则是产品质量的保证。

电力企业的产品是电能,只有最大限度地连续不断地供给用户价廉合格的电能,才能体现其价值。这就是说,电能这个产品的质量特性应具备适用性、连续性、可靠性、安全性和经济性。这些特性一般均应定量表现,这样才能做到质量管理的科学化。

3. 全面质量管理的特点

(1)全过程的质量管理。它把质量管理工作的重点,从事后检验把关,转到事先控制生产工序,从管结果变为管因素,对设计、生产、销售、使用等各个环节中的工序和工作的诸因素,都实行严格而科学的质量管理。既抓产品质量,又抓工作质量,形成一个质量保证体系。

(2)全员性的质量管理。产品质量是企业职工素质、技术素质、管理素质、领导素质的综合反映,涉及企业中每一个人员。质量管理,人人有责。提高产品质量,要依靠企业全体职工,都关心产品质量,提高工作质量,质量管理才有最可靠的基础。

(3)综合性的质量管理。影响产品质量的因素错综复杂,来自很多方面。必须针对不同的影响因素,综合运用不同管理方法和措施,才能根据质量波动规律,控制质量波动,稳定地提高质量。

4. 全面质量管理的保证体系

质量保证,就是企业对用户在产品质量方面提供担保,保证用户购得产品在寿命期内质量可靠,使用正常。质量保证包含两个方面:一要加强企业内部各环节的质量管理,以保证产品出厂质量;二要在产品进入流通领域和使用过程之后,加强售后服务,对用户服务到底。

质量保证体系,就是企业根据质量保证的要求,从企业整体出发,运用系统的理论和方法,把各部门、各环节质量管理活动严密地组织起来,形成一个有明确任务、职责、权限,相互协调、互相促进的质量管理有机整体,它是一个质量管理网,在企业内部形成一个完整的有机的质量保证系统,使质量管理工作制度化、标准化、系统化,有效地保证产品质量。

5. 全面质量管理的工作方式

为使质量保证体系正常有效地运转,通常采用计划 P(Plan)、执行 D(Do)、检查 C(Cheak)和处理 A(Action)四个阶段周而复始的运转,简称 PDCA 循环,如图 15-8(a)所示。每运转一次都有新的目标和内容,这说明质量水平有了提高。

P 阶段为循环的起始阶段,其内容有:① 分析产品的质量现状,找出存在的问题;② 分析产生质量问题的原因;③ 从各种原因中,运用质量管理方法,找出影响质量的主要原因;④ 研究措施,制订计划,提出改进措施。

D 阶段为执行改进措施阶段,⑤ 按计划进行,执行改进措施。

C 阶段为检查执行情况及调查效果阶段,⑥ 调查效果。

A 阶段为关键性阶段,任务有:⑦ 对检查结果进行总结处理,制定标准和规程;⑧ 将本次循环遗留问题反映到下一个循环进行解决。

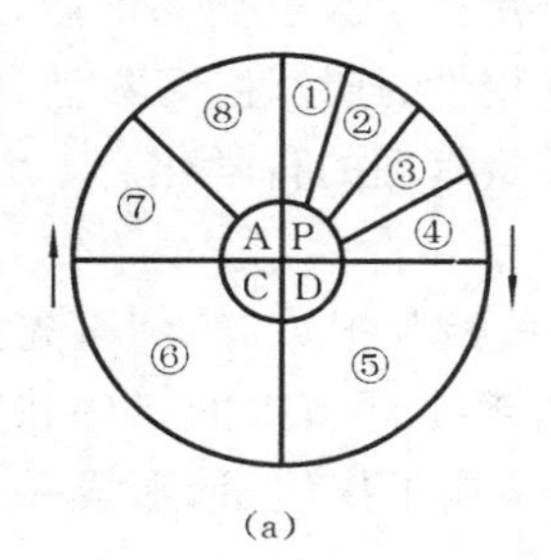

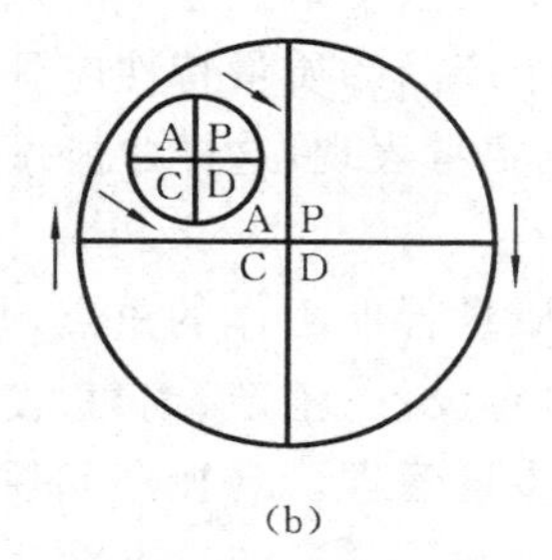

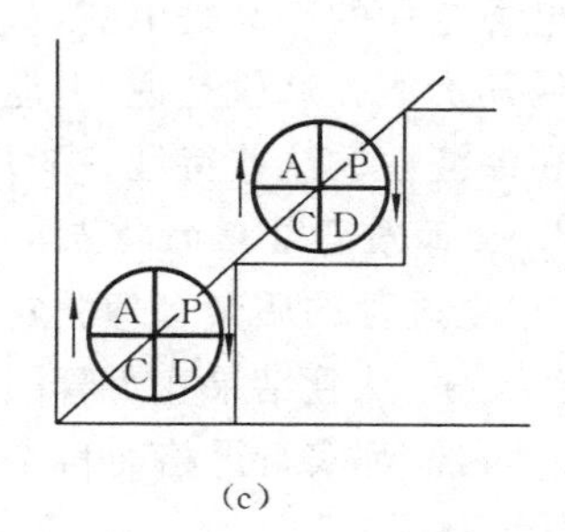

图 15-8 PDCA 循环基本工作方式

(a)基本步骤;(b)大环套小环;(c)爬楼梯

在一个较大企业中，各级各层组织都可分别围绕各自工作的目标推行 PDCA 循环，这样，大环套小环(见图 15-8(b))，小环保大环，相互促进和每循环一次，都有新的内容和更高的目标，如爬楼梯(见图 15-8(c))，一步一步上升，就可保证整个企业进入良性循环。

6. 全面质量管理的统计方法

在 PDCA 循环中，无论是 P 阶段找存在问题或是 A 阶段实施后的效果调查，都必须采用统计方法来进行。统计方法很多，如分层法、排列图解法、因果分析法，以及控制图法、系统图法、网络图法等数理统计方法。

三、电力系统可靠性管理

(一)可靠性管理的意义

1. 可靠性的含义

人们在日常生活中，对可靠性都有一个定性的认识，例如，对一个设备都希望经久耐用，这反映了人们对该设备的性能有一种要求，这就是可靠性的要求。

2. 电力系统可靠性管理的意义

可靠性管理是指在预定时间内和规定条件下，保持元件、设备或系统规定功能的一系列管理活动。

可靠性理论用于电力系统，在我国是 20 世纪 60 年代才开始的，它是一门新兴的应用科学。目前，在设计、制造、规划、运行和管理等方面都有广泛的应用，且占据着作为决策的重要依据的地位。提高电力系统运行的可靠性是提高电力系统经济效益的重要途径，通过可靠性管理可以做到以最小的投入，而取得该投入下的最佳的社会效益和经济效益。还可使电力系统在最不利的条件下发生最小的影响，例如，提高了电力系统的可靠性就可减少停电次数，减少停电时间，防止大面积停电。又如，将设备的可用度提高就相当于增加了一定容量设备，从而节约了投资。

3. 可靠性管理的任务

(1)研究和制定电力系统各单个元件(如发电机、主变压器、断路器、母线、线路等)和由元件组成系统(如发电系统、输电系统、配电系统等)的可靠性准则、指标和统计方法。

(2)根据可靠性指标，结合被管理对象的具体情况，研究和制定可靠性预测、分配和评价方法。

(3)寻找提高被管理对象可靠性的途径和方法。

(4)研究可靠性和经济性的关系，找出最佳搭配。

(二)可靠性的主要指标

设备一般可分为两类：一是不可修复设备；二是可修复设备。对于任一类设备都可从正常运行和发生故障两种情况去度量其可靠程度。

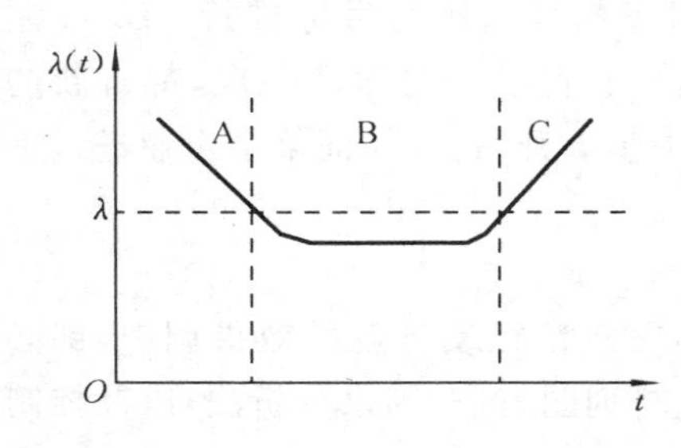

图 15-9 设备的典型故障率曲线
A—早期故障期;B—偶发故障期;
C—耗损故障期;λ—规定的故障率

经过大量资料的统计,电气设备的典型故障率分布情况,如图 15-9 所示,其形似浴盆,故称为浴盆曲线。它清楚表明了在设备整个寿命期内,故障率按三个不同时期,呈现三种不同的分布情况。

早期故障期,又称调整期。由于设备设计、制造、安装上的缺陷,在刚投入运行的初期暴露出来,因而故障率较高。经过一段不长时间的适应和调整,故障率将逐渐下降并趋于稳定。

偶发故障期,又称有效寿命期。在此期间故障率较低且平稳,大致为常数,故障的发生只是由于偶然原因,带有随机性,这是设备最佳运行状态时期。

耗损故障期,又称衰老期。在这个时期由于设备的磨损和老化而导致故障上升。

由于偶发故障期是设备长期运行的可能时限,因此以后的研究和分析都是基于这个时期进行的。对于耗损故障期,如果能预测耗损开始时间,事先进行预防、改善、维修或更换,就可使故障率下降,而延长设备的实际使用寿命。

电气设备绝大多数是可以修复的,即故障后通过修理,修复后又投入运行,如此不断循环。但对可修复设备的研究是从不可修复设备的研究开始,因此,有必要从不可修复设备的可靠性讨论开始。

1. 不可修复设备的可靠性指标

(1)可靠度函数及失效度函数。电力系统的设备一般都认为有运行和故障两种状态。根据概率论基本理论,求某事件(或状态)出现的概率的方法,是将设备随机实验重复 n 次,如果指定的事件 A 在 n 次实验中出现了 n_A 次,当实验次数 n 充分大时,事件 A 出现的频率 n_A/n 将稳定在某一数值附近摆动,此数值即为事故出现的概率,记作 $p(A)$。

对于一个具体的不可修复的电力设备而言,不可能将其重复若干次实验来求得出现故障这个事件的概率,只可用大量相同的设备进行实验。例如,取 N 个相同的设备同时投入运行,当到达 t 时刻如有 $N_F(t)$ 个设备已经损坏,则可认为到 t 时刻这种设备的失效度为

$$F(t)=N_F(t)/N$$

相应地,此时如有 $N_F(t)$ 个设备故障,则必然还有 $N-N_F(t)=N_O(t)$ 个设备在正常运行,可得这种设备到 t 时刻的可靠度为

$$R(t)=N_O(t)/N$$

由于 $R(t)$ 和 $F(t)$ 都与时间 t 有关,故又称为可靠度函数及失效函数。

(2)故障率函数。电力系统中的电气设备是长期运行的,为了保证系统正常运行,

常需要知道 t 时刻后发生故障的可能性,就用故障率这个参数来描述。故障率用 $\lambda(t)$ 表示,它的定义是:设备工作到 t 时刻后,在一个单位时间 Δt 内,当 $\Delta t \to 0$ 时,发生故障概率的极限值。

例如,有 N 个相同设备,从 $t=0$ 开始工作,到 t 时刻尚有 $N_O(t)$ 个完好,在 t 以后的 Δt 时间内有 $\Delta N_F(t)$ 个设备损坏。根据上述定义,在 t 时刻的故障率 $\lambda(t)$ 用下式表示

$$\lambda(t)=\lim\frac{\Delta N_F(t)}{N_O(t)\cdot\Delta t}=\lim\frac{\Delta N_F(t)/N}{N_O(t)/N\cdot\Delta t}=\frac{1}{N_O(t)/N}\lim\frac{\Delta N_F(t)/N}{\Delta t}$$

$$=\frac{1}{R(t)}\frac{\mathrm{d}F(t)}{\mathrm{d}t}=\frac{1}{R(t)}\frac{\mathrm{d}(1-R(t))}{\mathrm{d}t}=-\frac{1}{R(t)}\frac{\mathrm{d}R(t)}{\mathrm{d}t}$$

上式表明可靠度、失效度和故障率三者的关系,通过对设备的大量观测统计,可以找出 $R(t)$ 或 $F(t)=1-R(t)$,则按此式可求得 $\lambda(t)$。

由复合函数微分法则可得

$$\frac{\mathrm{d}\ln R(t)}{\mathrm{d}t}=\frac{1}{R(t)}\frac{\mathrm{d}R(t)}{\mathrm{d}t}$$

故

$$\lambda(t)=-\mathrm{d}\ln R(t)/\mathrm{d}t$$

整理可得

$$-\lambda(t)\mathrm{d}t=\mathrm{d}\ln R(t)$$

两边积分后

$$-\int_0^t\lambda(t)\mathrm{d}t=\ln R(t)$$

则

$$R(t)=\mathrm{e}^{-\int_0^t\lambda(t)\mathrm{d}t}$$

由此可见,设备可靠度 $R(t)$ 是以故障率 $\lambda(t)$ 的时间积分为指数的指数函数,这个结论非常重要。

电力系统的主要设备如发电机、变压器、断路器及输电线路等,都是可修复元件,通过定期检修可以使它们长期工作在偶发故障期,其故障率 $\lambda(t)$ 就与时间无关,作为常数,即

$$\lambda(t)=\lambda=\text{常数}$$

因此,对电气设备而言,可靠度函数和失效度函数可改写成

$$R(t)=\mathrm{e}^{-\lambda t}$$

$$F(t)=1-R(t)=1-\mathrm{e}^{-\lambda t}$$

上述就是可靠度函数及失效度函数的数学模型,说明当故障率为常数时,$R(t)$ 必然为指数函数。

(3)平均无故障工作时间。由于设备的寿命是个随机变量,因此,用随机变量的特征数字——数学期望来描述这个随机变量,也是一种很好的表达方式。

根据数学知识,对离散性分布的随机变量 x,当 x 取值为 $x_1,x_2,\cdots,x_i$ 时,出现的概率分别为 $p_1,p_2,\cdots,p_i$,并且 $\sum\limits_{i=1}^{\infty}x_ip_i$ 绝对收敛,则随机变量 x 的数学期望,记作

$$E(x) = \sum_{i=1}^{\infty} x_i p_i$$

当随机变量仅取 n 个值时，$E(x) = \sum_{i=1}^{n} x_i p_i$ 。

在前面叙述可靠度函数时所做的实验，只研究了到 t 时刻完好的设备个数，从而得到 $R(t)$。如果根据统计资料，从实验中得知在不同时刻 t_i，完好设备的个数为 N_i，或者说有 N_i 个设备工作时间为 t_i，则根据数学期望的定义得

$$E(x) = \sum_{i=1}^{n} t_i p_i = \frac{1}{N} \sum_{i=1}^{n} t_i N_i$$

式中，N 为参加实验的设备总个数；n 为出现 N_i 个设备完好这一事件的件数。由这个公式可知，t_i 表示设备可能出现的寿命，N_i/N 为对应于 t_i 寿命出现的可能性，即概率。当 t_i 表示寿命期时，期望就是寿命期的加权平均值，简称寿命均值。对不可修复设备而言，它就是从开始运行到发生故障为止的平均无故障工作时间，用 MTTF(Mean Time to Failure)表示。上式常用于根据实际数据统计某一种类型设备的平均寿命，并用它可以求得其他参数。

另外，寿命均值还可从可靠度函数的数学模型求得

$$\text{MTTF} = \int_0^{\infty} R(t)\,\mathrm{d}t = \int_0^{\infty} \mathrm{e}^{-\lambda t}\,\mathrm{d}t$$

当 λ 为常数时，则得

$$\text{MTTF} = 1/\lambda$$

上述积分公式的成立，同样是应用了数学期望的概念，不同的 $R(t)$，不是离散性分布，而是一个连续性的函数。

例 15-2 有 10 个某种相同的不可修复设备，根据记录，这 10 个设备从投入运行到发生故障的时间不尽相同，其中有 5 个设备各运行了 440 h，2 个设备各运行了 1500 h，3 个设备各运行了 600 h。问这种设备寿命的期望值、故障率各为多少？当运行了 100 h后，这种设备的可靠度为多少？

解 (1)寿命期望值为

$$\text{MTTF} = \sum_{i=1}^{3} t_i p_i = \left(400 \times \frac{5}{10} + 1500 \times \frac{2}{10} + 600 \times \frac{3}{10}\right)\ \text{h} = 700\ \text{h}$$

(2)故障率 $\lambda = \frac{1}{\text{MTTF}} = \frac{1}{700}$ 次/h$=0.00143$ 次/h

(3)如果可靠度函数服从指数分布，则运行 100 h 后的可靠度为 $R(100) = \mathrm{e}^{-100/700} = 0.8694$。

2. 可修复设备的可靠性指标

对于可修复设备，要从两个方面考虑其可靠性，既要有反映设备故障状态的指标，又要有表示其修复过程的指标。可修复设备处在工作状态还是停运状态都是随机的。

一个可修复设备的寿命过程，如图 15-10 所示，其中“1”表示工作状态，“0”表示停运状态。正常运行时间 T_U 和故障修复时间 T_D 都是随机变量。

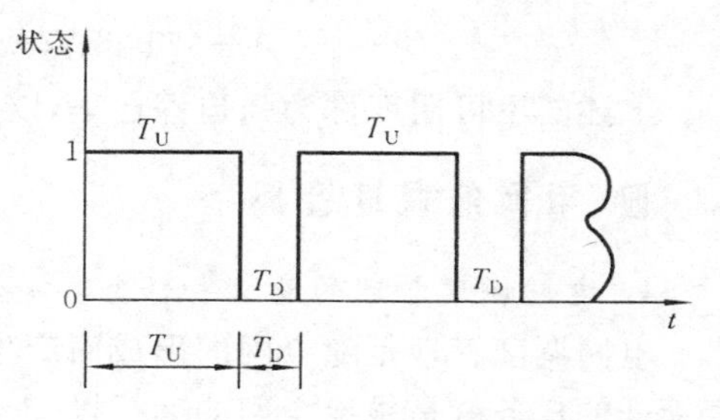

图 15-10　可修复设备的寿命过程

由图 15-10 可看出，可修复设备在投入使用后，经过运行时间 T_U 后发生故障，则立即退出运行进行修理，经过修复时间 T_D 修好后，又立即投入运行，如此循环反复。

工作状态又称可用状态，即设备处于可以执行其规定功能状态。停运状态又称不可用状态，即设备由于故障，处于不能执行其规定功能的状态。不可用状态中计划停运状态是事先安排的，强迫停运状态是随机的，为简化分析，可靠性研究中不包括计划停运状态。

描述可修复设备的可靠性指标如下。

(1)平均无故障工作时间。可修复设备的正常运行时间 T_U 的期望值就是平均无故障工作时间，与不可修复设备一样用 MTTF 表示。当然，在进行统计计算时，可将可修复设备在每次故障修复后又投入运行，看做是同类另一台不可修复设备的投入。由于同样认为可靠度函数 $R(t)$ 为指数分布，且故障率 λ 为常数，故 $\mathrm{MTTF}=1/\lambda$ 的关系仍然成立。

(2)平均修复时间和修复率。因为设备故障后的修复时间 T_D 也是随机变量，因此同样可以得到平均修复时间，用 MTTR(Mean Time to Repair)表示，是指设备每次连续修复所用时间平均值。当时间 T_D 服从指数分布时可以得到修复率 μ，它表示在单位时间内完成修复设备的台数。当修复率 μ 为常数时可以得到 $\mathrm{MTTR}=1/\mu$。

(3)平均相邻故障间隔时间。由于可修复设备具有固定的运行、故障修复的循环过程，因此，时间 T_U 和 T_D 期望值之和就是一个周期所需要的期望时间，也就是两次相邻故障之间的平均间隔时间 MTBF(Mean Time Between Failure)，其算式为

$$\mathrm{MTBF}=\mathrm{MTTF}+\mathrm{MTTR}$$

这是可修复设备特有的参数。

(4)可用度和不可用度。由于可修复设备经故障修复后可立即投入运行，因此，一般不再用可靠度 $R(t)$ 来衡量设备的可靠程度，而采用可用度 A 来表示设备在一个循环周期中正常运行状态的概率，即

$$A=\mathrm{MTTF}/\mathrm{MTBF}=\mathrm{MTTF}/(\mathrm{MTTF}+\mathrm{MTTR})$$

当 λ 和 μ 均为常数时，则有

$$A=\frac{1}{\lambda}\Big/\left(\frac{1}{\lambda}+\frac{1}{\mu}\right)=\mu/(\lambda+\mu)$$

同时,定义不可用度为 $\overline{A}$,表示设备处于停运状态的概率,即

$$\overline{A}=1-A=\mathrm{MTTR}/(\mathrm{MTTF}+\mathrm{MTTR})=\lambda/(\lambda+\mu)$$

上述的不可用度称为强迫停运率,以 FOR(Forced Outage Rate)表示。

四、电网的调度管理

1. 电网调度管理的意义和任务

电网调度管理是随电网的形成而产生的,要求电网运行安全、可靠、经济。所以调度管理的任务就是领导全网的运行操作,以保证实现下述基本要求。

(1)充分发挥电网内发供电设备能力,保证有计划地供应系统负荷需要。

(2)使整个系统安全运行和连续供电(热)。

(3)使全国各处供电(热)的质量(电网的频率、电压;热网的蒸汽压力、温度)符合规定标准。

(4)合理使用燃料和水力资源,使全网在最经济方式下运行。

2. 电网调度的体制

根据目前国家提出的"政企分开,省为实体,联合电网,统一调度"的改革方针,必须有一个相应的调度体制。

从组织形式上看,全国跨省联合的大电网一般设置三级调度机构,即网调、省调和地调。在各级调度机构内均应设立调度科(组)、继电保护科(组)和运行方式科(组)。若电网内有水力发电厂,则应单独成立水能组或设专责岗位。网调是联合电网的运行调度指挥机构,又是电网联合公司调度管理的职能部门,是联合电网最高一级的调度机构。省调是省电网运行调度指挥机构,也是省电力公司调度管理职能部门。在调度业务上,各级调度是上下级关系,下级调度必须服从上级调度。

当前,全国电力调度机构按五级设置,即国家电力调度中心、大区电网调度局、省调度所、地区调度所和县调度所。各级调度之间实行分层控制,信息逐级传送,实现计算机数据通信,并逐步形成网络。

3. 调度管理机构的工作内容

(1)编制和执行电网系统运行方式。

(2)对调度管辖范围内的设备进行操作管理。

(3)对调度管辖范围内的设备编制检修进度表,安排设备进行检修。

(4)指挥电力系统的有功功率及频率调整和管辖范围内的无功功率及电压调整工作。

(5)指挥系统内的事故处理,分析事故,制定提高系统安全稳定运行的措施。

(6)参加拟定发供电量计划、有关技术经济指标及改进电力系统经济调度运行的措施。

(7)参加编制电力分配计划、监视用电计划执行情况,控制按计划指标用电。

(8)对管辖范围内的继电保护装置、自动装置及通信远动自动化设备，负责运行管理，对非直接管辖的负责技术指导。

(9)对电力系统远景规划和发展计划提出建议，并参加审核。

思考题与习题

15-1　企业管理的主要职能有哪些？各自含义是什么？

15-2　企业管理的作用如何？怎样评价企业管理的效果？

15-3　简述电力企业管理现代化的含义及其内容。

15-4　简述电力企业管理信息系统的含义、功能及其内容。

15-5　什么是计划管理？进行计划管理的一般程序是怎样的？

15-6　什么是滚动式计划方法？有何好处？

15-7　如图 15-11 所示网络图，计算各节点最早开始时间和节点最迟结束时间，并指出关键路线。

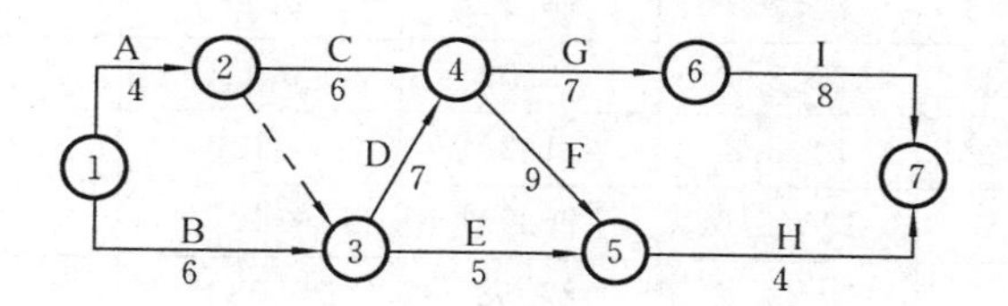

图 15-11　习题 15-7 网络图

15-8　简述质量的含义及全面质量管理的特点。

15-9　PDCA 工作方式是怎样进行良性循环的？

15-10　可靠性的含义是什么？电力设备常用的可靠性度量指标参数有哪些？各自含义是什么？

附录Ⅰ　各种常用架空线路导线的规格

附表Ⅰ-1　LGJ 型钢芯铝绞线规格

额定截面 /mm²	根数及直径/mm		计算直径 /mm	电阻 /Ω·(km)$^{-1}$	单位质量 /kg·(km)$^{-1}$	长期容许电流/A
	铝线	钢芯				
16	6×1.8	1×1.8	5.4	2.04	61.7	105
25	6×2.2	1×2.2	6.6	1.38	92.2	135
35	6×2.8	1×2.8	8.4	0.85	139	170
50	6×3.2	1×3.2	9.6	0.65	195	220
70	6×3.8	1×3.8	11.4	0.45	275	275
95	28×2.07	7×1.8	13.68	0.33	401	335
120	28×2.30	7×2.0	15.2	0.27	492	380
150	28×2.53	7×2.2	16.72	0.21	598	445
185	28×2.88	7×2.5	19.02	0.17	774	515
240	22×3.22	7×2.8	21.28	0.132	969	610
300	28×3.80	19×2.0	25.20	0.107	1348	700
400	28×4.17	19×2.2	27.68	0.080	1626	800

注：1. 额定截面是指导电部分的铝截面，不包括钢芯截面；

2. 电阻是指导线温度为 20 ℃时的数值；

3. 长期容许电流是指在周围空气温度为 25 ℃时的数值。

附表Ⅰ-2　LGJQ 型轻型钢芯铝绞线规格

额定截面 /mm²	根数及直径/mm		计算直径 /mm	电阻 /Ω·(km)$^{-1}$	单位质量 /kg·(km)$^{-1}$	长期容许电流/A
	铝线	钢芯				
150	24×2.76	7×1.8	16.44	0.21	537	—
185	24×3.06	7×2.0	18.24	0.17	661	510
240	24×3.67	7×2.4	21.88	0.13	951	610
300	54×2.65	7×2.6	23.70	0.108	1116	710
400	54×3.06	7×3.0	27.36	0.080	1487	845
500	54×3.36	19×2.0	30.20	0.065	1795	966
600	54×3.70	19×2.2	33.20	0.055	2175	1090
700	54×4.04	19×2.4	36.24	0.044	2592	1250

注：同附表Ⅰ-1 的注。

附表Ⅰ-3　LGJJ 型加强型钢芯铝绞线规格

额定截面 /mm²	根数及直径/mm		计算直径 /mm	电阻 /Ω·(km)⁻¹	单位质量 /kg·(km)⁻¹	长期容许电流/A
	铝线	钢芯				
120	30×2.22	7×2.2	15.5	0.28	530	—
150	30×2.5	7×2.5	17.5	0.21	677	464
185	30×2.8	7×2.8	19.6	0.17	850	543
240	30×3.2	7×3.2	22.4	0.131	1110	629
300	30×3.6	19×2.2	25.68	0.106	1446	710
400	30×4.7	19×2.5	29.18	0.079	1868	865

注：同附表Ⅰ-1 的注。

附表Ⅰ-4　LJ 型铝绞线的规格及主要技术参数

额定截面 /mm²	导线结构根数及直径 /mm	实际铝截面 /mm²	导线直径 /mm	直流电阻 /Ω·(km)⁻¹	拉断力 /kg	单位质量 /kg·(km)⁻¹	载流量/A		
							70℃	80℃	90℃
10	3/2.07	10.1	4.46	2.896	163	27.6	64	76	86
16	7/1.70	15.9	5.10	1.847	257	43.5	83	98	111
25	7/2.12	24.7	6.36	1.188	400	67.6	109	129	147
35	7/2.50	34.4	7.50	0.854	555	94.0	133	159	180
50	7/3.00	49.5	9.00	0.593	750	135	166	200	227
70	7/3.55	69.3	10.65	0.424	990	190	204	246	280
95	19/2.50	93.3	12.50	0.317	1510	257	244	296	338
95	7/4.14	94.2	12.42	0.311	1340	258	246	298	341
120	19/2.80	117.0	14.00	0.253	1780	323	280	340	390
150	19/3.15	148.1	15.75	0.200	2250	409	323	395	454
185	19/3.50	182.8	17.50	0.162	2780	504	366	450	518
240	19/3.98	236.4	19.90	0.125	3370	652	427	528	610
300	37/3.20	297.6	22.40	0.0996	4520	822	490	610	707
400	37/3.70	397.8	25.90	0.0745	5670	1099	583	732	851
500	37/4.14	498.1	28.98	0.0595	7100	1376	667	842	982
600	61/3.55	603.8	31.95	0.0491	8150	1669	747	949	1110

注：1. 额定截面是指导电部分的铝截面，不包括钢芯截面；

2. 电阻是指导线温度为 20 ℃时的数值；

3. 某些规格，一种截面有两种导线绞合结构。

附录Ⅱ 架空线路导线的电抗和电纳

附表Ⅱ-1 用钢芯铝线敷设的架空线路的感抗和电阻

导线型号	LGJ-35	LGJ-50	LGJ-70	LGJ-95	LGJ-120	LGJ-150	LGJ-185	LGJ-240	LGJ-300	LGJ-400	LGJJ-300	LGJJ-400
电阻 /Ω·(km)$^{-1}$	0.85	0.65	0.45	0.33	0.27	0.21	0.17	0.131	0.105	0.078	0.105	0.078
线间几何均距/m	线路感抗/Ω·(km)$^{-1}$											
2.0	0.403	0.392	0.382	0.371	0.365	0.358	—	—	—	—	—	—
2.5	0.417	0.406	0.396	0.385	0.379	0.372	—	—	—	—	—	—
3.0	0.429	0.418	0.408	0.397	0.391	0.384	0.377	0.369	—	—	—	—
3.5	0.438	0.427	0.417	0.406	0.400	0.398	0.386	0.378	—	—	—	—
4.0	0.446	0.435	0.425	0.414	0.408	0.401	0.394	0.386	—	—	—	—
4.5	—	—	0.433	0.422	0.416	0.409	0.402	0.394	—	—	—	—
5.0	—	—	0.440	0.429	0.423	0.416	0.409	0.401	—	—	—	—
5.5	—	—	—	—	0.429	0.422	0.415	0.407	—	—	—	—
6.0	—	—	—	—	0.435	0.425	0.420	0.413	0.404	0.396	0.402	0.393
6.5	—	—	—	—	—	0.432	0.425	0.420	0.409	0.400	0.407	0.398
7.0	—	—	—	—	—	0.438	0.430	0.424	0.414	0.406	0.412	0.403
7.5	—	—	—	—	—	—	0.435	0.428	0.418	0.409	0.417	0.408
8.0	—	—	—	—	—	—	—	0.432	0.422	0.414	0.421	0.412
8.5	—	—	—	—	—	—	—	—	0.425	0.418	0.424	0.416

附表Ⅱ-2　用钢芯铝线敷设的架空线路的电纳

导线型号	LGJ −70	LGJ −95	LGJ −120	LGJ −150	LGJ −185	LGJ −240	LGJ −300	LGJ −400	LGJJ −300	LGJJ −400
线间几何均距/m	线路导纳 $\times 10^{-6}$/S·(km)$^{-1}$									
3.0	2.79	2.87	2.92	2.97	3.03	3.10	—	—	—	—
3.5	2.73	2.81	2.85	2.90	2.96	3.02	—	—	—	—
4.0	2.68	2.75	2.79	2.85	2.90	2.96	—	—	—	—
4.5	2.62	2.69	2.74	2.79	2.84	2.89	—	—	—	—
5.0	2.58	2.65	2.69	2.74	2.82	2.85	—	—	—	—
5.5	—	2.62	2.67	2.70	2.74	2.80	—	—	—	—
6.0	—	—	2.64	2.68	2.71	2.76	2.81	2.88	2.84	2.91
6.5	—	—	2.60	2.63	2.69	2.72	2.73	2.84	2.80	2.87
7.0	—	—	—	2.60	2.66	2.70	2.74	2.78	2.77	2.83
7.5	—	—	—	—	2.62	2.67	2.71	2.76	2.73	2.80
8.0	—	—	—	—	—	2.65	2.69	2.73	2.70	2.77
8.5	—	—	—	—	—	—	2.67	2.70	2.68	2.75

附录Ⅲ 短路电流周期分量计算曲线数字表

附表Ⅲ-1 汽轮发电机计算曲线数字表

X_c	t/s										
	0	0.01	0.06	0.1	0.2	0.4	0.5	0.6	1	2	4
0.12	8.963	8.603	7.186	6.400	5.200	4.252	4.006	3.821	3.344	2.759	2.512
0.14	7.718	7.467	6.441	5.839	4.878	4.040	3.829	3.673	3.280	2.808	2.526
0.16	6.763	6.545	5.660	5.146	4.336	3.649	3.481	3.359	3.060	2.706	2.490
0.18	6.020	5.844	5.122	4.697	4.016	3.429	3.288	3.186	2.944	2.659	2.476
0.20	5.432	5.280	4.661	4.297	3.715	3.217	3.099	3.016	2.825	2.604	2.462
0.22	4.938	4.813	4.296	3.988	3.487	3.052	2.951	2.882	2.729	2.561	2.444
0.24	4.526	4.421	3.984	3.721	3.286	2.904	2.816	2.758	2.638	2.515	2.425
0.26	4.178	4.088	3.714	3.486	3.106	2.769	2.693	2.644	2.551	2.467	2.404
0.28	3.872	3.705	3.472	3.274	2.939	2.641	2.575	2.534	2.464	2.415	2.378
0.30	3.603	3.536	3.255	3.081	2.785	2.520	2.463	2.429	2.379	2.360	2.347
0.32	3.368	3.310	3.063	2.909	2.646	2.410	2.360	2.332	2.299	2.306	2.316
0.34	3.159	3.108	2.891	2.754	2.519	2.308	2.264	2.241	2.222	2.252	2.283
0.36	2.975	2.930	2.763	2.614	2.403	2.213	2.175	2.156	2.149	2.109	2.250
0.38	2.811	2.770	2.597	2.487	2.297	2.126	2.093	2.077	2.081	2.148	2.217
0.40	2.664	2.628	2.471	2.372	2.199	2.045	2.017	2.004	2.017	2.099	2.184
0.42	2.531	2.499	2.357	2.267	2.110	1.970	1.946	1.936	1.956	2.052	2.151
0.44	2.411	2.382	2.253	2.170	2.027	1.900	1.879	1.872	1.899	2.006	2.119
0.46	2.302	2.275	2.157	2.082	1.950	1.835	1.817	1.812	1.845	1.963	2.088
0.48	2.203	2.178	2.069	2.000	1.879	1.774	1.759	1.756	1.794	1.291	2.057
0.50	2.111	2.088	1.988	1.924	1.813	1.717	1.704	1.703	1.746	1.880	2.027
0.55	1.913	1.894	1.810	1.757	1.665	1.589	1.581	1.583	1.635	1.785	1.953
0.60	1.748	1.732	1.662	1.617	1.539	1.478	1.474	1.479	1.538	1.699	1.884
0.65	1.610	1.596	1.535	1.497	1.431	1.382	1.381	1.388	1.452	1.621	1.819
0.70	1.492	1.479	1.426	1.393	1.336	1.297	1.298	1.307	1.375	1.549	1.734
0.75	1.390	1.379	1.332	1.302	1.253	1.221	1.225	1.235	1.305	1.484	1.596

续表

X_c	t/s										
	0	0.01	0.06	0.1	0.2	0.4	0.5	0.6	1	2	4
0.80	1.301	1.291	1.249	1.223	1.179	1.154	1.159	1.171	1.243	1.424	1.474
0.85	1.122	1.214	1.176	1.152	1.114	1.094	1.100	1.112	1.186	1.358	1.370
0.90	0.153	1.145	1.110	1.089	1.055	1.039	1.047	1.060	1.134	1.279	1.279
0.95	1.109	1.084	1.052	1.032	1.002	0.990	0.998	1.012	1.087	1.200	1.200
1.00	1.035	1.028	0.999	0.981	0.954	0.945	0.954	0.968	1.043	1.129	1.129
1.05	0.985	0.979	0.952	0.935	0.910	0.904	0.914	0.928	1.003	1.067	1.067
1.10	0.940	0.934	0.908	0.893	0.870	0.866	0.876	0.891	0.966	1.011	1.011
1.15	0.898	0.892	0.869	0.845	0.833	0.832	0.842	0.857	0.932	0.961	0.961
1.20	0.860	0.855	0.832	0.819	0.800	0.800	0.811	0.825	0.898	0.915	0.915
1.25	0.825	0.820	0.799	0.786	0.769	0.770	0.781	0.796	0.864	0.874	0.874
1.30	0.793	0.788	0.768	0.756	0.740	0.743	0.754	0.769	0.831	0.836	0.836
1.35	0.763	0.758	0.739	0.728	0.713	0.717	0.728	0.743	0.800	0.802	0.802
1.40	0.735	0.731	0.713	0.703	0.688	0.693	0.705	0.720	0.769	0.770	0.770
1.45	0.710	0.705	0.688	0.678	0.665	0.671	0.682	0.697	0.740	0.740	0.740
1.50	0.686	0.682	0.665	0.656	0.644	0.650	0.662	0.676	0.713	0.713	0.713
1.55	0.663	0.659	0.644	0.635	0.632	0.630	0.642	0.657	0.687	0.687	0.687
1.60	0.642	0.639	0.623	0.615	0.604	0.612	0.624	0.638	0.664	0.664	0.664
1.65	0.622	0.619	0.605	0.596	0.586	0.598	0.606	0.621	0.642	0.642	0.642
1.70	0.604	0.601	0.587	0.579	0.570	0.578	0.590	0.604	0.621	0.621	0.621
1.75	0.586	0.583	0.570	0.562	0.554	0.562	0.574	0.589	0.602	0.602	0.602
1.80	0.570	0.567	0.554	0.547	0.539	0.548	0.559	0.573	0.584	0.584	0.584
1.85	0.554	0.551	0.539	0.532	0.524	0.534	0.545	0.559	0.566	0.566	0.566
1.90	0.540	0.537	0.525	0.518	0.511	0.521	0.532	0.544	0.550	0.550	0.550
1.95	0.526	0.523	0.511	0.505	0.498	0.508	0.520	0.530	0.535	0.535	0.535
2.00	0.512	0.510	0.498	0.492	0.486	0.496	0.508	0.517	0.521	0.521	0.521
2.05	0.500	0.497	0.486	0.480	0.474	0.485	0.496	0.504	0.507	0.507	0.507
2.10	0.488	0.485	0.475	0.469	0.463	0.474	0.485	0.492	0.494	0.494	0.494
2.15	0.476	0.474	0.464	0.458	0.453	0.463	0.474	0.481	0.482	0.482	0.482
2.20	0.465	0.463	0.453	0.448	0.443	0.453	0.464	0.470	0.470	0.470	0.470

续表

X_c	t/s										
	0	0.01	0.06	0.1	0.2	0.4	0.5	0.6	1	2	4
2.25	0.455	0.453	0.443	0.438	0.430	0.444	0.454	0.459	0.459	0.459	0.459
2.30	0.445	0.443	0.433	0.428	0.424	0.435	0.444	0.448	0.448	0.448	0.448
2.35	0.435	0.433	0.424	0.419	0.415	0.426	0.435	0.438	0.438	0.438	0.438
2.40	0.426	0.424	0.415	0.411	0.407	0.418	0.426	0.428	0.428	0.428	0.428
2.45	0.417	0.415	0.407	0.402	0.399	0.410	0.417	0.419	0.419	0.419	0.419
2.50	0.409	0.407	0.339	0.394	0.391	0.402	0.409	0.410	0.410	0.410	0.410
2.55	0.400	0.399	0.391	0.387	0.383	0.394	0.401	0.402	0.402	0.402	0.402
2.60	0.392	0.391	0.381	0.379	0.376	0.387	0.393	0.393	0.393	0.393	0.393
2.65	0.385	0.384	0.376	0.372	0.369	0.380	0.385	0.386	0.386	0.386	0.386
2.70	0.377	0.377	0.369	0.365	0.362	0.373	0.378	0.378	0.378	0.378	0.378
2.75	0.370	0.370	0.362	0.359	0.356	0.367	0.371	0.371	0.371	0.371	0.371
2.80	0.363	0.363	0.356	0.352	0.350	0.361	0.364	0.364	0.364	0.364	0.364
2.85	0.357	0.356	0.350	0.346	0.344	0.354	0.357	0.357	0.357	0.357	0.357
2.90	0.350	0.350	0.344	0.340	0.338	0.348	0.351	0.351	0.351	0.351	0.351
2.95	0.344	0.344	0.338	0.335	0.333	0.343	0.344	0.344	0.344	0.344	0.344
3.00	0.338	0.338	0.332	0.329	0.327	0.337	0.338	0.338	0.338	0.338	0.338
3.05	0.332	0.332	0.327	0.324	0.322	0.331	0.332	0.332	0.332	0.332	0.332
3.10	0.327	0.326	0.322	0.319	0.317	0.326	0.327	0.327	0.327	0.327	0.327
3.15	0.321	0.321	0.317	0.314	0.312	0.321	0.321	0.321	0.321	0.321	0.321
3.20	0.316	0.316	0.312	0.309	0.307	0.316	0.316	0.316	0.316	0.316	0.316
3.25	0.311	0.311	0.307	0.304	0.303	0.311	0.311	0.311	0.311	0.311	0.311
3.30	0.306	0.306	0.302	0.300	0.298	0.306	0.306	0.306	0.306	0.306	0.306
3.35	0.301	0.301	0.298	0.295	0.294	0.301	0.301	0.301	0.301	0.301	0.301
3.40	0.297	0.297	0.393	0.291	0.290	0.297	0.297	0.297	0.297	0.297	0.297
3.45	0.292	0.292	0.289	0.287	0.286	0.292	0.292	0.292	0.292	0.292	0.292

附表Ⅲ-2　水轮发电机计算曲线数字表

X_c	t/s										
	0	0.01	0.06	0.1	0.2	0.4	0.5	0.6	1	2	4
0.18	6.127	5.695	4.623	4.331	4.100	3.933	3.867	3.807	3.605	3.300	3.081
0.20	5.526	5.184	4.297	4.045	3.856	3.754	3.716	3.681	3.563	3.378	3.234
0.22	5.055	4.767	4.026	3.806	3.633	3.556	3.531	3.508	3.430	3.302	3.191
0.24	4.647	4.402	3.764	3.575	3.433	3.378	3.363	3.348	3.300	3.220	3.151
0.26	2.290	4.083	3.538	3.375	3.253	3.216	3.208	3.200	3.174	3.133	3.098
0.28	3.993	3.816	3.343	3.200	3.096	3.073	3.070	3.067	3.060	3.049	3.043
0.30	3.727	3.574	3.163	3.039	2.950	2.938	2.941	2.943	2.952	2.970	2.993
0.32	3.494	3.360	3.001	2.892	2.817	2.815	2.822	2.828	2.851	2.896	2.943
0.34	3.285	3.168	2.851	2.755	2.692	2.699	2.709	2.719	2.754	2.820	2.891
0.36	3.095	2.991	2.712	2.627	2.574	2.589	2.602	2.614	2.660	2.745	2.837
0.38	2.922	2.831	2.583	2.508	2.464	2.484	2.500	2.515	2.569	2.671	2.782
0.40	2.767	2.685	2.464	2.398	3.361	2.388	2.405	2.422	2.484	2.600	2.728
0.42	2.627	2.554	2.356	2.297	2.267	2.297	2.317	2.336	2.404	2.532	2.675
0.44	2.500	2.434	2.256	2.204	2.179	2.214	2.235	2.255	2.329	2.467	2.624
0.46	2.385	2.325	2.164	2.117	2.098	2.136	2.158	2.180	2.258	2.406	2.575
0.48	2.280	2.225	2.079	2.038	2.023	2.064	2.087	2.110	2.192	2.348	2.527
0.50	2.183	2.134	2.001	1.964	1.953	1.996	2.021	2.044	2.130	2.293	2.482
0.52	2.095	2.050	1.928	1.895	1.887	1.933	1.958	1.983	2.071	2.241	2.438
0.54	2.013	1.972	1.861	1.831	1.826	1.874	1.900	1.925	2.015	2.191	2.396
0.56	1.938	1.899	1.798	1.771	1.769	1.818	1.845	1.870	1.963	2.143	2.355
0.60	1.802	1.770	1.683	1.662	1.665	1.717	1.744	1.770	1.866	2.054	2.263
0.65	1.658	1.630	1.559	1.543	1.550	1.605	1.633	1.660	1.759	1.950	2.137
0.70	1.534	1.511	1.452	1.440	1.451	1.507	1.535	1.562	1.663	1.846	1.964
0.75	1.428	1.408	1.358	1.349	1.363	1.420	1.449	1.476	1.578	1.741	1.794
0.80	1.336	1.318	1.276	1.270	1.286	1.343	1.372	1.400	1.498	1.620	1.642
0.85	1.254	1.239	1.203	1.199	1.217	1.274	1.303	1.331	1.432	1.507	1.513
0.90	1.182	1.169	1.138	1.135	1.155	1.212	1.241	1.268	1.352	1.403	1.403
0.95	1.118	1.106	1.080	1.078	1.099	1.156	1.185	1.210	1.282	1.308	1.308

续表

X_c	t/s									
	0	0.01	0.06	0.1	0.2	0.4	0.5	0.6	1	2	4
1.00	1.061	1.050	1.027	1.022	1.048	1.105	1.132	1.156	1.211	1.225	1.225
1.05	1.009	0.999	0.979	0.980	1.002	1.058	1.084	1.105	1.146	1.152	1.152
1.10	0.962	0.953	0.936	0.937	0.959	1.015	1.038	1.057	1.085	1.087	1.087
1.15	0.919	0.911	0.896	0.898	0.920	0.974	0.995	1.011	1.029	1.029	1.029
1.20	0.880	0.872	0.859	0.862	0.885	0.936	0.955	0.966	0.977	0.977	0.977
1.25	0.843	0.837	0.825	0.829	0.852	0.900	0.916	0.923	0.930	0.930	0.930
1.30	0.810	0.804	0.794	0.798	0.821	0.866	0.878	0.884	0.888	0.888	0.888
1.35	0.780	0.774	0.765	0.769	0.792	0.834	0.843	0.847	0.849	0.849	0.849
1.40	0.751	0.746	0.738	0.743	0.766	0.803	0.810	0.812	0.813	0.813	0.813
1.45	0.725	0.720	0.713	0.718	0.740	0.774	0.778	0.780	0.780	0.780	0.780
1.50	0.700	0.696	0.690	0.695	0.717	0.746	0.749	0.750	0.750	0.750	0.750
1.55	0.677	0.673	0.668	0.673	0.694	0.719	0.722	0.722	0.722	0.722	0.722
1.60	0.655	0.652	0.647	0.652	0.673	0.694	0.696	0.696	0.696	0.696	0.696
1.65	0.635	0.632	0.628	0.633	0.653	0.671	0.672	0.672	0.672	0.672	0.672
1.70	0.616	0.613	0.610	0.615	0.634	0.649	0.649	0.649	0.649	0.649	0.649
1.75	0.598	0.595	0.592	0.598	0.616	0.628	0.628	0.628	0.628	0.628	0.628
1.80	0.581	0.578	0.576	0.582	0.599	0.608	0.608	0.608	0.608	0.608	0.608
1.85	0.565	0.563	0.561	0.566	0.582	0.590	0.590	0.590	0.590	0.590	0.590
1.90	0.550	0.548	0.546	0.552	0.566	0.572	0.572	0.572	0.572	0.572	0.572
1.95	0.536	0.533	0.532	0.538	0.551	0.556	0.556	0.556	0.566	0.556	0.566
2.00	0.522	0.520	0.519	0.524	0.537	0.540	0.540	0.540	0.540	0.540	0.540
2.05	0.509	0.507	0.507	0.512	0.523	0.525	0.525	0.525	0.525	0.525	0.525
2.10	0.497	0.495	0.495	0.500	0.510	0.512	0.512	0.512	0.512	0.512	0.512
2.15	0.485	0.483	0.483	0.488	0.497	0.498	0.498	0.498	0.498	0.498	0.498
2.20	0.474	0.472	0.472	0.477	0.485	0.486	0.486	0.486	0.486	0.486	0.486
2.25	0.463	0.462	0.462	0.466	0.473	0.474	0.474	0.474	0.474	0.474	0.474
2.30	0.453	0.452	0.452	0.456	0.462	0.462	0.462	0.462	0.462	0.462	0.462
2.35	0.443	0.442	0.442	0.446	0.452	0.452	0.452	0.452	0.452	0.452	0.452
2.40	0.434	0.433	0.433	0.436	0.441	0.441	0.441	0.441	0.441	0.441	0.441
2.45	0.425	0.424	0.424	0.427	0.431	0.431	0.431	0.431	0.431	0.431	0.431

续表

X_c	t/s										
	0	0.01	0.06	0.1	0.2	0.4	0.5	0.6	1	2	4
2.50	0.416	0.415	0.415	0.419	0.422	0.422	0.422	0.422	0.422	0.422	0.422
2.55	0.408	0.407	0.407	0.410	0.413	0.413	0.413	0.413	0.413	0.413	0.413
2.60	0.400	0.399	0.399	0.402	0.404	0.404	0.404	0.404	0.404	0.404	0.404
2.65	0.392	0.391	0.392	0.394	0.396	0.396	0.396	0.396	0.396	0.396	0.396
2.70	0.385	0.384	0.384	0.387	0.388	0.388	0.388	0.388	0.388	0.388	0.388
2.75	0.378	0.377	0.377	0.379	0.380	0.380	0.380	0.380	0.380	0.380	0.380
2.80	0.371	0.370	0.370	0.372	0.373	0.373	0.373	0.373	0.373	0.373	0.373
2.85	0.364	0.363	0.364	0.365	0.366	0.366	0.366	0.366	0.366	0.366	0.366
2.90	0.358	0.357	0.357	0.359	0.359	0.359	0.359	0.359	0.359	0.359	0.359
2.95	0.351	0.351	0.351	0.352	0.353	0.353	0.353	0.353	0.353	0.353	0.353
3.00	0.345	0.345	0.345	0.346	0.346	0.346	0.346	0.346	0.346	0.346	0.346
3.05	0.339	0.339	0.339	0.340	0.340	0.340	0.340	0.340	0.340	0.340	0.340
3.10	0.334	0.333	0.333	0.334	0.334	0.334	0.334	0.334	0.334	0.334	0.334
3.15	0.328	0.328	0.328	0.329	0.329	0.329	0.329	0.329	0.329	0.329	0.329
3.20	0.323	0.322	0.322	0.323	0.323	0.323	0.323	0.323	0.323	0.323	0.323
3.25	0.317	0.317	0.317	0.318	0.318	0.318	0.318	0.318	0.318	0.318	0.318
3.30	0.312	0.312	0.312	0.313	0.313	0.313	0.313	0.313	0.313	0.313	0.313
3.35	0.307	0.307	0.307	0.308	0.308	0.308	0.308	0.308	0.308	0.308	0.308
3.40	0.303	0.302	0.302	0.303	0.303	0.303	0.303	0.303	0.303	0.303	0.303
3.45	0.298	0.298	0.298	0.298	0.298	0.298	0.298	0.298	0.298	0.298	0.298

附录Ⅳ　导体及电气设备技术数据

附表Ⅳ-1　矩形铝导体长期允许载流量(A)和集肤效应系数 K_S

导体尺寸 $h\times b$/mm×mm	单条			双条			三条		
	平放	竖放	K_S	平放	竖放	K_S	平放	竖放	K_S
80×8	1249	1358	1.04	1858	2020	1.27	2355	2560	1.44
80×10	1411	1535	1.05	2185	2375	1.3	2806	3050	1.6
100×8	1547	1682	1.05	2259	2455	1.3	2778	3020	1.5
100×10	1663	1807	1.08	2613	2840	1.42	3284	2570	1.7
125×10	2063	2242	1.12	3152	3426	1.45	3903	4243	1.8

注:按最高允许温度+70 ℃,基准环境温度+25 ℃,无风、无日照条件计算。

附表Ⅳ-2　35～220 kV 高压断路器技术数据

型号	额定电压/kV	额定电流/A	开断容量/MV·A	额定开断电流/kA	极限通过电流/kA		热稳定电流/kA					固有分闸时间/s	合闸时间/s
					峰值	有效值	1 s	2 s	4 s	5 s	10 s		
SW2-35/1000	35	1000	1500	24.8	63.4	39.2			24.8			0.06	0.04
DW8-35/1000	35	1000	1000	16.5	41	29			16.5			0.07	0.3
SW4-110/1000	110	1000	3500	18.4	55	32	32			21	14.8	0.06	0.25
SW6-220/1200	220	1200	6000	21	55				21			0.04	0.2
LW-220/3150	220	3150	15000	40	100				40			0.04	0.15
FA2	220	3150		40	100	(关合)			40			0.03	0.09

注:SW—户外少油式;G—改进式;DW—户外多油式;LW、FA—户外 SF_6 式。

附表Ⅳ-3　10 kV 高压断路器技术数据

型号	额定电压/kV	额定电流/A	开断容量/MV·A		额定开断电流/kA	极限通过电流/kA		热稳定电流/kA				固有分闸时间/s	合闸时间/s
			6/kV	10/kV		峰值	有效值	1 s	2 s	4 s	5 s		
SN10-10Ⅰ/630	10	630	200	300	16	40			16			0.05	0.2
SN10-10Ⅱ/1000	10	1000	200	500	31.5	80			31.5			0.05	0.2
SN10-10Ⅲ/2000	10	2000		750	43.3	130				43.3		0.06	0.25
SN10-10Ⅲ/3000	10	3000		750	43.3	140				43.3		0.06	0.2
SN4-10G/5000	10	5000		1800	105	300	173	173			120	0.15	0.65
ZN-10/1000	10	1000			25	63				25		0.05	0.10
LN-10/1250	10	1250			25	80			25(35)			0.06	0.06

注:SN—户内少油式;ZN—户内真空式;LN—户内 SF_6 式;G—改进式。

附表Ⅳ-4　10 kV NKL 型铝电缆水泥电抗器技术数据

型　　号	额定电压/kV	额定电流/A	额定电抗/%	通过容量/kV·A	无功容量/kvar	一相中当75 ℃时损耗/W	稳定性	
							动稳定电流/A	1 s 热稳定电流/A
NKL-10-300-3	10	300	3	3×1734	52	2015	19500	17150
NKL-10-300-4	10	300	4	3×1734	69.2	2540	19100	17450
NKL-10-300-5	10	300	5	3×1734	86.5	3680	15300	12600
NKL-10-400-3	10	400	3	3×2310	69.4	3060	26000	22250
NKL-10-400-4	10	400	4	3×2310	92.4	3625	25500	22200
NKL-10-400-5	10	400	5	3×2310	115.4	4180	20400	22200

注：N—水泥柱式；K—电抗器；L—铝电缆。

附表Ⅳ-5　限流式熔断器主要技术数据

型　号	额定电压/kV	额定电流/A	最大开断容量/MV·A	最大切断电流/kA	最小切断电流(I_N倍数)过电压倍数	备　　注
RN2	3,6	0.5	500	85	0.6～1.8/A	保护户内 TV
	10,20,35	0.5	1000	50,28,17		

注：R—熔断器；N—户内；W—户外。

附表Ⅳ-6　电压互感器技术数据

型　　号	额定电压/kV			二次绕组额定容量/V·A				最大容量/V·A
	原绕组	副绕组	辅助绕组	0.2	0.5	1	3	
JDZ-10	10	0.1			50	80	200	400
JDZJ-10	$10/\sqrt{3}$	$0.1/\sqrt{3}$	0.1/3		30	50	120	200
JDJ-10	10	0.1			80	125	320	640
JSJW-10	10	0.1	0.1/3		120	200	480	960
JCC2-110	$110/\sqrt{3}$	$0.1/\sqrt{3}$	0.1			500	1000	2000
JCC2-220	$220/\sqrt{3}$	$0.1/\sqrt{3}$	0.1			500	1000	2000
YDR-110	$110/\sqrt{3}$	$0.1/\sqrt{3}$	0.1		150	220	440	1200

注：J—电压互感器(第一字母)，油浸式(第三字母)，接地保护用(第四字母)，Y—电压互感器，D—单相；S—三相；C—串级式(第二字母)；瓷绝缘(第三字母)；2—环氧浇注绝缘；W—五柱三绕组；R—电容式；F—测量和保护二次绕组分开。

附表Ⅳ-7 电流互感器技术数据

型　号	额定变流比/A	级次组合	准确级次	二次负荷			10%倍数		1 s热稳定	动稳定	长度H/mm
				0.5	1	3	二次负荷	倍数	倍数	倍数	
LFZJ1-3	20～200/5	0.5/3	0.5	0.8	1.2				120	210	
LFZJ1-6	300/5	及	1		0.8				80	140	
LFZJ1-10	400/5	1/3	3			1			75	130	
LMC-10	2000,3000/5 4000,5000/5	0.5/0.5	0.5	1.2	3				75		
		及									
		0.5/3	3			2					
LMZ1-10	2000,3000/5	0.5/D	0.5	1.6	2.4		2	15			
	4000,5000/5		D	2	3		2.4				

注:L—电流互感器;A—穿墙式;F—复匝式;M—母线型;C—瓷绝缘或瓷箱串级式;2—绝缘浇注式;D—单匝线贯穿式;Q—线圈式;J—加大容量;W—户外型或防护型(电压等级后)。